城市供水管网理论与技术

张土乔　著

科学出版社

北　京

内 容 简 介

本书系统探讨现代城市供水管网的理论基础和技术前沿，为读者提供一部从基础理论到前沿技术的综合指南。本书以城市供水管网概述为开篇，引领读者深入了解该领域的基本概念。随后，探讨城市供水管网在线监测系统、水力模型、优化调控、漏损控制等关键内容，强调提高供水效率和管网运行质量的重要性。此外，还从面向人民生命健康和水资源高效利用角度系统探讨城市供水管网水质变化机理和调控原理与方法，旨在为读者提供全面的视角和实用的知识。最后，展望城市供水管网未来的发展方向，为读者呈现行业的潜在前景和挑战。

本书可供给排水科学与工程、环境工程、环境科学及相关专业的科研人员、水务水司管理人员、工程技术人员及高校师生等参考使用。

图书在版编目（CIP）数据

城市供水管网理论与技术 / 张土乔著. -- 北京 : 科学出版社, 2025. 6.
ISBN 978-7-03-082106-5

Ⅰ. TU991.33

中国国家版本馆CIP数据核字第2025NT0001号

责任编辑：周　炜 / 责任校对：任苗苗
责任印制：肖　兴 / 封面设计：陈　敬

科学出版社出版
北京东黄城根北街 16 号
邮政编码: 100717
http://www.sciencep.com
北京中科印刷有限公司印刷
科学出版社发行　各地新华书店经销
*
2025 年 6 月第　一　版　开本：720 × 1000　1/16
2025 年 6 月第一次印刷　印张：27 1/4
字数：549 000

定价：258.00 元

序

水是人类生存和发展的基础性自然资源与战略性经济资源，饮用水安全关系到人民群众的身体健康和生命安全，甚至社会稳定。供水管网作为饮用水的输送载体，是保障饮用水安全的关键环节和最后屏障。受地下空间隐蔽性、管网拓扑复杂性、水力动态多变性等多重制约，供水管网普遍面临漏损率高、爆管频发、水质二次污染等风险。在全球气候变化、水资源短缺以及人们对高品质生活需求日益增加等多重因素驱动下，如何实现供水管网安全、高效、稳定地输送清洁饮用水，不仅是工程技术问题，更是涉及公共卫生安全、韧性城市建设与民生福祉等的重要议题。

在此背景下，浙江大学张土乔教授推出了其力作《城市供水管网理论与技术》一书。张教授深耕供水管网安全输配理论与控制技术及工程应用 40 余年，创建了首个供水管网全流程研究创新平台，以第一完成人获国家科技进步奖二等奖 1 项、省(部)级科技进步奖一等奖 3 项，编制国家、行业和地方等标准(导则或指南等)12 部，获国家级教学成果奖一等奖和二等奖各 1 项，主持了包括国家科技重大专项、国家重点研发计划、国家自然科学基金国际(地区)合作与交流项目等众多国家重大科研项目，该书正是他多年辛勤教学、科研和实践工作的成果总结。

在物联网、数字化、人工智能等新技术飞速发展的新形势下，该书深入探讨并发展了城市供水管网在线监测系统、水力模型、优化调控和漏损控制等方面的理论、技术及应用，为保障饮用水供给、降低漏损和节约能耗提供了重要参考，为饮用水安全输配奠定了理论基础，对构建可持续发展的智慧城市具有重要意义。同时，该书揭示了供水管网水质的迁移演变机理，发展了供水管网水质优化调控技术，并探讨了新污染物冲击下管网水质优化调控的原理与技术，对于改善居民饮用水水质、保障健康饮水具有重要价值。

该书作为首部城市供水管网领域原创性、引领性和系统性著作，融合了人工智能时代的前沿技术，反映了当前该领域的最新进展和发展趋势，为学术界和工程实践提供了重要的理论支撑，可强有力地推动城市供水管网的现代化建设。更重要的是，该书强调了加强供水管网管理并加速技术创新的必要性，是对当前城市供水管网面临挑战的一种积极回应，其学术价值和实践意义不言而喻。相信该书的出版必将推动城市供水管网相关领域研究迈向更高水平，为我国饮用水安全保障做出更大贡献。

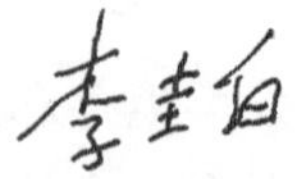

中国工程院院士
哈尔滨工业大学教授
2025年2月

前　言

在全球极端气候频发和城市化进程不断加速的今天，城市供水管网作为城市基础设施的重要组成部分，其安全、低碳、可持续运行对于保障城市居民的生活质量和城市的可持续发展具有至关重要的作用。然而，传统的供水管理模式已难以适应快速变化的城市发展需求。面对水资源紧缺、水质安全、管网老化等一系列问题，如何运用现代科技手段提升城市供水管网系统的效能与可靠性，成为摆在我们面前的紧迫任务。鉴于此，《城市供水管网理论与技术》一书应运而生。希望通过本书，能够帮助该领域的研究人员、工程师及相关决策者系统地了解城市供水管网的基本原理、关键技术和最新发展，以及如何将这些知识应用到实际工作中，从而提高供水管网的效率和安全性。

本书共 8 章，涵盖城市供水管网水力和水质的各个方面。第 1 章城市供水管网概述，对城市供水管网系统的定义、功能、组成及其在整个城市基础设施中的重要作用进行详细介绍，并概述国内外城市供水管网系统的发展历程与现状。第 2～5 章则逐步深入到具体的理论和技术层面，探讨城市供水管网在线监测系统、水力模型、优化调控以及漏损控制。第 6 章和第 7 章分别从城市供水管网水质变化机理及水质调控原理与方法的角度出发，分析水质管理的关键因素和技术手段。第 8 章城市供水管网系统展望，探讨城市供水管网未来的发展趋势，特别是智能技术的应用前景。

本书注重理论与实践相结合，既有基础理论，也有作者研究团队基于中试实验或现场实验的案例分析，力求内容兼具科学性和可操作性，使读者能够更好地理解和掌握相关知识。本书采用案例研究、技术解析等多种形式，力求做到内容丰富、论述严谨。此外，本书还特别强调技术创新的重要性，倡导通过引入先进的信息技术手段，如物联网、大数据分析、人工智能等，来提升城市供水管网系统的智能化水平。

本书是作者研究团队关于城市供水管网安全输配理论与控制技术的部分研究成果总结。参与书稿有关内容研究的团队成员有柳景青、俞亭超、邵煜、郑飞飞、张燕、周永潮、张可佳、马一祎、申永刚、方磊、刘小为、楚士鹏、郭诗文、高玖藜、何桂琳、赵桃桃、孙丽丽、赵迎迎、罗志逢、余浪、董飞龙、周昕彦、姚华奇、李坤、汤晗青、翁时超、庞志成、潘仁杰、徐承娜、陶乐乐、周欣泓、姚冯懿、蔡艳伟、姚恬、陈小燕、吴佳佳、郑莹莹、项泽顺等，在本书撰写过程中，楚士鹏、何桂琳、董飞龙、叶苗苗等参与了文献收集、图表绘制、校稿等工作，张仪萍、信昆仑、李寻、廉启玉、杨玉龙、张清周等审核了初稿并提出建议，在此表示衷心感谢。

本书相关研究工作得到了国家科技重大专项、国家重点研发计划、国家自然科学基金、浙江省自然科学基金等项目的大力支持，在此一并表示感谢。

限于作者水平，书中难免有不妥之处，敬请读者批评指正。

张土乔

2024 年 10 月

目　　录

第 1 章　城市供水管网概述

1.1　城市供水管网系统

1.1.1　城市供水管网系统的功能

城市供水管网系统是保障居民生活、工业生产和公共服务等各项活动正常进行的重要基础设施，是城市公用事业的重要组成部分[1]。城市供水管网系统通常由水源、输水管渠、水厂和供水管网等部分组成。每个部分都发挥着不可或缺的作用，从水源取水后，经输水管渠送入水厂进行水质处理，处理后的水加压后通过供水管网输送至用户[2]。

水源是城市供水管网系统的起点，为整个系统提供原水。水源可以是地表水，如江河、湖泊、水库等，也可以是地下水[2]。水源的质量和数量直接影响供水管网系统的稳定性与安全性。因此，加强水源保护和管理是供水管网系统实现可持续供水的首要任务。

水厂的主要功能是对原水进行处理，使其达到国家规定的饮用水标准[2]，其常规水处理工艺包括沉淀、过滤、消毒等环节[3]。沉淀可以去除水中的悬浮颗粒，过滤进一步去除水中细小的杂质，消毒则是杀灭水中的细菌和病毒等微生物。为应对日益复杂的水质污染并确保饮用水的安全性，近年来水厂在常规处理工艺的基础上，逐步引入活性炭吸附、臭氧氧化和膜过滤等深度处理技术，以去除常规处理难以去除的有机物、微生物、重金属离子以及其他微量污染物，从而达到更高的水质标准。

城市供水管网是供水管网系统的核心组成部分，其主要功能包括输水功能、分配功能和压力调节功能[1]。输水功能是将经过处理的清洁水从水厂输送至城市各个区域，以满足居民生活、工业生产和公共服务等多样化用水需求；分配功能是根据不同区域、不同用户的用水特点，合理分配水量，以确保水资源得到高效利用；压力调节功能是通过泵站等设施维持管网水压的稳定性，以确保用户正常用水，特别是满足高层建筑和地势较高区域的用水需求。为保障供水管网系统的稳定运行，供水管网应配备先进的监测设备，能够实时监控水质和水压，及时发现问题并迅速采取补救措施，避免水质下降或供水中断。此外，优化调控技术可以有效降低漏损率、提高资源利用效率，在节约水资源和保护环境方面发挥积极作用。因此，供水管网不仅是城市正常运转的关键基础设施，更是提升居民生活质量和保障公共健康的关键，其高效运行对于城市的可持续发展具有不可替代的作用。

对于高层建筑和地势较高区域的供水问题[4]，由于这些区域需维持较高的水压，常规供水管网难以直接满足需求，需借助二次供水设施进行加压。二次供水设施通常包括水箱、水泵等，其作用在于从供水管网中抽取水体，经加压后输送至用户，从而确保上述区域的用水需求得以满足。

用户是城市供水管网系统的最终服务对象，其用水行为直接影响整个供水管网系统的运行效率和稳定性。合理引导用户用水行为，不仅有助于提高供水效率，还能进一步降低系统运行成本和能耗。

城市供水管网系统各环节紧密协作，共同为城市居民和企业提供安全、可靠的饮用水。供水管网作为连接水厂和用户的核心枢纽具有重要作用。只有通过不断完善供水管网设施，加强供水管网的科学管理与日常维护，才能确保城市供水管网系统的高效运行，为城市的可持续发展提供坚实保障，同时促进资源的高效利用与环境的长期保护。

1.1.2 城市供水管网发展历程

城市供水管网的发展是一个与城市化进程紧密相关的过程，反映了科技进步与社会需求的动态互动，其发展大致经历了以下几个阶段[4]。

古代阶段：在古代，城市供水主要依赖手工取水和简易的水道系统。以罗马、雅典和巴比伦为代表的古代城市，建立了初步的引水系统，通过渠道和储水设施将水从远处引入城市，以满足居民的基本用水需求。

工业革命阶段：工业革命时期，机械化技术和工业化技术广泛应用于城市供水，特别是水泵技术的发展极大地提高了供水效率，使得城市水资源的开发利用更加便捷和高效。

近现代阶段：随着城市人口的增长和城市化进程的加速，城市供水管网的建设日趋复杂和完善。现代水处理技术的进步显著提升了供水质量，同时供水管网的覆盖范围也从城市核心区域逐步扩展至周边地区，进一步满足了快速发展的城市用水需求。

信息化阶段：在信息时代，智能化技术逐步融入城市供水管网的管理和监控领域。远程监测系统、智能传感器和大数据分析等技术的广泛应用，使得供水管网运行更加智能和高效，也为水资源节约和科学调度提供了技术支撑。

当前，随着城市化进程的加快和城市人口的急剧增长，对供水量和水质提出了更高要求。城市供水管网正朝着可持续发展的方向迈进。以我国为例，政府通过加大对供水管网的投资力度，推动了老旧供水管网改造升级，提高了供水管网的自动化管理水平。同时，新技术，如地理信息系统（geographic information system,

GIS)，也应用于供水管网的管理和维护中，在优化供水管网布局、提高运行效率和降低维护成本等方面发挥了重要作用。城市供水管网正逐步从传统的物理传输系统向信息化、数字化方向演进，成为保障民生和支撑经济社会发展不可或缺的生命线。在未来，随着可持续发展理念的不断深入，供水管网还将继续朝着更加环保和高效的方向发展。

1.2　供水管网数字化系统

1.2.1　供水管网地理信息系统

供水管网 GIS 是融合地理信息技术与供水管网管理的一种先进工具，已成为现代城市供水管理的重要组成部分，为城市供水管网的规划、建设及运营维护提供了强大的技术支持，有效提升了管理效率和科学决策水平。GIS 以地理空间数据为基础，整合了供水管网的多维信息，包括管道的位置、长度、直径、材质、埋深，阀门、泵站、消防栓等附属设施的分布，以及水压、流量、水质等动态数据。通过强大的数据库管理和空间分析功能，实现了对供水管网的全面可视化管理，显著提高了对供水管网运行状况的管控能力[5,6]。

在数据管理方面，GIS 能够高效地存储和组织大量的供水管网数据。系统全面记录管道的建设时间、维修历史等关键信息，为供水管网的维护和更新提供准确的数据支持。同时，GIS 具有强大的分类管理能力，可对不同类型数据进行分类管理，便于用户快速查询和检索所需信息。

空间分析是 GIS 的核心功能之一[6]。该功能可以深入分析供水管网的空间布局，明确管道的覆盖范围和服务区域。通过缓冲区分析，系统能够迅速识别特定地点周边的供水管网设施，为应急抢修和规划决策提供科学依据。此外，GIS 还支持路径分析，以优化水源地到用户的最佳供水路径，从而提高供水效率并降低运行成本。

对于供水管网的运行管理，GIS 可以实时监测水压、流量和水质等参数[7]。通过与传感器和监测设备连接，系统能够及时发现供水管网中的异常情况，如压力下降、流量突变或水质污染，协助管理人员迅速采取措施，以保障供水安全。

在规划设计方面，供水管网 GIS 能够为新供水管网的建设和旧供水管网的改造提供科学依据[8]。通过分析现有供水管网运行数据，能够评估其供水能力和可靠性，识别需要优化和扩展的区域。同时，GIS 还支持对不同规划方案进行模拟与评估，为决策者选择最优方案提供数据支持，显著提升规划设计的科学性与可行性。

在应急响应方面，供水管网 GIS 能够在紧急情况下发挥关键作用[7]。当管网发生管道破裂、停水等事故时，系统可以快速定位故障点，显示周边的供水管网设施和用户分布，制定最佳的抢修方案。同时，系统可以向受影响的用户发送通知，提高应急处理的效率和透明度。

总体而言，供水管网 GIS 作为现代城市供水管理的重要支撑，通过整合地理空间数据和供水管网信息，实现了对供水管网的全面可视化、智能化管理，提高了供水的安全性、可靠性和效率，为城市的可持续发展提供了有力保障。

1.2.2 供水管网物联网监测系统

供水管网物联网监测系统主要由传感器、数据传输网络和监测管理平台三部分组成[9]。传感器安装在供水管网的关键节点上，如阀门、泵站等部位，用于实时采集水压、流量、水质等数据，以实现对供水管网的实时监测，及时发现供水管网中的异常情况，如管道破裂、漏水、水压异常等，协助管理人员迅速采取措施，减少水资源的浪费和损失。数据传输网络是连接传感器和监测管理平台的桥梁，通常采用有线或无线的方式，将传感器采集到的数据传输到监测管理平台。无线传输方式因其安装方便与灵活性高的优点，特别适用于复杂的城市环境。数据传输网络需要具备高带宽、低延迟和高可靠性的特点，以确保数据的及时传输和准确性。监测管理平台是供水管网物联网监测系统的核心部分，用于接收、存储并分析传感器采集的数据，为供水管网的优化调度和维护管理提供科学依据[9]。例如，通过分析历史数据，监测管理平台可以预测未来的用水量和水压变化趋势，提前调整泵站的运行参数，提高供水效率。通过可视化的界面，管理人员可以实时查看供水管网的运行状态，了解水压、流量、水质等参数的变化情况，减少人工巡检的工作量，降低运营成本。监测管理平台还可以设置报警阈值，当监测数据超过阈值时，系统会自动发出报警信息，提醒管理人员及时处理。

随着 5G、人工智能等前沿技术的不断发展，供水管网物联网监测系统将进一步提升其智能化水平。随着技术的不断进步和社会需求的日益增长，该系统必将在未来智慧城市的发展中占据更加重要的地位。

1.2.3 供水管网水力和水质计算原理与模型系统

供水管网的水力和水质计算是保障供水管网系统正常运行、优化资源配置、保障水质安全的重要环节，需要考虑多方面因素，包括水力、水质变化规律以及管网结构特点等[10]。

水力计算的核心内容包含水力模型构建与分析两部分。基于供水管网的拓扑结构、管道材质、管径、地形等参数，建立供水管网水力模型，通过求解连续性方程、动量方程等水力学方程，计算供水管网中的流量、压力、水位等水力参数，用于评估供水管网的运行状态与性能，为优化供水管网运行和提升供水效率提供科学依据。

水质计算主要关注水质流经管网的变化，涉及的计算原理主要包括以下四类：质量守恒定律、物质扩散模型、化学反应动力学和生物过程模拟[10,11]。质量守恒定律：对于水中特定物质，其总量在没有外部输入或输出的情况下保持不变。物质扩散模型：描述水中物质随水流扩散的过程，包括分子扩散、湍流扩散等过程。化学反应动力学：考虑水中发生的化学反应，如氯化消毒过程中氯气与有机物的反应速率。生物过程模拟：某些情况下还需考虑生物活动对水质的影响，如细菌生长可能导致的二次污染。此外，水质在供水管网中会受到多种因素的影响，如管道腐蚀、微生物生长、余氯衰减等。管道腐蚀会导致水中金属离子浓度增加，微生物生长可能引起水质恶化，余氯衰减会影响水的消毒效果。在进行供水管网水质计算时均需综合考虑这些因素的影响。

除上述模型外，还可将水力计算模型和水质传输模型集成，实现水力与水质的耦合计算。通过模拟供水管网中水体流动和水质传输过程，综合评估供水管网的运行状况，实现资源的有效分配，并确保水质安全，从而为城市居民提供可靠的生活用水保障。随着科技的不断进步，未来这些计算方法将更加精确和完善，从而更好地服务于城市供水管网的优化与管理，为现代城市供水管网系统的可持续发展提供坚实支撑。

参考文献

[1] 李树平，刘遂庆. 城市给水管网系统[M]. 北京：中国建筑工业出版社, 2021.
[2] 汪翙. 给水排水管网工程[M]. 2 版. 北京：化学工业出版社, 2013.
[3] 李圭白，张杰. 水质工程学[M]. 北京：中国建筑工业出版社, 2005.
[4] 钟丹. 给水管网[M]. 北京：中国建筑工业出版社, 2024.
[5] 张秉武. 沈阳浑南区供水管网地理信息系统设计与实现[D]. 长春：吉林大学, 2016.
[6] 张荃莹. 基于 GIS 的城市供水管网优化设计与应用[D]. 成都：电子科技大学, 2013.
[7] 胡晓磬. 基于 GIS 的城市供水管网信息系统的研究与应用[D]. 杭州：浙江工业大学, 2012.
[8] 张小博. 基于 GIS 的城市供水调度系统研究与开发[D]. 保定：华北电力大学, 2012.
[9] 聂雄. 基于物联网的工业供水管网监测系统及用水量预测研究[D]. 淮南：安徽理工大学, 2024.
[10] 孙柏. 供水管网水力水质模型及其校核研究[D]. 长沙：湖南大学, 2012.
[11] 耿冰. 城乡供水管网水力水质模型研究[D]. 南京：东南大学, 2016.

第 2 章　城市供水管网在线监测系统

过去几十年间，随着传感器与物联网技术的不断发展，城市供水管网在线监测系统取得了显著进展，广泛应用于供水管网的监控与运行管理。在城市供水管网在线监测系统中，传感器上传的实时监测数据反映了供水管网水力和水质工况的变动情况，对供水管网的模拟分析与漏损监控起核心支撑作用。一方面，传感器的位置和数量显著影响供水管网在线模型、漏损与爆管监控的实际应用；另一方面，由于传感器安装环境复杂，传感器受制于电池电量、网络通信速度等因素，监测数据广泛存在噪声、缺失与异常等问题。本章从在线模型校核和爆管在线监控两个角度论述供水管网物联网监测系统的设计原理与方法，并针对广泛存在的数据噪声、缺失与异常等问题提出具体的解决方案。

2.1　城市供水管网在线监测系统设计

2.1.1　服务于在线模型校核的监测点布置

供水管网水力模型在供水管网系统的设计和管理中应用广泛，而节点需水量是影响模型准确性的关键参数之一[1]。随着传感器技术的发展，利用大量监测数据实时计算出节点需水量(节点需水量校核)已成为管网在线模拟的热点与难点。通过优化传感器的位置与数量可有效提升节点需水量校核的精度。传感器优化布置方法可以大致分为基于工程的方法、基于模型的方法和基于拓扑的方法。基于工程的方法[2]是通过运用工程经验来确定传感器的位置；基于模型的方法[3-5]是利用水力模型来分析压力数据与模型参数之间的关系，并推导出传感器布置的各种优化目标函数；基于拓扑的方法[6,7]是通过将供水管网系统划分为多个子区域来实现传感器布置方法的优化，压力传感器一般安装在每个子区域的中心节点。

在动态系统理论中，系统可观测性用于衡量从系统输出(如节点压力)中推断出系统输入(如节点需水量)的能力[8]。在供水管网水力模型中，需要校核的节点需水量数量通常达到数千甚至数万，而监测点数量有限。监测数据不足可能导致系统的不可观测性，从而影响节点需水量校核的准确性。具体而言，在节点需水量校核中，需要计算 Hessian(黑塞)矩阵的逆矩阵，然而系统的不可观测性往往会导致 Hessian 矩阵呈现病态。矩阵的病态程度可通过其条件数来衡量，条件数越大，矩阵的病态程度越高。因此，在监测点布置过程中，应以最小化矩阵条件数为目标，优化传感器的位置和数量。此外，传感器数据中存在的噪声是影响节点需水量校核精度的另一个重要因素。通过分析压力传感器之间的水头差可以确定管道的水头损失，而压力监测数据中的噪声会影响水头损失计算的准确性，在某些情况下，它们之间的水头损失可能会被噪声淹没，从而给节点需水量校核带来挑战。

考虑到节点需水量校核的精度受系统不可观测性和传感器噪声的显著影响，本节提出一种双目标的监测点优化布置方法，并运用非支配排序遗传算法Ⅱ[9]（non-dominated sorting genetic algorithm Ⅱ，NSGA Ⅱ）来求解该双目标优化问题。

1. 节点需水量校核基本原理

数据同化方法广泛用于供水管网节点需水量的校核，该方法可分为预测和更新两个阶段。在预测阶段，根据历史数据来预测当前时间步长节点需水量的概率密度函数（probability density function, PDF），称为先验概率分布；在更新阶段，使用似然函数（条件概率分布）描述节点需水量与监测值之间的概率分布关系。基于贝叶斯定理（Bayes theorem）将似然函数和先验概率分布相结合，得到后验概率分布。通过最大化后验概率分布得到目标函数。式（2.1）给出了目标函数的等价形式，通过最小化式（2.1）可实现对节点需水量的校核。详细的理论推导见 3.2 节。

$$J(X_t)=(X_t-X_t^{\mathrm{p}})^{\mathrm{T}}P_t^{-1}(X_t-X_t^{\mathrm{p}})+[g(X_t)-Y_t]^{\mathrm{T}}R^{-1}[g(X_t)-Y_t] \tag{2.1}$$

式中，$X_t\in\mathbb{R}^{n\times1}$ 为 t 时刻的节点需水量；$X_t^{\mathrm{p}}\in\mathbb{R}^{n\times1}$ 和 $P_t^{-1}\in\mathbb{R}^{n\times n}$ 分别为先验节点需水量的均值和协方差矩阵，n 为节点数量；$g(\cdot)$ 为供水管网模型；$Y_t\in\mathbb{R}^{m\times1}$ 为传感器数据；$R\in\mathbb{R}^{m\times m}$ 为传感器噪声方差，是对角矩阵，m 为传感器的数量。如式（2.1）所示，该目标函数包含两部分：第一部分为最小化节点需水量与先验节点需水量均值的偏差；第二部分为最小化模型输出值与传感器监测值的偏差。

考虑到 $g(\cdot)$ 是非线性函数，式（2.1）同样是非线性的。采用式（2.2）～式（2.4）进行迭代求解[10]：

$$X_t^{k+1}=X_t^k+\nabla X_t^k \tag{2.2}$$

$$\nabla X_t^k=-H^{-1}\{(\nabla g)^{\mathrm{T}}R^{-1}[g(X_t^k)-Y_t]+P_t^{-1}(X_t^k-X_t^{\mathrm{p}})\} \tag{2.3}$$

$$H=P_t^{-1}+(\nabla g)^{\mathrm{T}}R^{-1}\nabla g \tag{2.4}$$

式中，$X_t^k\in\mathbb{R}^{n\times1}$ 为 k 次迭代后的节点需水量；$\nabla X_t^k\in\mathbb{R}^{n\times1}$ 为第 k 次迭代的修正向量；H 为 Hessian 矩阵；∇g 为 $g(\cdot)$ 的一阶梯度，也称为雅可比矩阵。

2. Hessian 矩阵的条件数

如式(2.3)所示，节点需水量校核过程中的一个重要步骤是寻找 Hessian 矩阵 H 的逆矩阵。传感器安装位置不合理或传感器数量不足会导致系统不可观测，从而产生病态的 Hessian 矩阵。Hessian 矩阵求逆的稳定性受矩阵病态程度的影响。对于病态矩阵，其求逆对扰动非常敏感，扰动会在解中引起较大的波动，导致解不稳定和不准确。

如式(2.4)所示，Hessian 矩阵由两部分组成：第一部分 P_t^{-1} 表示先验概率分布约束；第二部分 $(\nabla g)^{\mathrm{T}} R^{-1} \nabla g$ 表示监测值对节点需水量估计的辨识度。对于给定的先验概率分布约束，增加监测点数量或优化监测点位置可以提高对节点需水量的辨识度。$(\nabla g)^{\mathrm{T}} R^{-1} \nabla g$ 的病态程度主要受传感器数量和位置的影响，通过分析 $(\nabla g)^{\mathrm{T}} R^{-1} \nabla g$ 的病态特征，可以了解传感器布置对节点需水量校核的影响，进而提高校核精度。

矩阵的条件数是确定矩阵病态程度和分析系统可观测性的一种度量。条件数越大，矩阵的病态程度越严重，这里使用矩阵条件数来量化矩阵的病态程度。监测点布置的第一个目标函数是最小化矩阵条件数：

$$\min \mathrm{cond} = \left| \frac{\sigma_{\max}[(\nabla g)^{\mathrm{T}} R^{-1} \nabla g]}{\sigma_{\min}[(\nabla g)^{\mathrm{T}} R^{-1} \nabla g]} \right| \tag{2.5}$$

式中，$\sigma_{\max}[(\nabla g)^{\mathrm{T}} R^{-1} \nabla g]$ 和 $\sigma_{\min}[(\nabla g)^{\mathrm{T}} R^{-1} \nabla g]$ 分别为 $(\nabla g)^{\mathrm{T}} R^{-1} \nabla g$ 的最大奇异值和最小奇异值；$R = \mathrm{diag}[D(\varepsilon_1), D(\varepsilon_2), \cdots, D(\varepsilon_m)]$，$D(\varepsilon_i)$ 为传感器 i 的噪声方差，可以认为是一个常数。

3. 监测噪声

传感器数据不可避免地会受到噪声的污染，这样就降低了节点需水量校核的准确性。如图 2.1 所示，简单的供水管网中安装了两个传感器。传感器的监测数据如式(2.6)和式(2.7)所示：

$$Y_1 = P_1 + \varepsilon_1 \tag{2.6}$$

$$Y_2 = P_2 + \varepsilon_2 \tag{2.7}$$

式中，Y_1 和 Y_2 分别为传感器 1 和传感器 2 的压力监测数据；P_1 和 P_2 为理论压力值；ε_1 和 ε_2 为监测噪声。

传感器 1 和传感器 2 之间的水头损失 h_{m} 的计算公式如式(2.8)所示：

$$h_{\mathrm{m}} = (Y_1 + E_1) - (Y_2 + E_2) = [(P_1 + E_1) - (P_2 + E_2)] + (\varepsilon_1 - \varepsilon_2) = h_{\mathrm{f}} + (\varepsilon_1 - \varepsilon_2) \tag{2.8}$$

式中，E_1 和 E_2 为传感器位置的高程；h_f 为理论水头损失。

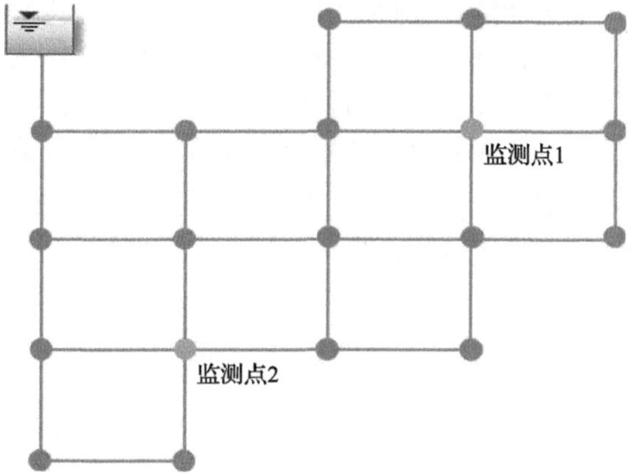

图 2.1　含两个传感器的简单供水管网

在供水管网中，水在管道中流动会产生水头损失，通过计算节点间的水头损失可确定整个供水管网的压力分布。因此，水头损失在供水管网中的分布直接决定整个系统的节点需水量分布，水头损失的准确计算是精确校核节点需水量的必要条件。由式(2.8)可知，传感器噪声的存在会导致计算的水头损失 h_m 与理论水头损失 h_f 之间存在偏差。

传感器数量有限，有必要确保理论水头损失 h_f 不会被传感器的噪声淹没，因此传感器之间真实的水头损失应在一定程度上大于传感器之间的噪声，如式(2.9)所示：

$$h_f^2 > \mu D(\varepsilon_1 - \varepsilon_2) \tag{2.9}$$

式中，$D(\cdot)$ 为方差；μ 为一个超参数，其确保水头损失显著大于噪声强度。

假设 ε_1 和 ε_2 是相互独立的，可以得出 ε_1 和 ε_2 的协方差系数(covariance coefficient, Cov)为零（$\mathrm{Cov}(\varepsilon_1,\varepsilon_2)=0$）。因此，可以进一步得出：

$$D(\varepsilon_1 - \varepsilon_2) = D(\varepsilon_1) + D(\varepsilon_2) - 2\mathrm{Cov}(\varepsilon_1,\varepsilon_2) = D(\varepsilon_1) + D(\varepsilon_2) \tag{2.10}$$

式(2.9)和式(2.10)给出了传感器布置的另一个重要原则：任意两个传感器之间的理论水头损失的平方（h_f^2）应尽可能大于它们噪声方差的总和（$D(\varepsilon_1)+D(\varepsilon_2)$）。换句话说，该原则要求理论水头损失的平方（$h_f^2$）尽可能大。因此，监测点布置的第二个目标函数如式(2.11)所示：

$$\max \sum_{i=1}^{m}\sum_{j=i+1}^{m}\{h_{f,i,j}^2 - \mu[D(\varepsilon_1)+D(\varepsilon_2)]\} \tag{2.11}$$

式中，$h_{\mathrm{f},i,j}$ 为传感器 i 和传感器 j 之间的平均理论水头损失。

上述目标函数适用于评估位于同一水力路径上的压力传感器。然而，在供水管网中，可能有两个具有相同水头但位于不同水力路径的压力传感器。在这种情况下，$h_{\mathrm{f}}=0$，根据式(2.11)，可知这种布置方案是不利的，与实际情况不一致。为了解决该问题，在式(2.11)中引入传感器之间的距离进行修正，以避免这种困境。根据传感器的水头 (Y_i+E_i) 从大到小对传感器进行排序，然后使用式(2.12)作为第二个目标函数，等价于式(2.13)：

$$\max \frac{\sum_{i=1}^{m-1}\{h_{\mathrm{f},i,j}^2-\mu[D(\varepsilon_i)+D(\varepsilon_{i+1})]\}\times \mathrm{dist}_{i,i+1}}{\mathrm{std}} \tag{2.12}$$

$$\min\left(-\frac{\sum_{i=1}^{m-1}\{h_{\mathrm{f},i,j}^2-\mu[D(\varepsilon_i)+D(\varepsilon_{i+1})]\}\times \mathrm{dist}_{i,i+1}}{\mathrm{std}}\right) \tag{2.13}$$

式中，$\mathrm{dist}_{i,i+1}$ 为传感器 i 与传感器 $i+1$ 之间的距离；std 为 $\{h_{\mathrm{f},i,j}^2-\mu[D(\varepsilon_i)+D(\varepsilon_{i+1})]\}\times \mathrm{dist}_{i,i+1}$ 的标准差，以避免极大值、极小值的不良影响。

4. 监测点布置优化求解

本节使用 NSGA Ⅱ[9]解决多目标设计问题，NSGA Ⅱ的优点如下。

(1)精英策略：NSGA Ⅱ利用精英策略来确保种群中的优质个体在进化过程中不会被过早丢弃，这有助于在后代中保持良好的个体。

(2)快速非支配排序：NSGA Ⅱ采用快速非支配排序算法，降低确定种群中个体间优势关系的计算复杂度。

(3)拥挤度：NSGA Ⅱ引入拥挤度的概念，这种机制通过鼓励个体探索搜索空间的不同区域来确保种群中个体的多样性。

主要优化步骤如下。

(1)初始化参数：首先根据所考虑的具体操作场景，初始化传感器数量 m、传感器噪声方差 $D(\varepsilon_i)$、超参数 μ、最大迭代次数 NG、交叉概率 CR、突变概率 MU、节点水头 H、雅可比矩阵 ∇h 等参数。

(2)初始化种群：随机生成传感器定位方案的初始种群，该种群将作为 NSGA Ⅱ的起点。

(3)适应度评价和快速非支配排序：利用式(2.5)、式(2.13)计算初始种群中每个个体的适应度值。基于得到的适应度值，利用精英策略执行快速非支配排序。同时，计算每个个体的拥挤度。

(4)交叉和突变：对亲本种群进行交叉和突变操作，以产生后代种群。

(5)适应度评价、快速非支配排序和拥挤度计算：使用式(2.5)、式(2.13)计算后代种群中个体的适应度值，进行快速非支配排序，计算拥挤度。选择具有帕累托优先级和高拥挤度的个体组成新的种群。

(6)迭代：若迭代次数达到 NG，则输出结果；否则，重复步骤(4)和步骤(5)。

(7)最终方案选择：从最优方案中选择合适的方案作为传感器布置的最终方案。

5. 应用实例

将上述传感器优化布置方法应用于某个供水管网，如图 2.2 所示，该供水管网包括 3 个水厂、491 个节点和 640 个管道。在本案例研究中，考虑三种运行工况：①最大时用水量工况，即一天中需水量最高的时刻；②最小时用水量工况，即一天中需水量最低的时刻；③平均时用水量工况，即一天中需水量平均的时刻。

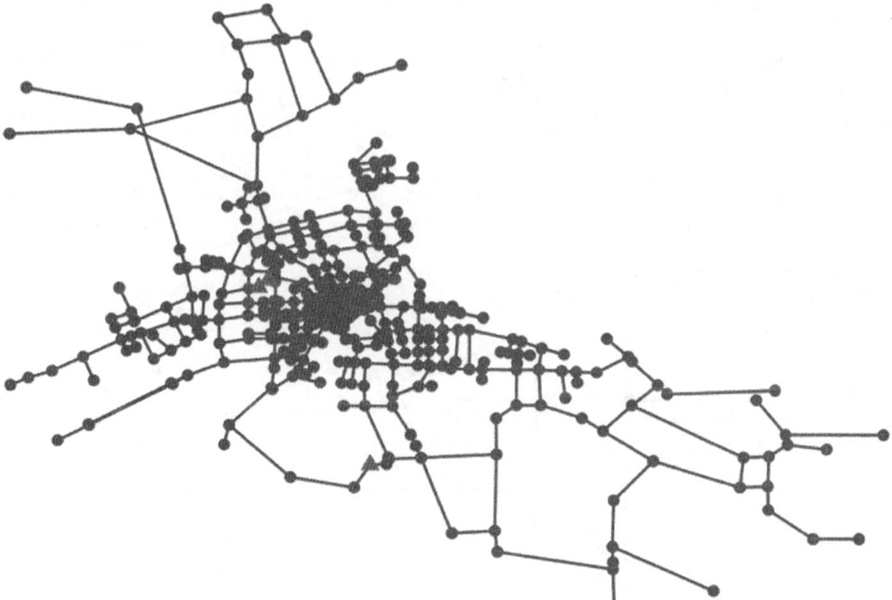

图 2.2　供水管网拓扑结构示意图

使用 NSGA Ⅱ解决上述双目标优化问题。NSGA Ⅱ的主要参数设置如下：最大迭代次数为 500、种群规模为 500、交叉概率为 0.7、突变比例为 0.7、突变概率为 0.25。

如图 2.3(a)所示，随着第一个目标函数的增大，第二个目标函数呈现下降趋势，表明两个目标函数之间存在竞争关系。一方面，第一个目标函数的增加意味着矩阵病态的加剧，进而导致系统可观测性的下降和校核精度的降低；另一方面，第二个目标函数的减小意味着噪声负面影响的减小，这有利于提高校核精度。鉴于两个目标函数直接的竞争性质，需要在两个目标函数之间找到一个折中的方案。目前缺乏从帕累托可观测性选择最终解的明确方法，本节根据工程经验选择一个在两个目标函数上都表现良好的解，监测点布置方案如图 2.3(b) 所示。

利用图 2.3(b) 的传感器布置方案，通过式(2.1) 校核节点需水量，具体校核方法见第 3 章。监测数据由水力模型输出的理论值叠加随机噪声生成。为综合分析

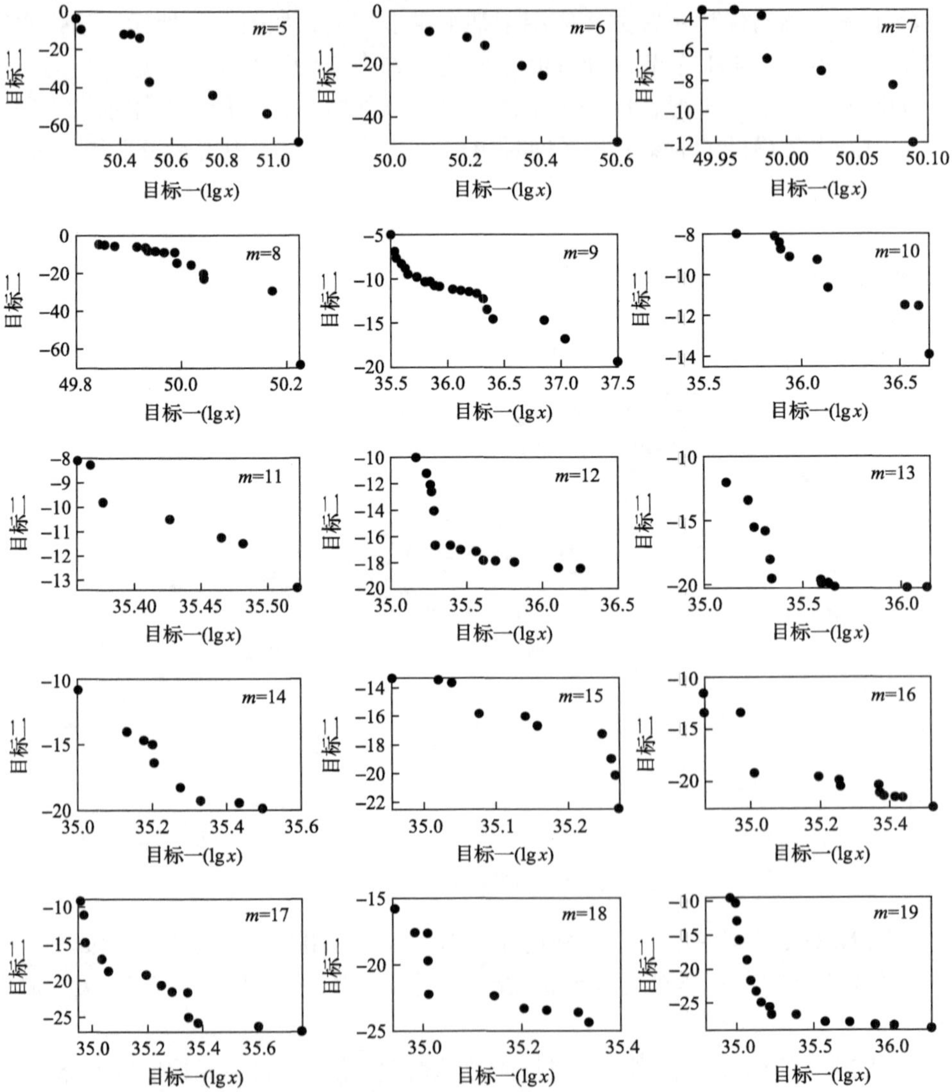

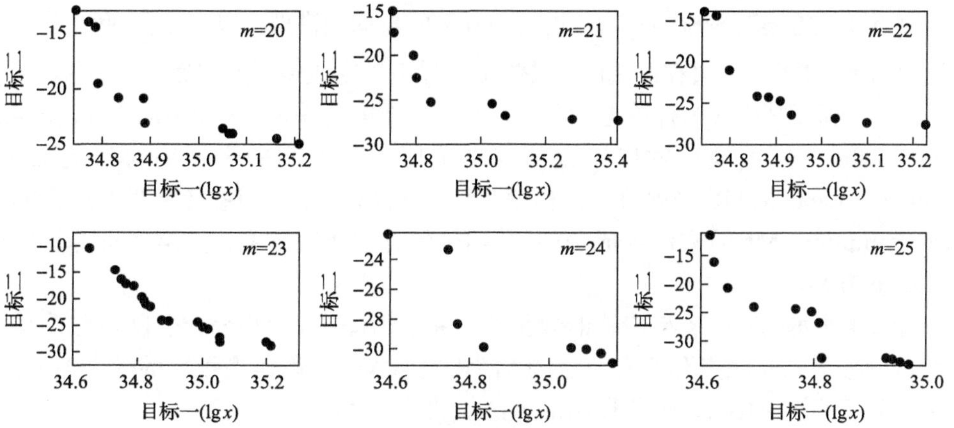

(a) 帕累托前沿

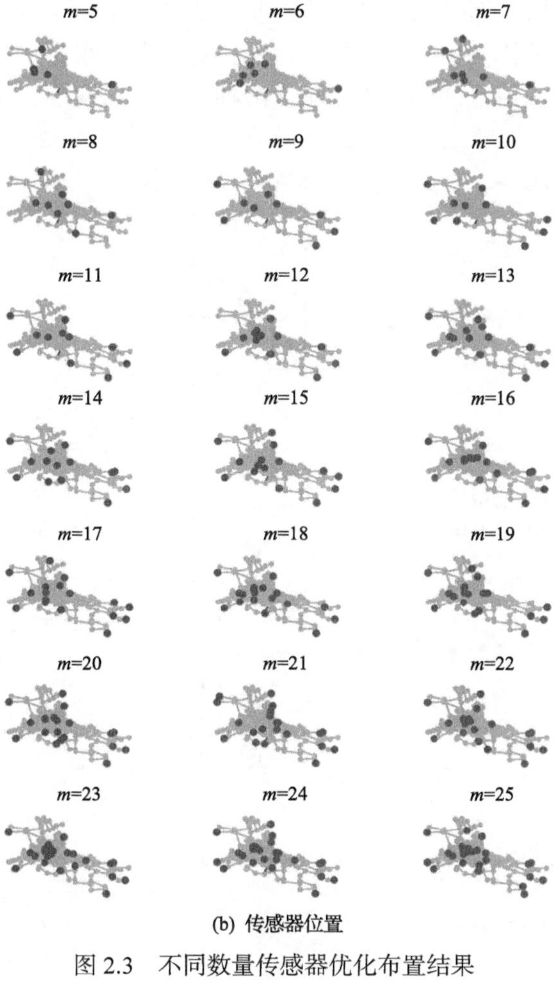

(b) 传感器位置

图 2.3　不同数量传感器优化布置结果

该监测点布置方案对校核的影响，进行 100 天的长周期模拟，以 1h 的时间步长得到理论压力值，然后，通过在理论值中叠加随机噪声来生成观测值。噪声在 $N(0,\sigma^2)$ 处服从正态分布，其中 σ 为标准差。研究五种不同强度的噪声，σ=0.1m、0.2m、0.3m、0.5m、1.0m，采用模型输出压力值与理论压力值之间的平均绝对残差(mean absolute residual, MAR)来评价校核精度。为了比较分析，采用蒙特卡罗采样(Monte Carlo sampling, MCS)方法生成 2000 个随机传感器布置方案，并从中选择校核误差最小的方案。

图 2.4 所示为 MAR 与传感器数量的关系。由图 2.4 可以看出，随着监测噪声标准差的增大，监测点和所有节点的 MAR 也增大。无论监测噪声的标准差如何，对于所有节点的 MAR，本节提出的方法始终优于 MCS 方法。

下面以 $\sigma = 0.1$m 为例进行分析讨论。总体而言，两种方法在监测点处的 MAR 随着传感器数量的增加而略微降低。本节提出方法的监测点 MAR 范围为 0.11～0.19m，MCS 方法范围为 0.10～0.19m。这表明节点需水量校核算法可以有效降低模型模拟值与监测值之间的偏差。对比两种方法可以发现，MCS 方法的监测点

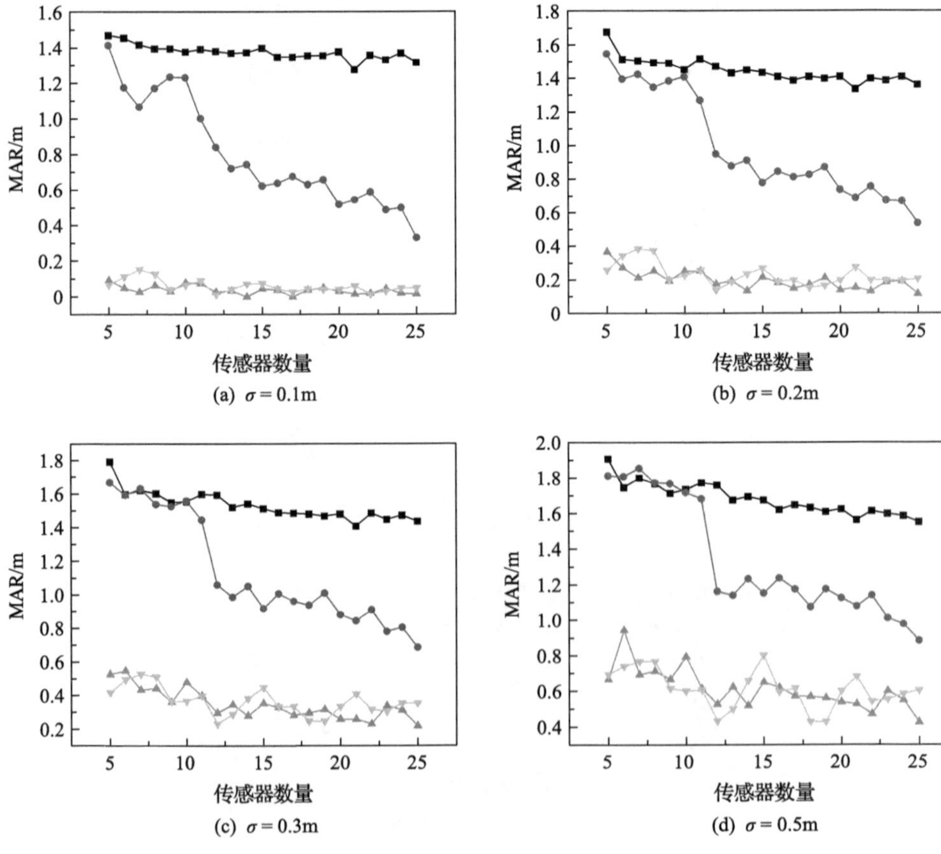

(a) $\sigma = 0.1$m (b) $\sigma = 0.2$m

(c) $\sigma = 0.3$m (d) $\sigma = 0.5$m

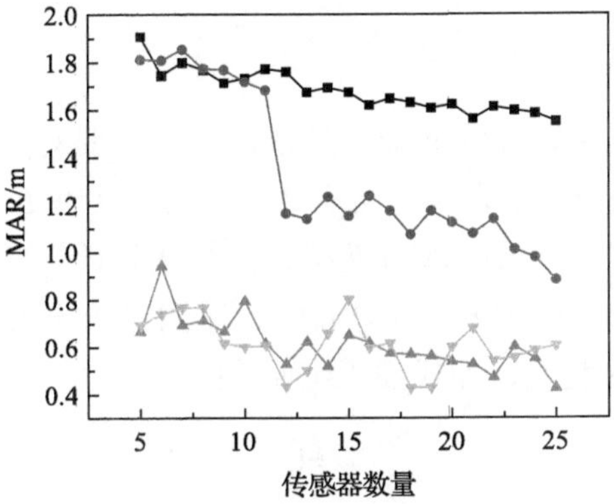

(e) $\sigma = 1.0\text{m}$

图 2.4　MAR 与传感器数量的关系

MAR(▴)要小于本节提出的方法(▾)，然而对于没有安装传感器的节点，本节提出方法的 MAR(•)远低于 MCS 方法(▪)。例如，当传感器数量为 25 时，在未布置传感器处，本节提出方法的 MAR 为 0.42m，而 MCS 方法的 MAR 为 1.35m。这表明本节提出方法的传感器布置可以捕获更多关键和有用的信息，以提高节点需水量校核的准确性。出现这种现象的主要原因是，在本节提出的方法中，第一个优化目标考虑了节点需水量校核迭代过程的准确性，有效降低了 Hessian 矩阵的病态程度；第二个优化目标减少了传感器噪声对节点需水量校核精度的影响。这种策略使得本节提出的方法不仅使传感器的平均压力偏差保持在较低水平，而且降低了整体平均压力偏差。因此，本节提出的方法在供水管网节点需水量校核方面比 MCS 方法更有效。

2.1.2　服务于爆管在线监控的监测点布置

供水管网监测点的布置对爆管识别与定位至关重要。合理的监测点布局能够有效提高供水管网爆管事件的实时监控能力，增强供水管网系统的可靠性和安全性，从而显著减少爆管事件带来的损失和影响[11]。然而，现有的在线监测系统设计主要依赖历史数据和经验规则，缺乏大数据和智能算法的优化手段，导致在爆管事件中响应速度和精确度不足，难以准确定位和评估爆管情况。此外，由于供水管网的规模和复杂度差异较大，现有的优化模型难以广泛适用于不同类型的供水管网。因此，在有限成本的前提下，如何确定监测点的数量和安装位置，以最大化监测网的效能，是一个值得深入研究的问题[12]。

1. 基于水力模型的爆管定位方法

为了实现供水管网爆管管段的准确、高效定位，需要对监测点的实测值与水力模型的模拟值进行残差分析。在一个含有 N 个用水节点、L 根管段和 M 个监测点的供水管网中，需要构建并校核水力模型，使其达到计算精度的要求。在正常工况下，M 个监测点的压力值为 P_i；在爆管时，监测点的压力值为 P_i'。各监测点的残差 r_i 定义为 P_i 与 P_i' 的差值，如式(2.14)所示：

$$r_i = P_i - P_i',\quad i = 1,2,\cdots,M \tag{2.14}$$

定义敏感性矩阵 S'，计算公式如式(2.15)和式(2.16)所示[13]：

$$S' = \begin{bmatrix} S'_{11} & S'_{12} & \cdots & S'_{1L} \\ S'_{21} & S'_{22} & \cdots & S'_{2L} \\ \vdots & \vdots & & \vdots \\ S'_{M1} & S'_{M2} & \cdots & S'_{ML} \end{bmatrix} \tag{2.15}$$

$$S'_{ij} = \frac{r_i}{q_j},\quad i = 1,2,\cdots,M;\quad j = 1,2,\cdots,L \tag{2.16}$$

对敏感性矩阵 S' 进行归一化：

$$S = \begin{bmatrix} S_{11} & S_{12} & \cdots & S_{1L} \\ S_{21} & S_{22} & \cdots & S_{2L} \\ \vdots & \vdots & & \vdots \\ S_{M1} & S_{M2} & \cdots & S_{ML} \end{bmatrix} \tag{2.17}$$

$$S_{ij} = \frac{S'_{ij} - S'_{i,\min}}{S'_{i,\max} - S'_{i,\min}} \tag{2.18}$$

式中，i 为监测点所在的节点编号；j 为发生爆管的管段编号；q_j 为爆管流量，每一列都构成敏感性向量 $S_j = (S_{1j}, S_{2j}, \cdots, S_{Mj})$，表征管段 j 发生爆管时对监测点压力的影响；$S'_{i,\max}$ 和 $S'_{i,\min}$ 分别为 S 中第 i 行的最大值和最小值。

在识别爆管前，通过对所有可能的爆管情况进行多次水力模型计算预先得到敏感性矩阵 S。当爆管事故发生时，物联网系统收集实时数据，与正常工况下的模拟值进行对比，得到各节点处的残差向量 r，如式(2.19)所示：

$$r = (r_1, r_2, \cdots, r_M) \tag{2.19}$$

分析残差向量r与敏感性矩阵S中各敏感性向量S_j之间的相关性，相关性越大则认为事故发生在对应管段上的可能性越大，以此作为定位的依据。相关性分析有很多方法，其中效果较好的是通过定义系数γ_j来衡量，其函数表达式为

$$\gamma_j = \frac{S_j \cdot r}{\left|S_j\right|\left|r\right|} \tag{2.20}$$

由于多种不确定因素的影响，包括水力模型的不确定性、用户用水量的波动和监测数据的不准确性，供水管网的不同管段在爆管敏感性方面可能表现出相似性。这意味着相同的γ可能导致结果不唯一，从而影响定位的准确性和精度。这种情况在监测点数量较少时尤为明显。通过在合适的位置布置监测点，可更准确地进行定位。

2. 监测点布置多目标优化方法

城市供水管网在线监测系统可能存在监测盲区，即部分管段在完全爆管时也无法触发监测点报警，这通常发生在与监测点水力路径较远的供水管网末端[14]。此外，基于敏感性分析的监测定位方法存在定位精度有限的问题，不同管段的爆管敏感性相似，导致定位误差。为了优化监测点布置方案，本节从爆管识别和爆管定位两个角度分别定义目标函数，从而提升供水管网物联网监测系统的整体效能。

1）最大化监测网的覆盖面

从服务于爆管识别的角度出发，目标函数旨在扩大监测网的覆盖面，使尽可能多的管道在监测范围内，即以减少监测盲区内的管段数量为优化目标。对于监测点布置方案X，以最大化可被监测的爆管管段数量为目标函数，如式(2.21)～式(2.23)所示：

$$X = (x_1, x_2, \cdots, x_N) \tag{2.21}$$

$$F_1(X) = \sum_{j=1}^{L} K_j \tag{2.22}$$

$$K_j = \begin{cases} 1, & \exists i \in \{i \mid x_i = 1, P_i - P'_{i,j} > \varepsilon\} \\ 0, & P_i - P'_{i,j} \leqslant \varepsilon \end{cases} \tag{2.23}$$

式中，x_i为 0-1 二元变量，$x_i = 1$表示节点i安装了监测点；N为用水节点总数；L为管段总数；j为爆管管段编号；P_i为正常工况下水力模型计算得到的节点i处的

水压；$P'_{i,j}$ 为管段 j 爆管时节点 i 处的水压；ε 为爆管阈值；K_j 为能够监测到的爆管管道。

2) 最大化监测网的敏感性

监测网的敏感性能够反映监测点对爆管事件的敏感程度，高敏感性监测网有利于爆管识别。具体来说，管段的敏感性向量 S_j 表示管段 j 发生爆管时，在测压节点产生的最大压力变化。对于给定的监测点布置 X，以最大化管段敏感性向量为目标函数，如式(2.24)和式(2.25)所示：

$$S_j = \max S'_{ij} = \max \frac{P_i - P'_{i,j}}{q_j}, \quad i \in \{i | x_i = 1\} \tag{2.24}$$

$$F_2(X) = \sum_{j=1}^{L} S_j \tag{2.25}$$

式中，q_j 为爆管流量。监测网敏感度越大，相同流量下产生的压力变化越大，爆管事件越容易被识别。

3) 最小化爆管位置特征的相似度

从爆管定位的角度出发，最大化不同爆管位置的区分度能够优化爆管定位的准确性。爆管事件发生时，将监测点实时采集到的真实值与正常工况下的模拟值进行对比，得到残差向量 r。爆管位置由残差向量与敏感性矩阵 S 中各敏感性向量 S_j 之间的相关性确定，不同爆管敏感性向量 S_j 和 S_k 之间的相似程度用 $\gamma_{j,k}$ 衡量。对于给定的监测点布置 X，以最小化管段间平均相似程度为目标函数，如式(2.26)和式(2.27)所示：

$$\gamma_{j,k} = \frac{S_j \cdot S_k}{|S_j||S_k|}, \quad j,k = 1,2,\cdots,L \tag{2.26}$$

$$F_3(X) = \frac{1}{L^2}\sum_{j=1}^{L}\sum_{k=1}^{L}\gamma_{j,k} \tag{2.27}$$

$\gamma_{j,k}$ 的值越大，说明管段 j 和管段 k 在各测压点处引起的压力变化越相似，意味着通过敏感性分析来区分爆管发生在管段 j 还是管段 k 越困难。特别地，当 $j = k$ 时，$\gamma_{j,k} = 1$。

3. 监测点布置优化求解

这里采用自适应多目标优化算法(Borg 算法[15])对监测点布置进行优化求解。

Borg 算法的核心计算过程包括以下几个步骤：

(1) 通过自适应多算子选择过程确定算子。

(2) 对于每一个确定的算子，需要 k 个父代样本，1 个父代样本从解档案中均匀选择，余下的 $k-1$ 个从种群中产生。

(3) 生成子代并进行评价。

(4) 根据结果更新种群和解档案。

4. 应用实例

本节提出的监测点布置优化方法应用于某城市实际供水管网，该供水管网模型的拓扑结构如图 2.5 所示，该案例考虑了供水管网原有的 7 个测压点。通过水力模型计算得到正常工况下的各节点基础水压 P_i，然后对所有管段进行爆管模拟，设置最小服务水头 18m，最小出水水头 5m，漏损射流系数 0.5，得到不同爆管事件下的各节点水压 P_i' 和对应爆管事件的流量。设定监测点增加数量分别为 1、2、3、4、5、6、7、10、15、20，利用 Borg 算法进行 5000 次迭代，得到不同增设监测点方案的目标函数值。

图 2.5　某城市供水管网模型的拓扑结构

同时对覆盖面、敏感度和定位精度三个目标进行优化，其中新增监测点数量从 1 逐渐增加到 20，得到的帕累托前沿如图 2.6 所示。优化结果显示共得到 61 个最优解，随着新增监测点数量的增加，覆盖面、敏感度和定位精度的性能也有所提升，但提升幅度逐渐减小。换言之，在监测点数量较少时，投资回报率较高；随着投入成本的增加，回报率逐渐降低。新增监测点数量在三个优化变量中起到了关键作用，对优化结果影响显著。

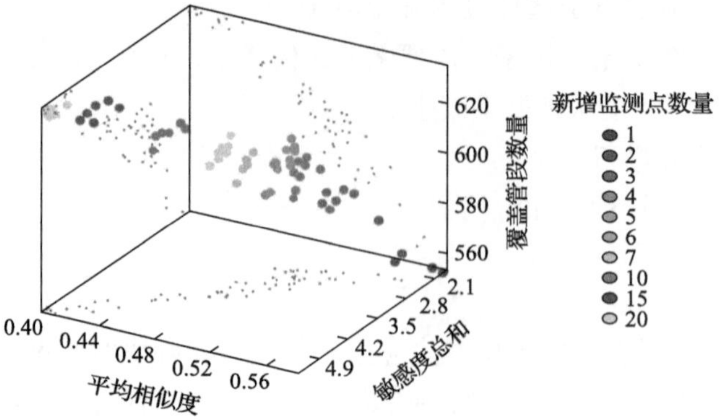

图 2.6　多目标优化帕累托最优解集

多目标优化帕累托最优解集在二维平面上的投影如图 2.7 所示，揭示了当新增监测点数量一定时三个变量之间的相互关系：覆盖管段数量增加，敏感度总和增加，平均相似度降低。以新增监测点数量为 5 时为例，帕累托最优解集中共包含 12 个最优解，具体表现如下。

(1)覆盖管段数量：最大值为 606，最小值为 589，平均值为 601。

(2)敏感度总和：最大值为 3.46，最小值为 2.73，平均值为 3.06。

(3)平均相似度：最大值为 0.514，最小值为 0.489，平均值为 0.502。

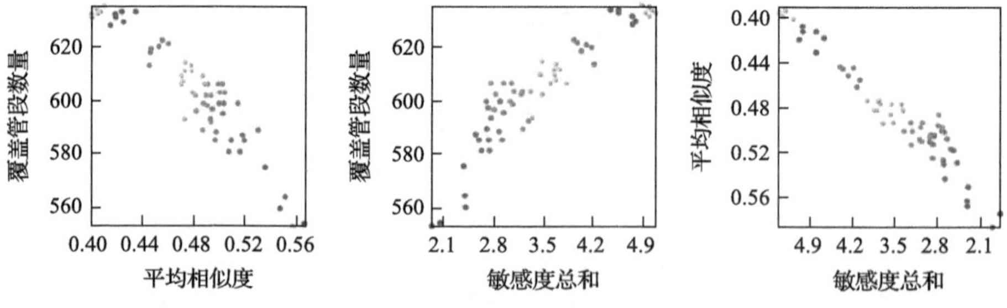

图 2.7　多目标优化帕累托最优解集在二维平面上的投影

以新增监测点数量为 5，三个目标值均接近平均值的一个帕累托最优解为例，具体布置位置如图 2.8 所示。在该方案中，覆盖管段数量为 603，敏感度总和为 3.10，平均相似度为 0. 509。从图 2.8 中可以看出，该优化方案选择了敏感度和定位精度最优方案的共有节点附近位置以及能提升敏感度的供水管网末端位置，这样的布置使得整体性能均衡，对提升覆盖管段数量、增大敏感度总和与降低平均相似度均有所改进。这种综合性的布置策略不仅提高了监测网的覆盖范围，还增强了监测点对爆管事件的响应能力和定位准确性。

图 2.8　覆盖面-敏感度-定位精度优化方案位置示意图

2.2　供水管网监测数据清洗原理与方法

2.2.1　供水管网监测数据降噪

供水管网监测数据中不可避免会存在一定程度的噪声，并且会直接影响模型校核、爆管监控等决策分析的准确性，进而对供水管网系统的安全性和可靠性产生不良影响[16]。因此，需要有效的数据降噪技术，以提高供水管网系统中传感器数据的可靠性和精度，从而确保供水管网系统的决策分析结果更加准确和可靠。

1. 数据降噪方法

降噪技术在不同领域中发挥着关键作用，如计量经济学[17]、医学[18]、图像处理[19]等，使用降噪技术可以从带有噪声的信号中提取真实信号，以确保数据的准确性和可靠性。降噪方法通常假设噪声是独立同分布的[20]，目标是从带有噪声的信号中估计或分离出真实信号，最终得到平稳的时间序列，从而提高数据分析的精度和可靠性。

降噪方法可以分为两大类，即基于状态空间模型的方法和非参数滤波方法[21]。基于状态空间模型的方法是利用状态空间模型来提取真实信号，如卡尔曼滤波器、扩展卡尔曼滤波器和变分方法等。这些方法依赖系统的状态空间模型，由于供水管网系统的复杂性和非线性，建立精准的状态空间模型具有挑战性，在供水管网系统中应用存在困难。

相比之下，非参数滤波方法避免了状态空间模型的使用，仅关注时间序列本身，因此更易于在实际中应用[22]。常见的非参数滤波方法包括低通(low-pass, LP)滤波、移动平均(moving average, MA)滤波、Savitzky- Golay(SG)滤波、离散小波变换(discrete wavelet transform, DWT)滤波等。

1)低通滤波[23]

LP 滤波是一种在众多领域中广泛应用的非参数滤波方法。该方法假设真实信号主要分布在较低频率范围内，而噪声集中在较高频率范围内。LP 滤波通过设定截止频率(cutoff frequency, CF)来消除噪声，仅允许低频范围内的信号通过，而将高于该频率的信号滤除。对于城市供水管网系统监测数据，可采用傅里叶变换将传感器采集到的时域信号转换为频域信号，进而将频率高于 CF 的信号振幅设置为零，以去除高频噪声，最后使用傅里叶逆变换将剩余的低频信号转换回时域，从而重建出原始时间序列。

2)移动平均滤波[24]

MA 滤波是一种通过创建固定长度窗口来消除噪声的常用方法。在该方法中，窗口内数据的平均值被视为降噪后的数据。当接收到新的监测数据后，窗口向前移动并更新平均值。对于每个时间步长，窗口中最早的一个数据被删除，并用新的监测数据进行替换。假设窗口中包含 N 个监测数据，即 $x_{t-n},\cdots,x_t$，$x_{t+1},\cdots,x_{t+n}$，其中 $N=2n+1$。采用窗口中数据的均值计算去除噪声后 t 时刻的数据 $\hat{x}_t$ 为

$$\hat{x}_t=\frac{1}{N}\sum_{k=t-n}^{k=t+n}x_t \tag{2.28}$$

MA 滤波是一种简单且有效的降噪方法。然而，窗口长度 N 的选择对降噪性能有显著影响。因此，需要仔细选择窗口长度以获得最佳的降噪效果。在实际应用中，窗口长度的选择通常需要根据具体信号特征进行调优，以在信号平滑和避免失真之间取得平衡。

3)Savitzky-Golay 滤波[25]

SG 滤波通过在当前监测值 x_t 周围进行多项式函数拟合来消除噪声。与 MA 滤波类似，该方法创建一个具有特定长度的移动窗格，在其中插入多个围绕 x_t 的监测值。使用多项式函数对窗口中的数据进行拟合，时刻 t 处的拟合值认为是在去除噪声后 x_t 的数据。假设窗口中包含 M 个监测数据，即 $x_{t-n},\cdots,x_t,x_{t+1},\cdots,x_{t+n}$，其中 $M=2n+1$。采用最小二乘法对窗口内的数据进行多项式函数拟合，最终使用拟合得到的多项式函数来计算去除噪声后的 t 时刻数据 $\hat{x}_t$，如式(2.29)和式(2.30)所示：

$$\min\ \sum_{k=t-n}^{t+n}\left(x_k-\sum_{j=0}^{R}a_j k^j\right)^2 \tag{2.29}$$

$$\hat{x}_t = \sum_{j=0}^{R} a_j t^j \tag{2.30}$$

式中，R为多项式函数的阶数，为了保证方程有唯一解，必须满足$R<n$；a_j为第j阶的拟合参数。

SG 滤波的性能对窗口长度M的选择非常敏感，因此需要仔细选择窗口长度以获得最佳的降噪效果。

4）离散小波变换滤波[26]

DWT 滤波是另一种广泛使用的非参数滤波方法，该方法通过分别应用 LP 滤波和高通（high-pass，HP）滤波，将信号分解为低频分量和高频分量。低频分量称为近似系数A，代表信号的平滑趋势；高频分量称为细节系数D，捕捉信号的局部特征和细节信息。通过多级分解，可以将原始观测信号x_t分解为一组近似系数$A_1, A_2, \cdots, A_n$和细节系数$D_1, D_2, \cdots, D_n$。如图 2.9 所示，对细节系数应用阈值处理，可以有效去除或减少噪声。剩余的系数将用于重建信号，通过逆离散小波变换将近似系数和修正的细节系数合并，从而输出消除噪声后的信号。

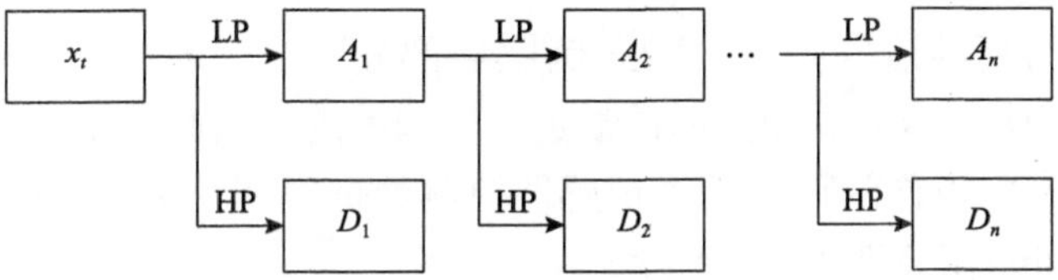

(a) 信号多级分解

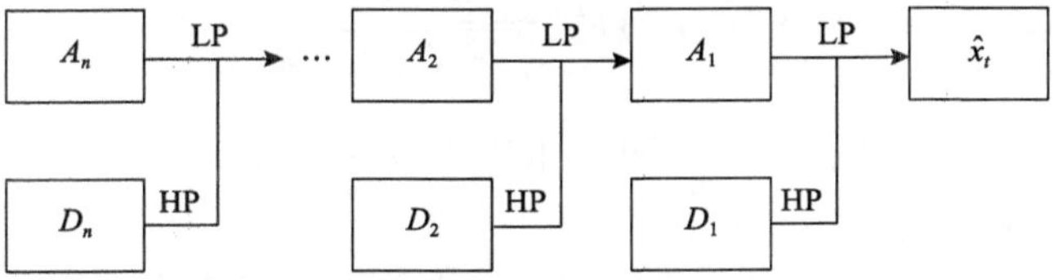

(b) 系数重构

图 2.9　离散小波变换滤波

阈值的选择对离散小波变换的滤波效果有显著影响，因此需要谨慎选择以获得最佳结果。选择合适的阈值能够最大限度地保留信号的有用信息，同时有效抑制噪声，从而提高信号的整体质量和可靠性。

以上介绍了几种常用的数据降噪方法，此外还有结合多种方法的混合滤波和基于深度学习的降噪方法等。在实际应用中，选择合适的降噪方法需要综合考虑系统的动态特性、噪声的统计性质以及计算资源等因素。合理选择和应用数据降噪技术，可以显著提高供水管网传感器数据的可靠性和准确性，从而为后续的参数校核和状态分析奠定坚实的数据基础。这些技术的应用不仅能优化系统性能，还能增强对复杂工况的响应能力，从而确保系统的稳定运行。

2. 监测数据降噪性能评估与算法参数选择

在实际应用中，降噪算法的性能依赖算法参数的选择，而最佳参数集通常与具体问题相关。这导致在处理实际数据集时，参数选择变得困难。例如，LP 滤波的 CF、MA 滤波的窗口长度和 DWT 滤波的信号阈值都是这些降噪方法中的关键参数，需要进行优化。本节提出两种指标来量化这些方法的降噪性能[27]，从而指导适当参数的选择。优化每种算法的关键参数，可以增强降噪方法的性能，进而开发出更有效和更可靠的供水管网系统传感器数据降噪技术。

1) 相关系数

假设供水管网中有两个传感器，采集的监测数据序列分别为 X_1 和 X_2。通常传感器收集的监测数据由两部分组成，即真实信号和噪声。因此，X_1 和 X_2 可以表示为

$$X_1 = x_1 + \Delta x_1 \tag{2.31}$$

$$X_2 = x_2 + \Delta x_2 \tag{2.32}$$

式中，x_1、x_2 为真实信号；Δx_1、Δx_2 为噪声部分。

在供水管网中，压力监测数据通常是线性相关的。因此，相关系数(correlation coefficient, Corr)可以作为评估两个传感器监测数据之间相关关系的指标。时间序列 X_1 和 X_2 之间的相关性可以表示为

$$\mathrm{Corr}(X_1, X_2) = \frac{\mathrm{Cov}(X_1, X_2)}{\sqrt{D(X_1)}\sqrt{D(X_2)}} \tag{2.33}$$

式中，$\mathrm{Cov}(X_1, X_2)$ 为时间序列 X_1 和 X_2 的协方差系数；$D(X_1)$ 和 $D(X_2)$ 分别为时间序列 X_1 和 X_2 的方差。

传感器监测数据中的真实信号捕获了供水管网中稳态压力数据的信息，而噪声源自复杂的背景环境，属于非信息性数据，通常不反映信号的主要趋势。因此，假设真实信号和噪声彼此独立。对于位于不同位置的传感器 i 与传感器 j，其噪声独立分布，如式(2.34)所示：

$$\mathrm{Cov}(x_i, x_j) = 0 \text{ 且 } \mathrm{Cov}(\Delta x_i, \Delta x_j) = 0, \quad i \neq j \tag{2.34}$$

根据式(2.33)和式(2.34)，可以推导出：

$$\mathrm{Corr}(X_1, X_2) = \frac{\mathrm{Cov}(X_1, X_2)}{\sqrt{D(x_1) + D(\Delta x_1)}\sqrt{D(x_2) + D(\Delta x_2)}} < \frac{\mathrm{Cov}(X_1, X_2)}{\sqrt{D(x_1)}\sqrt{D(x_2)}} = \mathrm{Corr}(x_1, x_2) \tag{2.35}$$

式(2.35)表明监测数据的 Corr 小于真实信号的 Corr。一种有效的降噪算法应当减少噪声分量的强度($D(\Delta x_1)$ 和 $D(\Delta x_2)$)，从而增加 Corr。因此，可以通过比较未经降噪和经过降噪数据之间的 Corr 来评估降噪算法的性能。选择一个能够最大化 Corr 的参数来进行降噪，以提高降噪方法的性能。

需要强调的一个关键问题是，上述结论假定仅噪声被去除，真实信号被完全保留。然而，在实际应用中，尚无算法能够确保真实信号与噪声完全区分开，部分真实信号可能会随着噪声一起被去除，从而导致信号失真。因此，单纯依赖最大化 Corr 来选择参数可能导致严重的数据失真。为此，有必要设定一个指标来评估信号失真，相关讨论将在下一部分展开。

2)协方差系数

本节将时间序列的 Cov 作为评估信号失真的指标。由于式(2.34)中所述噪声和真实信号的独立性，监测数据的 Cov 满足：

$$\mathrm{Cov}(X_1, X_2) = \mathrm{Cov}(x_1, x_2) \tag{2.36}$$

式(2.36)表明，监测数据的 Cov 反映了数据本身的固有结构，独立于噪声。只有当真实信号的 Cov 发生变化时，监测数据的 Cov 才会发生变化。这意味着若算法仅去除噪声，则监测数据的 Cov 保持不变。然而，若去除了部分真实信号(信号失真)，则会导致监测数据的 Cov 发生变化。因此，Cov 的变化与信号失真是同步的。

本节 Corr 和 Cov 都视为算法参数选择的指标。最大化 Corr 可以确保噪声被充分去除，而保持 Cov 尽可能恒定、避免信号失真也至关重要。

3. 传感器分组

上述 Corr 和 Cov 指标应用的前提是监测数据之间有强相关性。通常情况下，随着传感器之间水力距离的增加，监测数据的相关性会降低。因此，在降噪之前，一个关键步骤是将强相关的传感器分到一组，然后可以使用组内传感器的 Corr 和 Cov 来引导参数选择。

本节使用 K-medoids 算法对传感器进行分组。K-medoids 算法[28]是一种聚类算法，将数据点分成多个簇，并使用数据集的中位数来定义簇的中心。K-medoids 算法的一个优点是对异常值具有鲁棒性，在处理包含大量噪声的数据集时更有效。K-medoids 算法从给定的数据点中选择 k 个点作为初始簇中心，然后将每个数据点分配到最近的簇中心，K-medoids 算法重新计算每个簇的中心，簇的中心是簇中与所有其他点最接近的点。这个过程重复进行，直到簇中心不再变化。以 Corr 为度量的 K-medoids 算法可以表示为

$$\min \sum_{i=1}^{n}\sum_{j=1}^{n}\frac{1}{\mathrm{Corr}(i,j)}z_{ij} \tag{2.37}$$

$$\sum_{i=1}^{n} z_{ij}=1, \quad j=1,2,\cdots,n \tag{2.38}$$

$$z_{ij} \leqslant y_i, \quad i=1,2,\cdots,n \tag{2.39}$$

$$\sum_{i=1}^{n} y_i = k \tag{2.40}$$

$$y_i, z_{ij} \in \{0,1\}, \quad i,j=1,2,\cdots,n \tag{2.41}$$

式中，n 为数据点或传感器的总数；y_i 和 z_{ij} 为布尔值，y_i 表示数据点 i 是否是一个簇中心；z_{ij} 表示数据点 j 是否属于以数据点 i 为中心的组；k 为分簇的数量。

目标函数(2.37)旨在将具有强相关性的传感器分配到同一组。应用 K-medoids 算法，根据它们的相关性将传感器分组，从而便于选择降噪算法的最佳参数。

4. 案例分析

为了评估提出方法的有效性，使用 Ostfeld 等[29]提供的大型基准供水管网作为案例。该供水管网包括 8566 个节点、3 个水厂、9979 个管段和 3 个泵，每个水厂都有其独特的水头模式。随机选择 60 个节点作为压力传感器的位置，并使用 EPANET 2.2 进行水力模拟。压力数据以 15min 间隔采样，生成 1440 个时刻的数据。水力模拟生成了节点压力的时间序列，这些时间序列作为监测数据的理论值。通过在理论值中加入不同强度的随机噪声来合成监测值。许多研究假设监测噪声服从均值为零、标准差为 σ 的正态分布，本案例所有监测噪声都是从正态概率分布中采样的值。加入标准差分别为 σ=1.00psi①和 σ=0.85psi 不同强度的噪声，其中 1psi 等价于 0.69m 水头。图 2.10 所示为基于传感器之间的相关性采用 K-medoids 算法对压力传感器进行分组的结果。当传感器分为四组时，每组内传感器的平均 Corr 已经足够大，且分组方案也较为均匀。因此，本案例中将传感器分为四组。

使用前面的四种降噪算法对 60 个传感器数据进行降噪。通过分析同组内监测值之间的平均 Corr 和平均 Cov 来评估算法的性能。通过迭代测试多个参数集，并计算相应的平均 Corr 和平均 Cov 来评估其性能。各算法参数的迭代范围如下：①对于 LP 滤波算法，CF 范围为 2～750；②对于 MA 滤波算法，窗口长度 N 为 2～50；③对于 DWT 滤波算法，信号阈值 S 为 0.01～0.99；④对于 SG 滤波算法，使用窗口长度 M 为 5～100 的四阶多项式滤波。图 2.11 所示为四种降噪算法对压

① 1psi=6.895×10^{3}Pa，下同。

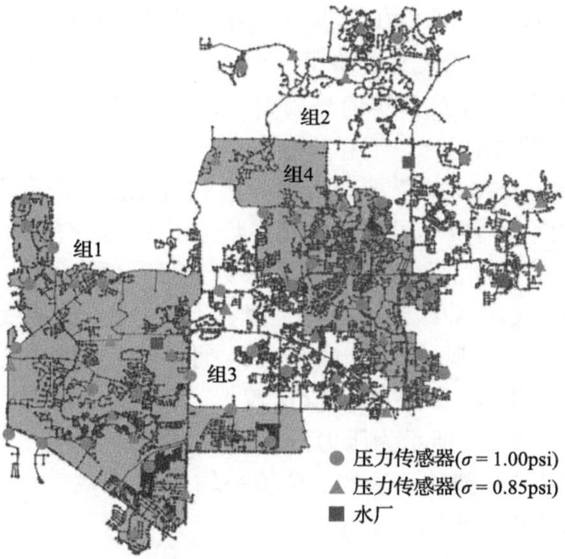

图 2.10　供水管网平面图及传感器分组情况

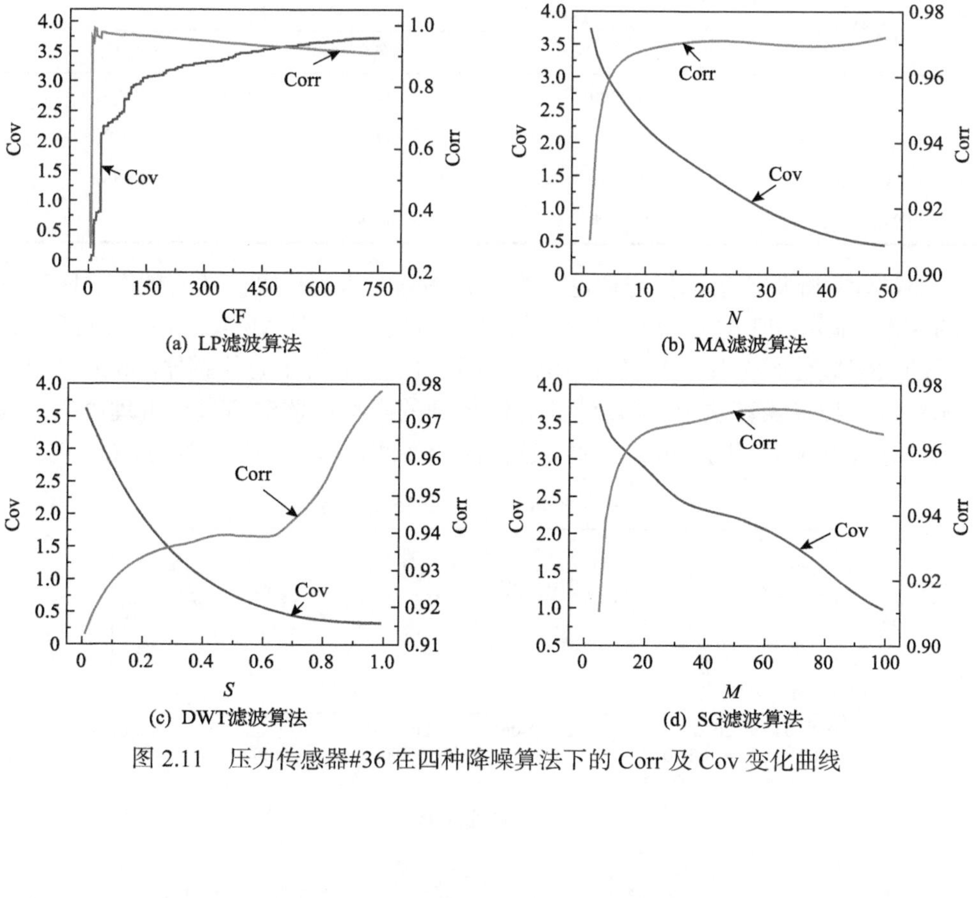

图 2.11　压力传感器#36 在四种降噪算法下的 Corr 及 Cov 变化曲线

力传感器#36 的降噪效果，图 2.11(a)所示为 LP 滤波算法两个不同的性能变化阶段：在第一阶段，Cov 随着 CF 的降低而缓慢下降，监测值的 Corr 缓慢上升；在第二阶段，CF过低，导致真实信号丢失，Cov 下降。其他三种算法的性能与 LP 滤波算法总体趋势相似。

降噪算法的最佳参数选择需要在去除噪声和避免信号失真之间取得平衡。为了去除噪声，一方面，需要尽可能最大化平均 Corr；另一方面，需要尽量使 Cov 不变以防止信号失真。LP 滤波算法的最佳参数选择在两个阶段的交点附近。对于其他三种算法，由于 Cov 曲线近似线性下降，不可避免地会导致信号失真。对这些算法的参数选择相对主观，如果初始 Corr 较小，选定的参数应增加 Corr，同时允许一定程度的信号失真；如果初始 Corr 较大，选定的参数应保持 Cov 在原始水平以避免数据失真。表 2.1 所示为压力传感器#36 的选定参数，四种算法均实现了高程度的降噪，其中 LP 滤波算法的监测值平均 Cov 最高，表明其在减少噪声的同时最小化了失真程度。

表 2.1 压力传感器#36 的降噪算法参数选择及降噪效果

降噪算法	参数选择	指标参数	
		平均 Corr	平均 Cov
LP 滤波	CF=300	0.889	3.304
MA 滤波	N=4	0.618	0.999
SG 滤波	M=17	0.925	2.986
DWT 滤波	S=0.18	0.570	0.396

通过计算降噪后监测值与理论值之间的 MAR 来评估算法的有效性。四种算法的 MAR 显示，LP 滤波算法和 SG 滤波算法具有较低的 MAR，其中 LP 滤波算法下的大多数传感器显示较低的 MAR。图 2.12 所示为压力传感器#36 的结果，表明在这四种降噪算法中，LP 滤波算法得到的降噪后监测值最接近理论值，其他三种算法引入了不同程度的失真。这是因为在调整可行参数范围时，Cov 减小，

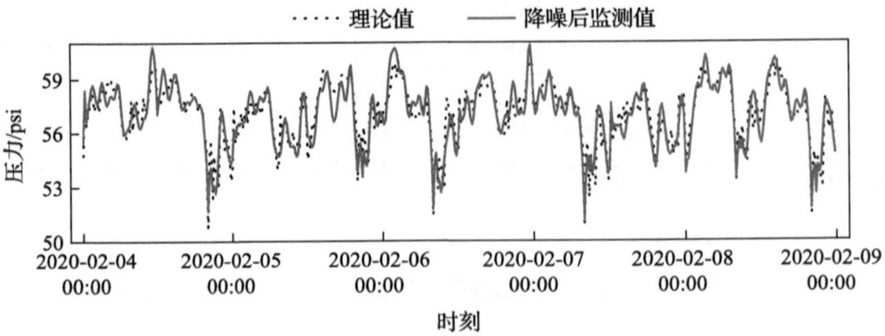

(a) LP滤波算法

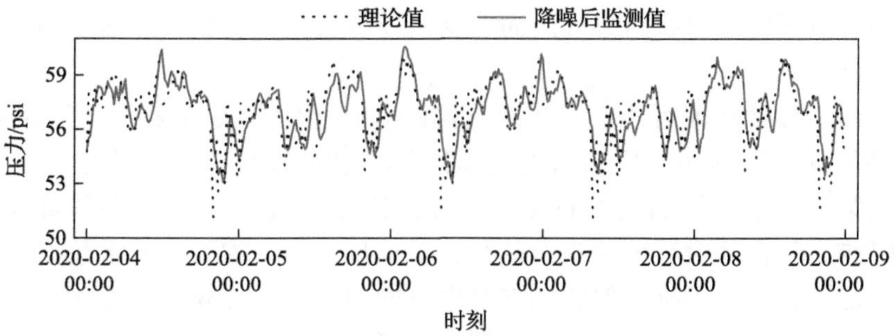

(b) MA滤波算法

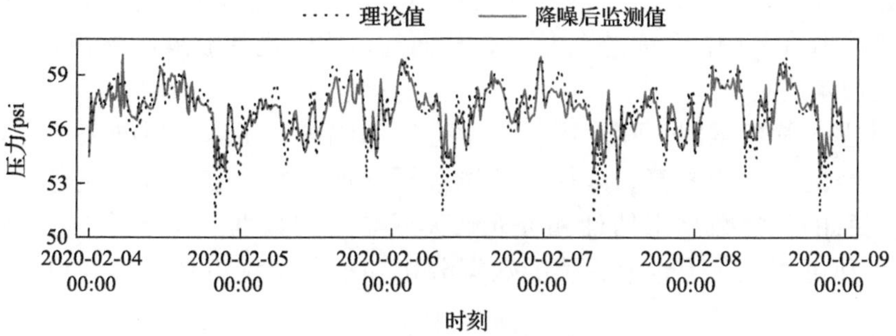

(c) DWT滤波算法

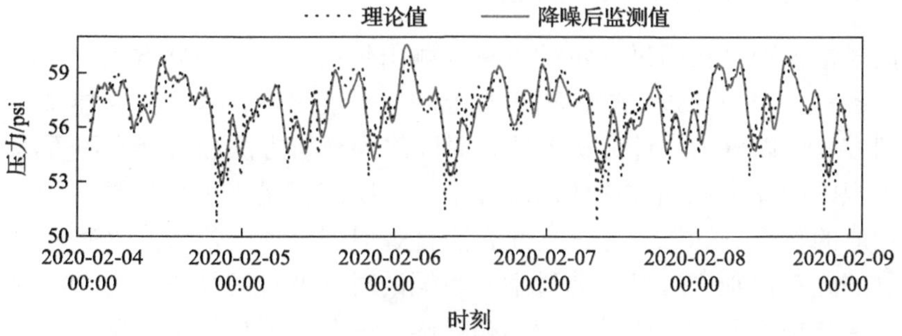

(d) SG滤波算法

图 2.12　四种算法压力的降噪后监测值与理论值对比

导致真实信号结构发生变化，进而信号失真。总体而言，噪声的存在导致降噪后监测值波动，表现为数据曲线的脉冲或不稳定性。LP 滤波算法降噪后监测值更平滑且更接近理论值，验证了 LP 滤波算法的有效性。

2.2.2　供水管网监测数据异常识别与填充

由于供水管网系统的复杂性和不确定性，传感器监测数据难免会出现各种异常情况。这些异常可能源于系统本身的异常波动[30]、传感器的故障[31]或者信号传输过程中的干扰[32]等多种因素。异常数据通常表现为多种形式，包括数据缺失、数据尖刺、数据脱离原有趋势等。面对这些异常数据，需要采取适当的措施进行处理和分析。

一方面，异常数据可能会对供水管网的运行控制和决策优化产生不良影响。如果直接将异常数据用于供水管网的状态评估和调度优化，可能会导致错误的判断和决策[33]，从而影响供水的安全性和稳定性。因此，有必要对异常数据进行识别和隔离，防止其对系统的正常运行产生干扰。另一方面，异常数据虽然会对系统的正常运行产生干扰，但它们本身也可能包含与系统异常事件相关的重要信息[34]。例如，当供水管网发生爆管、漏损或者设备故障等异常情况时，传感器监测数据往往会出现异常的波动或变化模式。对这些异常数据进行仔细分析和挖掘，可以发现隐藏在其中的异常事件信息，从而为供水管网的故障诊断和应急处置提供重要的决策支持。

在处理异常数据时，除了进行异常检测和隔离，还需要对缺失或异常的数据进行适当的填充或修复，以保证监测数据的连续性和完整性。通过合理利用异常点前后的正常数据来估计和补充缺失或异常的数据。这样不仅可以提高数据的质量和可用性，还能为后续的数据分析和挖掘奠定更加完整与可靠的数据基础。

1. 常用数据异常识别与填充方法

数据异常识别是指通过一定的方法检测出数据中存在的异常点，这些异常点可能由于各种原因而导致数据偏离正常范围或呈现出不合理的变化模式。常用的异常识别方法可以分为统计分析方法、时间序列分析方法和机器学习方法等[35]。

基于规则的异常识别方法使用统计指标或距离度量来衡量数据偏离程度，超过预设阈值的数据点标记为异常。此方法直观但需合理设置阈值以避免误报[36]。基于预测的异常识别方法可以通过学习数据的时间变化规律来构建预测模型，将实际观测值与预测值进行比较，偏离超过阈值的观测值标记为异常，适用于有趋势或周期性的数据[37]。

识别数据缺失或异常后需要进行数据填充，以保持数据的连续性。填充方法与异常识别类似，包括统计分析方法(如均值填充、最大似然估计)和时间序列分析方法。统计分析方法利用邻域信息估计缺失值，但精度受邻域选择和数据分布的影响。时间序列分析方法是通过建模来预测缺失值，并结合趋势、季节性和随机性特点，估计和补充缺失数据。

近年来，机器学习方法和深度学习方法在数据异常识别和填充领域得到了广泛应用[38]。与传统方法相比，机器学习方法和深度学习方法能够自动提取数据的高级特征，对复杂的非线性模式具有更强的建模和表达能力，因此在处理大规模、高维度、非线性的异常检测和数据填充问题时具有优势。

1) 标准分数法

标准分数法，也称为 Z-score 法，是一种基于标准差的统计方法，用于衡量一个数据点相对于数据集平均值的偏离程度。对于数据点 x_t，其标准分数 Z 的计算公式[39]见式(2.42)和式(2.43)：

$$Z = \frac{x_t - \mu}{\sigma} \tag{2.42}$$

$$\sigma = \sqrt{\frac{\sum(x_t - \mu)^2}{n-1}} \tag{2.43}$$

式中，μ 为数据集的平均值；σ 为数据集的标准差；x_t 为数据集中 t 时刻的数据点；n 为数据集的样本数量。若标准分数 Z 为正，则表示数据点高于平均值，值越大，偏离越大；反之亦然。若数据点的标准分数超过某个预设的阈值(如 ±3)，则认为该数据点是异常值。

2) 移动平均法[24]

移动平均法是通过在时间序列上应用一个固定长度的数据窗口，计算窗口内数据的平均值来识别趋势或平滑异常值。对比期望值与实测值，可以识别异常、填补缺失数据并隔离异常。

3) 差分自回归移动平均模型

差分自回归移动平均[24] (autoregressive integrated moving average, ARIMA) 模型是时间序列分析中的一种重要方法。在使用 ARIMA 模型进行建模前，需要先通过自相关函数图与偏自相关函数图确定自回归项和移动平均项的阶数。对于 t 时刻的观测值 x_t，ARIMA 模型的结构如式(2.44)所示：

$$\phi(B)(1-B)^d x_t = \theta(B)\varepsilon_t \tag{2.44}$$

式中，B 为滞后算子，定义为 $B_{x_t} = x_{t-1}$；$\phi(B)$ 为自回归部分的多项式；$(1-B)^d$ 为差分操作，d 为差分次数；$\theta(B)$ 为移动平均部分的多项式；ε_t 为白噪声误差项。ARIMA 模型的一个重要优势是能够同时捕捉时间序列中的长期趋势、季节性变化以及随机波动。通过差分操作，ARIMA 模型可以有效去除时间序列中的趋势和季节性成分，使序列达到平稳。然后，通过自回归项和移动平均项，ARIMA 模型可以刻画序列中的自相关性和移动平均效应，从而实现对未来时间点的预测。

4) 长短期记忆神经网络模型

长短期记忆(long short-term memory, LSTM)神经网络通过引入记忆单元、输入门、输出门和遗忘门来控制信息的存储、更新和遗忘，在时间序列预测、异常检测等任务中效果显著[40,41]。LSTM 神经网络模型的特殊结构使其能够长期存储和传递相关信息，并选择性地遗忘不再需要的信息。在供水管网监测中，LSTM

神经网络模型可用于异常检测和时间序列预测，通过学习数据的时间依赖关系，构建正常状态的动态表示，并对异常数据发出警报或对空缺数据进行预测填充。

5）多变量协作法

多变量协作法是一种通过引入额外的相关变量来提高模型预测能力和异常检测能力的方法。在供水管网物联网监测系统中，多变量协作法可以从历史序列、相关序列和环境变量三个不同的角度引入协作变量，以增强对系统状态的理解和预测。

供水管网监测数据通常表现为具有较强周期性特征的时间序列。由于用户用水模式的周期性，供水管网监测数据通常也呈现出较强的周期性。供水管网所处的环境条件，如温度、降水量等，都能对系统中的水力参数和水质参数产生显著影响。供水管网监测数据中的不同传感器之间也存在相关性。由于供水管网中的水力连接和水质传播，不同位置的传感器所采集的数据往往呈现出一定的相关性和依赖性。引入这些相关序列作为协作变量，可以提升数据分析的信息全面性和冗余性。

历史序列、相关序列以及环境变量的引入，为异常检测和数据填充提供了丰富的分析冗余。图 2.13 所示为多变量协作法流程。

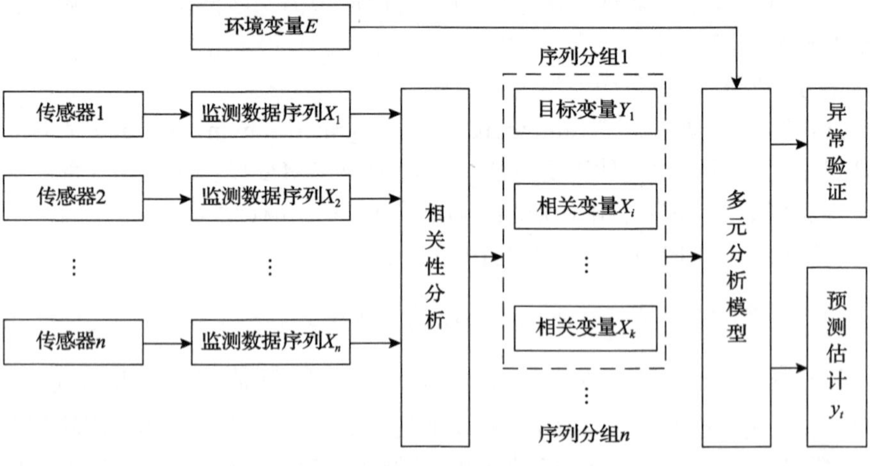

图 2.13　多变量协作法流程

上述方法通过不同的方式实现了异常检测与数据填充，为供水管网物联网监测系统的数据质量控制和智能化运维提供了有力的工具。然而，在实际应用中，还需要考虑许多现实因素，如模型参数选择、计算资源消耗、实时性要求等，以在保障供水管网系统安全运行的同时，兼顾数据处理的效率和准确性。

2. 供水管网监测数据实时异常处理

前面方法广泛应用于数据的异常识别与填充，但实际应用效果受到时间序列自身特征及问题复杂程度的影响。供水管网系统监测数据有自身的特征：一方面水力距离较近的监测数据序列具有很强的相关性；另一方面监测数据通常还具有明显的周期性特征。这些特征为供水管网系统的数据故障诊断、数据填充、异常识别等提供重要的参考依据。本节充分考虑供水管网系统数据的上述特征，提出数据实时异常处理方法。

供水管网实时运行调控对数据处理提出了更高要求，既要保证填充和异常识别的精度，又要满足实时计算的效率。因此，通常会将操作模型分为离线部分和在线运行部分。将计算成本高的部分，如模型的训练、传感器的分组、参数的选取等，置于离线部分，使得在线运行部分的异常检测与异常识别能够更快运行。

1) 异常检测

在实践应用中，异常检测效果往往可以通过结合多种方法来提升。首先采用统计方法进行初步筛选，然后再用其他方法进行精细检测。另外，结合更多有效的数据可以提高异常检测和填充的效果。在供水管网中，水力距离较近的传感器通常具有较高的相关性，因此相关性强的传感器归为同一组进行处理。时间序列分组可以采用多种方法，例如，基于序列间的距离度量等相关性度量进行分组，如欧几里得距离、动态时间规整[42] (dynamic time warping, DTW) 距离等；也可以采用机器学习的聚类算法直接对数据进行分组，如 K-means 聚类、层次聚类等。

为了充分利用组内传感器的相关性，采用一定的时间窗格将同组传感器的实时数据构建为实时协变量矩阵 $R(X^j, X^q, \cdots, X^k)$，其中，$X^j, X^q, \cdots, X^k$ 表示同组内不同传感器在当前时刻的观测值。时间窗格的大小可以根据传感器数据的采样频率和变化特点进行调整，通常选择能够捕捉数据局部趋势的窗格大小。

除了利用实时数据，还可以利用传感器的历史数据来辅助缺失值填充和异常检测。供水管网的运行参数通常具有明显的周期性特征，因此可以选择目标传感器在发生缺失或异常之前的历史序列、1 天前的同时刻序列、1 周前的同时刻序列、1 个月前的同时刻序列、1 季度前的同时刻序列和 1 年前的同时刻序列作为协作变量。这些历史序列内含传感器数据的周期性模式和长期趋势信息。与实时数据类似，采用相同的时间窗格将历史序列构建为历史协变量矩阵 H（$H_\alpha^i, H_\beta^i, \cdots, H_\gamma^i$）。其中，$H_\alpha^i, H_\beta^i, \cdots, H_\gamma^i$ 表示目标传感器在不同历史时刻的观测值。

最后，将实时协变量矩阵 R 与历史协变量矩阵 H 按列拼接，得到最终的协变量矩阵 M_t^i，如式(2.45)所示：

$$M_t^i = \begin{bmatrix} \text{series} & T=0 & T=1 & \dots & T=t \\ X^i & x_0^i & x_1^i & \dots & x_t^i \\ X^j & x_0^j & x_1^j & \dots & x_t^j \\ \vdots & \vdots & \vdots & & \vdots \\ X^k & x_0^k & x_1^k & \dots & x_t^k \\ H_\alpha^i & x_{\alpha_0}^i & x_{\alpha_1}^i & \dots & x_{\alpha_t}^i \\ H_\beta^i & x_{\beta_0}^i & x_{\beta_1}^i & \dots & x_{\beta_t}^i \\ \vdots & \vdots & \vdots & & \vdots \\ H_\gamma^i & x_{\gamma_0}^i & x_{\gamma_1}^i & \dots & x_{\gamma_t}^i \end{bmatrix} \tag{2.45}$$

构建好的协变量矩阵 M_t^i，可以作为预测算法的训练集。然而，由于引入了大量的实时协变量和历史协变量，协变量矩阵的维度和复杂度显著增加。高维度的输入数据不仅会增加模型训练的计算开销，还可能引入噪声和冗余信息，从而影响模型的泛化性能。为了降低数据的维度，使其更易于处理和分析，采用比例主成分分析[43] (scaled principal component analysis, SPCA) 对协变量矩阵进行降维。比例主成分分析是对传统主成分分析的改进，通过放大协变量矩阵 M_t^i 中预测能力强的序列，提高该序列在主成分中的占比，从而在降维的过程中同时实现数据的筛选。

将降维后的协变量矩阵输入预测模型中进行训练。预测模型的自变量为 T 时刻的协变量向量，输出为目标传感器下一时刻的预测值。模型的训练过程通过反向传播算法优化模型参数，最小化预测值与真实值之间的误差。当目标传感器 X^i 出现缺失或需要隔离的异常值时，将当前时刻的协变量矩阵 M_t^i 输入已训练的预测模型，得到模型的预测值并将其作为缺失值的估计或异常值的替代。

2) 异常识别

在实际应用中，随机数据故障和供水管网事件（如爆管）会引起数据异常。有效甄别随机数据故障与异常事件对后续数据处理和运行管理至关重要。如图 2.13 所示，当识别的异常为随机数据故障时，可以使用数据填充算法对故障数据进行修复；若为供水管网事件，则需要进一步排查验证。

根据工程经验，异常事件引起的数据异常通常会持续一段时间并且会引起多个传感器连锁反应。因此，本节从异常持续时间和协变量验证水平两个维度对异常点进行异常识别。只有当异常持续时间超过预设的阈值，且协变量验证水平超过设定的阈值时，才认为发生了供水管网事件。

对于异常事件持续时间的计算，采用累积和控制图[44] (cumulative sum control chart, CUSUM)。CUSUM 通过累积偏离期望值的差值来检测数据的微小变化，对于持续性异常具有较高的敏感性。

对于协变量验证水平的计算，采用基于概率的方法，衡量协变量对数据异常(极大或极小)发生的支持率。在供水管网中，监测数据通常可以近似认为服从正态分布。因此，对于某一个传感器数据序列，可以通过计算其均值μ和方差σ^2，构建出该传感器数据的正态概率密度函数$f(x)$，如式(2.46)所示：

$$f(x)=\frac{1}{\sqrt{2\pi\sigma^2}}\mathrm{e}^{-\frac{(x-\mu)^2}{2\sigma^2}} \tag{2.46}$$

对于传感器数据序列中的某一个数据点x_t，可以根据式(2.47)和式(2.48)计算其在正态分布上的累积分布函数值：

$$P(x \leqslant x_t)=\int_{-\infty}^{x_t} f(x) \tag{2.47}$$

$$P(x > x_t)=1-P(x \leqslant x_t) \tag{2.48}$$

式中，$P(x \leqslant x_t)$为数据点x_t在当前序列中的正向偏离程度，即x小于等于x_t的累积概率；$P(x > x_t)$为数据点x_t在当前序列中的负向偏离程度，即x大于x_t的累积概率。将数据从原始数值空间转换到概率空间，可以用统一的度量来衡量数据点在不同尺度数据序列上的偏离程度。

基于以上分析，提出以下联合概率计算方法，用于综合衡量数据点在多个协变量序列上的异常支持率，如式(2.49)和式(2.50)所示：

$$P_+[S]=\frac{\prod P(x \leqslant x_t)}{\prod P(x \leqslant x_t)+\prod P(x > x_t)} \tag{2.49}$$

$$P_-[S]=\frac{\prod P(x > x_t)}{\prod P(x \leqslant x_t)+\prod P(x > x_t)} \tag{2.50}$$

式中，$P_+[S]$为数据点在所有协变量序列上的正向偏离联合支持概率；$P_-[S]$为数据点在所有协变量序列上的负向偏离联合支持概率。

3. 案例分析

某供水管网中设置了超过 70 个压力传感器，形成了一个完备的监测网络，用于实时监控供水管网的运行状态。这些传感器的数据上传频率为每 15min 一次，产生了大量的时序数据。然而，由于各种因素的影响，如设备故障、通信中断等，监测数据中存在异常值和缺失值，数据质量不理想。图 2.14 所示为某压力传感器的监测数据，可以明显观察到其中存在大量的数据缺失。经统计分析，压力监测数据的整体缺失率高达 10%。异常值和缺失值的存在严重影响了水力模型的运行与事故分析的准确性。因此，为了保证水力模型运行和事故分析的稳定性及可靠性，需要对压力监测数据进行异常检测与缺失值填充。

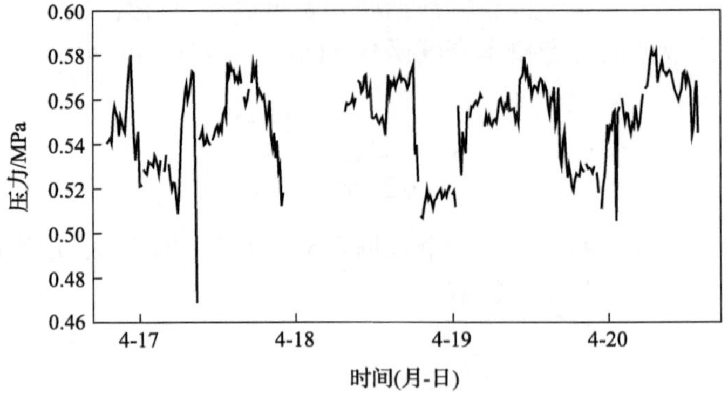

图 2.14　存在缺失的某压力传感器监测数据

表 2.2 所示为 Z 城市供水管网中压力传感器的数据缺失情况统计。根据缺失率θ的不同区间，统计了相应区间内的传感器数量。可以观察到，大部分压力传感器的缺失率集中在 0.05～0.1；其次，有 18 个传感器的缺失率小于等于 0.05，这部分传感器的数据质量相对较高。

表 2.2　Z 城市供水管网中压力传感器的数据缺失情况统计

缺失率 θ	传感器数量/个
$\theta > 0.3$	6
$0.2 < \theta \leqslant 0.3$	1
$0.1 < \theta \leqslant 0.2$	8
$0.05 < \theta \leqslant 0.1$	39
$\theta \leqslant 0.05$	18

在该案例中，为了实现数据异常检测和缺失值填充的实时运行，设计了一套基于多变量协作法的数据处理方案。在供水管网物联网监测系统实时运行过程中，接收到的监测数据首先进行缺失值检测。若数据点缺失，则触发缺失值填充算法对缺失数据进行估计和填充。本案例采用基于多变量协作的 LSTM 神经网络模型来计算缺失值。LSTM 神经网络模型能够有效捕捉时间序列数据的长期依赖关系，并利用相关变量之间的协作关系来提高缺失值估计的准确性。

若数据点不为缺失值，则进入异常检测阶段。案例采用 Z-score 法对时间序列数据进行初步的异常检测，Z-score 法通过计算数据点与序列均值之间的标准差倍数来识别潜在的异常值。为了提高异常检测的准确性，本案例进一步引入基于协变量的概率分析方法。通过分析目标变量与相关协变量之间的概率关系，可以更准确地判断异常点是由供水管网事件引起的还是由传感器自身异常导致的。

若异常点被验证为是由供水管网事件引起的，则触发供水管网事件分析流程，对事件进行定位、原因分析和影响评估等。若异常点被验证为由传感器自身异常导致，则采用与缺失值填充相同的 LSTM 神经网络模型来估计该异常点的真实值，并用估计值替换异常值，实现异常值的隔离和修正。

图 2.15 所示为该案例异常检测与缺失值填充运行流程。监测数据经过异常检测、缺失值填充和异常值隔离等一系列处理步骤，最终得到高质量的、可用于后续分析的数据序列。该方案综合利用多变量协作关系和机器学习模型，能够有效提高数据处理的实时性、准确性和鲁棒性，为供水管网的实时监控和事件分析提供可靠的数据支撑。

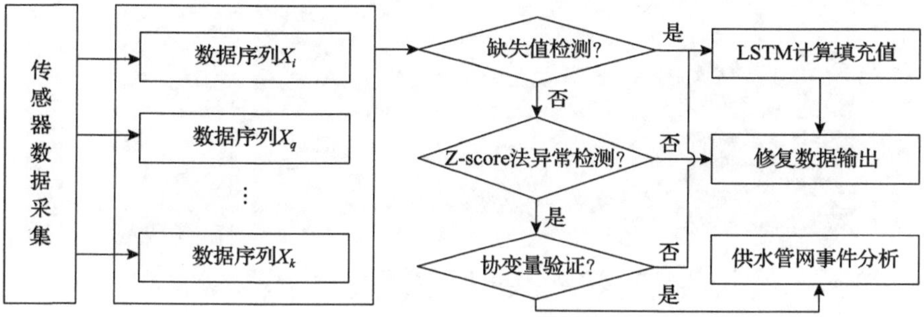

图 2.15　该案例异常检测与缺失值填充运行流程

当检测到某个时间点的数据缺失时，可以利用与目标传感器高度相关的其他传感器数据或该传感器自身的历史数据来估计和填充缺失值。为了确定相关性强的传感器，需要对传感器序列进行分组，将相关性强的传感器序列划分到同一组中。

为了更准确地刻画传感器序列间的相关性，本案例采用基于离散互信息的方法。互信息是一种衡量两个随机变量之间相关性的指标，它考虑了变量之间的非线性依赖关系，能够捕捉序列间的复杂关联模式。互信息的计算公式如式(2.51)所示：

$$I(X,Y)=\sum_{x\in X}\sum_{y\in Y}P(x,y)\log\frac{P(x,y)}{P(x)P(y)} \tag{2.51}$$

式中，X 和 Y 分别为两个不同传感器的时间序列；$P(x,y)$ 为 x 和 y 的联合概率分布；$P(x)$ 和 $P(y)$ 分别为 x 和 y 的边缘概率分布，采用高斯函数估计它们的边缘概率分布。

图 2.16 所示为压力传感器序列之间的互信息热图，其中颜色越深表示这两个传感器之间的相关性越强。通过互信息热图，可以直观地识别出相关性强的传感器对，为后续的缺失值填充提供依据。

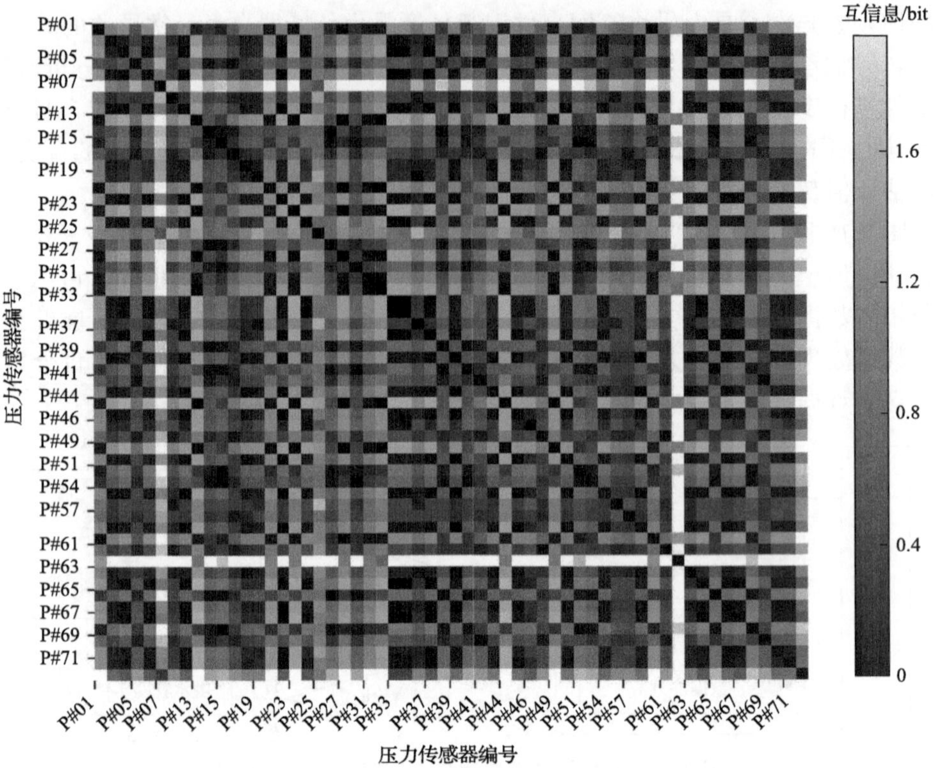

图 2.16　压力传感器序列之间的互信息热图

基于上一步计算得到传感器序列之间的互信息，采用非监督聚类算法 *K*-means 对传感器序列进行分组。图 2.17 所示为聚类结果中的一组传感器序列，可以观察到这些传感器在大部分时间内表现出一致的变化趋势。这种一致性为后续的缺失

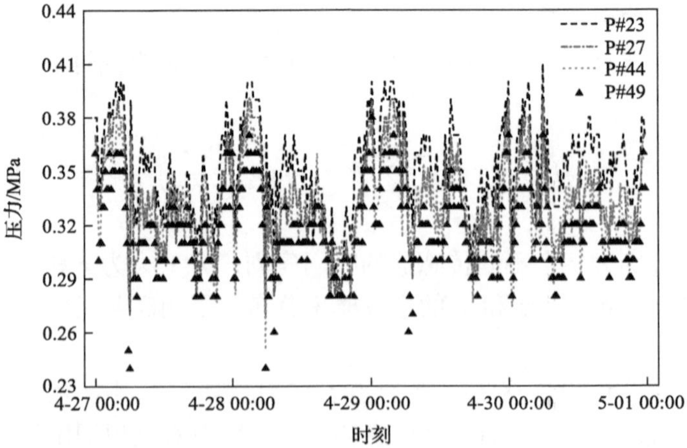

图 2.17　某压力传感器组内数据序列

值填充和异常检测提供了重要的先验信息。

完成传感器的分组后，将同一组内的传感器最新时间窗口内的实时数据构建为实时协变量矩阵 R 。软传感器时间窗口的大小决定了后续缺失值填充和异常检测所参考的数据输入量，本案例采用 192 个时间步长。选取历史数据库中指定其他时间窗口的历史序列构成历史协变量矩阵 H 。将实时协变量矩阵 R 与历史协变量矩阵 H 按列拼接，得到最终的协变量矩阵 M_t^i 。由于复杂度与维度增加，采用比例主成分分析对协变量矩阵进行降维，将降维后的协变量矩阵输入 LSTM 神经网络模型进行训练。

图 2.18 所示为在一个测试集上 LSTM 神经网络模型预测值与实测值的对比。从图中可以看出，预测值与实测值吻合度较高，能够较好地捕捉压力传感器数据的变化趋势。在该测试集上，模型的均方根误差(root mean square error, RMSE)为 0.01MPa，平均绝对百分比误差(mean absolute percentage error, MAPE)为 2.49%，表明模型的预测性能良好，可以接受为供水管网压力传感器数据的填充值。

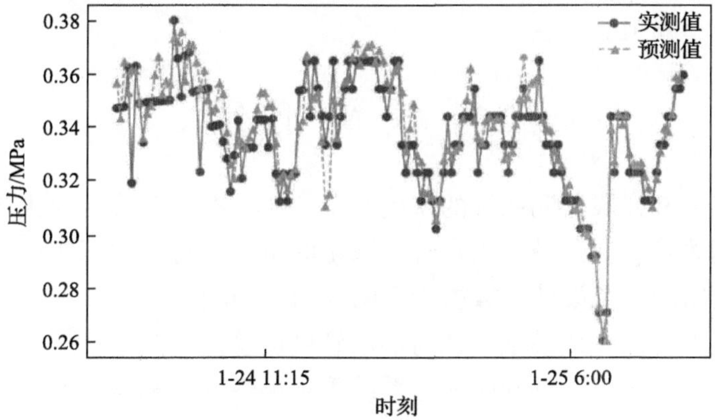

图 2.18　LSTM 神经网络模型预测值与实测值对比

在异常检测的第一步中，采用 Z-score 法对数据进行初步筛选。图 2.19 所示为采用 Z-score 法检测异常值的效果，图中的两条虚线分别表示 $\mu+3\sigma$ 和 $\mu-3\sigma$ ，黑点标注出了检测到的异常点。可以看出，Z-score 法能够初步识别出数据中偏离正常范围较大的点。

为了提高异常检测的准确性，在异常点验证步骤中，根据工程经验，从异常持续时间和协变量验证水平两个维度对异常点进行进一步验证。通过构建传感器数据的正态概率密度函数(式(2.46))，计算其在正态分布上的累积分布函数值(式(2.47)和式(2.48))，使用联合概率计算方法，综合衡量数据点在多个协变量序列上的异常支持率(式(2.49)和式(2.50))。

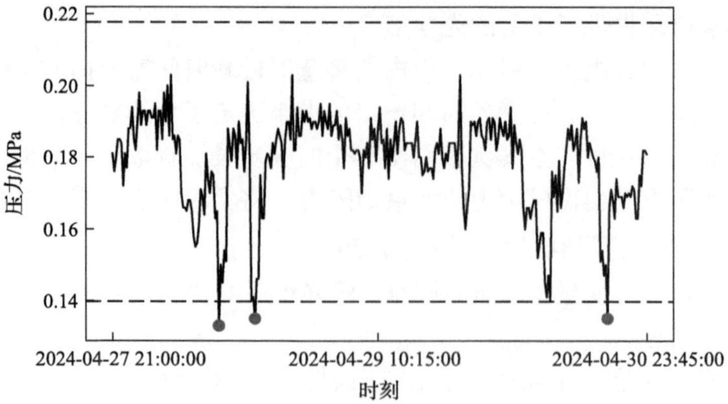

图 2.19　Z-score 法检测到的异常点

根据工程经验，将异常持续时间阈值设置为 90min，支持概率阈值设置为 90%，可以有效地检测出符合供水管网事件特征的异常情况。这种基于异常持续时间和协变量验证水平的异常检测方法，能够显著提高异常检测的准确性和可靠性，减少误报和漏报的发生。

2.3　本 章 小 结

城市供水管网在线监测系统的作用在于实时监控供水管网的状态，同时快速响应供水管网故障，保障城市供水管网系统的可靠运行，然而在获得监测数据的过程中，存在监测系统设计与数据清洗两方面的问题。

本章从供水管网在线模型校核与供水管网爆管监控两个角度，研究了监测点优化布置技术。提出了一种同时考虑系统可观测性和监测噪声影响的监测点布置优化算法，案例应用表明该方法有效提高了节点需水量校核精度，为供水管网在线模型的校核提供了支持。从提升爆管监控与定位的准确率角度出发，提出了三个优化目标：最大化监测网的覆盖面、最大化监测网的敏感性和最小化爆管位置特征的相似度。进而建立了监测点布置多目标优化模型，为实现爆管监控与定位提供了技术支撑。

监测数据中的噪声、异常或缺失对供水管网系统的可靠性会产生一定的影响。本章提出使用 Corr 和 Cov 两个统计指标评估降噪算法的性能并帮助选择最佳参数，同时回顾了四种广泛使用的降噪算法，并用于监测数据降噪。为保证监测数据的完整性和连续性，基于供水管网监测数据的相关性和周期性等数据特征，提出了数据故障诊断、异常识别与数据填充算法，为提升供水管网的数据质量提供了理论与方法支撑。

参 考 文 献

[1] Chu S P, Zhang T Q, Zhou X H, et al. An efficient approach for nodal water demand estimation in large-scale water distribution systems[J]. Water Resources Management, 2022, 36(2): 491-505.

[2] Lee B H, Deininger R A. Optimal locations of monitoring stations in water distribution system[J]. Journal of Environmental Engineering, 1992, 118(1): 4-16.

[3] Kapelan Z S, Savic D A, Walters G A. Multiobjective sampling design for water distribution model calibration[J]. Journal of Water Resources Planning and Management, 2003, 129(6): 466-479.

[4] Shao Y, Li K, Zhang T Q, et al. Pressure sampling design for estimating nodal water demand in water distribution systems[J]. Water Resources Management, 2024, 38(4): 1511-1527.

[5] Morosini A F, Costanzo F, Veltri P, et al. Identification of measurement points for calibration of water distribution network models[J]. Procedia Engineering, 2014, 89: 693-701.

[6] Simone A, Giustolisi O, Laucelli D B. A proposal of optimal sampling design using a modularity strategy[J]. Water Resources Research, 2016, 52(8): 6171-6185.

[7] Simone A, Laucelli D, Berardi L, et al. Modularity index for optimal sensor placement in WDNs[C]//Advances in Hydroinformatics: SimHydro 2017—Choosing the Right Model in Applied Hydraulics, Nice, 2018.

[8] Taha A F, Wang S, Guo Y, et al. Revisiting the water quality sensor placement problem: Optimizing network observability and state estimation metrics[J]. Journal of Water Resources Planning and Management, 2021, 147(7): 04021040.

[9] Deb K, Pratap A, Agarwal S, et al. A fast and elitist multiobjective genetic algorithm: NSGA-Ⅱ[J]. IEEE Transactions on Evolutionary Computation, 2002, 6(2): 182-197.

[10] Shao Y, Chu S P, Zhang T Q, et al. Real-time water distribution system hydraulic modeling using prior demand information by formal bayesian approach[J]. Journal of Water Resources Planning and Management, 2019, 145(12): 04019059.

[11] Qi Z X, Zheng F F, Guo D L, et al. Better understanding of the capacity of pressure sensor systems to detect pipe burst within water distribution networks[J]. Journal of Water Resources Planning and Management, 2018, 144(7): 04018035.

[12] 蔡艳伟，龙志宏，邵煜，等．基于爆管监测的供水管网压力监测点优化布置[J]．中国给水排水，2023, 39(17): 59-64.

[13] Li C, Du K, Tu J P, et al. Optimal placement of pressure sensors in water distribution system based on clustering analysis of pressure sensitive matrix[J]. Procedia Engineering, 2017, 186: 405-411.

[14] 何锐，俞亭超，邵煜．监测供水管网爆管的测压点优化布置方法[J]．中国给水排水，2020,

36(17): 36-40.

[15] Hadka D, Reed P. Borg: An auto-adaptive many-objective evolutionary computing framework[J]. Evolutionary Computation, 2013, 21(2): 231-259.

[16] He L, Huang G H, Zeng G M, et al. Wavelet-based multiresolution analysis for data cleaning and its application to water quality management systems[J]. Expert Systems with Applications, 2008, 35(3): 1301-1310.

[17] Li Y F, Nolte I, Vasios M, et al. Weighted least squares realized covariation estimation[J]. Journal of Banking & Finance, 2022, 137: 106420.

[18] Sun J J, Wang L J, Razmjooy N. Anterior cruciate ligament tear detection based on deep belief networks and improved honey badger algorithm[J]. Biomedical Signal Processing and Control, 2023, 84: 105019.

[19] Zaccagnino E, Devincent C, Leelakanok N, et al. Assessment of quiet T2 weighted propeller sequence in pediatric abdominal imaging[J]. Clinical Imaging, 2019, 53: 12-16.

[20] Ou Y, Luo J Q, Li B L, et al. Gray-level image denoising with an improved weighted sparse coding[J]. Journal of Visual Communication and Image Representation, 2020, 72: 102895.

[21] Lu Z H, Li G H, Jia S L, et al. Neutron radiographic images denoising method based on multi-branch network[J]. Nuclear Instruments and Methods in Physics Research Section B: Beam Interactions with Materials and Atoms, 2024, 553: 165402.

[22] Ullah I, Adhikari D, Khan H, et al. Mobile robot localization: Current challenges and future prospective[J]. Computer Science Review, 2024, 53: 100651.

[23] Proakis J G. Digital Signal Processing: Principles, Algorithms, and Applications[M]. Noida: Pearson Education, 2001.

[24] Box G E P. Time Series Analysis: Forecasting and Control[M]. San Francisco: Holden-Day, 1970.

[25] Savitzky A, Golay M J E. Smoothing and differentiation of data by simplified least squares procedures[J]. Analytical Chemistry, 1964, 36(8): 1627-1639.

[26] Daubechies I, Heil C. Ten lectures on wavelets[J]. Computers in Physics, 1992, 6(6): 697.

[27] Shao Y, Xu C N, Zhang T Q, et al. Noise removal for the steady-state pressure measurements based on domain knowledge of water distribution systems[J]. Journal of Water Resources Planning and Management, 2024, 150(3): 04023082.

[28] Kaufman L, Rousseeuw P J. Clustering by means of medoids[C]//Proceedings of the Statistical Data Analysis Based on the L1 Norm Conference, Neuchatel, 1987.

[29] Ostfeld A, Uber J G, Salomons E, et al. The battle of the water sensor networks(BWSN): A design challenge for engineers and algorithms[J]. Journal of Water Resources Planning and Management, 2008, 134(6): 556-568.

[30] Nicholaus I T, Lee J S, Kang D K. One-class convolutional neural networks for water-level anomaly detection[J]. Sensors, 2022, 22 (22) : 8764.

[31] Ribeiro V H A, Moritz S, Rehbach F, et al. A novel dynamic multi-criteria ensemble selection mechanism applied to drinking water quality anomaly detection[J]. Science of the Total Environment, 2020, 749: 142368.

[32] Chen Z J, Hu Z H, Xu L W, et al. DA-Bi-SRU for water quality prediction in smart mariculture[J]. Computers and Electronics in Agriculture, 2022, 200: 107219.

[33] Ayadi A, Ghorbel O, BenSalah M S, et al. Kernelized technique for outliers detection to monitoring water pipeline based on WSNs[J]. Computer Networks, 2019, 150: 179-189.

[34] Ahmad S, Lavin A, Purdy S, et al. Unsupervised real-time anomaly detection for streaming data[J]. Neurocomputing, 2017, 262: 134-147.

[35] Salhi M S, Touti E, Benzarti F, et al. Computational sensor nodes optimization for smart anomaly detection applied to wind energy[J]. Renewable Energy Focus, 2023, 47: 100489.

[36] Sabaliauskaite G, Ng G S, Ruths J, et al. A comprehensive approach, and a case study, for conducting attack detection experiments in cyber-physical systems[J]. Robotics and Autonomous Systems, 2017, 98: 174-191.

[37] Wang R F, Qiu H, Cheng X, et al. Anomaly detection with a container-based stream processing framework for industrial internet of things[J]. Journal of Industrial Information Integration, 2023, 35: 100507.

[38] Wang C H, Zhou H, Hao Z Q, et al. Network traffic analysis over clustering-based collective anomaly detection[J]. Computer Networks, 2022, 205: 108760.

[39] Fisher R A. Statistical methods for research workers[M]//Fisher R A. Breakthroughs in Statistics: Methodology and Distribution. New York: Springer, 1992.

[40] Dai R, Wang W L, Zhang R G, et al. Multimodal deep learning water level forecasting model for multiscale drought alert in Feiyun River basin[J]. Expert Systems with Applications, 2024, 244: 122951.

[41] Wang P, Li Y T, Zhang G Y. Probabilistic power curve estimation based on meteorological factors and density LSTM[J]. Energy, 2023, 269: 126768.

[42] Le Cornec C M A, Molden N, van Reeuwijk M, et al. Modelling of instantaneous emissions from diesel vehicles with a special focus on NO_x: Insights from machine learning techniques[J]. Science of the Total Environment, 2020, 737: 139625.

[43] Huang D S, Jiang F W, Li K P, et al. Scaled PCA: A new approach to dimension reduction[J]. Management Science, 2022, 68 (3) : 1678-1695.

[44] Page E S. Continuous inspection schemes[J]. Biometrika, 1954, 41 (1/2) : 100-115.

第3章　城市供水管网水力模型

供水管网水力模型是一种利用水力学理论建立的数学模型，用于模拟和分析供水管网系统中水的流动与压力分布，其主要作用是评估和优化供水管网系统的设计、规划与运营调控。通过水力模型可以模拟供水管网中的流量和压力分布情况，评估系统的供水能力、稳定性和效率，进行故障分析并提供修复方案[1]。在线水力模型和离线水力模型是两种不同的模拟分析方式，前者实时模拟实际供水管网系统，提供系统状态的即时反馈和预测；而后者在静态条件下运行，主要用于系统设计和规划阶段，评估不同设计方案的性能并辅助决策。根据实际需求，选择合适的水力模型进行供水管网系统的分析和优化。本章重点论述在线水力模型模拟的基本方法，从模拟精度与计算效率两个角度来系统分析制约模型精度和计算效率的瓶颈因素，在此基础上提出监测数据不足、数据信噪比低、数据故障等受限条件下的模型精确校核技术，以及大型供水管网高效模拟技术，为供水管网在线分析调控提供理论与技术支撑。

3.1　供水管网水力模型概述

3.1.1　离线水力模型

城市供水管网离线水力模型是用于模拟和分析城市供水管网系统水力特性的工具，在运行过程中不依赖实时数据。离线水力模型通常基于预先收集的静态数据和历史记录，进行系统性的分析和优化，其核心在于深入理解供水管网系统压力、流量分布以及水质变化，以便于规划、设计、管理和应急预案制定。离线水力模型的构建依赖详细的基础数据，包括管道长度、直径、材料特性，节点空间信息和需水量以及水源信息等。通过这些数据，模型可以模拟供水管网系统在不同运行条件下的水力和水质变化。离线水力模型的优势在于可以进行大量的假设分析和方案比较，而不需要实时数据支持，因此适用于长远规划和战略性决策。

模型校核是建立离线水力模型的重要步骤，主要通过对比实测数据和模型输出数据，不断调整模型参数，使其可以更加精确地反映实际情况。校核后的模型可以用于多种模拟分析，如正常工况下的压力分布、高峰用水时的系统反应、低压区域识别以及流量分布分析等。在优化和管理方面，离线水力模型提供了强大的支持。其能够帮助确定最优的供水管网改造方案，评估管道更换的必要性和效果，并优化泵站和水源的调度方案，以降低能耗和运行成本。此外，离线水力模型还可以用于模拟突发事件对系统的影响，制定应急预案，提升系统的应对能力。

虽然离线水力模型不具备实时数据处理能力，但其静态分析和长周期模拟的特点，使其在城市供水管网系统的设计、规划和优化中扮演着不可或缺的角色。通过离线水力模型的应用，城市供水管网系统能够在高效运行、可靠供水和应急管理等方面获得显著提升。

3.1.2　在线水力模型

随着信息技术的发展，应用计算机进行供水管网建模已经得到普及，越来越多的城市将供水管网模型应用于城市发展规划和城市智能化调度中。应用供水管网模型可实现城市供水管网的规划、设计、管理和调度运行，进而提高供水企业的整体水平和服务质量，这是供水企业发展的必然趋势，是科学管理的必然选择[1,2]。传统的水力模型以离线模拟为主，通过调研统计用户用水信息来获取节点需水量。这种方法工作量大，且无法做到实时动态地更新模型。针对该问题，在线水力模型应运而生。在线水力模型使用在线监测数据实时反演出节点需水量，进而动态模拟供水管网真实的运行状态[3]。在此基础上，可实现对供水管网的在线调度、预警、应急管理、漏损控制等，对提高供水效率、减少能耗、保障供水安全具有重要意义[4,5]。

在在线水力模型中，物联网监测系统按照一定时间步长上传监测数据，在完成数据清洗后，使用该数据反演节点需水量，使得水力模型的模拟值（压力和流量）与供水管网的实时监测数据一致，最后将反演的节点需水量代入模型，用于供水管网的运行管理[6,7]。在下一时间段，当新的监测数据采集后，重复上述过程。在线水力模型涉及在线监测数据清洗、节点需水量实时反演等一系列技术。

3.1.3　水力模型校核

1. 水力模型传统校核方法

自20世纪70年代起，针对供水管网模型的校核方法，国内外学者开展了大量的研究。校核方法可以分为三大类[2]：迭代校正法、显式校核法、隐式校核法。

1）迭代校正法

迭代校正法利用不断修改的模型参数，在每一次迭代过程中使用质量守恒方程和能量守恒方程计算压力与流量，再利用获得的压力与流量更新供水管网参数[8]。此类方法在计算过程中要求建模者具备丰富的建模经验，同时需注意以下问题：①供水管网规模不宜过大，校核参数不宜过多；②校核过程中需对实际供水管网进行简化，以减少模型维度、加快模型收敛速度。

2) 显式校核法

显式校核法是根据每个监测点的水压流量数据，以校核参数为未知量，联立供水管网质量守恒方程和能量守恒方程，将参数校核转化为正定问题进行求解，求解一般采用牛顿-拉弗森方法。可以看出，监测点数量限制了校核参数的数量，当校核参数数量大于监测点数量时(即欠定问题)，需要对校核参数进行分组[9,10]。相比于迭代校正法，显式校核法可以明显提高校核效率，但仍存在以下不足[11]：①校核过程中，监测点数量限制了校核参数的数量，校核问题必须保持正定；②没有考虑供水管网监测误差，即假定测得的数据都是完全正确的。

3) 隐式校核法

隐式校核法又称为最优化方法，以最优化问题实现校核问题的求解，将监测点的实测值与模型模拟值之间的差值最小化作为优化目标，以供水管网基本方程为约束条件，对模型参数进行求解[12]。常见的优化求解方法有随机搜索法与梯度迭代法。隐式校核法主要问题有[13,14]：①对于大型供水管网，搜索结果不能保证是最优解，可能是次优解；②需要多次优化迭代，计算效率较低；③求解结果可能只是数学问题上的最优，对于实际工程则缺乏意义。

2. 水力模型校核标准

供水管网水力模型用途不同，所需的精度要求也不同。根据美国水行业协会(American Water Works Association, AWWA)工程和计算机应用委员会(Engineering and Computer Applications Committee, ECAC)模型的精度标准[15](表 3.1)，供水管网规划的模型精度要求最低，水质建模的模型精度要求最高。

表 3.1　ECAC 模型的校核精度标准

编号	模型目标	校核标准	管网类型	压力误差	流量误差/%
1	供水管网规划	低	SS 或 EPS	100%误差，± 5psi	±10
2	供水管网设计	中到高	SS 或 EPS	90%误差，± 2psi	±5
3	供水管网运行	低到高	SS 或 EPS	90%误差，± 2psi	±5
4	水质建模	高	EPS	70%误差，± 3psi	±2

注：低表示监测点数量占节点总数的 2%；中表示监测点数量占节点总数的 4%；高表示监测点数量占节点总数的 10%。SS 表示稳态；EPS 表示拟稳态。压力误差为供水管网模型计算值与监测值的差值。

我国上海市地方标准 DB31/T 800—2014《城镇供水管网模型建设技术导则》[16]

提出了不同用途的动态供水管网模型精度，见表 3.2。

表 3.2　动态供水管网模型精度

模型用途	压力精度	流量精度
规划设计	既有供水管网干管测压点多时段绝对误差均值 e 控制在 0.04MPa 以内的数量应占总数的 98%以上，控制在 0.02MPa 以内的数量应占总数的 50%以上	既有供水管网出厂流量多时段相对误差均值 k 控制在 20%以内，干管流量监测点多时段相对误差均值 k 控制在 30%以内的数量应占总数的 98%以上
状态评估 运行调度	干管测压点多时段绝对误差均值 e 控制在 0.02MPa 以内的数量应占总数的 98%以上，控制在 0.01MPa 以内的数量应占总数的 50%以上	出厂流量多时段相对误差均值 k 控制在 10%以内，干管流量监测点多时段相对误差均值 k 控制在 20%以内的数量应占总数的 98%以上

3.2　受限场景下供水管网模型精确校核技术

监测数据不足、数据信噪比低、数据故障等是影响模型精度的重要因素。供水管网中的传感器通常仅布置在若干个选定的关键位置[17,18]，监测数据的有限性导致决策变量的维度高于观测数据的维度，从而引发病态问题，引起模型校核不稳定，降低在线模拟的可靠性[19,20]。在实际情况中，由于传感器工作环境恶劣，会不可避免地发生噪声干扰、数据上传中断等问题[21,22]，严重限制了在线水力模型的正常运行。本节以实际需求为导向，以数据同化框架下的供水管网模型校核为基础，探讨在不同受限制的情景下，如何调整和改进校核方案，以获得更加精确可靠的结果。

3.2.1　基于数据同化的在线需水量校核基本原理

数据同化是一种基于时间序列监测数据估计（校核）模型参数的重要方法[23,24]。该方法基于历史数据来预测当前时刻的节点需水量分布，称为先验概率分布。通过供水管网水力模型来构建监测数据的条件概率分布，称为似然函数。基于贝叶斯定理，将先验概率分布与似然函数融合得到节点需水量的后验概率分布，最后通过最大化后验概率分布获得校核后的节点需水量。

1. 先验概率分布

当前时间步长 t 的节点需水量可以从前一时刻 $t-1$ 来预测，利用水费账单等信息，考虑预测的不确定性 $\omega \in \mathbb{R}^n$ 具有期望为零、预测方差为 $P_\omega \in \mathbb{R}^{n\times n}$ 的正态分布特性，当前时间步长 t 的节点需水量 $X_t \in \mathbb{R}^n$ 可表示为

$$X_t = f(X_{t-1}, X_{t-2}, \cdots) + \omega, \quad \omega \sim N(0, P_\omega) \tag{3.1}$$

式中，$f(X_{t-1}, X_{t-2}, \cdots)$ 为根据历史数据 $(X_{t-1}, X_{t-2}, \cdots)$ 预测当前时间步长节点需水量的函数。$P_{t|t-1} \in \mathbb{R}^{n \times n}$ 表示由预测函数产生的先验需水量协方差，记 $f(X_{t-1}, X_{t-2}, \cdots)$ 为 $X_{t|t-1} \in \mathbb{R}^n$，则当前时刻节点需水量的概率密度函数可表示为

$$\begin{aligned} &P_{\text{prior}}(X_t | X_{t-1}) = N(X_t | X_{t|t-1}, P_{t|t-1}) \\ &P_{t|t-1} = F(P_{t-1}, P_{t-2}, \cdots) + P_\omega \end{aligned} \tag{3.2}$$

另外，可通过自动抄表设备直接测量得到单个用户的节点需水量 $X_t^{\text{obs}} \in \mathbb{R}^n$，如式(3.3)所示：

$$X_t = X_t^{\text{obs}} + \tau_t \tag{3.3}$$

$$P(X_t \mid X_t^{\text{obs}}) = N(X_t \mid X_t^{\text{obs}}, P_\tau) \tag{3.4}$$

式中，$\tau_t \in \mathbb{R}^n$ 为需水量监测值的误差且 $\tau_t \sim N(0, P_\tau)$，$P_\tau \in \mathbb{R}^{n \times n}$。概率密度函数如式(3.4)所示，融合尽可能多的有用信息将有助于提高建模精度。

2. 似然函数

假设供水管网模型足够准确，但由于监测设备误差 $\varepsilon_t \in \mathbb{R}^m$ 的存在，监测值 $Y_t \in \mathbb{R}^m$ 和真实节点压力值 $g(X_t) \in \mathbb{R}^m$ 仍然存在差异。其中，监测数据误差由期望为零、方差为 $R_t \in \mathbb{R}^{m \times m}$ 的正态分布表示：

$$Y_t = g(X_t) + \varepsilon_t, \quad \varepsilon_t \sim N(0, R_t) \tag{3.5}$$

式中，$g(\cdot)$ 为供水管网模型，$g(X_t)$ 为给定节点需水量 X_t 的情况下模型的输出值。此时，监测数据的概率密度函数为

$$P(Y_t \mid X_t) = N[Y_t \mid g(X_t), R_t] \tag{3.6}$$

3. 后验概率分布及获取最优解

数据同化方法通过将实时监测数据与预测先验节点需水量以概率形式融合来校核节点需水量，如式(3.7)所示：

$$\begin{aligned} &P(X_t \mid Y_t) \propto P(Y_t \mid X_t) P_{\text{prior}}(X_t \mid X_{t|t-1}) \\ &P(X_t \mid Y_t) \propto N[Y_t \mid g(X_t), R_t] \times N(X_t \mid X_{t|t-1}, P_{t|t-1}) \end{aligned} \tag{3.7}$$

通过最大化后验概率分布 $P(X_t / Y_t)$ 的对数 $(\max[\ln P(X_t / Y_t)])$ 来获取目标函数 $J(X_t)$，如式(3.8)所示，通过最小化式(3.8)可实现对节点需水量的校核。

$$J(X_t) = (X_t - X_{t|t-1})^{\mathrm{T}} P_{t|t-1}^{-1}(X_t - X_{t|t-1}) + [g(X_t) - Y_t]^{\mathrm{T}} R_t^{-1}[g(X_t) - Y_t] \tag{3.8}$$

式(3.8)中的目标函数包含两部分：第一部分为最小化节点需水量与先验节点需水量之间的差异，第二部分为最小化模型输出值与监测数据之间的差异。为简单起见，目标函数需要线性化。由于目标函数是二阶可微的，这里提出使用牛顿迭代法求最优解，牛顿方向可以写为

$$\begin{aligned} \Delta X_t^k &= -P_t^k \nabla J(X_t^k) \\ P_t^k &= [\nabla^2 J(X_t^k)]^{-1} \end{aligned} \tag{3.9}$$

式中，X_t^k 和 P_t^k 分别为第 k 次迭代的校核节点需水量和协方差矩阵；ΔX_t^k 为第 k 次迭代的节点需水量调整量；$\nabla J(X_t^k)$ 和 $\nabla^2 J(X_t^k)$ 分别为目标函数的雅可比矩阵和 Hessian 矩阵。该通用目标函数(式(3.8))和式(3.9)的具体形式如式(3.10)～式(3.12)所示：

$$\Delta X_t^k = P_t^k \{P_{t|t-1}^{-1}(X_t - X_{t|t-1}) + (G^k)^{\mathrm{T}} R_t^{-1}[g(X_t^k) - Y_t]\} \tag{3.10}$$

$$P_t^k = [P_{t|t-1}^{-1} + (G^k)^{\mathrm{T}} R_t^{-1} G^k]^{-1} \tag{3.11}$$

$$G^k = \partial g(X_t^k) / \partial X_t^k \tag{3.12}$$

式中，$G^k \in \mathbb{R}^{m \times n}$ 为第 k 次迭代时监测数据与节点需水量间的雅可比矩阵。通过式(3.13)中的迭代更新方程，不断更新节点需水量调整量，进行下一次迭代，直到达到最大允许迭代次数，以获得最优解：

$$X_t^{k+1} = X_t^k + \mu \Delta X_t^k \tag{3.13}$$

式中，X_t^{k+1} 和 X_t^k 分别为第 $k+1$ 次和第 k 次迭代时的校核节点需水量；μ 为迭代步长。当迭代次数达到设定值时，$k = K$，$X_t = X_t^K$，$P_t = P_t^K$。

3.2.2　多源数据融合下的在线需水量校核

供水管网中实时监测数据不足是目前模型校核所面临的关键性挑战。对于我国的大中型城市，供水管网服务的用户通常达到十万甚至上百万，即便是高度简化后的模型，一般也存在几千个用水节点。从理论上讲，只有在监测点数量等于用水节点数量时，才能唯一确定节点需水量[2]。而事实上，供水管网中的监测点

数量要远少于用水节点的数量。这意味着校核方程中，已知变量(监测数据)的数量少于未知变量(节点需水量)的数量。因此，节点需水量校核的数学方程是一个病态问题，无法唯一地求解出节点需水量[10]。现有的校核方法通常是使用监测数据反演出节点需水量，这样往往会面临校核精度较低，超出实际可接受范围的困境[25]。

随着远传水表的逐步推广应用，更多精确可靠的信息可以用来校核节点需水量[26,27]。远传水表通常安装在单一用户的家庭中，而供水管网节点则是多个用户聚合得到的一种概化的用水节点。因此，用户远传水表的实时数据通常需要集聚到节点上，得到节点需水量概率分布。式(3.4)假定这种由远传水表获取的实时节点需水量也服从正态分布，进而作为数据同化算法的先验信息与实时压力流量监测数据一起校核节点需水量[19,28]。然而，这种正态分布的假定是不完善的。事实上，用户需水量受多种因素的影响，如地理、气候、社会经济条件以及气温等[29]，因而节点需水量的概率分布形式也是多样性的，如正态分布、对数正态分布和均匀分布等[30,31]，使用单一的正态分布难以有效地表征由远传水表获取的先验信息。针对正态先验概率分布假定的上述缺陷，本节研究同时耦合多种不同形式概率分布的校核算法。该算法能够将节点需水量预测模型(式(3.1))、远传水表(式(3.4))、用户账单等多种信息以先验概率密度函数的形式与实时监测数据融合，从而提升节点需水量校核精度。

1. 先验需水量获取

式(3.7)给出了一般形式的数据同化算法。本质上，数据同化算法仅利用实时监测信息 $Y_t, Y_{t-1}, \cdots, Y_1$，即通过不断地融合监测信息来校正模型参数，随着时间的推移，参数将逐渐趋近真实值。这种方法对于非时变参数是很有效的，如管道阻力系数。然而，对于节点需水量这种时变参数，当监测数据存在较大的噪声时，很有可能对监测数据过拟合，产生不可靠的校核结果。尤其是对于某些监测点较少的供水管网，可能存在大量的未被监测点覆盖的节点。对于这些节点，校核的节点需水量取决于算法的偏好。将远传水表获取的节点需水量作为先验概率分布，是解决过拟合问题的有效手段[32]。

上述思路在实际中应用的一个缺陷是，远传水表的覆盖范围不足，无法获取所有节点的用水信息。目前许多城市仅有部分用户安装了远传水表，因此对于已安装远传水表的用户，可将其数据作为先验信息；对于没有安装远传水表的用户(节点)，继续使用预测模型(式(3.1))或用户账单来获取先验信息。例如，以月账单为权重，将供水管网独立计量区域(district metering area, DMA)的实时总用水量按照权重分配作为先验节点需水量。

使用上述方法获取的节点需水量通常以一定概率分布的形式来表示。由于先验信息来源不同，其分布的类型和参数是多样的。如何将多样的先验概率分布耦合到同一个校核算法框架下，是接下来重点介绍的内容。

2. 节点需水量先验概率分布

由远传水表集聚起来的节点需水量以一定的概率分布形式表示。对于某些没有安装远传水表的节点，需要通过式(3.1)的预测模型来获取其先验需水量分布，或者通过用户账单来获取。由于不同形式概率分布之间的导数非常复杂，难以用数值方法求解，这里将具有相同概率分布形式的节点需水量分配到同一组。如图 3.1 所示，根据概率分布形式的不同(正态分布、对数正态分布和均匀分布等)，将需水量分为若干组。每一组包含 n 个节点，其节点需水量构成一个 n 维向量 X_i，如式(3.14)和式(3.15)所示：

$$X=[X_1,X_2,\cdots,X_i,\cdots,X_m]^{\mathrm{T}} \tag{3.14}$$

$$X_i=[X_i(1),X_i(2),\cdots,X_i(j),\cdots,X_i(n)]^{\mathrm{T}} \tag{3.15}$$

式中，X 为所有节点的需水量向量，依据节点需水量概率分布形式的不同，将其分为 m 组节点需水量向量；X_i 为第 i 组节点需水量向量，其包含了 n 个需水量节点，并且服从 n 维度的多维概率分布 ρ_{X_i}；$X_i(j)$ 为第 i 组节点需水量中的第 j 个节点需水量；n 为第 i 组的节点数量。

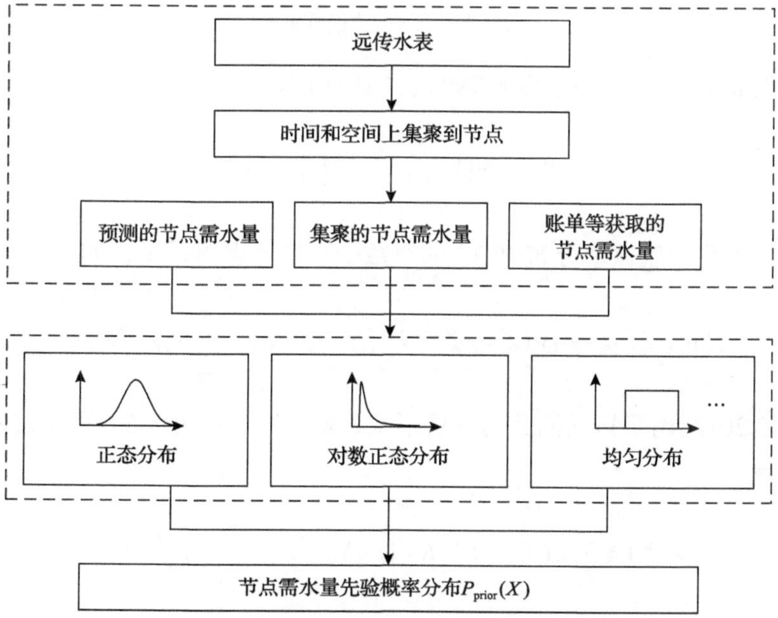

图 3.1　节点需水量先验概率分布模型

这里进行这样的假设：属于不同组的节点需水量之间是相互独立的，即 X_i 与 X_j 是独立随机变量。该假设的提出基于以下考虑：节点需水量之间的相关性通常与用户类型相关，同一类型的用户通常有相似的用水行为，因而具有相同的概率分布形式；空间位置可能是影响用户之间相关性的另一个因素。但是，若他们对应的用水行为不同，则空间位置相近的用户也可能是不相关的，如居民和医院。因而，忽略不同概率分布（X_i 与 X_j）之间的相关性并不会显著改变节点需水量之间的整体相关关系。因此，这里忽略了具有不同概率分布的节点需水量之间的相关性。后续将看到，上述假设将极大地简化运算，使得同时耦合多种概率分布变得简单易行。

基于上述假设，对于独立随机变量，总体概率密度函数是其边缘概率密度函数的乘积。因此，对于所有节点需水量 X 的先验概率分布为

$$P_{\text{prior}}(X)=\prod_{i=1}^{m}\rho_{X_i}(X_i) \tag{3.16}$$

3. 节点需水量后验概率分布

假定实时监测数据的噪声和模型结构误差服从正态分布，因此校核问题的似然函数与式(3.6)一样，式(3.17)中略去了下标 t，即

$$P(Y\mid X)=N[Y\mid g(X),R] \tag{3.17}$$

此时，节点需水量的后验概率分布如式(3.18)所示：

$$P(X)\propto N[Y\mid g(X),R]\prod_{i=1}^{m}\rho_{X_i}(X_i) \tag{3.18}$$

通过最大化后验概率分布 $P(X)$ 的对数来求解节点需水量，如式(3.19)所示：

$$\ln P(X)\propto -\frac{1}{2}[g(X)-Y]^{\mathrm{T}}R^{-1}[g(X)-Y]+\sum_{i=1}^{m}\ln\rho_{X_i}(X_i) \tag{3.19}$$

此时，式(3.20)给出了目标函数的等价形式，通过最小化式(3.20)可实现对节点需水量的校核：

$$J(X)=\frac{1}{2}[g(X)-Y]^{\mathrm{T}}R^{-1}[g(X)-Y]-\sum_{i=1}^{m}\ln\rho_{X_i}(X_i) \tag{3.20}$$

目标函数(3.20)的右边由两部分组成：第一部分为最小化模型输出值 $g(X)$ 与

监测值 Y 的偏差；第二部分为最小化 $-\sum_{i=1}^{m}\ln\rho_{X_i}(X_i)$，也就是最大化先验概率分布 $\sum_{i=1}^{m}\ln\rho_{X_i}(X_i)$。式(3.20)表明，校核的节点需水量不仅要使模型模拟值与监测值偏差最小，还要使其先验概率分布达到最大。

4. 节点需水量求解方法

供水管网水力模拟是由节点的连续性方程和管道的能量方程构成的非线性函数[33]。因此，求解节点需水量需要对式(3.20)的目标函数进行线性化。通过泰勒级数展开对非线性方程 $g(X)$ 进行线性化：

$$g(X+\Delta X)=g(X)+G\Delta X \tag{3.21}$$

节点需水量的雅可比矩阵 G（式(3.12)）可写为由三部分监测数据组成的块矩阵：

$$G=[A_{\mathrm{sh}},A_{\mathrm{sq}},A_{\mathrm{sqt}}]^{\mathrm{T}} \tag{3.22}$$

式中，A_{sh}、A_{sq} 和 A_{sqt} 分别为压力、流量和水厂出流量监测数据对节点需水量的雅可比矩阵。将式(3.21)代入式(3.20)，可以得到式(3.23)：

$$J(X+\Delta X)=\frac{1}{2}[g(X)-Y+G\Delta X]^{\mathrm{T}}R^{-1}[g(X)-Y+G\Delta X]-\sum_{i=1}^{m}\ln\rho_{X_i}(X_i+\Delta X_i) \tag{3.23}$$

由于目标函数近似二次型，这里暂时认为在其导数为零时取得极小值，表示为

$$\frac{\partial J(X+\Delta X)}{\partial X_j}=G_j^{\mathrm{T}}R^{-1}[g(X)-Y+G_j\Delta X_j]-\sum_{i=1}^{m}\frac{\partial}{\partial X_j}[\ln\rho_{X_i}(X_i+\Delta X_i)]=0 \tag{3.24}$$

式中，G_j 为 G 的子阵，表示监测数据与第 j 组节点需水量之间的雅可比矩阵。$\sum_{i=1}^{m}\frac{\partial}{\partial X_j}[\ln\rho_{X_i}(X_i+\Delta X_i)]$ 涉及不同分组的节点需水量之间的求导，因而式(3.24)是很难求解的。如前面所述，假定不同组的节点需水量是相互独立的，因此有

$$\frac{\partial}{\partial X_j}[\ln\rho_{X_i}(X_i+\Delta X_i)]=0,\quad i\neq j \tag{3.25}$$

由此可得

$$\sum_{i=1}^{m}\frac{\partial}{\partial X_j}[\ln\rho_{X_i}(X_i+\Delta X_i)]=\frac{\partial}{\partial X_j}[\ln\rho_{X_j}(X_j+\Delta X_j)] \tag{3.26}$$

可以看到，式(3.26)中的求和符号消失了，隶属于不同分组(概率分布)的节点需水量可以独立地进行线性化。这个特性对于同时耦合不同的概率分布非常重要，这是因为它避免了不同组之间复杂的求导。由式(3.26)可以看出，先验概率分布的线性化变得相当简单，易于实现。将式(3.26)代入式(3.24)，可得到式(3.27)，进而求出各组节点需水量的调整量ΔX_j，如式(3.27)所示：

$$\frac{\partial J}{\partial X_j}=G_j^{\mathrm{T}}R^{-1}[g(X)-Y+G_j\Delta X_j]-\frac{\partial}{\partial X_j}[\ln\rho_{X_j}(X_j+\Delta X_j)]=0 \tag{3.27}$$

式中，$\frac{\partial J}{\partial X_j}$为梯度方向，将$\frac{\partial J}{\partial X_j}$记作$d$；$\Delta X_j$为第$j$组节点需水量的调整量。由于目标函数(3.20)并不是严格的凸函数，需要$d^{\mathrm{T}}\Delta X_j$来确保节点需水量的调整量ΔX_j指向减少目标函数的正确方向。对此，若$d^{\mathrm{T}}\Delta X_j>0$，则$\Delta X_j\leftarrow-\Delta X_j$。各组的节点需水量$X_j$可以通过式(3.13)来迭代求解。

多种先验概率分布的引入增加了目标函数的非线性程度，节点需水量调整步长受到限制，因此$\mu<1$，通常建议$\mu=0.5$。式(3.26)与式(3.27)为同时耦合具有多种先验概率分布的节点需水量校核提供了一个通用框架。然而，节点需水量的先验导数$\frac{\partial}{\partial X_j}[\ln\rho_{X_j}(X_j+\Delta X_j)]$是视问题而定的，该求导过程取决于先验概率分布$\rho_{X_j}(X_j)$的具体形式。指数族概率分布广泛应用于节点需水量随机概率模型的建立，下面讨论指数族概率分布的一般求导算法。

5. 指数族概率分布求导算法

大量的概率分布用于描述节点需水量的随机特性，包括正态分布、对数正态分布、泊松分布和指数分布。这些分布同属于指数族概率分布，指数族概率分布通常可以写成式(3.28)的形式：

$$\rho(X)=h(X)t(\eta)\exp[\eta^{\mathrm{T}}\mu(X)] \tag{3.28}$$

式中，η为自然参数；$h(X)$和$\mu(X)$为以X为自变量的函数；$t(\eta)$为概率分布归一化系数。因此，$\rho(X)$的对数$\ln\rho(X)$的计算公式如式(3.29)所示：

$$\ln\rho(X)=\ln h(X)+\ln t(\eta)+\eta^{\mathrm{T}}\mu(X) \tag{3.29}$$

此时，$\ln\rho(X)$ 对 X 求导数得

$$\frac{\partial}{\partial X}\ln\rho(X+\Delta X)=\frac{1}{h(X)}\frac{\partial h(X+\Delta X)}{\partial X}+\frac{\partial[\eta^{\mathrm{T}}\mu(X+\Delta X)]}{\partial X} \tag{3.30}$$

式(3.30)给出了指数族概率分布线性化的一般形式。$\frac{\partial h(X+\Delta X)}{\partial X}$ 与 $\frac{\partial[\eta^{\mathrm{T}}\mu(X+\Delta X)]}{\partial X}$ 是十分简单的，因此将式(3.30)代入式(3.27)就很容易可以求解出节点需水量的调整量 ΔX。特别地，接下来给出三种常用概率分布(正态分布、对数正态分布和均匀分布)的线性化及节点需水量求解方法。需要说明的是，均匀分布并不属于指数族概率分布，这里使用了指数族概率分布对其进行近似。对于其他形式的概率分布，也可以使用类似的方法进行线性化。

1)正态分布线性化

假定一组节点需水量 X_N 服从正态分布，则具有以下形式：

$$\rho_{X_N}=[(2\pi)^{n_{\mathrm{n}}}\det P_N]^{-\frac{1}{2}}\exp\left[-\frac{1}{2}(X_N-\mu_N)^{\mathrm{T}}P_N^{-1}(X_N-\mu_N)\right] \tag{3.31}$$

式中，μ_N 为均值向量；$\det P_N$ 为协方差矩阵 P_N 的行列式；n_{n} 为 X_N 维度(该组中节点需水量的数量)。正态分布的指数族表达式如式(3.32)～式(3.34)所示：

$$h(X_N)=(2\pi)^{\frac{1}{n_{\mathrm{n}}}} \tag{3.32}$$

$$g(\eta)=(\det P_N)^{-\frac{1}{2}} \tag{3.33}$$

$$\eta^{\mathrm{T}}\mu(X_N)=-\frac{1}{2}(X_N-\mu_N)^{\mathrm{T}}P_N^{-1}(X_N-\mu_N) \tag{3.34}$$

将式(3.32)和式(3.34)代入式(3.30)可得式(3.35)：

$$\frac{\partial}{\partial X_N}[\ln\rho_{X_N}(X_N+\Delta X_N)]=-P_N^{-1}(X_N-\mu_N+\Delta X_N) \tag{3.35}$$

将式(3.35)代入式(3.27)可得

$$\frac{\partial J}{\partial X_N}=G_N^{\mathrm{T}}R^{-1}[g(X_N)-Y+G_N\Delta X_N]+P_N^{-1}(X_N-\mu_N+\Delta X_N)=0 \tag{3.36}$$

节点需水量调整量 ΔX_N 及 Hessian 矩阵可由式(3.37)和式(3.38)计算得到：

$$\Delta X_N = -H_N^{-1}\{G_N^{\mathrm{T}}R^{-1}[g(X_N)-Y]+P_N^{-1}(X_N-\mu_N)\} \tag{3.37}$$

$$H_N = G_N^{\mathrm{T}}R^{-1}G_N + P_N^{-1} \tag{3.38}$$

式中，G_N 和 H_N 分别为服从正态分布节点需水量的雅可比矩阵和 Hessian 矩阵。

2) 对数正态分布线性化

假定一组节点需水量 X_L 服从对数正态分布，那么节点需水量的自然对数 $\ln X_L$ 服从正态分布。对数正态分布的概率密度函数如式(3.39)～式(3.41)所示：

$$\rho_{X_L} = \frac{1}{\sum_{i=1}^{n_1} X_L(i)}[(2\pi)^{n_1}\det P_{\mathrm{NL}}]^{-\frac{1}{2}}\exp\left[-\frac{1}{2}(\ln X_L-\mu_{\mathrm{NL}})^{\mathrm{T}}P_{\mathrm{NL}}^{-1}(\ln X_L-\mu_{\mathrm{NL}})\right] \tag{3.39}$$

$$\mu_{\mathrm{NL}}(i) \approx \ln\mu_L(i) \tag{3.40}$$

$$P_{\mathrm{NL}}(i,j) \approx \ln\left[\frac{\sqrt{1+4\dfrac{P_L(i,j)}{\mu_L(i)\mu_L(j)}}}{2}+\frac{1}{2}\right] \tag{3.41}$$

对数正态分布具有比正态分布更优良的性质。如图 3.2 所示，一方面，对数正态分布属于长尾分布，允许在正无穷方向上搜索节点需水量，避免了正态分布面临的过度约束问题；另一方面，其参数分布范围为 $(0,+\infty)$，当参数小于零时，概率密度值为零，这避免了在校核过程中出现负的节点需水量。

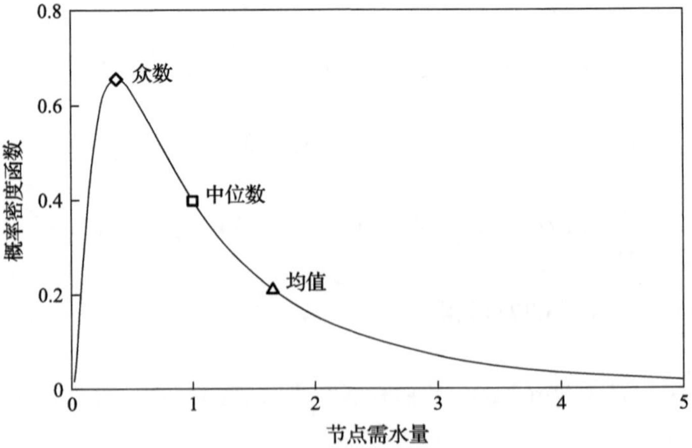

图 3.2　一元对数正态分布概率密度函数($\mu_N=0,\sigma_N=1$)

对数正态分布的指数族表达式如式(3.42)～式(3.44)所示：

$$h(X_L)=\frac{1}{\sum_{i=1}^{n_1}X_L(i)}(2\pi)^{\frac{1}{n_1}} \tag{3.42}$$

$$g(\eta)=(\det P_{\mathrm{NL}})^{-\frac{1}{2}} \tag{3.43}$$

$$\eta^{\mathrm{T}}\mu(X_L)=-\frac{1}{2}(\ln X_L-\mu_{\mathrm{NL}})^{\mathrm{T}}P_{\mathrm{NL}}^{-1}(\ln X_L-\mu_{\mathrm{NL}}) \tag{3.44}$$

此时，对数正态分布的线性化如式(3.45)所示：

$$\frac{\partial}{\partial X_L}[\ln\rho_{X_L}(X_L+\Delta X_L)]=-\frac{1}{X_L}-P_{\mathrm{NL}}^{-1}(\ln X_L-\mu_{\mathrm{NL}}+\Delta X_L) \tag{3.45}$$

将式(3.45)代入式(3.27)，可得到式(3.46)：

$$\frac{\partial J}{\partial X_L}=G_L^{\mathrm{T}}R^{-1}[g(X_L)-Y+G_L\Delta X_L]+\frac{1}{X_L}+\frac{1}{X_L}P_{\mathrm{NL}}^{-1}\left(\ln X_L-\mu_{\mathrm{NL}}+\frac{1}{X_L}\Delta X_L\right)=0 \tag{3.46}$$

通常情况下，式(3.46)中加和项$\frac{1}{X_L}$可以略去。此时，节点需水量的调整量ΔX_L可以由式(3.47)～式(3.49)计算得到：

$$\Delta X_L=-H_L^{-1}\left\{G_L^{\mathrm{T}}R^{-1}[g(X_L)-Y]+\mathrm{diag}\left(\frac{1}{X_L}\right)P_{\mathrm{NL}}^{-1}(\ln X_L-\mu_{\mathrm{NL}})\right\} \tag{3.47}$$

$$H_L=G_L^{\mathrm{T}}R^{-1}G_L+\mathrm{diag}\left(\frac{1}{X_L}\right)P_{\mathrm{NL}}^{-1}\mathrm{diag}\left(\frac{1}{X_L}\right) \tag{3.48}$$

$$\frac{1}{X_L}=\begin{bmatrix}\frac{1}{X_L(1)} & \frac{1}{X_L(2)} & \cdots & \frac{1}{X_L(n_1)}\end{bmatrix} \tag{3.49}$$

式中，G_L和H_L分别为服从对数正态分布节点需水量的雅可比矩阵和 Hessian 矩阵。

3) 均匀分布线性化

均匀分布广泛用于描述节点需水量的随机特性。假设一组节点需水量X_U服从均匀分布，可以写成式(3.50)和式(3.51)的形式：

$$\rho_{X_U} = \prod_{i=1}^{n_u} \rho_{X_{Ui}}(X_{Ui}) \tag{3.50}$$

$$\rho_{X_{Ui}} = \begin{cases} \dfrac{1}{b(i)-a(i)}, & a(i) < X_U(i) < b(i) \\ 0, & \text{其他} \end{cases} \tag{3.51}$$

式中，X_U 为服从均匀分布的节点需水量向量；$X_U(i)$ 为标量，表示第 i 个节点的需水量；$a(i)$ 和 $b(i)$ 为 $X_U(i)$ 的两个边界。均匀分布不属于指数族概率分布且不是一个连续的函数，因此其线性化较为困难。为了解决这一问题，本节使用式(3.52)和式(3.53)来近似表示均匀分布：

$$\rho_{X_U(i)} = c_i \lambda^{\frac{-1}{X_U(i)-a(i)}+\frac{-1}{b(i)-X_U(i)}} \tag{3.52}$$

$$c_i = \frac{1}{\int_0^1 \lambda^{\frac{-1}{X_U(i)-a(i)}+\frac{-1}{b(i)-X_U(i)}} \mathrm{d}X_U(i)} \tag{3.53}$$

式中，λ 为一个常数，$\lambda > 1$；c_i 为归一化因子，也是一个常数。均匀分布 $U(0, 1)$ 的近似分布如图 3.3 所示，可以看到，式(3.52)可以很好地替代均匀分布，此时均匀分布的指数族表达式如式(3.54)～式(3.57)所示：

$$\rho_{X_U} = \lambda^{\sum_{i=1}^{n_u}\left[\frac{-1}{X_U(i)-a(i)}+\frac{-1}{b(i)-X_U(i)}\right]} \prod_{i=1}^{n_u} c_i \tag{3.54}$$

$$h(X_U) = \prod_{i=1}^{n_u} c_i \tag{3.55}$$

$$g(\eta) = 1 \tag{3.56}$$

$$\eta^{\mathrm{T}} \mu(X_U) = -\alpha \sum_{i=1}^{n_u} \left[\frac{1}{X_U(i)-a(i)} + \frac{1}{b(i)-X_U(i)} \right] \tag{3.57}$$

此时，均匀分布的线性化如式(3.58)所示：

$$\begin{aligned} \frac{\partial}{\partial X_U}\left[\ln \rho_{X_U}(X_U + \Delta X_U)\right] = & -\alpha\left[\frac{1}{(X_U-b)^2} - \frac{1}{(X_U-a)^2}\right] \\ & + 2\alpha\left[\frac{1}{(X_U-b)^3} - \frac{1}{(X_U-a)^3}\right]\Delta X_U \end{aligned} \tag{3.58}$$

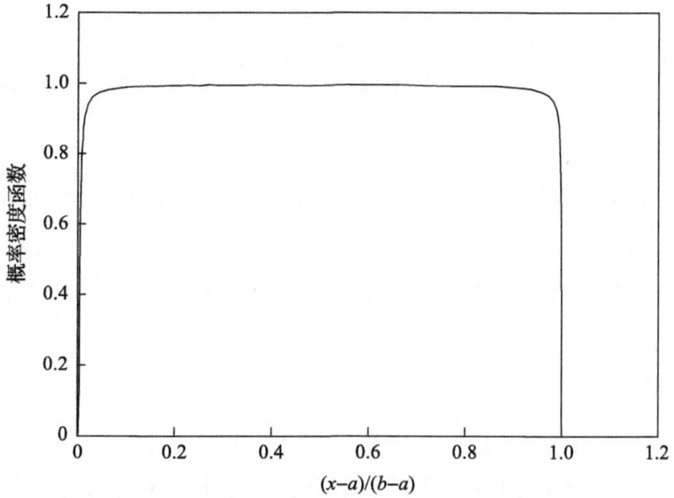

图 3.3　均匀分布 $U(0, 1)$ 的近似分布 ($\lambda = 1.001$)

式中，$\alpha = \ln\lambda$ 为均匀分布参数，$0 < \alpha \leqslant 1$。将式(3.58)代入式(3.27)得

$$\frac{\partial J}{\partial X_U} = G_U^{\mathrm{T}} R^{-1}[g(X_U) - Y + G_U \Delta X_U] + \alpha\left[\frac{1}{(X_U - b)^2} - \frac{1}{(X_U - a)^2}\right] \\ -2\alpha\left[\frac{1}{(X_U - b)^3} - \frac{1}{(X_U - a)^3}\right]\Delta X_U = 0 \tag{3.59}$$

此时，节点需水量的调整量 ΔX_U 可以由式(3.60)和式(3.61)计算得到：

$$\Delta X_U = -H_U^{-1}\left\{G_U^{\mathrm{T}} R^{-1}[g(X_U) - Y] + \alpha\left[\frac{1}{(X_U - b)^2} - \frac{1}{(X_U - a)^2}\right]\right\} \tag{3.60}$$

$$H_U = G_U^{\mathrm{T}} R^{-1} G_U - 2\alpha \mathrm{diag}\left[\frac{1}{(X_U - b)^3} - \frac{1}{(X_U - a)^3}\right] \tag{3.61}$$

式中，G_U 和 H_U 分别为服从均匀分布节点需水量的雅可比矩阵和 Hessian 矩阵。此外，边界条件信息如式(3.62)～式(3.67)所示：

$$a = [a(1), a(2), \cdots, a(n_{\mathrm{u}})]^{\mathrm{T}} \tag{3.62}$$

$$b = [b(1), b(2), \cdots, b(n_{\mathrm{u}})]^{\mathrm{T}} \tag{3.63}$$

$$\frac{1}{(X_U - a)^2} = \left[\frac{1}{[X_U(1) - a(1)]^2}, \frac{1}{[X_U(2) - a(2)]^2}, \cdots, \frac{1}{[X_U(n_{\mathrm{u}}) - a(n_{\mathrm{u}})]^2}\right]^{\mathrm{T}} \tag{3.64}$$

$$\frac{1}{(X_U-b)^2}=\left[\frac{1}{[X_U(1)-b(1)]^2},\frac{1}{[X_U(2)-b(2)]^2},\cdots,\frac{1}{[X_U(n_\mathrm{u})-b(n_\mathrm{u})]^2}\right]^\mathrm{T} \tag{3.65}$$

$$\frac{1}{(X_U-a)^3}=\left[\frac{1}{[X_U(1)-a(1)]^3},\frac{1}{[X_U(2)-a(2)]^3},\cdots,\frac{1}{[X_U(n_\mathrm{u})-a(n_\mathrm{u})]^3}\right]^\mathrm{T} \tag{3.66}$$

$$\frac{1}{(X_U-b)^3}=\left[\frac{1}{[X_U(1)-b(1)]^3},\frac{1}{[X_U(2)-b(2)]^3},\cdots,\frac{1}{[X_U(n_\mathrm{u})-b(n_\mathrm{u})]^3}\right]^\mathrm{T} \tag{3.67}$$

6. 案例分析

如图 3.4 所示，该案例是一个中型的供水管网，广泛用于模型校核或其他方面的研究[34]。该供水管网由 375 个节点、469 个管道、3 个水泵和 1 个水厂组成。测压点的位置和数量如图 3.4 所示。节点需水量划分为两组，分别服从正态分布和对数正态分布。本节进行 24 个时刻的模拟，各个时刻所有节点的节点需水量都已知，并作为真实节点需水量输入模型以计算出所有节点压力，包括监测点的真实压力。通过对真实值添加扰动，生成先验数据和监测数据，然后用于校核节点需水量。将校核结果与真实值进行对比，从而评估模型校核的精度。

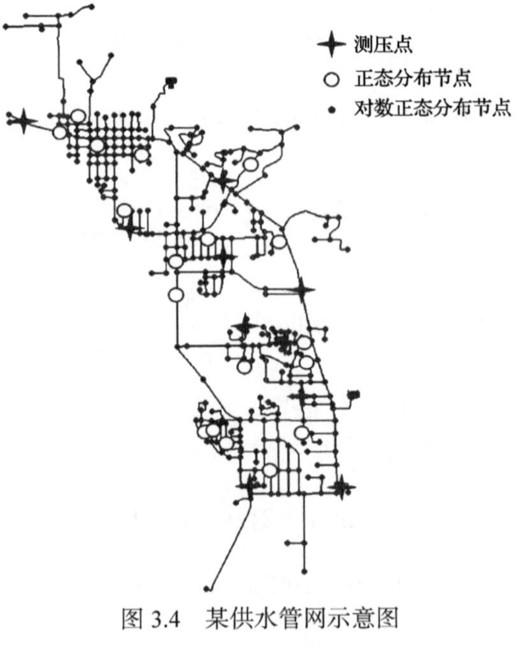

图 3.4　某供水管网示意图

通过对真实压力监测数据 Y^r 添加正态分布 $N(0,R)$ 的噪声扰动生成监测数据 Y，其中，$R=0.5\mathrm{m}$。对真实节点需水量 X^r 添加随机扰动生成先验节点需水量分布的众数，该扰动服从均匀分布 $U(0,2X^{\mathrm{r}})$，标准差为众数的 1.5 倍。将广泛使用的奇异值分解(singular value decomposition, SVD)方法[35]与本节提出的方法进行对比。SVD 方法仅依赖监测数据，未考虑先验信息。此外，为了方便对比，还直接将先验概率分布众数作为模型输入，以获取先验模拟结果。

图 3.5 给出了 10 个测压点处的模型校核结果。从图中可以看到，本节提出方法的校核压力总是接近真实压力；其相对于真实压力的偏差要小于监测数据与真实压力的偏差。该方法的压力精度高于监测数据或直接由先验信息计算出的压力精度。此外，当监测数据或先验信息中存在较大的误差时，该方法也表现出良好的鲁棒性。例如，当 $t=17\mathrm{h}$ 时，尽管先验信息以及测压点 1 和测压点 4 的监测数据存在相当大的噪声，测压点 1 和测压点 4 的校核结果仍然能够逼近真实值；

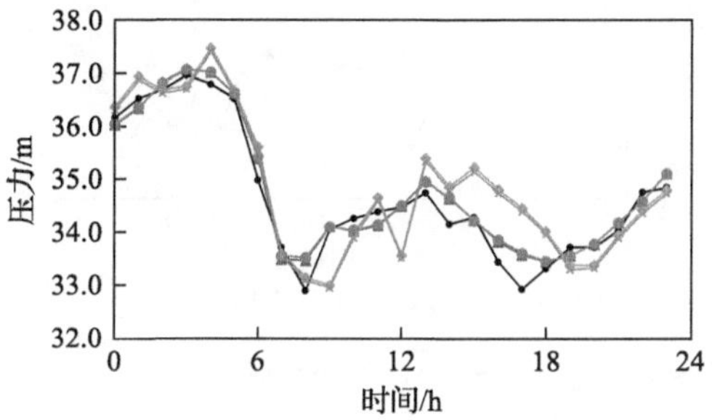

(a) 测压点1

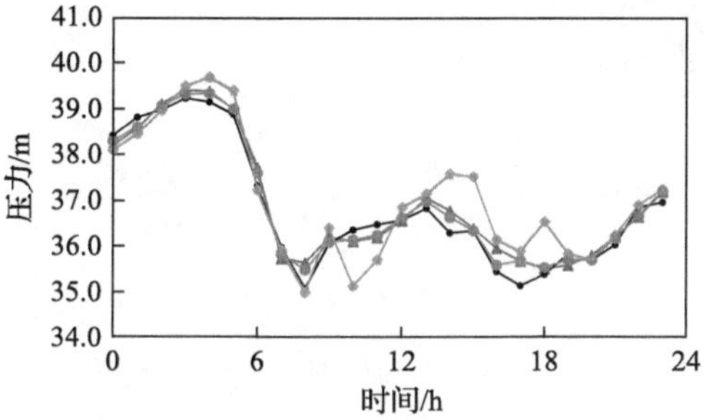

(b) 测压点2

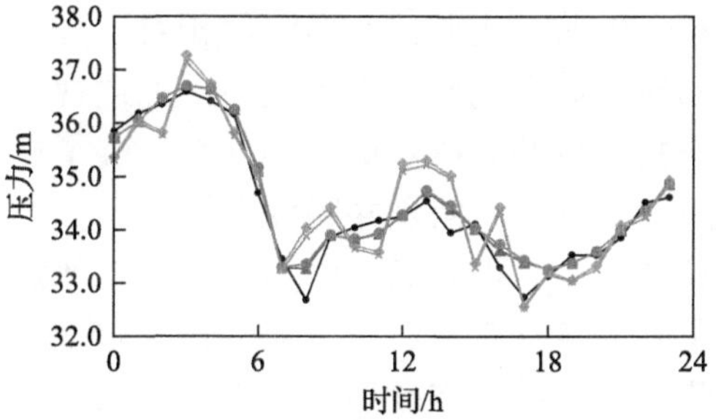

(c) 测压点3

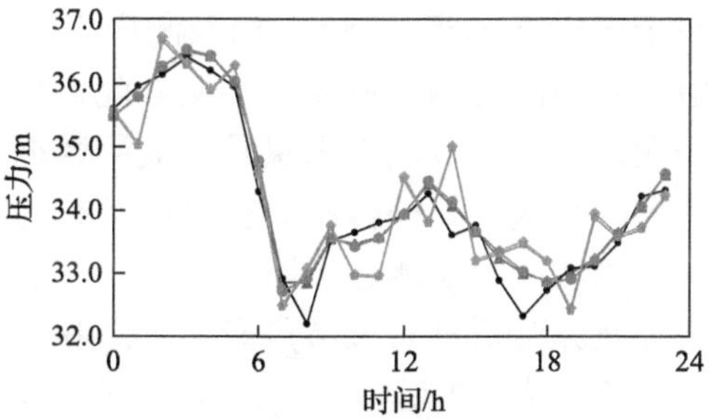

(d) 测压点4

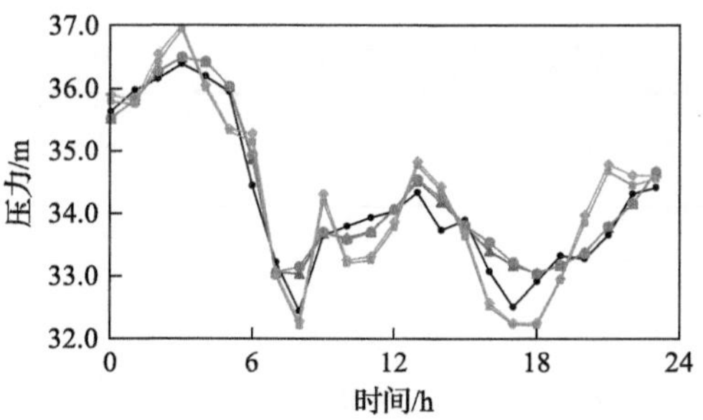

(e) 测压点5

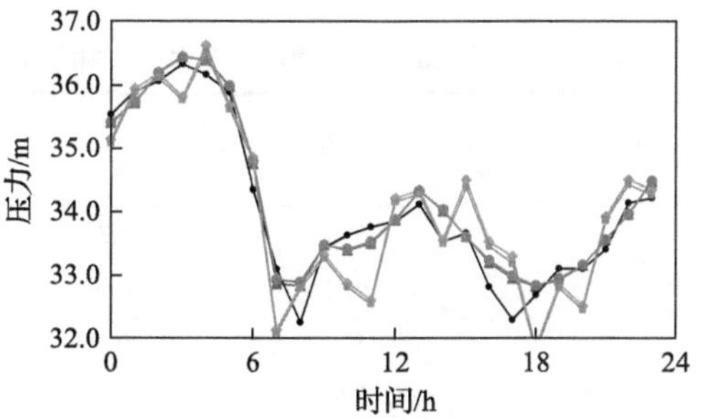

(f) 测压点6

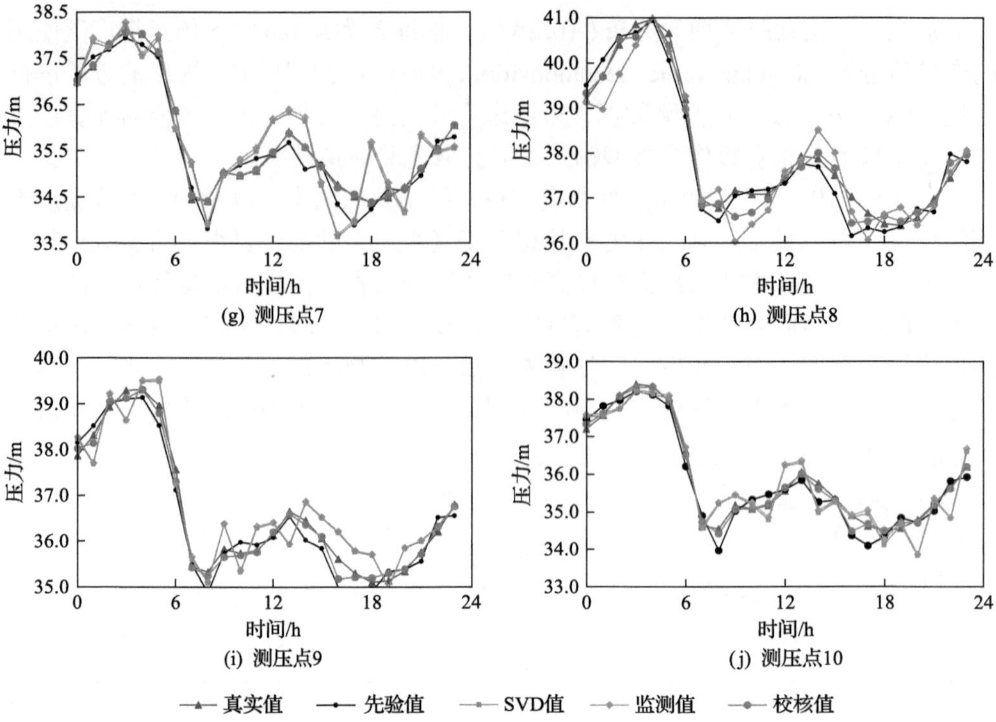

图 3.5　10 个测压点处的校核结果对比

对于测压点 5 当 $t = 8\mathrm{h}$ 时以及测压点 7 当 $t = 17\mathrm{h}$ 时，先验值和监测值相对于真实值具有相同的偏离方向，即便如此，校核的压力数据仍然接近真实值。上述现象表明，校核的节点需水量是由监测数据和先验信息共同决定的，即便是安装了传感器的节点，其校核压力也是由所有的监测数据及先验信息共同决定的。

虽然压力监测数据影响其所在节点的校核压力，但是其影响力仍小于其他监测点及先验信息对该节点影响力之和。为了验证这一观点，这里对校核灵敏度进行分析。表 3.3 给出了当 $t = 8\mathrm{h}$ 时的 10 个测压点对测压点 5 所在节点的灵敏度分析。虽然测压点 5 的监测数据对其所在节点需水量及灵敏度是最大的，即(2.32,1)，

表 3.3　当 t=8h 时的 10 个测压点对测压点 5 所在节点的灵敏度分析

测压点编号	$\frac{\partial Y_i}{\partial X_5}$	$\frac{\partial Y_i}{\partial Y_5}$	测压点编号	$\frac{\partial Y_i}{\partial X_5}$	$\frac{\partial Y_i}{\partial Y_5}$
1	0.78	0.34	6	0.80	0.34
2	0.13	0.06	7	0.66	0.29
3	1.05	0.45	8	0.14	0.06
4	0.90	0.39	9	0.22	0.09
5	2.32	1	10	0.33	0.14

但却小于其他 9 个测压点之和(5.01,2.16)，见式(3.68)和式(3.69)。因此，由测压点的噪声引起的校核误差可通过其他监测数据和先验信息来校正。即使少量的监测数据或先验信息存在误差，也不会显著降低校核精度。这突出了监测数据和先验信息对节点需水量校核的协同效应。

$$\sum_{i=1,i\neq 5}^{10}\frac{\partial Y_i}{\partial X_5}=5.01>\frac{\partial Y_5}{\partial X_5}=2.32 \tag{3.68}$$

$$\sum_{i=1,i\neq 5}^{10}\frac{\partial Y_i}{\partial Y_5}=2.16>\frac{\partial Y_5}{\partial Y_5}=1 \tag{3.69}$$

从图 3.5 中也可以看出，在大多数情况下，校核的压力处于先验值和监测值之间的区域内，表示校核结果是在先验信息和监测数据之间的折中。监测数据通过最小化模型模拟值和监测值之间的偏差来调整节点需水量。但这种节点需水量的调整在一定程度上受先验概率分布的限制，使得节点需水量趋近于先验概率分布的众数。

图 3.6 所示为 375 个节点在 0h、1h、2h、…、23h 时的节点需水量误差的累积概率分布。这里没有给出相对误差，这是因为对于那些需水量很小的节点，即便是很小的绝对误差，都有可能造成较大的相对误差，这显然会起到误导作用。如

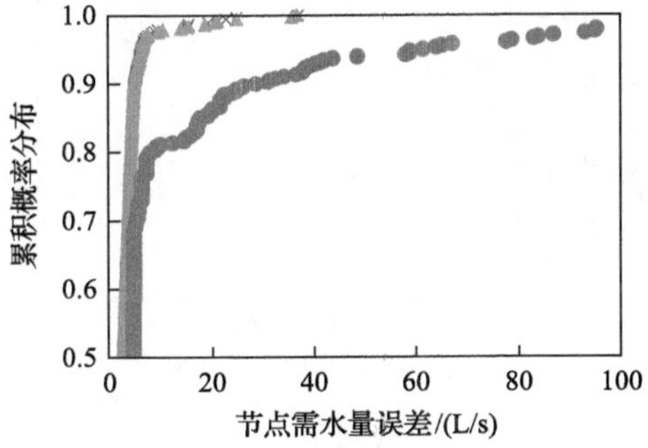

(a) t=0h

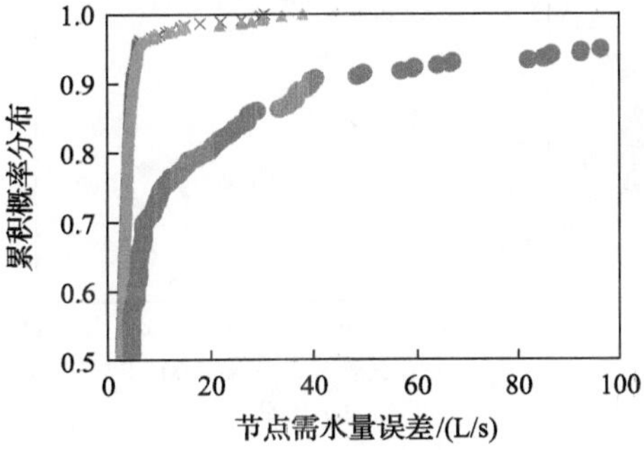

(b) t=1h

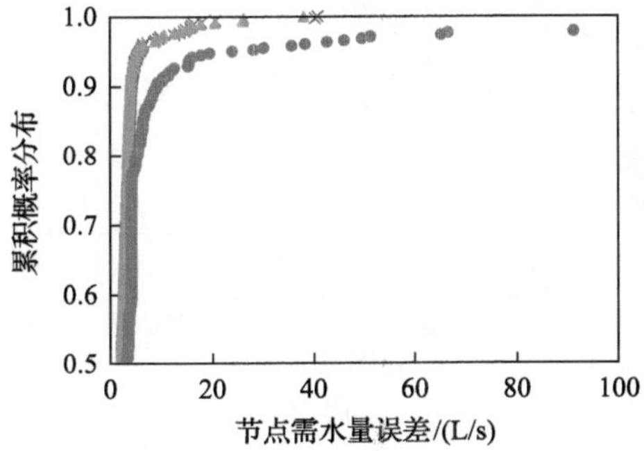

(c) t=2h

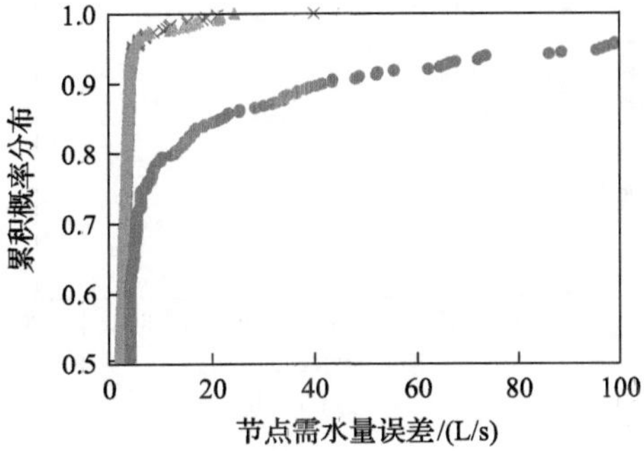

(d) t=3h

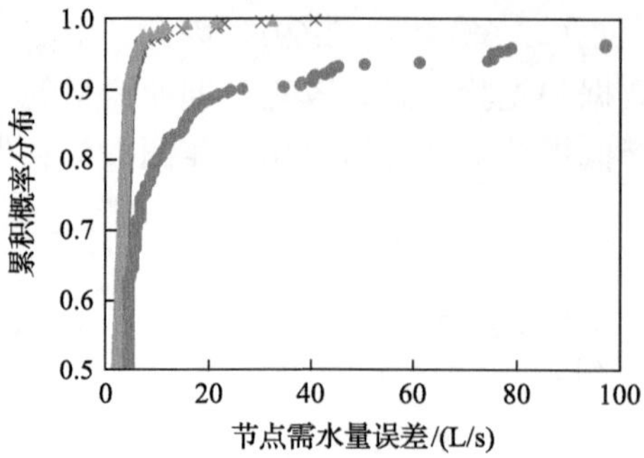

(e) t=4h

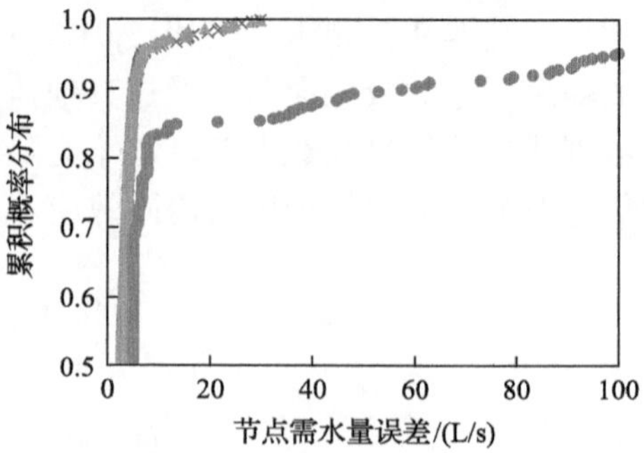

(f) t=5h

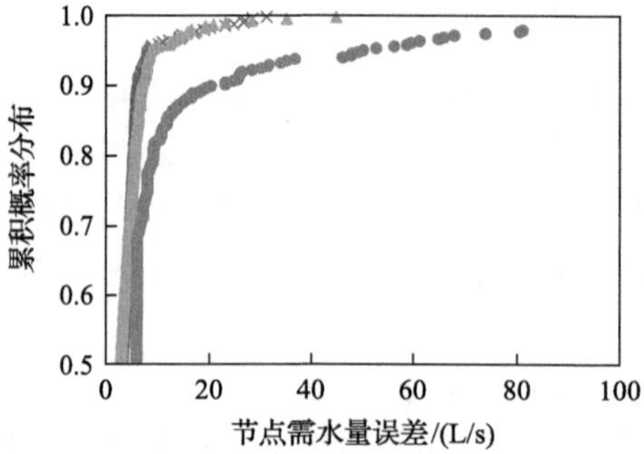

(g) t=6h

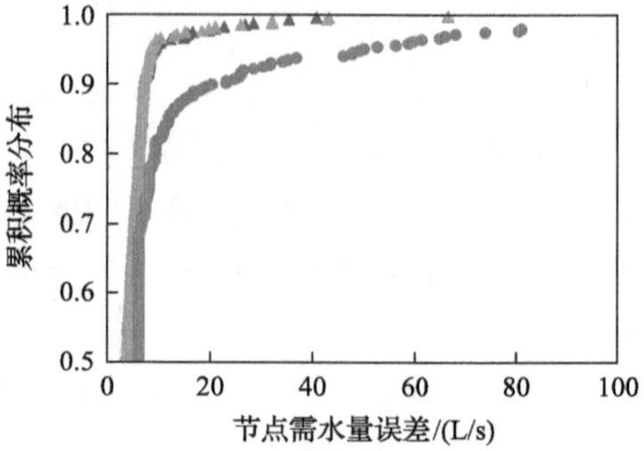

(h) t=7h

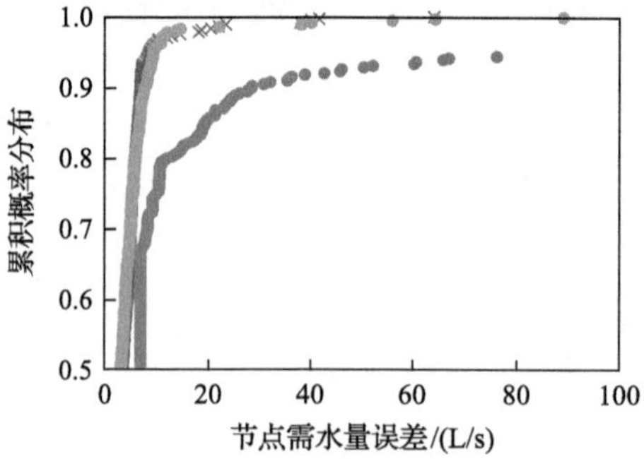

(i) t=8h

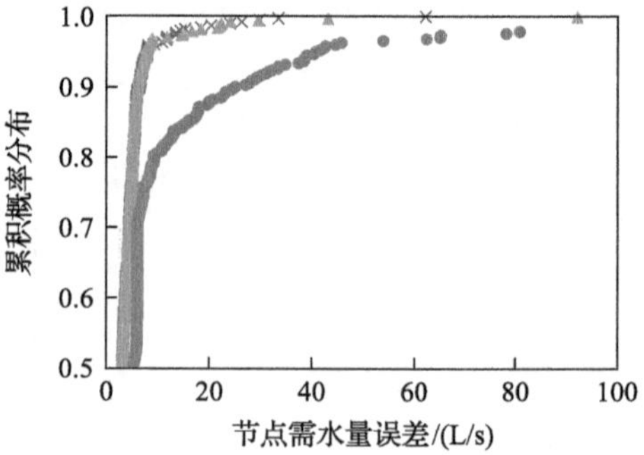

(j) t=9h

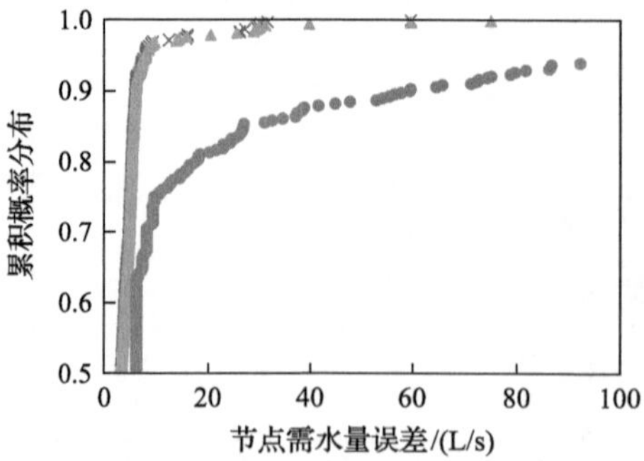

(k) t=10h

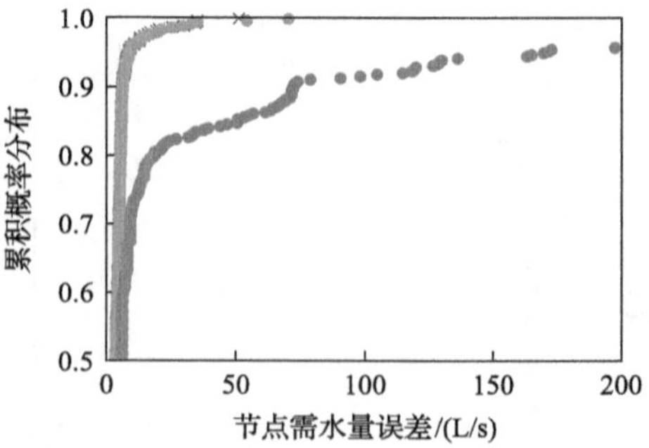

(l) t=11h

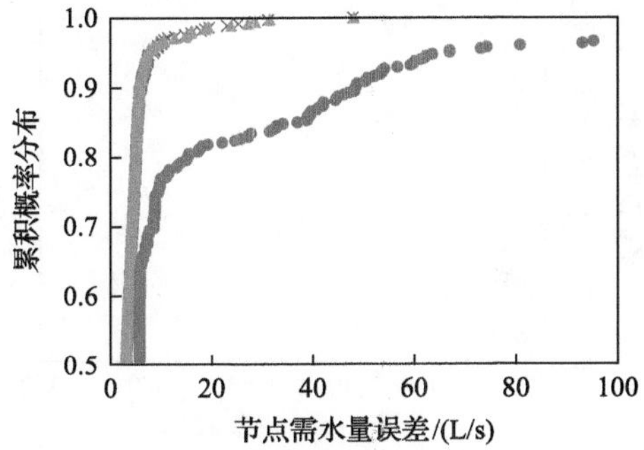

(m) t=12h

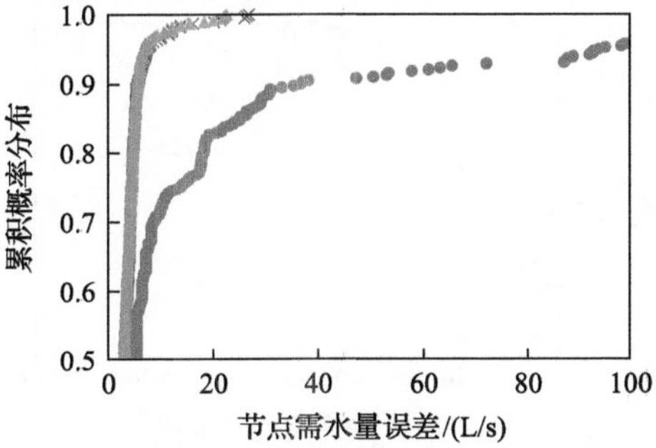

(n) t=13h

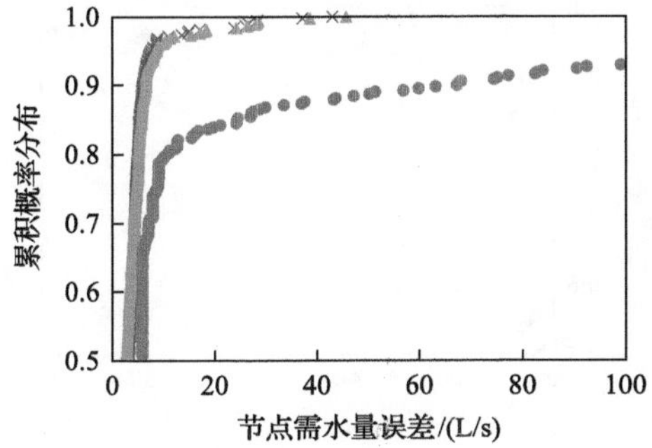

(o) t=14h

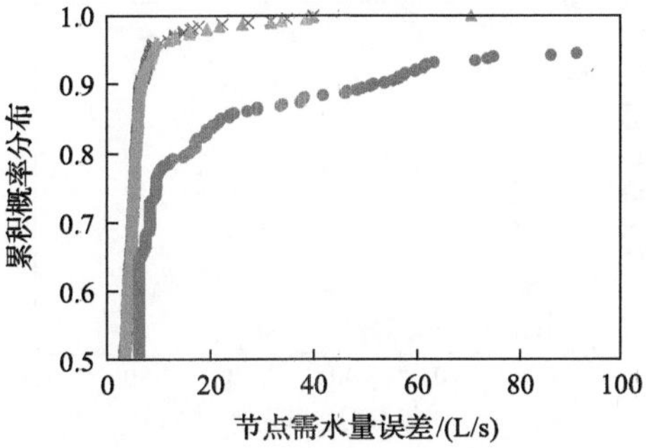

(p) t=15h

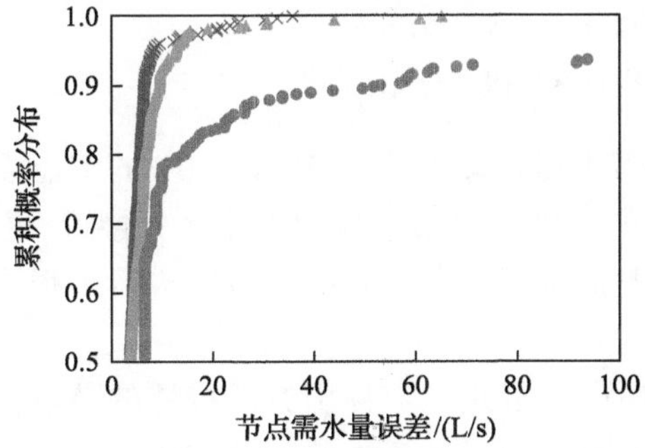

(q) t=16h

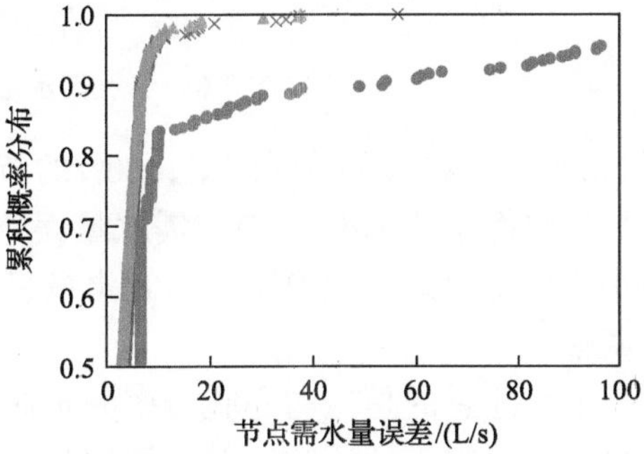

(r) t=17h

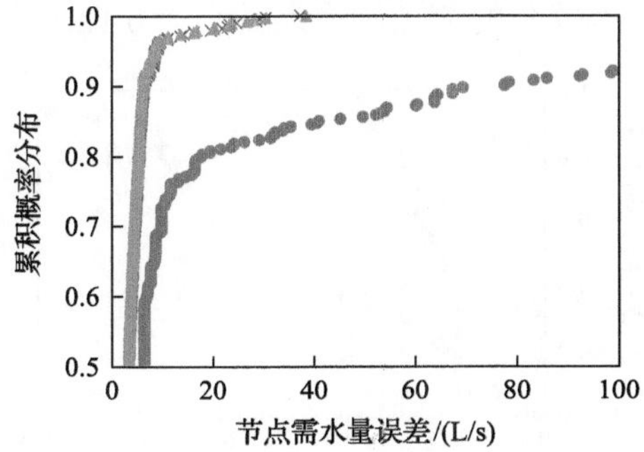

(s) t=18h

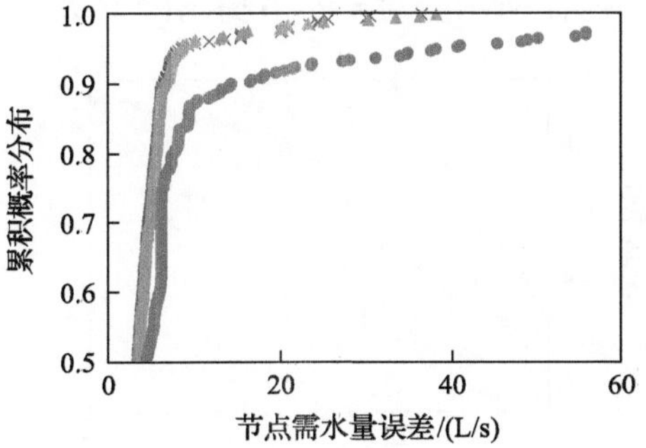

(t) t=19h

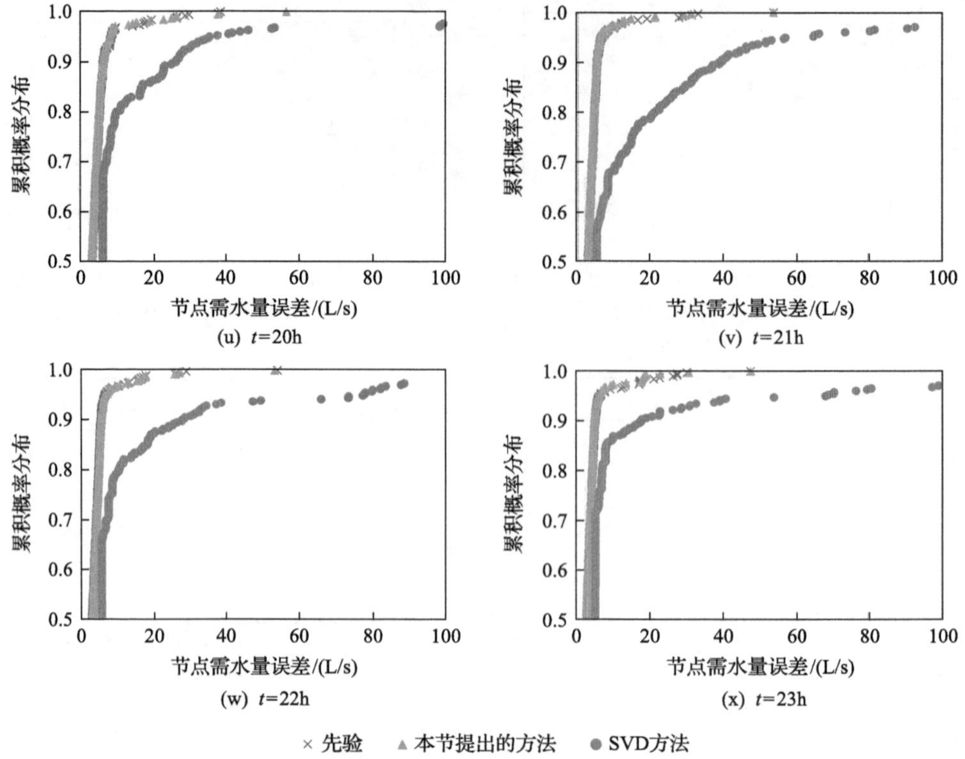

图 3.6　节点需水量误差的累积概率分布

图 3.6 所示，在大部分时间里，80%的节点需水量误差都小于 5L/s，90%的节点需水量误差都小于 10L/s。节点需水量误差与先验概率分布众数的误差十分接近，但略小于先验误差。这说明节点需水量只在先验概率分布较高的区域内进行了很小的调整。

值得注意的是，与先验概率分布众数相比，虽然本节提出方法校核的节点需水量只做了很小的调整，但校核的节点压力误差却远小于先验的节点压力误差。如图 3.7 所示，对于本节提出的方法，约 75%校核的节点压力误差小于 0.1m；而

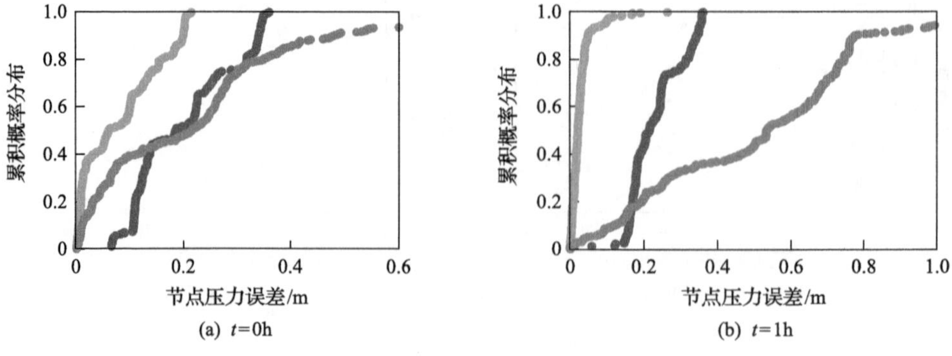

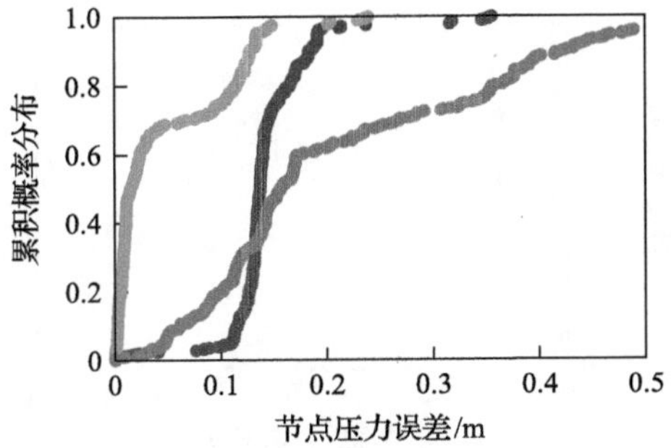

(c) t=2h

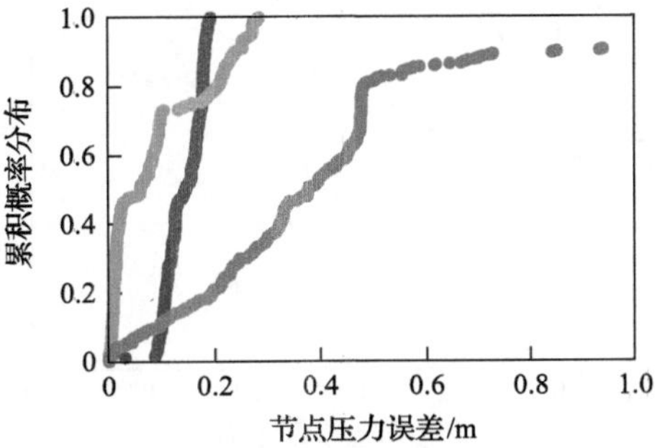

(d) t=3h

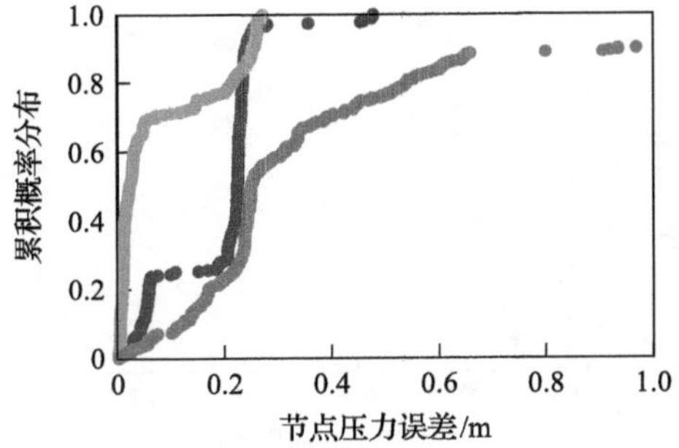

(e) t=4h

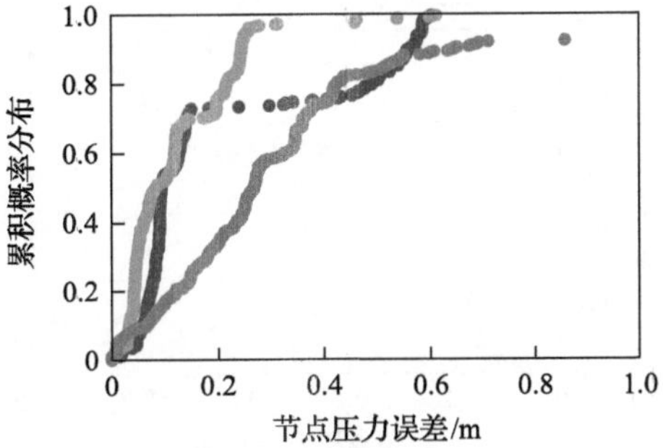

(f) t=5h

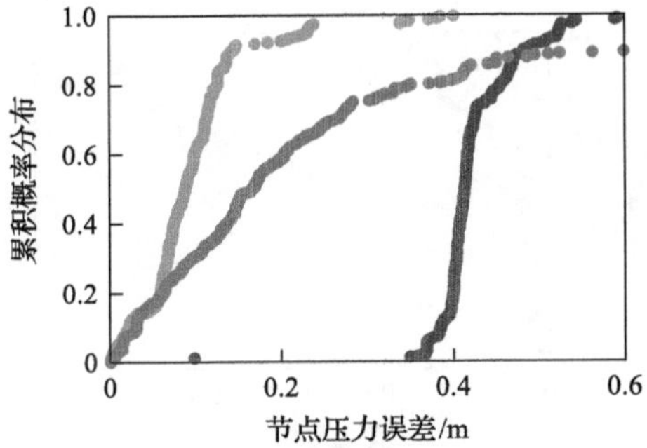

(g) t=6h

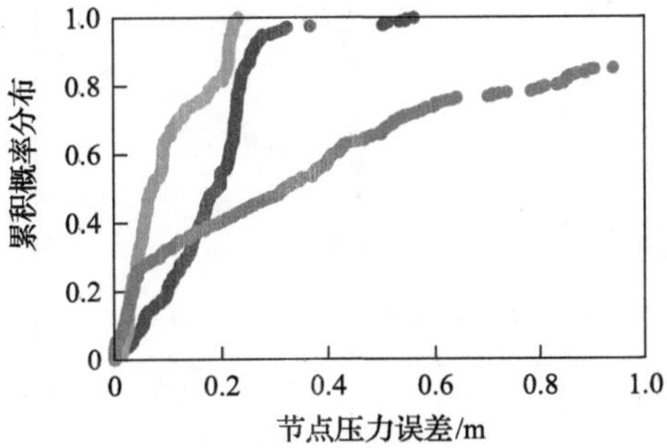

(h) t=7h

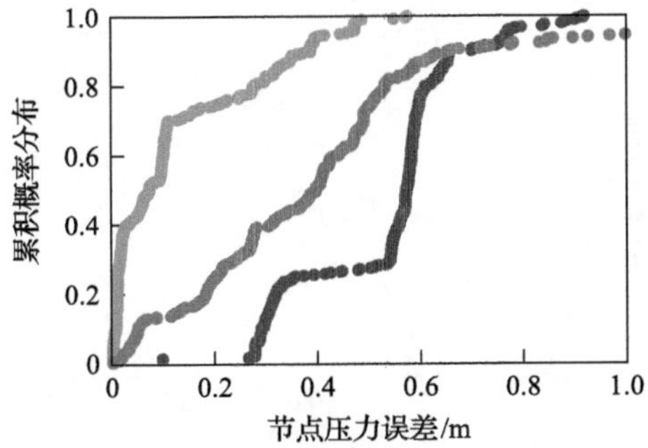

(i) t=8h

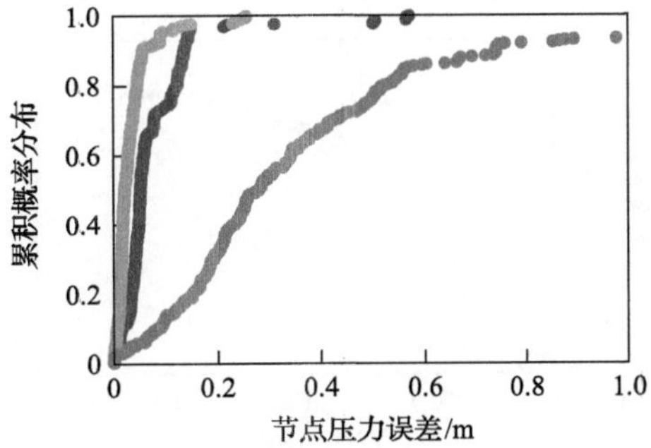

(j) t=9h

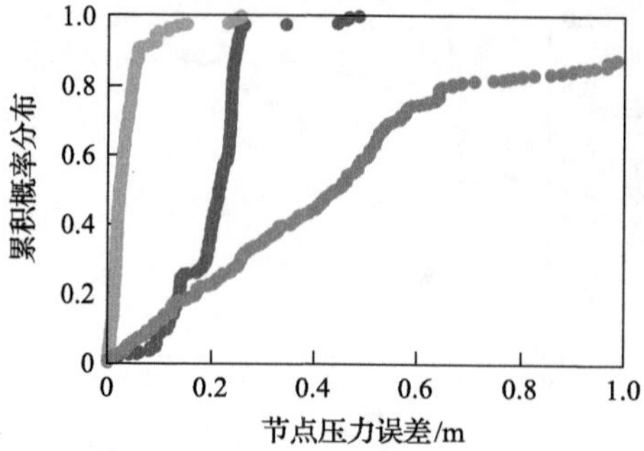

(k) t=10h

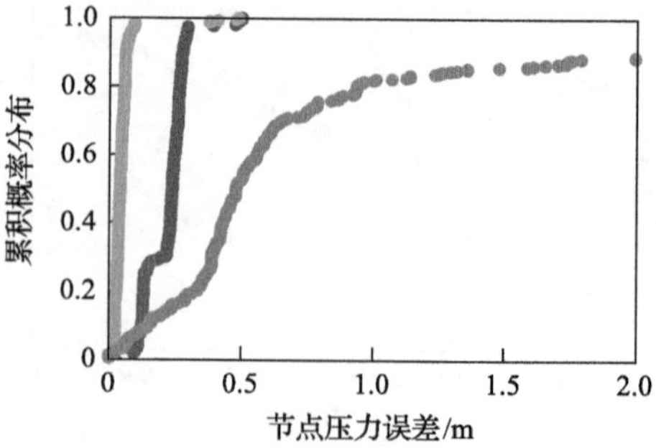

(l) t=11h

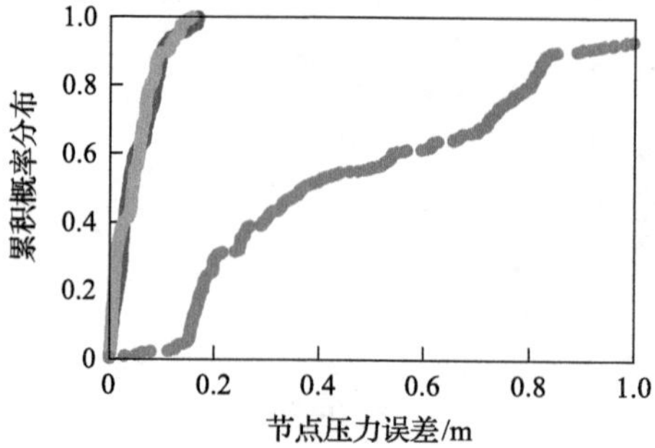

(m) t=12h

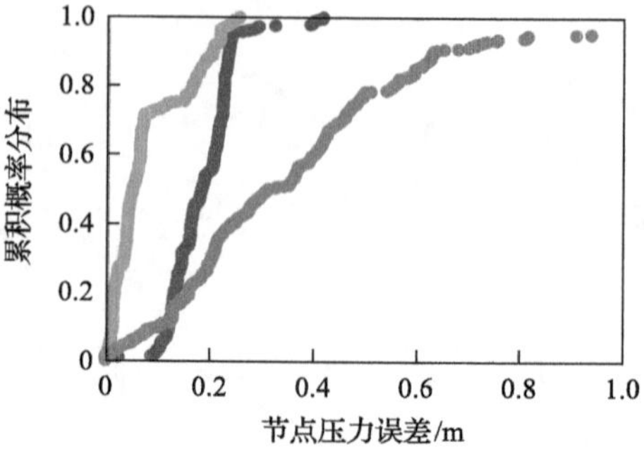

(n) t=13h

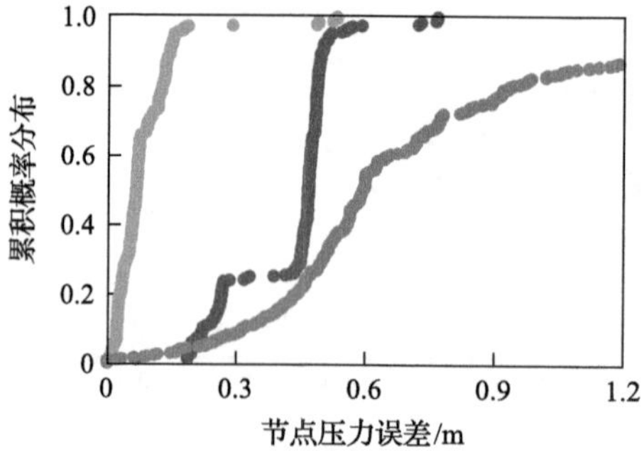

(o) t=14h

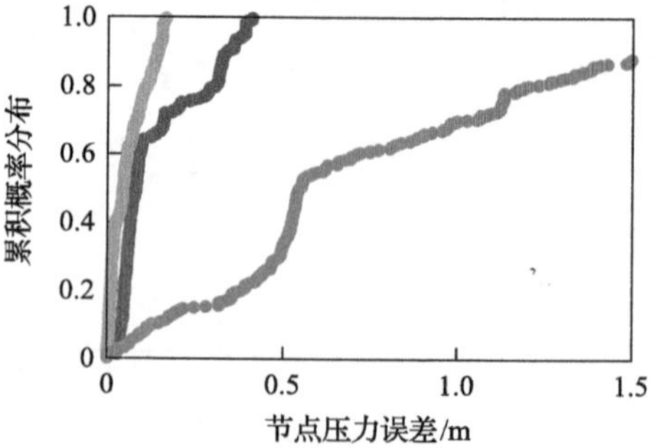

(p) t=15h

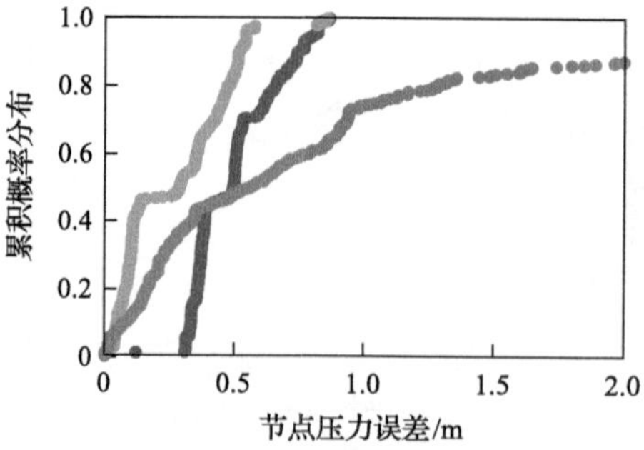

(q) t=16h

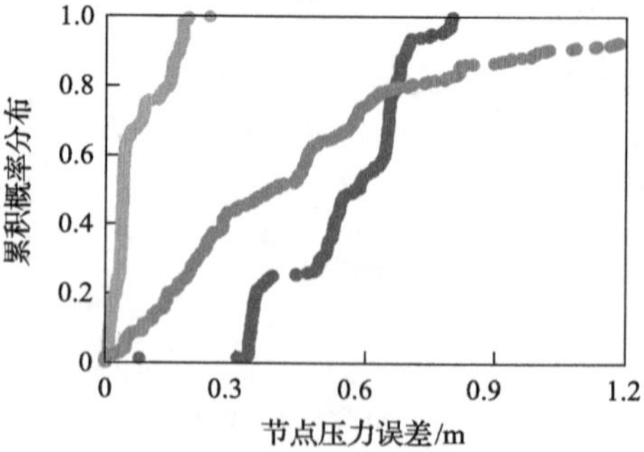

(r) t=17h

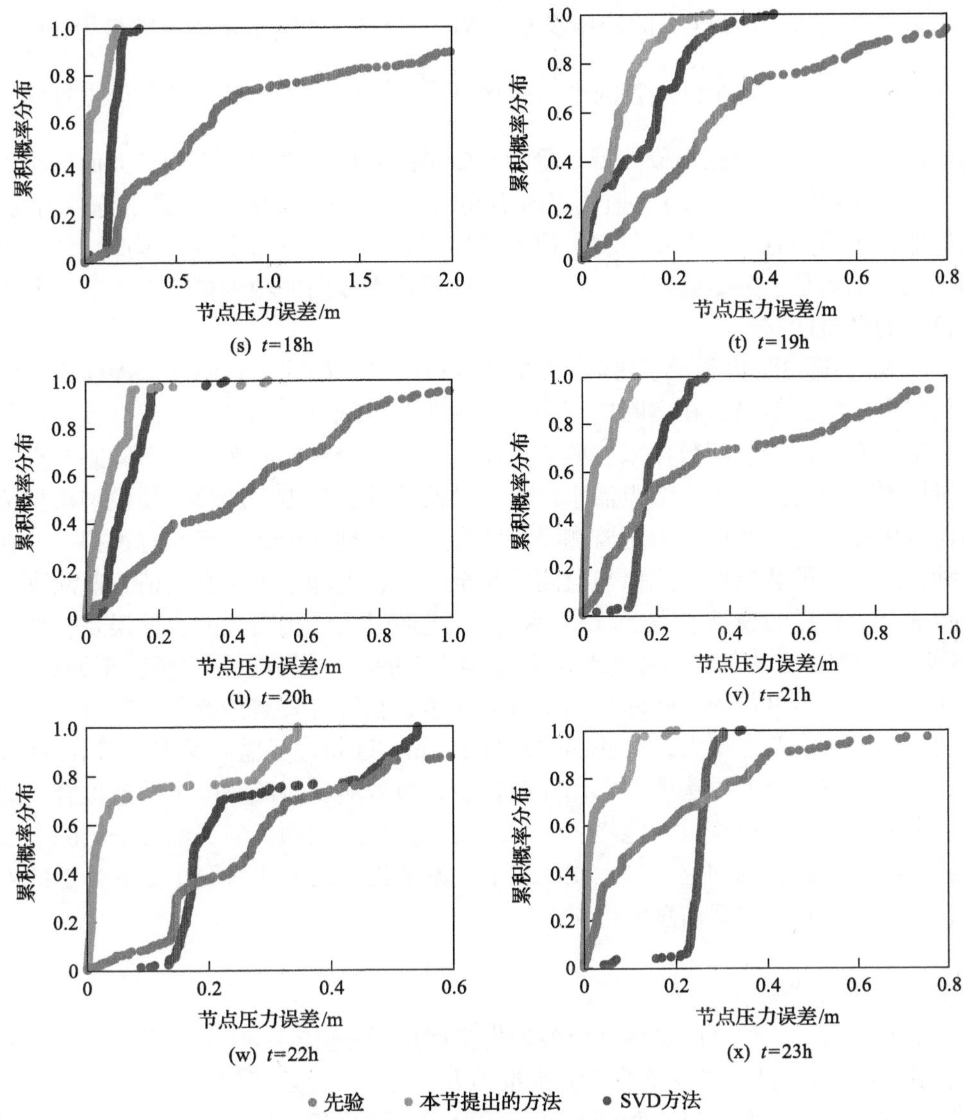

图 3.7　节点压力误差的累积概率分布

对于先验压力，约 90%的节点压力误差大于 0.1m。校核后的节点压力误差明显小于先验误差，压力校核精度的显著提升，要归功于基于压力监测数据对节点需水量进行的调整。尽管调整量很小，却能极大地提升压力校核精度。

先验信息与监测数据在节点需水量校核过程中是相互竞争的，而其比值 m/n（监测点数量与节点需水量数量的比值）是影响监测数据（似然函数）与先验信息（先验概率分布）之间“竞争力”的重要因素，其中，m 为监测点数量，n 为节点需水量数量。假定监测点 i 的校核残差为 ΔY_i，节点 j 的需水量的调整量为 ΔX_j，而 $X_j \propto \frac{m}{n}, \frac{\partial X_j}{\partial Y_i}$。真实供水管网中，通常 $m \ll n$ 并且 $\frac{\partial X_j}{\partial Y_i}$ 的数值随着供水管网规模的扩大而减小。因此，节点需水量的调整量随着供水管网规模的扩大而减小。对于大型供水管网 $(m \ll n)$，监测点所引起的节点需水量的调整量是十分微弱的，相应地，先验信息更具有竞争力，使参数接近先验概率分布众数。因此，使用准确的先验信息是十分重要的，这突出了使用远传水表而非预测模型对于节点需水量校核的必要性。

图 3.5～图 3.7 也展示了 SVD 方法的校核结果。如图 3.5 所示，SVD 值与监测值完全匹配。但是，在实际应用中，这种匹配可能具有相当大的误导性，这是因为基于有限数量监测数据来校核节点需水量是一个病态问题。在不限制节点需水量调整范围的情况下，节点需水量可以被监测数据自由地调整，使模型模拟值与监测值相匹配。然而，由于监测噪声的存在，这种匹配通常意味着过拟合。在这种情况下，虽然模型模拟值与监测值完全一致，但却偏离了真实值。监测噪声会传播至校核后的模型参数(节点需水量)，进而引入了相当大的校核误差。如图 3.6 所示，SVD 方法的节点需水量误差是相当大的，一些节点需水量甚至为负值，这在实践中是不可行的。此外，如图 3.7 所示，在没有安装传感器的节点上，校核的节点压力误差也很大，有些误差超过了 2m，远超过了监测噪声。与 SVD 方法相比，本节提出的方法能够利用先验信息，有效避免对监测噪声的过拟合。此外，常见的参数分组法虽然能将病态问题转化为正定问题，但仍然无法消除参数对监测噪声过拟合的问题[28,36]。相比之下，本节提出的方法摆脱了参数分组的困境，具有灵活利用数据信息的优点。

7. 结果讨论

本节提出了一种可以灵活耦合各种先验信息(如远传水表、节点需水量预测模型、用户账单等信息)来校核节点需水量的方法。基于上述案例，本节详细讨论了该方法的特点。该方法以先验概率分布的形式，融合各种先验信息，以校核节点需水量。在该方法中，监测数据与先验信息的协同效应有效提高了校核精度。该方法具有较好的鲁棒性，当监测数据或先验节点需水量存在一定程度的不确定性时，该方法仍能够精确地校核节点需水量。由于使用了先验信息，该方法能在一定程度上避免监测噪声对节点需水量的过度调整，进而避免了参数的过拟合，这对于监测点稀疏的大型供水管网尤为重要。

节点需水量通常会在先验概率分布较高的区域内调整。这意味着使用更精确的先验信息(如远传水表)可显著提高模型的精度。本节提出方法的校核结果优于传统的 SVD 方法，该方法的校核精度取决于先验信息和监测数据的精度。即使少量的监测数据或先验信息存在误差，也不会显著降低校核精度。这些都突出了监测数据和节点需水量先验信息在节点需水量校核方面的协同效应。值得注意的是，先验节点需水量的不确定性对节点需水量校核存在负面影响，与没有任何先验信息的结果相比，错误的先验信息可能会使校核结果变得更糟。在没有可靠的节点需水量先验估值的情况下，建议提高先验的方差，以使得节点需水量可以在更大的空间内调整。

多种概率密度函数可用于描述节点需水量的随机特征，如正态分布[37,38]、对数正态分布[26,31]、泊松分布[39]、指数分布[40]，这些分布均属于指数族概率分布。指数族概率分布广泛应用于大多数离散或者连续随机变量的概率建模。其他的概率分布形式可以用指数族概率分布来拟合或近似。本节显式地给出了指数族概率分布的一般求导方法，进而给出了节点需水量的数值迭代方程。与其他基于采样的数据同化方法相比，数值求解算法的计算效率更高[1,41-43]。基于采样的方法通常非常耗时，这是因为其性能依赖样本的数量，且只有经过多次迭代才能收敛。采样算法需要计算每个样本的后验概率分布，需要进行多次平差。而本节使用数值求解算法，每次迭代进行一次平差。实际上，本节提出方法计算效率的瓶颈在于求解 Hessian 矩阵的逆矩阵。对于常规的数值同化算法，Hessian 矩阵为 $n\times n$ 矩阵，其逆运算的时间复杂度为 $O(n^3)$，其求逆时间通常占总时间的 70%以上，n 为节点总数。而对于本节提出的方法，由于将节点需水量按照概率分布形式进行了分组，每次迭代的总时间复杂度为 $m\times O(n_{\mathrm{g}}^3)$，其中，$m$ 为组数，n_{g} 为组内节点需水量的数量，$m\times n_{\mathrm{g}}=n$。一般来说，$m\times O(n_{\mathrm{g}}^3)<O(n^3)$。相比于采用传统的数据同化算法，该方法具有更高的计算效率。应当注意的是，对于大型供水管网 $O(n_{\mathrm{g}}^3)$ 的耗时仍然是巨大的。提升大型供水管网的校核效率对于在线水力模型的应用至关重要。

本节提出的方法在融合各种先验信息方面具有很大的灵活性。对于安装远传水表的节点，其先验需水量分布可以拟合成指数族概率分布，然后耦合到校核框架内。对于我国大部分城市，只有一小部分用户安装了远传水表；而对于未安装的节点，则通过预测模型计算先验概率分布。该方法的灵活性使其具有广泛的应用性。在实际应用中，先验概率分布的形式依赖其获得方法。对于安装了远传水表的用户，需要将其需水量按照概率统计的方式集聚到节点上，先验概率分布取决于需水量集聚统计方法；对于预测模型，一般假设先验需水量分布为正态分布。对于由不精确的信息估计出的先验需水量，如用户账单或服务人口的规模，建议采用均匀分布。

3.2.3　数据缺失与异常情况下的在线需水量校核

压力传感器和流量传感器分布在供水管网中，形成一个记录实时监测数据的数据通信网络。由于受到如间歇性的传感器故障、带宽限制、数据包大小限制等，监测数据丢失现象成为传感器网络的一个重要特征[22]。缺失的数据会导致节点需水量校核的不完整和不准确，从而影响系统的运行决策。此外，传感器安装在噪声环境中，随机干扰也不可避免，导致监测值出现异常值[44]。这些异常值可能会扭曲数据分布，导致节点需水量校核产生误差，从而影响系统的可靠性和性能。数据缺失和离群是供水管网传感器网络中最重要和不可避免的现象之一，在线力学模型对监测数据的缺失或异常极其敏感。这些不确定性将显著降低供水管网水力模型的鲁棒性和可用性。因此，解决数据缺失和异常问题对于准确校核节点需水量至关重要。采用适当的数据处理和校核方法，可以最大限度地利用现有的数据，并提高节点需水量校核的准确性和可靠性[45]。

先验需水量一方面可以通过历史数据预测获取，如式(3.1)所示；另一方面可通过自动抄表设备直接测量得到单个用户的节点需水量，如式(3.3)所示。融合尽可能多的有用信息将有助于提高建模精度。在这里主要使用预测节点需水量和自动抄表数据来获取先验概率分布，融合后的先验概率分布如式(3.70)～式(3.72)所示：

$$P_{\text{prior}}(X_t) = N(X_t \mid X_{t|t-1}, P_{t|t-1})N(X_t \mid X_t^{\text{obs}}, P_\tau) = N(X_t \mid \bar{X}_{t|t-1}, \bar{P}_{t|t-1}) \tag{3.70}$$

$$\bar{P}_{t|t-1} = (P_{t|t-1}^{-1} + P_\tau^{-1})^{-1} \tag{3.71}$$

$$\bar{X}_{t|t-1} = \bar{P}_{t|t-1}(P_{t|t-1}^{-1} X_{t|t-1} + P_\tau^{-1} X_t^{\text{obs}}) \tag{3.72}$$

根据分布式传感器网络的特点，似然函数的表达式(3.6)可离散化，如式(3.73)所示：

$$z_t^i = g_t^i(\bar{X}_{t|t-1}) + \varepsilon_\tau, \quad i = 1,2,\cdots,m \tag{3.73}$$

式中，$z_t^i \in \mathbb{R}^1$ 和 $g_t^i(\bar{X}_{t|t-1}) \in \mathbb{R}^1$ 分别为第 i 个传感器在 t 时刻监测和预测的数据；ε_τ 为正态分布假设下的噪声，$\varepsilon_\tau \sim N(0, R^i)$，$R^i \in \mathbb{R}^1$ 为传感器噪声协方差；m 为传感器数量。将预测值 $g_t^i(\bar{X}_{t|t-1})$ 记为 $z_{t|t-1}^i$，则监测数据预测值的概率密度函数为

$$P(z_t^i \mid Y_{0:t-1}^{\text{obs}}) = N(z_t^i \mid z_{t|t-1}^i, R_{t|t-1}^i) \tag{3.74}$$

$$R_{t|t-1}^i = G_{t|t-1}^i \bar{P}_{t|t-1} (G_{t|t-1}^i)^{\mathrm{T}} + R^i \tag{3.75}$$

$$G_{t|t-1}^i = \frac{\partial g_t^i(\bar{X}_{t|t-1})}{\partial \bar{X}_{t|t-1}} \tag{3.76}$$

式(3.75)和式(3.76)中，$G_{t|t-1}^{i} \in \mathbb{R}^{1\times n}$ 为第 i 个传感器对节点需水量的雅可比矩阵；$R_{t|t-1}^{i}$ 为第 i 个传感器从上一时刻预测当前时刻的噪声协方差。

1. 数据清洗方法

1) 缺失数据处理方法

当系统收到传感器上传的监测数据时，利用当前时刻监测数据来反演节点需水量；当未收到数据时，使用监测数据预测值 $z_{t|t-1}^{i}$ 来填充当前时刻，然后用于校核当前时刻的节点需水量。传感器数据丢失填充方法[46-50]如式(3.77)所示：

$$Y_t^i = \gamma_t^i z_t^i + (1-\gamma_t^i) z_{t|t-1}^i + \epsilon_t^i,\quad i=1,2,\cdots,m \tag{3.77}$$

$$\epsilon_t^i \sim N(0, \overline{R}_t^i) \tag{3.78}$$

$$\overline{R}_t^i = \gamma_t^i R^i + (1-\gamma_t^i R_{t|t-1}^i) \tag{3.79}$$

式中，$z_t^i \in \mathbb{R}^1$ 为第 i 个传感器在 t 时刻的监测值；$Y_t^i \in \mathbb{R}^1$ 为估计器接收的相应监测值；$\epsilon_t^i \in \mathbb{R}^1$ 为过程误差；γ_t^i 为布尔数，代表是否接收到数据，是已知的。若数据中心已经成功接收到第 i 个传感器的监测数据，则 $\gamma_t^i = 1$；若数据丢失或数据中心没有接收到监测数据，则 $\gamma_t^i = 0$。这种情况下，使用预测值 $z_{t|t-1}^{i}$ 及噪声协方差 $R_{t|t-1}^{i}$ 作为该时刻监测数据的填充值。

2) 异常数据处理方法

针对监测数据异常情况，采用门控策略来检测异常值。式(3.80)定义了监测数据的概率分布，设定门控概率阈值 P_{gate}，当监测值 z_t^i 在式(3.81)中的概率分布小于 P_{gate} 时，认为是异常值，否则为正常值。由此定义了门控域 M 来进行数据异常判别[51]：

$$P(z_t^i) = \frac{1}{\sqrt{2\pi R_{t|t-1}^i}} \exp\left[-\frac{(z_t^i - z_{t|t-1}^i)^2}{2R_{t|t-1}^i} \right] \tag{3.80}$$

$$M = \{ z_t^i \mid P(z_t^i) > P_{\text{gate}} \} \tag{3.81}$$

门控域 M 被定义为不等式(3.81)，表示当监测值 z_t^i 的概率分布 $P(z_t^i)$ 低于门控概率阈值 P_{gate} 时，认为是异常值。被识别为异常值的监测值，令 $\gamma_t^i = 0$，使用式(3.77)进行填充。

2. 节点需水量校核

监测数据的概率密度函数如式(3.82)所示：

$$P(Y_t^i \mid \gamma_t^i z_t^i + (1-\gamma_t^i) z_{t|t-1}^i, \bar{R}_t^i), \quad i=1,2,\cdots,m \tag{3.82}$$

令 $\gamma_t^i z_t^i + (1-\gamma_t^i) z_{t|t-1}^i$ 为 $\bar{Y}_t^i$，第 i 个监测数据的似然函数如式(3.83)所示：

$$P_{\text{likelihood}}(\bar{Y}_t^i \mid X_t, \gamma_t^i) = N(\bar{Y}_t^i \mid g^i(X_t), \bar{R}_t^i), \quad i=1,2,\cdots,m \tag{3.83}$$

假设各个监测数据之间条件独立，则所有监测数据的似然函数具有式(3.84)的形式：

$$P_{\text{likelihood}}(\bar{Y}_t^1, \bar{Y}_t^2, \cdots, \bar{Y}_t^m \mid X_t, \gamma_t^1, \gamma_t^2, \cdots, \gamma_t^m) = \prod_{i=1}^{m} N(\bar{Y}_t^i \mid g^i(X_t), \bar{R}_t^i) \tag{3.84}$$

由此计算得到后验概率分布及目标函数如式(3.85)～式(3.87)所示：

$$P(X_t) = P_{\text{prior}}(X_t) P_{\text{likelihood}}(\bar{Y}_t^1, \bar{Y}_t^2, \cdots, \bar{Y}_t^m \mid X_t, \gamma_t^1, \gamma_t^2, \cdots, \gamma_t^m) \tag{3.85}$$

$$P(X_t) = N(X_t \mid \bar{X}_{t|t-1}, \bar{P}_{t|t-1}) \prod_{i=1}^{m} N(\bar{Y}_t^i \mid g^i(X_t), \bar{R}_t^i) \tag{3.86}$$

$$\min \ J(X_t) = (X_t - \bar{X}_{t|t-1})^{\mathrm{T}} \bar{P}_{t|t-1}^{-1} (X_t - \bar{X}_{t|t-1}) + \sum_{i=1}^{m} \frac{1}{\bar{R}_t^i} [g^i(X_t) - \bar{Y}_t^i]^2 \tag{3.87}$$

通过对目标函数求导使其等于零来解决优化问题，此时牛顿方向 ΔX_t^k（式(3.9)）及协方差矩阵 P_t^k 在本节受限场景下的具体形式如式(3.88)所示：

$$\Delta X_t^k = -P_t^k \left\{ \bar{P}_{t|t-1}^{-1} (X_t - \bar{X}_{t|t-1}) + \sum_{i=1}^{m} \left[\frac{g^i(X_t^k) - \bar{Y}_t^i}{\bar{R}_t^i} (G_t^{i,k})^{\mathrm{T}} \right] \right\} \tag{3.88}$$

$$P_t^k = \left[\bar{P}_{t|t-1}^{-1} + \sum_{i=1}^{m} \frac{(G_t^{i,k})^{\mathrm{T}} G_t^{i,k}}{\bar{R}_t^i} \right]^{-1} \tag{3.89}$$

式中，$G_t^{i,k}$ 为第 i 个传感器与节点需水量间的雅可比矩阵。式(3.88)和式(3.89)通过式(3.13)中的迭代更新方程，不断更新节点需水量的调整量，进行下一次迭代，直到达到最大允许迭代次数，从而获得最优解。

3. 案例分析

如图 3.8 所示，HZ 供水管网由 4242 个节点、4841 根管道和 3 个水厂组成。供水管网中安装了 63 个压力传感器，每 15min 采集一次压力数据，存在一个传感器位置错误，本案例使用剩余 62 个传感器 2020 年 2 月 1 日 0:00 至 2 月 6 日 0:00 的五天数据。由于传感器状况良好，监测数据中几乎没有缺失数据或离群值，为了验证本节提出方法的优越性，人为地在监测数据中随机添加一定比例的缺失数据和离群值，比例分别为 5%和 10%。

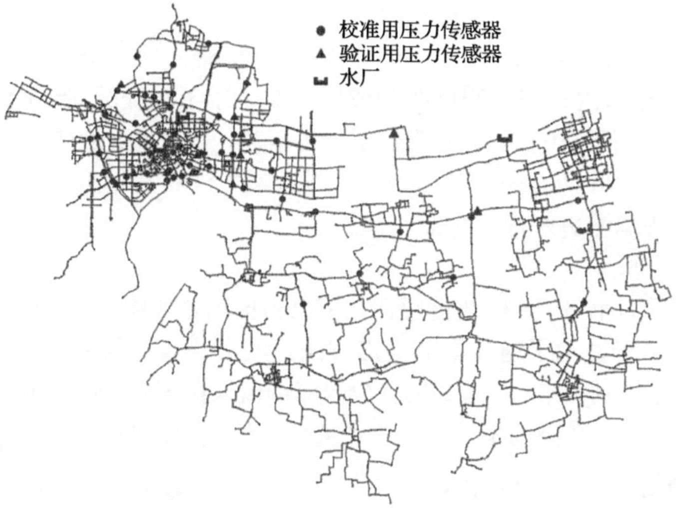

图 3.8　真实大型供水管网：HZ 供水管网

由于缺乏用水账单和用水量的直接监测数据，远传水表数据 X_t^{obs} 未被使用。因此，节点需水量只能通过历史信息进行预测。节点需水量预测模型如式(3.90)和式(3.91)所示：

$$X_t = 0.8X_{t-1} + 0.2X_t^{\text{y}} + \omega \tag{3.90}$$

$$P_{t|t-1} = 0.8P_{t-1} + 0.2P_t^{\text{y}} + P_\omega \tag{3.91}$$

式中，X_{t-1} 和 P_{t-1} 分别为上一个时间步长的节点需水量和协方差；X_t^{y} 和 P_t^{y} 分别为前一天同一时间的节点需水量和协方差。假设误差 ω 为零且 $P_\omega = 0$ 。如前面所述，节点需水量 X_t^{obs} 未被使用，因此可以得到：$\bar{X}_{t|t-1} = 0.8X_{t-1} + 0.2X_t^{\text{y}}$ ，$\bar{P}_{t|t-1} = 0.8P_{t-1} + 0.2P_t^{\text{y}}$ 。

如前面所述，压力数据每 15min 收集一次，因此每个传感器有 480 个数据(5

天）。使用前一天的数据（X_t^y 和 P_t^y）进行节点需水量预测（式（3.90）和式（3.91）），那么第一天的模拟无法使用历史数据用于节点需水量预测，因此采用预热法来解决该问题，即第一天的数据用于离线校核以获取历史节点需水量数据，剩余 4 天（2 月 2～6 日）的 384 个监测数据用于实时校核。在 62 个传感器中，47 个传感器的压力数据用于校核过程，其余 15 个传感器不在校核中使用，仅用于验证校核精度。对于 47 个校核传感器，$R^i = 0.0625\text{m}^2$，迭代过程误差 $\epsilon = 0.5$。为了对比分析，本案例使用贝叶斯方法，其直接使用原始监测数据进行模型校核，当遇到数据缺失时，直接舍弃该传感器当前时刻数据。

1）模型校核的准确性

对于本节提出的方法，47 个用于校核的传感器，其校核压力平均绝对残差（MAR）在 0.53m 以内，与监测值匹配较好。对于用于验证的 15 个传感器，大多数传感器的 MAR 低于 0.64m，表明校核较为成功。需要指出的是，本节提出方法的 MAR 略大于贝叶斯方法，其原因在于贝叶斯方法容易过度拟合离群值，因此本节提出的方法能够更好地匹配监测值。

2）鲁棒性分析

图 3.9 所示为第 35 个校核传感器（#35）的压力监测值，其中存在缺失数据和离群值。图 3.9 仍显示了通过本节提出方法补偿后的监测值曲线。大多数缺失数据和离群值都已得到补偿。然而，仍有少数离群值未被识别（如 2020-02-04 11:45 和 2020-02-05 7:15）。这是因为本节提出方法的性能依赖门控概率阈值 P_{gate}（式（3.81））的选择和预测精度（式（3.90）和式（3.91））。较小的 P_{gate} 意味着算法对离群值更敏感，使得离群值更容易被识别出来。然而，由于预测误差和模型拓扑误差（如节点

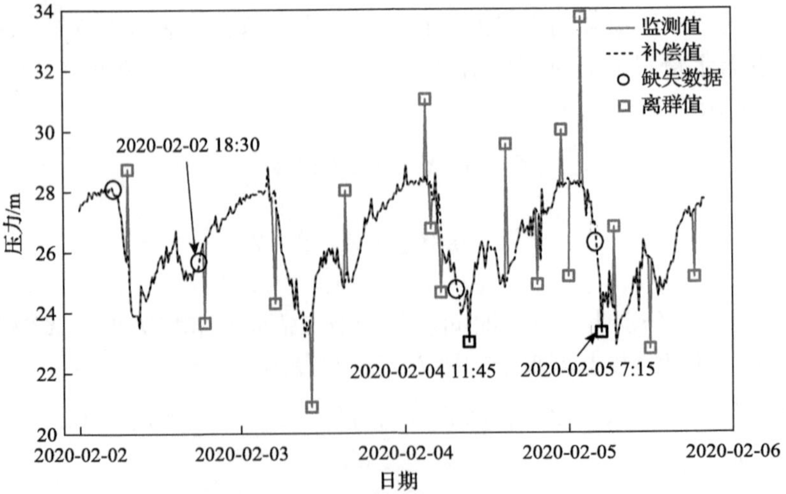

图 3.9　存在数据缺失和离群值的校核传感器#35 数据补偿结果

高程误差)，预测模型的概率分布(式(3.80))不能准确表示监测值的概率分布，较小的 P_{gate} 会导致对正常数据的误判。在本案例研究中，P_{gate} 是基于历史监测数据通过试错法选择的，使得离群值更容易被检测到，而不是将正常监测数据错误地判断为异常值。

图 3.10 所示为校核传感器#35 的校核结果。贝叶斯方法对离群值表现出严重的过拟合，并在存在数据缺失的情况下产生过度偏差，这是因为贝叶斯方法直接使用原始监测数据进行模型校核。原始监测数据包含大量的离群值和缺失数据，导致模型对离群值严重过拟合。当直接舍弃数据缺失的传感器时，这种问题会更加严重。例如，校核传感器#35 在 2020-02-02 18:30 缺失数据。在这种情况下，贝叶斯方法使用剩下 46 个传感器进行校核，传感器数量减少，校核结果在该时刻表现不佳。相比之下，本节提出方法在数据缺失和离群值存在的情况下表现较好。如图 3.10 所示，在大多数情况下，校核值能有效避免对离群值的过拟合。这表明使用补偿数据将显著提高算法的鲁棒性。

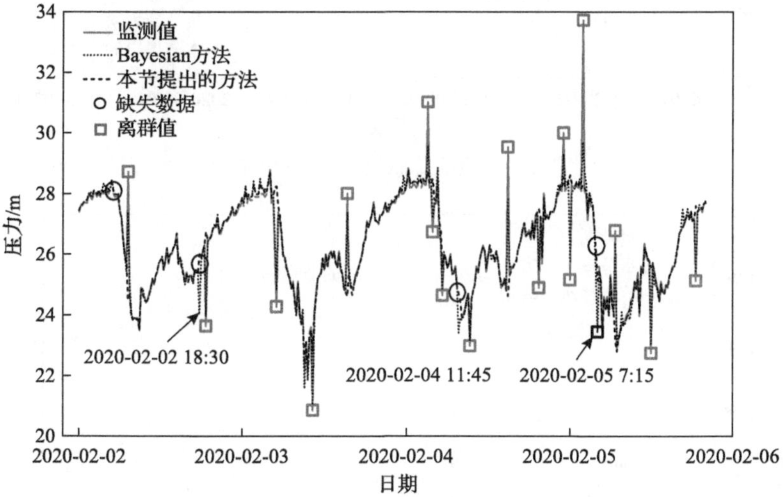

图 3.10　校核传感器#35 的校核结果

图 3.11 所示为第 4 个验证传感器(*4)的校核结果，图 3.12 所示为节点 N2 的节点需水量校核结果。如图 3.11 所示，对于贝叶斯方法，校核节点压力可能在短时间内大幅波动。尽管节点压力在整体上变化很大，但在如此短时间内的大幅波动仍超出了合理范围。相比之下，本节提出方法的校核压力较为平稳，随时间变化较小。类似现象也出现在校核的节点需水量中。如图 3.12 所示，贝叶斯方法校核的节点需水量波动很大，极大值(通常被视为不合理的节点需水量)出现在 2020-02-04 10:30。与贝叶斯方法相比，本节提出方法校核的节点需水量随时间变化较小，且一天内的节点需水量模式合理。由图 3.12 可以发现，节点需水量峰值

大约出现在 8:45 和 18:00，节点需水量谷值大约出现在 4:30 和 15:00。这与用户的用水习惯一致。上述发现表明，本节提出的方法在监测数据中存在缺失数据和离群值时具有良好的鲁棒性。

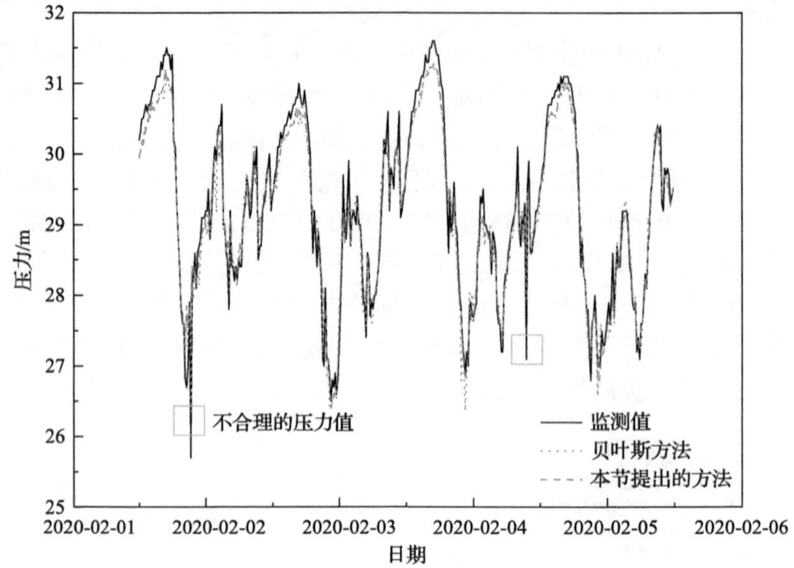

图 3.11　验证传感器*4 的校核结果

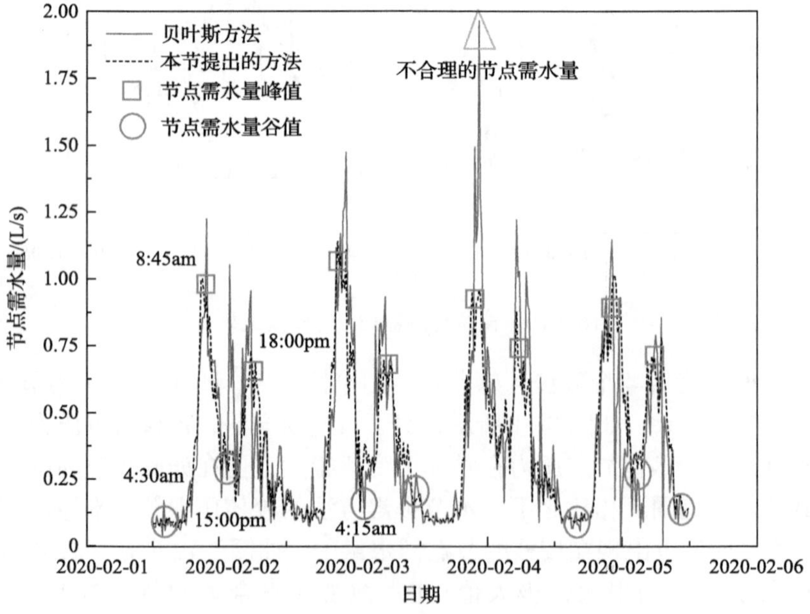

图 3.12　节点 N2 的节点需水量校核结果

4. 结果讨论

本节提出了一种存在数据缺失与异常情况下的节点需水量在线校核方法，该方法可以实时检测、补偿缺失数据和异常值。由监测数据的预测概率密度函数定义的门控区域检测异常值，通过给出门控概率阈值，正常值落在门内，而异常值落在门外，进而实现对异常数据的识别。对于异常值和缺失数据，使用预测值补偿，然后基于贝叶斯方法融合监测值来校核节点需水量。案例研究表明，该方法可以有效地检测和补偿异常值或缺失数据，从而对这些不确定性表现出良好的鲁棒性。利用所开发的缺失数据和离群值补偿方法，提高了节点需水量校核算法的鲁棒性。

3.2.4　噪声自适应的在线需水量校核

在线监测数据通常包含相当大的数据噪声，而供水管网模型拓扑往往也存在一定的误差，如高程误差、阀门开启度错误等问题[3,23,32]。这些误差的存在会显著降低模型模拟精度，降低模型的实用性。针对该问题，本节提出使用变分贝叶斯(variational Bayesian, VB)在线融合理论，同时将节点需水量和监测数据的噪声强度(方差)作为校核求解参数，在实时校核节点需水量的同时，求解出监测噪声的方差。使用监测噪声方差，对监测数据质量进行评估。对于噪声方差大的监测数据，自动分配小的权重，以实现对监测噪声的自适应[52]。

1. 先验概率分布

式(3.5)中，监测数据 Y_t 噪声误差服从正态分布 $N(0,R_t)$，其中待估计的噪声协方差矩阵 $R_t \in \mathbb{R}^{m\times m}$ 服从逆 Wishart 分布(IW)[53,54]，如式(3.92)所示：

$$P(R_t \mid Y_t) = \mathrm{IW}(R_t \mid \alpha_t, V_t) \tag{3.92}$$

式中，$V_t \in \mathbb{R}^{m\times m}$ 为正定矩阵；α_t 为时变变量，且 $\alpha > m-1$，m 为监测数据数量。对于当前时刻 t，α_t、V_t 均能从上一时间步长预测得到[55]。预测模型如式(3.93)和式(3.94)所示：

$$\bar{\alpha}_{t|t-1} = \mu_{\mathrm{c}}(\alpha_{t-1} - m - 1) + m + 1 \tag{3.93}$$

$$\bar{V}_{t|t-1} = BV_{t-1}B^{\mathrm{T}} \tag{3.94}$$

式中，$\bar{\alpha}_{t|t-1}$ 和 $\bar{V}_{t|t-1}$ 为预测值；μ_{c} 为 0～1 的系数，且 $B = \mu_{\mathrm{c}} I$。因此，R_t 的先验概率分布表达式为

$$P(R_t \mid Y_t) = \mathrm{IW}(R_t \mid \bar{\alpha}_{t|t-1}, \bar{V}_{t|t-1}) \tag{3.95}$$

假定节点需水量与监测噪声相互独立，则节点需水量和监测噪声的联合先验概率分布如式(3.96)所示：

$$P(X_t, R_t \mid Y_t) = N(X_t \mid \bar{X}_{t|t-1}, \bar{P}_{t|t-1})\mathrm{IW}(R_t \mid \bar{\alpha}_{t|t-1}, \bar{V}_{t|t-1}) \tag{3.96}$$

式中，$N(X_t \mid \bar{X}_{t|t-1}, \bar{P}_{t|t-1})$为节点需水量先验概率分布，具体见式(3.70)。

2. 似然函数

本节假设模型输出值$g(X_t) \in \mathbb{R}^m$与真实值之间存在模型结构误差$e_t \in \mathbb{R}^m$，由e_t引起的模型输出值$g(X_t) \in \mathbb{R}^m$与真实值$Y_t^{\text{real}} \in \mathbb{R}^m$之间的差异可表示为式(3.97)和式(3.98)：

$$Y_t^{\text{real}} = g(X_t) + e_t \tag{3.97}$$

$$P(Y_t^{\text{real}} \mid X_t, C_{\text{E}}) = N(Y_t^{\text{real}} \mid g(X_t), C_{\text{E}}) \tag{3.98}$$

式中，模型结构误差服从正态分布，即$e_t \sim N(0, C_{\text{E}})$，$C_{\text{E}} \in \mathbb{R}^{m \times m}$。式(3.97)指出，给定状态变量$X_t$，模型结构误差$e_t$产生不确定的输出，协方差$C_{\text{E}}$给出了模型不确定性的度量。

由监测数据不确定性引起的监测值Y_t与真实值Y_t^{real}之间的差异可表示为 式(3.99)和式(3.100)：

$$Y_t = Y_t^{\text{real}} + \eta_t \tag{3.99}$$

$$P(Y_t \mid Y_t^{\text{real}}, C_{\text{Y}}) = N(Y_t \mid Y_t^{\text{real}}, C_{\text{Y}}) \tag{3.100}$$

式中，$\eta_t \in \mathbb{R}^m$为监测噪声向量，服从$\eta_t \sim N(0, C_{\text{Y}})$，$C_{\text{Y}} \in \mathbb{R}^{m \times m}$。

综上所述，条件概率分布如式(3.101)所示，似然函数如式(3.102)所示：

$$P(Y_t^{\text{real}}, Y_t \mid X_t, C_{\text{Y}}, C_{\text{E}}) = P(Y_t^{\text{real}} \mid X_t, C_{\text{E}})P(Y_t \mid Y_t^{\text{real}}, C_{\text{Y}}) \tag{3.101}$$

$$P(Y_t \mid X_t, R_t) = \int P(Y_t^{\text{real}}, Y_t \mid X_t, C_{\text{Y}}, C_{\text{E}})\mathrm{d}Y_t = N(Y_t \mid g(X_t), R_t) \tag{3.102}$$

$$R_t = C_{\text{E}} + C_{\text{Y}} \tag{3.103}$$

上述概率分布描述了Y_t依赖X_t、R_t的似然函数。R_t包含协方差C_{E}和监测噪声协方差C_{Y}。对二者的单独分析会使问题复杂化，因此直接将R_t视为时变随机变量，并使用先验概率分布和似然函数来实时估计 X_t 和 R_t 。

3. 联合概率分布

基于 Bayesian 原理，融合先验概率分布（式(3.96)）和似然函数（式(3.102)），得到联合后验概率分布，如式(3.104)所示：

$$\begin{aligned}&P(X_t,R_t \mid Y_t)\propto P(Y_t \mid X_t,R_t)P(X_t,R_t \mid Y_t)\\&=N(Y_t \mid g(X_t),R_t)N(X_t \mid \bar{X}_{t|t-1},\bar{P}_{t|t-1})\mathrm{IW}(R_t \mid \alpha_t,V_t)\end{aligned} \tag{3.104}$$

本节的主要目标是从联合后验概率分布中得到节点需水量和监测噪声协方差的条件后验概率分布，即 $P(X_t \mid Y_t)$ 与 $P(R_t \mid Y_t)$ 。最后 X_t 与 R_t 可分别通过最大化 $P(X_t \mid Y_t)$ 与 $P(R_t \mid Y_t)$ 获得，即式(3.105)和式(3.106)：

$$P(X_t \mid Y_t)=\int P(X_t,R_t \mid Y_t)P(R_t \mid Y_t)\mathrm{d}R_t \tag{3.105}$$

$$P(R_t \mid Y_t)=\int P(X_t,R_t \mid Y_t)P(X_t \mid Y_t)\mathrm{d}X_t \tag{3.106}$$

式(3.105)和式(3.106)存在复杂积分，难以直接求解，本节采用 VB 来求解上述问题。

4. 变分贝叶斯

VB 广泛应用于统计建模中，用于估计模型状态变量和自适应调整时变噪声协方差[54,55]。假设联合后验概率分布可表示式(3.107)中的两个独立概率分布的乘积：

$$P(X_t,R_t \mid Y_t)\approx Q(X_t)Q(R_t) \tag{3.107}$$

式中，$Q(X_t)$ 与 $Q(R_t)$ 分别为 $P(X_t \mid Y_t)$ 与 $P(R_t \mid Y_t)$ 的近似分布，这里需要最小化近似分布和真实分布之间的 Kullback-Leibler（KL）散度，如式(3.108)所示：

$$\min\ \{\mathrm{KL}[Q(X_t)Q(R_t)\parallel P(X_t,R_t \mid Y_t)]\}=\iint Q(X_t)Q(R_t)\ln\frac{Q(X_t)Q(R_t)}{P(X_t,R_t \mid Y_t)}\mathrm{d}X_t\mathrm{d}R_t \tag{3.108}$$

进一步可以得到式(3.109)和式(3.110)：

$$\begin{aligned}\ln Q(X_t)&=\int Q(R_t)\ln[P(X_t,R_t \mid Y_t)P(Y_t)]\mathrm{d}R_t\\&=-\frac{1}{2}[g(X_t)-Y_t]^{\mathrm{T}}\langle R_t^{-1}\rangle_{R_t}[g(X_t)-Y_t]\\&\quad-\frac{1}{2}(X_t-\bar{X}_{t|t-1})^{\mathrm{T}}\bar{P}_{t|t-1}(X_t-\bar{X}_{t|t-1})+C_1\end{aligned} \tag{3.109}$$

$$\ln Q(R_t) \propto \int Q(X_t)\ln[P(X_t,R_t \mid Y_t)P(Y_t)]\mathrm{d}X_t = -\frac{\bar{\alpha}_{t|t-1}+m+2}{2}\ln|R_t| - \frac{\mathrm{tr}(\bar{V}_{t|t-1}R_t^{-1})}{2} - \frac{1}{2}\langle[g(X_t)-Y_t]^{\mathrm{T}} R_t^{-1}[g(X_t)-Y_t]\rangle_{X_t} \tag{3.110}$$

式中，C_1 为常数；$\langle\cdot\rangle_{R_t} = \int(\cdot)Q(R_t)\mathrm{d}R_t$ ；$\langle\cdot\rangle_{X_t} = \int(\cdot)Q(X_t)\mathrm{d}X_t$ 。考虑到 $Q(R_t)=\mathrm{IW}(\alpha_t,V_t)$，因此求解结果如式(3.111)所示：

$$\langle R_t^{-1}\rangle_{R_t} = (\alpha_t - m - 1)V_t^{-1} \tag{3.111}$$

节点需水量可通过最大化 $\ln Q(X_t)$ 来估计。此外，目标函数 $J(X_t)$ 如式(3.112)所示：

$$J(X_t) = (X_t - \bar{X}_{t|t-1})^{\mathrm{T}}\bar{P}_{t|t-1}^{-1}(X_t - \bar{X}_{t|t-1}) + [g(X_t)-Y_t]^{\mathrm{T}} R_t^{-1}[g(X_t)-Y_t] \tag{3.112}$$

对于该非线性目标函数，线性化迭代求解过程如式(3.10)～式(3.13)所示。

近似密度函数采用形式为 $Q(X_t)=N(X_t,P_t^K)$ 。将 $Q(X_t)$ 代入式(3.110)中可求得 $Q(R_t)$ 。此处不列举复杂的推导过程，结果如式(3.113)～式(3.116)所示：

$$Q(R_t) = \mathrm{IW}(R_t \mid \alpha_t, V_t) \tag{3.113}$$

$$\alpha_t = \bar{\alpha}_{t|t-1} + 1 \tag{3.114}$$

$$V_t = \bar{V}_{t|t-1} + GP_tG^{\mathrm{T}} + [g(X_t)-Y_t][g(X_t)-Y_t]^{\mathrm{T}} \tag{3.115}$$

$$R_t = V_t/(\alpha_t - m - 1) \tag{3.116}$$

$Q(X_t)$ 、$Q(R_t)$ 的概率分布分别给出了 X_t 、R_t 的估计条件后验概率密度函数。$Q(X_t)$ 和 $Q(R_t)$ 的估计相互依赖，因此在求解过程中应迭代求解。

本节提出了一种同时估计(校核)节点需水量和监测噪声协方差的校核框架，避免对噪声数据过度拟合。当监测值中存在较大的噪声或模型误差时，该方法可以扩大监测噪声协方差，降低监测权重，避免对噪声数据过度拟合。

5. 案例分析

图 3.13 所示为本节案例所用的供水管网(HZ 供水管网)，其具体信息如 3.2.3 节所述。在可用的 63 个压力传感器中，有 48 个用于校核节点需水量，另外 15

个用于验证校核的准确性。使用 2020 年 2 月 1～6 日(5 天)的监测压力数据来估计节点需水量。

传感器每 15min 收集一次压力数据，因此时间步长为 15min，并且在该案例研究中进行了 480 次模拟(5 天)。对于每个时间步长，使用以下参数。

迭代次数：$K=10$；水源数量：$L=3$；监测点数量：$m=67$；供水管网节点数量：$n=4242$；从 t–1 时刻引入 t 时刻的系数(式(3.93))：$\mu_{\mathrm{c}}=0.99$；预测矩阵(式(3.1)中 $f=AX_{t|t-1}$)：$A=I$；式(3.94)中系数矩阵：$B=\mu_{\mathrm{c}}I$；节点需水量预测误差 ω 协方差矩阵：$P_{\omega}=\mathrm{diag}(0.0001,\cdots,0.0001,\cdots)$；噪声协方差矩阵 R_t 所服从的逆 Wishart 分布中系数：$V_0=\mathrm{diag}(0.0001,\cdots,0.0001,\cdots)$；初始节点需水量协方差矩阵：$P_0=\mathrm{diag}(25,\cdots,25,\cdots)$；时变变量 α 在 $t=0$ 时刻：$\alpha_0=10$。

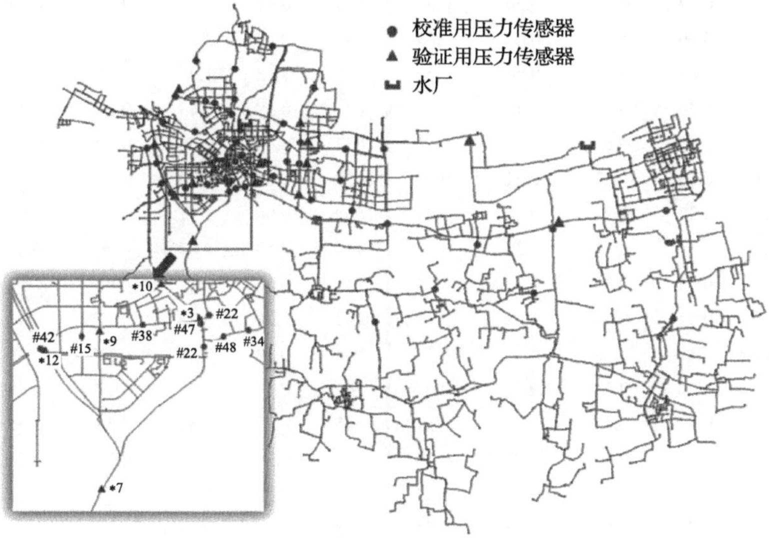

图 3.13　实际大型供水管网：HZ 供水管网

为了对比分析，还使用 Bayesian 方法进行节点需水量校核，其中噪声协方差设置为常数。为了进行全面的比较，设计三个不同场景，传感器噪声标准差(STD)分别为 0.25m、0.5m 和 0.75m。

1) 模型校核的准确性

表 3.4 给出了 48 个校核传感器的噪声 STD 和 MAR。表 3.5 给出了 15 个验证传感器的 MAR。由表 3.4 可以看出，大多数校核传感器的 MAR 在 0.8m 以内，这表明通过最小化监测值和模型输出值之间的 MAR，本节所述的 VB 方法能够有效解决校核问题。由表 3.5 可以看出，大多数验证传感器的 MAR 在 0.7m 以内，最大 MAR 为 1.26m。

表 3.4　48 个校核传感器的噪声 STD 和 MAR　　（单位：m）

传感器名称	VB		Bayesian			传感器名称	VB		Bayesian		
	STD	MAR	MAR（STD=0.25）	MAR（STD = 0.50）	MAR（STD = 0.75）		STD	MAR	MAR（STD=0.25）	MAR（STD = 0.50）	MAR（STD = 0.75）
#1	0.39	0.43	0.45	0.51	0.41	#25	0.33	0.37	0.40	0.35	0.36
#2	0.46	0.52	0.58	0.54	0.57	#26	0.30	0.34	0.36	0.29	0.30
#3	0.42	0.44	0.46	0.44	0.45	#27	0.21	0.28	0.25	0.27	0.23
#4	0.50	0.52	0.55	0.48	0.60	#28	0.36	0.40	0.48	0.39	0.35
#5	0.34	0.36	0.38	0.37	0.35	#29	0.31	0.34	0.37	0.33	0.33
#6	0.31	0.27	0.27	0.27	0.26	#30	0.51	0.49	0.34	0.32	0.29
#7	0.34	0.39	0.40	0.40	0.37	#31	0.29	0.34	0.33	0.46	0.43
#8	0.41	0.47	0.50	0.53	0.45	#32	0.25	0.26	0.51	0.39	0.36
#9	0.43	0.49	0.53	0.50	0.50	#33	0.41	0.40	0.37	0.33	0.44
#10	0.49	0.60	0.65	0.60	0.63	#34	0.33	0.35	0.49	0.57	0.65
#11	0.51	0.64	0.70	0.64	0.66	#35	1.18	1.07	0.93	1.17	1.11
#12	0.41	0.46	0.48	0.47	0.46	#36	0.39	0.43	0.51	0.44	0.47
#13	0.49	0.56	0.58	0.55	0.66	#37	0.64	0.65	0.68	0.54	0.58
#14	0.51	0.63	0.67	0.62	0.64	#38	0.30	0.33	0.72	0.64	0.69
#15	0.20	0.25	0.23	0.29	0.24	#39	0.90	1.11	0.95	1.03	1.01
#16	0.23	0.31	0.28	0.27	0.24	#40	0.53	0.67	0.70	0.66	0.67
#17	0.24	0.34	0.30	0.31	0.25	#41	0.50	0.61	0.62	0.58	0.68
#18	0.54	0.54	0.56	0.52	0.59	#42	0.20	0.33	0.27	0.47	0.40
#19	0.17	0.17	0.19	0.17	0.16	#43	0.32	0.44	0.41	0.40	0.38
#20	0.23	0.22	0.73	0.73	0.67	#44	0.40	0.45	0.39	0.40	0.40
#21	0.41	0.44	0.50	0.52	0.57	#45	0.62	0.52	0.53	0.55	0.53
#22	0.32	0.38	0.49	0.87	0.70	#46	0.71	0.74	0.73	0.64	0.63
#23	0.46	0.42	0.35	0.40	0.42	#47	2.84	3.98	3.31	3.23	3.33
#24	0.45	0.52	0.57	0.54	0.54	#48	0.27	0.28	0.48	0.69	0.70

表 3.5　15 个验证传感器的 MAR　　（单位：m）

传感器名称	VB	Bayesian			传感器名称	VB	Bayesian		
		STD =0.25	STD =0.50	STD =0.75			STD =0.25	STD =0.50	STD =0.75
*1	0.43	0.35	0.39	0.42	*9	1.12	1.12	1.14	1.13
*2	0.68	0.70	0.78	0.90	*10	0.15	0.41	0.32	0.32
*3	0.43	1.05	1.06	0.99	*11	0.29	0.27	0.25	0.22
*4	0.50	0.54	0.47	0.58	*12	0.28	0.26	0.32	0.26
*5	0.36	0.41	0.37	0.38	*13	0.51	0.56	0.55	0.55
*6	0.42	0.41	0.38	0.40	*14	0.64	0.69	0.65	0.63
*7	0.67	0.74	1.26	1.06	*15	0.58	0.63	0.58	0.62
*8	0.64	0.62	0.62	0.66					

2)通过残差分解找到模型结构错误

从表 3.4 中可以看出，大多数传感器的噪声 STD 在 0.7m 以下，表明噪声相对较小，监测数据准确。然而，发现校核传感器#47 的 MAR 和 STD 分别为 3.98m 和 2.84m，远大于其他传感器。如图 3.14 所示，在存在大量噪声或模型结构错误的情况下，VB 方法会适当地增大传感器的噪声 STD。因此，噪声 STD 增大通常表明存在大量噪声或模型结构错误。因此，推断校核传感器#47 处存在大量噪声或模型结构错误。

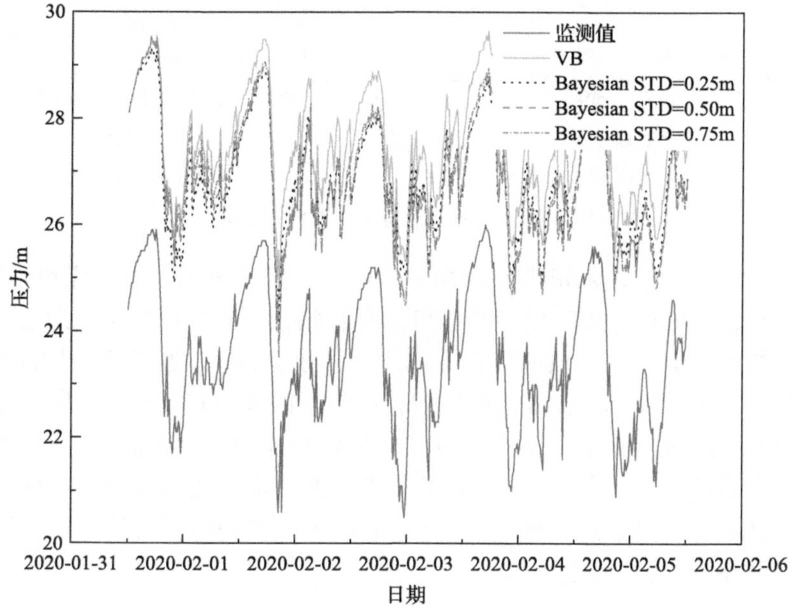

图 3.14　校核传感器#47 的校核结果

残差分解是一种有效区分监测噪声和模型结构误差的方法。这是因为 VB 方法是一种无偏估计方法，在假定无偏监测的情况下(噪声的均值为零)，残差(估计压力和监测压力之间的偏差)应当是无偏的。然而，一旦模型或监测中存在偏置扰动，残差也将是有偏的。考虑到监测噪声通常是无偏的，它将导致无偏残差；相反，模型结构错误通常是偏置扰动，导致有偏残差。例如，管径或节点标高的误差会引起节点压力的偏置扰动。残差分解有助于找到监测噪声和模型结构错误。

如图 3.15 所示，校核传感器#47 的残差(图 3.15(a))可以分为三部分(图 3.15(b))，即无偏残差、有偏残差和周期残差。有偏残差是残差的均值，从总残差中减去有偏残差，其余的残差可以分为周期残差和无偏残差，其中无偏残差的均值为零。周期残差显示残差的周期性变化，周期性变化的机制尚未探索，因此猜测这是因为管道粗糙度未得到很好的校核。在这里将重点分析有偏残差和无偏残差。

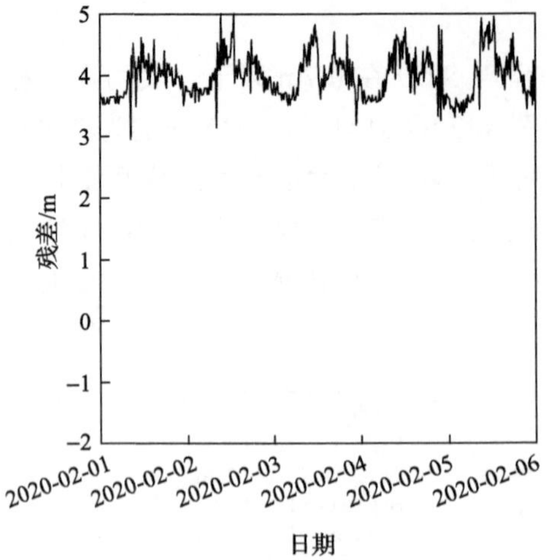

(a) 总残差

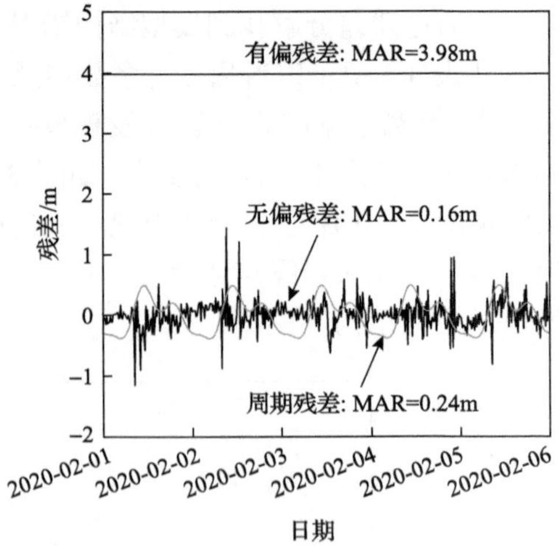

(b) 残差分解结果

图 3.15　校核传感器#47 的残差分解

如图 3.15(b)所示，无偏残差的 MAR 相对较小(0.16m)，表明噪声强度较小。有偏残差较大(3.98m)，表明模型结构可能存在错误。通过现场调查后发现，校核传感器#47的实际位置是在当前位置右侧的一根小管道上。在模型结构简化后，小管道被移除，校核传感器#47被错误地放置在最近的大直径管道上，导致传感器位置错误。小管道向地形较高的区域供水，校核传感器#47的实际标高高于水力模型中的标高(当前位置)。因此，传感器位置错误进一步导致标高错误。标高错误使校核的压力值远高于监测值(图 3.14)，这表明模型结构错误可能是节点需水量校核算法不收敛的主要原因之一。

3)鲁棒性分析

表 3.4 和表 3.5 还给出了 Bayesian 方法的校核结果。如表 3.4 所示，对于大多数校核传感器，Bayesian 方法与 VB 方法的性能相似。然而，对于校核传感器#47，Bayesian 方法的 MAR 小于 VB 方法，主要原因是 Bayesian 方法对所有传感器采用相同的 STD，而 VB 方法可以在存在大量噪声或模型结构错误的情况下自适应地增大 STD。如式(3.115)所示，节点需水量校核是通过最小化监测残差 $g(X_t)-Y_t$ 并加权协方差矩阵的逆 R_t^{-1} 来实现的。对于 Bayesian 方法，采用相同的 STD，所有传感器的权重相同，因此，Bayesian 方法更容易使校核值与校核传感器#47的监测值匹配(图 3.14)。然而，由于校核传感器#47的位置和标高错误，这种匹配具有相当大的误导性。在存在模型结构错误的情况下，这种匹配通常意味着过拟合；在这种情况下，校核值试图与监测值匹配，但偏离实际值。与 Bayesian 方法相比，VB 方法自适应地将校核传感器#47的 STD 增大到 2.84m，从而减少了校核传感器#47 的权重，因此，VB 方法可以避免校核传感器#47 监测值的过拟合，并实现更可

靠的校核结果。对于校核传感器#20、#22、#32、#34 和#48，Bayesian 方法的 MAR 大于 VB 方法，见表 3.4（图 3.13）。验证传感器也发现了类似的现象，见表 3.5，位于校核传感器#47 周围的验证传感器（*3、*7 和*10）利用 Bayesian 方法的 MAR 大于 VB 方法。

6. 结果讨论

基于上述案例分析可以发现，本节提出的一种同时估计（校核）节点需水量和噪声协方差的校核框架，可避免对噪声数据的过度拟合。进一步分析可知，当监测值中存在较大的噪声或模型结构误差时，该方法可以增大噪声协方差，降低监测权重，以避免对噪声数据的过度拟合。先验概率分布可以将节点需水量保持在具有较高先验概率分布的范围内，而似然函数试图调整节点需水量以匹配监测值。先验概率分布和似然函数的竞争能力通过其协方差矩阵 $(P_{t|t-1}, R_t)$ 来量化。第 i 个传感器的残差通常意味着由第 i 个传感器引起的节点需水量的调整值 $\Delta X_i = \alpha_i P_t^k (G_i^k)^{\mathrm{T}}$ 偏离其他监测或先验概率分布的校正，这表明监测或模型结构中存在相当大的噪声或错误。在这种情况下，VB 方法适当地增大噪声协方差（式（3.115）），减少了点数据在校核过程中的权重，避免了对噪声的过拟合，这种机制使得在处理模型结构错误或时间变化的噪声时更加灵活和稳健。

该方法在识别模型结构错误方面表现出一定的潜力。过大的 STD 通常表示存在显著的噪声或错误，这一点可以辅助发现模型结构错误。例如，在案例中，校核传感器#47 的 STD 和 AAR 非常大，而传感器#20、#22 和*3 则表现良好（表 3.4 和表 3.5），这表明模型错误的位置与校核传感器#47 在水力学信息上密切相关，而与周围的传感器无关。本案例比较了校核传感器#47 周围的模型拓扑结构和 GIS，发现了校核传感器#47 位置错误。然而，准确识别模型结构错误仍然是一个复杂的问题，因为有偏残差可能是由不同的模型结构错误引起的，如传感器位置错误、节点标高错误或管径错误。模型结构错误可能需要通过工程经验来定位，如检查周围阀门的状态或节点标高。

3.3　大型供水管网在线高效模拟技术

在在线水力模型中，分布在供水管网中的传感器通常每隔一段时间上传一次监测数据。在完成对监测数据的清洗与异常检测后，监测数据用于校核节点需水量。校核后的模型用于下一时段的在线模拟与控制。上述过程表明，数据清洗与节点需水量校核必须在较短时间内完成，而节点需水量校核是一个非线性优化过程，需要经过多次迭代才能找到最优解。每次迭代都需要进行水力平差，需要耗费大量时间。图 3.16 给出了使用一台高性能计算机（Inter i7-8750H+NVIDIA

GeForce RTX 2080 Ti）对不同规模供水管网进行节点需水量校核的运算时间。结果表明，节点需水量校核时间与供水管网规模（节点数量）呈指数关系[55]。10000 个节点的大中型供水管网单次校核时间为 45.9min，远高于监测数据上传频率（通常为 5～15min），难以满足实时性的要求。因此，如何快速准确地校核大型供水管网的节点需水量是实现供水管网在线模拟的迫切需求和关键技术难点。

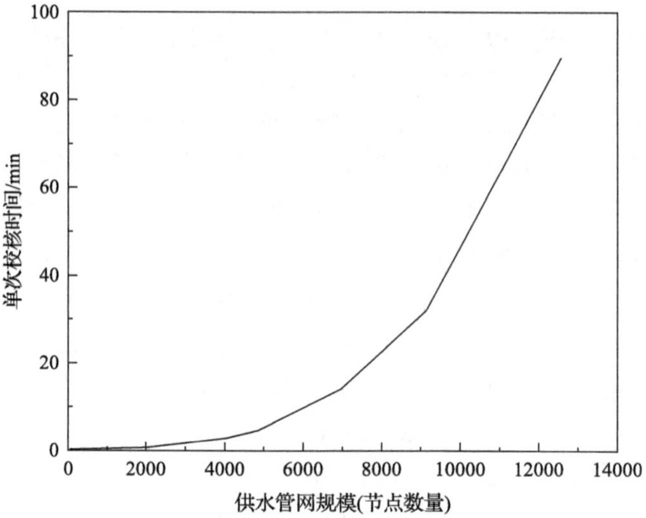

图 3.16 节点需水量校核时间与供水管网规模之间的关系

3.3.1 大型供水管网在线校核效率瓶颈分析

1. 现有校核算法计算效率分析

节点需水量实时校核可视为一个优化过程，通过反复地调整节点需水量，使得模型的模拟值与在线数据的偏差达到最小化。进化算法广泛应用于节点需水量校核，该方法将节点需水量作为决策变量，以最小化模型模拟值与监测值的偏差为目标函数，对节点需水量进行求解。进化算法可以灵活地调用 EPANET 水力分析函数，将节点需水量在可行域内搜索，因此采用进化算法对模型进行校核得到了广泛关注。然而，进化算法在处理大型供水管网校核问题时，面临耗时过多的困境。由于需要频繁地调用 EPANET 水力分析函数，算法的运算复杂度随着需水节点数量的增加迅速增加[56]。对于一个有成千上万个节点的供水管网，计算耗时往往超过了可接受的范围，难以满足在线模拟的需求。

相比于进化算法，SVD 方法提供了一种高效的节点需水量校核算法[57]。该方法通过求解线性方程系数矩阵的 Moore-Penrose 伪逆来找到优化问题的最小范数解[18,57]。这种方法的主要优点是运算效率高，算法收敛快。但是，供水管网中监测数据的数量往往远小于节点需水量的数量，校核问题是一个欠定问题，具有多解性。SVD 方法缺乏对搜索空间的约束，校核的节点需水量误差往往很大，甚至会出现非可行解(负的节点需水量)[18,32]。

显式校核算法也是一种高效的实时节点需水量校核算法。该方法将监测数据作为方程的已知量，节点需水量作为未知量，通过求解非线性方程组，直接求解节点需水量。为了解决欠定问题，该方法将具有相似用水特征的节点需水量分为一组，将其节点需水量之和作为待求解变量，以降低校核问题的维度，进而使得方程具有可解性[10,58]。节点需水量分组策略极大地减少了待求解变量的数量，有效提升了求解效率。但分组策略没有考虑监测信息与节点需水量之间复杂的水力关系，不当的分组会引发节点需水量校核的误差[59]。此外，该方法需要对监测数据的雅可比矩阵进行求解，运算时间复杂度高，难以满足大型供水管网在线模拟的需求。

近年来，以 Bayesian 理论为基础的数据同化校核方法(3.2.1 节)受到越来越多的关注。数据同化算法以概率的形式融合供水管网水力模型与监测数据，获取节点需水量的后验概率分布，在后验概率分布中找到一个概率密度函数值最大的需水量，作为校核的节点需水量[23,60]。常见的算法包括卡尔曼滤波算法[58]、扩展卡尔曼滤波算法[61,62]、集合卡尔曼滤波算法[17]、粒子滤波算法[43]和马尔可夫链蒙特卡罗(Markov chain Monte Carlo, MCMC)方法[41]。数据同化算法通常包括两个阶段，即预测阶段和校正阶段[23]。在预测阶段，算法使用过去若干个时刻的节点需水量 $X_{t-1}, X_{t-2}, \cdots$ 预测得到 t 时刻的节点需水量 X_t，由此获取节点需水量的先验概率分布；在校正阶段，基于 Bayesian 定理，将先验概率分布与监测数据 Y_t 构建的似然函数相乘，以获取节点需水量的后验概率分布。通过最大化后验概率分布，进而对节点需水量进行求解。基于 Bayesian 理论的数据同化算法，耦合了先验信息，能够更为精确地求解节点需水量。

根据求解方法的不同，数据同化算法可分为基于采样的求解算法和数值求解算法。与进化算法类似，基于采样的求解算法需要生成大量的样本点，每个样本点需要调用 EPANET 水力分析函数对样本的后验概率分布进行计算。这使得基于采样的求解算法十分耗时，难以处理大型供水管网的实时校核问题。近年来，数值求解算法受到了更为广泛的关注。该方法通过对后验概率分布最大化，得到校核的目标函数，使用梯度信息对目标函数进行线性化，进而迭代求解节点需水量。相比于其他算法，数值求解算法更高效，更适合大型供水管网的在线校核。即便如此，现有的数值求解算法在校核节点数量大于 5000 的供水管网时，仍面临耗时过多的困境。

综上所述，在供水管网水力模型校核领域，现有研究在理论发展与实际应用方面都取得了丰富的研究成果，在在线水力模型校核精度与效率方面都取得了重要进展。然而，现有的算法在校核大型供水管网时(节点数量大于 5000)，仍面临计算效率低、难以满足实时性需求的问题。因此，非常有必要在理论与技术层面对提升在线水力模型校核效率进行研究。

2. 计算效率瓶颈分析

供水管网水力模拟是由节点的连续性方程和管道的能量方程构成的非线性函数。因此，求解节点需水量需要对目标函数(式(3.8))进行线性化。解决方案可通过 3.2.1 节的式(3.10)～式(3.13)迭代求得。

式(3.12)的目的是获得每次迭代中监测值的雅可比矩阵。式(3.11)涉及 Hessian 矩阵的求逆，用于获取协方差矩阵。对于大型供水管网系统，式(3.11)和式(3.12)的计算是最耗时的。

1)雅可比矩阵求解运算

节点需水量校核算法需要获取监测数据的雅可比矩阵 $G=\dfrac{\partial Y_t}{\partial X_t}\in\mathbb{R}^{m\times n}$，其中，$Y_t\in\mathbb{R}^m$ 为 t 时刻的监测数据。求解矩阵 G 是制约在线模型校核效率的另一个重要因素。在大型供水管网模型校核中，求解 G 的耗时占据总时间的 40%左右。通常使用 Piller 等[63]提出的算法求解压力雅可比矩阵。如图 3.17 所示，该方法首先求解出所有节点压力的雅可比矩阵 $\bar{G}_{\mathrm{p}}\in\mathbb{R}^{n\times n}$，然后从中选出与压力监测数据对应的行向量作为压力监测数据的雅可比矩阵 G_{p}。$\bar{G}_{\mathrm{p}}$ 对所有节点进行计算，因此求解 $\bar{G}_{\mathrm{p}}$ 的时间复杂度 $O(n^3)$，n 为节点需水量的数量。因此，求解雅可比矩阵的效率问题是制约大型供水管网在线模型实际应用的另一个瓶颈因素。如图 3.17 所示，在矩阵 $\bar{G}_{\mathrm{p}}$ 中，只有若干行向量为有效行向量，大部分行向量是不需要计算的，因此现有的求解方法进行了大量的非必要运算。针对这一特点，研发合适的求解算法，直接对有效行向量进行分布式求解，将能够显著提升雅可比矩阵的求解效率。

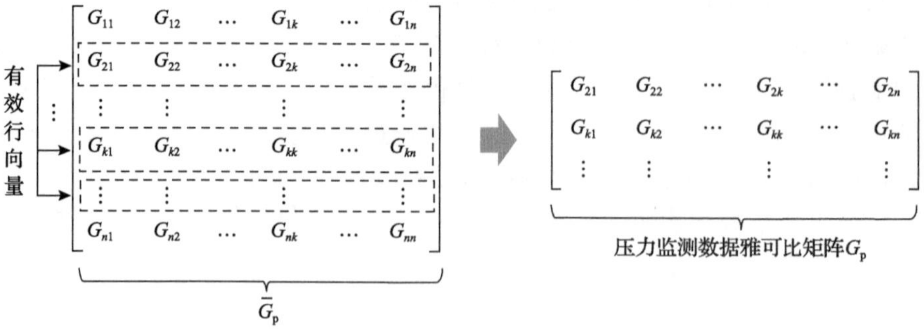

图 3.17　节点压力的雅可比矩阵求解方法

2) Hessian 矩阵求逆运算

数值求解算法相比于基于采样的求解算法更高效，更适合节点需水量在线校核，本节重点对数值求解算法的计算效率瓶颈因素进行分析。现有的数值求解算法在接收到传感器上传的监测数据后，将所有数据进行集中处理，通过非线性优化方法，迭代求解节点需水量 X_t 和协方差矩阵 P_t。求解 P_t 涉及 n 阶稠密 Hessian 矩阵求逆运算，时间复杂度为 $O(n^3)$，该过程占据总用时的 50%左右。对于大型供水管网(如 n=5000)，$O(n^3)$ 的运算时间无疑是海量的，因此 Hessian 求逆运算是制约运算效率的重要因素。

3.3.2 节点需水量在线校核高效求解方法

提升计算效率的瓶颈在于雅可比矩阵的求解和 Hessian 矩阵的求逆。通过改进雅可比矩阵或 Hessian 矩阵计算策略，可加速节点需水量校核求解过程。

1. 雅可比矩阵求解

1) 压力监测数据雅可比矩阵

节点压力对节点需水量雅可比矩阵的显式公式如式(3.117)所示：

$$\bar{G}_{\mathrm{p}} = \frac{\partial p}{\partial X_{t|t}} = -(A^{\mathrm{T}} F A)^{-1} \tag{3.117}$$

式中，$p \in \mathbb{R}^{n\times 1}$ 为所有节点的压力；$A \in \mathbb{R}^{\mathrm{np}\times n}$ 为关联矩阵；$F \in \mathbb{R}^{\mathrm{np}\times \mathrm{np}}$ 为对角矩阵，np为供水管网管道数量。矩阵 $A^{\mathrm{T}} FA \in \mathbb{R}^{n\times n}$ 为大型稀疏对称矩阵[55]，如果将其作为稠密矩阵并直接求逆，无疑是十分耗时的，其时间复杂度为 $O(n^3)$。

一种方法为使用稀疏 Cholesky 因式分解(sparse Cholesky factorization, SCF)，以边际成本求解矩阵 $A^{\mathrm{T}} FA$ 的逆[63]。如图 3.17 所示，雅可比矩阵由 n 个行向量组成，其中每个行向量对应一个节点压力。在雅可比矩阵的 n 个行向量中，只有 m_{p} 个行向量对应于压力监测数据，并继续用于节点需水量校核。即使使用 SCF，直接求逆方法也不是最有效的方法，尤其是对于大规模网络，因为 $\bar{G}_{\mathrm{p}}$ 中的大多数向量 $n - m_{\mathrm{p}}$ 都会被丢弃。

本节提出一种高效的求解方法，该方法可直接计算压力监测数据雅可比矩阵。将矩阵 $A^{\mathrm{T}} FA$ 记为 W，则 $\bar{G}_{\mathrm{p}}$ 可通过式(3.118)进行求解：

$$W\bar{G}_{\mathrm{p}} = I \tag{3.118}$$

式中，$I \in \mathbb{R}^{n\times n}$ 为单位矩阵。式(3.118)可以写成 n 个线性方程组的形式，即

$$W\bar{G}_{\mathrm{p}}(i)=I(i) \tag{3.119}$$

式中，$\bar{G}_{\mathrm{p}}(i)\in\mathbb{R}^{n\times1}$ 为 $\bar{G}_{\mathrm{p}}$ 的第 i 列；$I(i)\in\mathbb{R}^{n\times1}$ 为 I 的第 i 列。式(3.119)表明，通过求解 n 个线性方程组，每个线性方程组获得一列 $\bar{G}_{\mathrm{p}}(i)$，可以完成对整个 $\bar{G}_{\mathrm{p}}$ 的求解。考虑到 $\bar{G}_{\mathrm{p}}$ 为对称矩阵，$\bar{G}_{\mathrm{p}}$ 的第 i 行为其第 i 列的转置。假定有 m_{p} 个压力传感器，直接求解 m_{p} 个压力传感器对应的线性方程组，得到对应的 $\bar{G}_{\mathrm{p}}(i)$，然后进行转置，就得到了 m_{p} 个压力传感器的雅可比矩阵。

考虑到矩阵 W 为大型稀疏对称矩阵，因此可以使用 SCF 来求解式(3.119)中的稀疏对称线性方程组[56]，如式(3.120)所示：

$$W=L^{\mathrm{T}}L \tag{3.120}$$

式中，L 为具有正对称元素的上三角矩阵。式(3.119)等价形式如式(3.121)和式(3.122)所示：

$$L^{\mathrm{T}}y(i)=I(i) \tag{3.121}$$

$$L\bar{G}_{\mathrm{p}}(i)=y(i) \tag{3.122}$$

为计算雅可比矩阵，应先执行式(3.120)，进行 SCF。再将矩阵 L 代入式(3.121)和式(3.122)，可计算得到任意一个压力监测值对应的雅可比矩阵行向量。考虑到不同的等式可独立求解，因此可以使用并行编程以提高计算效率。

2）流量监测数据雅可比矩阵

用 N_1 和 N_2 表示流量为 Q 的管段的两端节点，二者的水头和压力分别表示为 (h_1,p_1) 和 (h_2,p_2)。管道水头损失可计算为 $h_{\mathrm{f}}=rQ^{\alpha}=h_1-h_2$，其中 r、α 为系数。通过对水头损失方程求导，可获取式(3.123)。考虑到 $\dfrac{\partial h_i}{\partial X_{t|t}}=\dfrac{\partial p_i}{\partial X_{t|t}},i=1,2$，流量监测数据雅可比矩阵显式公式可改写为

$$\alpha rQ^{\alpha-1}\frac{\partial Q}{\partial X_{t|t}}=\frac{\partial h_1}{\partial X_{t|t}}-\frac{\partial h_2}{\partial X_{t|t}} \tag{3.123}$$

$$\frac{\partial Q}{\partial X_{t|t}}=\frac{1}{\alpha rQ^{\alpha-1}}\left(\frac{\partial p_1}{\partial X_{t|t}}-\frac{\partial p_2}{\partial X_{t|t}}\right) \tag{3.124}$$

基于上述压力监测数据雅可比矩阵计算方法，可获取流量监测数据雅可比矩阵。

2. Hessian 矩阵求逆

如图 3.18 所示，将雅可比矩阵按行分为 NG 个块，每块对应监测数据数量 m_i，且 $\sum_{i=1}^{\mathrm{NG}} m_i = m$， m 为总的监测点数量。

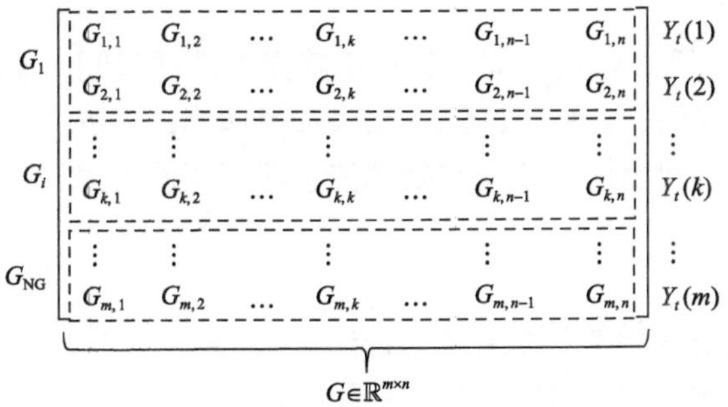

图 3.18　雅可比矩阵分块示意图

雅可比矩阵分块后，Hessian 矩阵可记为式(3.125)：

$$H_{\mathrm{NG}} = P_{t|t-1}^{-1} + \sum_{i=1}^{\mathrm{NG}} (G_i^{\mathrm{T}} R_i^{-1} G_i) \tag{3.125}$$

式中，$G_i \in \mathbb{R}^{m_i \times n}$ 为矩阵 $G \in \mathbb{R}^{n \times n}$ 的第 i 块；$R_i \in \mathbb{R}^{m_i \times m_i}$ 对应于 G_i 测量值的噪声协方差。将 $G_i^{\mathrm{T}} R_i^{-1} G_i$ 记为 $M \in \mathbb{R}^{m_i \times n}$，根据 Woodbury 矩阵恒等式，与其对应的 Hessian 矩阵分块后可表示为式(3.126)～式(3.128)：

$$H_i = H_{i-1}^{-1} - M^{\mathrm{T}} S^{-1} M, \quad i = 1, 2, \cdots, \mathrm{NG} \tag{3.126}$$

$$H_0^{-1} = P_{t|t-1} \tag{3.127}$$

$$S = R_i + G_i H_{i-1}^{-1} G_i^{\mathrm{T}} \tag{3.128}$$

通过式(3.126)～式(3.128)可以推断出，经过NG次迭代后，可求解出 Hessian 矩阵的逆。每次迭代需求解矩阵 S 的逆，其时间复杂度为 $O(m_i^3)$，每次迭代总时间复杂度为 $O(m_i^3) + \vartheta_i$，其中，ϑ_i 为包括矩阵乘法、加法等在内的其他矩阵运算的时间复杂度。为求得 Hessian 矩阵的逆，NG 次迭代的总时间复杂度可写为 $O\left(\dfrac{m^3}{\mathrm{NG}^2}\right) + \sum_{i=1}^{\mathrm{NG}} \vartheta_i$。假设传感器在各雅可比矩阵分块中均匀分配 $m_i \approx \dfrac{m}{\mathrm{NG}}$，则有式(3.129)中的关系：

$$\sum_{i=1}^{\mathrm{NG}}[O(m_i^3)+\vartheta_i]\approx O\left(\frac{m^3}{\mathrm{NG}^2}\right)+\sum_{i=1}^{\mathrm{NG}}\vartheta_i \tag{3.129}$$

由式(3.129)可以看出，矩阵 S 求逆过程决定了 Hessian 矩阵求逆的计算时间，即总时间近似 $O\left(\frac{m^3}{\mathrm{NG}^2}\right)$。从该角度出发，时间消耗随着 NG 的增加呈指数下降趋势。然而，为平衡矩阵 S 求逆时间与其他矩阵操作消耗时间，需多次实验以获取最佳分组个数。本节提供一种更灵活的方法来选择适当的 NG，以平衡矩阵 S 的反演和其他矩阵运算的时间消耗，从而在处理传感器密集网络时得到显著的改进。

3.3.3　案例分析

上述矩阵求解及校核算法使用 C 语言编程，求解雅可比矩阵的算法需要分配大量的内存来存储矩阵 W，本案例使用 CPU 进行并行求解，Hessian 矩阵求逆算法在 CPU 上并行执行。数值模拟在一台配备 Intel（R）Core i7-8750H CPU（6 核 12 线程）和 NVIDIA GeForce GTX 1050 Ti 的 ASUS 计算机上进行。

上述技术应用于 BWSN 供水管网，如图 3.19 所示。该供水管网系统是一个包含 12523 个（n=12523）待校核节点需水量的大规模供水管网。本次案例模拟了监测点数量从 10 个到 2000 个的各种场景，以探究本节提出算法的特性。这些监测

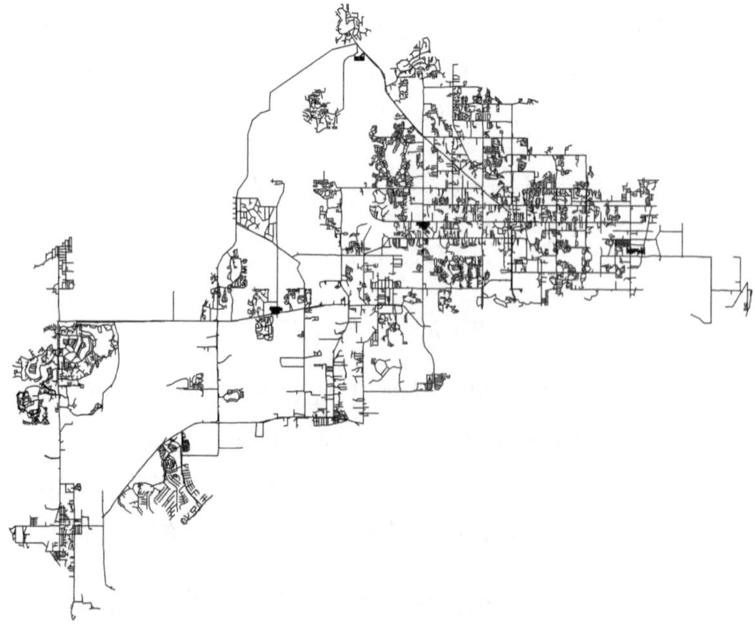

图 3.19　BWSN 供水管网示意图

值对应的传感器位置是随机选择的，先验节点需水量数据和监测数据均为合成数据。

1. 计算效率

本节提出的雅可比矩阵求解方法称为 LE_SCF，其原理为利用 SCF 来求解线性方程(linear equation, LE)，以计算雅可比矩阵。作为对比，使用 Intel 开发的高性能并行矩阵计算库 MKL(Math Kernel Library)，即数学内核库的直接求逆(direct inversion MKL, DINV_MKL)方法，该方法将 $A^{T}FA$ 视为稠密矩阵[64]。此外，还使用 SCF 的直接求逆(direct inversion SCF, DINV_SCF)方法。

图 3.20 所示为在每次迭代中三种方法计算雅可比矩阵的平均耗时。从图中可以看出，LE_SCF 方法的时间消耗随着监测点数量 m 的增加呈线性增加趋势，而 DINV_MKL 方法和 DINV_SCF 方法的时间消耗相对稳定，这是因为所开发的 LE_SCF 方法通过求解 m 个线性方程来计算雅可比矩阵，而直接反演方法总是直接反演矩阵 $-(A^{T}FA)$，因此它们的时间消耗不随监测点数量的变化而变化。

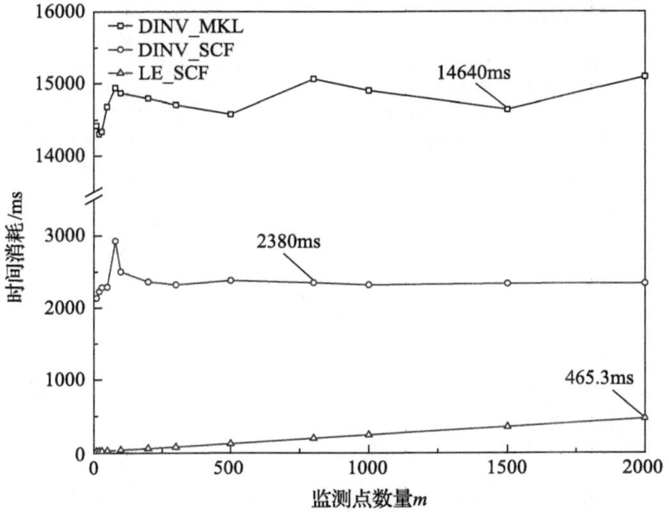

图 3.20　每次迭代中三种方法计算雅可比矩阵的平均耗时

从图 3.20 中可以看到，DINV_SCF 方法的时间消耗是 DINV_MKL 方法的 16%。这突出了 SCF 在提高计算效率方面的有效性。此外，本节提出方法的时间消耗远小于直接求逆方法，平均计算效率提升 63 倍。即使在监测点数量达到 2000 个的情况下，本节提出方法的时间消耗也仅为 DINV_SCF 方法的 20%。在这种情况下，随着监测点数量从 10 个增加到 2000 个，该方法在 15 次迭代中计算雅可比矩阵的总时间消耗为 0.18～6.98s。作为比较，DINV_MKL 方法和 DINV_SCF 方法的总时间消耗分别约为 219s 和 34.77s。本节提出方法通过使用 SCF 求解线性方程组来计算雅可比矩阵，大大缩短了时间消耗，提高了可用性，特别适合于大规模供水管网的实时模拟。

图 3.21 所示为当监测点数量为 2000 个（m=2000）时，本节提出方法在不同监测数据分组 NG 的情况下，Hessian 矩阵求逆的时间消耗。值得注意的是，由图 3.21 可以观察到两个不同的性能变化阶段。在 NG < 8 的第一阶段，时间消耗迅速减少；然后进入第二阶段 NG⩾8，时间消耗随着 NG 的增加而适度增加。这是因为总时间消耗是矩阵 S 求逆计算的时间消耗和其他矩阵计算的时间消耗之和。如图 3.21 所示，矩阵 S 求逆（式(3.126)）计算的时间消耗随着 NG 的增加呈指数下降趋势，而其他矩阵计算的时间耗时 $\sum_{i=1}^{NG}\vartheta_i$ 则随着 NG 的增加线性增加。因此，应优化 NG，以平衡矩阵求逆计算的时间消耗和其他矩阵计算的时间消耗。最佳 NG 取决于案例供水管网规模、计算环境和监测点数量，其可以在预先安排的数值实验的基础上确定。对于这个案例研究，NG 是通过反复实验来优化的，优化后的 NG 和时间消耗见表 3.6。

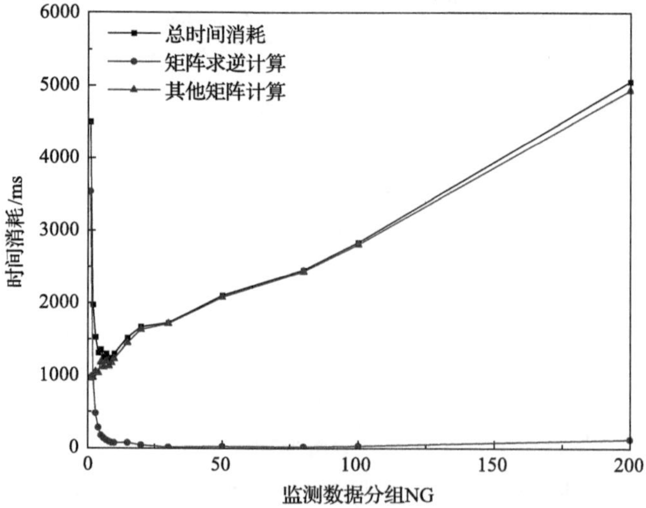

图 3.21　m=2000 时不同监测数据分组下 Hessian 矩阵求逆的时间消耗

表 3.6　Hessian 矩阵反演优化监测数据分组数和时间消耗

m	NG	时间消耗/ms	m	NG	时间消耗/ms
10	2	235.27	50	2	249.53
20	2	240.47	80	2	265.20
30	2	243.07	100	2	267.53

续表

m	NG	时间消耗/ms	m	NG	时间消耗/ms
200	2	333.93	1000	4	690.13
300	2	395.60	1500	4	1029.20
500	2	432.20	2000	8	1219.00
800	4	650.00			

与表 3.6 对应，图 3.22 所示为优化 NG 后 Hessian 矩阵求逆的时间消耗。为了进行比较，还提供了基于 Sh_Mo 方法[65]的时间消耗。如图 3.22 所示，本节提出方法的时间消耗随着监测点数量的增加而增加，但始终保持在 1000ms 以内。相比之下，基于 Sh_Mo 方法的时间消耗从 2315ms 增加到 165204ms。平均而言，Sh_Mo 方法的时间消耗几乎是本节提出方法的 60 倍。主要原因是 Sh_Mo 方法经过 m 次迭代计算 Hessian 矩阵的逆，这与本节提出方法在 NG=m 条件下进行矩阵求逆等价。Sh_Mo 方法在其他矩阵操作上消耗了相当多的时间，因此效率不高。相比之下，本节提出方法在选择合适 NG 的情况下，可以显著缩短 Hessian 矩阵求逆的时间。

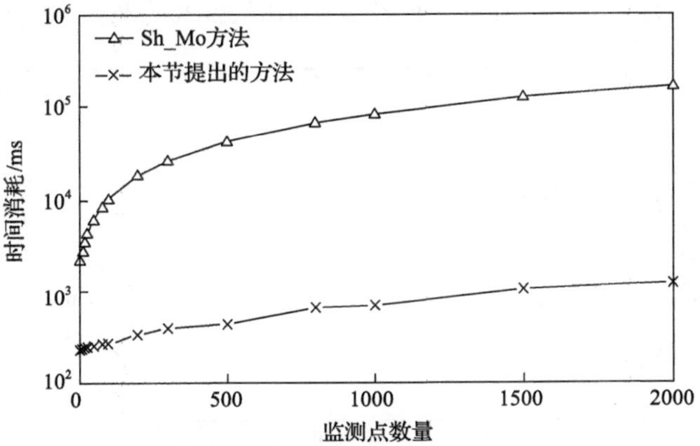

图 3.22　不同监测点数量下 Hessian 矩阵求逆的时间消耗

2. 模型精度

图 3.23 所示为 12523 个节点的节点需水量误差的累积概率分布。误差是指校核节点需水量与真实值之间的偏差，先验误差计算为先验值与真实值之间的绝对偏差。如图 3.23 所示，校核的节点需水量误差接近先验误差。这是因为 3.3.2 节所述的方法试图最小化校核节点需水量($X_{t|t}$)与先验值($X_{t|t-1}$)之间的差异。因此，当使用相同的先验值时，算法可能会表现出相似的性能。

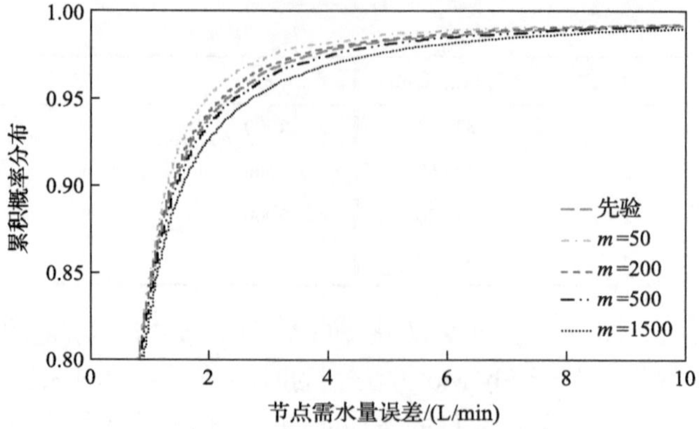

图 3.23　节点需水量误差的累积概率分布

图 3.24 所示为 12523 个节点的节点压力误差的累积概率分布。误差是指校核节点压力与真实值之间的偏差。先验压力误差是真实压力与直接使用先验节点需水量作为模型输入计算出的压力之间的绝对偏差。为便于分析，将 m=30、100、1000、2000 时的校核结果展示在图 3.24 中。如图 3.24 所示，校核压力误差小于先验压力误差。此外，节点压力误差随监测点数量的增加而减小。例如，当 m=30 时，50%的节点压力误差大于 0.5m；而当 m=100 时，20%的节点压力误差大于 0.5m。

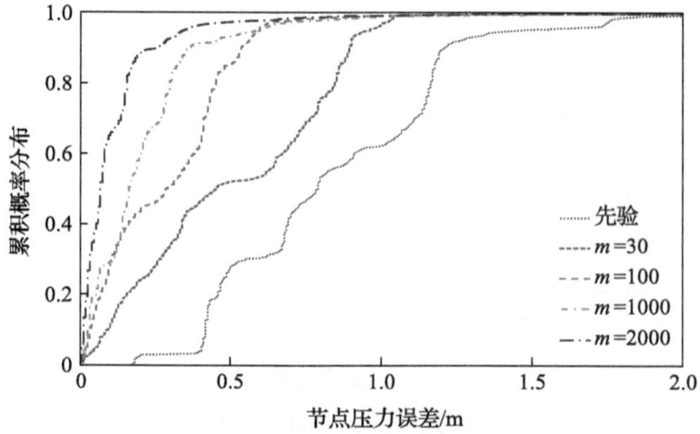

图 3.24　节点压力误差的累积概率分布

3. 结果讨论

基于上述案例分析可知，雅可比矩阵计算和 Hessian 矩阵求逆是模型校核最为耗时的两个过程。本节提出雅可比矩阵和 Hessian 矩阵求逆的高效求解算法，大幅度提升了大型供水管网节点需水量校核的求解效率。本节提出的方法基于 SCF 和求解线性方程组来计算雅可比矩阵。每个方程都可以独立求解，允许使用并行编程来提高计算效率。本节提出了一种基于矩阵分解和迭代 Woodbury 矩阵恒等式的高效 Hessian 矩阵求逆方法，这种方法提供了一种更灵活的方式来平衡矩阵求逆计算的时间消耗和其他矩阵计算的时间消耗，大幅度缩短了 Hessian 矩阵求逆时间。

3.4　本章小结

供水管网在线水力模型可以用于模拟真实供水管网的运行状况。准确校核节点需水量对于供水管网模型的应用至关重要，这也是实现供水管网实时控制与管理的关键步骤。本章重点论述了在线水力模型模拟的基本方法，从模拟精度与计算效率两个角度系统分析了制约模型精度和计算效率的瓶颈因素，提出监测数据不足、数据信噪比低、数据故障等受限条件下的模型精确校核技术，以及大型供水管网高效模拟技术，为供水管网的在线分析调控提供了理论与技术支撑。

针对监测数据不足的问题，提出了多源数据融合的节点需水量校核算法，通过考虑不同数据的特征，合理设定数据的概率类型，并整合到同一框架内，用于节点需水量校核。针对数据缺失与异常问题，提出了监测数据时间序列中缺失值和异常值识别的处理方法，提升了校核算法的鲁棒性。针对监测数据中的噪声及模型拓扑故障等问题，提出了同时将节点需水量和监测数据的噪声强度(方差)作为需要求解的参数，在动态实时更新节点需水量的同时，求解监测噪声的方差，解决了信噪比低情况下的节点需水量校核问题。

在线水力模型对节点需水量校核效率提出了更高要求，在提高校核效率的同时还能保证精度，数据同化方法具有明显优势。相比于基于采样的求解算法，数值求解算法在运算效率上更高效。尽管如此，目前的数值求解算法在处理大规模供水管网校核问题时仍然存在耗时过多的缺点。通过分析数值求解算法中制约运算效率的瓶颈因素，探索梯度矩阵信息的内在特征，调整矩阵求解方法，从理论上降低了矩阵运算复杂度，结合并行编程，大幅度提升了校核效率。相较于传统算法，模型校核计算效率提升 60 倍左右。

参 考 文 献

[1] Kapelan Z S, Savic D A, Walters G A. Calibration of water distribution hydraulic models using a Bayesian-type procedure[J]. Journal of Hydraulic Engineering, 2007, 133(8): 927-936.

[2] Savic D A, Kapelan Z S, Jonkergouw P M R. Quo vadis water distribution model calibration?[J]. Urban Water Journal, 2009, 6(1): 3-22.

[3] Shao Y, Chu S P, Zhang T Q, et al. Real-time water distribution system hydraulic modeling using

prior demand information by formal Bayesian approach[J]. Journal of Water Resources Planning and Management, 2019, 145(12): 04019059.
[4] Abokifa A A, Haddad K, Lo C, et al. Real-time identification of cyber-physical attacks on water distribution systems via machine learning-based anomaly detection techniques[J]. Journal of Water Resources Planning and Management, 2019, 145(1): 04018089.
[5] Puust R, Kapelan Z, Savic D A, et al. A review of methods for leakage management in pipe networks[J]. Urban Water Journal, 2010, 7(1): 25-45.
[6] Ostfeld A, Salomons E, Ormsbee L, et al. Battle of the water calibration networks[J]. Journal of Water Resources Planning and Management, 2012, 138(5): 523-532.
[7] Walski T M. Technique for calibrating network models[J]. Journal of Water Resources Planning and Management, 1983, 109(4): 360-372.
[8] Bhave P R. Calibrating water distribution network models[J]. Journal of Environmental Engineering, 1988, 114(1): 120-136.
[9] Ormsbee L E, Wood D J. Explicit pipe network calibration[J]. Journal of Water Resources Planning and Management, 1986, 112(2): 166-182.
[10] Du K, Long T Y, Wang J H, et al. Inversion model of water distribution systems for nodal demand calibration[J]. Journal of Water Resources Planning and Management, 2015, 141(9): 04015002.
[11] Marchi A, Dandy G C, Boccelli D L, et al. Assessing the observability of demand pattern multipliers in water distribution systems using algebraic and numerical derivatives[J]. Journal of Water Resources Planning and Management, 2018, 144(5): 04018014.
[12] Lansey K E, Basnet C. Parameter estimation for water distribution networks[J]. Journal of Water Resources Planning and Management, 1991, 117(1): 126-144.
[13] Zhang Q Z, Zheng F F, Duan H F, et al. Efficient numerical approach for simultaneous calibration of pipe roughness coefficients and nodal demands for water distribution systems[J]. Journal of Water Resources Planning and Management, 2018, 144(10): 04018063.
[14] Zheng F F, Zecchin A C, Newman J P, et al. An adaptive convergence-trajectory controlled ant colony optimization algorithm with application to water distribution system design problems[J]. IEEE Transactions on Evolutionary Computation, 2017, 21(5): 773-791.
[15] AWWA Engineering and Computer Applications Committee. Calibration Guidelines for Water Distribution System Modelling[M]. New Orleans: American Water Works Association, 1999.
[16] 上海市质量技术监督局. DB31/T 800—2014 城镇供水管网模型建设技术导则[S]. 北京: 中国标准出版社, 2014.
[17] Rajakumar A G, Kumar M S M, Amrutur B, et al. Real-time water quality modeling with ensemble Kalman filter for state and parameter estimation in water distribution networks[J].

Journal of Water Resources Planning and Management, 2019, 145(11): 04019049.

[18] Do N C, Simpson A R, Deuerlein J W, et al. Calibration of water demand multipliers in water distribution systems using genetic algorithms[J]. Journal of Water Resources Planning and Management, 2016, 142(11): 04016044.

[19] Kapelan Z, Savic D A, Walters G A. Incorporation of prior information on parameters in inverse transient analysis for leak detection and roughness calibration[J]. Urban Water Journal, 2004, 1(2): 129-143.

[20] Zhao Y Y, Yang Y J, Shao Y, et al. Demand-driven spatiotemporal variations of flow hydraulics and water age by comparative modeling analysis of distribution network[J]. Journal of Water Resources Planning and Management, 2018, 144(12): 04018074.

[21] Ren H R, Lu R Q, Xiong J R, et al. Optimal filtered and smoothed estimators for discrete-time linear systems with multiple packet dropouts under markovian communication constraints[J]. IEEE Transactions on Cybernetics, 2020, 50(9): 4169-4181.

[22] Sinopoli B, Schenato L, Franceschetti M, et al. Kalman filtering with intermittent observations[J]. IEEE Transactions on Automatic Control, 2004, 49(9): 1453-1464.

[23] Hutton C J, Kapelan Z, Vamvakeridou-Lyroudia L, et al. Application of formal and informal Bayesian methods for water distribution hydraulic model calibration[J]. Journal of Water Resources Planning and Management, 2014, 140(11): 04014030.

[24] Malve O, Laine M, Haario H, et al. Bayesian modelling of algal mass occurrences—Using adaptive MCMC methods with a lake water quality model[J]. Environmental Modelling & Software, 2007, 22(7): 966-977.

[25] Du K, Ding R Y, Wang Z H, et al. Direct inversion algorithm for pipe resistance coefficient calibration of water distribution systems[J]. Journal of Water Resources Planning and Management, 2018, 144(7): 04018027.

[26] Creaco E, Kossieris P, Vamvakeridou-Lyroudia L, et al. Parameterizing residential water demand pulse models through smart meter readings[J]. Environmental Modelling & Software, 2016, 80: 33-40.

[27] Arandia-Perez E, Uber J G, Boccelli D L, et al. Modeling automatic meter reading water demands as nonhomogeneous point processes[J]. Journal of Water Resources Planning and Management, 2014, 140(1): 55-64.

[28] Kang D S, Lansey K. Real-time demand estimation and confidence limit analysis for water distribution systems[J]. Journal of Hydraulic Engineering, 2009, 135(10): 825-837.

[29] Vertommen I, Magini R, Cunha M da C, et al. Water demand uncertainty: The scaling laws approach[M]//Ostfeld A. Water Supply System Analysis-Selected Topics. London: IntechOpen, 2012.

[30] Gargano R, Tricarico C, Granata F, et al. Probabilistic models for the peak residential water demand[J]. Water, 2017, 9(6): 417.

[31] Surendran S, Tanyimboh T T, Tabesh M. Peaking demand factor-based reliability analysis of water distribution systems[J]. Advances in Engineering Software, 2005, 36(11): 789-796.

[32] Chu S P, Zhang T Q, Shao Y, et al. Numerical approach for water distribution system model calibration through incorporation of multiple stochastic prior distributions[J]. Science of the Total Environment, 2020, 708: 134565.

[33] Kang D, Lansey K. Demand and roughness estimation in water distribution systems[J]. Journal of Water Resources Planning and Management, 2011, 137(1): 20-30.

[34] Zhang Q Z, Wu Z Y, Zhao M, et al. Leakage zone identification in large-scale water distribution systems using multiclass support vector machines[J]. Journal of Water Resources Planning and Management, 2016, 142(11): 04016042.

[35] Cheng W P, He Z G. Calibration of nodal demand in water distribution systems[J]. Journal of Water Resources Planning and Management, 2011, 137(1): 31-40.

[36] Zhang H, Wang K, Zhou X, et al. Using DFP algorithm for nodal demand estimation of water distribution networks[J]. KSCE Journal of Civil Engineering, 2018, 22(8): 2747-2754.

[37] Filion Y, Adams B, Karney B. Cross correlation of demands in water distribution network design[J]. Journal of Water Resources Planning and Management, 2007, 133(2): 137-144.

[38] Xu C C, Goulter I C. Probabilistic model for water distribution reliability[J]. Journal of Water Resources Planning and Management, 1998, 124(4): 218-228.

[39] Blokker E J M, Vreeburg J H G, van Dijk J C. Simulating residential water demand with a stochastic end-use model[J]. Journal of Water Resources Planning and Management, 2010, 136(1): 19-26.

[40] Yang X Y, Boccelli D L. Simulation study to evaluate temporal aggregation and variability of stochastic water demands on distribution system hydraulics and transport[J]. Journal of Water Resources Planning and Management, 2014, 140(8): 04014017.

[41] Qin T, Boccelli D L. Estimating distribution system water demands using Markov chain Monte Carlo[J]. Journal of Water Resources Planning and Management, 2019, 145(7): 04019023.

[42] Xie X, Zhang H J, Hou D B. Bayesian approach for joint estimation of demand and roughness in water distribution systems[J]. Journal of Water Resources Planning and Management, 2017, 143(8): 04017034.

[43] Do N C, Simpson A R, Deuerlein J W, et al. Particle filter-based model for online estimation of demand multipliers in water distribution systems under uncertainty[J]. Journal of Water Resources Planning and Management, 2017, 143(11): 04017065.

[44] Li Q, Liu X Z, Zhu Q X, et al. Distributed state estimation for stochastic discrete-time sensor

networks with redundant channels[J]. Applied Mathematics and Computation, 2019, 343: 230-246.

[45] Chu S P, Zhang T Q, Xu C N, et al. Dealing with data missing and outlier to calibrate nodal water demands in water distribution systems[J]. Water Resources Management, 2021, 35(9): 2863-2878.

[46] Ding J, Sun S L, Ma J, et al. Fusion estimation for multi-sensor networked systems with packet loss compensation[J]. Information Fusion, 2019, 45: 138-149.

[47] Ma J, Sun S L. Optimal linear recursive estimators for stochastic uncertain systems with time-correlated additive noises and packet dropout compensations[J]. Signal Processing, 2020, 176: 107704.

[48] Tan L G, Xu C, Wang Y F, et al. Gaussian recursive filter for nonlinear systems with finite-step correlated noises and packet dropout compensations[J]. Measurement Science Review, 2020, 20(2): 80-92.

[49] Zhao K, Tan L G, Song S M. Gaussian filter for nonlinear networked systems with synchronously correlated noises and one-step randomly delayed measurements and multiple packet dropouts[J]. IEEE Sensors Journal, 2019, 19(20): 9271-9281.

[50] Zhao K, Tan L G, Song S M. Fusion estimation for nonlinear multi-sensor networked systems with packet loss compensation and correlated noises[J]. Sensor Review, 2019, 39(5): 682-696.

[51] Mitchell H B. Multi-sensor data fusion: An introduction[M]//Mitchell H B. Multi-Sensor Data Fusion: An Introduction. Heidelberg: Springer, 2007.

[52] Chu S P, Zhang T Q, Yu T C, et al. A noise adaptive approach for nodal water demand estimation in water distribution systems[J]. Water Research, 2021, 192: 116837.

[53] Särkkä S, Hartikainen J. Non-linear noise Kalman filtering via variational Bayes[C]//2013 IEEE International Workshop on Machine Learning for Signal Processing, Southampton, 2013.

[54] Zhao S Y, Shmaliy Y S, Ahn C K, et al. Probabilistic monitoring of correlated sensors for nonlinear processes in state space[J]. IEEE Transactions on Industrial Electronics, 2020, 67(3): 2294-2303.

[55] Coulbeck B, Orr C H. Computer Applications in Water Supply[M]. Letchworth, New York: Research Studies Press Wiley, 1988.

[56] Rossman L A. Epanet 2 Users Manual[M]. Cincinnati: Environmental Protection Agency, 2000.

[57] Wéber R, Hős C. Efficient technique for pipe roughness calibration and sensor placement for water distribution systems[J]. Journal of Water Resources Planning and Management, 2020, 146(1): 4019070.

[58] Zhou X, Xu W, Xin K, et al. Self-adaptive calibration of real-time demand and roughness of water distribution systems[J]. Water Resources Research, 2018, 54(8): 5536-5550.

[59] Jung D, Choi Y H, Kim J H. Optimal node grouping for water distribution system demand estimation[J]. Water, 2016, 8(4): 160.

[60] Law K J H, Stuart A M, Zygalakis K C. Data Assimilation: A Mathematical Introduction[M]. Cham: Springer International Publishing, 2015.

[61] Bragalli C, Fortini M, Todini E. Enhancing knowledge in water distribution networks via data assimilation[J]. Water Resources Management, 2016, 30(11): 3689-3706.

[62] Shang F, Uber J G, Waanders B B G, et al. Real time water demand estimation in water distribution system[C]//Water Distribution Systems Analysis Symposium, Cincinnati, 2006.

[63] Piller O, Elhay S, Deuerlein J, et al. Local sensitivity of pressure-driven modeling and demand-driven modeling steady-state solutions to variations in parameters[J]. Journal of Water Resources Planning and Management, 2017, 143(2): 04016074.

[64] Wang E, Zhang Q, Shen B, et al. Intel math kernel library[M]//Wang E, Zhang Q, Shen B, et al. High-Performance Computing on the Intel® Xeon Phi™: How to Fully Exploit MIC Architectures. Cham: Springer International Publishing, 2014.

[65] Chu S P, Zhang T Q, Li X, et al. Approach for water distribution system model calibration based on iterative Sherman-Morrison formula[J]. Journal of Water Resources Planning and Management, 2021, 147(5): 04021017.

第 4 章　城市供水管网优化调控

作为城市生命线工程，全球供水系统能耗占总体能耗的 2%～3%，其中维持供水管网系统运行的能耗占供水管网系统总能耗的 70%[1]。我国众多城市供水管网系统能耗巨大，水泵运行电耗作为供水管网运行能耗中的重要组成部分，调度不科学、效率低下等原因带来了巨大的能源浪费[2]。因此，开展城市供水管网优化调度，在保证供水水量、水压、水质要求的前提下，依据供水管网运行状态数据，制定科学的运行调度方案，有助于降低运行能耗，并提高供水可靠性。此外，我国供水管网仍面临漏损率高、爆管事件频发等问题。开展供水管网优化调度并优化供水管网压力分布，有利于降低管网漏损率及爆管发生频率。本章论述城市供水管网优化调控技术体系，涉及城市供水管网系统用水量预测、优化调度数学模型及求解方法、管网-二次供水协同调度及更新改造等关键技术，为城市供水管网系统节能降耗、漏损控制等提供理论与技术支撑。

4.1　城市供水管网系统用水量预测

用水量预测在城市供水优化调度管理中具有举足轻重的作用，其一直是城市供水管理决策者关注的问题。与年用水量预测、日用水量预测相比，时用水量预测由于影响因素多、随机性强，在理论研究及工程实践中一直是一项具有挑战性的课题。吕谋等[3]对时用水量预测进行了较为深入的研究，针对城市时用水量变化中周期性、趋势性及随机性成分共存的现象，提出对既有季节性(周期性)因素影响又有趋势性因素影响的预测问题，可采用季节性指数平滑法。此外，鉴于时用水量序列具有 24h 及 168h 两种周期变化的统计分析特点，在两种周期的季节性指数平滑模型预测结果的基础上，引入了两种结果加权优化组合预测方法。至此，时用水量时间序列除了具有季节性及趋势性，预测残差序列应为不相关的白噪声序列，然而，实际情况恰好相反，预测残差具有自相关性。对此，吕谋等[3]认为残差序列的自相关性是由系统未知的、不可描述的外部扰动造成的，因此采用二阶自回归方法对残差序列进行拟合。

总体而言，城市时用水量变化主要受以下两大方面因素的影响：一是城市社会商业活动、节假日等社会经济因素的影响；二是全天气候条件(如降水、阴晴、气温)等气象因素的影响。现有的研究结果表明：首先，受开放复杂的社会巨系统的影响，社会经济系统及受其影响的一些外部系统表现出混沌特性[4,5]；其次，气候系统是一类混沌系统已经被证实[6]；最后，受气候条件影响的其他观测数据序列，如矿井涌水量、大坝观测数据等序列混沌成分的存在也得到了验证[7,8]。那么，同时受社会经济因素及气候条件影响的时用水量序列是否也存在混沌呢？本节试图在季节性指数平滑组合预测残差结果的基础上，利用混沌识别理论验证时用水量预测残差序列中混沌成分的存在。针对时用水量预测残差序列较短的现状，采用改进的短序列快速算法计算最大 Lyapunov 指数。基于预测残差中混沌成分的存在，提出考虑趋势项、周期项及混沌项预测的时用水量复合预测建模方法。

4.1.1　时用水量的组合预测残差

利用季节性指数平滑方法可将时用水量预测值表示成非季节因子与季节因子的乘积，如式(4.1)所示：

$$F_t = S_t C_{t-s} + Y_t = (S_{t-1} + T_{t-1}) C_{t-s} + Y_t \tag{4.1}$$

式中，F_t 为 t 时段用水量；S_t 为非季节因子；C_t 为季节因子；T_t 为趋势因子；下标 s 为季节宽度(取 24h 或 168h)；Y_t 为 t 时段残差项。

式(4.1)中各因子可由递推公式(4.2)求得

$$\begin{cases} S_t = \alpha \dfrac{F_t}{C_{t-s}} + (1-\alpha)(S_{t-1} + T_{t-1}) \\ T_t = \gamma (S_t - S_{t-1}) + (1-\gamma) T_{t-1} \\ C_t = \beta \dfrac{F_t}{S_t} + (1-\beta) C_{t-s} \end{cases} \tag{4.2}$$

式中，α 、β、γ 为平滑常数，由时用水量序列确定。

考虑到周末与工作日时用水量特征明显不同，提出综合两种季节宽度(s = 24h、168h)预测结果的组合预测模型，如式(4.3)所示：

$$F_t = \omega_{1t} S\omega_{1t} C_{t-24} + \omega_{2t} S\omega_{2t} C_{t-168} + Y_t \tag{4.3}$$

式中，ω_{1t} 、ω_{2t} 为两种季节宽度预测结果的权重因子。考虑到短期预测权重因子的微变，可采用递推最小二乘法确定其值。

通过以上预测，时用水量序列中周期性及趋势性组成成分已能在模型预测结果中得到体现，时用水量序列中包含的其他成分则反映在与原始序列等长的残差

序列中。残差序列由式(4.4)求得

$$Y_t = F_t - \omega_{1t} S\omega_{1t} C_{t-24} + \omega_{2t} S\omega_{2t} C_{t-168} \tag{4.4}$$

4.1.2　混沌识别理论

1. 混沌与 Lyapunov 指数[9]

混沌现象是非线性动力系统中常见的现象。识别一个系统是否为混沌系统，主要采用以下三种方法：Lyapunov 指数的检验、分形维数的评价及 Kolmogorov 功率谱分析。鉴于 Lyapunov 指数明显的物理意义，本节通过计算时用水量组合预测残差序列的最大 Lyapunov 指数来进行系统的混沌识别。

Lyapunov 指数表征系统内部相邻点间辐散的平均速率。如果一个离散非线性系统是耗散的，那么正的 Lyapunov 指数是系统混沌的一个度量指标。Lyapunov 指数与系统运动特性的关系见表 4.1。

表 4.1　Lyapunov 指数与系统运动特性的关系

运行系统	Lyapunov 指数
定常运动	$L_{E_i} < 0,\quad i=1,2,\cdots,n$
周期运动	$L_{E_1} = 0,\quad L_{E_i} < 0,\quad i=2,3,\cdots,n$
准周期运动	$L_{E_1} = L_{E_2} = 0,\quad L_{E_i} < 0,\quad i=3,4,\cdots,n$
混沌运动	$L_{E_1} > 0$，L_{E_i} 可取正、负或零，$i=2,3,\cdots,n$
随机运动	$L_{E_i} \to \infty$，L_{E_i} 可取任意值，$i=2,3,\cdots,n$

表 4.1 中，L_{E_1} 代表距离增长速率的 Lyapunov 指数，L_{E_2} 代表面积增长速率的 Lyapunov 指数，以此类推，L_{E_i} 代表系统 i 维增长速率的 Lyapunov 指数。L_{E_1} 是将要讨论的最大 Lyapunov 指数。

2. 相空间重构

相空间重构技术是计算时间序列 Lyapunov 指数的必要前提。观测时间序列 $x_i = x(t_i)$，$t_i = t_0 + i\Delta t$，$i=1,2,\cdots,N$，等间距采样，选取迟滞时间 τ（必须是 Δt 的整数倍），构造出 m 维相空间（$m > D$，D 为吸引子维数），m 维相空间定义为式(4.5)：

$$X=\begin{bmatrix} X(t_1) \\ X(t_2) \\ \vdots \\ X(t_i) \\ \vdots \\ X(t_n) \end{bmatrix}=\begin{bmatrix} x(t_1) & x(t_1+\tau) & \cdots & x[t_1+(m-1)\tau] \\ x(t_2) & x(t_2+\tau) & \cdots & x[t_2+(m-1)\tau] \\ \vdots & \vdots & & \vdots \\ x(t_i) & x(t_i+\tau) & \cdots & x[t_i+(m-1)\tau] \\ \vdots & \vdots & & \vdots \\ x[t_n-(m-1)\tau] & x[t_n-(m-2)\tau] & \cdots & x(t_n) \end{bmatrix} \tag{4.5}$$

式中，$\tau = k\Delta t(k=1,2,\cdots)$为迟滞时间；$\{X(t_i), i=1,2,\cdots,n'\}$为$m$维相空间的一个相点，$n'=n-(m-1)k$，$m$为嵌入维数。根据 Takens 的嵌入理论，当$D$维吸引子能够嵌入$m \geqslant 2D+1$维相空间时，可重现原吸引子的几何特征，由此来研究系统的演化规律。

在重构相空间时，迟滞时间τ的选取必须保证各分量间的相对独立性，即应使各相空间坐标的相关性尽可能小。在实际计算中，本节选取自相关系数首次过零时的迟滞时间作为τ值。

3. 改进的 Rosenstein 最大 Lyapunov 指数算法

Wolf 算法是计算混沌系统最大 Lyapunov 指数的常用方法，但该算法结果对数据序列长度的依赖性较大。对于采样时间长度为一周(数据长度为 168h)或两周(数据长度为 336h)的时用水量序列(对于时间序列方法，再长的数据序列对预测本身的精度提高也没有太大的意义，反而会对近期数据在模型中的贡献造成影响)，数据序列长度离 Wolf 算法的要求有较大的差距，计算结果往往不够稳定或不可靠[10]。鉴于此，本节采用改进的 Rosenstein 最大 Lyapunov 指数算法[11]来代替 Wolf 算法。与 Wolf 算法相比，改进的 Rosenstein 最大 Lyapunov 指数算法计算量明显减少，同时在计算中不需要每步进行标准化和找夹角，只需要计算出每个邻点对第j个离散时间步长后的距离$d_i(j)$，该算法的具体步骤如下所示。

(1)对残差序列$\{Y_t(i),\ i=1,2,\cdots,n\}$进行关联维数计算，求得吸引子维数$D$，由$m \geqslant 2D+1$确定嵌入维数$m$。

(2)确定迟滞时间τ，迟滞时间τ的确定可以采用自相关函数法和互信息法，但由于互信息法计算较为复杂、烦琐，这里采用自相关函数法予以确定，即对残差序列进行相关分析，选取自相关系数首次过零时的迟滞时间作为τ值。

(3)根据迟滞时间τ及嵌入维数m重构相空间$\{X(t_i),\ i=1,2,\cdots,n'\}$。

(4)找相空间中每个点$X(t_i)$的最近邻点$X(t_{\hat{i}})$，并限制短暂分离，如式(4.6)所示：

$$d_i(0)=\min_i \left\| X(t_i)-X(t_{\hat{i}}) \right\|,\quad \left| t_i - t_{\hat{i}} \right| > T \tag{4.6}$$

(5)对相空间中每个点 $X(t_i)$，使用式(4.7)计算出该邻点对经第 j 个离散时间步长演化后的距离：

$$d_i(j)=\left\|X(t_{i+j})-X(t_{\hat{i}+j})\right\|,\quad j=1,2,\cdots,\min\{n'-i,n'-\hat{i}\} \tag{4.7}$$

(6)对每个 j，使用式(4.8)求出所有 i 的 $\ln d_i(j)$ 平均值 $y(j)$：

$$y(j)=\frac{1}{p\Delta t}\sum_{i=1}^{p}\ln d_i(j) \tag{4.8}$$

式中，p 为非零 $d_i(j)$ 数。

(7)绘制 j-$y(j)$ 曲线图，找出曲线图中呈线性关系的部分，用最小二乘法进行直线拟合，所得直线的斜率为最大 Lyapunov 指数计算值。

4. 最大预测时间尺度

根据混沌识别理论，若时间序列的最大 Lyapunov 指数 $L_1>0$，则表明时间序列的演化轨迹是发散的，具有分岔和倍周期特征，因而不能进行长期预测，但可以预知其最大预测时间尺度 T_{f}，其与最大 Lyapunov 指数的关系为

$$T_{\mathrm{f}}=1/L_1 \tag{4.9}$$

式中，T_{f} 与 Δt 的单位相同。

4.1.3　时用水量的复合预测模型

通过残差序列的混沌辨识，可以发现城市时用水量序列中除了通常认为的周期性成分、趋势性成分，与其相对应的预测残差同时还存在混沌成分。也就是说，城市时用水量的变化由趋势性成分、周期性成分和混沌成分三大部分组成。因此，时用水量预测模型也应在现有趋势项和周期项预测模型的基础上，考虑混沌项的预测修正，其数学模型可以表达为

$$Q(t)=q(t)+f(t)+c(t)+\varepsilon(t),\quad t=1,2,\cdots,n \tag{4.10}$$

式中，$Q(t)$ 为时用水量；$q(t)$ 为趋势性变化项；$f(t)$ 为周期性变化项；$c(t)$ 为混沌变化项(由气候因素及社会因素引起的响应)；$\varepsilon(t)$ 为随机项。

1. 趋势性变化项和周期性变化项

提取时用水量趋势性变化项和周期性变化项的组合预测模型[3]如式(4.11)所示：

$$q(t)+f(t)=\phi\omega_{1t}S\omega_{1t}C_{t-24}+\phi\omega_{2t}S\omega_{2t}C_{t-168} \tag{4.11}$$

式中，ϕ 为权重因子。

2. 混沌变化项

对于平稳的时间序列，采用传统的自回归(autoregressive, AR)模型、移动平均(MA)模型、自回归移动平均(autoregressive moving average, ARMA)模型等通常可以获得较好的预测结果。而对于混沌时间序列，即使模型对数据匹配得很好，有时也无法进行准确的预测，未来趋势会在性质上与原有时间序列趋势发生根本不同的变化。基于此，采用混沌时间序列局域二次线型预测方法对式(4.11)的预测残差进行预测。

下面介绍混沌时间序列局域二次线型预测方法。混沌预测理论认为：在相空间的短期演化过程中，相点 $X(t_{n'})=(x_n,x_{n-1},\cdots,x_{n-m+1})$ 与其最近邻点的统计行为遵守相同(或相似)的演化规律。现假定相点 $X(t_{n'})$ 在相空间中有 k_0-1 个最近邻点 $X(1)$，$X(2)$，…，$X(k_0-1)$，这些邻点与其下一个演化点 $X(2)$，$X(3)$，…，$X(k_0)$ 间满足如式(4.12)的关系：

$$\begin{cases}X(2)=a+bX(1)+cX^2(1)\\X(3)=a+bX(2)+cX^2(2)\\\ \vdots\\X(k_0)=a+bX(k_0-1)+cX^2(k_0-1)\end{cases} \tag{4.12}$$

式(4.12)可以写为式(4.13)的形式：

$$A=BC \tag{4.13}$$

式(4.13)又可写为式(4.14)的形式：

$$A=\begin{bmatrix}X(2)\\X(3)\\\vdots\\X(k_0)\end{bmatrix},\quad C=\begin{bmatrix}a\\b\\c\end{bmatrix},\quad B=\begin{bmatrix}1 & X(1) & X^2(1)\\1 & X(2) & X^2(2)\\\vdots & \vdots & \vdots\\1 & X(k_0-1) & X^2(k_0-1)\end{bmatrix} \tag{4.14}$$

寻求相点 $X(t_{n'})$ 的演化规律，关键是获得使式(4.12)总体拟合误差 $e=\|BC-A\|^2$ 最小的系数向量 C。由最小二乘法原理可知，系数向量如式(4.15)所示：

$$C=(B^{\mathrm{T}}B)^{-1}B^{\mathrm{T}}A \tag{4.15}$$

那么，$X(t_{n'})$ 的下一步预测值可由式(4.16)求得

$$\hat{X}(t_{n'}+1)=a+bX(t_{n'})+cX^2(t_{n'}) \tag{4.16}$$

此时，$\hat{X}(t_{n'}+1)=(\hat{x}_{n+1},\hat{x}_n,\hat{x}_{n-1},\cdots,\hat{x}_{n-m+2})$的第一个分量就是对$X(t_{n'})$的预测。

4.1.4　案例分析

1. 组合预测残差的混沌辨识

为方便比较，本节采用文献[3]的数据进行分析，时用水量观测序列及组合预测结果的时间历程图如图 4.1 所示，时用水量组合预测残差序列 y_1 的时间历程图如图 4.2 所示。

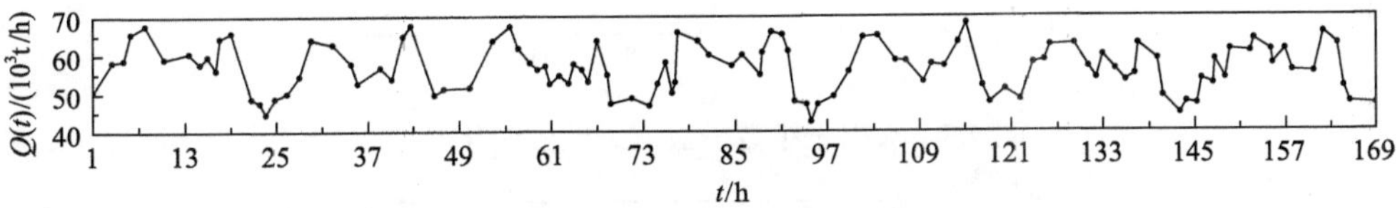

图 4.1　时用水量观测序列及组合预测结果的时间历程图

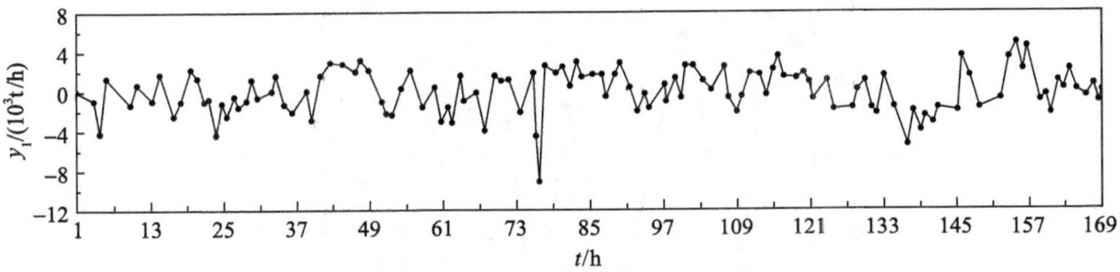

图 4.2　时用水量组合预测残差序列 y_1 的时间历程图

采用由 MATLAB 语言编制的计算程序对组合预测残差序列进行短序列 Lyapunov 指数计算。由于 Lyapunov 指数计算对数据序列具有非负要求，计算前先将原有组合预测残差加 10000，变换为非负序列，对残差序列进行分形维数计算，得到该序列的吸引子维数 D=5.6。吸引子维数随嵌入维数的变化曲线如图 4.3 所示，由 $m \geqslant 2D+1$ 确定嵌入维数 m，取嵌入维数 m =13。对不同迟滞时间 τ 情况下的残差序列进行自相关系数计算。自相关系数 γ 随迟滞时间 τ 的变化曲线如图 4.4 所示，由图可知，残差序列自相关系数首次过零时的迟滞时间为 $\tau=2$ 。此外，由快速傅里叶变换求得组合预测残差序列的平均周期为 5。由 $m=13$ 及 $\tau=2$ 重构相空间，同时限制邻点对间的分离大于 5，由短序列 Lyapunov 指数算法得到 $y(j)$ 随演化步长 j 的变化曲线，如图 4.5 所示，从图中可以看出，j-$y(j)$ 曲线中 $j=1$~14 的曲线接近线性变化趋势。对该部分进行最小二乘法线性拟合，最后求得残差序列最大 Lyapunov 指数 $L_1=0.0102>0$ 。此外，对不同嵌入维数 m 情况下的 L_1 进行计算，L_1 随 m 的变化曲线如图 4.6 所示，由图可见，随着 m 的变化，

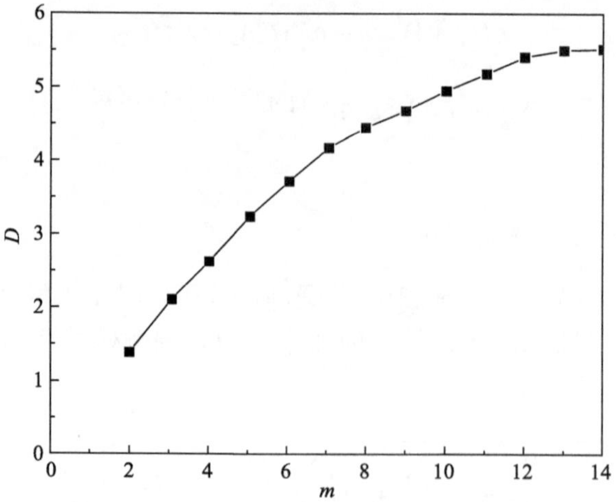

图 4.3　吸引子维数随嵌入维数的变化曲线

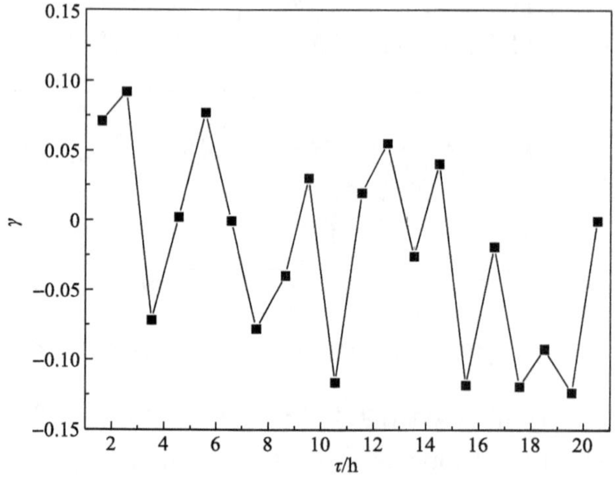

图 4.4　自相关系数随迟滞时间的变化曲线

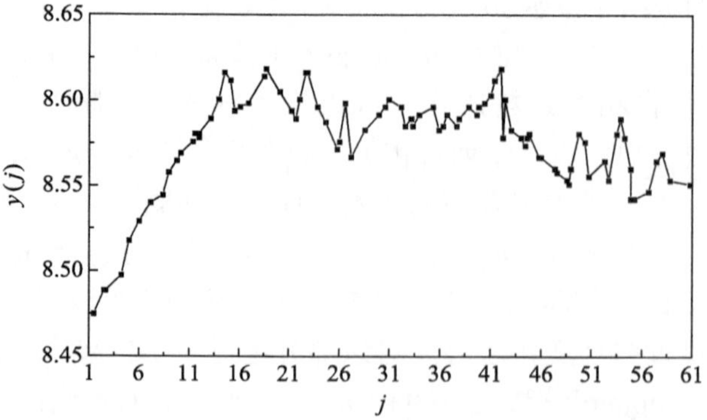

图 4.5　$y(j)$ 随演化步长的变化曲线

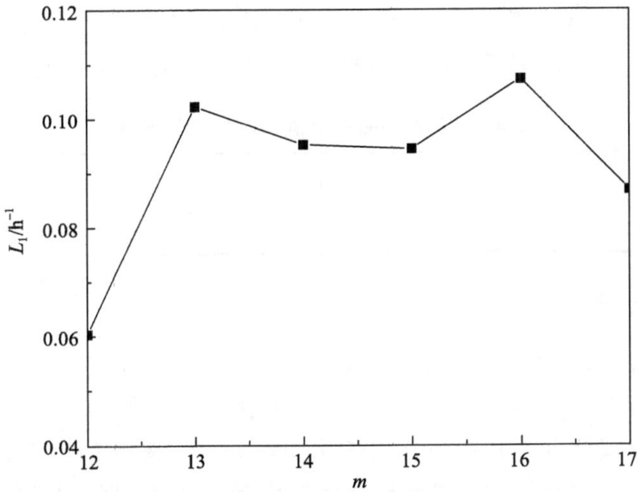

图 4.6　最大 Lyapunov 指数随嵌入维数的变化曲线

采用短序列 Lyapunov 算法计算的 L_1 是比较稳定的。

图 4.7(a)和(b)分别为组合预测残差和白噪声数据序列在三维相空间的轨线。由图可见，组合预测残差轨线与白噪声数据序列轨线明显不同，因此也从另一角度说明时用水量序列残差中除随机扰动外，还有其他情况存在。

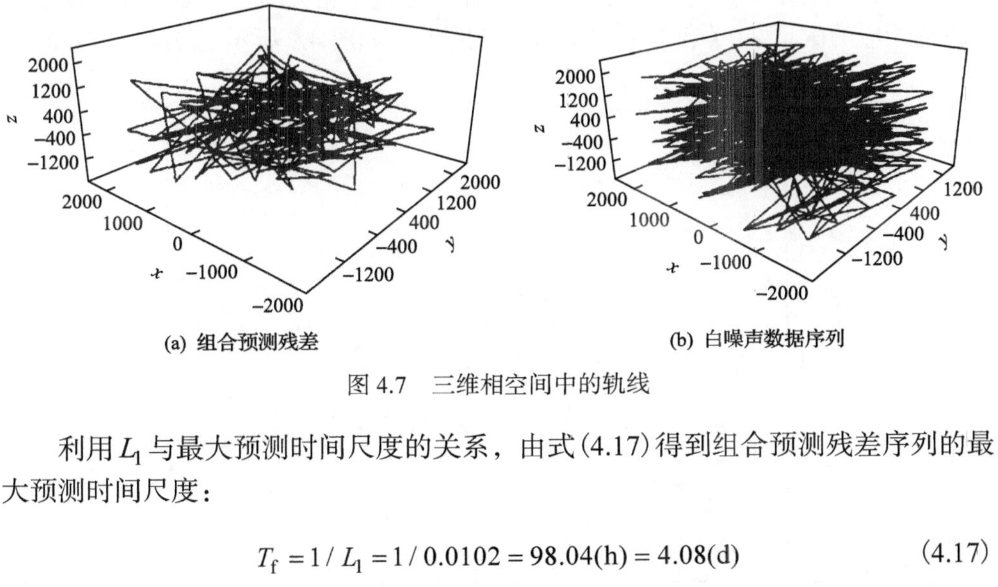

图 4.7　三维相空间中的轨线

利用 L_1 与最大预测时间尺度的关系，由式(4.17)得到组合预测残差序列的最大预测时间尺度：

$$T_{\mathrm{f}} = 1/L_1 = 1/0.0102 = 98.04(\mathrm{h}) = 4.08(\mathrm{d}) \tag{4.17}$$

除对以上数据序列进行最大 Lyapunov 指数计算分析外，为了进一步验证混沌时间序列的普遍存在，选取 1995 年不同时间序列(共 5 组数据：3 月 6～12 日、5 月 22～28 日、6 月 19～25 日、9 月 11～17 日、11 月 13～19 日)，进行组合预测残差的最大 Lyapunov 指数计算，结果见表 4.2。由表 4.2 可见，所得的最大 Lyapunov 指数较为接近，结果也相当稳定，说明了残差序列中混沌现象存在普遍性。

表 4.2　不同残差序列混沌参数计算结果

m	τ/h	L_1/h^{-1}
11～13	2～3	0.008～0.012

2. 时用水量预测

采用文献[3]的时用水量数据作为预测原始序列。利用组合季节性指数平滑法对原始序列进行拟合，得到趋势项、混沌项预测结果，如图 4.1 所示。此时两种季节宽度的组合权重因子分别为 0.5389 和 0.4611。对图 4.2 中前 6 天的时用水量组合预测残差进行混沌二次线型建模，同时以第 7 天的组合预测残差值和实际时用水量数据为真实值来验证混沌预测模型的有效性。建模前，为了排除数据本身大小不同造成的影响，对残差序列进行归一化处理，即使 $x(t)\in[0,1]$。混沌预测模型的次日 24h 残差预测结果如图 4.8 所示。可以看出，混沌预测模型对残差实际值的波动具有较好的反映，起到了预测残差动态修正的作用；但从预测相对误差来看，在预测前期相对误差绝对值较小，后期明显增大，这与混沌系统的短期预测能力及预测残差序列中较大比例噪声的存在是直接相关的。由复合预测模型可以得到相应的次日 24h(第 7 天)用水量预测结果，如图 4.9 所示。与次日实际时用

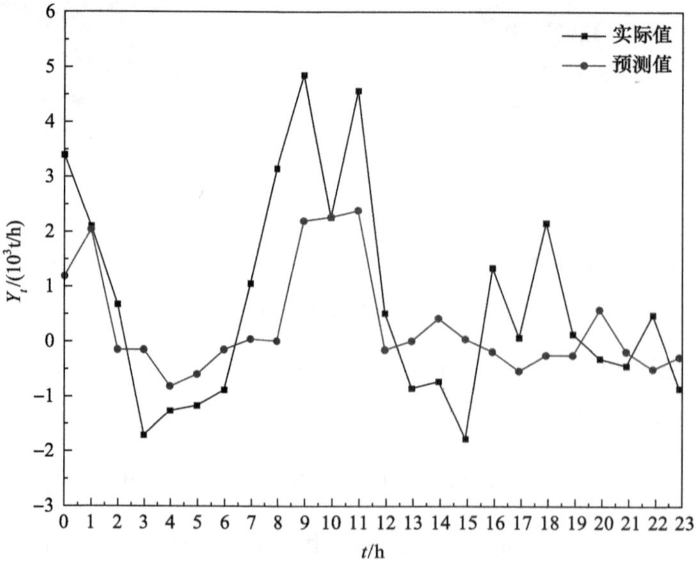

图 4.8　预测残差混沌预测值与残差实际值的比较(次日)

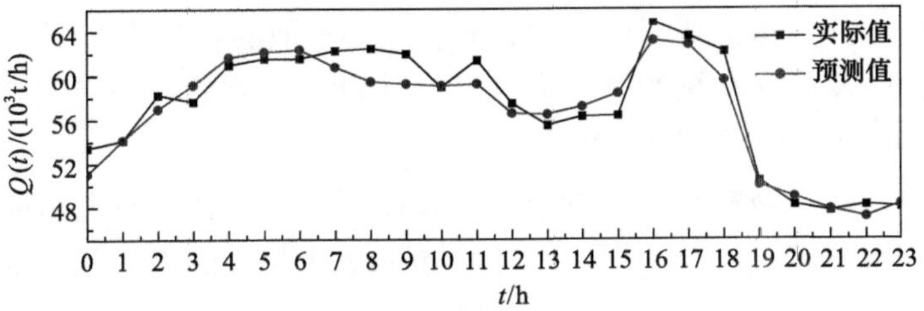

图 4.9　时用水量预测值与实际值的比较(次日)

水量相比较，预测最大相对误差为 4.83%，相对平均误差为 1.88%。得出的预测误差结果与文献[3]最终结果相近。但两者意义不同，文献[3]得到的是拟合误差，本节为实际预测误差。相比之下，衡量一种预测模型是否有效，实际预测误差更具有实际意义。

预测残差最大 Lyapunov 指数的计算结果表明，非白噪声的时用水量预测残差序列演化具有混沌特性，其演化轨迹是发散的。同时也说明，时用水量预测残差序列中除了通常认为的周期性、趋势性及随机扰动性，还存在较为明显的混沌特性，正是混沌的存在使得城市时用水量较难进行长期准确的预测。对于本节的时用水量预测残差序列，残差序列的最大预测时间尺度为 4.08 天。

4.2　供水管网优化调度

现有主流调度理论以供水管网质量守恒方程与能量守恒方程为前提，以最不利点的最小压力需求为约束，以泵、阀运行状态为决策变量，依托现代优化技术，从所有可能的调度方案中选定合理、可靠、经济的运行调度方案，以获得良好的经济效益和社会效益。以遗传算法为代表的进化算法广泛应用于模型的求解。进化算法的主要优点是使用简单，全局搜索策略有利于找到优质解。然而，进化算法内在的随机搜索策略使其在处理实际工程问题时表现不稳定。此外，进化算法在处理大规模优化问题时可能找不到可行解或者与最优解偏离过大，限制了其在实际工程中的应用。针对上述问题，本节提出基于混合整数线性规划(mixed integer linear programming, MILP)的供水管网优化调度方法。该方法表现稳定，且能够给出当前解与最优解的偏离程度，这对于调度模型的实际应用具有重要意义。

4.2.1　供水管网优化调度模型

供水管网由节点、管段和相关的水力组件构成。从数学模型角度出发，可以将供水管网理解为一个由节点 $\mathcal{N}$ 和管段 $\mathcal{A}$ 组成的有向图 $G\langle\mathcal{N},\mathcal{A}\rangle$ 。$\mathcal{N}$ 代表供水管网中所有节点，包括需水节点集合 $\mathcal{J}$ 、水厂节点集合 $\mathcal{R}$ 和水池节点集合 $\mathcal{K}$ 。$\mathcal{A}$

代表所有管段，其中包括普通管道集合 $\mathcal{L}$、连接水池的管道集合 $\mathcal{Z}$、包含阀门的管道集合 $\mathcal{V}$，以及包含水泵的管道集合 $\mathcal{P}$。由此，供水管网节点集合为 $\mathcal{N}=\{\mathcal{J},\mathcal{R},\mathcal{K}\}$，管段集合 $\mathcal{A}=\{\mathcal{L},\mathcal{Z},\mathcal{V},\mathcal{P}\}$。

模型参数和变量被赋予对应的节点与管段属性，并在其右上角标记其属性，基于属性分配给不同的集合。例如，对于与管段 $\mathcal{A}$ 相关的参数和变量有管道摩擦阻力向量 U^a 和管道允许最大流量向量 $\overline{Q}^a$；对于与节点 $\mathcal{N}$ 相关的参数和变量有节点高程向量 E^n、节点最大和最小允许水头向量 $\overline{P}^n$ 和 $\underline{P}^n$、水池底面积向量 S^k、水池初始水位向量 L^k、t 时刻节点 j 需水量向量 D_t^j，以及 t 时刻水源 r 水头向量 H_t^r。

为建立一个简洁的调度模型，进行以下合理假设：①整个调度周期设置为 24h，单位时间步长 $\Delta T=1\text{h}$；②在一个 ΔT 内，水泵不能进行操作，不允许随意开闭；③除了含水泵、止回阀相关的管段，其他管段均为双向流动。基于这些假设，本节首先构建混合整数非线性规划(mixed integer nonlinear programming, MINLP)供水管网调度模型，并通过线性化技术获得 MILP 模型，然后对其进行求解。

1. 决策变量

本节构建的调度模型不直接调用 EPANET 进行水力分析，而是通过数学方程构建供水管网水力模拟方程组，这些方程组称为约束，包括等式约束与不等式约束，约束中的变量均为决策变量。

2. 目标函数

为了寻找最小运行能耗成本的方案，优化调度模型的目标函数可以表示为

$$\min\left\{\sum_{t=1}^{\mathrm{NT}}(q_t^p)^{\mathrm{T}}\operatorname{diag}(C^p)h_t^p\right\} \tag{4.18}$$

式中，$\operatorname{diag}(\cdot)$ 为对角化函数；NT 为调度周期时间；q_t^p 为在 t 时刻通过泵的流量；C^p 为综合成本因子(包含电价、效率等)；h_t^p 为水泵扬程水头。式(4.18)计算所有水泵供给的流量和对应扬程水头的能耗，并以式(4.19)～式(4.33)为约束，从而确保模型的合理性。

3. 约束条件

1)水力约束

水力约束是供水管网运行的基本规律，包括质量守恒定律和能量守恒定律。

约束条件式(4.19)是质量守恒方程或连续性方程，表明流经管段 i 、 j 和管段 j 、 n 的流量之差等于 t 时刻节点 j 的需水量 D_t^j 。式(4.20)～式(4.23)是供水管网系统的能量守恒方程。约束条件式(4.20)可以确保普通管段和带有阀门的管段遵从能量守恒方程，连接点 i 处的水头 $(\varPsi_i^{\mathcal{AN}} p_t^i + \varPsi_i^{\mathcal{AN}} E^i)$ 与连接点 j 处的水头 $(\varPsi_j^{\mathcal{AN}} p_t^j + \varPsi_j^{\mathcal{AN}} E^j)$ 势能之差等于管段 $(i、j)$ 的水头损失 (h_t^a) 。约束条件式(4.21)确保了止回阀和水池相连管段的水流向应是单向流动的。水泵开启时，约束条件式(4.22)将二进制变量 s_t^p 作为水泵开关来保证通过水泵的流量与压力满足水泵特性曲线约束。同理，约束条件式(4.23)引入二进制变量 s_t^a 来控制阀门管段和水池连接管段的压力守恒。

$$\varLambda_{ij}^{\mathcal{NA}} q_t^a - \varLambda_{jn}^{\mathcal{NA}} q_t^a = D_t^j, \quad i,j,n \in \mathcal{N}, \quad \forall t \tag{4.19}$$

$$(\varPsi_i^{\mathcal{AN}} p_t^i + \varPsi_i^{\mathcal{AN}} E^i) - (\varPsi_j^{\mathcal{AN}} p_t^j + \varPsi_j^{\mathcal{AN}} E^j) - h_t^a = 0, \quad a \in \mathcal{L},\mathcal{V}, \quad i,j \in \mathcal{N}, \quad \forall t \tag{4.20}$$

$$(\varPsi_i^{\mathcal{AN}} p_t^a + \varPsi_i^{\mathcal{AN}} E^i) - (\varPsi_j^{\mathcal{AN}} p_t^a + \varPsi_j^{\mathcal{AN}} E^j) - h_t^a \leqslant 0, \quad a \in \mathcal{Z},\mathcal{V}, \quad i \in \mathcal{K}, \quad \forall t \tag{4.21}$$

$$s_t^p \odot [(\varPsi_i^{\mathcal{AN}} p_t^i + \varPsi_i^{\mathcal{AN}} E^i) - (\varPsi_j^{\mathcal{AN}} p_t^j + \varPsi_j^{\mathcal{AN}} E^j) + h_t^p] = 0, \quad i,j \in \mathcal{N}, \quad \forall t \tag{4.22}$$

$$s_t^a \odot [(\varPsi_i^{\mathcal{AN}} p_t^i + \varPsi_i^{\mathcal{AN}} E^i) - (\varPsi_j^{\mathcal{AN}} p_t^j + \varPsi_j^{\mathcal{AN}} E^j) - h_t^a] = 0, \quad a \in \mathcal{V},\mathcal{Z}, \quad i,j \in \mathcal{N}, \quad \forall t \tag{4.23}$$

式中，$\odot$ 为 Hadamard 乘积符号，表示对应矩阵乘子；s_t^p 为在 t 时刻泵开闭状态变量；h_t^p 为在 t 时刻水泵的扬程；$\varLambda_{ij}^{\mathcal{NA}}$ 为节点 i、j 与相应管段 i、j 的节点-管段关联矩阵；类似地，$\varPsi_i^{\mathcal{AN}}$ 和 $\varPsi_j^{\mathcal{AN}}$ 都是管段 i、j 与对应的节点 i 和节点 j 相关联的管段-节点关联矩阵(i 和 j 分别为对应有向管段的前节点和后节点)。

2)流量与压力约束

压力和流量过高或过低都会对供水管网造成一定的危害。约束条件式(4.24)可以确保每根管段流量 q_t^a 不超过最大流量 $\bar{Q}_t$ ，约束条件式(4.25)可以确保每个节点压力水头的最大值和最小值，约束条件式(4.26)表示水源点的压力随水位 H_t^r 的变化：

$$q_t^a \leqslant \bar{Q}_t, \quad a \in \mathcal{A}, \quad \forall t \tag{4.24}$$

$$\underline{P}^n \leqslant p_t^n \leqslant \bar{P}^n, \quad n \in \mathcal{N}, \quad \forall t \tag{4.25}$$

$$p_t^n = H_t^r, \quad n \in \mathcal{R}, \quad \forall t \tag{4.26}$$

3) 水泵特性曲线约束

水泵为整个供水管网提供能量来源。约束条件式(4.27)显示了变速泵的特性曲线，该曲线是水泵流量 q_t^p 和水泵转速 ξ_t^p 的函数：

$$h_t^p = (\xi_t^p)^2 \odot \{c_1 1^p - c_2[(1^p \oslash \xi_t^p) \odot q_t^p]^{c_3}\}, \quad \forall t \tag{4.27}$$

式中，$\oslash$ 为 Hadamard 除法符号，表示对应矩阵除子；c_1、c_2 和 c_3 为水泵的特征系数因子；1^p 为一个 $p \times 1$ 的向量。约束条件式(4.27)是双变量函数，其中水泵转速 ξ_t^p 和水泵流量 q_t^p 用于计算变速泵扬程水头。当 ξ_t^p 为常数时，约束条件式(4.27)成为描述定速泵扬程水头的单变量函数。

4) 水池约束

水池有两个作用：一个是调蓄功能；另一个是维持调度期内水池的用水量和蓄水量平衡。式(4.28)～式(4.30)描述了水池的流量平衡方程和压力平衡方程。水池约束可以确保供水管网运行过程中水池在调度周期内实现质量守恒。考虑到水池水位的波动变化，研究假设水池在每个时间步长内都是准稳态的，因此可以利用积分的方法来描述水池的水位与进水、出水的关系。水池是无压力组件，因此水池 k 在时间 t 时的压力值就等于水位值 p_t^k。在约束条件式(4.28)中，水池 k 的底部面积(S^k)与时间 t 和时间 $t-1$ 之间水位差的乘积应等于时间步长内流入水池和流出水池之间流量差值的积分。

水池 k 的初始水位设置为 L^k，用于确定供水管网的初始状态。如约束条件式(4.29)所示，在经过一个完整的调度周期后，水池最后时刻的水位应不低于初始水位，使得供水管网能够可持续地运行和调度。

$$S^k \odot (p_t^k - p_{t-1}^k) = 3.6(\Lambda_{ik}^{\mathcal{NA}} q_{t-1}^a - \Lambda_{kj}^{\mathcal{NA}} q_{t-1}^a), \quad a \in \mathcal{Z}, \quad i,j \in \mathcal{N}, \quad k \in \mathcal{K}, \quad t \in [2, \mathrm{NT}] \tag{4.28}$$

$$S^k \odot (p_{t=1}^k - p_{t=\mathrm{NT}}^k) \leqslant 3.6(\Lambda_{ik}^{\mathcal{NA}} q_{t-1}^a - \Lambda_{kj}^{\mathcal{NA}} q_{t-1}^a), \quad a \in \mathcal{Z}, \quad i,j \in \mathcal{N}, \quad k \in \mathcal{K}, \quad \forall t \tag{4.29}$$

$$p_{t=1}^k = L^k, \quad k \in \mathcal{K}, \quad \forall t \tag{4.30}$$

5) 水头损失约束

由于摩擦阻力，自来水流经管段会消耗能量，从而导致节点的水头下降。流体摩擦带来的水头损失由 Hazen-Williams 方程(4.31)描述。该方程考虑了管道的直径和长度、流量和摩擦系数。如约束条件式(4.31)所示，水头损失 h_t^a 与流量 q_t^a 的 1.852 次方成比例，$\Pi(\cdot)$ 是单位符号函数，表示流体流向，diag(·) 是对角线矩阵函数，$U^a = \dfrac{10.67Q^{1.852}L}{C^{1.852}d^{4.87}}$ 是由管道摩擦系数、管道直径和管道长度计算的管道摩擦因子。

$$h_t^a = \mathrm{diag}(U^a)\Pi(q_t^a)\left|q_t^a\right|^{1.852}, \quad a \in \mathcal{L}, \mathcal{Z}, \mathcal{V}, \quad \forall t \tag{4.31}$$

6) 水泵启闭约束

频繁地开闭水泵将增加维护成本，因此需要对水泵的操作进行管理。式(4.32)和式(4.33)通过引入二进制变量 m_t^p 来描述 t 时刻水泵的状态切换，限制最大的开闭次数为 M。不等式约束条件式(4.32)描述了水泵的开关在两个相邻时刻的状态变化。一旦泵的状态发生切换，$m_t^p = 1$，否则 $m_t^p = 0$。约束条件式(4.33)表示限制每台水泵调度周期内最大的开闭次数。

$$m_t^p + s_{t-1}^p \geqslant s_t^p, \quad \forall t \tag{4.32}$$

$$\sum_{t=1}^{\mathrm{NT}} m_t^p \leqslant M \tag{4.33}$$

4.2.2　模型线性化与求解方法

上述优化调度模型是一个 MINLP 问题。非线性项主要是目标函数(4.18)、水泵特性曲线函数(4.27)、水头损失函数(4.31)及其他二次约束条件式(4.22)和式(4.23)。本节采用如下线性化方法将上述 MINLP 调度模型转化为 MILP 调度模型。

1. 双变量函数线性化

对于变速泵，约束条件式(4.27)是一个双变量函数，由水泵转速 ξ_t^p 和水泵流量 q_t^p 来计算水泵扬程水头 h_t^p。一般来说，目前对双变量函数进行分段线性近似主要有三种方法，即一维线性方法、三角形方法和矩形方法[12]。在这三种方法中，三角形方法具有更贴合的近似值和更小的平均误差优势。如图 4.10(a)所示，三角形方法主要思路是将双变量函数划分为若干个矩形，通过连接每个矩形对应的左下顶点和右上顶点，可以将每个矩形分为两个三角形；然后遍历所有三角形，找到包含近似点的三角形；最后使用凸组合方法获得近似函数值[13-16]。然而，三角形方法的遍历策略会引入大量的二进制辅助变量。

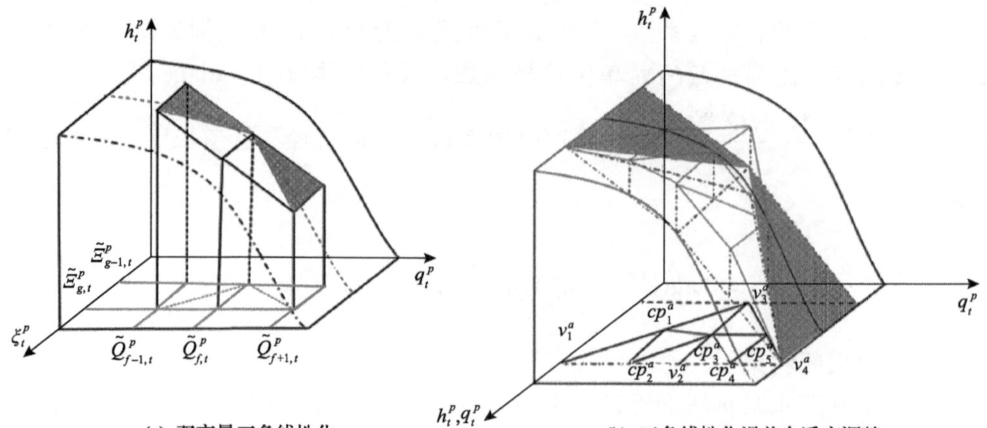

(a) 双变量三角线性化　　　　(b) 三角线性化误差自适应调整

图 4.10　双变量函数的线性化三角化方法几何示意图

为了解决这个问题，提出一种新的三角形方法来线性化双变量函数，从而减少二进制辅助变量的数量。对于二维空间的 $[\underline{q}_t^p,\overline{q}_t^p]\times[\underline{\xi}_t^p,\overline{\xi}_t^p]$ 上的双变量函数 h_t^p，该方法使用 $F+1$ 和 $G+1$ 个分断点 $\tilde{Q}^p_{f,t}$ 和 $\tilde{\Xi}^p_{g,t}(f=0,1,\cdots,F;g=0,1,\cdots,G)$ 来划分坐标轴，并且使得 $\underline{q}_t^p=\tilde{Q}^p_{0,t}\leqslant\tilde{Q}^p_{1,t},\cdots,\leqslant\tilde{Q}^p_{f,t}=\overline{q}_t^p$ 和 $\underline{\xi}_t^p=\tilde{\Xi}^p_{0,t}\leqslant\tilde{\Xi}^p_{1,t},\cdots,\leqslant\tilde{\Xi}^p_{g,t}=\overline{\xi}_t^p$。对于 $[\underline{q}_t^p,\overline{q}_t^p]\times[\underline{\xi}_t^p,\overline{\xi}_t^p]$ 上任意给定的点 (q_t^p,ξ_t^p)，先确定包含该点的矩形(矩形由两个三角形组成)，再确定矩形中包含该点的三角形。引入若干连续变量 $\gamma_{f,g}\in[0,1]$，(q_t^p,ξ_t^p) 可以表示为在可行域 $[\underline{q}_t^p,\overline{q}_t^p]\times[\underline{\xi}_t^p,\overline{\xi}_t^p]$ 中，包含该点的三角形对应顶点的凸组合形式。非线性的变速泵特性曲线二元函数如式(4.34)所示：

$$h_t^p=(\xi_t^p)^2\odot\{c_1 1^p-c_2[(1^p\oslash\xi_t^p)\odot q_t^p]^{c_3}\},\quad\forall t \tag{4.34}$$

函数线性化需满足式(4.35)～式(4.46)的线性约束：

$$q_t^p=\sum_{f=0}^{F}\sum_{g=0}^{G}\gamma_{f,g}\tilde{Q}^p_{f,t},\quad\forall t \tag{4.35}$$

$$\xi_t^p=\sum_{f=0}^{F}\sum_{g=0}^{G}\gamma_{f,g}\tilde{\Xi}^p_{g,t},\quad\forall t \tag{4.36}$$

$$\sum_{f=0}^{F}\sum_{g=0}^{G}\gamma_{f,g}=1 \tag{4.37}$$

$$0\leqslant\gamma_{f,g}\leqslant 1 \tag{4.38}$$

$$\sum_{f=1}^{F}\psi_f = 1 \tag{4.39}$$

$$\sum_{g=1}^{G}\Phi_g = 1 \tag{4.40}$$

$$\sum_{f=1}^{F+1}\gamma_{f-1,g} \leqslant \psi_{f-1} + \psi_f, \quad f = 1,2,\cdots,F+1 \tag{4.41}$$

$$\sum_{g=1}^{G+1}\gamma_{f,g-1} \leqslant \Phi_{g-1} + \Phi_g, \quad g = 1,2,\cdots,G+1 \tag{4.42}$$

$$\sum_{i=0}^{\frac{|F|}{2}}\gamma_{f,g} \leqslant \mathrm{Tr}, \quad f = 2i, \quad g = 2i+1 \tag{4.43}$$

$$\sum_{j=0}^{\frac{|G|}{2}}\gamma_{f,g} \leqslant 1-\mathrm{Tr}, \quad f = 2j+1, \quad g = 2j \tag{4.44}$$

$$\psi_0 = \psi_{f+1} = 0 \tag{4.45}$$

$$\Phi_0 = \Phi_{g+1} = 0 \tag{4.46}$$

式中，ψ_f 和 Φ_g 分别为关于 q 和关于 ξ 的线性化二进制变量。

如图 4.10(a)所示，双变量函数的可行域可以由断点划分为若干个三角形，并将四个相同大小的三角形（灰色和白色）组合成一对矩形，其中顶点定义为 $(\tilde{Q}^p_{f-1,t},\tilde{\Xi}^p_{g,t})$ 、 $(\tilde{Q}^p_{f-1,t},\tilde{\Xi}^p_{g-1,t})$ 、 $(\tilde{Q}^p_{f,t},\tilde{\Xi}^p_{g,t})$ 、 $(\tilde{Q}^p_{f,t},\tilde{\Xi}^p_{g-1,t})$ 、 $(\tilde{Q}^p_{f+1,t},\tilde{\Xi}^p_{g,t})$ 、 $(\tilde{Q}^p_{f+1,t},\tilde{\Xi}^p_{g-1,t})$ 。在式(4.35)和式(4.36)中，位于其中的任意点 (q^p_t,ξ^p_t) 可由顶点的凸组合形式近似得到，其中引入的连续变量 $\gamma_{f,g}$ 是关联顶点凸组合的权重。式(4.37)和式(4.38)意味着变量 $\gamma_{f,g}\in[0,1]$，并且线性权重之和 $\sum\gamma_{f,g}$ 等于 1。二进制变量 ψ_f 和 Φ_g 用来表示矩形的选择，式(4.39)和式(4.40)迫使只有一个矩形可以被选择。二进制变量 Tr 用来抉择所选矩形中的三角形。式(4.43)和式(4.44)使用二分策略从矩形中选择包含点 (q^p_t,ξ^p_t) 的三角形，迫使只能选择深色或浅色三角形中的一个。式(4.41)和式(4.42)可以确保选择的三角形相关联顶点的权重 $\gamma_{f,g}$ 不为零。式(4.45)和式(4.46)是变量的边界条件。上述约束条件结合在一起，实现双变量函数的线性近似。如图 4.10(b)所示，通过引入若干连续变量 $\gamma_{f,g}$ ，使用三角形顶点的凸组合形式来近似函数值 $\tilde{H}^p_t$ ，写为约束条件式(4.34)。

上述方法使用了凸组合形式来获得近似函数值。至此，虽然凸组合模型很受欢迎，但是可行域上采用不同的剖解方法，致使所建立的数学模型也不同，引入的二进制变量、连续变量和约束的数量也不同。见表 4.3，在 Oikonomou 等[15]文献中，现有方法引入的二进制变量和约束的数量分别为 $2F \cdot G$ 和 $(F+1)\cdot(G+1)+4$，而本节提出的方法将二进制变量和约束的数量分别减少到 $F+G+1$ 和 $F+G+9$。

表 4.3 线性化的变量和约束规模

项目	双变量函数		单变量函数	二次约束
	Oikonomou 等[15]方法	本节提出的方法		
二进制变量	$2F \cdot G$	$F+G+1$	$O-1$	0
连续变量	$(F+1)\cdot(G+1)$	$(F+1)\cdot(G+1)$	O	1
约束	$(F+1)\cdot(G+1)+4$	$F+G+9$	$O+3$	4

2. 单变量函数线性化

Hazen-Williams 水头损失方程(4.31)是一个单变量函数。在这项研究中，本节同样使用凸组合方法对单变量函数进行分段逼近[16]。在水头损失函数 $h_t^a = U^a \Pi(q_t^a)\left|q_t^a\right|^{1.852}$ 中，在可行域 $[\underline{q}_t^a, \overline{q}_t^a]$ 内，引入若干 $\hat{Q}_{o,t}^a (o=1,2,\cdots,O)$ 分断点，使得 $\underline{q}_t^a = \hat{Q}_{1,t}^a \leqslant,\cdots,\leqslant \hat{Q}_{O,t}^a = \overline{q}_t^a$，其中，$\underline{q}_t^a$ 和 $\overline{q}_t^a$ 分别为下界和上界。如图 4.11 所示，每个断点 $\hat{Q}_{o,t}^a$ 关联对应的加权变量 $\lambda_{o,t}^a \in [0,1]$，而二进制变量 $b_{o,t}^a$ 用于选择第 o_{th} 个区间 $[\hat{Q}_{o,t}^a, \hat{Q}_{o+1,t}^a]$ 是否包含给定点 q_t^a。单变量函数线性化如式(4.47)～式(4.52)所示：

$$\hat{H}_{o,t}^a = U^a \Pi(\hat{Q}_{o,t}^a)\left|\hat{Q}_{o,t}^a\right|^{1.852}, \quad \forall t \tag{4.47}$$

$$q_t^a = \sum_{o=1}^{O} \lambda_{o,t}^a \hat{Q}_{o,t}^a, \quad \forall t \tag{4.48}$$

$$\sum_{o=1}^{O} \lambda_{o,t}^a = 1, \quad a \in \mathcal{P}, \quad \forall t \tag{4.49}$$

$$\lambda_{o,t}^a \leqslant b_{o-1,t}^a + b_{o,t}^a, \quad a \in \mathcal{P}, \quad o = 1,2,\cdots,|O|-1, \quad \forall t \tag{4.50}$$

$$\lambda_{o,t}^a \geqslant 0, \quad a \in \mathcal{P}, \quad o = 1,2,\cdots,|O|, \quad \forall t \tag{4.51}$$

$$\sum_{o=1}^{|O|-1} b_{o,t}^a = 1, \quad a \in \mathcal{P}, \quad \forall t \tag{4.52}$$

式中，$b_{o,t}^a$ 为线性选择的二进制变量，若选择了第 o_{th} 个线性段，则 $b_{o,t}^a=1$，否则 $b_{o,t}^a=0$；连续变量 $\lambda_{o,t}^a$ 为所选线段对应顶点的权重。

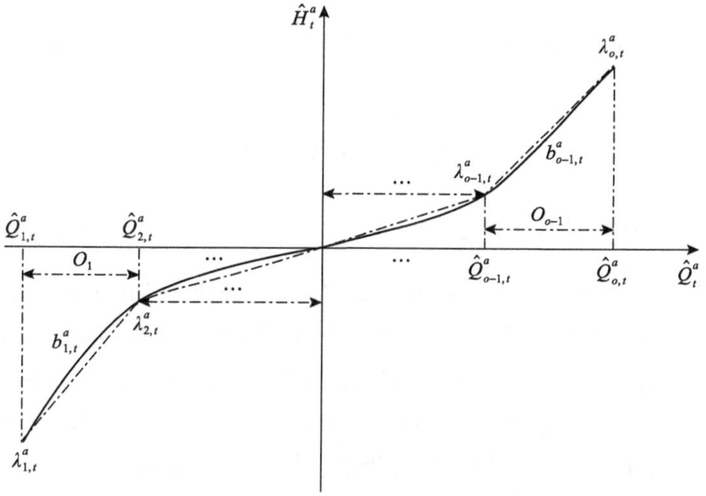

图 4.11　单变量函数分段线性

式(4.49)和式(4.51)意味着连续变量 $\lambda_{o,t}^a\in[0,1]$，并且线性权重之和 $\sum_{o=1}^{O}\lambda_{o,t}^a$ 等于 1。约束条件式(4.50)使得没被选择的断点线性权重 $\lambda_{o,t}^a$ 为零。约束条件式(4.52)表示存在一个 $b_{o,t}^a$ 取值为 1，其余均为零，这表明只能选择一个线性段。结合式(4.49)和式(4.50)，迫使至多只有相邻的 $\lambda_{o-1,t}^a$ 和 $\lambda_{o,t}^a$ 不为零。最后，约束条件式(4.48)使得点 q_t^p 可以通过由 $\lambda_{o,t}^a$ 加权的顶点的凸组合来近似 h_t^a 的函数值。

此外，定速泵(当 ξ_t^p 为常数时)的目标函数(4.18)和约束条件式(4.27)可以类似地单变量函数线性化，变速泵(当 ξ_t^p 为变量时)的目标函数(4.18)和约束条件式(4.27)可以采用双变量函数线性化方法。

式(4.22)和式(4.23)是非线性的，本质上是二进制变量与连续变量的乘积，通过引入新的连续变量 z_t^a 可对乘积进行线性化。等式(4.53)设 z_t^a 表示为二进制变量 s_t^a 与连续变量 $(\varPsi_i^{\mathcal{AN}}p_t^i+\varPsi_i^{\mathcal{AN}}E^i)-(\varPsi_j^{\mathcal{AN}}p_t^j+\varPsi_j^{\mathcal{AN}}E^j)+h_t^a$ 的乘积，$[0,B]$ 是连续变量的边界。因此，二次约束可以被四个不等式约束条件式(4.54)～式(4.57)线性化。下面给出了约束条件式(4.22)的线性化过程，同理约束条件式(4.23)可以类似地进行线性化。

$$z_t^a=s_t^a\odot[(\varPsi_i^{\mathcal{AN}}p_t^i+\varPsi_i^{\mathcal{AN}}E^i)-(\varPsi_j^{\mathcal{AN}}p_t^j+\varPsi_j^{\mathcal{AN}}E^j)+h_t^a],\quad a\in\mathcal{P},\quad \forall t \tag{4.53}$$

$$z_t^a \leqslant Bs_t^a, \quad a \in \mathcal{P}, \quad \forall t \tag{4.54}$$

$$z_t^a \leqslant (\Psi_i^{\mathcal{AN}} p_t^i + \Psi_i^{\mathcal{AN}} E^i) - (\Psi_j^{\mathcal{AN}} p_t^j + \Psi_j^{\mathcal{AN}} E^j) + h_t^a, \quad a \in \mathcal{P}, \quad \forall t \tag{4.55}$$

$$z_t^a \geqslant [(\Psi_i^{\mathcal{AN}} p_t^i + \Psi_i^{\mathcal{AN}} E^i) - (\Psi_j^{\mathcal{AN}} p_t^j + \Psi_j^{\mathcal{AN}} E^j) + h_t^a] - B(1 - s_t^a), \quad a \in \mathcal{P}, \quad \forall t \tag{4.56}$$

$$z_t^a \geqslant 0, \quad a \in \mathcal{P}, \quad \forall t \tag{4.57}$$

3. 断点系统设置和偏差定义

在线性近似过程中，从原来的 MINLP 模型松弛成为 MILP 模型，将不可避免地产生偏差。这些偏差需要受到限制，否则松弛的 MILP 模型可能无法满足 MINLP 模型的约束。根据 Geißler 等[17]的文献，h_t^p 从分段线性方程到原始非线性方程的垂直距离定义为线性化偏差。因此，可以计算每部分的线性化偏差，使得最大偏差应在可接受的偏差 ε 内。以水头损失公式为例，如图 4.11 所示，每个分段的偏差定义为 $d_{o,t}^a = \left| h_t^a - \hat{H}_{o,t}^a(\hat{Q}_{o,t}^a) \right|$。为了评估这个偏差，根据泰勒级数展开的拉格朗日余数得到 $\left| \mathrm{Rn}(q_t^a) \right| = \frac{1}{2} |h''| \left| q_t^a - \hat{Q}_{o-1,t}^a \right| \left| \hat{Q}_{o,t}^a - q_t^a \right|$。设分段区间 $i_{o,t}^a = \max \left| \hat{Q}_{o,t}^a - \hat{Q}_{o-1,t}^a \right|$，区间内最大导数为 $\Omega = \max h''(\eta), \hat{Q}_{o-1,t}^a \leqslant \eta \leqslant \hat{Q}_{o,t}^a$。可以推导最大偏差为 $d_{o-1,t}^a \leqslant \frac{1}{8} \Omega (i_{o,t}^a)^2$。随后，根据 $d_{o-1,t}^a$ 偏差以及上一个断点位置来定义下一个断点位置，使得每部分的最大偏差均在可接受的偏差 ε 内，最终得到分段线性系统的断点集。

本节提出一种策略，可以根据预定义的可接受偏差 ε 自适应地调整分段线性化断点的数量和位置。如果每个分段的偏差 $\left| d_{o,t}^a \right| \leqslant \varepsilon$，将接受这个断点系统；否则，将在 $\left| d_{o,t}^a \right| > \varepsilon$ 的 o_{th} 区间中添加一个新的断点，然后重新排列所有断点位置。同理，双变量函数的线性偏差也可以根据拉格朗日余数计算 $\left| d_{f,g,t}^p \right| \leqslant \frac{1}{8} \left[(i_{f,t}^p)^2 \frac{\partial^2}{\partial (q_t^p)^2} + (i_{g,t}^p)^2 \frac{\partial^2}{\partial (\xi_t^p)^2} \right] h_t^a (\eta_t^p, \zeta_t^p)$，其中，$\eta_t^p$ 为 q_t^p 的分割点，ζ_t^p 为 ξ_t^p 的分割点。例如，如图 4.10(b)所示，如果某部分线段不能满足 $d_{f,g,t}^p \leqslant \varepsilon$，将使用分割法来细分三角形 $\mathcal{F}_n$ 以获得更小的三角形。具体来说，对于给定三角形 $\mathcal{F}_n[v_1, v_2, v_3]$，在每条边的中点处引入一个点 cp_i，如 $\mathrm{cp}_1 = \frac{v_1 + v_2}{2}$，$\mathrm{cp}_2 = \frac{v_2 + v_3}{2}$，$\mathrm{cp}_3 = \frac{v_1 + v_3}{2}$，使得三角形 $\mathcal{F}_n$ 分成四个小三角形，如 $\tilde{\mathcal{F}}_1 = [v_1, \mathrm{cp}_1, \mathrm{cp}_3]$，$\tilde{\mathcal{F}}_2 = [v_2, \mathrm{cp}_1, \mathrm{cp}_2]$，$\tilde{\mathcal{F}}_3 =$

$[v_3, \mathrm{cp}_2, \mathrm{cp}_3]$，$\tilde{\mathcal{F}}_4 = [v_1, \mathrm{cp}_2, \mathrm{cp}_3]$。一旦所有被分割的三角形 $\mathcal{F}_n$ 都满足 $d_{f,g,t}^{p} \leqslant \varepsilon$，就停止分割[18]。最后，将线性化模型的仿真结果与 EPANET 的仿真结果进行比较。供水管网是压力驱动的水力模型，因此这里更多地关注节点压力。第 n_{th} 个节点的平均压力偏差比率由式(4.58)计算：

$$\overline{\mathrm{dev}}_{t,n} = \frac{1}{|T|}\sum_{t\in T}\frac{p_t^n - p_t^{n'}}{p_t^{n'}} \tag{4.58}$$

式中，$\overline{\mathrm{dev}}_{t,n}$ 为第 n_{th} 个节点的平均压力偏差比率；T 为时集合；$p_t^{n'}$ 为通过 EPANET 计算的节点压力；p_t^n 为 MILP 模型计算的节点压力。

4. 模型求解流程

如图 4.12 所示，首先基于供水管网水力学原理构建 MINLP 模型；然后基于设定的允许偏差 ε，在线性化过程中确定断点，进行分段线性化，形成 MILP

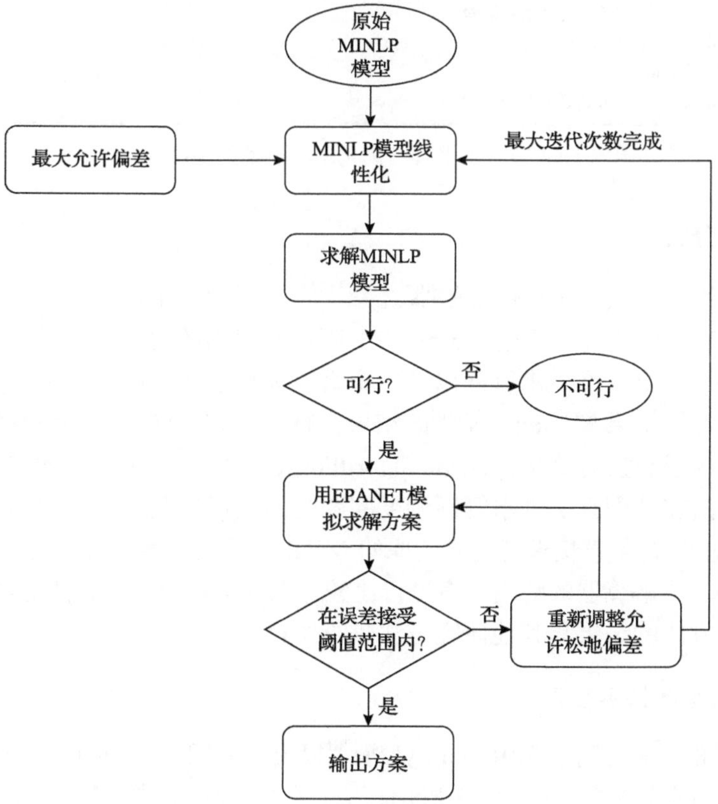

图 4.12　基于 MILP 的供水管网优化调度模型计算流程

模型；接着使用求解器 Gurobi 来求解 MILP 模型，并获得具有可接受精度的可行解；最后用 EPANET 来测试调度方案是否可行，若解决方案可行，则接受该方案。供水管网优化调度模型的伪代码如图 4.13 所示。

```
输入：设置最大允许偏差 ε 以及EPANET供水管网文件
输出：优化调度方案或模型不可行
repeat
  在允许偏差 ε 范围内对原始MINLP模型进行线性化，得到MILP调度模型
  求解MILP模型
  if MILP模型不可行then
    return “问题不可行”
    break
  else
    用EPANET模拟求解方案
    if 模拟的成本和偏差在松弛模型允许的误差范围内then
      return 求解的最优方案的变量
      break
    else
      缩减最大允许偏差 ε
    end
  end
until 最大允许迭代次数完成
```

图 4.13　供水管网优化调度模型的伪代码

4.2.3　案例分析

Gurobi 是最先进的全局求解器之一[19]，本节在 Intel®Xeon®CPU E5-2678 v3@2.50GHz 的计算机上使用 Gurobi 9.1 版本对提出的模型进行求解。本节提出的方法应用于两个基准供水管网以及一个真实大型供水管网。本节将两个基准供水管网上的计算结果与 Vieira 等[16]的结果进行了比较。同时，还将真实大型供水管网的计算结果与遗传算法(genetic algorithm, GA)的结果进行了比较，以评估本节提出的方法在处理真实供水管网调度问题时的表现。此外，使用 BARON 解算器(全局优化求解器)直接求解建立的原始 MINLP 问题。将解决方案的运行时间和质量与 BARON 解算器的解决方案进行比较，以评估本节提出方法的性能。表 4.4 将本节提出方法的结果与其他研究方法进行了比较。

1. 小型基准供水管网

小型基准供水管网最先由 van Zyl 等[20]提出，如图 4.14 所示，Mini 供水管网由 2 个需水节点、1 个水厂、1 个阀门、3 个水泵、16 个节点和 18 个管段组成。本案例将所有管段设置为双向流动，除了包含水泵、阀门的管段，目的是更好地

表 4.4　不同供水管网调度成本对比

供水管网	元启发式算法	MILP 模型	MINLP 模型	本节提出的方法
Mini 供水管网	£312（Marchi 等[21]）	£309.57（Vieira 等[16]）	£306.60	£306.88
Richmond Skeleton 供水管网	£118.58（Giacomello 等[22]）	£105.42（Vieira 等[16]）	£111.83	£100.05
HZ 供水管网	¥57441.16	—	—	¥51789.7

注：£表示英镑；¥表示人民币。

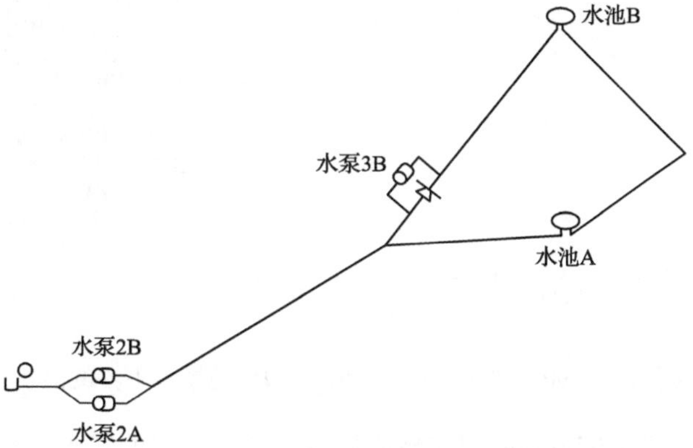

图 4.14　Mini 供水管网

维持水池水位波动。同时，设置线性化允许偏差 ε 为 1m。模型共有 1056 个二进制变量，将二进制变量松弛为线性规划，这构成了松弛模型的下界，即可能的理论全局最优值。

Mini 供水管网目标函数（objective function, OF）和松弛模型下界（lower bound, LB）的演化如图 4.15 所示。BARON 求解的 MINLP 模型在 22789s（OF ∞开闭次数限制 MINLP）计算的成本为£306.60。该方案可以视为全局最优解，因为与下界的差距已小于 1%。相比之下，本节提出方法在 160s 的成本为£306.88（OF ∞开闭次数限制）。而当计算到 28800s 时，目标函数和下界之间的差距减小到 17.2%，计算效率已大大提高。结果表明，在短时间内获得了出色的解决方案。值得注意的是，限制水泵的开闭次数可能对运行时间有影响，但在不限制开闭次数的情况下，优化调度目标函数并没有明显提升。在该供水管网模型中，水泵切换次数的限制并不会排除良好的调度方案。

2. 中型基准供水管网

Richmond Skeleton 供水管网是一个被广泛研究的中型基准供水管网[22]。该供水管网中 48 个节点包括 6 个水池和 1 个水源，51 个管段包括 7 个水泵和 8 个止回阀，

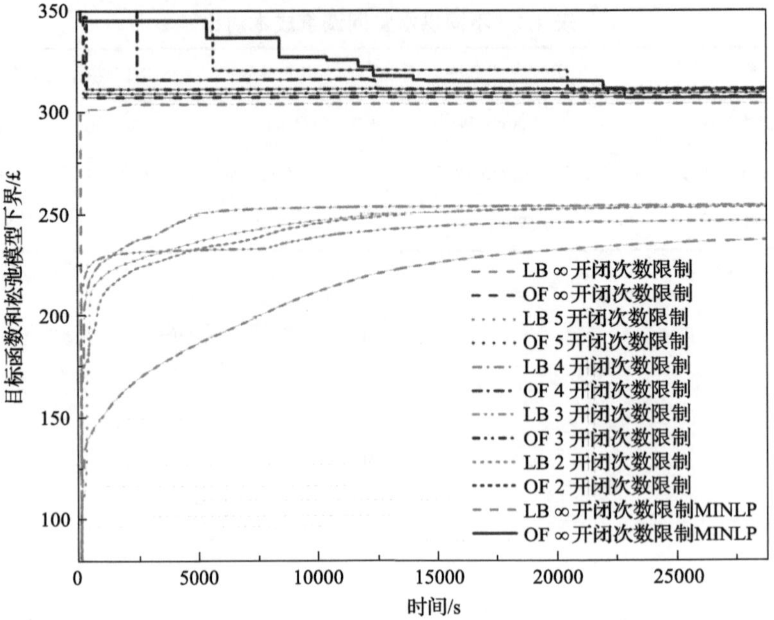

图 4.15　Mini 供水管网目标函数和松弛模型下界的演化

如图 4.16 所示。对于 Richmond Skeleton 供水管网，设置的线性偏差 ε 为 3m，MILP 模型共有 2208 个二进制变量。Richmond Skeleton 供水管网目标函数和松弛模型下界的演化如图 4.17 所示。结果显示，限制 3 次水泵开闭管理的模型计算收敛最快，耗时约 1329s，其成本为£100.5，与 Giacomello 等[22]的结果相比提高了 4.7%。限制 2 次水泵开闭管理的成本约为£109.48，限制约束使得需要更长的时间来寻找方案，下界为£70.08，目标函数和下界之间的差距约为£39.4。BARON 计算不限制(OF ∞开闭次数限制 BARON)的结果也如图 4.17 所示，MINLP 模型的函数目标为£111.83，计算时长 15000s，但是下界得到了明显提升，为£93.54，目标函数和下界之间的差距缩小了 16.3%。相比之下，在 15000s 时，使用本节提出方法的计算成本为£100.05，远优于 BARON 计算结果。相比于 Mini 供水管网案例，这

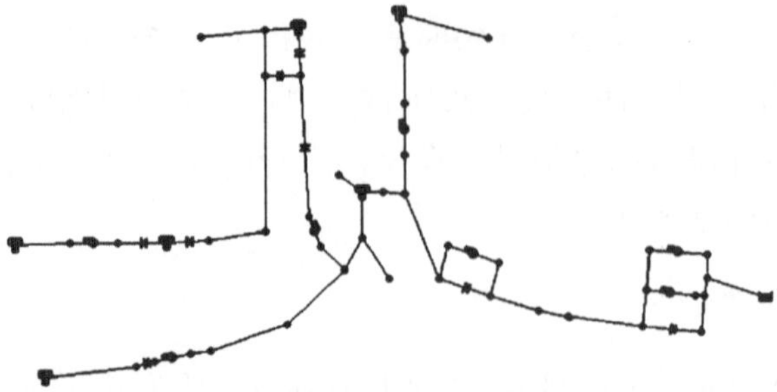

图 4.16　Richmond Skeleton 供水管网

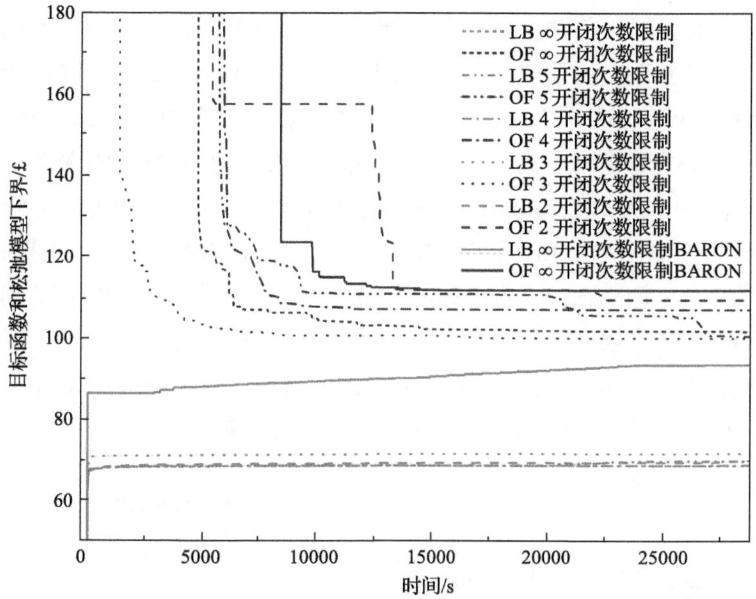

图 4.17　Richmond Skeleton 供水管网目标函数和松弛模型下界的演化

可能是因为 Richmond Skeleton 供水管网的规模比 Mini 供水管网更大，使得搜索空间更大。在处理大规模问题时，线性松弛是具有明显优势的。

3. 大型真实供水管网

如图 3.8 所示，HZ 供水管网由 4242 个节点、4841 根管道和 3 个水厂组成，包括 12 个定速泵和 7 个变速泵，日供水量约为 45 万 m^3，其最小节点服务水头不低于 20m。需水量模式和电力价格如图 4.18 所示。

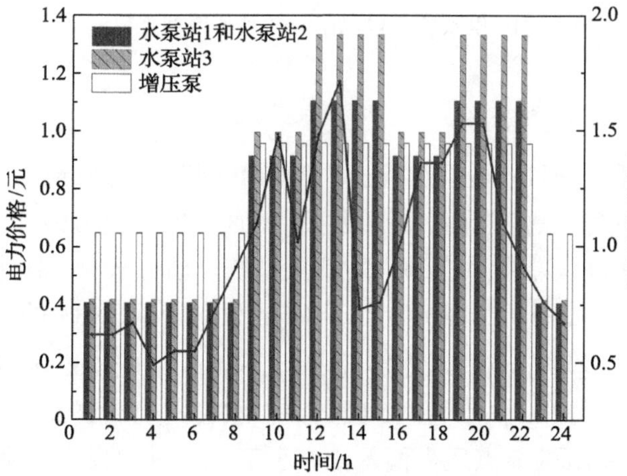

图 4.18　HZ 供水管网的需水量模式和电力价格

由于该供水管网比前两个案例的情况更复杂，初步设置线性偏差 ε 为 5m。因为大多数管段的水头损失曲线平滑，所以仅设置一个或两个断点可构建断点系统。最终 MILP 模型产生 9719 个二进制变量。为了保证计算的收敛性，考虑到供水管网规模很大以及供水管网中近一半的水泵为变速泵，水泵的开闭次数不设限制。计算结果如图 4.19 所示，28800s 的最佳能耗成本为 51789.7 元(OF∞开闭次数限制)，下界约为 47979 元(LB∞开闭次数限制)，目标函数与下界之间的差距缩小了 7.36%。值得注意的是，与遗传算法(GA∞开闭次数限制)调度方案相比，该方法寻找更好解的计算效率也得到了提高，节省了 9.83%的能源支出。但是，本节提出的方法需要约 1.1h 才能找到第一个可行的解决方案，而 BARON 求解器求解的 MINLP 模型在有限的时间内无法找到第一个可行解。

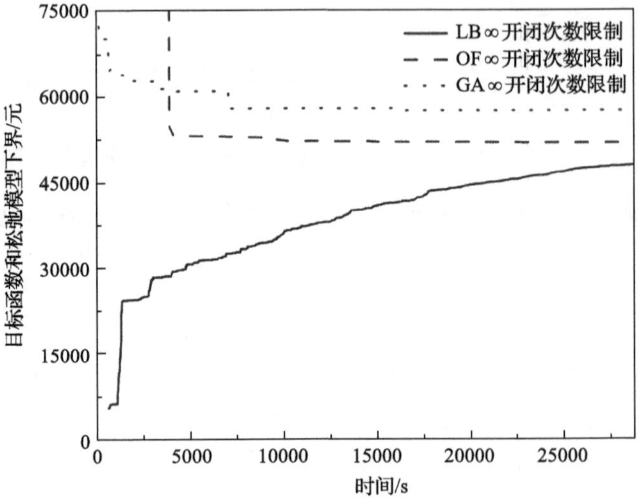

图 4.19 HZ 供水管网目标函数和松弛模型下界的演化

4. 模型计算误差分析

由上述案例可知，通过线性化方法将 MINLP 问题转化为 MILP 问题有助于解决供水管网优化调度问题。然而，还需要关注的是由线性近似引起的偏差。为此，引入一个可根据允许误差自适应调整的断点系统。通过式(4.58)计算节点压力偏差比率的累积概率。如图 4.20 所示，对于 Mini 供水管网，98%的节点压力偏差比率小于 5%，原因是这些节点的压力接近零($p_t^n < 0.1$)。Richmond Skeleton 供水管网的偏差结果略大于 Mini 供水管网，因为该供水管网规模更大，管段非线性函数曲线的曲率更大，98%的节点压力偏差比率小于 7%。在 HZ 供水管网中，有大量的管段非线性函数曲线非常平滑，有助于稳定节点压力，供水管网的平均节点压

力偏差为 0.75m H_2O，但依然不容忽视。定义较小的偏差会提高模型的准确性，但引入更多的二进制变量会导致求解难度上升。因此，适当的线性化应该在偏差和计算效率之间取得平衡，这值得进一步研究。在这三个案例中，目标函数和松弛模型下界之间仍然存在差值。当找到全局最优解时，理论上差值应该为零，这需要花费大量的时间。当目标函数求得一个可以接受的局部最优解时，可以停止这个计算过程。

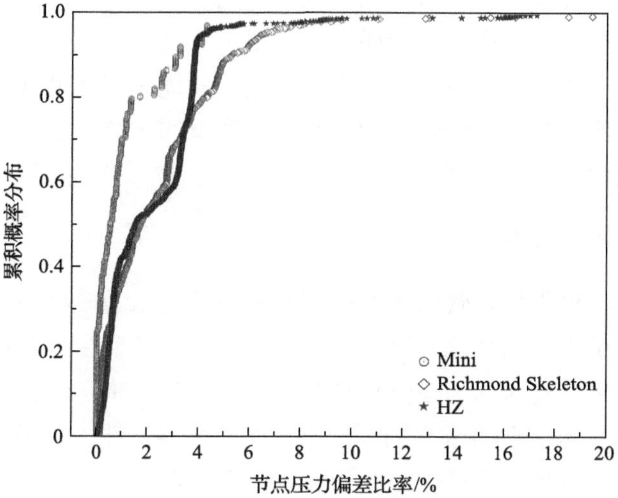

图 4.20　供水管网节点压力偏差比率和累积概率分布

5. 结论

基于上述案例分析可以发现，本节提出的供水管网优化调度求解技术，首先构建了供水管网优化调度的 MINLP 模型，然后基于提出的线性化技术转化为 MILP 模型，从而大幅度提升计算效率和解的质量。对于变速泵的双变量函数线性化，Oikonomou 等[15]采用的方法引入的二进制变量和约束的数量分别为 $2F \cdot G$ 和 $(F+1)\cdot(G+1)+4$。而本节提出的方法将引入的二进制变量和约束的数量减少到 $F+G+1$ 和 $F+G+9$，辅助变量数量随着断点数量的增加呈线性增加。本节还提出了自适应的分断点设置策略，通过设置最大可接受偏差和上一个断点位置来确定下一个断点位置，使得每部分的最大偏差均在可接受的偏差 ε 内，最终得到分段线性系统的断点集。该方法优化了分断点的布置，减少了断点数量，提升了求解的可靠性。通过三个案例研究表明，与其他算法相比，该方法更好地优化了目标函数并提升了计算效率。

4.3 供水管网区域泵站优化设计与调度

随着我国供水管理体制的改革，二次供水逐步转变为由供水企业管理，将建筑二次供水纳入供水管网调度将有效保障用水安全，实现节能降耗。饮用水从水厂经供水管网输配到用户龙头的过程中，会产生显著的能耗和漏损，其中能耗包括供水管网输配能耗和二次供水能耗。现有研究主要侧重于优化供水管网中的漏损与能耗，未考虑建筑二次供水能耗。本节提出一种涵盖水厂到二次供水的全流程水力模型建模方法，在此基础上建立泵站选址及优化调度模型。实际供水管网系统数值实验表明，与不考虑建筑管道水力学模型的传统方法进行比较，该方法在降低能耗和减少漏损方面更有效。

4.3.1 建筑管道水力模型

全流程水力模型由供水管网水力模型和建筑管道水力模型组成，将二者耦合在一起以实现对供水管网系统的模拟。供水管网水力模型在第 3 章已进行详细介绍，在此不再赘述。建筑水力模型包括各种组件，如管道、水箱、阀门和泵。该模型将供水管网水力模型的压力(节点压力)作为边界条件，将用水量作为输入，来模拟建筑的压力变化和能耗。

建筑的水力条件受位置、用户类型(住宅或商业)和供水方式(直接或间接)等因素的影响，其中供水方式是影响水力条件的关键问题。直接供水通常用于多层建筑，而高层建筑需要二次加压，如水箱和水泵，以提供额外的能量来输送供水。

1. 多层建筑

如图 4.21 所示，多层建筑所需的服务压力由供水管网压力提供，使用式(4.59)计算建筑的最小服务压力：

$$H_{j,\min} = Z + (n-1)f + z + s + h_{\mathrm{f}} \tag{4.59}$$

$$h_{\mathrm{f}} = h_{\mathrm{outdoor}} + h_{\mathrm{indoor}} + h_{\mathrm{flowmeter}} \tag{4.60}$$

式(4.59)和式(4.60)涉及地面标高 Z、楼层数 n、层高 f、用户水龙头高度 z、用户水龙头所需使用压力 s 等参数可通过现场调研等方式获取。从供水管网供水节点到用户水龙头的水头损失 h_{f} 包括室外水管水头损失 h_{outdoor}、室内水管水头损失 h_{indoor} 和水表水头损失 $h_{\mathrm{flowmeter}}$。

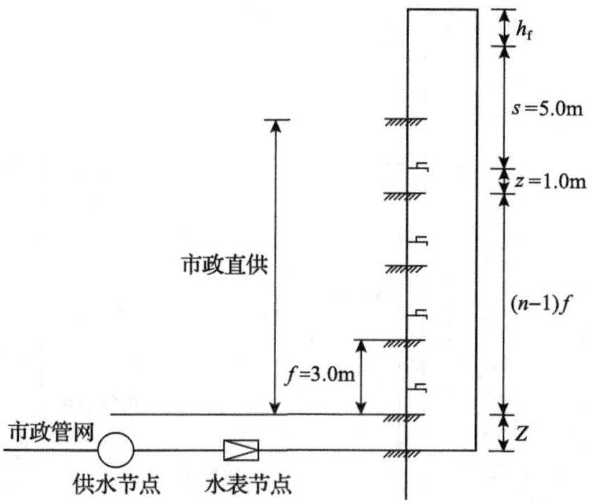

图 4.21　多层建筑供水方式示意图

2. 高层建筑

高层建筑有远超市政服务水压的压力需求，因此需进行二次供水，常见的二次供水方式见表 4.5，根据是否设置低位水箱与高位水箱，本节选取了四种最为常见的二次供水方式加以讨论。此外，考虑到高层建筑众多的楼层数量及供水设施的承压能力，通过垂直分区将整栋建筑划分为数个独立的供水区域，如图 4.22 所示，这里将 12 层和 20 层指定为分区边界。使用式(4.61)和式(4.62)计算建筑能耗费用 E_{Building}：

$$E_{\text{Building}} = \varphi \sum_{t=1}^{T} \sum_{s=1}^{\text{NZ}} \gamma \frac{q_{s,t} h_{s,t}}{\eta_{s,t}} \tag{4.61}$$

$$q_{s,t} = \frac{n_s}{n} Q \tag{4.62}$$

式中，φ 为电价。

表 4.5　常见的二次供水方式

高位水箱	设置低位水池	不设置低位水池
不设高位水箱	低位水池+水泵供水	叠压供水
设置高位水箱	低位水池+水泵供水+高位水箱供水	叠压供水+高位水箱供水

式(4.61)和式(4.62)中所涉及的垂直分区数 NZ 、楼层数 n 、垂直分区层数 n_s 等参数均为现场调查所得。建筑总水量 Q 可通过远程水表或用户计费获取。式(4.61)中涉及的参数通常受高层建筑水力条件尤其是二次供水方式的影响，因此根据供水方式的选取，这里将高层建筑供水能耗分为以下四种方式进行计算：

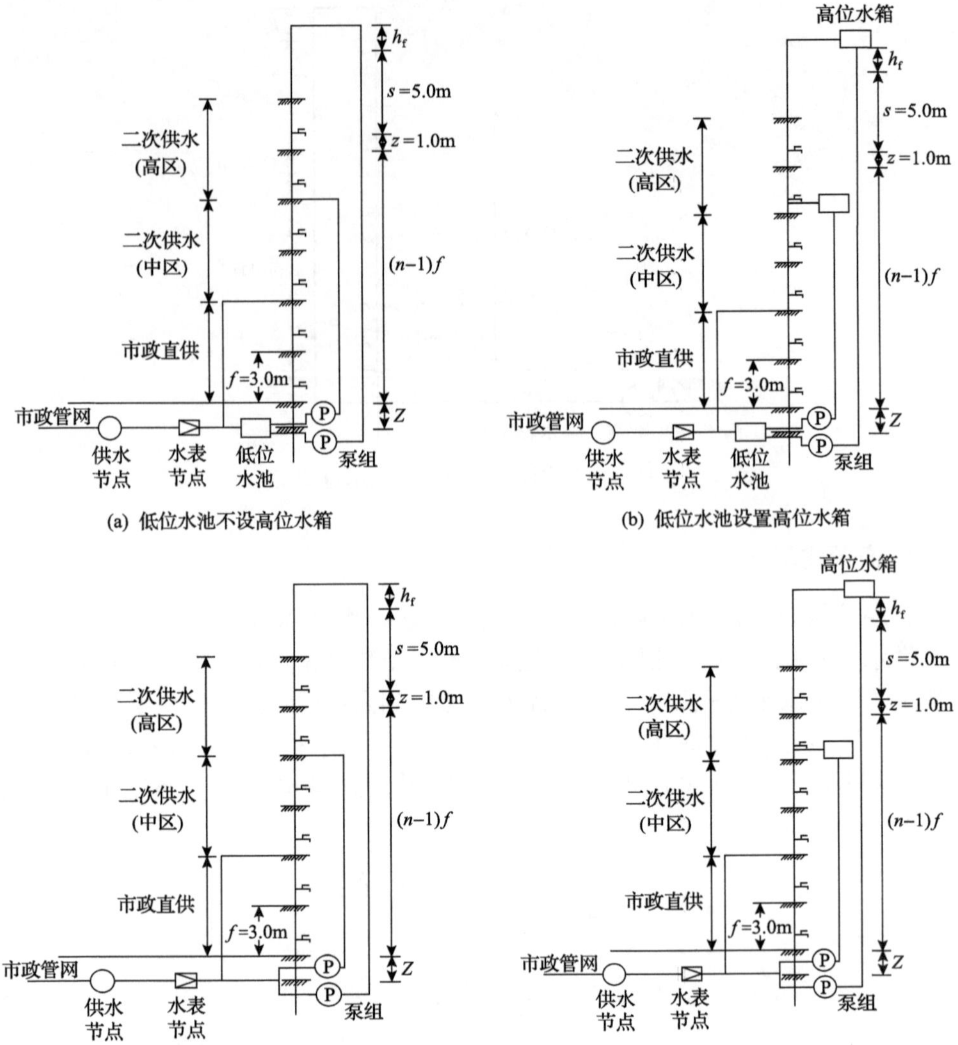

(a) 低位水池不设高位水箱　(b) 低位水池设置高位水箱　(c) 叠压供水不设高位水箱　(d) 叠压供水设置高位水箱

图 4.22　高层建筑二次供水方式示意图

低位水池不设高位水箱、低位水池设置高位水箱、叠压供水不设高位水箱、叠压供水设置高位水箱[23]。

1)低位水池不设高位水箱

如图 4.22(a)所示，由于低位水池的存在，市政余压完全释放，泵组扬程可通过式(4.63)和式(4.64)进行计算：

$$h_s = Z + (\sum_{k=1}^{s} n_k - 1) f + z + s + h_f \tag{4.63}$$

$$h_{\mathrm{f}} = h_{\mathrm{indoor}} \tag{4.64}$$

此外，由于建筑内部供水流量的随机波动，并且泵组流量设计值通常偏于保守，即设计流量往往高于实际流量，泵组运行工况通常处于低效区间，其效率 $\eta_{s,t}$ 甚至低于 50%。

2）低位水池设置高位水箱

如图 4.22(b)所示，与不设高位水箱相比，泵组可以首先向高位水箱供水，之后储存在高位水箱中的水通过重力流供应至高层建筑内每一供水区域。高位水箱的存在使得泵组效率显著提高，这是由于泵组可以不依照用水量波动变化而处于标准工况下运行，并且无须连续工作。因此，泵组扬程同样可以通过式(4.63)和式(4.64)计算，而效率 $\eta_{s,t}$ 可提升至 90%以上。

3）叠压供水不设高位水箱

如图 4.22(c)所示，叠压供水设施利用了市政水压，然后进行再次加压，因此市政余压得以充分利用，泵组仅需对市政水压不足的部分进行供水能量补充[23]。因此，泵组扬程的计算不同于设置低位水池的供水方式，可由式(4.65)和式(4.66)计算：

$$h_s = Z + \left(\sum_{k=1}^{s} n_k - 1\right)f + z + s + h_{\mathrm{f}} - H_i \tag{4.65}$$

$$h_{\mathrm{f}} = h_{\mathrm{outdoor}} + h_{\mathrm{indoor}} + h_{\mathrm{flowmeter}} \tag{4.66}$$

式中，H_i 为某一节点 i 的市政水压。与低位水池不设高位水箱方式类似，由于运行工况的限制，泵组效率 $\eta_{s,t}$ 通常低于 50%。

4）叠压供水设置高位水箱

如图 4.22(d)所示，叠压供水设置高位水箱兼具叠压供水与高位水箱的优势，既可充分利用市政余压，又可提升泵组效率。因此，泵组扬程同样可以通过式(4.65)和式(4.66)进行计算，而效率 $\eta_{s,t}$ 可选取为 90%以上。

综上所述，以上五种多层建筑和高层建筑的供应模式可用建筑供应模式指数 M 来表示，即式(4.67)：

$$M = \begin{cases} 0, & \text{市政直供} \\ 1, & \text{低位水池不设高位水箱} \\ 2, & \text{低位水池设置高位水箱} \\ 3, & \text{叠压供水不设高位水箱} \\ 4, & \text{叠压供水设置高位水箱} \end{cases} \tag{4.67}$$

综合考虑五种供应模式，可使用式(4.68)～式(4.71)来计算第 i 个建筑的能耗

费用 $E_{\text{Building},i}$：

$$E_{\text{Building},i}=\begin{cases}0, & M=0\\ \varphi\sum_{t=1}^{T}\sum_{s=1}^{\text{NZ}}\gamma\dfrac{q_{s,t}h_{s,t}}{\eta_{s,t}}, & M=1\sim4\end{cases} \tag{4.68}$$

$$q_s=\frac{n_s}{n}Q \tag{4.69}$$

$$h_s=\begin{cases}Z+\left(\sum_{k=1}^{s}n_k-1\right)f+z+s+h_{\text{f}}, & M=1,2\\ Z+\left(\sum_{k=1}^{s}n_k-1\right)f+z+s+h_{\text{f}}-H_i, & M=3,4\end{cases} \tag{4.70}$$

$$\eta_{s,t}=\begin{cases}45\%, & M=1,2\\ 90\%, & M=3,4\end{cases} \tag{4.71}$$

4.3.2　供水管网全流程水力模型

1. 建筑水力模型的参数估计

上面给出了单栋建筑的水力模拟方法，其依赖特定参数。建筑模型的参数需要通过实地调查收集，包括地面标高 Z、楼层数 n、层高 f、用户水龙头高度 z、垂直分区层数 n_s、垂直分区数 NZ、建筑供应模式指数 M。

市区建筑的 h_{outdoor} 一般小于 1.5m，而农村建筑一般为 1.0～2.0m。h_{indoor} 与楼层数 n 直接相关，通常假设每层损失为 0.3m。水表水头损失 $h_{\text{flowmeter}}$ 为固定值 1.0m。建筑总用水量 Q 可通过远程水表获取，对于没有远程水表的建筑，可以通过历史计费记录获取。此外，一些节点需水量校核方法可以通过传感器提供的压力和管道流量数据来估算节点处的需水量[24]。节点需水量可以重新分配给建筑以计算各建筑总用水量 Q。

对于大型供水管网，通过实地调查来确定众多建筑的参数需要付出大量的人力和物力。一般来说，城市规划倾向于指定一个特定的区域作为功能区，并将上述参数限制在一个特定的范围内。在很大程度上，同一功能区建筑的供水方式和水力条件是相似的[25]。因此，可以通过局部调研获取一个区域部分建筑的参数，并基于这些数据形成参数的概率分布，剩余建筑的参数从该分布中抽样获取。

2. 供水管网水力模型与建筑水力模型耦合方法

在将建筑水力模型与供水管网水力模型耦合之前，需要将所有建筑的需水量分配到供水管网模型中的节点上。通常供水管网水力模型中的单个节点向多栋建筑供水[26]。因此，节点需水量为同一节点对应的建筑需水量之和。然后使用 EPANET 2.2 运行供水管网水力模型，获得供水管网的水力状态(如节点压力和管道流量)。将供水管网水力模型计算得到的节点压力 H_i 作为建筑模型的输入(式(4.70))。基于耦合水力模型的仿真结果可以计算出整体能耗。

4.3.3　区域泵站优化设计与调度方法模型

1. 目标函数

本节综合考虑供水管网改造、运行中的能耗费用与漏损费用，旨在确定新安装的区域泵站(regional pump station, RPS)的数量、位置以及泵站的水头提升，并最大限度地降低总费用。对于已安装的区域泵站，费用包括区域泵站工程造价 $E_{\text{RPS\_Cons}}$、维护费用 $E_{\text{RPS\_Main}}$ 和能耗费用 $E_{\text{RPS\_Energy}}$，如式(4.72)～式(4.75)所示：

$$E_{\text{RPS}} = E_{\text{RPS\_Cons}} / Y + E_{\text{RPS\_Main}} + E_{\text{RPS\_Energy}} \tag{4.72}$$

$$E_{\text{RPS\_Cons}} = \sum_{i=1}^{\text{NR}} 448.23 q_i^{-0.55} \tag{4.73}$$

$$E_{\text{RPS\_Main}} = \frac{R}{100} E_{\text{RPS\_Cons}} \tag{4.74}$$

$$E_{\text{RPS\_Energy}} = \varphi \sum_{t=1}^{T} \sum_{i=1}^{\text{NZ}} \gamma \frac{q_{i,t} h_{i,t}}{\eta_i} \tag{4.75}$$

式(4.73)和式(4.74)给出了区域泵站工程造价和维护费用，式(4.75)用于计算能耗费用。其中，Y 为区域泵站服务年限；R 为折旧的费用比率；NR 为区域泵站数量。

除了新安装的区域泵站，水厂也会消耗大量能源，通常包括水处理成本和水泵提升水头所消耗的能源。安装区域泵站通常对水处理成本没有显著影响，因此只考虑水厂中泵进行水头提升的能耗。因此，水厂电费可以表示为式(4.76)：

$$E_{\text{WTP}} = \varphi \sum_{t=1}^{T} \sum_{i=1}^{\text{NP}} \gamma \frac{q_{i,t} h_{i,t}}{\eta_i} \tag{4.76}$$

式中，NP 为水厂泵站中的泵组数量。

平均压力 $\overline{p}_k$ 为管道起点压力和管道终点压力的平均值，由供水管网水力模型计算得到。漏损费用可由式(4.77)计算：

$$E_{\text{Leakage}} = \omega \sum_{t=1}^{T} \sum_{k=1}^{\text{NZ}} c_k L_k \left(\overline{p}_k\right)^{1.18} \tag{4.77}$$

综上所述，目标函数可写为

$$\min J = E_{\mathrm{RPS}} + E_{\mathrm{WTP}} + E_{\mathrm{Leakage}} + \sum_{i=1}^{\mathrm{NB}} E_{\mathrm{Building},i} \tag{4.78}$$

式中，NB 为建筑数量。

2. 决策变量

本节提出方法的决策变量包括区域泵站的数量、位置和区域泵站的提升水头。此外，安装区域泵站可使水厂以较低的水头供水，从而使水厂中的泵也可以进行调度。为了保证上游管道的流量和压力满足安装条件，缩小搜索空间，根据工程经验，排除不适合安装区域泵站的管道，其余主干管道被选为区域泵站安装的候选解决方案。换言之，首选的区域泵站安装管道为 DN600 以上的主管道，或为供水管网中的关键管道。

3. 边界约束

除了水力模型中自动满足的水力平衡方程，还需要满足以下几个边界约束。

(1) 水厂的供应能力。受计划产水能力的限制，水处理厂的供水量应当控制在一定范围内，如式(4.79)所示：

$$Q_{\mathrm{Plant}}^{\min} \leqslant Q_{\mathrm{Plant}} \leqslant Q_{\mathrm{Plant}}^{\max} \tag{4.79}$$

(2) 区域泵站安装条件。为了确保操作安全，并缩小搜索空间，区域泵站安装所选择管道的上游压力和直径有以下要求，如式(4.80)和式(4.81)所示：

$$P_k \geqslant P_{k,\min} \tag{4.80}$$

$$D_k \geqslant D_{k,\min} \tag{4.81}$$

(3) 最小服务压力。供水管网水力模型中的节点通常向多栋建筑供水。在这种情况下，连接节点所需压力为建筑水力模型提供的最高值。约束的形式如式(4.82)所示：

$$H_i \geqslant \max \ H_{j,\min} \tag{4.82}$$

式中，H_i 为某一节点 i 的市政水压；$H_{j,\min}$ 为由式(4.59)计算出的与节点 i 相关的建筑 j 的最小服务压力。

对于高度变化较大的供水管网系统，能耗和漏损的优化调控非常复杂。这是因为一些位于山区或远离水厂的建筑如果满足统一设定的压力要求 $H_{j,\min}$ 将导致大量的能量浪费。为了解决这个问题，通过调低这些区域的最低压力需求，增加二供水泵扬程的方式，来减少供水管网系统的能耗。

4. 优化算法

本节选择遗传算法作为优化工具，因为其在处理非线性约束和不连续变量方面具有优势。遗传算法具有隐式并行性、不依赖于梯度或函数连续性、快速搜索速度和全局优化能力。在目标函数的指导下，通过基于轮盘选择的过程初始化和进化种群。考虑到基因型的长度和较大的搜索空间，为了加快收敛速度并保留优秀个体，采用精英保留策略。

4.3.4 案例分析

将本节提出的方法应用于我国的一个实际供水管网系统，该系统有 18972 栋建筑，为约 200 万人供水。如图 3.8 所示，该供水管网的供水面积超过 2000km^2，分为 17 个功能区。在每个功能区中，对约 25%的建筑进行实地调查，得到了建筑管道水力模型参数的概率分布，其余 75%建筑的水力参数是从概率分布中抽样产生的。

水务企业提供了 2021 年 7 月 10～17 日时间步长为 1h 的压力传感器、流量传感器和远程水表采集的实测数据。此外，还收集了 2020 年 7 月 1 日至 2021 年 7 月 1 日的用户账单和总漏水量。使用监测数据校核管道粗糙度和节点需水量[24,27]，然后根据计费数据估计的用水量比例，将估计的节点需水量重新分配给建筑。利用供水管网水力模型计算的压力和收集到的漏损值来计算漏损系数 $c_k = 2\times10^{-6}$ 。作为对比，本案例进一步研究分析使用传统恒压约束（$H_i \geqslant 26\text{m}$）优化方法的优化结果。

1. 年度费用

本节提出的方法与传统方法在不考虑建筑模型情况下的年等效费用如图 4.23 所示。总体而言，该方法优于不含建筑管道水力模型的方法。在安装了前三个区域泵站后，本节提出方法的年等效费用显著减少。然而，当区域泵站数量超过 3 个时，由于大量投资区域泵站的边际效应迅速显现，区域泵站数量的下降趋势停止并变为相反。在没有建筑管道水力模型的传统方法中也可以看到类似的趋势，在 4 个区域泵站时获得最少费用，但其比本节提出方法要高得多。为了进行比较，下面将详细分析两种场景(3 个区域泵站和 4 个区域泵站)的最优解，见表 4.6，总费用可分为建设与维护费用、能耗费用和漏损费用，其中能耗费用和漏损费用占总费用的大部分(超过四分之三)。与无建筑模型的传统方法相比，本节提出方法的能耗费用和漏损费用分别减少 1.17%和 6.98%。

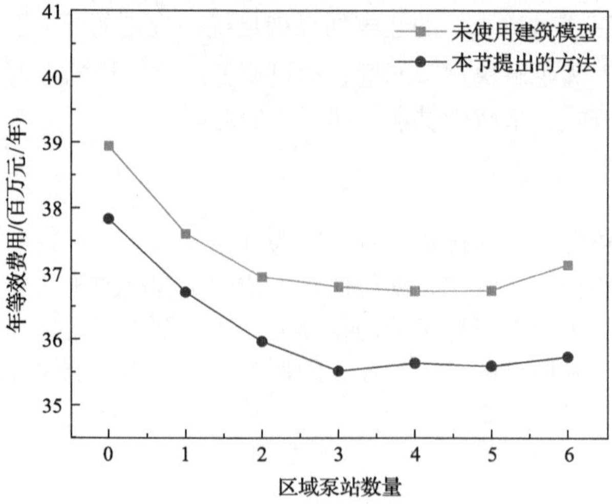

图 4.23　安装区域泵站的年等效费用

表 4.6　两种方法的分项费用

费用类别		无区域泵站	无建筑模型（4 个区域泵站）	本节提出的方法（3 个区域泵站）
建设与维护	建筑中的泵（二供）（万元/年）	6.55	7.25	7.56
	区域泵站（万元/年）	—	0.74	0.65
能耗	水厂（万元/年）	7.98	7.25	6.88
	区域泵站（万元/年）	—	0.65	0.81
	建筑中的泵（二供）（万元/年）	2.23	2.37	2.46
	总体能耗费用（万元/年）	10.21	10.27	10.15
漏损	漏损费用（万元/年）	22.16	18.47	17.18
	漏损量/（百万 m^3/年）	7.39	6.16	5.73
	漏损率/%	7.42	6.26	5.85
总费用（万元/年）		38.92	36.73	35.54

2. 能耗费用

表 4.6 给出了不同设施的能耗费用。总体而言，建筑能耗费用约占总体能耗费用的 1/5～1/4。该方法在安装区域泵站之前和之后的总体能耗费用方面略有优势，而没有建筑管道水力模型的方法能源费用超过了原始状态（没有区域泵站）。见表 4.6，安装区域泵站增加了建筑中的泵（二供）的能耗费用，然而整个供水管网系统的能耗费用显著降低。

区域泵站的主要功能是将上游区域的能量传递到下游区域。尽管总体能耗几乎保持不变，但其使供水管网中的压力分布更加均匀。安装区域泵站后的总压力低于未安装区域泵站时的总压力。能耗费用主要受用水量的影响，用水量在一天中有三个代表性时期，分别是高峰期、平坦期和低谷期。图 4.24 显示了在此期间水厂的水头变化情况。在高峰期水头下降明显，水厂 1 从 46m 下降到 36m，而在低谷期水头下降相对较小，从 35m 下降到 32m。水厂 2 和水厂 3 显示出类似的变化趋势，但略有减少。水厂水头的降低有效降低了区域泵站上游区域的压力，使得整个供水管网的压力降低，防止了过多的能量输入。如果没有区域泵站，靠近水厂区域的水压可能会远高于需求，从而造成能耗增加和更高的漏损损失。若水厂的水头太低，下游地区可能没有足够的压力，水厂则通过向这些地区提供额外的压力来补偿。安装区域泵站可以降低系统上游区域的压力，增加系统下游区域的压力。

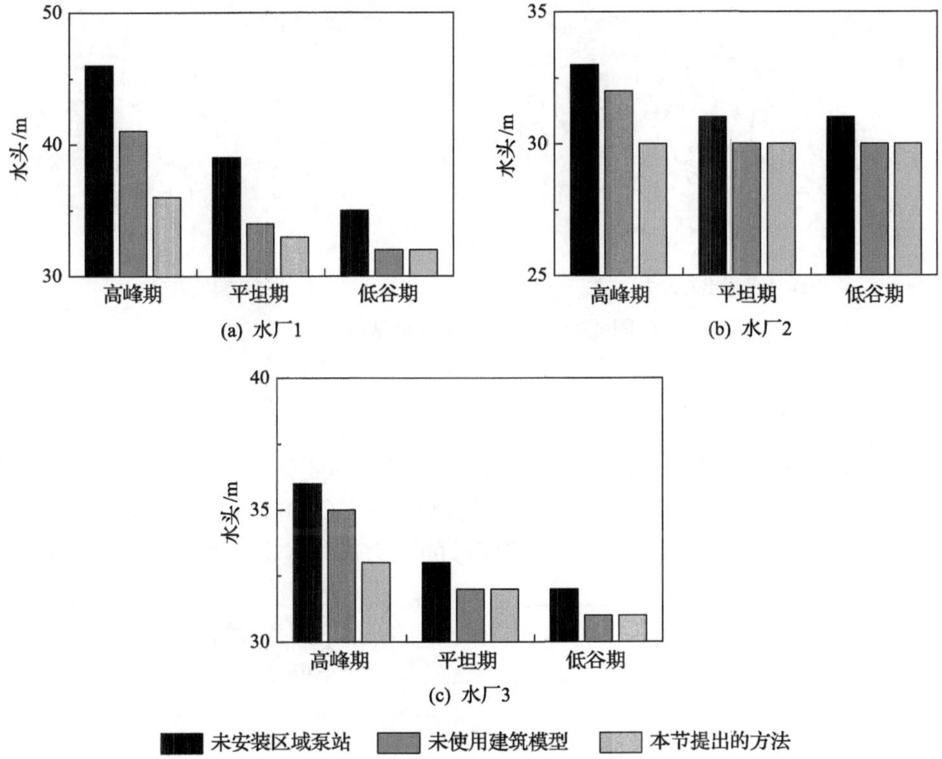

图 4.24　三个水厂的水头变化情况

与常规方法相比，该方法可以更有效地降低水厂的水头。传统调度方法未考虑建筑模型，供水管网压力要满足设定的压力需求 26.0m，以满足瓶颈点(一些压力低位置)的少数建筑压力要求。然而，该压力需求超出了大多数建筑的需求，特别是对于农村独立式住宅。在本节提出的方法中，所需压力不再由关键位置的少数建筑决定，而是由式(4.59)和式(4.82)计算，并以建筑能耗为优化参数。区域泵站的优化是为了满足大多数多层建筑，并考虑到高层建筑的使用压力要求，进一步有助于减少能耗费用。

本节提出方法优化的区域泵站位置主要分布在城市和农村中心的上游，这里建筑更密集，所需的压力较高。如图 4.25(a)所示，区域泵站#1 安装在中心城区东北部供水关键管道处，以保证东部区域压力需求；区域泵站#2 安装在东南部郊区，为外围分散的村镇提供水压；区域泵站#3 布置在西北部丘陵地形区域，以保证该区域基本服务压力。

(a) 本节提出的方法　　(b) 未使用建筑模型方法

图 4.25　新安装区域泵站位置

3. 漏损成本

图 4.26 所示为平均节点压力和漏损总量随时间的变化曲线。考虑到与压力指数的相关性(式(4.77))，漏损的减少与供水管网压力分布的改善是一致的，主要体现在对水厂附近区域的有效管理上，这些区域的压力通常较高。如图 4.26 所示，安

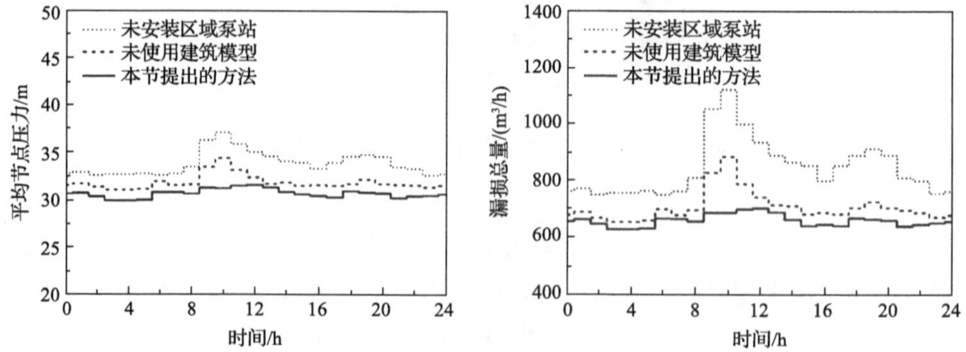

(a) 平均节点压力　　(b) 漏损总量

图 4.26　平均节点压力和漏损总量随时间的变化曲线

装 3 个区域泵站后，各节点的平均压力从 33.52m 下降到 30.35m。本节提出的方法在建筑密度高的地区会增加压力，而在广阔的农村地区则会减少压力。该方法比未使用建筑模型的压力分布方法更为合理。也就是说，通过本节提出的方法实现了更加均匀合理的压力分布，对降低漏损率非常重要。

4. 结论

本节提出了一种针对整个供水管网系统，从水厂到二次供水的全局能耗和漏损优化方法。构建的建筑水力模型涵盖了五种不同的二次供水模式，以模拟建筑的水力条件。通过将建筑管道水力模型与供水管网模型耦合，形成了全流程水力模型，用于计算整个系统的能耗和漏损。模拟结果用于优化区域泵站的位置和水厂中泵的水头提升，以实现费用最小化。在一个实际供水管网的应用中，总体能耗费用略有减少(减少 1.17%)，漏损费用显著降低(减少 6.98%)。但需要说明的是，由于研究采用遗传算法进行优化求解非常耗时，在未来研究中，可以考虑采用混合整数规划等新算法以提高计算效率与可靠性[28]。

4.4　本章小结

供水行业本身是一个高耗能行业，且我国城市规模较大，供水管网系统能耗巨大，而调度不科学、效率低下等原因会带来巨大的能源浪费。开展供水管网系统优化调度，对于节能降耗，节约供水成本意义重大。本章发展了传统供水管网优化调度理论技术体系，提出了新的供水管网系统用水量预测与优化调度数学模型。

针对城市用水量预测问题，提出将混沌建模预测方法引入城市时用水量预测，有效提高了用水量预测精度。开发了基于混合整数线性规划的优化调度求解模型。首先构建了基于混合整数非线性规划的供水管网优化调度模型，然后提出了一种新的线性松弛技术，将非线性模型转化为混合整数线性规划模型，并有针对性地开发了线性化断点自适应设置技术，保证了求解的可靠性。两个基准供水管网的计算结果显示出该方法在计算效率和节省能源成本方面具有较大的优越性。系统地分析了建筑内部二次供水的常用模式，在此基础上构建了考虑不同建筑供水模式的建筑水力模型；通过将建筑水力模型与供水管网水力模型进行耦合形成了供水管网系统全流程水力模型，实现了从水厂泵站、供水管网至建筑终端全过程的水力模拟与能耗计算。在此基础上，通过建立区域泵站选址优化模型，实现了市政水压空间分布的改善和系统运行能耗与漏损的降低。

参 考 文 献

[1] James K, Campbell S L, Godlobe C E. Watergy: Taking advantage of untapped energy and water efficiency opportunities in municipal water systems[R]. Washington DC: Alliance to Save Energy, 2002.

[2] 张朝, 刘海星, 张蕊, 等. 基于时变控制水位的供水管网优化调度[J]. 南水北调与水利科技, 2024, 22(5): 937-945, 958.

[3] 吕谋, 赵洪宾, 李红卫, 等. 时用水量预测的自适应组合动态建模方法[J]. 系统工程理论与实践, 1998, 18(8): 101-107.

[4] 马军海, 盛昭瀚. 经济系统混沌时序重构的分析和应用[J]. 管理科学学报, 2002, 5(3): 73-78.

[5] 吕彤, 韩文秀. 基于协调的区域“经济-资源-环境”系统混沌控制[J]. 系统工程理论与实践, 2002, 22(3): 8-12.

[6] Tsonis A A, Elsner J B. The weather attractor over very short timescales[J]. Nature, 1988, 333(6173): 545-547.

[7] 韩非. 矿井涌水量中的混沌及其最大预报时间尺度[J]. 煤炭学报, 2001, 26(5): 520-524.

[8] 汪树玉, 刘国华, 杜王盖, 等. 大坝观测数据序列中的混沌现象[J]. 水利学报, 1999, 30(7): 22-26.

[9] 姜翔程. 水文时间序列的混沌特性及预测方法[M]. 北京: 中国水利水电出版社, 2011.

[10] Wolf A, Swift J B, Swinney H L, et al. Determining Lyapunov exponents from a time series[J]. Physica D: Nonlinear Phenomena, 1985, 16(3): 285-317.

[11] Rosenstein M T, Collins J J, de Luca C J. A practical method for calculating largest Lyapunov exponents from small data sets[J]. Physica D: Nonlinear Phenomena, 1993, 65(1): 117-134.

[12] Bragalli C, D'Ambrosio C, Lee J, et al. On the optimal design of water distribution networks: A practical MINLP approach[J]. Optimization and Engineering, 2012, 13(2): 219-246.

[13] D'Ambrosio C, Lodi A, Wiese S, et al. Mathematical programming techniques in water network optimization[J]. European Journal of Operational Research, 2015, 243(3): 774-788.

[14] Liu Y, Barrows C, Macknick J, et al. Optimization framework to assess the demand response capacity of a water distribution system[J]. Journal of Water Resources Planning and Management, 2020, 146(8): 04020063.

[15] Oikonomou K, Parvania M, Khatami R. Optimal demand response scheduling for water distribution systems[J]. IEEE Transactions on Industrial Informatics, 2018, 14(11): 5112-5122.

[16] Vieira B S, Mayerle S F, Campos L M S, et al. Optimizing drinking water distribution system operations[J]. European Journal of Operational Research, 2020, 280(3): 1035-1050.

[17] Geißler B, Morsi A, Schewe L. A new algorithm for MINLP applied to gas transport energy cost

minimization[M]//Jünger M, Reinelt G. Facets of Combinatorial Optimization: Festschrift for Martin Grötschel. Heidelberg: Springer, 2013.

[18] Rebennack S, Kallrath J. Continuous piecewise linear delta-approximations for bivariate and multivariate functions[J]. Journal of Optimization Theory and Applications, 2015, 167(1): 102-117.

[19] Gurobi Optimization. Gurobi Optimizer Reference Manual[M]. Austin: Gurobi Optimization, 2018.

[20] van Zyl J E, Savic D A, Walters G A. Operational optimization of water distribution systems using a hybrid genetic algorithm[J]. Journal of Water Resources Planning and Management, 2004, 130(2): 160-170.

[21] Marchi A, Simpson A R, Lambert M F. Pump operation optimization using rule-based controls[J]. Procedia Engineering, 2017, 186: 210-217.

[22] Giacomello C, Kapelan Z, Nicolini M. Fast hybrid optimization method for effective pump scheduling[J]. Journal of Water Resources Planning and Management, 2013, 139(2): 175-183.

[23] Zhao S C, Liu Y, Liang S, et al. Effects of urban forms on energy consumption of water supply in China[J]. Journal of Cleaner Production, 2020, 253: 119960.

[24] Chu S P, Zhang T Q, Xu C N, et al. Dealing with data missing and outlier to calibrate nodal water demands in water distribution systems[J]. Water Resources Management, 2021, 35(9): 2863-2878.

[25] Smith K, Liu Y, Wang T, et al. City layout: A key to reducing energy use for water supply[J]. Resources Conservation and Recycling, 2018, 138: 229-230.

[26] Zhao Y Y, Yang Y J, Shao Y, et al. Demand-driven spatiotemporal variations of flow hydraulics and water age by comparative modeling analysis of distribution network[J]. Journal of Water Resources Planning and Management, 2018, 144(12): 04018074.

[27] Zhang Q Z, Zheng F F, Duan H F, et al. Efficient numerical approach for simultaneous calibration of pipe roughness coefficients and nodal demands for water distribution systems[J]. Journal of Water Resources Planning and Management, 2018, 144(10): 04018063.

[28] Price E, Ostfeld A. A graph theory-based layout algorithm for PRVs placement and setpoint determination in water distribution systems[J]. Journal of Water Resources Planning and Management, 2022, 148(4): 04022005.

第 5 章　城市供水管网漏损控制

截至 2023 年底全国城市供水管网总长度达 115.31 万 km，2023 年城市供水总量达 687.56 亿 m^3。供水管网深埋地下、结构复杂，导致供水管网漏损严重、爆管事件频发。近十年全国城市供水管网平均漏损率为 14.4%，部分地区和城市在 20%以上。实施漏损控制是城市节水的重要手段，也是保障城市供水安全的重要环节。2024 年，国务院公布的《节约用水条例》要求：建立供水、用水管网设施漏损控制体系，采取措施控制水的漏损。本章提出供水管网漏损控制技术体系，涉及供水管道破损成因与机理、供水管网 DMA 分区方法与漏损评估、供水管网爆管在线报警与定位、供水管网漏损精确定位设备与技术，旨在解决背景漏失控制、漏损识别定位等关键科学问题。

5.1　供水管道破损成因与机理

冲蚀磨损是指流体或固体以离散的小颗粒按照某范围内的速度和角度对材料表面进行冲击所造成的材料流失的现象[1]。当管道发生漏损时，漏损处的高速水流将使周围土壤流化。此时，水携带的土壤颗粒冲击外管壁，造成管道质量损失。冲蚀是一个累积的复杂过程，随着时间的推移，破损口逐步扩大，直至发展为爆管。本节通过场地实验和理论分析，探究有压供水管道发生破裂时管外土体流化对管道的冲蚀机理，为供水管网安全防护与漏损控制提供理论支撑。

5.1.1　冲蚀机理模型

根据材料性质，被冲蚀材料可划分为韧性和脆性两大类，两者最大的差别在于达到最大冲蚀速率时的临界攻角不同。韧性材料(如金属)在攻角约为 30°时，冲蚀速率最大；而脆性材料(如陶瓷)在攻角为 90°时冲蚀速率最大[2]。韧性材料在冲蚀前期常伴随颗粒嵌入材料表面使质量不降反增的情况，称为孕育期，如图 5.1 所示。

韧性材料的冲蚀理论依据是塑性变形和切割、耕犁[3]。垂直分量作用产生塑性变形，受冲击区域的表面材料被挤到邻近区域，形成类似火山口一般的形状，而“火山口”的边缘在冲击粒子的反复作用下，会产生更大的塑性变形，最终由于超过材料的强度极限，表层材料被破坏成碎片而脱落(图 5.2)。水平分量作用产生切割、耕犁，即颗粒撞击物体，从表面刮去一些材料而造成质量损失。脆性材料的冲蚀机理是裂纹的形成和剥落。

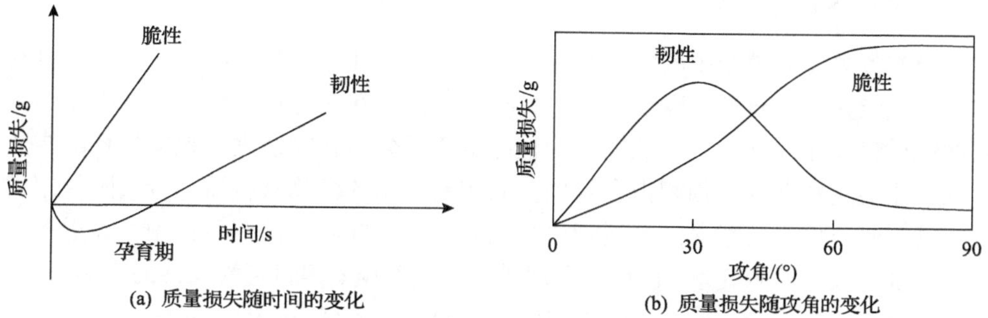

图 5.1 韧性材料与脆性材料冲蚀质量损失示意图

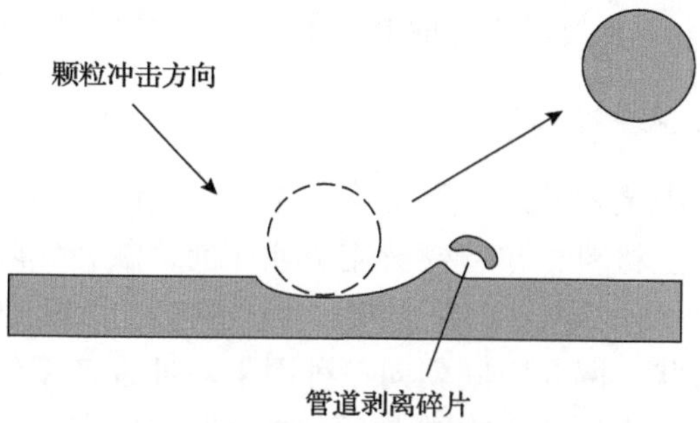

图 5.2 磨损冲蚀原理示意图

影响冲蚀作用的因素大致可分为三类，即冲击变量、颗粒变量和材料变量。冲击变量包括粒子速度、冲击角和粒子(颗粒)浓度[4]；颗粒变量包括颗粒形状、颗粒密度、颗粒尺寸；材料变量包括所有材料的力学性能(弹性模量、泊松比)、硬化行为、微观结构、硬度和韧性等。

根据上述变量可构建冲蚀速率的通用模型，通过累积单位时间内每个冲击颗粒所产生的冲蚀速率来计算总的冲蚀速率(单位时间单位面积去除的材料质量)，如式(5.1)所示：

$$R_{\text{erosion}} = \sum_{p=1}^{N_{\text{particle}}} \frac{m_{\text{p}} C(d_{\text{p}}) f(\alpha) v^{b(v)}}{A_{\text{face}}} \tag{5.1}$$

式中，N_{particle} 为土体颗粒的数量；m_{p} 为每个颗粒的质量；d_{p} 为颗粒粒径；$C(d_{\text{p}})$ 为颗粒粒径参数；α 为冲击角；$f(\alpha)$ 为冲击角函数；v 为颗粒速度；$b(v)$ 为颗粒相对速度函数；A_{face} 为壁面面积。各种不同的冲蚀模型主要在冲击角函数上具有差异性，但都能改写成通用模型的形式。

5.1.2 漏损管道冲蚀实验

1. 聚乙烯材料特性

当前各类冲蚀模型中的默认参数大多基于砂冲蚀金属材料所得，而不同材料的力学性能具有差异性，默认参数不具有普适性。在实际计算模拟时，需要根据被冲蚀材料和冲蚀剂的实验数据来调整冲击角函数与颗粒速度、颗粒粒径的指数常数，才能达到良好的预测拟合效果。而实验选用的样品管材需贴合实际使用情况才具有研究价值与意义。金属管道会同时受到腐蚀和冲蚀双重作用，在进行实验时很难有效地控制变量，因此排除腐蚀因素的影响；塑料管受腐蚀的影响较小，相较于聚氯乙烯(polyvinyl chloride, PVC)管材，聚乙烯(polyethylene, PE)管材具有独特的柔韧性和可熔接性，连接形式简单且使用寿命更长，目前 PE 管材广泛作为首选的供水塑料管材[5]。故最终选取 PE 管材作为冲蚀实验的主要研究对象。

2. 预实验与固定流量冲蚀实验

预实验不在土箱中填入硅砂开展实验，作为对照组。固定流量冲蚀实验在土箱中填入硅砂作为覆土材料，在管壁被完全蚀穿前，漏孔实际漏损出流的面积不变，可维持稳定的 600L/h 漏损量进行冲蚀，以探究不同漏孔的冲蚀发展规律，以及漏孔尺寸、漏孔形状、漏孔空间朝向三种因素对冲蚀速率的影响。一旦管壁被完全蚀穿，漏孔扩大，流量会急剧增大而无法再保持恒定，便停止实验。

1)实验装置

本实验主要研究管道漏损后土壤流化引起的外管壁冲蚀机理。通过实验探索漏孔大小、漏孔形状和漏孔空间朝向三个因素对管壁冲蚀的影响，有助于了解漏损如何发展为爆裂，实验装置如图 5.3 所示。

实验需要有较高的压力，市政供水无法满足需求，因此整个实验用水源由变频泵从屋顶水箱抽水加压供给。屋顶水箱的容积为 2.5m×2.5m×1.5m，当水箱内水位下降至满水位高度的 70%时，由进水控制阀控制开始向屋顶水箱内注水，最大进水流量约为 1250L/h。变频泵的最大扬程为 100m，额定工作频率为 50Hz，可通过电控柜调节变频泵的运行频率或调整减压阀，稳定控制实验的进水压力。

装置主体部分(图 5.4)是三根管径为 DN20 的支管，通过纤维增强软管连接到砂箱中设计有漏孔的取样管。所使用的支管为 PVC 高强度涤纶纤维增强型，其工作压力为 0.8MPa。主管道上的压力表用于监测管道中的水压。每根支管上均设有球阀和浮子流量计，浮子流量计有两种型号，量程分别为 0～1L 与 0～2L；可根据实验所需监控的流量大小进行更换，使读数接近最大流量的 70%，浮子流量计需垂直于地面安装，以保证读数精准。

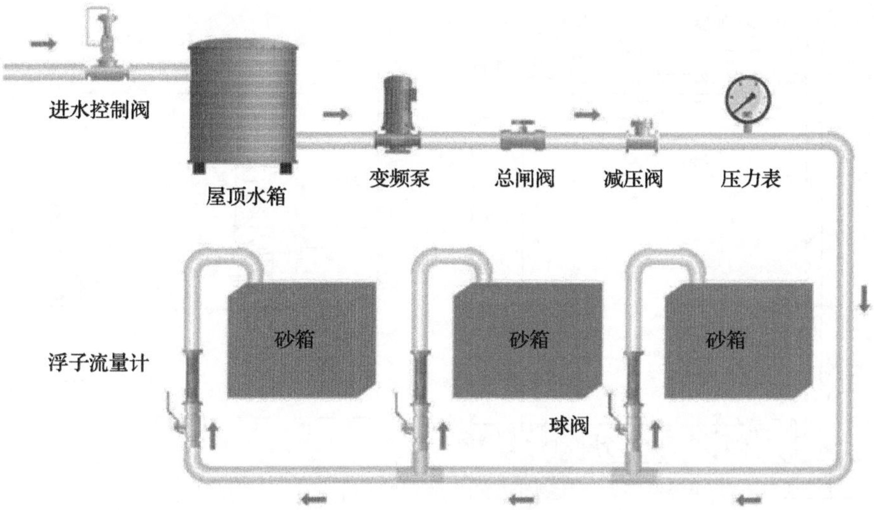

图 5.3　实验装置示意图

图 5.4　实验装置主体部分

砂箱内部设计如图 5.5 所示，砂箱的整体尺寸为 0.45m×0.40m×0.55m，实验时填砂覆土厚度为 0.4m，宽深比接近 1∶1，以避免边壁剪切力作用的影响。同时根据 van Zyl 等[6]和 Ledwith 等[7]内部流化实验的结果：直径为 4mm 的漏孔，漏损量为 800L/h 时，流化区域的横向尺寸不超过以漏孔为圆心、半径为 100mm 的圆形区域范围，故砂箱的边壁不会影响流化区域的发展。而砂箱上部开有长 350mm、宽 10mm 的出水槽，以获得稳定的边界出流条件。砂箱底部中央位置设有半圆环的卡槽以及配套扣具，通过螺栓锚固连接，用于固定样品管段以获得所需要的漏孔空间朝向，并防止其在冲蚀的过程中发生偏转。

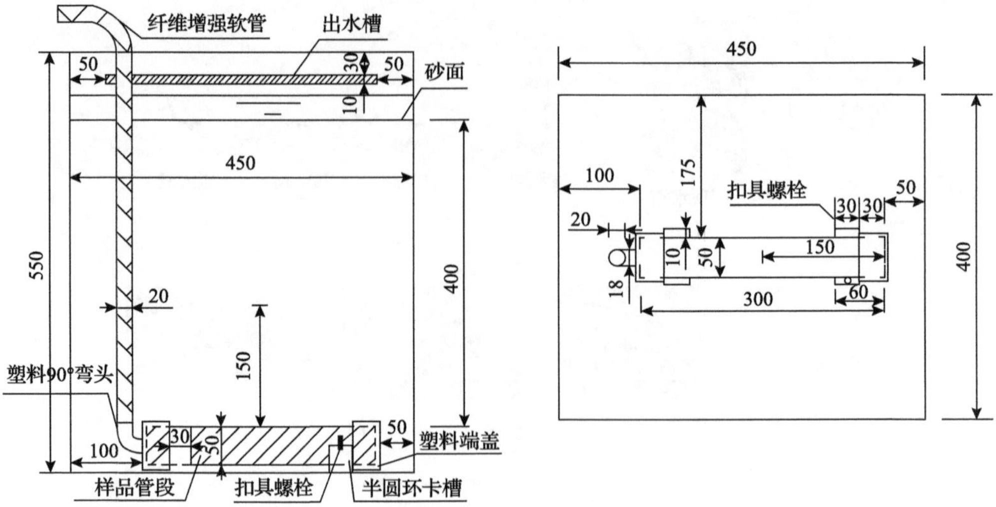

图 5.5　砂箱剖面图及其俯视图(单位：mm)

实验用 PE 样品管段符合 GB/T 13663.2—2018《给水用聚乙烯(PE)管道系统 第 2 部分：管材》标准，混合材料为 PE100 级，为黑底蓝色条纹高密度聚乙烯(high density polyethylene, HDPE)。管径为 50mm，壁厚为 3mm，整个样品管段长 300mm，根据实验要求，采用激光加工技术在样品管段中钻出不同尺寸和形状的漏孔。管端用塑料端盖密封，两者通过螺纹和橡胶垫圈密封连接。样品管段一端彻底堵死，另一端接有塑料 90°弯头以连接纤维增强软管进水，仅保留漏孔出水。参照浮子流量计的读数并调节阀门的开启度便可获得实验所需的漏损量。

2)实验流程

(1)按设计要求对样品管段进行精加工，管段中心位置钻出不同形状、尺寸的漏孔，两端车出螺纹以连接塑料端盖。

(2)为减小测量误差，在每次实验前先清洁样品管段，去除砂粒，并烘干残留水分，用精度为 0.01g 的电子天平多次称量并记录管段的平均质量，用数显游标卡尺测量冲蚀凹陷区域、漏孔尺寸大小和最大冲蚀凹陷深度，并拍照记录漏孔处的形貌特征。

(3)旋上两端封堵端盖，塑料 90°弯头与纤维增强软管用金属管箍连接，用洗耳球吹去卡槽及扣具螺孔处的残留砂颗粒；将样品管段置于半圆环卡槽内，加装扣具后用螺栓固定，保持在冲蚀过程中漏孔空间朝向不变。

(4)打开阀门向样品管段内注水直至完全浸没样品管段，以排出管内残留气体；再开始逐层向砂箱内填入硅砂，装填约 5cm 厚的砂层后进行一次捶打夯实，如此往复循环直至管道上部的覆土厚度达 0.4m，其间保持砂粒完全湿润。

(5)通过调节变频泵频率、减压阀以及球阀开启度，参照压力表和浮子流量计的读数，获得所需要的进水压力以及漏损量，使装置持续运行冲蚀。

(6)冲蚀周期保持为 40h，冲蚀时间过短则变化不明显，难以进行观测。停泵关阀使装置暂停运行，记录所经历的冲蚀时间；将样品管段挖出，取下塑料端盖；待样品管段清洗干净，烘干后重新称量，测量漏孔区域大小并拍照记录漏孔处冲蚀的形貌特征；然后将样品管段再次埋入砂箱，填上覆土夯实，如此往复，直至实验终止。

漏损冲蚀实验的工况与实际供水管网运行工况相接近，所造成的冲蚀效果较为明显，能在较短时间周期内使外管壁凹陷变形，蚀穿管壁扩大漏孔。漏孔扩大后，漏损量也会随之增加，微小的漏损会逐步发展为危害性更强的爆管事故。

3)实验设计参数

本实验选用天然铸造用硅砂作为覆土材料，含泥量≤0.3%，砂颗粒的平均密度为 2650kg/m^3，颗粒形状较不规则，有一定的棱角；其粒径主要集中于 10～20 目(1～2mm)，中值粒径 D_{50} 为 1.43mm，砂粒粒径级配曲线如图 5.6 所示。

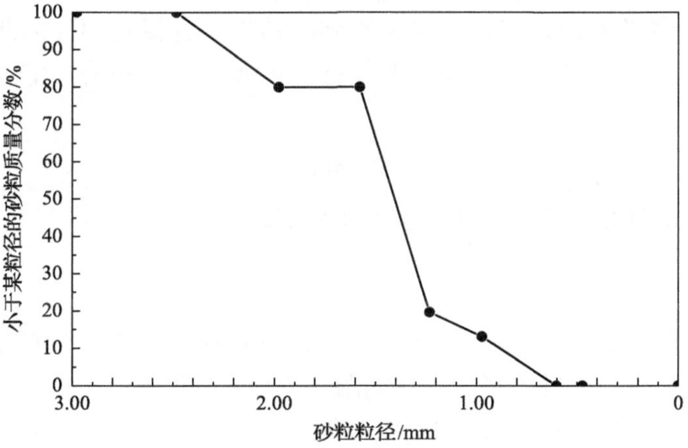

图 5.6　砂粒粒径级配曲线

各组实验参数见表 5.1。其中，漏孔空间朝向是指与水平面的夹角，圆形的漏孔尺寸记录的是漏孔直径，纵向长条和横向长条的漏孔尺寸记录的是长和宽。其中编号为 1-B 的实验组为标准实验组，其漏孔为直径 3.5mm 的圆孔，出流漏孔空间朝向为 90°，其余的实验均是在此基础上修改某一个或两个因素来进行冲蚀实验的。

表 5.1　各组实验参数

实验编号	类型	漏孔空间朝向/(°)	漏孔形状	漏孔尺寸
0	预实验	90	圆形	ϕ4mm
1-A		90	圆形	ϕ3mm
1-B		90	圆形	ϕ3.5mm
1-C		90	圆形	ϕ4mm
2-A	固定流量	90	纵向长条	10mm×1mm
2-B		90	横向长条	10mm×1mm
3-A		0	圆形	ϕ3.5mm
3-B		45	圆形	ϕ3.5mm

5.1.3　实验结果分析

在对所记录的实验数据进行分析处理时，主要选取具有代表性的累积冲蚀质量和冲蚀凹陷区域面积作为评价指标，以反映冲蚀速率和漏孔冲蚀形状的变化。其中，累积冲蚀质量为每个冲蚀周期结束后，挖出样品管段称量得到的质量与冲蚀前初始质量的差值；根据实验观察到的结果，各漏孔的冲蚀凹陷区域呈类椭圆形，测量凹陷区域长轴与短轴的长度，依照椭圆面积公式估算其面积，如式(5.2)所示：

$$S = \pi ab \tag{5.2}$$

式中，a 与 b 分别为椭圆长半轴与短半轴的长度。

1. 预实验结果

不填入硅砂作为覆土材料，ϕ4mm 漏孔管段维持 600L/h 的漏损量连续运行 100h。实验前后管道漏孔处形貌对比如图 5.7 所示。除了孔口的边缘更加光滑，孔口周遭的管道外壁面没有发生明显的变化。在缺少外部磨料颗粒时，高压下漏损出射的水流并不能破坏漏孔周遭的壁面结构。同时经过天平称量管段质量，

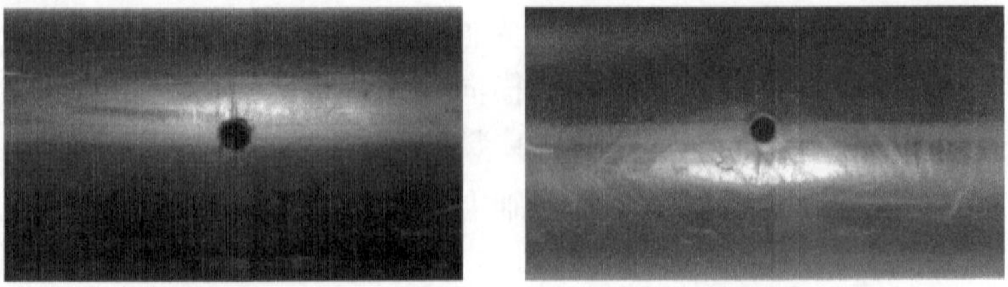

(a) 0h　　(b) 100h

图 5.7　预实验组 ϕ4mm 圆形漏孔处形貌对比

实验前后均为 124.79g，水射流所引起的管段质量变化小于天平的测量精度，可忽略不计。

2. 漏孔尺寸对冲蚀的影响

在该组实验中，选用 3mm、3.5mm、4mm 三种不同直径的圆形漏孔来进行冲蚀实验，以观察漏孔尺寸对冲蚀速率的影响。在阀门全开条件下保持 600L/h 的漏损量，其漏孔出流面积及实际测量的进口处压力表读数见表 5.2。

表 5.2　不同直径圆孔对应的漏孔出流面积及进口压力

直径/mm	漏孔出流面积/mm^2	进口压力/MPa
3	2.25π	0.75
3.5	3.06π	0.46
4	4π	0.25

在相同的 600L/h 漏损量下，漏孔尺寸对冲蚀速率有显著影响，漏孔越小，冲蚀得越快，ϕ3mm 的漏孔实验组完全蚀穿管壁仅花费了 135h，漏孔由原ϕ3mm 的圆形扩大至长轴为 4.51mm、短轴为 4.12mm 的椭圆形。ϕ3.5mm 的漏孔管壁被完全蚀穿花费了 154h，直径由 3.5mm 扩大为 3.83mm。而ϕ4mm 的漏孔实验组共花费了近 726h 才完全蚀穿 3mm 厚的管壁，漏孔直径由 4mm 扩大为 4.58mm，冲蚀速率慢了许多。停止实验时，ϕ3mm、ϕ3.5mm、ϕ4mm 圆孔的漏损量由 600L/h 分别增加至 1000L/h、700L/h、650L/h。

不同直径圆形的漏孔冲蚀形貌随时间的变化如图 5.8～图 5.10 所示，其中ϕ3mm

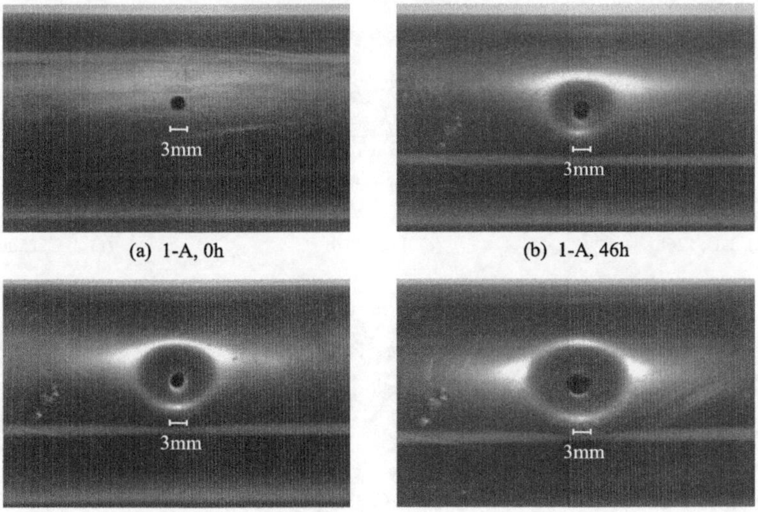

(a) 1-A, 0h　(b) 1-A, 46h

(c) 1-A, 90h　(d) 1-A, 135h

图 5.8　ϕ3mm 圆形的漏孔冲蚀形貌随时间的变化

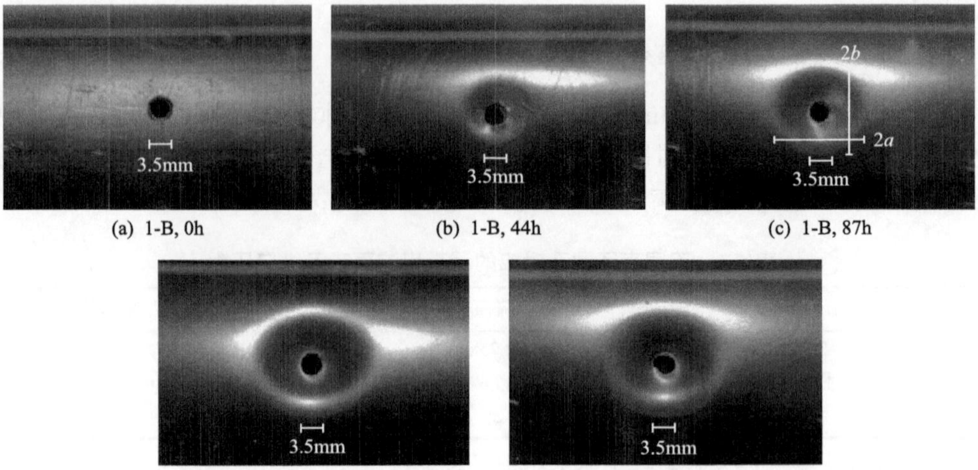

(a) 1-B, 0h　(b) 1-B, 44h　(c) 1-B, 87h

(d) 1-B, 133h　(e) 1-B, 154h

图 5.9　ϕ3.5mm 圆形的漏孔冲蚀形貌随时间的变化

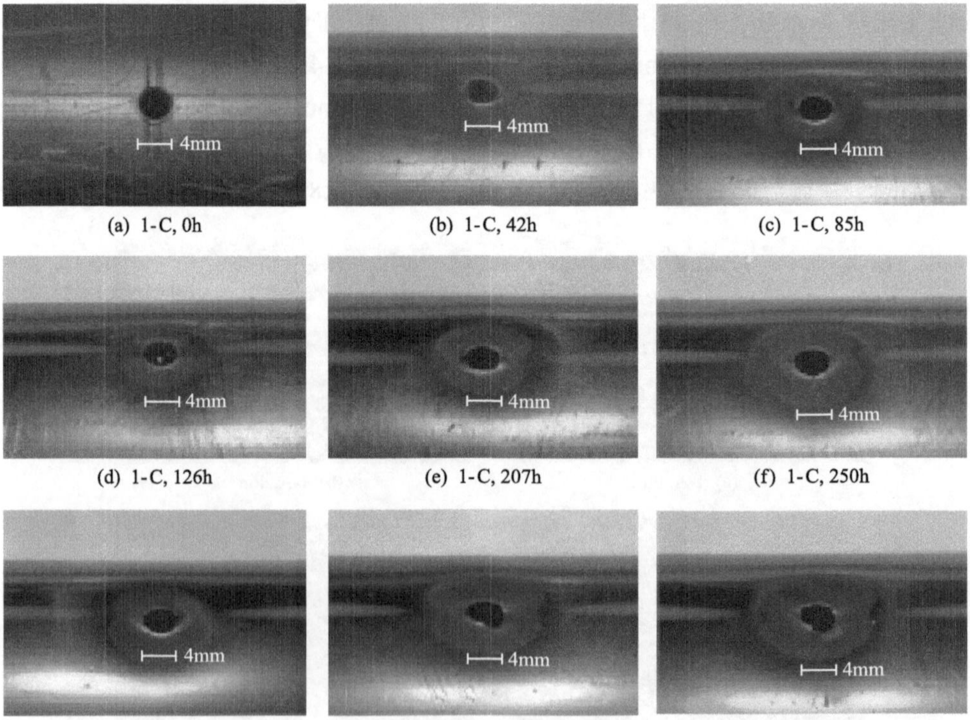

(a) 1-C, 0h　(b) 1-C, 42h　(c) 1-C, 85h

(d) 1-C, 126h　(e) 1-C, 207h　(f) 1-C, 250h

(g) 1-C, 291h　(h) 1-C, 331h　(i) 1-C, 371h

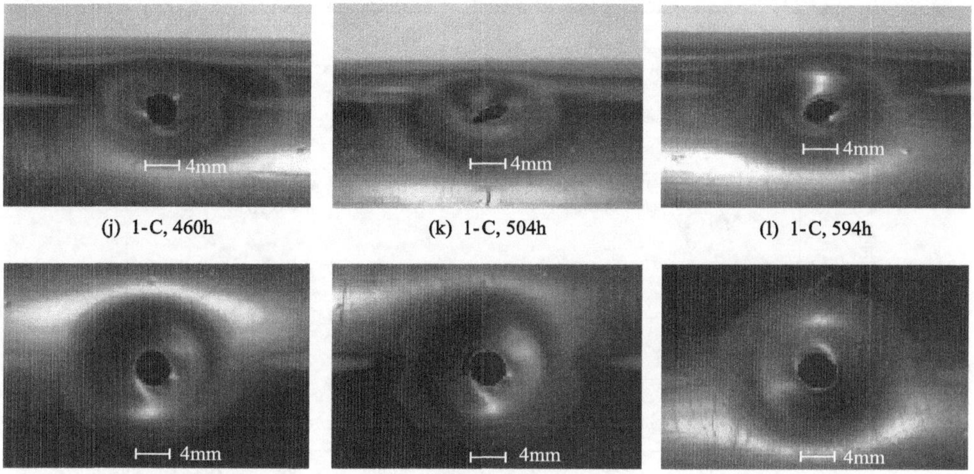

(j) 1-C, 460h　(k) 1-C, 504h　(l) 1-C, 594h

(m) 1-C, 637h　(n) 1-C, 681h　(o) 1-C, 726h

图 5.10　ϕ4mm 圆形的漏孔冲蚀形貌随时间的变化

与ϕ3.5mm 圆孔均为垂直于管道平面拍摄的俯视图，能看到较为明显的凹陷区域。而ϕ4mm 圆孔由于冲蚀速率较慢，前期冲蚀深度浅，垂直于管道俯拍时，漏孔周围的镜面抛光区域反光较为强烈，很难看清漏孔周围具体的冲蚀形貌变化特征，故选择从斜侧方进行拍摄，更便于观察，另外，冲蚀数据点较多，这里仅筛选出其中的一部分进行展示。

ϕ3mm 与ϕ3.5mm 圆孔的冲蚀凹陷区域一开始均呈现较为规整的圆形，随着冲蚀的进行，沿管道轴向的冲蚀发展得更加迅速，逐步拉长成椭圆形。而ϕ4mm 圆孔的冲蚀速率较慢，初期形成的冲蚀凹陷区域并不完整，漏孔两侧沿管道环向的部分区域先被冲蚀凹陷，逐步发展直至环绕包裹整个漏孔一周，最后沿管道轴向部分的冲蚀仍未完全发展，凹陷区域呈现出沿轴向收缩的葫芦形；同时沿斜侧方能更直观地看到管壁被不断打薄的过程，漏孔周围并非被均匀冲蚀，而是其中一侧的管壁先冲蚀得很厉害，然后再冲蚀另外一侧的厚实壁层，直至最后 3mm 厚的壁层被完全冲蚀磨损，漏孔扩大。

不同漏孔尺寸的样品管段累积冲蚀质量和冲蚀凹陷区域面积随时间的变化曲线分别如图 5.11 和图 5.12 所示。仍采用椭圆面积公式(5.2)来估算冲蚀凹陷区域面积。累积冲蚀质量随时间的变化关系可用二次函数进行拟合，而冲蚀凹陷区域面积随时间线性变化。ϕ4mm 圆孔的样品管段在冲蚀前期累积冲蚀质量变化较慢，经过一个周期 40h 的冲蚀，冲蚀质量几乎保持不变，其变化小于电子天平的测量精度 0.01g。总体而言，累积冲蚀质量随时间逐渐增大，且变化速率逐步加快。

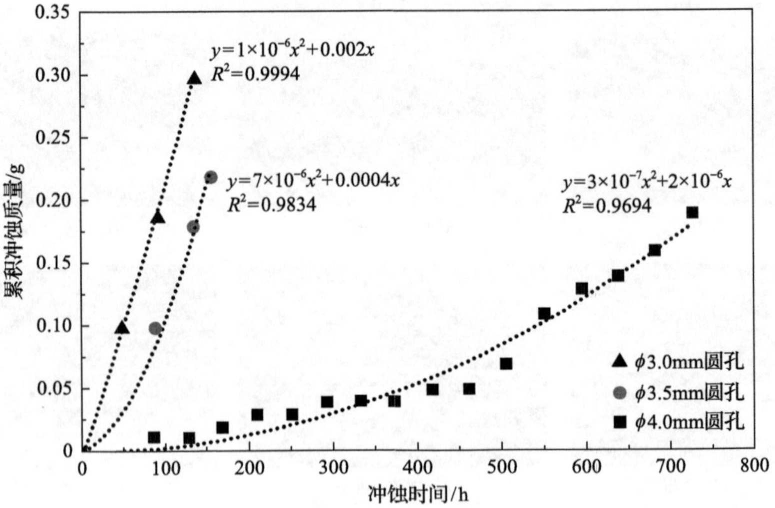

图 5.11　不同漏孔尺寸的样品管段累积冲蚀质量随时间的变化曲线

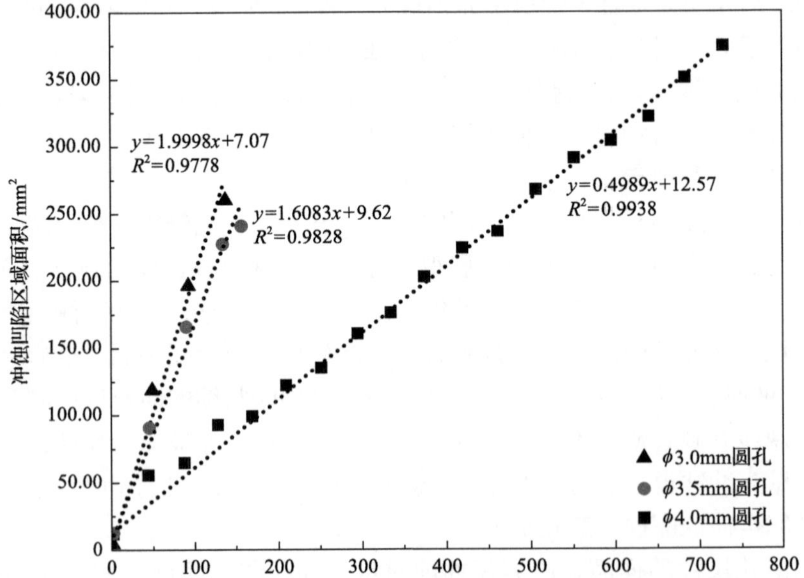

图 5.12　不同漏孔尺寸的样品管段冲蚀凹陷区域面积随时间的变化曲线

由图 5.11 和图 5.12 可见，ϕ3mm 圆孔与 ϕ4mm 圆孔的冲蚀速率存在显著差异，这主要是由漏损出流流速的不同引起的。由式(5.1)可知，当保持漏损量为 600L/h 不变时，漏孔尺寸越小，漏损的实际出流面积也越小，漏损出射时水流的流速就越大，最终使得流场裹挟颗粒运动的相对速度增大，导致整体的冲蚀速率提升。漏孔的直径由 3mm 变为 4mm 时，即使直径只增加了 1mm，但漏孔出流面积却扩大为原来的 1.78 倍，见表 5.2。而在冲蚀速率的模型中，颗粒的相对速度对冲蚀速率的影响是指数级别的，故使 ϕ3mm 和 ϕ4mm 圆孔样品管段的管壁被完全蚀穿所需要的时间以及冲蚀速率有极为显著的差异。

3. 漏孔形状对冲蚀的影响

实际供水管道发生漏损时，破损口通常形态各异，本组实验选用最为常见且具有代表性的三种类型，即圆形漏孔、纵向长条漏孔和横向长条漏孔，以观察不同形状漏孔冲蚀的发展模式及变化规律。不同形状漏孔的尺寸与出流面积见表 5.3。停止实验时，纵向长条、圆形、横向长条漏孔的漏损量由 600L/h 分别增大至 700L/h、700L/h、650L/h。不同形状漏孔的冲蚀形貌随时间的变化如图 5.13 和图 5.14 所示。

表 5.3　不同形状漏孔的尺寸与出流面积

漏孔形状	漏孔尺寸	漏孔出流面积/mm^2
圆形	ϕ3.5mm	9.62
纵向长条	10mm × 1mm	10
横向长条	10mm × 1mm	10

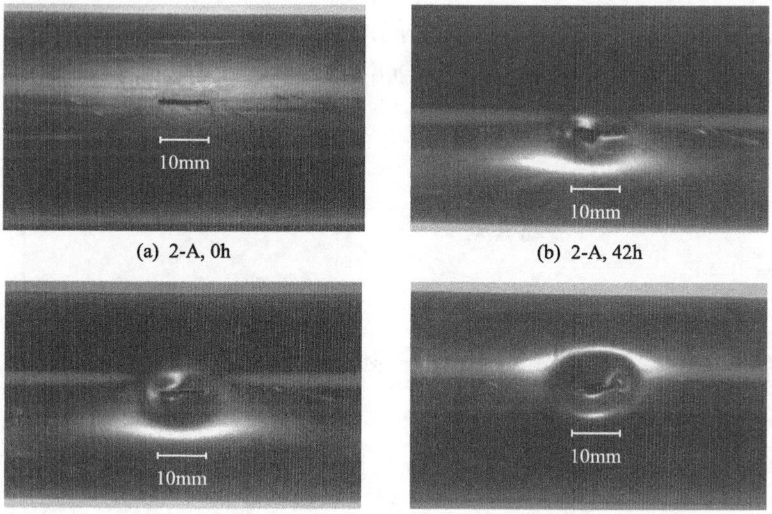

(a) 2-A, 0h　(b) 2-A, 42h

(c) 2-A, 82h　(d) 2-A, 130h

图 5.13　纵向长条漏孔的冲蚀形貌随时间的变化

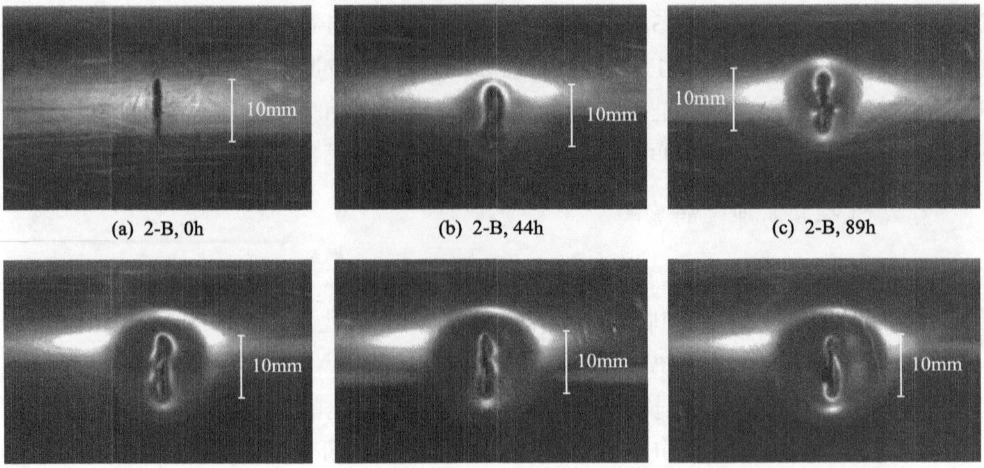

(a) 2-B, 0h　(b) 2-B, 44h　(c) 2-B, 89h

(d) 2-B, 131h　(e) 2-B, 171h　(f) 2-B, 219h

图 5.14　横向长条漏孔的冲蚀形貌随时间的变化

不同形状漏孔的冲蚀形貌变化与发展规律相似，其冲蚀凹陷区域均呈现椭圆形。而椭圆凹陷区域的长轴优先与漏孔尺寸较长的方向保持一致，随着冲蚀的进行，椭圆凹陷区域的长轴逐步转变为沿管道轴向。管壁蚀穿后，漏孔的扩展则优先从漏孔尺寸较短的边开始扩张，而长边则基本保持不变。随着冲蚀的进行，结合恒定压力实验组横向长条漏孔形貌的变化可观测到纵向长条漏孔和横向长条漏孔逐步向长边与短边更趋于一致的类圆形漏孔发展。

反映冲蚀速率的相关评价指标随时间的变化曲线如图 5.15 和图 5.16 所示，在实际漏孔出流面积基本相同的情况下，冲蚀速率也比较接近。

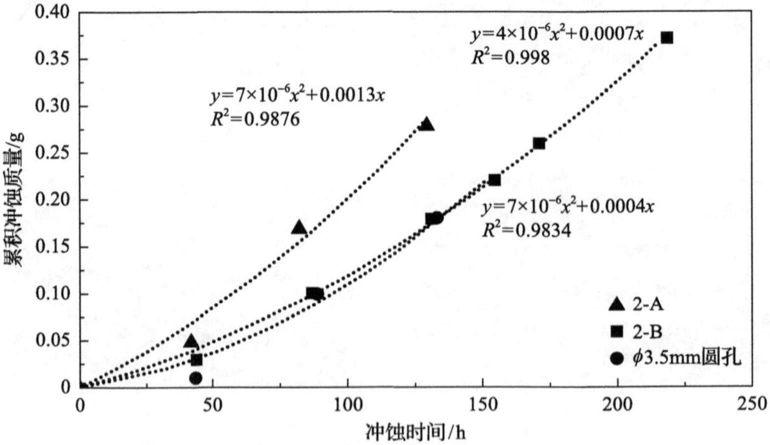

图 5.15　不同形状漏孔的累积冲蚀质量随时间的变化曲线

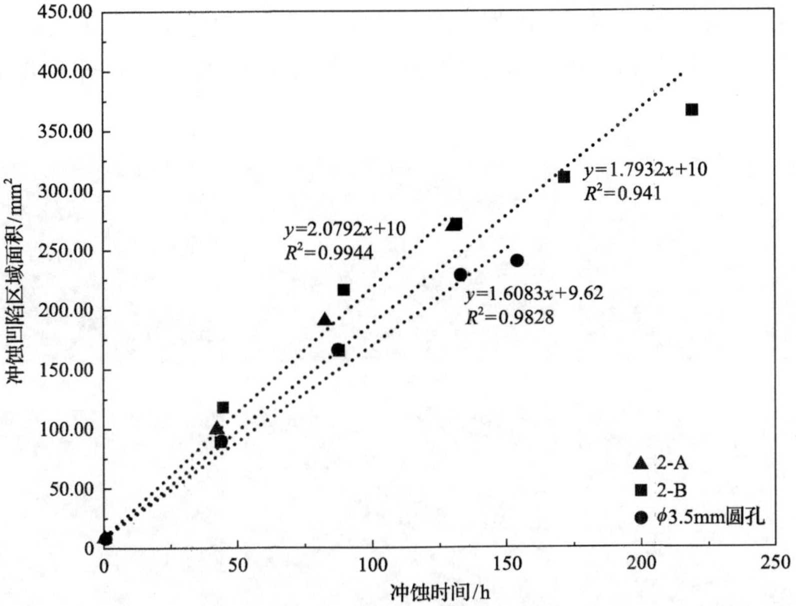

图 5.16　不同形状漏孔的冲蚀凹陷区域面积随时间的变化曲线

4. 漏孔空间朝向对冲蚀的影响

本节通过调整样品管段的朝向来改变漏孔的空间位置，以探究非 90°垂直向上漏损出流对冲蚀的影响。各组样品管段漏损出射的角度与水平方向的夹角分别为 0°、45°、90°。为尽量减小容器边壁对流化区域的影响，样品管段的位置也进行了细微调整，其中 0°侧向出流时，样品管段向上适当抬高，其漏孔中心距离砂箱底部 0.1m；同时 0°和 45°出流时，样品管段贴着一边的壁面放置，如图 5.17 所示。

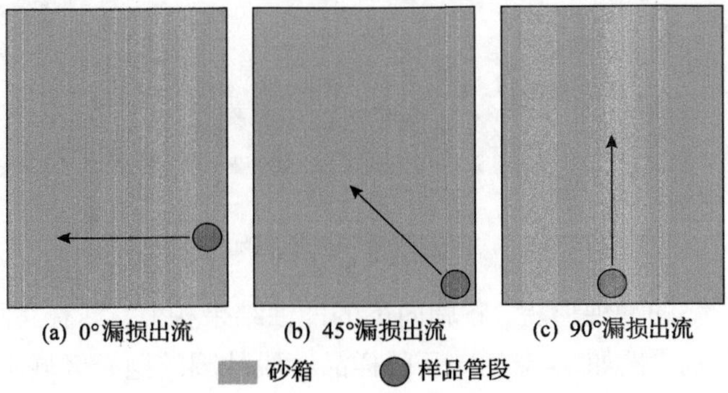

图 5.17　不同漏孔空间朝向的样品管段放置示意图

停止实验时，90°、45°、0°朝向的漏孔漏损量由 600L/h 分别扩大至 700L/h、900L/h、800L/h，0°和 45°朝向的漏孔冲蚀形貌随时间的变化分别如图 5.18 和图 5.19 所示。

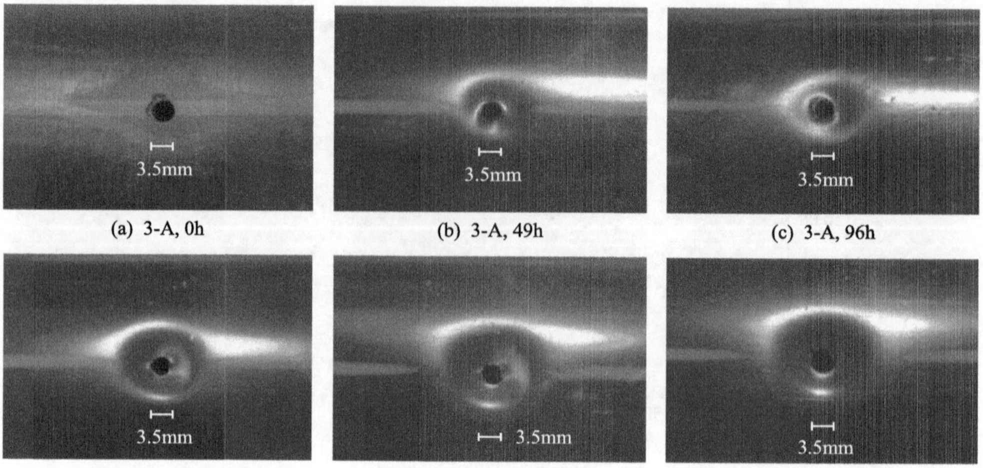

(a) 3-A, 0h　(b) 3-A, 49h　(c) 3-A, 96h
(d) 3-A, 134h　(e) 3-A, 180h　(f) 3-A, 227h

图 5.18　0°朝向的漏孔冲蚀形貌随时间的变化

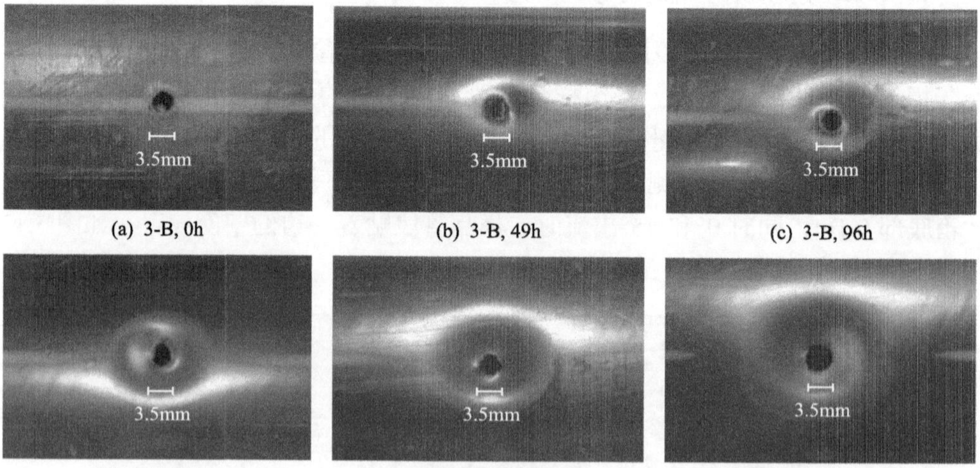

(a) 3-B, 0h　(b) 3-B, 49h　(c) 3-B, 96h
(d) 3-B, 134h　(e) 3-B, 180h　(f) 3-B, 227h

图 5.19　45°朝向的漏孔冲蚀形貌随时间的变化

对比漏孔最终的冲蚀形貌，各朝向下的冲蚀结果相似，具有共同的冲蚀模式，仅存在细微的差别。例如，45°朝向下的样品管段外圈的抛光区域不对称，向管道的上边缘发生偏移。漏损流化对管壁造成冲蚀作用并非垂直向上漏损出流时特有的现象，埋设的管道无论在哪个空间位置存在漏孔都会造成周围区域外管壁的冲蚀，在此过程中主要是漏损出射的水流形成循环运动流场，其裹挟着颗粒撞击管壁，从而产生冲蚀磨损。累积冲蚀质量与冲蚀凹陷区域面积随冲蚀时间的变化曲线分别如图 5.20 和图 5.21 所示。

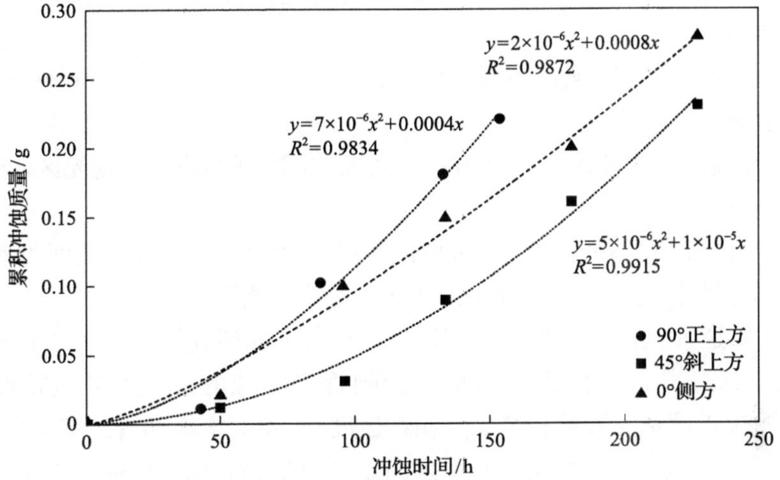

图 5.20　不同朝向的累积冲蚀质量随冲蚀时间的变化曲线

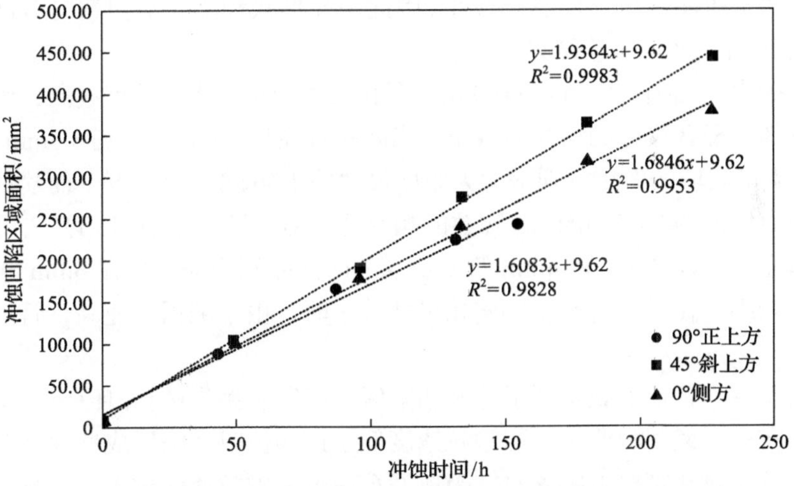

图 5.21　不同朝向的冲蚀凹陷区域面积随冲蚀时间的变化曲线

同样 0°、45°、90°三组不同漏孔空间朝向的冲蚀速率是相当接近的，漏损的空间朝向对冲蚀速率没有显著影响。累积冲蚀质量和冲蚀凹陷区域面积随冲蚀时间的变化关系可分别用二次函数和线性函数进行拟合。

5. 实验结果讨论

上述实验探究了管道漏损后由土壤流化引起的管壁冲蚀现象，探讨了漏孔尺寸、漏孔形状和漏孔空间朝向三个因素对管壁冲蚀的影响。通过实验研究得到以下结果。

(1)漏孔的大小对冲蚀速率影响最大，而漏孔形状和漏孔空间朝向对冲蚀速率影响不显著。

(2)漏孔周围的冲蚀区域可分为两个区域，即冲刷凹陷区和抛光区。冲刷凹陷区都呈椭圆形。

(3)累积冲蚀质量和冲蚀凹陷区域面积随冲蚀时间分别呈抛物线型和线性增长。在早期冲蚀阶段冲蚀速率较小，在48h有明显拐点。

此外，管道冲蚀机理模型可用于进一步理解上述研究结果。式(5.1)表明管壁的冲蚀是多次颗粒冲击的累积结果。影响管道冲蚀的主要参数包括颗粒数量N_{particle}、颗粒质量m_{p}、颗粒粒径d_{p}、颗粒速度v、冲击角α和管道壁面面积A_{face}。其中，N_{particle}、m_{p}、d_{p}和A_{face}对于不同实验组是相同的。因此，剩下的参数，即颗粒速度v和冲击角α是影响冲蚀速率的主要因素。漏孔形状与漏孔空间朝向对颗粒速度v和冲击角α的影响较小，因此漏孔形状和漏孔空间朝向对冲蚀速率没有显著影响，这与实验结果一致。

在实验中，漏损量保持在600L/h。漏孔尺寸越小，水流速度越高，因此管道冲蚀速率随着漏孔尺寸的增加而减小。当漏孔直径从3mm增加到3.5mm和4mm时，出口流量区域的面积分别增大为原始尺寸的1.36倍和1.78倍，而喷射的水流速度降至原始值的74%和56%。颗粒的相对速度对冲蚀速率(式(5.1))有非线性影响，导致完全冲蚀3mm和4mm管壁所需的时间差别很大，而在3mm和3.5mm之间变化较小。在供水管网中，漏孔尺寸较小时，由于漏损流速高，管道冲蚀速率高。

在实验中，管道上观察到了冲刷凹陷区(内环)和抛光区(外环)。一个可能的解释是存在一个速度阈值v_{r}，当颗粒速度低于该阈值时无法形成冲蚀。当颗粒冲击管壁导致材料从管壁上脱落时，距离漏孔越近，颗粒速度越大。当颗粒速度低于阈值($v < v_{\text{r}}$)时，作用在材料表面上的应力较小，颗粒无法嵌入材料中，冲刷的最终结果只是将外管壁表面粗糙不平的划痕磨去，起到抛光的作用。而在靠近漏孔的区域，颗粒速度超过阈值($v > v_{\text{r}}$)，颗粒撞击引起的塑性变形会使颗粒嵌入材料中，导致材料从壁面脱落。而管道纵向曲率和横向曲率的不同则可能是形成椭圆形区域的原因：长轴椭圆逐渐与管道轴向一致，该方向上颗粒的冲击角α几乎不受管道曲率的影响，颗粒与管壁的冲击角几乎为 90°，冲蚀速率更快；然而沿椭圆短轴方向，冲击角 α 逐渐减小，使得冲蚀速度变慢。

5.2　供水管网分区控漏方法

5.2.1　供水管网 DMA 分区方法

20 世纪 80 年代初，英国水工业协会首次提出供水管网独立计量区域(DMA)的概念，通过对供水管网的“分而治之”，可达到简化管理、提高控漏效率的目的[8]。在报告中，DMA 定义为供水管网系统中一块被边界阀与流量计切割分离的独立区域，通过对进入与流出(或只进入不流出)这一区域的水量进行计量和分析可定量评估该区域的漏损水平，从而有利于检漏人员优先对漏损水平高的区域进行漏损控制，达到主动控制漏损的目的[9]。经过多年的发展，DMA 已广泛应用于压力管理[10-13]、爆管监测[14-16]、水污染防治[17-19]、能量回收[20-22]等领域。

1. 区域划分方法

在各种区域划分方法中，基于模块度指标的社区发现算法在复杂系统划分中具有较高的可靠性[23]，其核心理论在于模块度指标 Q，其指导算法的整个合并过程，并最终决定供水管网的 DMA 质量。模块度指标越高，说明分区方案质量越好[24]。因此，通常将最大化模块度指标作为分区优化过程的目标函数。一般而言，较少的边界管段数量和更均匀的分区可以产生更高的模块度指标。

1) 改进模块度指标

模块度指标的概念最早由 Newman 提出[25]，其一般公式如式(5.3)所示：

$$Q = 1 - \frac{n_\mathrm{c}}{n_\mathrm{p}} - \frac{1}{n_\mathrm{p}^2}\sum_{m=1}^{M}\left(\sum_{i=1}^{N_m} E_{m,i}\right)^2 \tag{5.3}$$

式中，n_c 为分区方案中边界管段数量；n_p 为网络中管段的总数；M 为分区方案中 DMA 的数量；N_m 为第 m 个 DMA 中的需水量节点数量；$E_{m,i}$ 为第 i 个节点的节点度，即与第 m 个 DMA 中的第 i 个节点相连的节点总数。如式(5.3)所示，较小的边界管段数量 n_c 和各 DMA 间更均匀的节点度 $E_{m,i}$ 将使模块度指标增大。这表明最大化模块度指标需要更少的边界管段数量和更均匀的分区方案(即更均匀的节点度)。

由于供水管网的特殊性，原有的模块度指标在供水管网中的适用性往往不佳。为此，Giustolisi 等[26]在考虑水力特性(包括需水量、压力、管长和背景漏损)的基础上，提出了对原模块度指标进行修改以适用于供水管网系统的通用框架。从此，定制模块度广泛应用于供水管网分区。而 DMA 性能受到多个参数的影响，例如，为保证各个分区需水量的均匀性，需要在模块度指标中融入节点需水量；为提升方案的经济性和水力特性，需要在模块度指标中考虑分区边界管段的管径。因此，在改进模块度指标中往往需要同时考虑多个参数对分区性能的共同影响。

为此，本节提出一种同时考虑节点需水量均匀性和边界管段（管段数量和管径大小）的改进模块度指标，以提高分区性能。改进后的模块度指标如式(5.4)所示：

$$Q = \underbrace{1 - \frac{1}{2n_{\mathrm{p}}}\sum_{k=1}^{n_{\mathrm{c}}} w_k}_{Q_1} - \underbrace{\frac{1}{V^2}\sum_{m=1}^{M}\left(\sum_{i=1}^{N_m} v_{m,i}\right)^2}_{Q_2} \tag{5.4}$$

式中，w_k 为第 k 根边界管段基于管径灵敏度重分配得到的权重，其可以通过式(5.5)计算得到；V 为供水管网总需水量；$v_{m,i}$ 为第 m 个 DMA 中的第 i 个节点的需水量。

$$w_k = \frac{d_k}{D_{\mathrm{sum}}^i} E_i + \frac{d_k}{D_{\mathrm{sum}}^j} E_j, \quad D_{\mathrm{sum}}^i = \sum_{j=1}^{E_i} d_j \tag{5.5}$$

式中，i 和 j 分别为第 k 根边界管段的起始节点和终止节点；d_k 为第 k 根边界管段的管径；E_i 为节点 i 的节点度，其等价于与节点 i 所连接的其余管段总数；D_{sum}^i 为与节点 i 连接的所有管段的管径之和。

如式(5.4)所示，模块度指标划分为两个独立的部分，分别为 Q_1 和 Q_2。Q_1 控制边界管段的数量和管径，Q_2 控制 DMA 的均匀性。本节在模块度指标中融入基于管径灵敏度的重分配权重 w_k。边界管段的直径百分比 d_k / D_{sum}^i 和与边界管段相连的其他管段的数量 E_i 是影响分区性能的两个水力参数。较小的 d_k / D_{sum}^i 和 E_i 在边界管段关闭时会导致系统性能的轻微恶化（如压降），但较小的 d_k 确保了分区的经济性。如式(5.4)和式(5.5)所示，采用 w_k 可以使模块度指标增大，因此其可以降低由于边界管段关闭引起的压降风险并保证分区的经济性。此外，在 Q_2 中引入需水量 $v_{m,i}$ 可以确保各分区需水量的均匀性。

2）改进社区发现算法

Fast-Newman 算法[25,27]和 Louvain 算法[28,29]是两种主要的用于解决供水管网中节点聚类问题的算法。其中，Fast-Newman 算法是一种通过迭代获取节点聚类的贪婪启发式算法，其将网络中的节点作为初始的独立社区，在每次迭代中选择模块度增益最大的两个社区并尝试合并。重复上述过程直至所有节点合并为一个社区。Fast-Newman 算法可以获得具有连续 DMA 数量的可行解。但对于具有 m 根管段和n个节点的网络，由于每次迭代只合并两个社区，该算法需要迭代n次直至所有节点合并为一个社区，其计算复杂度将达到$O(nm^2)$，这使其在大型供水管网中的节点聚类效率不佳。

Louvain 算法相较于 Fast-Newman 算法的最大区别在于其多社区合并策略。在 Louvain 算法中，每个社区都通过有序地遍历每个 DMA 来参与每次的迭代合并过程。该算法试着将社区分配给具有最大正模块度增益的相邻社区，因此在每次迭代中都有大量社区被合并，使得社区数量迅速下降。在多社区合并策略的作用下，Louvain 算法的计算效率远高于 Fast-Newman 算法。但由于 Louvain 算法所能提供解的数量有限，可能无法给出指定约束下的可行解。因此，Louvain 算法适用于大型供水管网的高效求解，但受限于 DMA 大小其最优解可能不符合实际。相对地，Fast-Newman 算法虽然能够提供大量的可行解但当供水管网中节点众多时将非常耗时。因此，对于这两种算法，如何高效地寻找可行解仍然存在困境。

为解决这一困境，本节将 Fast-Newman 算法和 Louvain 算法相结合，开发一种混合社区发现算法，即 F&L 算法。该算法在早期迭代过程中，采用 Louvain 算法对 DMA 进行合并以提高计算效率；而在之后的迭代过程中使用 Fast-Newman 算法以获得连续的 DMA 数量。通过阈值N_t控制 Louvain 算法到 Fast-Newman 算法的转换，此外将式(5.4)提出的改进模块度指标作为 F&L 算法中待最大化的目标函数，F&L 算法的主要流程如下：

(1) 遍历各管段并计算其基于管径灵敏度的重分配权重($w_k, k=1,2,\cdots,n_p$)。

(2) 在初始化阶段，将各节点作为独立的 DMA，采用 Louvain 算法进行初步聚类。

(3) 按顺序遍历每个 DMA，并尝试将其与具有最大正模块度增益的相邻 DMA 合并。

(4) 根据步骤(3)中新的 DMA 方案更新边界管段的w_k。

(5) 计算当前的 DMA 数量N。若$N > N_t$，重复步骤(3)和步骤(4)(Louvain 算法)；相反，转到步骤(6)(Fast-Newman 算法)。

(6) 提取上述过程最新的w_k，同时记录每个 DMA 所包含的节点，组成列表$C=[C_1,C_2,C_3,\cdots,C_{N-1},C_N]$。

(7) 将列表C中的每个节点集作为最初独立的 DMA。计算每对 DMA 进行尝试性合并后的模块度增益，选择其中模块度增益最大的一对进行合并。

(8) 根据步骤(7)中的新聚类方案更新边界管段的w_k和列表C。

(9) 重复步骤(7)和步骤(8)，直至所有节点合并到一个 DMA 中。

阈值N_t可以根据工程经验进行估算。例如，若供水企业计划将供水管网划分为 30～50 个 DMA，则可以将N_t设置为大于所需 DMA 数量的值，如N_t=100。

2. 分区隔离方法

在分区隔离阶段，在边界管段上安装流量计和隔离阀可以实现 DMA 间的物理隔离。不同的隔离策略将引起经济成本和水力性能的巨大差异。迭代法[30]和启发式算法[31,32]是用于 DMA 隔离的两种主要方法。与启发式算法相比，迭代法简单快速，但其优化效果和解集的多样性远不及启发式算法。相较而言，启发式算法因其随机全局搜索策略，可以在解决小规模问题时找到高质量的解；而在处理实际大规模问题时，其性能将显著降低[33]。分区隔离方法在实际应用时面临的主要问题在于：①安装流量计和隔离阀的解集空间巨大，以包含 150 根边界管段的分区方案为例，其搜索空间数量将高达 $2^{150}=1.42\times10^{45}$；②严格的水力约束，即供水管网具有最小服务压力的水力约束，对于某个 DMA，即使保持关联 DMA 的边界管段开启，关闭其边界管段也可能导致压力不足。因此，启发式算法可能需要大量迭代才能满足压力约束，尤其对于压力余量较少的供水管网。综上所述，在包含众多边界管段的大规模供水管网中，启发式算法可能会消耗大量时间来寻找可行解。该问题限制了其在实际工程中的应用。

为解决现有算法在处理大规模供水管网时存在的收敛速度慢、难以找到最优解的问题，本节提出一种集成优化算法，该算法分为以下三个步骤：初步水力分析、寻找次优解和多目标优化。初步水力分析的目的在于确定关键边界管段，其中任何一个管段关闭都将导致某些区域的压力不足。因此，关键边界管段应保持开启状态并安装流量计。将经过初步水力分析后的关键边界管段排除在决策变量之外，可以减小搜索空间，接着将快速搜索得到的次优解作为多目标优化遗传算法的初始解，以获得兼顾经济性和水力性能的解集。三个步骤的具体内容如下。

1) 初步水力分析

初步水力分析可以通过关键边界管段的识别来有效减少决策变量，其主要过程如下：利用 F&L 算法计算边界管段集合 BP；依次遍历并关闭集合 BP 内的各边界管段(除选中的边界管段外，其余边界管段均保持开启状态)；当遍历关闭过程中出现不满足供水管网最小服务压力 P_{req} 约束的节点时，从 BP 中删除该管段；最后，所有被删除的边界管段组成集合 FM，剩余边界管段组成集合 BP0。FM 中的边界管段为需要安装流量计的管段，而 BP0 中的边界管段将作为后续优化过程的决策变量。

2) 寻找次优解

寻找次优解的主要目的在于获得一个初始的次优解，用于多目标优化，其优点在于能够有效地弥补启发式算法在寻找可行解时的缺陷，缩短整个优化过程。其主要过程描述如下，以 BP0 为初始集合，GV=∅。

(1)对集合 BP0 中的各边界管段遍历关闭，并进行水力模拟(保持集合 BP0 中其他边界管段开启，集合 GV 中所有边界管段关闭)，记录各场景的最小压力值，构成集合 $P_{\min}$。

(2)检查集合 $P_{\min}$ 中是否至少有一个元素高于最小服务压力 P_{req}。若存在，则转到步骤(3)；否则，执行步骤(4)。

(3)找到集合 $P_{\min}$ 中最大值对应的边界管段，将其从 BP0 转移到 GV，更新 BP0 和 GV，回到步骤(1)。

(4)得到次优解，即集合 BP0 内的边界管段需要保持开启状态，而集合 GV 内的边界管段需要关闭。

3)多目标优化

将 2)中获得的次优解作为初始种群。利用非支配排序遗传算法 II(NSGA II)[34] 解决该优化问题。本节将最小实施成本和压力标准差作为两个主要的目标函数，如式(5.6)和式(5.7)所示[35]。此外，压力应满足最小服务压力的约束，如式(5.8)所示。

$$F_1(X)=\min\left(\sum_{i=1}^{n_{c1}}f_i+\sum_{j=1}^{n_{c2}}g_j\right) \tag{5.6}$$

$$F_2(X)=\min\ \sum_{m=1}^{M}\frac{1}{\overline{P}_m}\sqrt{\frac{1}{N_m-1}\sum_{j=1}^{N_m}(P_{m,j}-\overline{P}_m)} \tag{5.7}$$

$$\forall i\in N_n,\quad P_i\geqslant P_{\text{req}} \tag{5.8}$$

$$X=(x_1,x_2,\cdots,x_{n_c}) \tag{5.9}$$

式中，X 为决策变量的向量，其长度 n_{c0} 等于集合 BP0 和集合 GV 的元素总数；x_i 为第 i 根边界管段的状态，$x_i=0$ 表示管段 i 需要保持开启状态并安装流量计，而 $x_i=1$ 表示管段需要关闭并安装隔离阀；n_{c1} 和 n_{c2} 分别为流量计和隔离阀的数量，$n_{c1}+n_{c2}=n_{c0}$；f_i 和 g_j 分别为流量计 i 和隔离阀 j 的安装成本；M 为 DMA 的数量；N_m 为第 m 个 DMA 中的需水量节点数量；$P_{m,j}$ 为节点 j 的压力；$\overline{P}_m$ 为第 m 个 DMA 的平均节点压力；N_n 为供水管网节点总数；P_{req} 为最小服务压力。

$F_1(X)$ 可以根据决策变量 X 中的流量计总数 n_{c1} 和隔离阀总数 n_{c2} 计算得到。通过在 EPANET 中设置边界管段状态和压力驱动模型，即可模拟得到式(5.7)和式(5.8)中的压力变量，从而计算出 $F_2(X)$。

3. 案例分析

将本节提出的方法应用于某大型供水管网，如图 5.22 所示。该供水管网包含三个固定水头的水库，4242 个需水量节点和 4841 根管道，利用 EPANET 进行压力驱动模型下的水力模拟。不同管径下隔离阀和流量计的购置成本见表 5.4。

图 5.22　H 市大型供水管网的分区方案示意图

表 5.4　不同管径下隔离阀和流量计的购置成本

管径/mm	购置成本/元	
	隔离阀	流量计
150	675	1250
200	945	1810
250	1315	2520
300	1770	3780
400	2640	6300
450	3400	7900
500	3575	8200
600	5900	14300
700	8455	20525
800	10850	27950

续表

管径/mm	购置成本/元	
	隔离阀	流量计
850	12500	29400
900	15650	34230
1000	22560	50350
1200	40250	87350
1400	63530	130500
1600	91500	175500

1）节点聚类

（1）改进模块度指标的提升效果。

合理的 DMA 大小通常需要控制在 500～5000 个连接用户。DMA 的需水量上下限也可以根据各节点的需水量确定，本案例下限和上限分别为 18L/s 和 180L/s。将 F&L 算法用于节点聚类，将边界管段数量 n_c、边界管段平均管径 D_{mean} 和 DMA 分区需水量变异系数作为性能评估指标。如图 5.23 所示，对采用原模块度指标（式（5.3））和改进模块度指标（式（5.4）与式（5.5））计算得到的聚类结果进行对比，DMA 数量由 20 到 60 递增。

随着 DMA 数量的增加边界管段数量增长，两种模块度指标的增长变化几乎相同，如图 5.23（a）所示。但改进模块度指标相较于原模块度指标显著降低了边界管段平均管径，如图 5.23（b）所示，从而降低了分区成本。此外，如图 5.23（c）所示，改进模块度指标还显著改善了 DMA 分区需水量的均匀性，将平均需水量变异系数从 0.550 降至 0.336。上述结果表明，改进模块度指标可以在降低分区成本的同时平衡 DMA 分区之间的需水量。

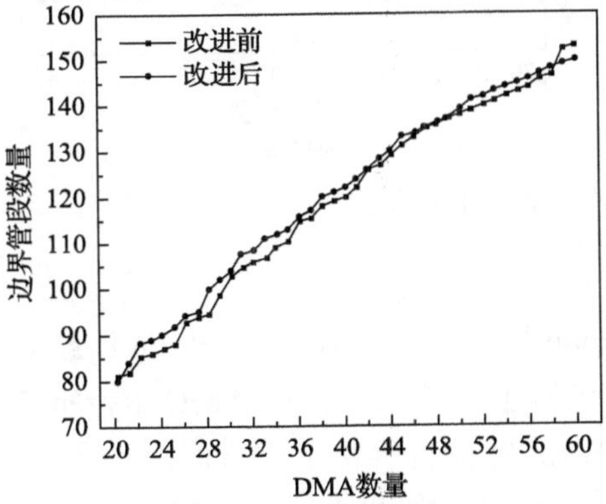

(a) 边界管段数量

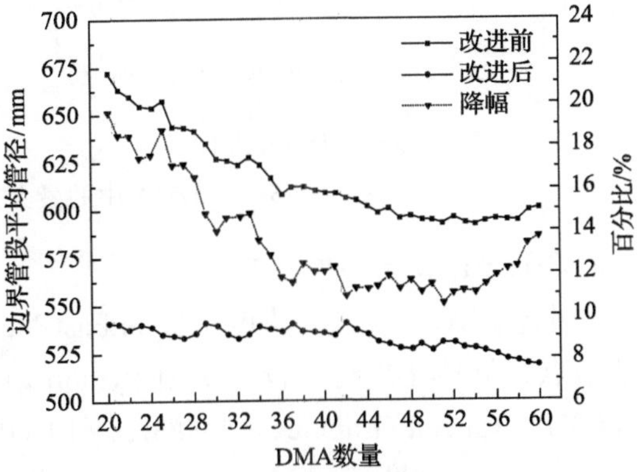

(b) 边界管段平均管径

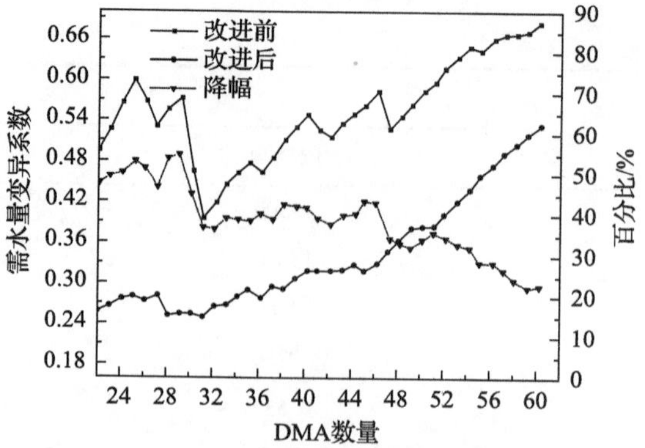

(c) DMA分区需水量变异系数

图 5.23　原模块度指标与改进模块度指标的对比

如图 5.24(a)所示，当划分出的 DMA 分区数量为 28～47 个时，改进模块度指标得到的分区最大需水量和最小需水量满足需水量的上下限(18L/s 和 180L/s)；而原模块度指标分区得到的绝大多数方案，其需水量均超出了上下限范围，仅当 DMA 数量在 31～38 个时才符合需水量的限制，如图 5.24(b)所示。研究表明，提出的改进模块度指标可以在 DMA 分区之间实现更平衡的需水量分布，在实现较少的 DMA 数量(如 28 个)的同时减少边界管段数量。

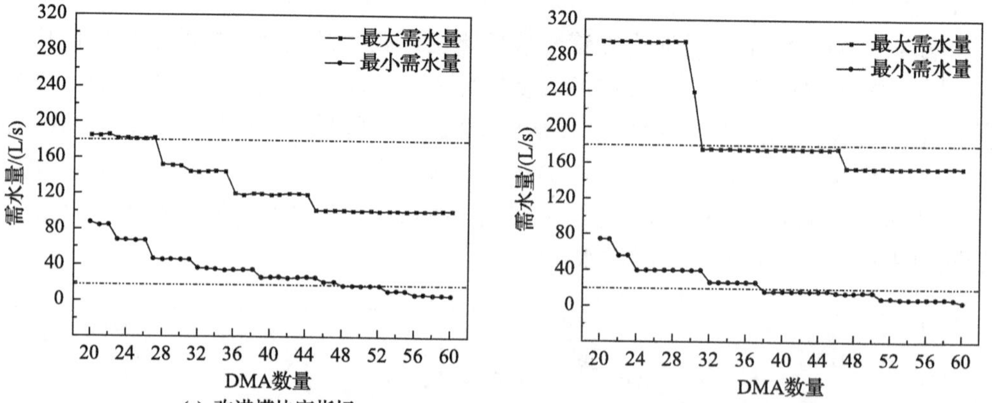

(a) 改进模块度指标　　(b) 原模块度指标

图 5.24　DMA 中的最大需水量和最小需水量

(2) F&L 算法的提升效果。

本节对基于改进模块度指标的 Fast-Newman 算法、Louvain 算法和 F&L 算法的节点聚类性能进行比较。采用 Python 语言编写上述算法，并在 AMD Ryzen 7 4800H、Radeon Graphics、2.90GHz 和 16.0GB RAM 的计算机上进行模拟。

由表 5.5 可见，Fast-Newman 算法生成所有方案的平均时间为 2814.68s，Louvain

算法和 F&L 算法的计算效率更高，分别为 49.38s 和 50.07s。F&L 算法实现了接近 Louvain 算法的高效计算。这是因为 F&L 算法在早期迭代时采用 Louvain 算法的社区合并策略，大大减少了迭代次数并提高了计算效率。

表 5.5　三种聚类算法的分区性能

算法名	平均消耗时间/s	可行解的数量
Fast-Newman	2814.68	21
Louvain	49.38	0
F&L	50.07	20

注：可行解是指方案中各 DMA 的总需水量均为 18～180L/s 的解。

从 Louvain 算法切换到 Fast-Newman 算法的过程如图 5.25 所示。Louvain 算法在每次迭代中将合并大量的 DMA，该过程能大大减少 DMA 的数量。Louvain 算法在第 5 次迭代获得最大模块化后终止。如图 5.25 所示，Louvain 算法生成了 51 个 DMA，导致各 DMA 的需水量总和过小。在上述 51 个 DMA 中有 4 个 DMA 的需水量总和小于 18L/s，这是不可行的。此时 Louvain 算法将提前停止迭代，这使其难以找到可行解。相比之下，F&L 算法为节点聚类提供了更灵活的方法。在前几次迭代中，其采用 Louvain 算法来减少 DMA 的数量。一旦 DMA 数量低于阈值，就从 Louvain 算法切换到 Fast-Newman 算法，这种策略使得 F&L 算法结合了 Fast-Newman 算法和 Louvain 算法的优势。

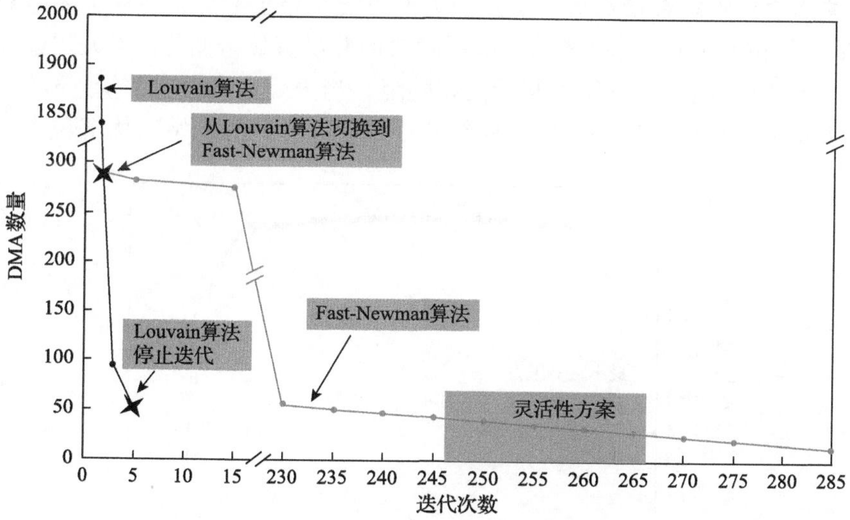

图 5.25　DMA 数量与迭代次数的关系

本节最终采用最经济的方案，即图 5.26 中 DMA 的数量为 28 且模块度指标为 0.94 的分区方案，其 DMA 分布如图 5.22 所示。该方案在节点聚类过程中产生了

100 根边界管段($n_c = 100$)。在隔离阶段，将对边界管段上流量计和隔离阀的安装位置进行优化。

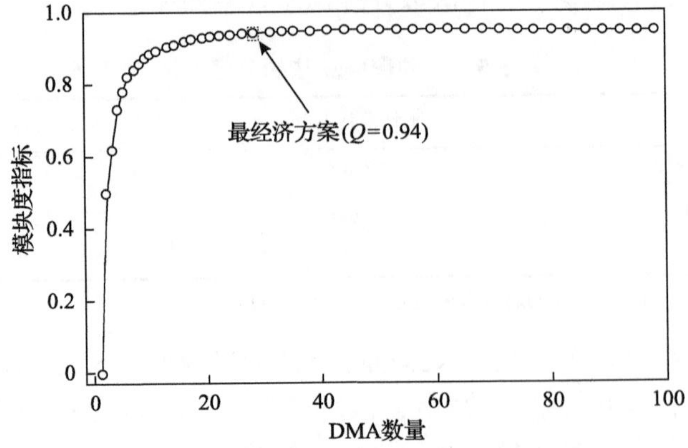

图 5.26　模块度指标与 DMA 数量的关系

2) 分区隔离

在分区隔离阶段应用本节提出的集成优化方法，通过初步水力分析发现 12 根关键边界管段，这些管段需要保持开启状态并安装流量计。通过将关键边界管段从决策变量中剔除，将在后续优化过程中将搜索空间数量从 2^{100} 减少到 2^{88}。然后，对剩余的 88 根边界管段进行次优解搜索，从而快速生成初始次优解。图 5.27 所示为关闭边界管段数量对最小节点压力的影响。最小节点压力在关闭边界管段数量(即 n_{c2}，隔离阀的数量)增长到最后阶段前并没有显著变化。当关闭边界管段数量超过 57 时，最小节点压力开始出现陡降；当关闭边界管段数量达到 66 时，系统无法满足最小服务压力，该程序终止。最后，得到的初始次优解包含额外的

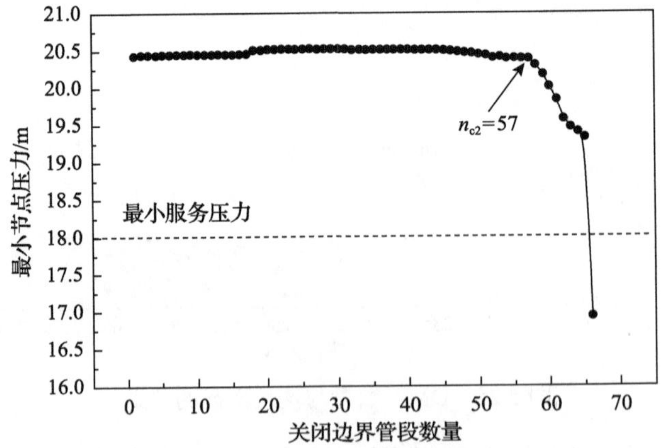

图 5.27　最小节点压力与关闭边界管段数量的关系

23 个流量计和 65 个隔离阀。流量计和隔离阀的平均管径分别为 789.13mm 和 450mm，两个目标函数值分别为 1034605 元和 1.40m。

利用 NSGA II 在初始次优解的基础上进一步寻优，其基本参数为：种群大小为 50，迭代次数为 500，交叉概率 $p_c = 0.8$，变异概率 $p_m = 0.1$。最优的帕累托前沿解和初始次优解如图 5.28 所示，优化后的解优于初始次优解，根据工程经验选择一个较为合适的方案作为最终的分区隔离方案。最终方案包含 65 个隔离阀和 23 个额外的流量计，实施成本为 957640 元，压力标准差为 1.33m，均优于初始次优方案，分别提高了 7.44%和 5.00%。总实施成本为 1107760 元，其中包括安装在关键边界管段上流量计的费用。

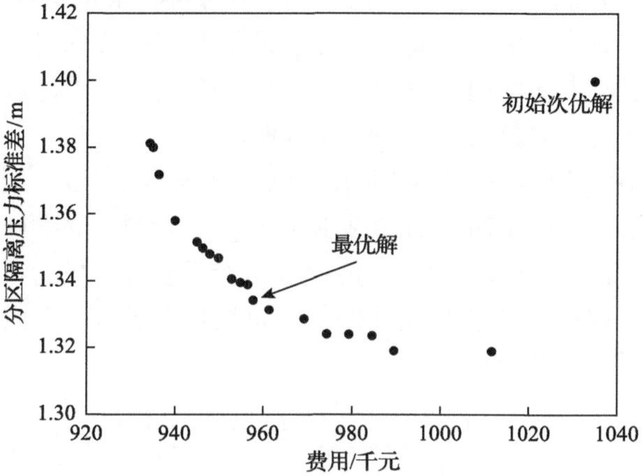

图 5.28　分区隔离阶段的优化结果

5.2.2　供水管网 DMA 漏损评估

5.2.1 节论述了如何对供水管网进行 DMA 分区，而对 DMA 进行漏损水平的准确评估和量化是实现漏损主动控制的重要手段。当前，基于产销差的方法虽然可以实现对漏损水平的大致估计，但由于人工抄表的时滞性，仍存在较大的偏差。为此，本节提出日期线性插值和供水量趋势拟合两种时间同步策略对其进行修正。对于产销差率较低的区域，为满足漏损精细化管理的需求，需要结合更准确的评估方法，例如，最小夜间流量法可以识别用水量最小时段除夜间合法用水外的漏损量，盲源分离方法则可以通过独立成分分析算法，将漏损量信号从用水量信号中分离以量化漏损量。这两种精细化方法不仅能够更准确地评估漏损水平，还可以对产销差参数进行修正以更好地指导产销差控制工作。本节将对上述三种漏损评估方法，即产销差评估法、最小夜间流量法和盲源分离法的原理和方法进行介绍。

1. 产销差评估法

国内多数供水企业普遍采取人工分批抄收的形式获得营收水量，抄表周期通常是每月或每两个月一次，具有数据的滞后性。而 DMA 小区考核表供水流量计则是实时远传的。传统产销差的计算方法通过静态处理分析抄表水量，再根据考核表的供水量得出该统计时间的产销差。这种方式得出的产销差水量存在较大的偏差，不能很好地用于指导实际的产销差控制工作。因此，需要通过时间同步对产销差进行修正。

1）按照费用日期线性插值的时间同步

营收数据的时间同步就是将静态报表记录的营收水量重新分配到每个自然月。目前采用较多的营收水量时间同步方法是根据营收数据对应的抄表日期进行线性插值，即假定抄表周期内的日用水量是均匀变化的，因此可以将营收水量从抄表日期还原到自然月的起始日期和终止日期。

如图 5.29 所示，以一月一抄的水表为例，该表第 i 个抄表周期的起始日期为 V_{i-1}，终止日期为 V_i，在此期间的抄见水量为 Q_i，此抄表周期对应的第 i 个自然月的起始日期为 T_{i-1}，终止日期为 T_i。传统静态产销差计算的过程中将 Q_i 作为第 i 个自然月的实际用水量，若按照线性插值法进行同步修正，则第 i 个自然月修正后的用水量 Q_i' 如式(5.10)所示：

$$Q_i' = \frac{Q_i(V_i - T_{i-1})}{V_i - V_{i-1}} + \frac{Q_{i+1}(T_{i+1} - V_i)}{V_{i+1} - V_i} \tag{5.10}$$

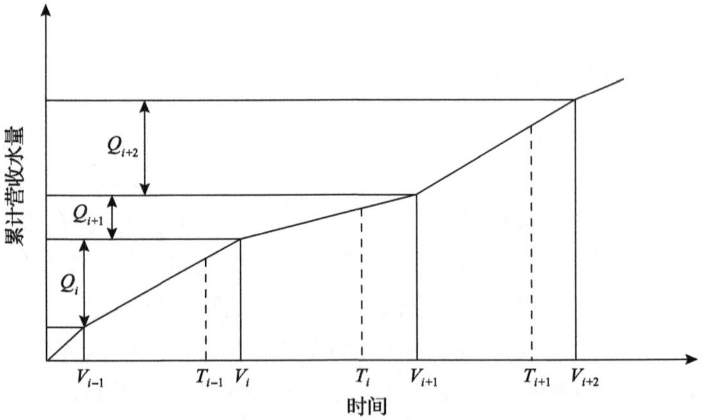

图 5.29　单块水表累计营收水量随时间变化示意图

2）参考供水量趋势拟合的时间同步

线性插值时间同步法应用于大区域产销差的计算，具有较好的修正效果，但在单独对一个 DMA 小区进行产销差率计算时，往往并不能取得较好的修正效果。

因此，对于装有远传考核表的 DMA 小区，可以参考供水量的变化趋势，对营收水量进行时间同步，具体步骤如下。

(1) 整理远传考核表的数据，得到 DMA 小区日供水量变化数据 Q_d。

(2) 根据营收数据获得抄表时间序列 V 与每个抄表周期内的抄见水量之和 B（一般一个 DMA 小区的抄表工作可以在 1～2 天完成，如果一个抄表周期内存在不同的起始日期和终止日期，可以通过加权平均取近似日期）。

(3) 假设每个抄表周期内漏损量是均匀变化的，则每个抄表周期内每天的用水量 $B'_{d,j}$ 可近似按照式(5.11)计算：

$$B'_{d,j} = Q_{d,j} - \frac{\sum_{j=V_{i-1}}^{V_i} Q_{d,j} - B_i}{V_i - V_{i-1}}, \quad j \in [V_{i-1}, V_i] \tag{5.11}$$

式中，V_{i-1} 与 V_i 分别为第 i 个抄表周期的起始日期与终止日期；B_i 为第 i 个抄表周期 DMA 小区的累计营收水量；$Q_{d,j}$ 为由考核表计算得出的第 j 日供水量。

根据供水量趋势拟合后的营收水量和考核表实测的供水量数据，即可计算各自然月的产销差情况。但对于产销差率已经较低的小区，按照供水量的变化趋势对营收数据进行时间同步，还需要配合其他方法，才能满足精细化管理的需要。

2. 最小夜间流量法

对每个分区流量和压力进行持续监控，然后分析夜间流量以确定是否有用户用水量以外的额外流量，这部分额外流量可能就是漏损量。在一个封闭的 DMA 小区，最小夜间流量包括两部分，即用户夜间合法用水和漏损量。由图 5.30 可以

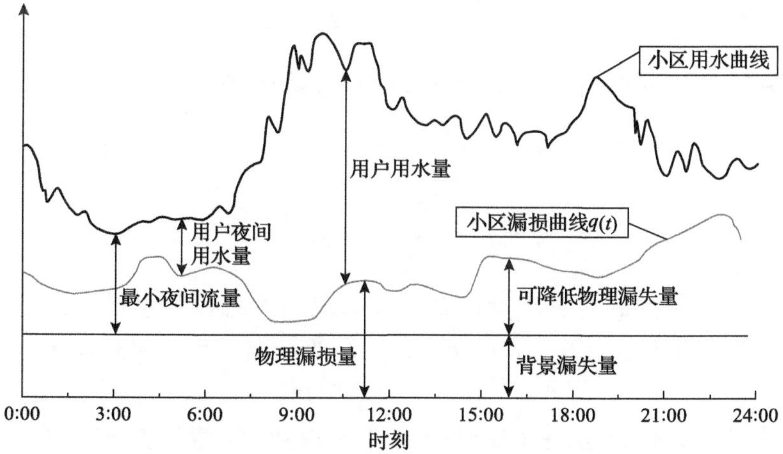

图 5.30　DMA 小区 24h 流量变化示意图

看出，应用 DMA 流量分析对漏损量进行评估应选取用水量最小的时刻，这段时间通常发生在凌晨 2:00～6:00，因为该时段用户用水量最小，因此漏损量占总用水量的比例最高。如果夜间流量增加，那么可能存在一个新的漏损点或者已存在的漏损点流量变大。式(5.12)给出了漏损量与 DMA 最小夜间流量之间的关系：

$$Q_{\mathrm{LOSS}} = Q_{\mathrm{MNF}} - Q_{\mathrm{LNF}} \tag{5.12}$$

式中，Q_{LOSS} 为在最小夜间流量发生时刻对应的 DMA 漏损量；Q_{MNF} 为 DMA 最小夜间流量；Q_{LNF} 为用户夜间用水量。

用节点漏损代替沿线漏损，则节点 i 处漏损量 $q_{i,1}$ 表示为压力相关喷射流量，如式(5.13)所示：

$$q_{i,1} = K_i (H_i)^n \tag{5.13}$$

式中，$q_{i,1}$ 为节点 i 处漏损量；K_i 为喷射系数或漏损系数；H_i 为节点 i 处的压力；n 为压力系数。

在计算 DMA 的漏损率时，若已知最小夜间流量 Q_{MNF} 和对应的压力 H_{MNF}、供水管网当天的平均压力 H_{day}，则日漏损量 Q_{day} 可以表示为

$$Q_{\mathrm{day}} = Q_{\mathrm{Loss}} \left(\frac{H_{\mathrm{day}}}{H_{\mathrm{MNF}}} \right)^n \tag{5.14}$$

或用每小时压力表示：

$$Q_{\mathrm{day}} = \sum_{i=1}^{24} Q_{\mathrm{MNF}} \left(\frac{H_i}{H_{\mathrm{MNF}}} \right)^n \tag{5.15}$$

在此基础上，漏损情况稳定和营收数据准确的条件下有如式(5.16)所示的关系：

$$Q - B = \sum_{i=1}^{k} \overline{q}_{\mathrm{leak}} \left(\frac{H_i}{\overline{H}} \right)^n \tag{5.16}$$

式中，Q 为该时段内的总供水量；B 为该时段内的总营收水量；$\overline{q}_{\mathrm{leak}}$ 为单位时间间隔的平均漏损量，$\overline{q}_{\mathrm{leak}} = (Q - B) / k$；$\overline{H}$ 为该时段内的平均压力；n 为压力系数。

当等式(5.16)成立或左右两边差距最小时得到的 n 值代表该时段内的漏损程度，将 n 值代入式(5.13)或式(5.15)就可以求出每个时刻或每天的漏损量，进而可

以对每月的产销差数据进行修正。

3. 盲源分离法

盲源分离法可以通过独立成分分析算法，将漏损量信号从用水量信号中分离出来，从而实现漏损量的量化。庄永伟[36]提出通过盲源分离法对漏损量进行计算，通过快速独立成分分析(fast independent component analysis, FastICA)算法，将漏损量信号从用水量信号中分离出来，并采用相似系数评价指标对分离结果进行评价，取得了较好的效果。郑成志[37]在此基础上对盲源分离法进行了进一步的尝试和优化，对比多种算法进行盲源分离的效果，结果表明，约束独立成分分析(constrained independent component analysis, CICA)算法优于 FastICA 算法。李建宇[38]提出基于 CICA 改进的带参考信号的独立成分分析(independent component analysis, with reference, ICA-R)算法，提高了噪声耐受性与稳定性。本节在改进 ICA-R 算法的基础上，结合实际 DMA 小区的特点，优化求解步骤与边界条件，并以实际 DMA 小区监测数据为盲源分离法的源信号进行漏损量的量化。

1) 信号分离依据

(1) DMA 小区的用水量与漏损量之间是独立的。

(2) DMA 小区供水管网的物理漏损量和供水压力虽然存在一定的不确定性，但在总体趋势上是呈正相关关系的。

(3) DMA 小区的用水量与漏损量至多有一个高斯信号。

2) 算法基本原理

通过盲源分离法提取 DMA 小区漏损量的基本原理，将 DMA 小区的用水量和漏损量作为两个源信号，将 DMA 小区入口考核表的供水量和供水压力这两个观测信号作为混合信号，通过构建一个使得分离系统输出信号的统计独立性(即高斯性)最大化的可逆系统，估计出原始信号。

漏损量与用水量的线性混合模式如式(5.17)所示：

$$\begin{bmatrix} x_1(t) \\ x_2(t) \end{bmatrix} = X = AS = \begin{bmatrix} a_{11} & a_{12} \\ a_{21} & a_{22} \end{bmatrix} \cdot \begin{bmatrix} s_1(t) \\ s_2(t) \end{bmatrix} \tag{5.17}$$

式中，$x_1(t)$ 为 DMA 小区入口考核表流量向量；$x_2(t)$ 为 DMA 小区入口压力表水头向量；A 为混合矩阵；$s_1(t)$ 为源信号矩阵中的第一行，DMA 小区用水量向量；$s_2(t)$ 为源信号矩阵中的第二行，DMA 小区漏损量向量；t 为时间序列，$t=1,2,\cdots,T$，T 为数据样本点数量。

盲源分离法在解混之前需要对观测信号进行白化处理，使得每个分量的协方差矩阵为单位矩阵，白化过程如式(5.18)所示：

$$(\tilde{X} = Q_{\text{white}} X) \to X \tag{5.18}$$

式中，$\tilde{X}$ 为观测信号 X 白化后的矩阵；Q_{white} 为观测信号 X 的白化矩阵。

采用李建宇[38]提出的基于 CICA 的改进 ICA-R 算法，解混模式为

$$\begin{bmatrix} y_1(t) \\ y_2(t) \end{bmatrix} = Y = WX = \begin{bmatrix} w_{11} & w_{12} \\ w_{21} & w_{22} \end{bmatrix} \cdot \begin{bmatrix} x_1(t) \\ x_2(t) \end{bmatrix} \tag{5.19}$$

$$y = w^{\mathrm{T}} X \tag{5.20}$$

式中，y 为源信号的估计值，$y = y_1(t)$ 或 $y = y_2(t)$，$y_1(t)$ 为 DMA 小区用水量的估计值，$y_2(t)$ 为 DMA 小区漏损量的估计值；W 为分离矩阵。ICA-R 算法的特点就是利用每个独立成分自身包含其阶跃信息的参考向量构建参考信号，使得盲源分离过程从“全盲”变成“半盲”，以确保每个输出都使负熵达到最大。

用水量参考向量 r_{c} 的构建规则为

$$a = \text{sort}\left(Q_{\text{s}}, \text{'descend'}\right) \tag{5.21}$$

$$r_{\text{c}} = \begin{cases} 1, & Q_{\text{s}}(t) \geqslant a(\text{round}(\text{DI}_{\text{C2}} \cdot T)) \\ 0.5, & a(\text{round}(1 - \text{DI}_{\text{C2}}) \cdot T) < Q_{\text{s}}(t) < a(\text{round}(\text{DI}_{\text{C1}} \cdot T)) \\ 0, & Q_{\text{s}}(t) \leqslant a(\text{round}(1 - \text{DI}_{\text{C1}}) \cdot T) \end{cases} \tag{5.22}$$

式中，$a(x,n)$ 为对序列 x 按降序排列后排在第 n 个位置的数值；$Q_{\text{s}}(t)$ 为 DMA 小区入口流量时间序列；T 为观测信号序列的元素数量；DI_{C1} 和 DI_{C2} 为用水量分界系数，均为正数且满足 $\text{DI}_{\text{C1}} + \text{DI}_{\text{C2}} < 1$；$\text{round}(\cdot)$ 为四舍五入取整函数。

根据郑成志[37]的实验模拟结果与我国城市供水调度的基本形式，漏损量与供水压力之间存在较好的正相关性，如式(5.23)所示：

$$Q_{\text{L}} = \frac{H}{Q_{\text{s}}^2} \tag{5.23}$$

式中，H 为 DMA 小区入口压力时间序列。

为保证输入信号的独立性，对压力信号进行去相关操作，漏损量参考向量 r_{l} 的构建规则为

$$b = \text{sort}\left(\frac{H}{Q_{\text{s}}^2}, \text{'descend'}\right) \tag{5.24}$$

$$r_1 = \begin{cases} 1, & \dfrac{H}{Q_s^2}(t) \geqslant b(\text{round}(\text{DI}_{L2} \cdot T)) \\ 0.5, & b(\text{round}(1-\text{DI}_{L2}) \cdot T) < \dfrac{H}{Q_s^2}(t) < b(\text{round}(\text{DI}_{L1} \cdot T)) \\ 0, & \dfrac{H}{Q_s^2}(t) \leqslant b(\text{round}(1-\text{DI}_{L1}) \cdot T) \end{cases} \tag{5.25}$$

式中，$b(x,n)$ 为对序列 x 按降序排列后排在第 n 个位置的数值；T 为观测信号序列的元素数量；DI_{L1} 和 DI_{L2} 为用水量分界系数，均为正数且满足 $\text{DI}_{L1}+\text{DI}_{L2}<1$。

ICA-R 算法进行盲源分离时，将负熵作为非高斯性度量的尺度，对比函数式为

$$J(y) = \rho\left\{E\left[G(y) - G(v_{\text{Gauss}})\right]\right\}^2 \tag{5.26}$$

式中，$J(\cdot)$ 为非平方非线性函数；v_{Gauss} 为均值为 0，方差为 1 的高斯随机变量；$\rho = \text{sign}\left\{E\left[G(y)\right] - E\left[G(v_{\text{Gauss}})\right]\right\}$，$E[\cdot]$ 为期望；G 为构建的非平方非线性函数，其表达式为

$$G(u) = \begin{cases} \log_2(\cosh u), & \text{当管道压力服从高斯分布时} \\ 0.25u^4, & \text{其他} \end{cases} \tag{5.27}$$

为了让分离出的信号 y 与参考向量趋势接近，定义两者之间的差距为

$$\varepsilon(y,r) = E\left[(y-r)^2\right] \tag{5.28}$$

当此距离小于设定的阈值 ξ 时，认为输出的信号为分离成功的信号。同时，还需满足分离信号的协方差矩阵为单位矩阵，即

$$E(y^2) = 1 \tag{5.29}$$

所以，采用 ICA-R 算法对用水量信号和漏损量信号进行盲源分离的目标函数为

$$\begin{aligned} &\max J(y) = \rho\left\{E\left[G(y) - G(v_{\text{Gauss}})\right]\right\}^2 \\ &\text{s.t.} \quad E(y^2) = 1 \\ &\qquad E\left[(y-r)^2\right] \leqslant \xi \end{aligned} \tag{5.30}$$

式(5.30)可通过构建拉格朗日函数，利用牛顿迭代法进行求解，迭代过程如式(5.31)所示，约束条件为式(5.32)：

$$\begin{aligned} & w_{k+1} = w_k - \eta R_{xx}^{-1} L'_{w_k} \ / \ \delta(w_k) \\ & L'_{w_k} = \rho E\left[XG'_y(y)\right] - 0.5\mu E\left[Xg'(w_k)\right] - \lambda E(Xy) \\ & \delta(w_k) = \rho E\left[XG''_y(y)\right] - 0.5\mu E\left[Xg'(w_k)\right] - \lambda \\ & \mu_{k+1} = \max\left[0, \mu_k + \gamma g(w_k)\right] \\ & \lambda_{k+1} = \lambda_k + \gamma h(w_k) \\ & \xi_{k+1} = \xi_k (1 - \mathrm{e}^{-k}) \end{aligned} \tag{5.31}$$

$$g(w) = \varepsilon(y, r) - \xi \leqslant 0 \tag{5.32}$$

式中，η 为学习率；R_{xx} 为观测信号矩阵 X 的协方差矩阵；L'_{w_k} 为拉格朗日函数对 w_k 的一阶导数；μ 和 λ 为拉格朗日函数乘子；$g'(w)$ 为约束条件 $g(w)$ 的一阶导数。

当 μ 出现二次增长时，用式(5.33)更新 w 后重新进入迭代过程：

$$w = (w^{\mathrm{T}} R_{xx} w)^{-\frac{1}{2}} w \tag{5.33}$$

3)信号归属判断与振幅还原

因为经过 ICA-R 算法得到的分离信号并不具有实际的物理意义，所以必须通过与源信号进行趋势对比分析，判断分离出的信号分别代表哪个源信号。一般在供水量中，漏损量的比例远小于用水量，因此用水量的趋势与供水量接近；而由式(5.23)可知漏损量与压力呈正相关关系，因此漏损量趋势与压力接近。信号序列的接近程度一般用皮尔逊相关系数来描述，如式(5.34)所示：

$$p_{xy} = \frac{E(XY) - E(X)E(Y)}{\sqrt{E(X^2) - E^2(X)}\sqrt{E(Y^2) - E^2(Y)}} \tag{5.34}$$

$\left|p_{xy}\right|$ 越接近 1，X 与 Y 越相关；$\left|p_{xy}\right|$ 越接近 0，X 与 Y 越不相关。

确定了分离信号的归属，还需对分离出的信号进行振幅还原，才能得到真实的漏损量信号与用水量信号。混合矩阵本质上就是对源信号进行缩放与平移，因此只要找到正确的缩放系数与平移系数，就能将无量纲的分离信号还原成源信号。

首先，将分离出的信号 y 进行归一化，处理成均值为 0、方差为 1 的信号，归一化操作如式(5.35)所示：

$$\begin{cases} l_0(t) = \dfrac{y_1(t) - \overline{y}_1(t)}{\text{std}[y_1(t)]} \\ c_0(t) = \dfrac{y_2(t) - \overline{y}_2(t)}{\text{std}[y_2(t)]} \end{cases} \tag{5.35}$$

式中，y_1 为分离出的漏损量信号；y_2 为分离出的用水量信号；$l_0(t)$ 为均值为 0，方差为 1 的漏损量分离信号；$c_0(t)$ 为均值为 0,方差为 1 的用水量分离信号；std[·]为求标准差运算。

源信号与 $l_0(t)$ 及 $c_0(t)$ 之间的缩放与平移满足流量平衡关系，如式(5.36)所示：

$$\begin{cases} Q_l(t) = l_0(t) \cdot \sigma_l + \mu_l \\ Q_c(t) = c_0(t) \cdot \sigma_c + \mu_c \\ Q_s(t) = Q_l(t) + Q_c(t) \end{cases} \tag{5.36}$$

式中，$Q_l(t)$ 为具有真实幅值的漏损量分离信号；$Q_c(t)$ 为具有真实幅值的用水量分离信号；$Q_s(t)$ 为 DMA 小区入口考核表流量信号；σ_l 和 σ_c 为实际分离信号的标准差；μ_l 和 μ_c 为实际分离信号的均值。

DMA 小区入口考核表流量信号的平均值 $\bar{Q}_s(t) = \mu_l + \mu_c$，因此式(5.36)又可写为

$$Q_s(t) = l_0(t)\sigma_l + c_0(t)\sigma_c + \bar{Q}_s(t) \tag{5.37}$$

将式(5.37)按时间序列展开，有

$$\begin{cases} Q_s(t_1) - \bar{Q}_s(t) = l_0(t_1)\sigma_l + c_0(t_1)\sigma_c \\ Q_s(t_2) - \bar{Q}_s(t) = l_0(t_2)\sigma_l + c_0(t_2)\sigma_c \\ \quad\vdots \\ Q_s(t_n) - \bar{Q}_s(t) = l_0(t_n)\sigma_l + c_0(t_n)\sigma_c \end{cases} \tag{5.38}$$

通过最小二乘法求解式(5.38)构成的二元超定方程就可以求解出 σ_l 和 σ_c，内含的约束条件如式(5.39)所示：

$$\begin{aligned} D(Q_s) &= D(Q_l + Q_c) = D(Q_l) + D(Q_c) + 2\text{Cov}(Q_l, Q_c) \\ &= D(Q_l) + D(Q_c) + 2\text{Cov}(l_0(t)\sigma_l + \mu_l, c_0(t)\sigma_c + \mu_c) \\ &= \sigma_l^2 + \sigma_c^2 + 2\sigma_l\sigma_c\text{Cov}(l_0(t), c_0(t)) \\ &= \sigma_l^2 + \sigma_c^2 + \sigma_l\sigma_c\left\{D[l_0(t) + c_0(t)] - D[l_0(t)] - D[c_0(t)]\right\} \end{aligned} \tag{5.39}$$

式中，$D(\cdot)$ 为方差；$\text{Cov}(\cdot)$ 为协方差。

μ_1与μ_c的求解方法主要采用的是在时间序列范围内找到一个漏损量与用水量能够确定的时刻，再将此时刻的漏损量与用水量代入式(5.36)的前两个方程，即可求出μ_1与μ_c。

4)参考长历时营收的信号还原方法

目前采用最小夜间流量法对漏损量和用水量进行估计可能存在较大的偏差。尤其是对一个较长的时间段进行分析时，每天的最小夜间流量都存在一定程度的变化，基准值的选取存在一定的困难。因此，本节介绍一种以长历时营收为参考的盲源分离信号的还原方法，具体步骤如下：

(1)假设一个 DMA 小区入口考核表的采样频率为f，单位为次/min，并且通过该表获得了此 DMA 小区连续一段时间共N天内的供水量Q与压力P的时间序列，同时获得该 DMA 小区此段时间内的营收数据B。

(2)以天为周期，第i个周期输入信号向量的长度n为

$$n=\begin{cases}\dfrac{24\times 60}{f}+1, & i=1,2,\cdots,N-1\\[2ex] \dfrac{24\times 60}{f}, & i=N\end{cases} \tag{5.40}$$

从第二个周期开始，每个周期输入信号向量的第一个元素与上个周期的最后一个元素相同，则每个周期的输入信号q_i与p_i可表示为

$$\begin{cases}q_i=\left[Q_j,Q_{j+1},\cdots,Q_{j+n}\right]\\ p_i=\left[P_j,P_{j+1},\cdots,P_{j+n}\right]\end{cases},\quad j=(i-1)n+1 \tag{5.41}$$

(3)将每个周期的输入信号q_i与p_i均按照 ICA-R 算法得到两个无量纲的分离信号，再分别计算两个分离信号与q_i及p_i的相关系数，判断分离信号属于哪个源信号后，进行归一化处理，进而得到确定信号源归属的分离信号$q_{i,\text{ica}}$与$p_{i,\text{ica}}$。

(4)将每个周期的分离信号$q_{i,\text{ica}}$与$p_{i,\text{ica}}$，利用本节提到的带约束条件的最小二乘法，求解用水量信号的缩放系数$\sigma_{i,1}$。

(5)将每个周期的分离信号$q_{i,\text{ica}}$乘以该周期求得用水量信号的缩放系数$\sigma_{i,1}$，得到该周期振幅还原的用水量信号$q_{i,\text{r}}$。

(6)由步骤(2)可知，从第二个周期开始，每个周期输入信号向量的第一个元素与上个周期的最后一个元素相同，所以从第二个周期开始，每个周期用水量信号的第一个元素与上个周期的最后一个元素也应该是相同的。因此，以第一个周期的用水量振幅还原信号$q_{1,\text{r}}$为基准，从第二个周期开始，将每个周期的用水量振幅还原信号加上一个临时偏置项b_i，使得这个周期用水量振幅还原信号的第 1 项

等于上个周期用水量振幅还原信号的最后一项。

(7) 将步骤 (6) 中修正后的用水量振幅还原信号按时间顺序拼接起来，头尾的重复部分只保留一项，得到整个时间段的用水量振幅还原信号 $Q_{c,r}$。

(8) 将 $Q_{c,r}$ 加上一个偏置项 B_c 得到一个新的序列，当此序列的和与营收数据 B 相等时，新序列为整个时间段的用水量振幅还原信号 $Q_{c,ica}$。

(9) 最后将供水量信号 Q 减去 $Q_{c,ica}$，即可得到漏损量的振幅还原信号 $Q_{l,ica}$。

以上步骤在输入信号较为平稳时可以得到较为准确与合理的分离水量，但在输入信号存在突变或较强噪声的情况下，如果按照步骤 (6) 对每个周期用水量振幅还原信号进行拼接，可能使得某些周期的还原信号出现明显的异常值。因此，需要增加边界条件，将解限制在可行域的范围内。

根据最小夜间流量法的基本原理，每个周期最小夜间流量发生时刻的漏损量不可能超过最小夜间流量。而漏损量就算很小，也不可能出现负值，而且 DMA 小区一般都存在数值较小的背景漏失量，又称不可避免漏损量 (unavoidable annual real losses, UARL)。当 DMA 小区规模较大、管线较长时，UARL 不能忽略。国际水协会 (International Water Association, IWA) 建议采用的 UARL 计算公式[39]如式 (5.42) 所示：

$$Q_{\mathrm{UARL}} = (18L_{\mathrm{m}} + 0.8N_{\mathrm{c}} + 25L_{\mathrm{p}})P \tag{5.42}$$

式中，L_{m} 为干管长度，主要指输水管线长度，km；N_{c} 为服务连接数量；L_{p} 为产权边界到考核计费点之间 DMA 小区范围内地下管线长度，又称配水管线长度，km；P 为 DMA 小区内管网的平均压力，m。

董驹萍等[40]研究表明，我国城市 DMA 小区以居民用户为主，如果直接将 IWA 给出的 UARL 计算公式用于计算我国 DMA 的 UARL，会导致误差较大，不宜直接使用。因此，结合我国 DMA 小区的特点与作为边界条件的性质，对 UARL 公式进行修正，得到漏损量的下边界，如式 (5.43) 所示：

$$Q'_{\mathrm{UARL}} = 0.5 \times (18L'_{\mathrm{m}} + 0.8N'_{\mathrm{c}})P_{\min} \times 0.67 \tag{5.43}$$

式中，L'_{m} 为 DMA 小区内供水干管总长度，km；N'_{c} 为 DMA 小区内分表数量，个；$P_{\min}$ 为 DMA 小区入口最小压力，m。

依此得到对用水量振幅还原信号约束条件上边界的表达式如式 (5.44) 所示：

$$\left[q_{i,\mathrm{r}} + \mu_{i,\mathrm{c}}\right]_{\mathrm{MNF}} \leqslant q_{i,\mathrm{MNF}} - Q'_{i,\mathrm{UARL}} \tag{5.44}$$

式中，$\mu_{i,\mathrm{c}}$ 为第 i 个周期用水量信号平移系数；$q_{i,\mathrm{MNF}}$ 为第 i 个周期的最小夜间流量；$Q'_{i,\mathrm{UARL}}$ 为第 i 个周期的 UARL；$\left[q_{i,\mathrm{r}} + \mu_{i,\mathrm{c}}\right]_{\mathrm{MNF}}$ 为第 i 个周期最小夜间流量发

生时刻的用水量信号。

同理，下边界的表达式如式(5.45)所示：

$$\left[q_{i,\mathrm{r}}+\mu_{i,\mathrm{c}}\right]_{\mathrm{MNF}} \geqslant Q'_{i,\mathrm{UARL}} \tag{5.45}$$

因此，可以根据整个时间段内的流量平衡关系，以每个周期用水量信号平移系数 $\mu_{i,\mathrm{c}}$ 为变量建立优化目标函数，如式(5.46)所示：

$$f(\mu_{i,\mathrm{c}})=\min\left|\sum_{i=1}^{N}\mu_{i,\mathrm{c}}-B\right| \tag{5.46}$$

同时，依据步骤(2)，以整个时间段内信号的连续性为惩罚函数，则目标函数(5.46)改写为

$$f(\mu_{i,\mathrm{c}})=\min\left(\left|\sum_{i=1}^{N}\mu_{i,\mathrm{c}}-B\right|+\sum_{i=2}^{N}\left|\left[q_{i,\mathrm{r}}+\mu_{i,\mathrm{c}}\right]_{l}-\left[q_{i-1,\mathrm{r}}+\mu_{i-1,\mathrm{c}}\right]_{n}\right|\right) \tag{5.47}$$

步骤(6)～步骤(8)可以替换为：以式(5.47)为目标函数，式(5.44)与式(5.45)为约束条件，通过遗传算法求解出每个周期的用水量信号平移系数 $\mu_{i,\mathrm{c}}$，从而得到整个时间段的用水量振幅还原信号 $Q_{\mathrm{c,ica}}$，最后再按照步骤(9)得到漏损量的振幅还原信号 $Q_{\mathrm{l,ica}}$。

5.3 供水管网爆管在线报警与定位

爆管往往在短时间内会造成大量的水资源流失，定位修复不及时还会使其他基础设施受到损害，如交通受阻、设备水淹等，因此爆管定位的及时性要求比漏损定位更高。一方面，爆管可能会引起管道水力特性突变，产生瞬态压力波；另一方面，漏损引起流量突增，造成管道水头损失增大，使得系统稳态压力下降。识别爆管引起的瞬态或稳态压力特征是实现爆管在线报警与定位的常见手段。由于高昂的设备费用、对计算的高要求以及在大型供水管网上应用的技术问题还没有完全解决，基于瞬态数据的方法还有待进一步研究，利用稳态数据仍然是爆管定位研究的主要方向。

5.3.1 供水管网爆管在线报警

为了充分发挥实时监测数据和历史监测数据的价值，本节提出基于数据驱动的以预测-分类为思路的爆管识别方法。先通过分析时间序列来对未来时刻压力值进行预测。考虑到供水管网实际运行过程中，监测点压力会受到周围节点用

户需水量变化影响而产生波动，在分类阶段，通过统计分析设定爆管阈值，并结合多时间节点历史数据信息进行爆管识别，减少因调度操作和需水量波动等正常运行而产生的误报。

1. 供水管网压力数据的收集与预处理

本节选取某供水管网的 1 个一级分区、5 个二级分区开展研究。针对供水管网测压点进行分析，通过数据采集与监控系统，调取研究范围内正常工作的测压点历史数据，共计 13 个测压点，测压点名称分别为植物园、武警医院、华侨医院、中山大道、黄村射箭场、华南大桥、大观加压站、员村大街、沙太京溪、华南理工、黄埔大道、岑村小学、棠下加压站，测压点分布不均匀，由于测压点布置主要遵循人工经验，优先满足调度需要，大多集中在加压站和大用户周围。

数据的时间跨度为 2018 年 1 月 1 日 0:00 至 2018 年 12 月 6 日 23:55，共计 340 天。压力数据采集频率为间隔 5min 采样一次，压力单位为 MPa，共计 1272960 条数据。以植物园测压点为例，图 5.31 所示为 2018 年 1 月 1 日的压力实测数据，可见压力在一天内存在明显的波动。

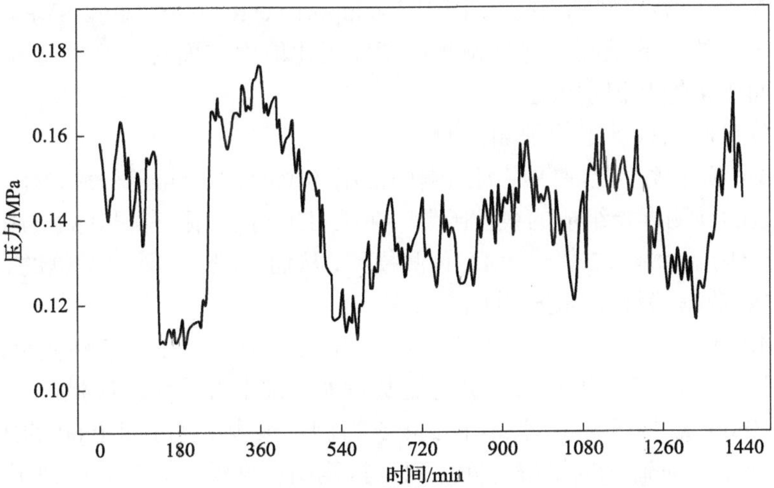

图 5.31　2018 年 1 月 1 日植物园测压点压力波动图

数据采集与监控（supervisory control and data acquisition, SCADA）系统在实际生产应用中，难免会出现网络或服务器硬件层面的异常，因此造成所有监测点采集的压力实测数据存在缺失值，如图 5.32 所示，而大多数算法要求数据完整，对存在的缺失值适应性差。为避免对算法运行造成不利影响，在对数据进行分析之前，需要进行预处理。考虑到这种情况在实际生产中发生概率不大，此类缺失值所占比例很小，因此采用线性插值替换缺失值，然后再对数据进行预处理。

时间	zwy	wjyy	hqyy	zsdd	dgz	hc	hndq	ycdj	stjx	hnlg	hpdd	txz
2018-01-01 00:00:00	0.1582	0.2655	0.2117	0.3726	0.5660	0.2355	0.2572	0.14854	0.2863	0.11629	0.2756	0.2563
2018-01-01 00:05:00	0.1545	0.2608	0.2091	0.3640	0.5643	0.2307	0.2544	0.14344	0.2813	0.11242	0.2748	0.2547
2018-01-01 00:10:00	0.1493	0.2482	0.2004	0.3526	0.5573	0.2225	0.2484	0.13708	0.2733	0.10402	0.2692	0.2499
2018-01-01 00:15:00	0.1420	0.2455	0.1984	0.3510	0.5557	0.2186	0.2470	0.13521	0.2681	0.10157	0.2665	0.2478
2018-01-01 00:20:00	0.1397	0.2356	0.2018	0.3492	0.5557	0.2171	0.2467	0.13625	0.2646	0.09964	0.2676	0.2460
2018-01-01 00:25:00	0.1448	0.2237	0.1977	0.3467	0.5563	0.2186	0.2453	0.13458	0.2652	0.09777	0.2673	0.2452
2018-01-01 00:30:00	0.1464	0.2243	0.2014	0.3508	0.5620	0.2217	0.2468	0.13708	0.2667	0.09740	0.2685	0.2462
2018-01-01 00:35:00	0.1529	0.2296	0.1964	0.3545	0.5660	0.2226	0.2433	0.13562	0.2708	0.09899	0.2673	0.2452
2018-01-01 00:40:00	0.1564	0.2328	0.2046	0.3617	0.5650	0.2285	0.2458	0.14188	0.2775	0.10194	0.2703	0.2484
2018-01-01 00:45:00	0.1625	0.2356	0.2035	0.3593	0.5640	0.2245	0.2469	0.13937	0.2753	0.10414	0.2700	0.2489
2018-01-01 00:50:00	NA	NA	NA	NA	NA	NA	NA	NA	NA	NA	NA	NA
2018-01-01 00:55:00	0.1588	0.2557	0.2082	0.3577	0.5667	0.2317	0.2509	0.14729	0.2613	0.10721	0.2717	0.2527
2018-01-01 01:00:00	0.1501	0.2574	0.2002	0.3540	0.5540	0.2271	0.2580	0.13625	0.2596	0.10709	0.2665	0.2481
2018-01-01 01:05:00	0.1549	0.2628	0.2017	0.3519	0.5490	0.2120	0.2492	0.13875	0.2760	0.10598	0.2676	0.2490
2018-01-01 01:10:00	0.1389	0.2539	0.1991	0.3513	0.5470	0.2204	0.2499	0.13812	0.2723	0.10562	0.2696	0.2498
2018-01-01 01:15:00	0.1421	0.2581	0.2098	0.3513	0.5525	0.2274	0.2553	0.14250	0.2690	0.10525	0.2746	0.2529
2018-01-01 01:20:00	0.1445	0.2620	0.2053	0.3729	0.5525	0.2359	0.2513	0.14469	0.2742	0.10782	0.2742	0.2549

图 5.32　未经预处理的实际采集压力数据

NA 为不合理数值；第一行为传感器名称

2. 时间序列数据预测

本节基于预测-分类思路建立爆管识别方法，在预测阶段提出差分自回归移动平均(ARIMA)预测模型和支持向量回归(support vector regression, SVR)预测模型以实现对压力数据的预测，并从预测精度和泛化能力方面对预测模型进行对比与择优，从而用于爆管识别方法。

1)差分自回归移动平均预测模型

ARIMA 预测模型是时间序列预测中常用的模型，将预测值表示为由最近的真实值和最近的预测误差组成的线性函数，在压力预测中同样有很好的实用性。本节以植物园测压点为例，构建 ARIMA 预测模型，从而实现时间序列数据的有效预测。

(1)去除数据趋势项与季节性。

ARIMA 预测模型要求输入数据平稳，并根据是否存在季节性变化而采用不同结构模型，因此需对输入数据进行趋势项和季节性的检验与判断。以 2018 年 6 月 24 日 0:00 至 2018 年 6 月 30 日 23:55 为例，预测 7 月 1 日 0:00 的压力数据。如图 5.33 所示，对输入数据按时间序列画折线图，直观判断时间序列不存在明显趋势，且不具有明显周期性特征，方差较为稳定。进一步通过 KPSS(Kwiatkowski-Phillips-Schmidt-Shin)单位根检验进行判断，原假设时间序列平稳，检验统计量值为 0.4334，显著性水平 1%、2.5%、5%、10%所对应的临界值分别为 0.739、0.574、0.463、0.347，得出结论，无法拒绝原假设，时间序列不存在趋势项。通过 OCSB(Osborn-Chui-Smith-Birchenhall)测试，得到所需季节性差分阶数为零，判断时间序列不存在周期性，若有则对原时间序列进行差分以去除，若方差不为常数则进行 Box-Cox 变换。最后经过增广 Dickey-Fuller(augmented Dickey-Fuller, ADF)统计检验，$p<0.01$，确认了输入数据的平稳，并选择采用非季节性 ARIMA 预测模型。

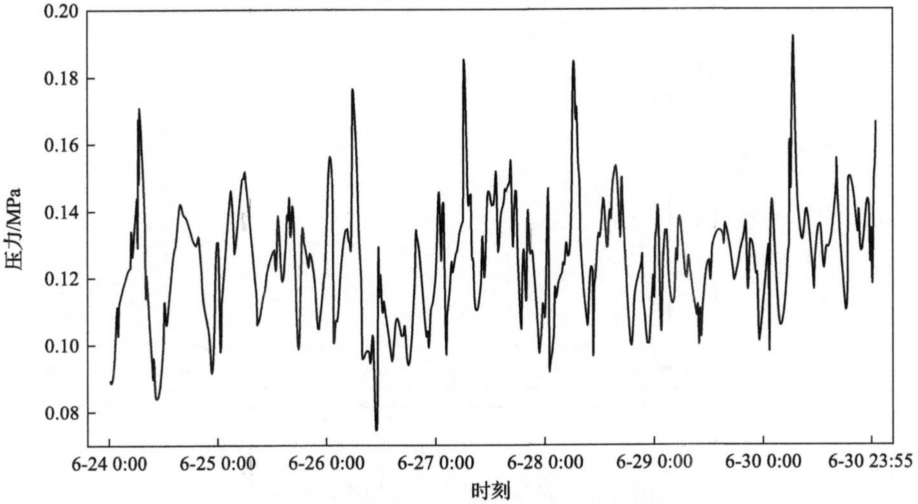

图 5.33　植物园监测点一周历史数据波动图

(2)拟合模型。

ARIMA (p, d, q) 预测模型需要指定参数，其中，d 为差分阶数，已确定；对于 p 阶和 q 阶的选定可采用网格搜索，或根据自相关性和偏自相关性来确定。图 5.34 和图 5.35 分别为输入数据(2018 年 6 月 24 日 0:00 至 2018 年 6 月 30 日 23:55 植物园监测点压力数据)的自相关函数图和偏自相关函数图，根据自相关函数逐渐减小到零和偏自相关函数在二阶后减小到零，选定 p 和 q 分别为 2 和 0，选定模型为 ARIMA(2, 0, 0)。

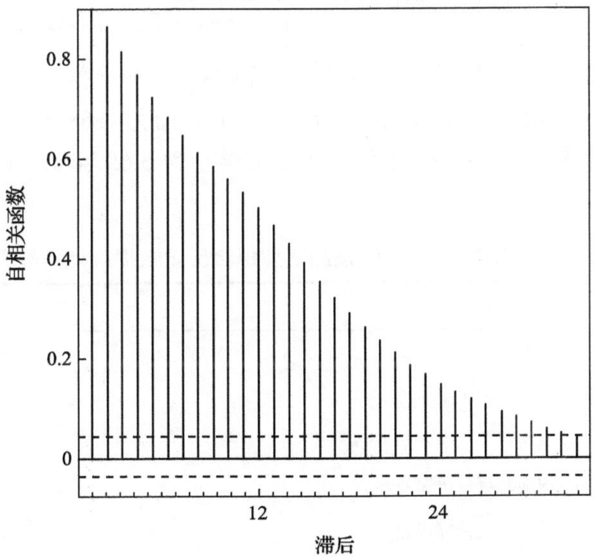

图 5.34　时间序列的自相关函数图

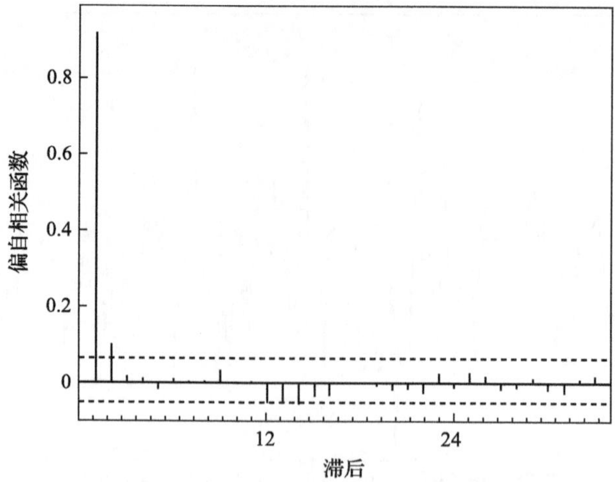

图 5.35　时间序列的偏自相关函数图

设定参数后拟合模型，将最小 AICc 值，即修正后的赤池信息量准则(Akaike information criterion, AIC)作为评价标准，将拟合效果最优的作为选定模型。AIC 函数表达式为

$$\mathrm{AIC} = -2\ln L + 2(p+q+1) \tag{5.48}$$

式中，L 为数据的极大似然度。

修正后的 AIC 定义为

$$\mathrm{AICc} = \mathrm{AIC} + \frac{2(p+q+1)(p+q+2)}{T-p-q-2} \tag{5.49}$$

式中，T 为样本数量，T 足够大时 AICc 值无限接近 AIC 值。

对于拟定的 ARIMA(2, 0, 0)预测模型，AICc 值为–16806.26。模型的拟合效果见表 5.6 的统计参数，其中平均绝对百分比误差为 3.6974%，可见对原时间序列拟合较好。

表 5.6　ARIMA(2, 0, 0)预测模型拟合历史数据统计参数表

参数名称	统计参数值
均方根误差/MPa	0.000629
平均绝对误差/MPa	0.00461
平均百分比误差/%	–0.2410
平均绝对百分比误差/%	3.6974
平均绝对标度误差	0.35516
一阶自相关系数	0.000765

(3)模型评价。

对于适合的 ARIMA 预测模型，模型残差应满足均值为零的正态分布，并且对于任意的滞后阶数，残差自相关性都应该为零，即残差应满足独立正态分布。图 5.36 为模型残差的正态 *Q-Q* 图，数据点基本落在线上，且 Box-Ljung 测试结果 p 为 0.9707，没有通过假设相关的显著性检验，说明残差自相关性为零，模型通过评价，可较好地拟合数据。

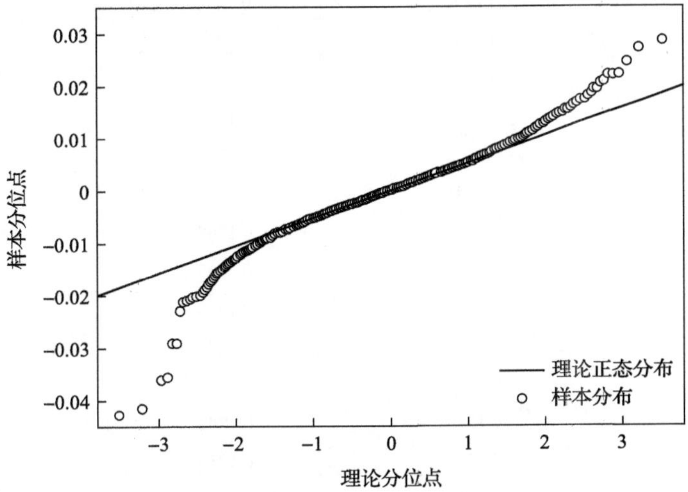

图 5.36　模型残差的正态 *Q-Q* 图

(4)模型预测。

针对监测点压力数据，采用 7 天的历史数据，5min 采样间隔，即将预测时刻之前的 2016 条历史数据记录作为时间窗口进行预测。当前时刻预测完成后进行下一时刻预测时，时间窗口移动一个时刻，将最新时刻的实测值加入时间窗口末尾，并剔除时间窗口首位的历史数据。

根据选定模型对植物园测压点 2018 年 7 月 1 日 0:00～23:55 压力进行预测，选择部分预测结果见表 5.7。

表 5.7　2018 年 7 月 1 日 3:00～4:55 植物园测压点预测结果对比

时刻	实测值/MPa	预测值/MPa	相对误差/%
3:00	0.1206	0.1355	12.35
3:05	0.1326	0.1261	4.90
3:10	0.1274	0.1295	1.65
3:15	0.1291	0.1306	1.16
3:20	0.1302	0.1222	6.14
3:25	0.1239	0.1341	8.23

续表

时刻	实测值/MPa	预测值/MPa	相对误差/%
3:30	0.1321	0.1151	12.87
3:35	0.1184	0.1360	14.86
3:40	0.1330	0.1392	4.66
3:45	0.1379	0.1269	7.98
3:50	0.1292	0.1234	4.49
3:55	0.1231	0.1377	11.86
4:00	0.1359	0.1425	4.86
4:05	0.1402	0.1433	2.21
4:10	0.1424	0.1200	15.73
4:15	0.1241	0.1384	11.52
4:20	0.1354	0.1368	1.03
4:25	0.1367	0.1399	2.34
4:30	0.1383	0.1310	5.28
4:35	0.1334	0.1389	4.12
4:40	0.1375	0.1438	4.58
4:45	0.1421	0.1354	4.71
4:50	0.1360	0.1259	7.43
4:55	0.1293	0.1403	8.51

植物园测压点7月1日全天完整预测结果与实际观测结果对比如图5.37所示。从图中可以看出，模型整体预测效果较好，通过计算得到，平均绝对误差为0.0049MPa，平均绝对百分比误差为3.93%。

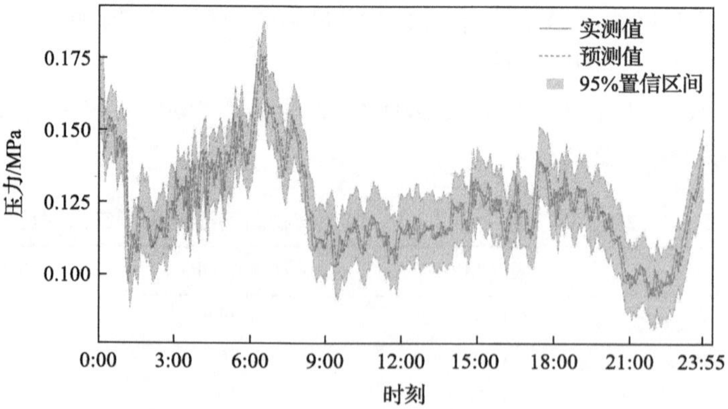

图 5.37　2018 年 7 月 1 日全天植物园测压点 ARIMA 预测结果对比

在不存在爆管的正常工况下，ARIMA 预测模型能以较小的预测误差对压力值进行预测，尽管该方法能够降低误报，但会导致爆管造成的压降趋于平缓，增加了较小的爆管事故的识别难度，且随着事故持续时间的增加越来越难以识别。实际生活中，爆管事故除了会产生压力骤降现象，还会在其被修复之前造成持续的异于往常的低压现象，而这一信息对爆管识别的贡献同样需要被挖掘。

2) 支持向量回归预测模型

相较于 ARIMA 预测模型构造线性函数，SVR 预测模型将低维样本空间非线性映射至高维特征空间，并基于结构风险最小化理论在特征空间中进行线性分析求解。SVR 算法以少数的支持向量而非全部样本空间来确定全局最优化，具有出色的泛化能力。在模式识别、二元分类、回归预测等多领域均有广泛应用[41]，在供水管网水量和水压预测问题中的有效性也被研究与验证[42-44]。本节主要根据广州市压力的历史数据进行实例分析。

首先，选择模型输入数据。为充分考虑历史数据的趋势性和周期性，以前一时刻、前一天、前七天共三个时刻对应压力数据的实测值为模型输入，以待预测时刻的压力数据为模型输出。例如，以植物园测压点 3 月 1 日 0:00 时刻的压力值为待预测值，则模型输入数据分别为 2 月 28 日 23:55、2 月 28 日 0:00、2 月 22 日 0:00 三个时刻所对应的植物园测压点历史数据，压力数据见表 5.8。

表 5.8　植物园测压点历史数据　（单位：MPa）

时刻	3 月 1 日	前一时刻	2 月 28 日（前一天）	2 月 22 日（前七天）
0:00	0.1839	0.1909	0.1539	0.1767
0:05	0.1597	0.1839	0.1250	0.1688
0:10	0.1437	0.1597	0.1258	0.1561
0:15	0.1450	0.1437	0.1221	0.1538
0:20	0.1456	0.1450	0.1200	0.1471
0:25	0.1456	0.1456	0.1052	0.1507
0:30	0.1450	0.1456	0.0971	0.1533
0:35	0.1414	0.1450	0.0969	0.1583
0:40	0.1453	0.1414	0.1000	0.1579
0:45	0.1456	0.1453	0.1042	0.1584
0:50	0.1448	0.1456	0.1031	0.1594
0:55	0.1489	0.1448	0.1057	0.1631
1:00	0.1438	0.1489	0.1046	0.1333
1:05	0.1087	0.1438	0.1093	0.1248
1:10	0.1100	0.1087	0.1109	0.1323
1:15	0.1027	0.1100	0.1083	0.1364
1:20	0.1056	0.1027	0.0973	0.1416

续表

时刻	3 月 1 日	前一时刻	2 月 28 日(前一天)	2 月 22 日(前七天)
1:25	0.1004	0.1056	0.0973	0.1400
1:30	0.1005	0.1004	0.1019	0.1400
1:35	0.1008	0.1005	0.1085	0.1445
1:40	0.1098	0.1008	0.1073	0.1452
1:45	0.1105	0.1098	0.1093	0.1455
1:50	0.1082	0.1105	0.1116	0.1416
1:30	0.1005	0.1004	0.1019	0.1400

其次，选择模型参数。SVR 预测模型效果很大程度上受到核函数的限制，核函数决定了样本单元至高维空间的映射，是 SVR 核心思想的体现，在实现非线性回归的同时能有效控制过拟合。这里选用径向基函数(radial basis function, RBF)，并针对可调参数 gamma 和成本参数 cost 进行择优。gamma 越大，往往支持向量越多，意味着训练样本范围越广，gamma 恒为正。cost 代表犯错成本，其值越大代表对误差的惩罚越大，对训练集的拟合误差越小，不合适的 cost 会导致过拟合或欠拟合的存在。

这里通过对 gamma 和 cost 在限定范围内采用网格搜索，穷举搜索所有参数可能的排列组合，尝试 5 个不同的 gamma(从 2^{-2} 到 2^{2})和 7 个不同的 cost(从 2^{-3} 到 2^{3})，对不同参数组合形成的模型在训练集中进行准确性评估。准确性评估过程采用十折交叉验证，将数据集随机划分为 10 份，每次选择其中 1 份作为测试集，其余 9 份作为训练集，得到预测误差，进行 10 次这样的验证直到每一份都被选择作为测试集验证过，对 10 次预测误差求平均值，并将其作为该模型的准确性评估结果。十折交叉验证能在数据集容量有限的条件下，尽可能充分地加以利用，广泛作为模型准确性评估的方法。根据准确性评估结果，选择误差最小的模型所对应的参数作为最终模型结果。

在模型训练过程中，将未发生事故的 1 月 1～14 日的数据作为数据集，随机选定其中 80%的数据作为训练集，对模型进行调参，余下的 20%作为测试集。通过网格搜索共 35 个 gamma 和 cost 组合，对不同组合下的模型通过十折交叉验证进行准确性评估，选取平均拟合误差最小的模型，即参数结果为 gamma=0.25、cost=1 的模型，测试集拟合结果：平均绝对误差为 0.00487MPa，平均绝对百分比误差为 3.56%，预测精度较好。

用训练好的模型对 3 月 1 日 0:00～23:55 的数据进行预测，结果如图 5.38 所示，平均绝对误差为 0.00374MPa，平均绝对百分比误差为 2.75%。

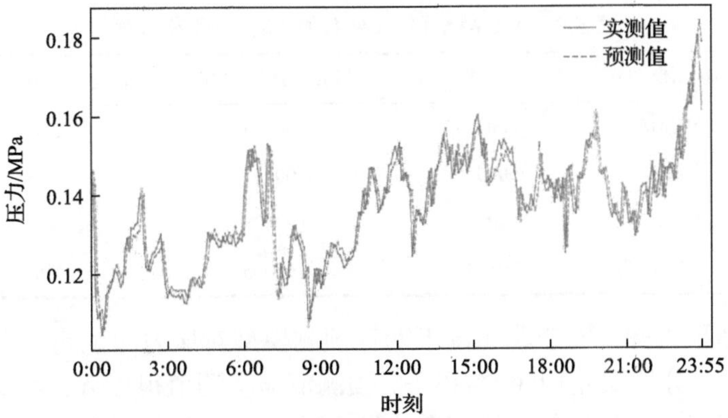

图 5.38　3 月 1 日全天植物园测压点 SVR 预测结果对比图

3) ARIMA 预测模型与 SVR 预测模型性能对比

选择植物园测压点正常工况下的 1 月 19 日数据和发生爆管事故的 1 月 20 日数据对 ARIMA 预测模型和 SVR 预测模型进行对比，预测结果如图 5.39 和图 5.40 所示，统计参数对比见表 5.9。

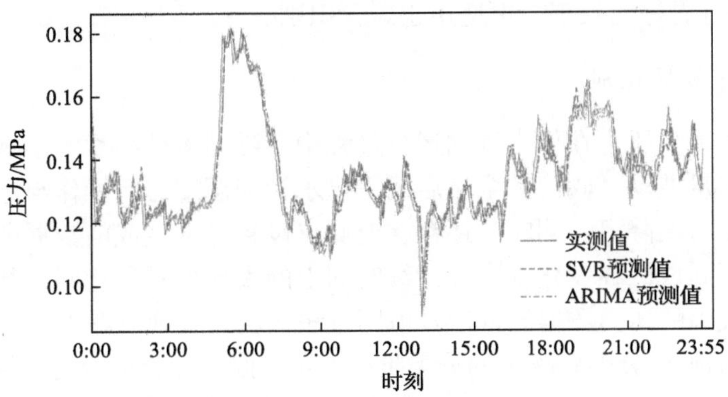

图 5.39　1 月 19 日(正常工况)预测结果对比图

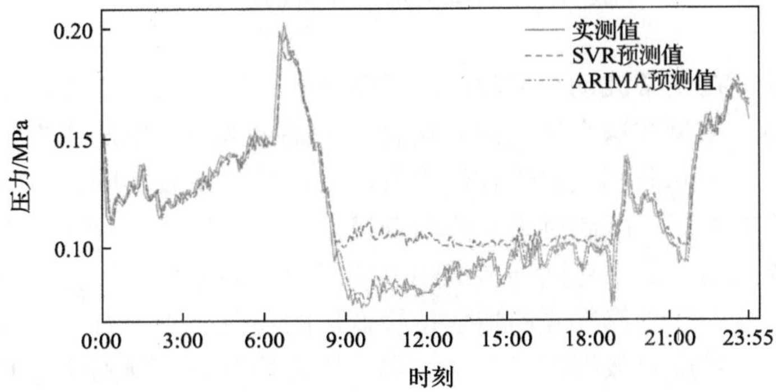

图 5.40　1 月 20 日(发生爆管事故)预测结果对比图

表 5.9　ARIMA 和 SVR 预测结果统计参数表

日期	预测模型	均方根误差/MPa	平均绝对误差/MPa	平均绝对百分比误差/%	R^2
1月19日	ARIMA	0.00603	0.00453	3.41	0.847
1月19日	SVR	0.00598	0.00454	3.43	0.850
1月20日	ARIMA	0.00617	0.00428	3.86	0.958
1月20日	SVR	0.01238	0.00905	9.62	0.830

由对比结果可知，在正常工况下两种预测模型对压力的预测精度在同一水平上，平均绝对百分比误差均在 5%以下，预测值与实测值很接近，可以认为两种预测模型都能很好地适用。但当爆管事故发生时，SVR 预测模型的预测值在结合压力数值趋势性的同时反映压力数据的周期性，更接近正常工况的状态，与爆管事故发生时的实测值之间产生更大残差，从而为爆管事故的识别提供更有力的证据。而与之相反的是 ARIMA 预测模型，爆管时预测精度与正常工况下没有明显区别。爆管造成的压力下降无法在预测值与实测值之间的残差中体现，不能为爆管识别所用。因此，在分类-预测思路构建的爆管识别方法中，预测阶段 SVR 模型比 ARIMA 模型有更好的表现，更适用于爆管识别。

3. 爆管事故的识别

供水管网节点压力在供水管网运行过程中会受到多种因素的影响，包括节点周围用户用水量波动、阀门和泵站启闭等供水管网调度运行操作与爆管事故发生引起的管道压力突降等。同时，还存在监测点设备异常造成的数据突变情况。但压力波动的不同成因在变化幅度和持续时间上的表现也不尽相同，基于此，本节提出对爆管成因的压力数据异常信号识别方法，从而实现对爆管事故的识别。

本节介绍预测-分类思路中的分类阶段。先根据统计分析设定爆管阈值，根据统计过程控制（statistical process control, SPC）从绝对值、残差值和变化值三个维度对数据进行打分，然后用决策树实现对爆管的识别。

1）阈值设定

压力数据存在正常波动与事故时的异常变化。阈值的设定为通过设置上下限划分一个区间，变量在这个区间内变化就认为是正常的，以此作为区分异常的标准。显而易见，不同监测点由于在供水管网中所处的位置不同，不同区域对其压力波动的影响也不同，因此对不同监测点设定不同的阈值。

区别于周围用户需水量波动造成的短期压力区间振荡，爆管事故会造成压力的大幅突降，并在爆管修复之前造成持续低压的现象。为了有效区分两者，采用上述提出的三个维度对数据进行衡量，包括压力绝对值、预测残差值和压力变化值，并分别设定阈值进行评估。

(1)压力绝对值阈值。

即使未出现爆管事故，监测点压力在一天内不同时刻也会发生变化，这个变化并非随机波动，其不满足正态分布。不同时刻压力会出现大幅的差距，差值可达 0.06MPa。因此，需要对不同时刻的压力绝对值阈值分别进行，设定以取代不加划分的标准。

首先对爆管压力数据分时刻进行统计分析，检验同一时刻压力数据正态分布假设。根据测压点 5min 一次的采样频率，将压力数据从 0:00 到 23:55 划分为 288 个时刻，每个时刻包含全年共 340 条数据。以植物园为例，每个时刻的密度分布曲线和正态分布曲线都很接近,选取部分时刻全年数据压力密度分布图,如图 5.41 所示。以 0:00 时刻为例，结合全年压力分布直方图(图 5.42)和 *Q-Q* 图(图 5.43)加以判断可知，满足正态分布假设。在此基础上，计算每个时刻的均值与标准差，并将其作为数据评估的基础，结果见表 5.10。

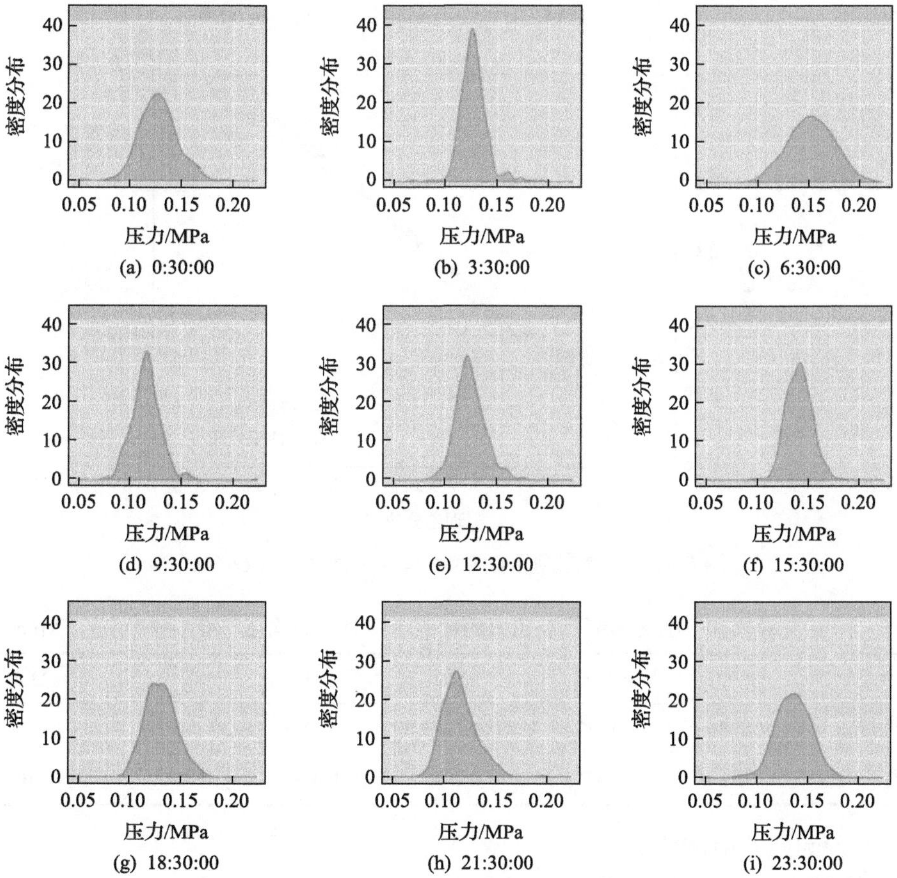

图 5.41　植物园测压点不同时刻压力密度分布图

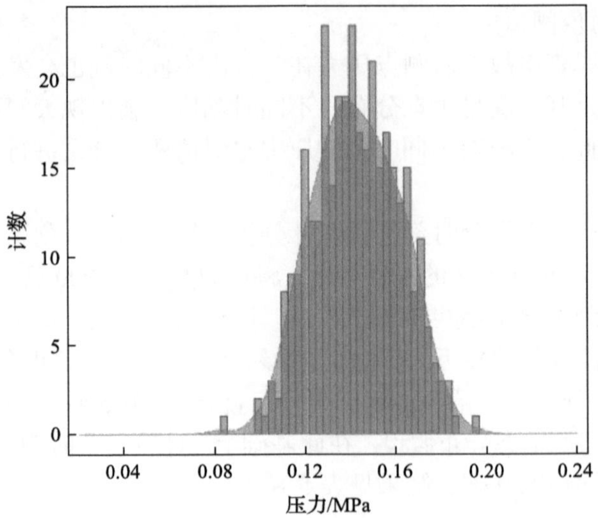

图 5.42　植物园测压点 0:00 压力分布直方图

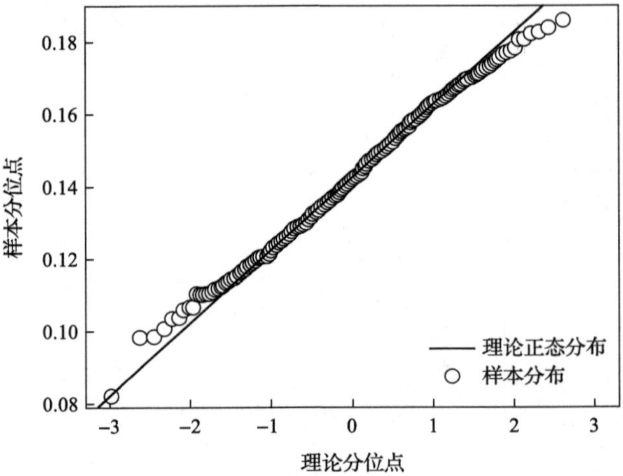

图 5.43　植物园测压点 0:00 压力绝对值分布 *Q-Q* 图

表 5.10　植物园测压点压力绝对值不同时刻的均值与标准差(单位：MPa)

统计参数	0:00	0:05	0:10	0:15	…	23:55
均值 μ_a	0.1426	0.1321	0.1273	0.1256	…	0.1443
标准差 δ_a	0.0189	0.0210	0.0205	0.0192	…	0.0178

(2)预测残差值阈值。

当爆管事故发生时，预测值与实测值之间会出现明显偏差。在预测模型精度符合要求的前提下，预测值与实测值之间的残差能为爆管事故识别提供有力证据。因此，将预测残差作为数据评估的一个维度，将 SVR 预测模型训练过程中拟合残差作为样本。样本 *Q-Q* 图(图 5.44)验证其满足正态分布，统计其均值 μ_b 和标准差 δ_b，结果分别为 $\mu_b = 0.000117\text{MPa}$、$\delta_b = 0.00632\text{MPa}$。

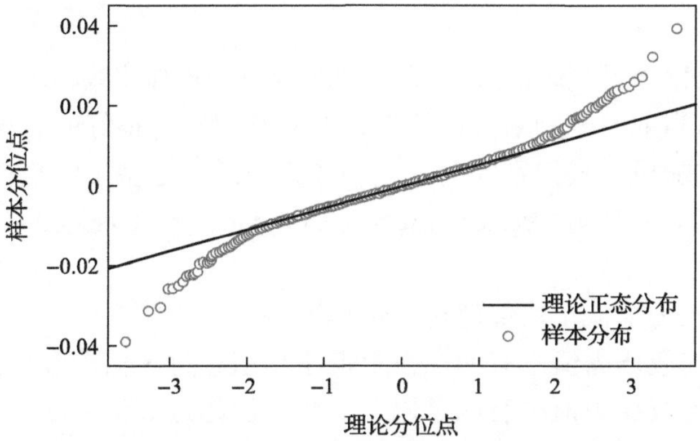

图 5.44　植物园测压点 SVR 预测残差值分布 *Q-Q* 图

(3) 压力变化值阈值。

压力变化值指的是当前时刻压力值与上一时刻压力值的差值，反映压力变化的程度和趋势。经验证，正常工况下不同时刻的压力变化均符合正态分布，以 0:00 为例，压力变化值分布 *Q-Q* 图如图 5.45 所示。

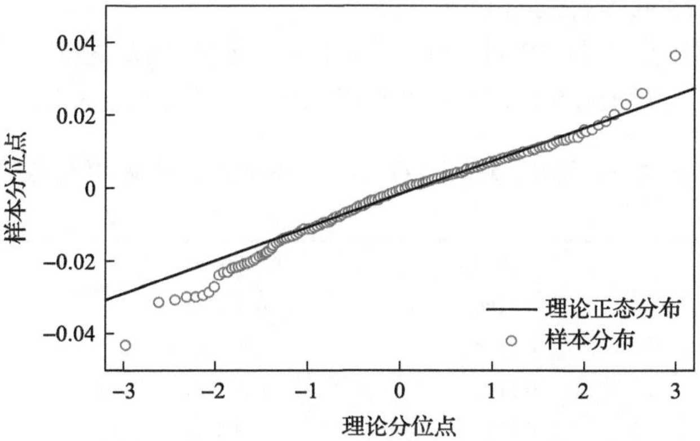

图 5.45　植物园测压点 0:00 压力变化值分布 *Q-Q* 图

在此基础上，计算每个时刻的均值与标准差，并将其作为数据评估的基础，结果见表 5.11。

表 5.11　植物园测压点压力变化值不同时刻的均值与标准差（单位：MPa）

统计参数	0:00	0:05	0:10	0:15	…	23:55
均值 μ_c	– 0.00184	– 0.0105	– 0.00477	– 0.00206	…	0.000559
标准差 δ_c	0.01009	0.01333	0.01084	0.008677	…	0.007552

2）数据评价

相较于仅根据单时刻阈值进行爆管判断，SPC 能有效地利用之前多时刻数据所提供的信息为当前时刻判断提供依据，对异常识别有很好的表现。对于供水管网爆管探测的非随机模式识别问题，应用较为广泛的是基于休哈特控制图发展而来的改进的西方电气公司（Western Electric Company, WEC）准则[45]，该准则设定了以下四条标准：

（1）单时刻压力值低于均值超过 4 倍标准差。

（2）前三个连续压力值中有两个以上低于均值超过 3 倍标准差。

（3）前五个连续压力值中有四个以上低于均值超过 2 倍标准差。

（4）前八个连续压力值中有七个以上低于均值超过 1 倍标准差。

本节基于此标准对每个时刻的压力数据进行评价，判断其满足上述标准的条数并将其作为分数。评价从压力绝对值、预测残差值和压力变化值三个维度进行衡量，根据均值和标准差的计算结果，分别在每个维度上进行打分。每个时刻都将产生三个分数，若不满足任意一条标准则分数为 0，若都满足则为 4，分数越高，表示在该维度上产生爆管判断的可能性越高，并将此作为输入数据以训练决策树模型，服务于最终的爆管判断。

以植物园测压点 1 月 19 日 9:05 时刻为例，该时刻及之前八个时间步长的植物园测压点压力绝对值、SVR 预测残差值和压力变化值见表 5.12。

表 5.12　植物园测压点压力绝对值、SVR 预测残差值和压力变化值

（单位：MPa）

时刻（1 月 19 日）	压力绝对值	SVR 预测残差值	压力变化值
8:30	0.1179	–0.001495	–0.001477
8:35	0.1135	–0.005044	–0.004359
8:40	0.1141	–0.001148	0.0005934
8:45	0.1111	–0.004570	–0.003000
8:50	0.1168	0.003538	0.005695
8:55	0.1104	–0.007436	–0.006453
9:00	0.1108	–0.002292	0.0004838
9:05	0.1126	–0.001352	0.001797

根据前面的计算结果，SVR 预测残差值均值 $\mu_b = 0.000117\text{MPa}$ ，标准差 $\delta_b =$

0.00632MPa，而压力绝对值和压力变化值对应的均值与标准差见表 5.13。

表 5.13　植物园测压点压力绝对值与压力变化值对应的均值与标准差

（单位：MPa）

时刻	压力绝对值均值	压力绝对值标准差	压力变化值均值	压力变化值标准差
8:30	0.1183	0.01405	−0.00044990	0.006223
8:35	0.1173	0.01408	−0.00102800	0.006032
8:40	0.1169	0.01347	−0.00040660	0.005566
8:45	0.1173	0.01355	0.00040650	0.005579
8:50	0.1171	0.01344	−0.00012150	0.005235
8:55	0.1171	0.01357	−0.00008027	0.005707
9:00	0.1157	0.01373	−0.00142900	0.005741
9:05	0.1156	0.01309	−0.00007698	0.005543

对于植物园测压点 1 月 19 日 9:05，无论是压力绝对值、SVR 预测残差值还是压力变化值均不符合上述标准中的任意一条，因此压力绝对值、SVR 预测残差值和压力变化值的分数均为 0。

以植物园测压点 1 月 19 日后一天同一时刻，即 1 月 20 日 9:05 为例进行对比，根据记录该时刻为爆管事故发生的初始阶段。该时刻及之前八个时间步长的植物园测压点压力绝对值、SVR 预测残差值和压力变化值见表 5.14。

表 5.14　植物园测压点压力绝对值、SVR 预测残差值与压力变化值

（单位：MPa）

时刻（1 月 20 日）	压力绝对值	SVR 预测残差值	压力变化值
8:30	0.10280	−0.012670	−0.010500
8:35	0.09371	−0.001266	−0.009110
8:40	0.09926	−0.003484	0.005547
8:45	0.09198	−0.011890	−0.007282
8:50	0.08824	−0.012730	−0.003734
8:55	0.08449	−0.016010	−0.003750
9:00	0.08127	−0.019570	−0.003219
9:05	0.07648	−0.025670	−0.004789

根据前述标准进行评价，其中压力绝对值满足第(3)条标准和第(4)条标准，SVR 预测残差值满足第(2)条标准与第(4)条标准，压力变化值则不满足任意一条，故对于该时刻压力绝对值、SVR 预测残差值和压力变化值的分数分别为 2、2 和 0。

相较于往常单一时刻单一维度的评价，该评价方法的优势在于能有效结合之前多个时间步长多个评价维度的数据信息，为爆管识别提供更充分合理的依据。

3）决策树实现爆管事故识别

决策树是典型的有监督机器学习，基于一组包含预测变量和输出结果的样本单元，将样本单元分为训练集和验证集，前者用于建立预测模型，后者用于测试模型的准确性。因为是有监督的机器学习，意味着对于训练模型所用的样本单元需要包含输出变量，即包含该数据是否是异常数据的判断。不同于支持向量机等其他机器学习类似黑盒的实现方法，决策树能够输出中间决策节点的参数，对解释模型结构有重要意义。

本节采用基于第三代迭代二分器(iterative dichotomister 3, ID3)算法的经典决策树来实现爆管事故识别，基本思想是对预测变量的各时刻分数进行二元分离，构造一棵可用于判断新输入数据是否是爆管数据的树，输出变量是二元分类结果，即“正常”或“爆管”。

对于样本数据是否爆管的标记过程以供水公司的爆管记录为参考，结合人为经验判断进行标记。以植物园测压点为例，对 2018 年 1 月 19 日～3 月 15 日的原始数据进行评价，每一个时刻得到三个维度的打分，共计 16666 条单时刻数据，对其中发生爆管事故的异常数据进行标记，共包含 387 条，即余下 16279 条为正常数据，选择部分样本数据见表 5.15。

表 5.15 植物园测压点决策树样本数据结构

时刻(1 月 20 日)	是否爆管	压力绝对值分数	预测残差值分数	压力变化值分数
8:15:00	否	0	0	0
8:20:00	否	0	0	0
8:25:00	否	0	0	0
8:30:00	否	0	0	0
8:35:00	否	0	0	0
8:40:00	否	0	0	0
8:45:00	否	0	0	0
8:50:00	否	0	0	0
8:55:00	否	0	0	0
9:00:00	是	1	0	0
9:05:00	是	2	2	0
9:10:00	是	2	3	0
9:15:00	是	2	4	0
9:20:00	是	2	4	0
9:25:00	是	2	4	0
9:30:00	是	2	4	0

将样本单元的 70%作为训练集，余下 30%作为验证集，将单时刻的三个评分作为样本输入，将单时刻的二元分类结果作为输出，构造决策树，结果如图 5.46 所示。

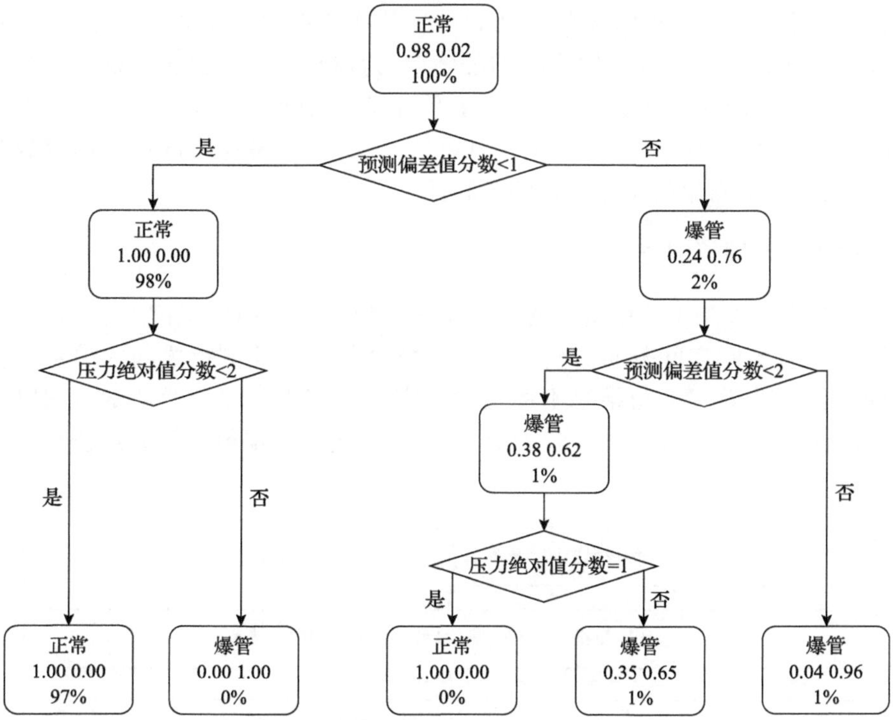

图 5.46　植物园测压点爆管识别决策树模型

以 1 月 19 日 9:05 和 1 月 20 日 9:05 两个时刻为例，对模型进行解释。1 月 19 日 9:05 的预测残差值分数为 0，在第一层树节点处判断为小于 1，划入左侧子集，压力绝对值分数为 0，在第二层树节点处判断小于 2，归入左侧子集，在末端树节点处得到该时刻为正常数据的判断。1 月 20 日 9:05 的预测残差值分数为 2，在第一层树节点处判断为大于 1，划入右侧子集，预测残差值分数为 2 在第二层树节点处划入右侧子集，在末端树节点处得到该时刻为爆管数据的判断。根据决策树模型节点信息，可知压力绝对值与预测残差值对结果判断起主要作用，而压力变化值分数样本信息不足且对模型贡献的信息增益有限，作为判断依据的作用并不明显。

对训练集构造的决策树模型，以测试集共 5000 个数据进行预测验证，预测结果见表 5.16。

表 5.16　植物园测压点爆管识别决策树验证集混淆矩阵

实际结果	预测结果	
	正常	爆管
正常	4867	14
爆管	8	111

在验证集中，模型正确分类了 4867 个类别为“正常”的数据和 111 个类别为“爆管”的数据，正确分类的模型(即准确率)为(4867+111)/5000×100%=99.56%，真阳性率(true positive rate, TPR)为 111/(111+8)×100%=93.28%，假阳性率(false positive rate, FPR)为 14/(14+4867)×100%=0.29%，参考在验证集中爆管数据占 2.38%，模型识别效果的可靠性得到了验证。

5.3.2　供水管网爆管定位

本节提出一种基于定量指标的爆管快速大致定位及精确定位方法，该方法利用爆管发生时不同空间分布的管段的水力特性与报警监测点之间的关系，克服了目前定位方法效率低与结果不稳定的缺点，可缩小潜在管段搜索范围以及潜在管段的流量搜索范围。图 5.47 所示为爆管快速大致定位及精确定位技术研究流程。

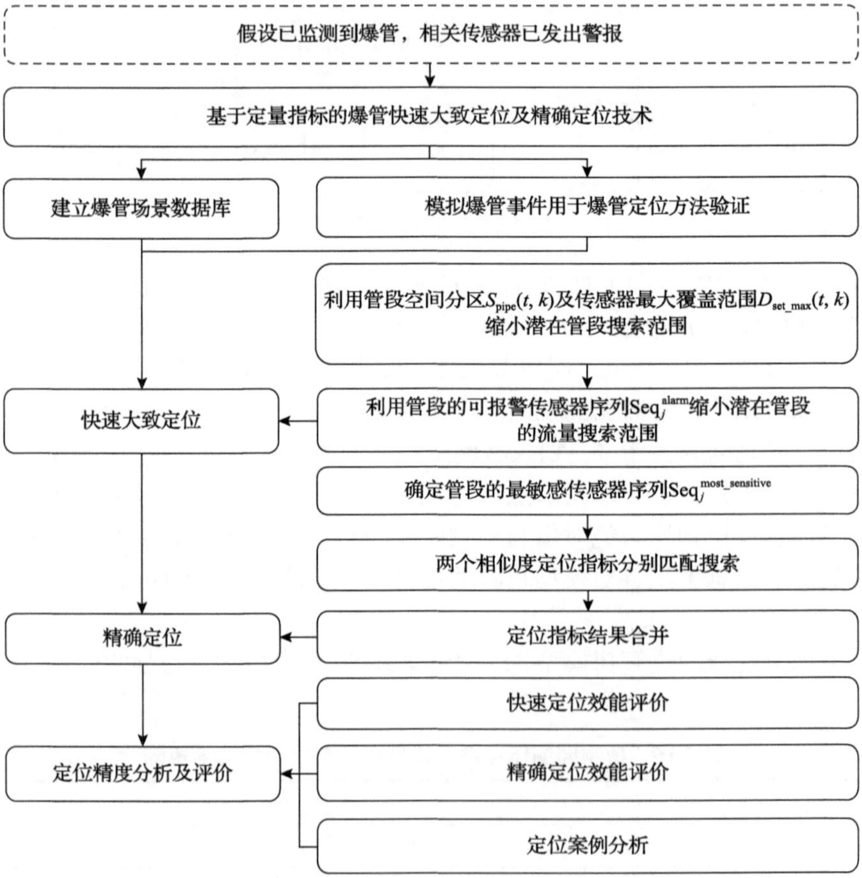

图 5.47　爆管快速大致定位及精确定位技术研究流程

本节提出的定位方法使用的定量指标是指爆管发生时不同空间分布的管段的水力特性与报警监测点之间的关系，主要包括管段空间分区、传感器最大覆盖范围、管段的可报警传感器序列、管段的敏感传感器序列。这些定量指标可在爆管事件发生前通过水力模型进行事件模拟，进而对模拟获得的水力特征数据进行分析和计算。在爆管定位过程中充分利用这些信息，可使发生爆管事件时搜索工作变得更加有针对性，从而提高爆管定位效率。

1. 爆管场景数据库的构建

爆管场景数据库主要提供与现场收集的爆管数据进行比对的标准数据，因此爆管场景数据库可以理解为贴了标签的爆管事件样本库。通过查询、匹配等相似度分析，找出与现场爆管事件数据最相似的场景，认为发生该场景爆管的可能性最大，从而确定爆管的管段位置及爆管流量。

以特定步长从零开始逐步增加爆管流量，直到达到最大爆管流量 $Q_{\max}$，进而生成爆管事件。将各管段的索引号、模拟(真实)爆管流量及各节点的压力数据存储在当前的爆管场景中，这就使得每个爆管场景对应唯一的管段索引号和爆管流量。定位分析时，可以通过查找潜在搜索管段索引号及流量搜索区间，锁定符合条件的所有爆管场景。

将每根管段模拟产生的爆管场景存储在单独的文件中，每个文件内的爆管事件按照爆管流量的大小排列，每个爆管场景存储为一行，以提高定位搜索效率。根据发生报警的传感器，锁定相应的潜在搜索管段，读取所有潜在搜索管段对应的文件。根据每根管段潜在搜索流量范围将需要搜索的爆管场景提取出来，提供给精确定位步骤以进一步匹配搜索。

2. 爆管区域定位相关指标

1)管段空间分区

在有 K 个传感器的供水管网中，在 t 时刻，当管段 j 由爆管流量从零逐渐增大时，由于管段 j 发生特定流量的爆管引起不同传感器位置处的压降是不同的，最先触发阈值报警的传感器对该管段的爆管最为敏感。若传感器 k 最先报警，则管段 j 被划分到传感器 k 所覆盖的区域。通过模拟每一根管段爆管，将管段逐根划分到 K 个区域，得到管段空间分区。爆管发生时，最敏感传感器报警可将爆管事件锁定在该监测点的所在管段空间分区(多个监测点报警则取所有报警传感器管段空间分区的并集)，进而将爆管定位的范围大大缩小，实现快速定位。管段空间分区的数学表达式如式(5.50)和式(5.51)所示：

$$S_{\text{pipe}}(t,k)=\left\{j:f_{\text{sensor}}(j,t)=k,j\in\{1,2,\cdots,L\}\right\} \tag{5.50}$$

$$f_{\text{sensor}}(j,t)=\underset{k\in X}{\arg\min}\left(\min_{q_j>0}\left(p_k(t,q_j)-p_{\text{a}}(t,k)\right),\forall q_j:\left(p_k(t,q_j)>p_{\text{a}}(t,k)\right)\right) \tag{5.51}$$

式中，q_j 为管段 j 模拟爆管流量，从零开始以一定步长的爆管流量逐步增加，直至触发报警；$p_k(t,q_j)$ 为 t 时刻管段 j 发生流量为 q_j 的爆管时传感器 k 处的水压；$p_{\text{a}}(t,k)$ 为传感器 k 设定的报警压力。式(5.51)的含义是求管段 j 对于每个传感器最小报警流量 q_j 中的最小值，进而求得该最小值对应的最先响应的传感器 k。式(5.50)的含义是通过依次对 L 根管道调用 $f_{\text{sensor}}(j,t)$ 函数，求解其最敏感的传感器 k，并将其分到传感器 k 所在的分区。由定义可知，管段空间分区的分区数量与传感器数量是相同的，管段空间分区之间理论上是不存在交集的，每根管段只能划分到一个分区，进而可以推断若管段发生爆管且该事件可被监测，则至少管辖该管段所在管段空间分区的传感器会发生报警。

2)传感器最大覆盖范围

传感器最大覆盖范围的定量指标，是为了解决 Qi 等[46]提出的基于节点空间分区的定量指标在监测点响应数量较多时，爆管的快速大致定位存在潜在搜索管段数量较多的问题而提出的，在爆管快速大致定位的第一个步骤中进行应用。传感器最大覆盖范围的定义是设定好传感器节点爆管阈值后，让每根管段以最大爆管流量 $Q_{j\max}$ 依次进行爆管模拟，若爆管后能引起传感器 k 的压力 $p_k(t,q_j)$ 低于其报警阈值 $p_{\text{a}}(t,k)$，则该管段 j 划入该传感器 k 的覆盖范围，管段可同时属于不同传感器的最大覆盖范围，每个传感器能够监测覆盖到的所有管段组成的集合称为传感器最大覆盖范围，用 $D_{\text{set\_max}}(t,k)$ 表示，计算公式如式(5.52)和式(5.53)所示：

$$D_{\text{set\_max}}(t,k)=\left\{j:I\left[p_k(t,q_j),p_{\text{a}}(t,k)\right]=1,j=1,2,\cdots,L,q_j=Q_{j\max}\right\} \tag{5.52}$$

$$I\left[p_k(t,q_j),p_{\text{a}}(t,k)\right]=\begin{cases}1, & p_k(t,q_j)<p_{\text{a}}(t,k)\\0, & \text{其他}\end{cases} \tag{5.53}$$

爆管发生时，当压力 $p_k(t,q_j)$ 低于 $p_{\text{a}}(t,k)$ 时，传感器报警，此时将 $I\left[p_k(t,q_j),p_{\text{a}}(t,k)\right]$ 设置为 1，否则为 0。

3)管段的可报警传感器序列

当管段 j 发生最大爆管流量 $Q_{j\max}$ 的爆管后，能够产生报警的传感器构成了管段 j 的可报警传感器序列 $\text{Seq}_j^{\text{alarm}}$，如式(5.54)所示：

$$\text{Seq}_j^{\text{alarm}}=\left\{k:I\left[p_k(t,q_j),p_{\text{a}}(t,k)\right]=1,k=1,2,\cdots,K\right\} \tag{5.54}$$

4) 管段的敏感传感器序列

管段 j 发生爆管后，能够引起传感器 k 报警的最小流量称为传感器 k 对管段 j 的最小响应流量 $q_{k,\text{min\_alarm}}$，如式(5.55)所示：

$$q_{k,\text{min\_alarm}}(j,t)=\min_{q_j>0}\left(p_k(t,q_j)-p_{\text{a}}(t,k)\right),\quad \forall q_j:\left(p_k(t,q_j)>p_{\text{a}}(t,k)\right) \tag{5.55}$$

传感器对于供水管网各个节点上爆管事件的敏感性是不同的。经过大量的爆管模拟实验，可以得出如下结论：传感器总体上对离其较近的管段具有更高的灵敏度(这里假设爆管发生在管段上，而不是节点上)。从管段的角度来看，管段爆管引起不同位置传感器报警所需的爆管流量是不同的，对该流量进行从小到大排序后对应的传感器编号所组成的序列称为管段的敏感传感器序列，用 $\text{Seq}_j^{\text{sensitive}}$ 表示，每根管段都有其独特的传感器序列。

假设有 N 个传感器能够对管段 j 产生报警响应，即 $\text{Seq}_j^{\text{alarm}}$ 的传感器数量为 N。将这 N 个传感器最小响应流量 $q_{k,\text{min\_alarm}}$ 从小到大进行排序，得到 N 个传感器的最小响应爆管流量 $Q_j^{\text{min\_alarm\_flow}}$，表达式如式(5.56)所示：

$$Q_j^{\text{min\_alarm\_flow}}=\text{sorted}(q_{j1}^{\text{min\_alarm}},q_{j2}^{\text{min\_alarm}},\cdots,q_{jk}^{\text{min\_alarm}},\cdots,q_{jN}^{\text{min\_alarm}}) \tag{5.56}$$

$$k\in\text{Seq}_j^{\text{alarm}} \tag{5.57}$$

将报警传感器按照式(5.56)中的顺序进行重新排序，得到管段的敏感传感器序列 $\text{Seq}_j^{\text{sensitive}}$，如式(5.58)所示：

$$\text{Seq}_j^{\text{sensitive}}=\text{List}_{\text{index}}(Q_j^{\text{min\_alarm\_flow}}) \tag{5.58}$$

3. 爆管定位相似性度量指标

为了对监测数据与爆管场景数据库中爆管事件进行较为精确的相似性度量，本节采用两个相似性度量指标进行潜在爆管场景与爆管事件的相似性计算与排序。相似性度量指标为用于精确定位的度量指标。利用基于距离与基于余弦相似度两个相似性度量指标以实现对爆管场景的精确匹配搜索。该步骤既从各维度的数值绝对大小角度对爆管场景与 SCADA 系统收集的爆管事件残差向量的差异进行相似性分析，又从两向量维度之间的差异(两向量方向上的差异)进行相似性分析，以实现精确定位搜索。

下面对基于相似性分析的爆管定位步骤进行简单介绍。设供水管网的监测点布置方案 X 有 K 个测压点。通过计算正常未发生爆管工况下测压点处的压力值 P_{ji} 与爆管场景数据库中场景 j 的 K 个测压点处的压力值 P'_{ji} 之差，可以得到爆管场景

数据库中场景 j 的残差向量 v_j，如式(5.59)所示：

$$v_j = (P_{j1} - P'_{j1}, P_{j2} - P'_{j2}, \cdots, P_{ji} - P'_{ji}), \quad i = 1, 2, \cdots, K \tag{5.59}$$

爆管事故发生时，利用 K 个测压点正常工况下的压力与 SCADA 系统采集的压力监测数据的差值来构建爆管事件的残差向量 r，如式(5.60)所示：

$$r = (r_1, r_2, \cdots, r_K) \tag{5.60}$$

将爆管场景数据库中场景 j 的残差向量 v_j 与 SCADA 系统采集的压力监测数据得到的爆管事件的残差向量 r 进行相似性分析，相似性越大则认为发生爆管场景 j 的爆管可能性越大，将爆管场景 j 所在的管段及流量作为实际爆管位置及实际爆管流量，从而实现爆管位置和爆管流量的估计。

1)基于距离的相似性度量指标

这里将距离作为第一个相似性度量指标，距离越小越相似。距离包括曼哈顿距离、欧几里得距离及切比雪夫距离等，其中最常用的是欧几里得距离，选取欧几里得距离作为距离度量指标，表达式如式(5.61)所示：

$$d(v_j, r) = \left(\sum_{i=1}^{n} \left| v_{ji} - r_i \right|^2 \right)^{\frac{1}{2}} \tag{5.61}$$

式中，$d(v_j, r)$ 越小越相似。

2)基于余弦相似度的相似性度量指标

余弦相似度将监测数据转化为向量形式，通过计算向量间夹角的余弦值来进行相似性度量。基于余弦相似度的定位指标具有较好的定位性能，被一些学者[47]采用，余弦相似度 γ_j 越大越相似。余弦相似度 γ_j 的计算公式如式(5.62)所示：

$$\gamma_j = \frac{v_j \cdot r}{\left| v_j \right| \left| r \right|} \tag{5.62}$$

余弦相似度的取值范围为[−1,1]。余弦相似度越接近 1，表明夹角越接近 0°，也就是两个向量越相似。以上两种相似性度量指标各具优势，相比距离度量，余弦相似度度量可分辨向量维度之间的差异，但其对向量各维度的绝对数值不敏感，余弦相似度可以有效弥补欧几里得距离在方向上度量的不足，可以通过简单的实例进行说明。假设现场收集的爆管事件的残差向量 $r = (2,3,1)$，爆管场景数据库中 5 个场景的残差向量分别为 $v_1 = (2,2,2)$，$v_2 = (2,4,2)$，$v_3 = (2,2,0)$，$v_4 = \left(2, \frac{3}{2}, 1\right)$，$v_5 = (4,3,2)$，利用欧几里得距离(式(5.61))无法区分爆管场景 v_1、v_2、v_3，但利用余弦相似度(式(5.62))可以进行区分;利用余弦相似度(式(5.62))无法区分爆管场景 v_4、v_5,但利用欧几里得距离(式(5.61))可以进行区分。因此,两种相似性度量指标相互补充,可以提高相似性排序的准确率,从而提高定位精度。

4. 爆管快速定位及爆管流量估计技术

爆管快速定位技术是本节的核心内容,主要从缩小潜在管段搜索范围、缩小潜在管段的流量搜索范围两个步骤展开。

1)缩小潜在管段搜索范围

爆管发生后,大量的水资源将被浪费,如何快速搜索爆管位置成为缩短爆管生命周期的关键,为后续修复工作奠定基础。如果对爆管场景数据库进行遍历搜索,搜索后对爆管事件进行排序,搜索耗时必定较长,计算内存消耗也很大。当获得了现场监测数据、传感器的报警信息时,如何进一步利用现有的定量指标信息、确定潜在管段搜索范围是本节要解决的问题。图 5.48 所示为潜在搜索管段获取流程。

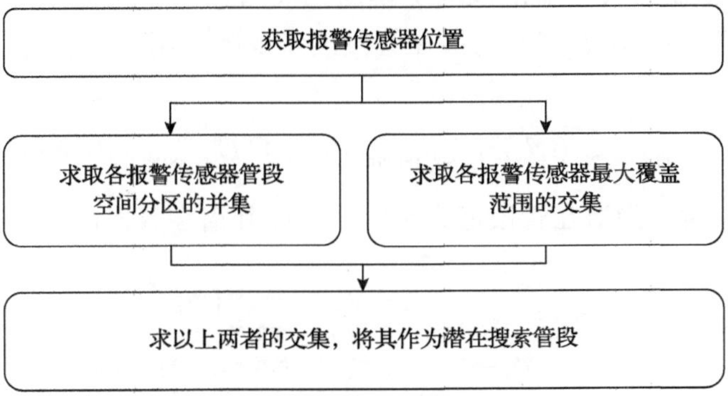

图 5.48　潜在搜索管段获取流程

本节假设在定位技术实施前已成功识别到供水管网中发生了爆管事件且监测点成功发出警报。确定潜在管段搜索范围需要利用管段空间分区(式(5.50))及传感器最大覆盖范围(式(5.52))两个指标。由管段空间分区的定义可知,管段空间分区之间理论上不存在交集,一根管段仅能划分到一个分区。若管段发生爆管且该爆管事件可被监测,则至少管辖该管段所在管段空间分区的传感器会发生报警。换言之,多个传感器报警须对这几个报警传感器管辖的管段空间分区进行全部搜索,即搜索所有报警传感器管段空间分区的并集。若只有一个传感器报警,则仅需搜索该报警传感器所在的管段空间分区。由管段空间分区的并集所组成的待搜索管段集合用 $S_{\text{set\_potential}}(t,E)$ 表示。E 为爆管事件可造成集合$\{R_1, R_2, \cdots, R_m\}$中的传感器报警,所有报警传感器管段空间分区的并集(m个传感器报警)的计算方法如式(5.63)所示：

$$S_{\mathrm{set\_potential}}(t,E)=S_{\mathrm{pipe}}(t,R_1)\cup S_{\mathrm{pipe}}(t,R_2)\cup\cdots\cup S_{\mathrm{pipe}}(t,R_m) \tag{5.63}$$

式中，$S_{\mathrm{pipe}}(t,R_m)$ 为 t 时段传感器 R_m 所在的管段空间分区的管段集合。

由传感器最大覆盖范围的定义可知，与管段空间分区不同，同一根管段可以属于不同传感器的最大覆盖范围，即传感器最大覆盖范围存在交集，仅需满足爆管压降能引起该传感器低于报警阈值。从传感器角度来看，传感器报警必然是该传感器最大覆盖范围内的管段发生了爆管。若多个传感器报警，则该管段必然在所有报警传感器最大覆盖范围的交集之内。由报警传感器最大覆盖范围的交集所组成的待搜索管段集合用 $D_{\mathrm{set\_potential}}(t,E)$ 表示。所有报警传感器最大覆盖范围的交集可表示为式(5.64)：

$$D_{\mathrm{set\_potential}}(t,E)=D_{\mathrm{set\_max}}(t,R_1)\cap D_{\mathrm{set\_max}}(t,R_2)\cap\cdots\cap D_{\mathrm{set\_max}}(t,R_m) \tag{5.64}$$

由以上论述可知，爆管管段既在所有报警传感器管段空间分区的并集内，又在所有报警传感器最大覆盖范围的交集内，取两者之间的交集，可进一步缩小潜在管段搜索范围。两者交集为潜在管段搜索范围，用 $R_{\mathrm{pipe\_search}}(t,E)$ 表示，如式(5.65)所示：

$$R_{\mathrm{pipe\_search}}(t,E)=S_{\mathrm{set\_potential}}(t,E)\cap D_{\mathrm{set\_potential}}(t,E) \tag{5.65}$$

图 5.49(a)所示为潜在管段搜索范围示意图和潜在管段的流量搜索范围获取流程。

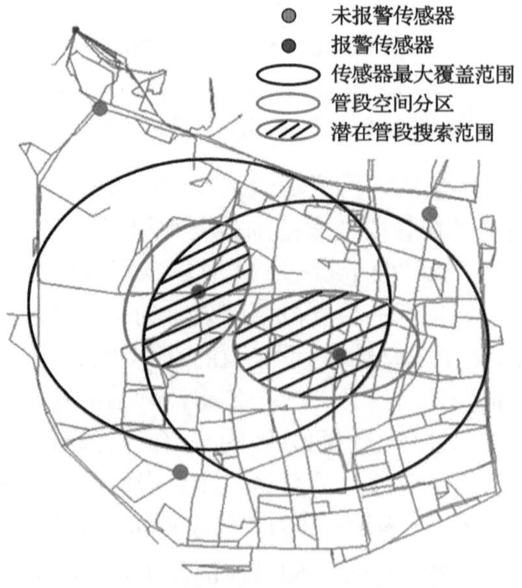

(a) 潜在管段搜索范围示意图

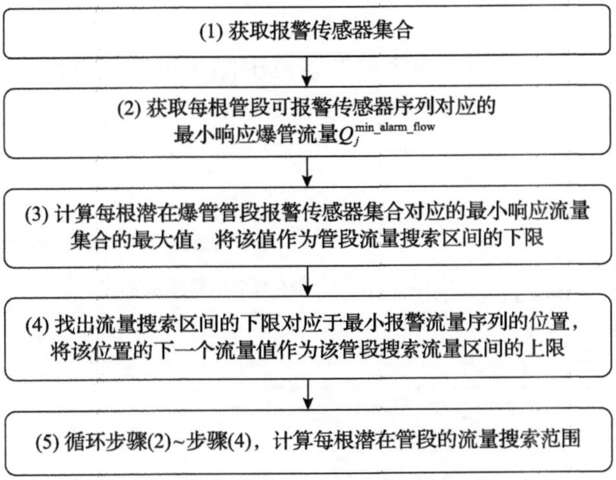

(b) 潜在管段的流量搜索范围获取流程

图 5.49　潜在管段搜索范围和潜在管段的流量搜索范围获取流程

2) 缩小潜在管段的流量搜索范围

在获得潜在管段搜索范围的管段集合后，需要进一步对该集合中每根管段存储在爆管场景数据库中的爆管场景进行逐一搜索。此时每根潜在管段的流量搜索范围是该管段的最小监测流量至最大爆管流量的区间。对于一些大直径主干管段，这个流量搜索范围比较广，因此待搜索的爆管场景数量也较多。若能进一步缩小流量搜索范围，则待搜索爆管场景数量将会显著减少。

式(5.58)中，$\text{Seq}_j^{\text{sensitive}}$ 给出了能够对管段 j 爆管报警的 N 个传感器集合，以及每个传感器对应的最小响应爆管流量。相邻的两个响应传感器对应的最小响应流量可以组成一个流量区间。假设 N 个传感器中，前 m 个传感器均报警，第 $m+1$ 个传感器没有报警，则管段 j 的爆管流量处于区间$\left[q_{j,m}^{\text{min_alarm}}, q_{j,m+1}^{\text{min_alarm}}\right]$内。根据潜在管段搜索范围的管段集合，即式(5.65)，每根管段都能找出这样的流量搜索区间。因此待搜索流量区间就可以显著减小。图 5.49(b)所示为潜在管段的流量搜索范围获取流程。

缩小潜在管段的流量搜索范围的步骤如下：

(1) t 时刻有 m 个传感器报警，构成传感器集合$\{R_1, R_2, \cdots, R_m\}$。

(2) 对于管段 $j \in R_{\text{pipe\_search}}(t, E)$，获取管段的 $\text{Seq}_j^{\text{alarm}}$ 和 $Q_j^{\text{min\_alarm}}$。

(3) 将集合$\{R_1, R_2, \cdots, R_m\}$的传感器顺序按照 $\text{Seq}_j^{\text{alarm}}$ 顺序排序。

(4) 确定搜索区间$\left[q_{j,m}^{\text{min_alarm}}, q_{j,m+1}^{\text{min_alarm}}\right]$。

(5) 循环步骤(2)～步骤(4)计算每根潜在管段 $j \in R_{\text{pipe\_search}}(t, E)$ 的流量搜索

范围。

图 5.50 所示为潜在管段 j 的流量搜索范围缩小过程示意图。

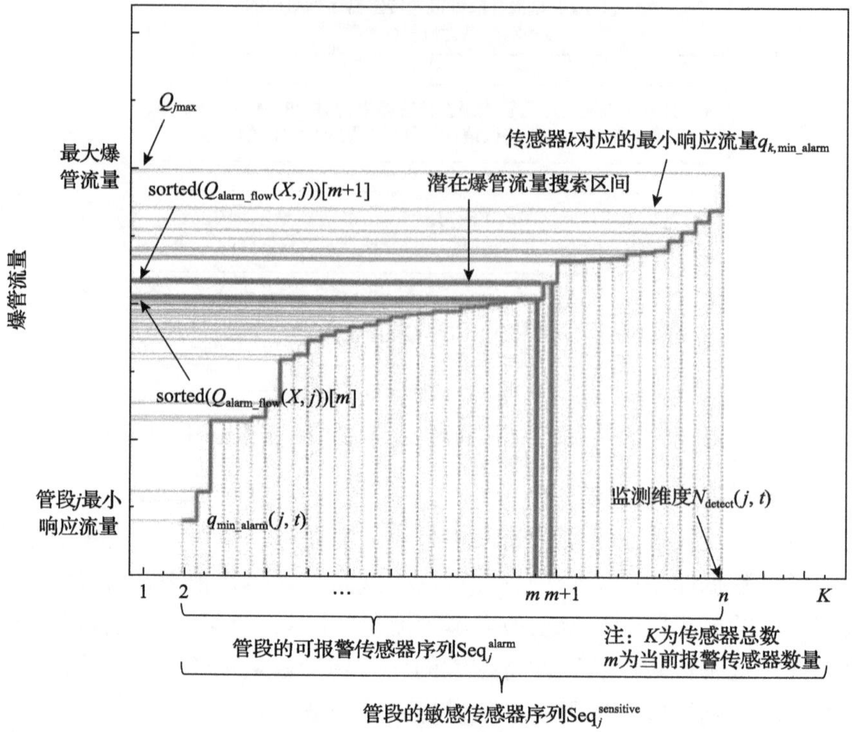

图 5.50　潜在管段 j 的流量搜索范围缩小过程示意图

3) 爆管精确定位技术

前面两个步骤可确定潜在搜索管段及其相应的流量搜索范围，需要搜索的潜在爆管场景数量此时已显著减少。爆管精确定位技术将爆管事件数据与潜在爆管场景进行相似度匹配，找出匹配度高的爆管场景，进而确定最可能出现爆管的位置。

(1) 相似性度量指标的设置。

爆管事件一般只能引起局部供水管网压力下降，特别是小型爆管（漏损）事件，其影响的范围十分有限。对于大多数爆管事件，较大压降只出现在爆管管段周围若干个传感器，而距离较远的传感器并不会出现明显的压降。此外，供水管网中每个传感器的监测数据都包含大量的噪声，如果传感器对爆管事件不敏感，反而会导致噪声的累积，从而降低定位效果。针对上述问题，可选取管段的可报警传感器序列 $\text{Seq}_j^{\text{alarm}}$ 中排序靠前的部分传感器进行精确定位。

将管段 j 的敏感传感器序列 $\text{Seq}_j^{\text{sensitive}}$ 的前 p 个传感器作为管段的最敏感传感器序列，记为 $\text{Seq}_j^{\text{most\_sensitive}}$ 。

(2)爆管数据重构。

根据每根管段的最敏感传感器序列对应的传感器位置，从爆管场景数据库中逐根管段提取潜在爆管场景进行重构，与之相应的现场收集的爆管事件监测数据也进行相同的数据重构操作，以提高定位准确率和速度。

(3)定位指标结果合并。

在精确定位阶段，通过现场收集的爆管事件数据与潜在爆管场景利用两种相似性度量指标分别进行相似度匹配，按相似性从大到小对潜在爆管场景进行排序，排序结果均以相应管段索引号给出。所得排序结果分别去除两种相关性定位结果中连续重复管段，取各自结果排名前 10 的管段，对不同排名赋予不同的分值(分别设置 10、9、8、…、1)，并利用余弦相似度与欧几里得距离按一定的比例(设置 1:1、1:2、1:3、2:1、3:1)对部分爆管事件进行定位精度考察，这里取 1:2 进行各管段分数重新计算，合成精确定位结果，找出匹配度高的管段，进而确定最可能出现爆管的位置与流量。

5. 案例分析

选取南方某大型城市供水管网中心城区的一个区域进行实例分析。该区域供水管网模型拓扑结构如图 5.51 所示，共包含节点 550 个，管道 735 根，供水量约 23.3 万 m^3，供水面积 14.54km^2，DN200 及以上管道总长 110.73km，压力传感器 48 个。

图 5.51　某区域供水管网模型拓扑结构

1) 爆管事件数据的生成

要对定位方法的定位性能进行全方位的验证，需要大量的爆管事件数据作为基础。由于爆管事件属于小概率事件，爆管事件数据记录较少，且存在记录不全等问题，例如，爆管流量大小无法确定、爆管起始发生时间记录不准确的情况，也无法覆盖管段的所有工况。使用水力软件 EPANET 模拟生成爆管事件数据，通过引入用户用水的需水量噪声生成爆管事件特征数据，进一步将传感器噪声与爆管特征数据进行合成，使其更接近包含噪声的供水管网监测数据。爆管事件数据的模拟生成分为爆管事件的选取、爆管事件的生成、传感器噪声的添加等步骤，详细步骤如下。

(1) 爆管事件的选取。

爆管事件的流量取值应覆盖每一根可监测管段的可监测流量范围，流量值按照均匀分布随机生成。本次爆管事件不包含监测盲区管段 U_{pipe} 的爆管事件，爆管事件的流量范围不包括可监测管段低于最小监测流量的部分。爆管事件流量的最小值设置为该管段最小监测流量，最大值设置为管段完全断裂情况下管段最大爆管流量。为了尽可能均匀地覆盖可监测管段的每一个流量区域，将可监测流量区间划分为多个流量区间，随机在每个流量区间内生成相应的爆管事件流量。这里将可监测流量区间划分为 6 个相等长度的区间，按照均匀分布每个区间随机取 6 个流量值作为爆管事件流量。本节对 669 根可监测管段进行爆管模拟，每根管段模拟 36 个不同爆管流量的事件，共计 24084 个爆管事件。

(2) 爆管事件的生成。

每个事件的爆管流量确定后，为每个节点的需水量分别添加 $P_1 = 5\%$ 、 $P_2 = 10\%$ 水平的随机噪声，将建模的需水量噪声包含在爆管事件压力特征数据中，产生两组不同噪声水平的爆管事件压力特征数据。爆管事件存储文件存储管段编号、爆管流量的真值及爆管发生后各节点的压力值，按行存储爆管事件信息，提高爆管事件数据提取及数据重构的效率。

(3) 传感器噪声的添加。

获取爆管事件压力特征数据后，为了使爆管事件更加接近真实监测数据，将传感器噪声通过合成添加到爆管事件模拟数据中。传感器噪声的主要来源有两类：一类是来自电路元件和传感器元件的内部噪声；另一类是来自传感器电路以外的自然干扰或人为的外部噪声。通过添加不同标准差的噪声，可分析定位方法对噪声的鲁棒程度。在 2 组不同需水量噪声水平的数据基础上分别将标准差为 $\sigma_1 = 0.1\text{m}$ 、 $\sigma_2 = 0.2\text{m}$ 、 $\sigma_3 = 0.3\text{m}$ 的传感器噪声添加至爆管事件数据中，合成 6 组不同噪声水平的爆管事件数据，共计 6×24084 个爆管事件。对不同噪声水平的每个爆管事件数据分别进行 10 次数据模拟，然后存储在相应的爆管事件文件中。

2)快速大致定位效能分析

(1)潜在管段搜索范围定位速度分析。

为了观察缩小潜在管段搜索范围的效果，以管段 A74、A114、B57、B199 为例，假设爆管发生在 A74、A114、B57、B199 管段上，爆管流量大小依次按照可恰好引起 1、2、…、n 个传感器报警(n 为当前管段的监测维度)增大，依次统计管段空间分区并集、传感器最大覆盖范围交集及两者交集计算得到的潜在搜索管段数量，进一步绘制传感器报警数量与潜在搜索管段数量关系图(图 5.52)。示例管段的管径分别为 DN1200、DN400、DN400、DN600，管段的监测维度分别为 44、6、19、14。

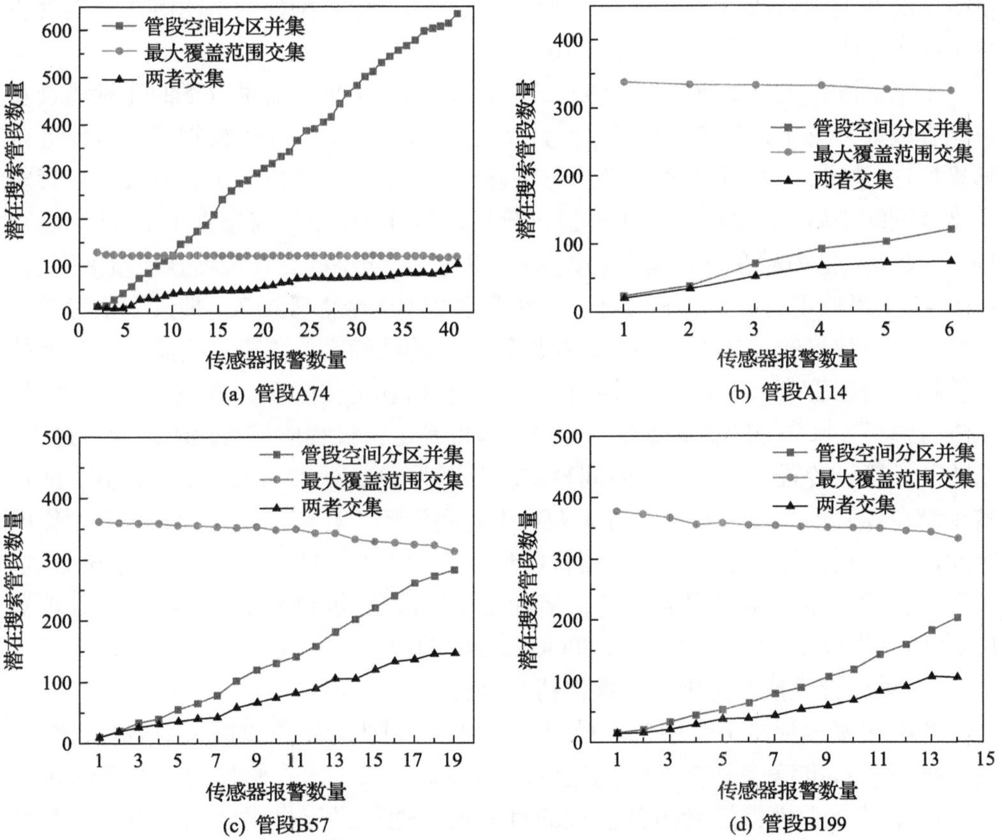

图 5.52　传感器报警数量与潜在搜索管段数量关系图

从图 5.52 中可以观察到，管段空间分区并集折线，当传感器报警数量较少时，潜在搜索管段数量极少，爆管潜在管段锁定在一个较小的范围内，可以达到较好的快速定位效果。随着传感器报警数量的增加，潜在搜索管段数量呈线性增长，这是由于任意两个报警传感器管辖的管段空间分区之间没有交集，每增加一个报警传感器，则将该传感器管辖的管段空间分区管段直接增加至原有的并集中。因此，当报警监测点较多时，潜在管段搜索范围扩大较快，单独利用该指标不能取得较好的效果。本节引入传感器最大覆盖范围交集定量指标后，定位的潜在管段搜索范围大大缩小。对比最大覆盖范围交集，两者交集对潜在管段的搜索范围仍随传感器报警数量的增多而扩大，但仅从最开始的数根管段到数十根，最多也仅百余根。

假设爆管事件发生概率相等，对 24084 个爆管事件进行统计分析，平均潜在搜索管段数量为 76.8 根，约为研究供水管网区域管段总数的 1/10。但在自然状态下，小型爆管事件发生概率远高于大型事件。小型爆管事件引起的监测点报警数量少，潜在搜索管段数量也较少，因此自然状态下爆管事件的平均潜在搜索管段数量远小于供水管网管段总数的 1/10。

本案例爆管场景数据库共计 971275 个，排除最小报警流量以下的爆管场景及盲区管段爆管场景，潜在爆管场景共计 781795 个。对 24084 个模拟爆管事件进行随机抽样，抽取 1341 个爆管事件进行精确定位计算。经过快速定位阶段潜在管段搜索范围缩小后，对 24084 个事件进行分析，平均每个事件需搜索 141267 个爆管场景，搜索数量为潜在爆管场景总数量的 18.07%。缩小潜在管段搜索流量区间后，对 1341 个事件进行分析，平均每个事件搜索 25105 个爆管场景，搜索数量为潜在爆管场景总数量的 3.21%。因此，在爆管事件的精确定位阶段，仅需对 3.21%的爆管场景与爆管事件进行相似度匹配计算。在精确定位阶段，需要对潜在爆管场景进行遍历、排序、转置等操作，这些操作也是定位过程中较为耗时的计算过程，遍历、排序、转置过程计算的时间复杂度分别为 $O(n)$、$O(n\log n)$、$O(n)$。通过减少潜在爆管场景搜索数量，可大大减少时间消耗，在精确定位阶段每类操作的时间消耗分别估计为未进行潜在爆管场景缩小的 1/31、1/174、1/31。对于该案例，爆管事件快速定位阶段仅需数秒，精确定位阶段平均耗时约为 4.41min(处理器 Intel® Core™ i7-10510U CPU @ 1.80GHz 2.30GHz)。

(2)潜在管段搜索范围缩小操作精度分析。

若潜在搜索管段集合中包含模拟爆管管段，则认为定位正确，否则定位错误。潜在搜索管段准确率是指在快速定位的第一阶段缩小潜在管段搜索范围时定位正确的事件数占模拟爆管事件总数的百分比。通过设置供水管网节点需水量噪声 $P_1=5\%$、$P_2=10\%$ 两个水平，传感器噪声 $\sigma_1=0.1\text{m}$、$\sigma_2=0.2\text{m}$、$\sigma_3=0.3\text{m}$ 三个水平，设置 6 种噪声组合。在不同噪声水平下，分别对 24084 个爆管事件进行计算分析，统计潜在搜索管段准确率。表 5.17 为不同噪声水平下潜在搜索管段准确率，图 5.53 为不同需水量噪声水平、传感器噪声水平下潜在搜索管段准确率分布。

表 5.17　不同噪声水平下潜在搜索管段准确率　（单位：%）

传感器噪声/m	P_1=5%	P_2=10%
σ_1 =0.1	98.48	98.23
σ_2 =0.2	96.99	96.61
σ_3 =0.3	94.86	94.31

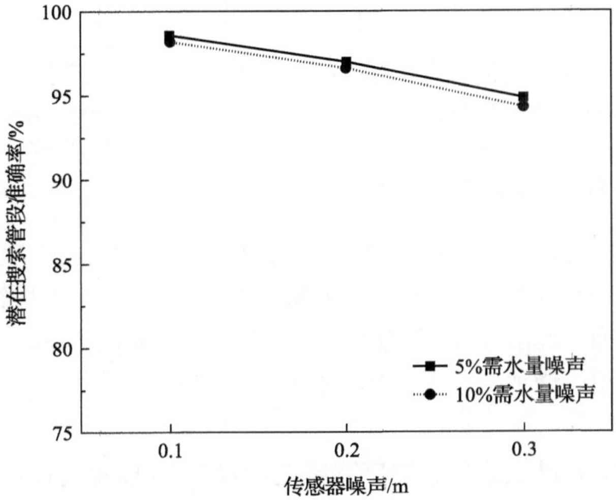

图 5.53　不同需水量噪声水平、传感器噪声水平下潜在搜索管段准确率分布

如表 5.17 与图 5.53 所示，当 P_2=10%、$\sigma_3 = 0.3$m 时，潜在搜索管段准确率达 94.31%；当 P_2=10%、$\sigma_2 = 0.2$m 时，潜在搜索管段准确率达 96.61%；当 P_1=5%、$\sigma_1 = 0.1$m 时，潜在搜索管段准确率为 98.48%。

3) 精确定位效能分析

(1) 确定管段的最敏感传感器序列维度。

管段不敏感的传感器提供的有用信息较少，还会造成噪声的累积，从而影响定位准确度。另外，考虑的监测点数量较多时，将增加计算量，导致定位速度降低。因此，通过选取管段的敏感传感器序列 $\mathrm{Seq}_j^{\mathrm{sensitive}}$ 前 p 个传感器，设定为管段的最敏感传感器序列 $\mathrm{Seq}_j^{\mathrm{most\_sensitive}}$，以提高定位效果及定位速度。图 5.54 所示为管段的最敏感传感器序列维度与定位准确率之间的关系，本案例在 P_2=10%、$\sigma_2 = 0.2$m，P_2=10%、$\sigma_3 = 0.3$m 两个噪声水平对 1341 个爆管事件进行定位精度计算，p 取值范围设定为 3～29。

由图 5.54 (a) 可知，定位准确率在最敏感传感器序列维度 p=3～11 内提升幅度较快，在 p=15～19 内提升幅度较小，在 p=19 时达到最优值，继续增加 p，定位

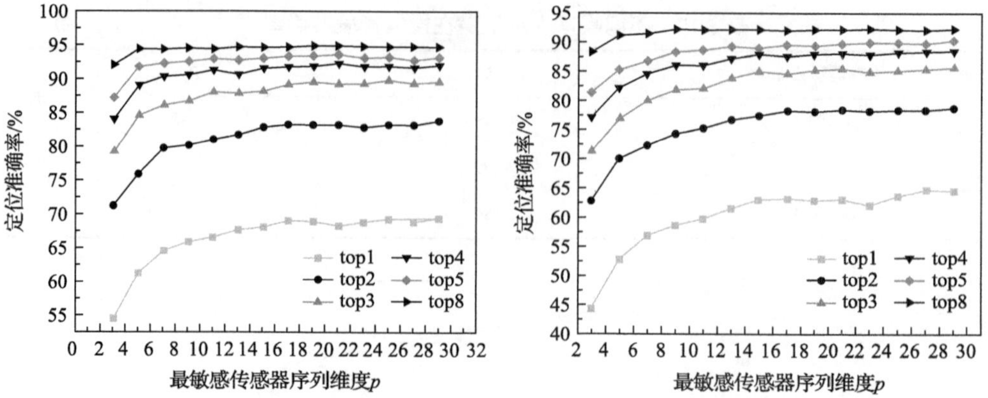

(a) P_2=10%、σ_2=0.2m　　(b) P_2=10%、σ_3=0.3m

图 5.54　管段的最敏感传感器序列维度与定位准确率之间的关系

准确率没有明显提升，但会增加计算时间。图中 top*n* 是指模拟(真实)爆管管段位于排名前 *n* 的精确定位结果。由图 5.54(b)可知，*p*=17～21 可取得较高的定位准确率，随着 *p* 增加，top1 定位准确率有一定的提升，top2～top5、top8 无明显增加，但计算量会相应增加。综上所述，建议 *p* 取 19。

(2)定位精度。

精确定位搜索时最敏感传感器序列维度设置为 19 以提高计算效率，当最敏感传感器序列维度小于 19 时，按传感器总数进行计算。定位准确率如图 5.55 所示，当传感器数量达到 *n*=41 时，top3、top5、top8 的定位准确率分别为 90.38%、93.66%、95.15%。图中当 *n*=13～17 时，top1～top3 的定位准确率略有下降，推测可能是由

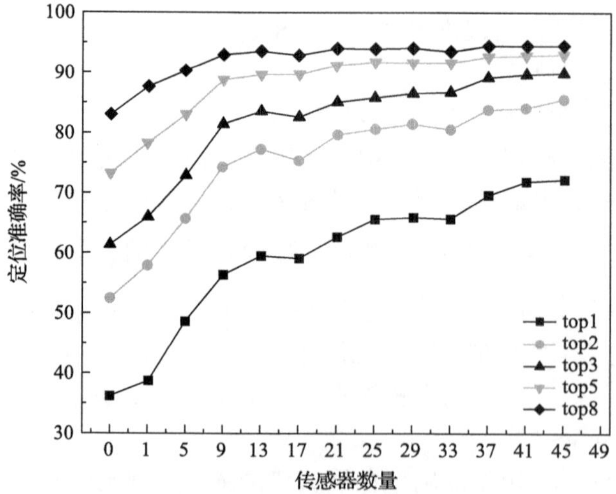

图 5.55　目标函数三优化结果定位准确率分布图

最敏感传感器序列维度设置为 p=19 引起的，当 n=13、17 时，总监测点数量分别为 20、24，此时分别去掉第 1 个、第 5 个传感器，继续增加监测点，定位准确率将继续保持上升趋势。

6. 结果讨论

本节围绕爆管定位技术展开研究，主要包括以下三方面内容：一是提出快速爆管定位技术，借助传感器最大覆盖范围及管段的可报警传感器序列指标，缩小潜在管段搜索范围与潜在管段的流量搜索范围。二是提出爆管流量估计技术，依据模拟爆管管段流量与潜在管段的流量搜索范围平均值的关系进行估计，以判断爆管严重程度。三是进行定位效能评估，定位速度上，爆管流量越大响应的监测点越多，且经快速定位与潜在搜索流量区间缩小后爆管场景大幅减少，主要操作耗时也得到缩减，精确定位阶段平均耗时约 4.41min；定位精度上，潜在管段搜索范围缩小步骤准确率为 94.31%～98.48%，而增加传感器数量可提升定位精度。在特定噪声水平下与现有传感器布置进行对比，top3、top5、top8 爆管定位准确率均有显著提高。

5.4　供水管网漏损精确定位设备与技术

基于 DMA 及在线监测数据的漏损(爆管)识别方法能够及时监测漏损并定位漏损点的大致区域，但该方法无法对漏损点进行精确定位。因此，可依据 5.3 节所述技术确定大致区域后，使用定位设备锁定漏损精确位置。精确定位设备通常分为声学方法和非声学方法两类，声学方法包括听音棒、振动传感器、水听器等，非声学方法包括热红外成像、探地雷达和气体注入等[48]。本节将以探地雷达、加速度计两种设备为例，介绍基于硬件设备的漏损精确定位方法。

5.4.1　雷达检漏技术

探地雷达(ground penetrating radar, GPR)技术以电磁波传播理论为基础，以介质电性差异为前提，利用高频脉冲电磁波的反射探测目标物体[49]，其凭借快速、无损、不易受环境干扰等优点，对地下异常目标体极为敏感，目前已广泛应用于地质勘查、考古、工程检测等领域。在供水管道漏损检测领域，近年来也展开了越来越多的研究工作。

1. GPR 检漏原理

通常土体的相对介电常数为 6～10，而水的相对介电常数为 81，两者相差很大，理论上漏损区域会在雷达图像上形成一个明显的绕射波。因此，可以通过分析解释雷达图像上的绕射波来寻找管道漏损点[50]。然而，雷达图像的诊断分析主要依赖于人的主观经验，这会增加不确定性并限制检测效率。针对这些问题，本节较系统地开展基于 GPR 检测管道漏损的时频特征以及智能解译研究。

2. GPR 漏损信号特征挖掘

在漏损特征研究方面，目前大多是在实验室内通过砂箱实验或有限差分时域(finite-difference time-domain, FDTD)正演模拟实验对管道漏损进行研究。前者是缩尺实验，为了满足 GPR 分辨率的要求，需要使用高频天线进行检测，与实际检测时相差较大，且目前研究大多将砂子作为覆土材料，所选用介质单一，无法完全模拟真实环境；后者则是计算机中根据电磁理论模拟出来的理想环境，很少存在噪声的干扰，易受电磁波吸收边界层的影响，与实际环境也有较大的差别。

为了研究真实覆土环境下管道发生漏损时的 GPR 成像规律，为后续的智能解译提供足够带有标签的 GPR 测线数据，本节于室外漏损实验平台中设置了原土、海砂、碎石三组工况实验，通过漏损前后的雷达剖面图像对比以及特征值重要性分析来确认每种覆土介质下最显著的漏损特征。

GPR 的采集方式一般分为剖面法和宽角法，由于发射天线和接收天线之间的间距固定，只能采用共偏移距剖面法进行数据采集。如图 5.56 所示，沿着某一条测线拖动雷达天线，带动测距轮滚动，每行经一段距离就能激发天线完成一次雷达波的发射和接收。根据反射波数据的扫描维数，可以将雷达记录分为 A-scan、B-scan 和 C-scan 三种格式，如图 5.57 所示。其中，A-scan 数据是天线在某个固定位置处接收到的一次发射、一次接收的电磁波反射记录，其时间-振幅图如图 5.57(a)所示，横坐标为振幅，纵坐标为双程走时。B-scan 数据是一个随着天线移动，多个 A-scan 连续排列构成的二维信号，一般以波形堆积图或者灰度堆积图的形式来呈现地下信息，如图 5.57(b)所示。有经验的专家对其进行适当的数据预处理后，

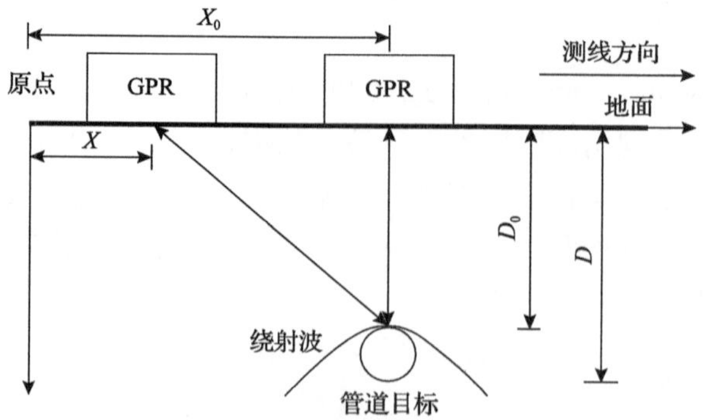

图 5.56　剖面法探测示意图

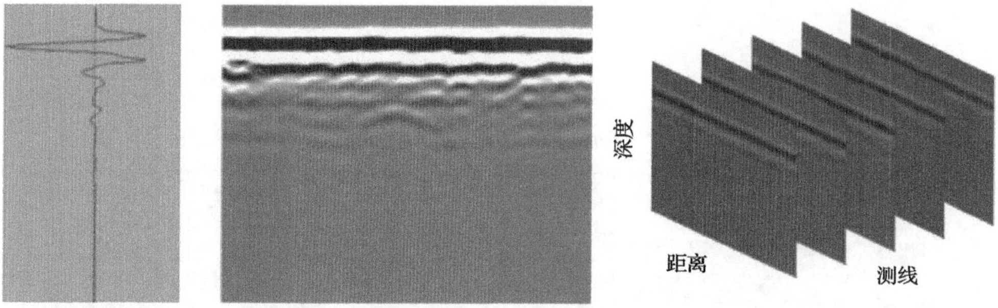

(a) A-scan　(b) B-scan　(c) C-scan

图 5.57　GPR 三种成像方式实例

可根据图像特征对地下埋藏目标进行解译。C-scan 数据是由平行于雷达天线所在平面的扫描数据拼接而成的等深图像，如图 5.57(c)所示。

1)雷达剖面成像分析

图 5.58 分别展示了原土、海砂、碎石三种工况中 Y 方向和 X 方向的雷达剖面图，其中雷达测线共计 25 条。结果显示，不同的覆土条件下，管道漏损特征在雷达剖面图中的表现形式是截然不同的。在原土工况中表现为电磁波反射速度降低，

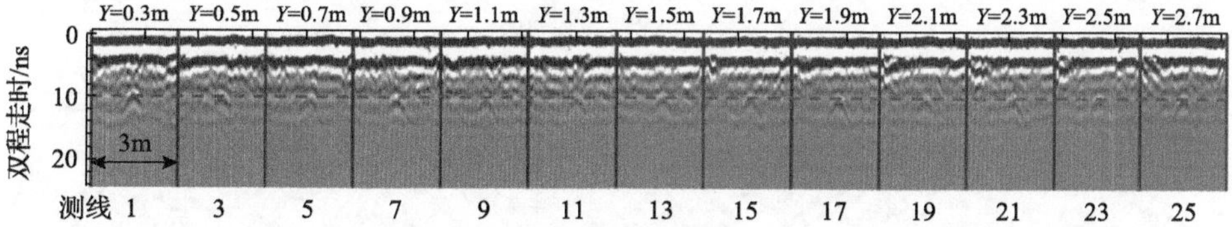

(a1) 漏损前

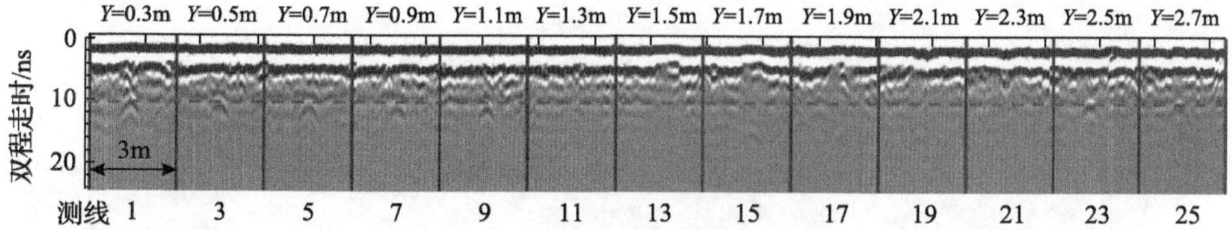

(a2) 漏损后

(a) 原土工况 Y 方向雷达剖面图

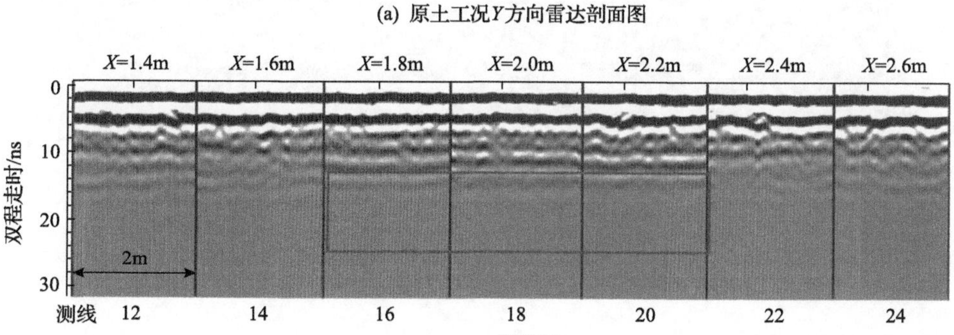

(b1) 漏损前

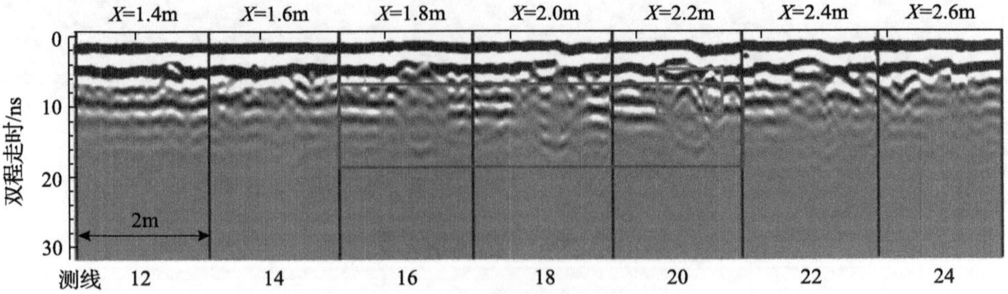

(b2) 漏损后

(b) 原土工况X方向雷达剖面图

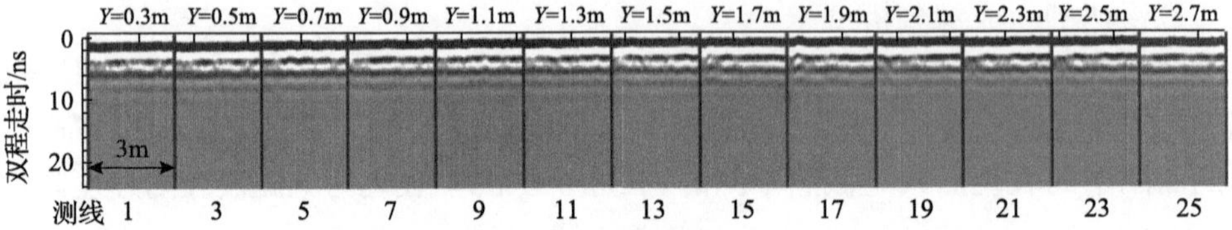

(c1) 漏损前

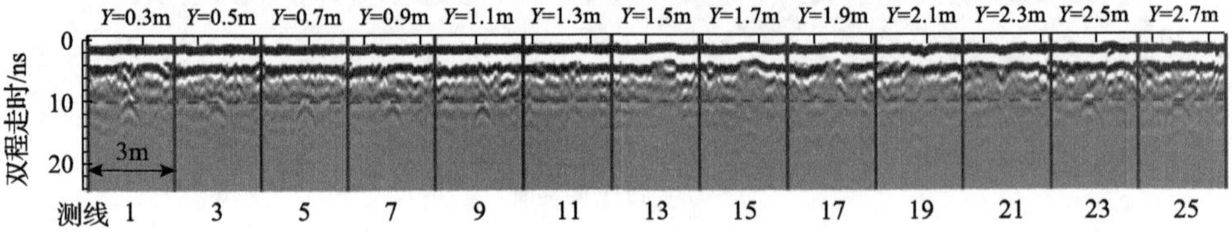

(c2) 漏损后

(c) 海砂工况Y方向雷达剖面图

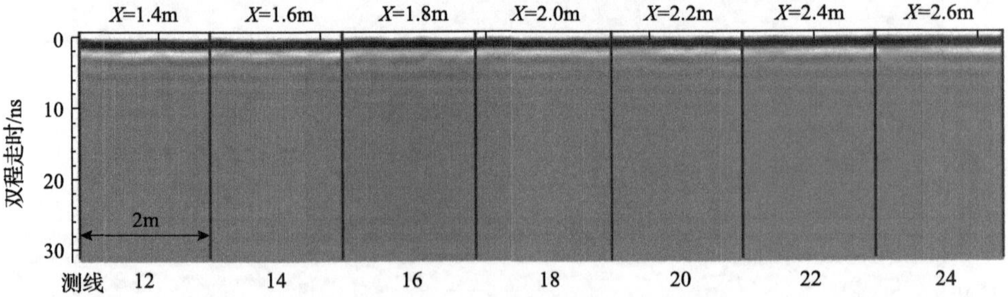

(d1) 漏损前

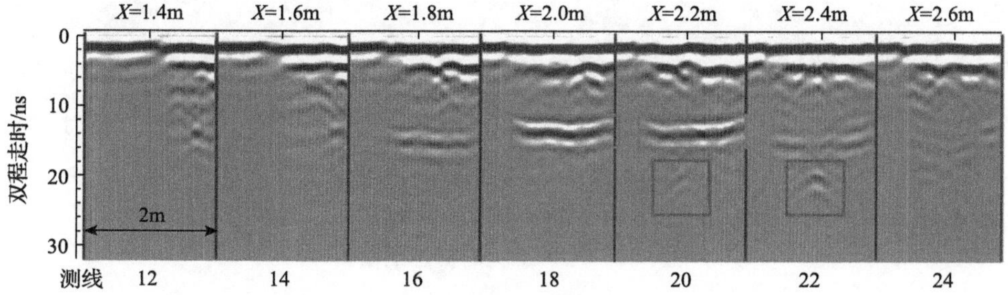

(d2) 漏损后

(d) 海砂工况X方向雷达剖面图

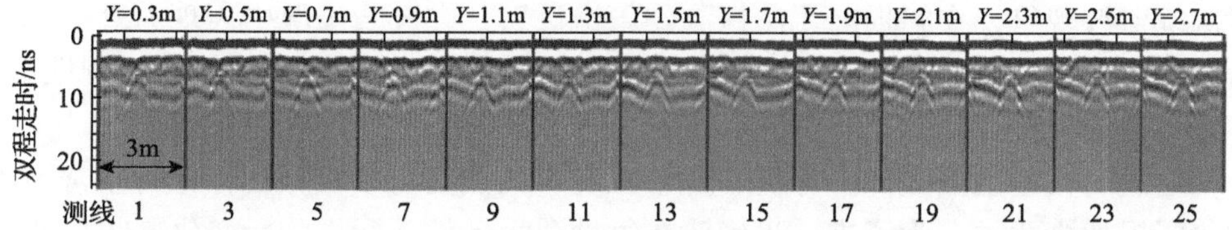

(e1) 漏损前

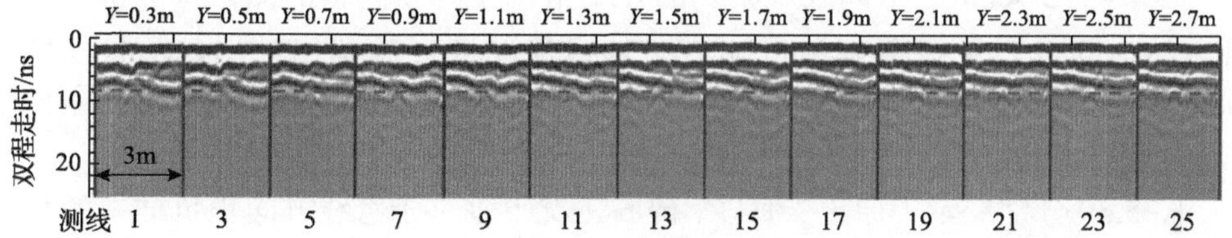

(e2) 漏损后

(e) 碎石工况Y方向雷达剖面图

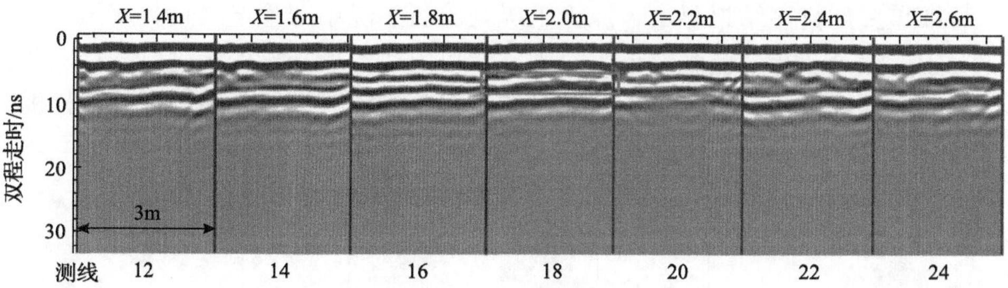

(f1) 漏损前

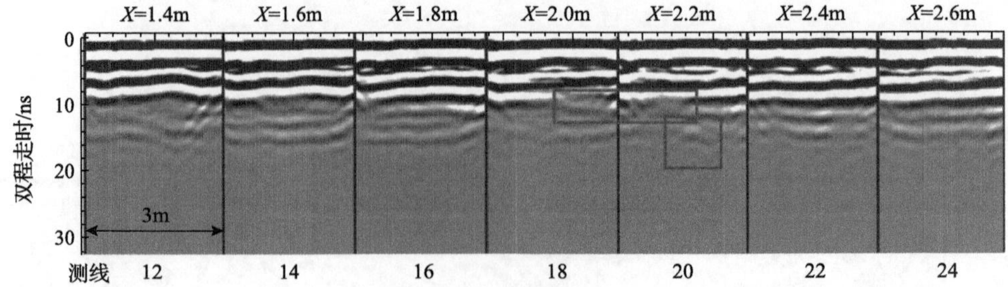

(f2) 漏损后

(f) 碎石工况X方向雷达剖面图

图 5.58 三种工况的雷达剖面图

管道反射波的双程走时滞后，并且该变化过程是渐变的，在漏损点处下移最为明显；在海砂工况中电磁波反射能量明显增强，能够清晰地探测到管道，并伴随有多次绕射波现象，在漏损前无法探测到管道反射；在碎石工况中表现为管道反射信号下移，电磁波传播速度降低，但是速度降低得比较有限，不如原土工况明显。

2)雷达数值特征分析

通过对雷达剖面成像的分析，各个工况下的测线可以被分类标记为正常填土和含漏损病害两类。为了进一步确认在每种覆土条件下漏损前后变化最明显的因素，本节将 B-scan 图中肉眼观察到的几个常用于判断漏损的图像特征量化为时频指标，并将正负样本数据特征值的分布情况进行可视化呈现，结合 SHAP (shapley additive explanations)法进行特征重要性分析，最终给出每个覆土条件下区分漏损的指标。

图 5.59 分别展示了原土、海砂、碎石工况下垂直于管线方向正负样本的数据特征值分布情况，并通过 SHAP 法对各个特征值进行分析，从而得到特征重要性排序结果。

特征重要性排序结果显示，原土工况与碎石工况中双程走时贡献率最大，海砂工况中能量分布指数贡献率最大。因此，可以将速度指标作为先验指标对类似原土、碎石环境进行分析，将能量指标作为先验指标对类似海砂环境进行分析。

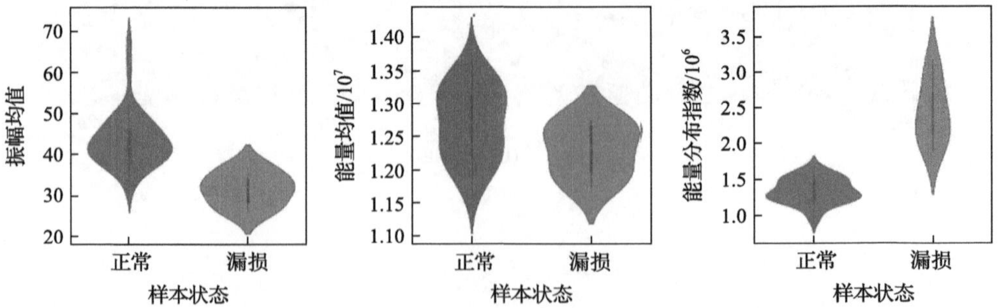

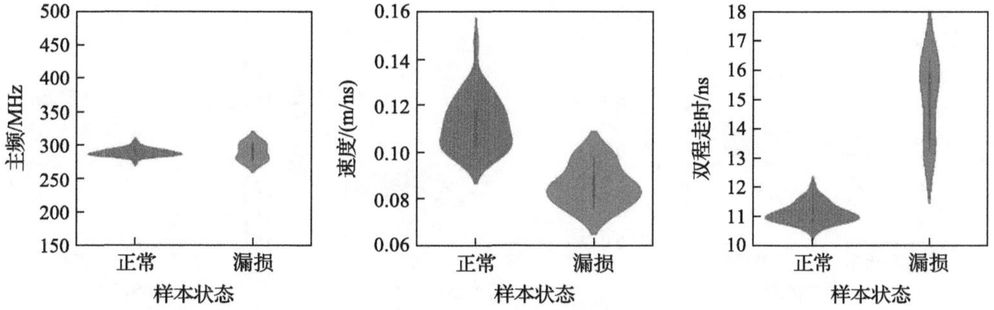

(a) 原土工况特征值分布图

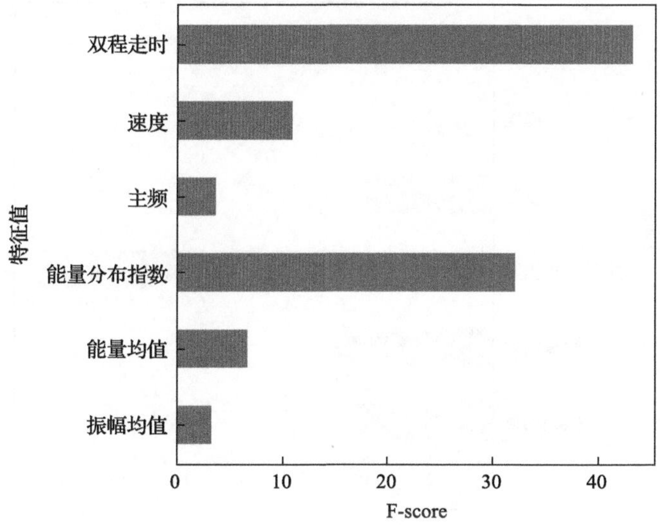

(b) 原土工况特征重要性分析

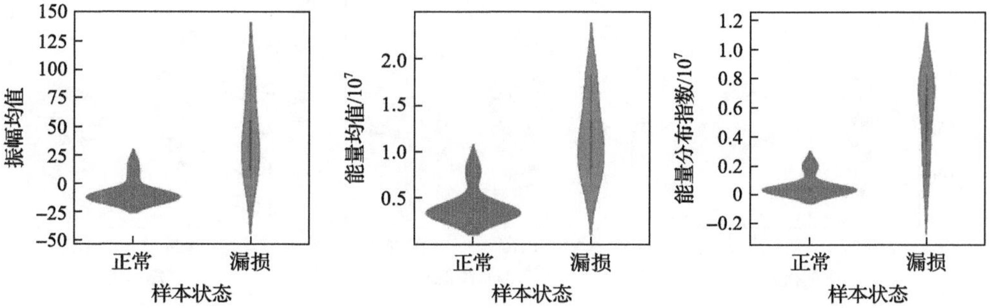

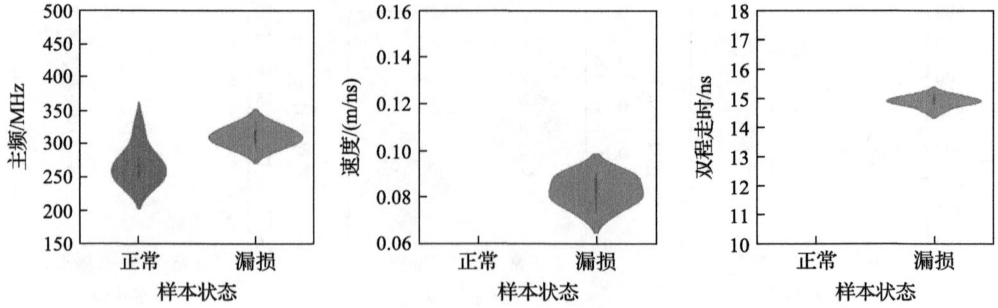

(c) 海砂工况特征值分布图

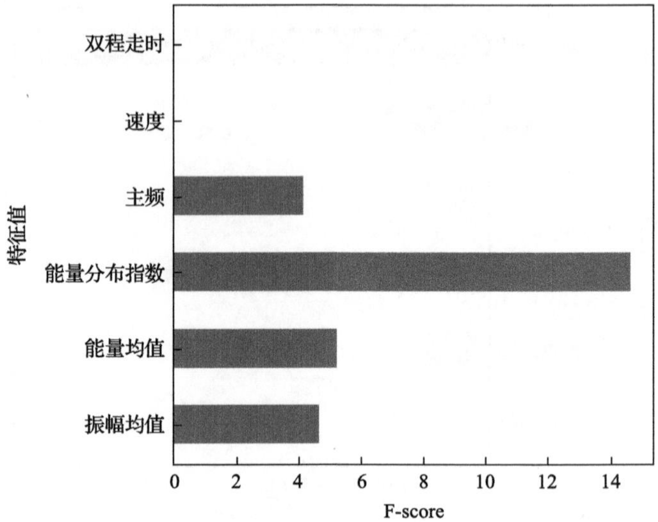

(d) 海砂工况特征重要性分析

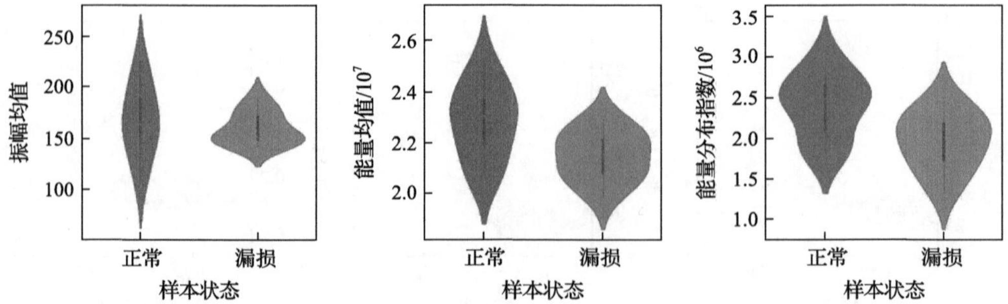

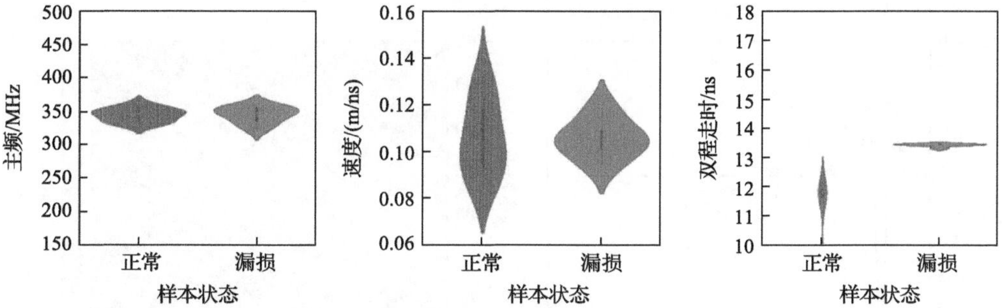

(e) 碎石工况特征值分布图

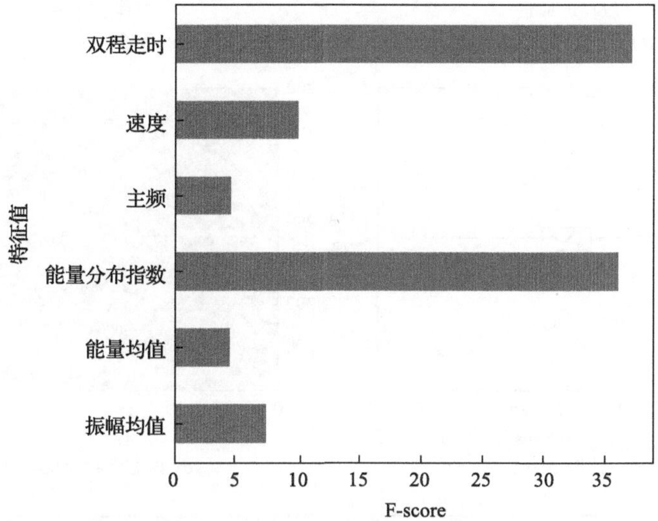

(f) 碎石工况特征重要性分析

图 5.59　三种工况的特征值分布情况及特征重要性排序结果

3) 雷达时频特征分析

漏损信号在 B-scan 图中容易受到多管道区的干扰，而频谱图中难以区分是否存在。因此，本节选择小波变换，以原土工况为例，将原始的 A-scan 波形信号转变为二维时间标度的小波时频尺度图。图 5.60 所示为原土工况下无管区、漏损区和埋管区具有典型代表性的 A-scan 图及其对应的时频尺度图。

结果显示，在时域方面，无管区内检测不到管线的反射信号，而漏损区和埋管区均有管道的能量反射信号，相较而言，漏损区的管道信号有所滞后。在频域方面，埋管区与无管区内均为干燥原状土，其频谱不受漏损水流的影响，因此比较接近，而漏损区主频的信号强度明显降低，高频电磁波的成分更少。这是由于 Ricker 子波的高频成分在地层传播的过程中会发生衰减，并且在含水率较高的区域中表现更为明显，而管道漏损会造成地下介质含水率的提高。

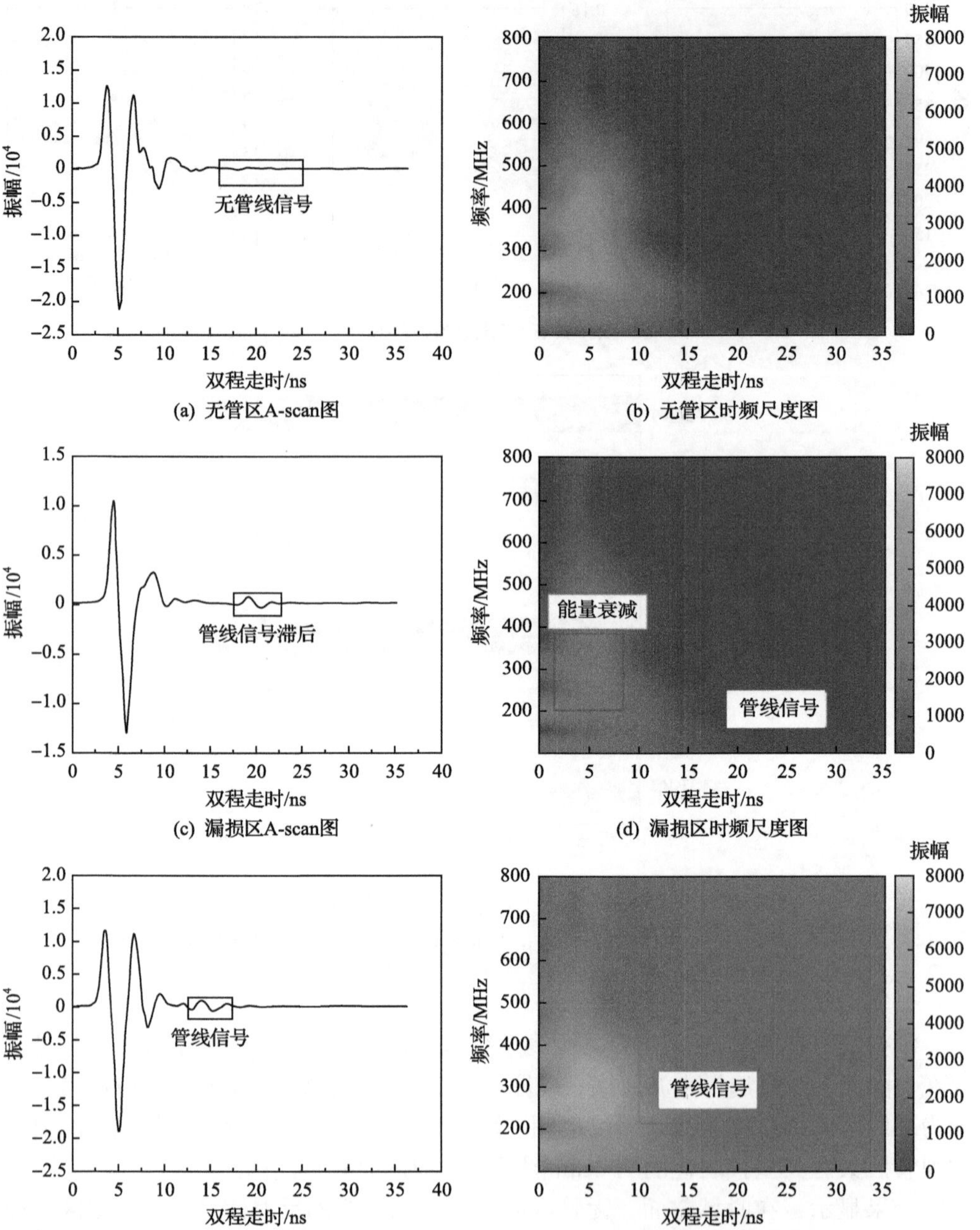

(a) 无管区A-scan图　(b) 无管区时频尺度图

(c) 漏损区A-scan图　(d) 漏损区时频尺度图

(e) 埋管区A-scan图　(f) 埋管区时频尺度图

图 5.60　不同工况下 A-scan 图与时频尺度图

由此可见，主要频率的降低以及能量的衰减是漏损的特征之一，然而该特征仅通过 A-scan 图或 B-scan 图难以被发现，小波变换能有效地对 GPR 信号进行时频转换，将其中频谱在各个时刻的分布凸显出来。

3. 管道漏损 GPR 信号自动识别方法

为了实现雷达探漏技术的智能化解译，本节分别基于含噪声密度聚类分析(density-based spatial clustering of applications with noise, DBSCAN)以及卷积神经网络(convolutional neural network, CNN)，开发两种适用于供水管道漏损检测及定位的智能检测技术，并有针对性地将两种检测技术分别应用在某漏损实训基地和某钢铁厂中，以此来检验方法的有效性及准确性。

1) DBSCAN 聚类算法

传统方式的 GPR 图像异常识别实质上是将归纳总结的先验知识进行分类判断的过程。借鉴这种传统检测的思路，本节提出一种基于密度进行聚类的自动分析方法，该方法可以快速筛选特征值，起到去除繁杂冗余信号、保留关键特征值的作用，能够将每个复杂的剖面图简化为单一离散点并自动对比，将相似的测线聚类到一起。

(1) DBSCAN 聚类法分析原理。

本节采用的测线聚类方法为 DBSCAN 聚类法。DBSCAN 是一种基于数据点间密度进行分类的聚类算法[51]，这类密度聚类算法根据样本分布的紧密程度进行分类。该算法通过参数$(\varepsilon, \text{minPts})$来表示样本分布的紧密程度，其中$\varepsilon$为某一样本邻域的距离阈值，也称为扫描半径，minPts 为ε邻域范围内的邻域样本数阈值。

本节所指衡量样本点间距离的方式为每条测线两个特征值向量之间的欧几里得距离，如式(5.66)所示。根据样本中两个特征值之间的欧几里得距离得到的聚类结果，既减少了单个特征值噪声点带来的干扰，又可以直观地在二维平面上以散点图的形式呈现，可以更好地辅助传统的人工解译方式进行漏损定位分析。

$$\text{dist}(x_i, x_j) = \sqrt{\sum_{k=1}^{n}(\lambda_{ik} - \lambda_{jk})^2} \tag{5.66}$$

式中，λ_{ik}为第i个样本点的第k个特征值；λ_{jk}为第j个样本点的第k个特征值；n为拟选取特征值数量，本节$n=2$。

不同特征之间的量纲不同，且数值往往不在同一数量级，无法直接计算距离，因此需要对其进行归一化处理，如式(5.67)所示：

$$\lambda_{\text{norm}} = \frac{\lambda - \lambda_{\min}}{\lambda_{\max} - \lambda_{\min}} \tag{5.67}$$

式中，λ_{norm}为归一化后的特征值，介于 0～1；$\lambda_{\min}$为所有样本中特征值的最小值；$\lambda_{\max}$为所有样本中特征值的最大值。

DBSCAN 聚类算法随机选择一个未被归类的样本点，搜寻其邻域 ε 内的子样本集，若该样本集的数量小于 minPts，则将该核心对象标记为噪声点；若样本集的数量符合要求，则标记为核心对象，依次搜寻所有这个核心对象能够密度可达的样本集合，即形成聚类簇。继续以相同的方式进行搜索，直到所有核心对象都被标记归类，就完成了密度聚类。

(2)参数选取。

距离阈值 ε 和邻域样本数阈值 minPts 是 DBSCAN 聚类算法中的两个重要参数，直接决定了分类簇的大小及间距。

①距离阈值。

距离阈值可近似认为是样本点间的差异程度，设置小的阈值时，差异程度小，聚类出来的每一簇样本点更为接近，这意味着分类的要求更为严苛，会有更多的样本点因不满足距离相近的要求而被视作噪声点。以原土工况漏损后测得的 25 条测线为例，图 5.61 展示了不同距离阈值 ε 下的聚类结果，此时 minPts 为 3。

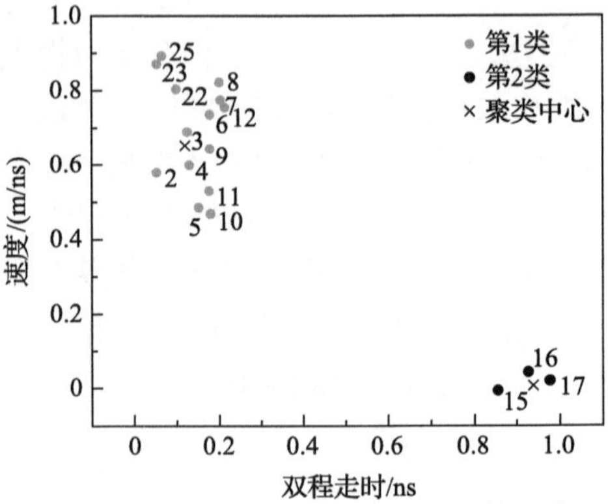

(a) $\varepsilon=0.1$

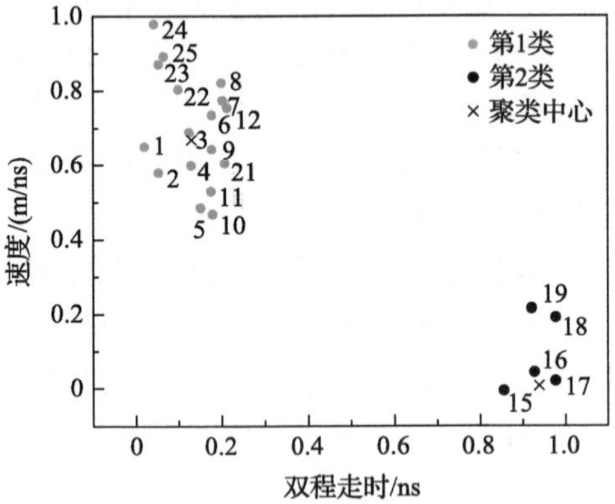

(b) $\varepsilon=0.15$

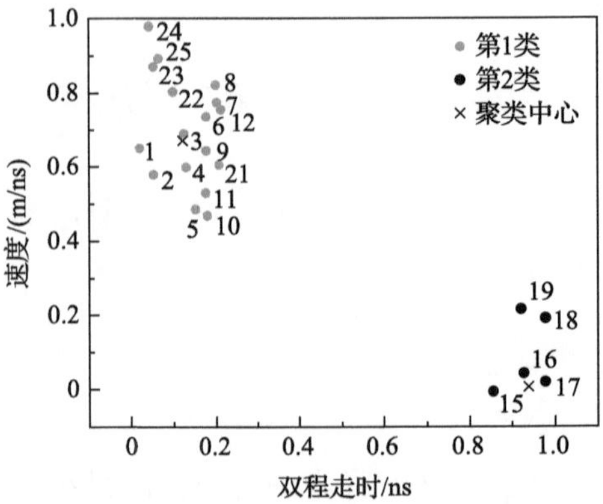

(c) $\varepsilon=0.2$

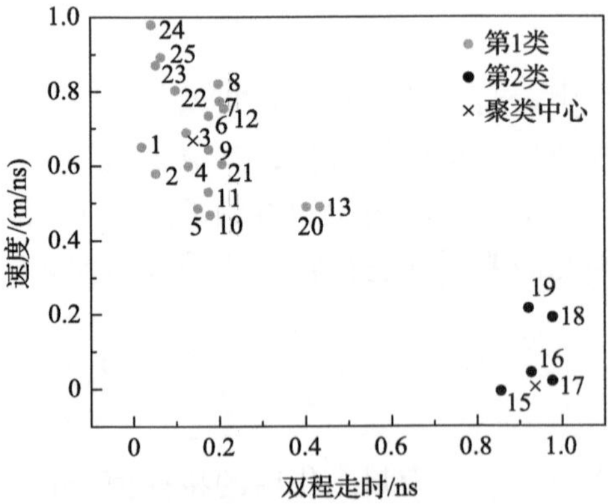

(d) $\varepsilon=0.25$

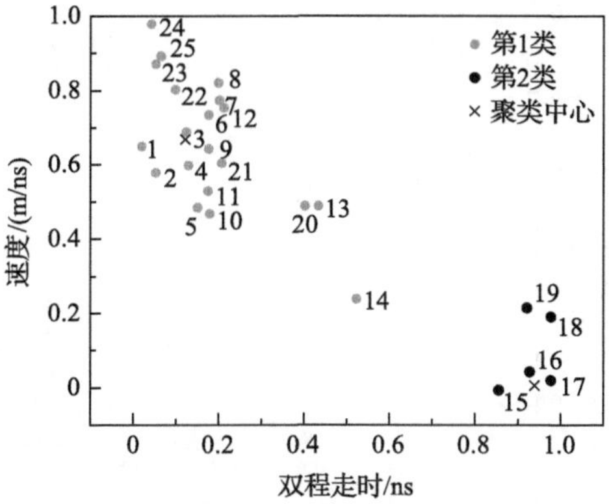

(e) $\varepsilon=0.3$

图 5.61　不同距离阈值 ε 下的聚类结果

结果显示，当距离阈值更小时，二维图中的散点数量减少，测线样本被视为噪声数据而无法被划分类别；反之，聚类的散点数量增加。在实际的漏损检测应用中，受漏损水流影响的湿土和未受漏损水流影响的干土存在显著差异，ε 在 0.1～0.3 的浮动不会对整体聚类结果有过大的影响，但对干湿边界处的样点测线有一定的影响，可以根据检测精度的需要，对距离阈值进行适当调整。本节将统一选取 ε 为 0.25 进行聚类分析。

②邻域样本数阈值。

同样以原土工况漏损后测得的 25 条测线为例，图 5.62 展示了不同邻域样本数阈值 minPts 下的聚类结果。

如图 5.62(a)所示，当邻域样本数阈值为 1 时，测线 14 被单独划分成了一类。如图 5.62(b)所示，当邻域样本数阈值为 2 时，测线 14 不满足最少聚类点数量的要求，被视为噪声点，不参与聚类，当邻域样本数阈值为 2 或 3 时，聚类结果一致。

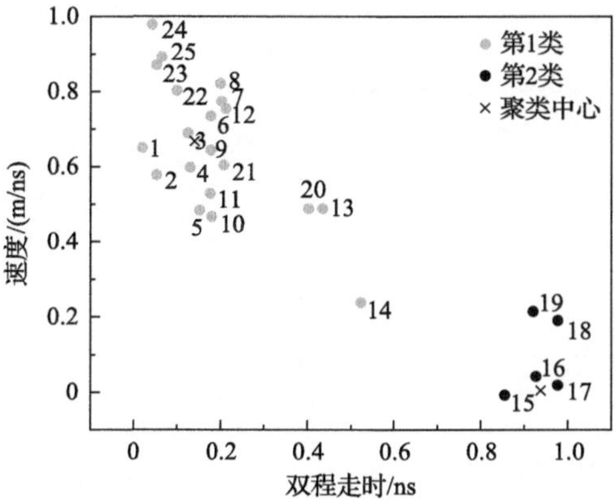

(a) minPts=1

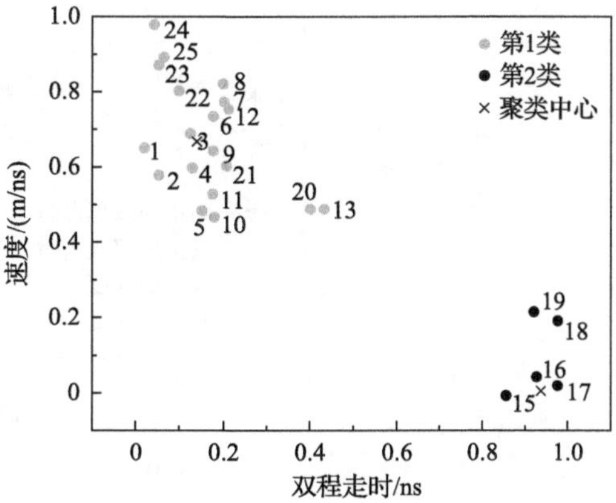

(b) minPts=2

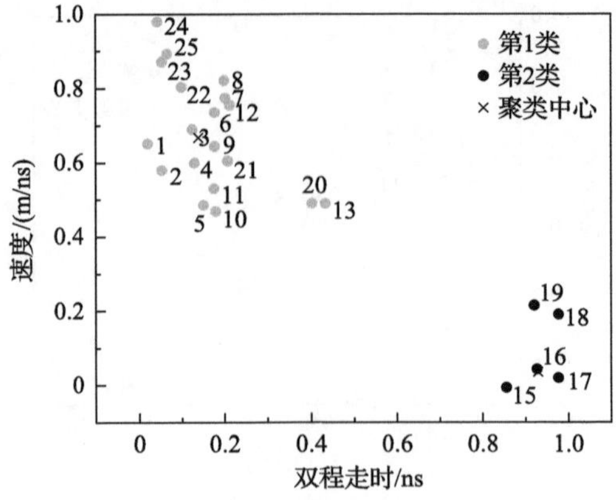

(c) minPts=3

图 5.62　不同邻域样本数阈值 minPts 下的聚类结果

在实际的漏损检测应用中，受漏损水流影响的测线通常不止一条，其邻近区域内的测线特征值比较接近，而由石块、空洞等引起的异常反射往往是局部的，只会对个别测线产生干扰，设置一个较大的邻域样本数阈值可以避免个别异常测线聚集成一类。因此设置邻域样本数阈值 minPts 为总测线条数的 10%～25%具有较好的异常检测分析。

(3) 各特征值聚类结果。

通过特征重要性分析，筛选出了每个工况中最为重要的特征值参数，下面以原土工况为例，分别选用速度参数、能量参数作为分类指标进行聚类分析。各条测线相应的速度参数曲线图及对应的聚类结果分别如图 5.63 和图 5.64 所示，各条测线相应的能量参数曲线及对应的聚类结果分别如图 5.65 和图 5.66 所示。

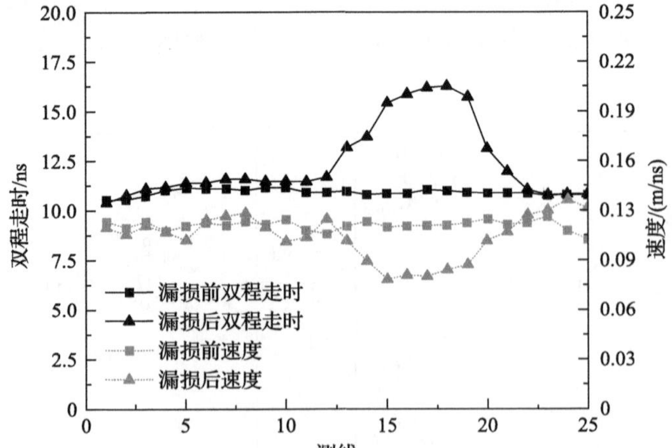

图 5.63　原土工况速度参数曲线图

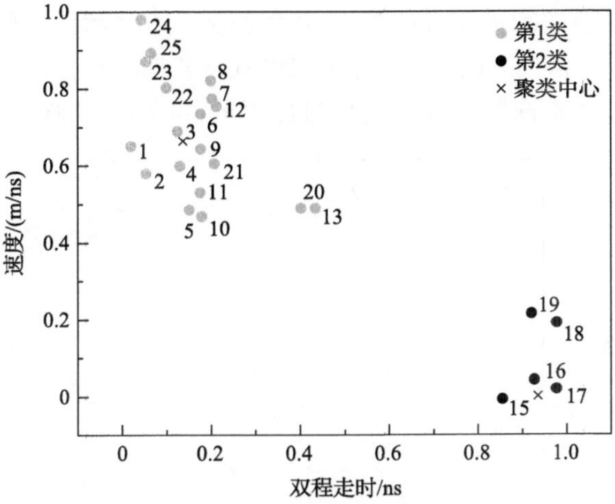

图 5.64 原土工况速度参数聚类结果

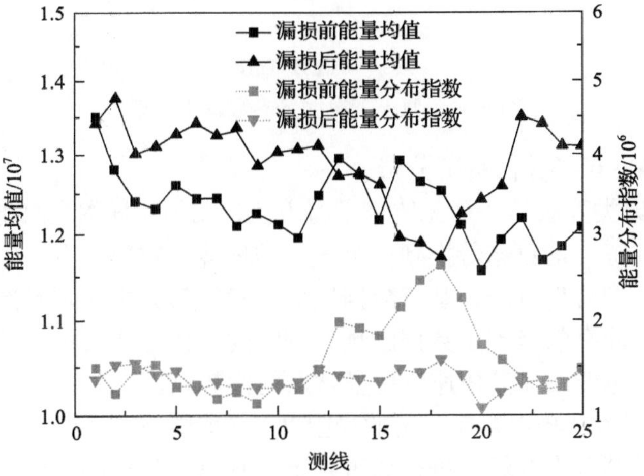

图 5.65 原土工况能量参数曲线图

结合前面分析，受漏损影响的测线为 Y13～Y21。速度、能量两类参数的聚类结果略有差异，其中根据速度参数推断的漏损区域为 Y15～Y19，Y14 因偏离其他类别过大而被视为噪声点，不参与聚类。根据能量参数推断的漏损区域为 Y13～Y18，两种聚类方式得出的漏损区域均包含 Y15～Y18，与实际结果一致，但对于边界点的判定结果有所不同。即便是传统的解译方式，由于边界处的介质差异介于漏损与正常之间，也难以对边界处进行准确的类别划分。

此外，速度参数的分类结果中，每一类之间的离散点相对更为集中，标记为第 1 类的样点和标记为第 2 类的样点彼此之间划分的间隔也比较大，因此在原土工况中，根据速度参数的分类更好一些，这与特征重要性排序的结果一致，即在原土工况中，速度参数的重要性优先于能量参数，速度参数对漏损特征的影响更大，更适合作为分类指标。由此可知，在 DBSCAN 聚类算法的应用中，对已知类型的工况区域，应优先选用特征重要性排序靠前的特征值进行分类。

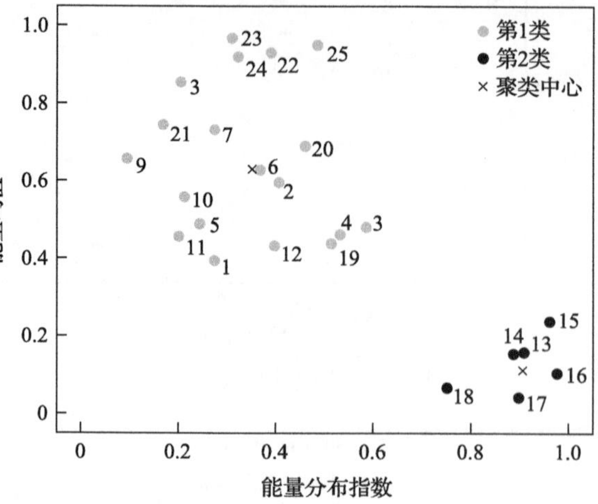

图 5.66　原土工况能量参数聚类结果

(4) DBSCAN 聚类算法特征分析。

DBSCAN 聚类算法是一种无监督学习方法，无须对样本集打上标签，也无须事先进行模型训练，这意味着换到一个全新的环境，它仍具有一定的可适用性。相较于传统的图像辨识方法，基于数据层面的特征值分类无须对剖面图像做过多的信号处理，因此有效节省了数据的预处理时间。该方法可批量处理多条测线，采集测线越多，越能凸显其快速定位异常点的优势。

DBSCAN 聚类算法也存在一定的局限性，它能够将多条测线划分成一个或多个类别，但仍需结合人的经验进行病害判定，其只起到辅助分析、快速找寻异常测线的作用，当检测区域较为狭窄，不能采集多条测线时，无法进行聚类分析。此外，阈值的选取、特征值的选用也比较依赖操作者的经验。

2) CNN 法

基于聚类思路的异常检测方式，仍然需要人为对雷达数据选取特征值进行分析，且需要有多道平行测线才能进行聚类。实际应用时会有一定的限制，如何自动提取雷达时频特征，完成漏损的智能解译，是目前面临的一大难题。因此，本节提出采用 CNN 法，对 A-scan 信号进行小波变换，进而作为训练集输入神经网络进行模型训练，以实现时频特征联合的供水管道漏损检测的智能解译。

(1) CNN 概述。

CNN 是包含卷积运算并具有一定深度结构的前馈神经网络[52]，广泛应用于图像识别、自然语言处理方面。CNN 中包含卷积层、池化层和全连接层，在更为复杂的网络结构中还可能包含 Inception 模块或者残差块，其中卷积层是其有别于其他神经网络结构的特色所在。

雷达剖面图像不同于光学图像的识别，同样的形状特征出现在剖面中不同深度的位置，可能有不同的解释。对雷达剖面图的缩放容易改变其含有的电磁波传播速度、目标体大小等地球物理信息，尤其对于漏损检测问题，电磁波传播速度这一参数尤为重要。针对管道漏损会引起反射波能量衰减、频谱分布改变等特点，本节选用每一道信号的时频尺度图作为训练数据。

(2) ResNet 模型训练过程。

本节选用残差网络(residual network, ResNet)结构进行模型训练，ResNet50 结构如图 5.67 所示。

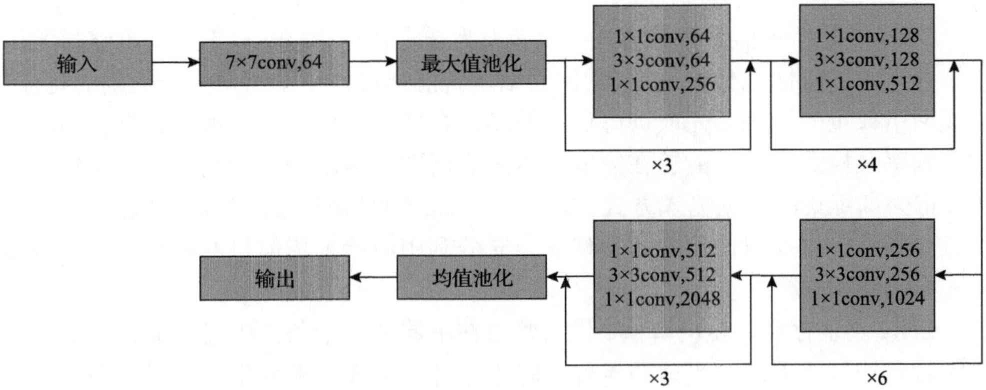

图 5.67　ResNet50 结构[53]

数据标注过程如下：标注类别分为无管区、漏损区、埋管区三类，并采用 one-hot 的编码方式，分别编码为 0、1、2。完成标注后，对每个 A-scan 信号截取前 256 个采样点进行小波变换，使之转变为 224×224×3 的时频尺度图。网络参数训练过程如下：按 60%、20%、20%的比例将数据集划分为训练集、验证集和测试集，采用交叉熵函数作为损失函数，选用 Adadelta 作为优化器函数，初始学习率为 0.01，随着训练的进行，学习率会发生动态变化。

(3) 可视化成像及偏差修正过程。

为了符合人对于雷达图像判断的视觉感受，采用在原始 B-scan 图像上遮罩透明背景的方式对数据进行可视化成像，以便辅助检测人员进行病害诊断。

由于地下空间中可能存在石块、空洞、不明埋藏金属等影响识别的干扰因素，模型预测结果存在一定的误差，如图 5.68(a)所示。对于出现的偶然偏差，应予以纠正。偏差纠正机制如下：选取 20 道为阈值，统计每道 A-scan 的邻近 20 道预测结果，将预测频次最高的类型作为该道的纠正后预测结果。经过该步骤修正后的结果如图 5.68(b)所示，零星的异常识别被压制，最终的判别结果更接近实际情况。

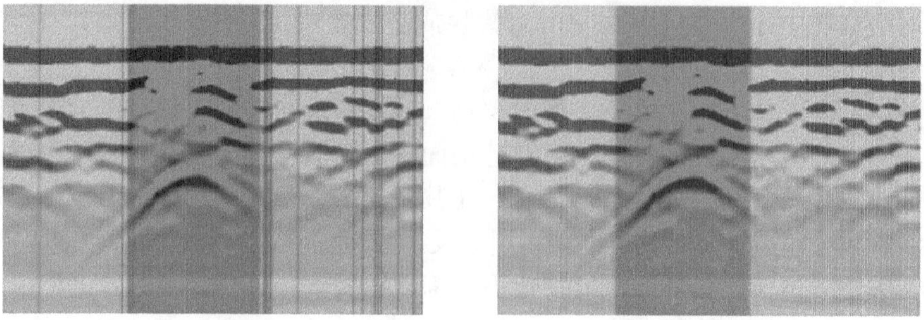

(a) 纠正前　　(b) 纠正后

图 5.68　偏差纠正过程

(4) CNN 法特征分析。

CNN 法是一种监督学习方法，无需人为选定特征指标，只需采集足够量的样本集并事先进行标记分类，深层的网络结构就能通过自主学习每一个类别的特征，完成网络权重的训练。完成训练后的模型，在地质条件相似的地区，有较高的分类准确率及检测效率，能够在完成测线采集后即时给出分类预测结果。相较于以 B-scan 为训练集的数据输入方式，以各个 A-scan 的时频尺度图为数据输入的形式，可以更好地挖掘反射信号的时频特征，充分利用原始采集信号的特征，可以减小所需样本集的规模。

CNN 法也存在一定的弊病，供水管道在不同的覆土条件中发生漏损时的雷达图像特点均有所不同。当地质条件、降水条件、漏损规模发生改变时，图像特征也有所变化，这使得训练后的模型有其应用场地的局限性，当采集数据量不足时难以做到在各种复杂环境下完成漏损检测分类工作。

4. 结论

本节较系统地开展了基于 GPR 管道漏损时频特征以及智能解译研究。建立了 GPR 检漏的场地实验，分别以原土、海砂、碎石三种材料为覆土介质，找寻漏损前后的图像异常，总结各种覆土条件下的漏损特征并对量化后的特征进行排序，实现了信号特征的综合识别。提出了一种基于异常检测思路的漏损识别方法，并将其应用于某漏损实训基地的漏损检测。该方法首先借助数理统计方法、傅里叶变换提取雷达剖面中的时域特征、频域特征，将复杂的图像剖面简化为离散的特征点，然后根据特征值间的距离进行 DBSCAN 密度聚类，最后按先验经验对每个聚类簇进行类别划分。

5.4.2　听音检漏技术

目前听音检漏技术是应用于供水管道漏损检测的主要技术之一。相较于其他漏损检测设备，声学设备具有便于操作、灵敏度高、维护成本较低等优势，是全球水司普遍采用的工具[54]。常见的声学检漏设备包括听音棒、噪声记录仪、加速度计等。

听音棒通过工作人员沿着管道行走来人工发现异常漏损信号，十分依赖工作经验，耗时且费力。相比之下，噪声记录仪在漏损定位精度层面已经取得了显著的提升[55]。分布安装在供水管网中的记录仪将所记录的信号不断传递到分析中心，能够依托算法快速识别管道泄漏，使其在实时监测中很受欢迎[48]。但这种设备容易受到安装位置、环境噪声和管道材料的影响。鉴于上述局限性，更灵敏的加速度计用于检测漏损发出的振动信号。加速度计是一种用于检测和测量振动信号的传感装置，其成本和维护费用较低，受位置限制较小，并且还能提高塑料管中基于声学方法的漏损检测效率[56]。此外，这种方法还具有开发自主无线传感器节点的潜力[57]，其实际应用最大的挑战在于如何从振动信号中识别漏损信息，并从大量传感器定期收集的海量数据中自动检测漏损。为此，本节将介绍如何基于加速度计所采集的振动信号进行特征提取与漏损识别。

1. 听音检漏原理

管道漏损发出的噪声是由空化与泄漏引起的湍流之间的相互作用产生的，这种相互作用也会激发管壁振动。信号处理是基于振动信号检测泄漏的关键步骤，需系统处理源信号并检测出感兴趣的特征。预先对提取的泄漏信号进行频域预滤波，可以提高泄漏信号的信噪比。为了实现实时漏损检测，研究者已经开发应用了多种方法，对处理过的声学信号进行特征提取，以确定它们是否由漏损引起。

声信号特征提取方法主要分为时域分析、频域分析、时频分析等预处理方法。一些时域特征容易受到噪声的影响，而频域特征不能描绘出信号频谱内容随时间的变化。研究表明，时域特征和频域特征的结合可以显著减少误报，如短时傅里叶变换(short-time Fourier transform, STFT)、小波变换、Hilbert-Huang 变换(Hilbert-Huang transform, HHT)等。在漏损信号识别层面，传统方法通过实验确定不同特征指标的阈值以及漏损声音的频率范围，而最近的研究引入了许多机器学习算法来实现信号的自动识别分类，如人工神经网络(artificial neural network, ANN)[58,59]、决策树(decision tree, DT)[60]、支持向量机(support vector machine, SVM)[61]等，取得了较为显著的分类效果。

研究工作中的许多基于数据驱动的漏损信号识别模型是在模拟、工程测试或现场实验中收集的数据基础上开发的，很少研究使用真实供水管网数据进行验证，且在特征提取方面也缺乏对管段漏损非线性特征的描述。为了进一步研究真实的配水系统，本节介绍一种基于机器学习的漏损检测模型，并使用我国多个城市供水管网系统中的加速度计所收集的信号数据进行验证。从源信号中提取描述漏损信号中包含的非平稳特征的非线性特征，构建特征集作为常用分类器的输入，即支持向量机、决策树和 K 最近邻（K-nearest neighbor, KNN）。此外，将 STFT 处理得到的频谱图用于 CNN 模型 SqueezeNet，从而比较和分析不同特征、不同数据集组成和不同模型对漏损检测的影响。

2. 信号特征提取与分类方法

1）信号特征提取与特征选择

（1）特征提取。

由加速度计收集的振动信号的采样频率通常很高，因此将原始信号数据输入分类器是没有意义的，需要在时域或频域内进行特征提取。为创建具有统一标准的特征集，选择几个单标量特征来表征原始信号。漏损噪声包括两个主要元素：一部分噪声来自湍流，由流体之间和流体与管壁之间的摩擦产生；另一部分噪声来源于液体介质中的气泡空化现象[62]。湍流运动不是完全随机的，而是在随机中存在一定规则的有序运动，即湍流符合混沌的定义[63]；而空化产生的振动本质上是高度非线性的。因此，管道流体系统的振动通常是非线性、非平稳的，漏损引起的振动则包含了这些非线性行为[64]。传统的声信号处理方法采用傅里叶变换来获取频域信息，但受限于所研究过程线性和平稳性的假定。当前研究通常通过对漏损信号进行短时平稳处理，提取基于时域和频域的线性特征来确定最优特征子集，进而进行分类，但很少关注用于描述漏损信号非平稳性的非线性特征[65]。因此，在创建特征集时，本节重点关注描述漏损信号非线性特征的特征，以期通过验证发现新的有效特征。

信号的均方根（root mean square, RMS）和过零率（zero crossing rate, ZCR）是时域上广泛应用的特征[66,67]。而 Teager 能量算子（Teager energy operator, TEO）是一种同时考虑信号瞬时振幅和频率的非线性差分算子，其广泛应用于故障诊断[68]。对于长度为 n 的信号 $x(n)$，平均 TEO 可表示为

$$\text{mean TEO} = \frac{1}{N-2}\sum_{n=2}^{N-1}(x_n^2 - x_{n-1}x_{n+1}) \tag{5.68}$$

自相关函数可以分析时间序列的相关结构，因此可以用来描述漏损信号的不可预测性。定义时间 $x(t)$ 的无限连续函数的自相关函数 $R_{xx}(\tau)$ 为

$$R_{xx}(\tau) = \int_{-\infty}^{+\infty} x(t)x(t-\tau)\mathrm{d}\tau \tag{5.69}$$

式中，τ 为时间差值。对于一个 $n=1,2,\cdots,N_{\mathrm{s}}$ 的有限离散信号 x_n，自相关函数 $\hat{R}_{xx}(m)$ 可以估计为

$$\hat{R}_{xx}(m)=\begin{cases}\sum_{n=0}^{N_s-m-1} x_{n+m}x_n, & m\geqslant 0\\ \hat{R}_{xx}(-m), & m<0\end{cases} \tag{5.70}$$

$$\forall m=\{1,2,\cdots,N_R\}-N_s,\quad N_R=2(N_s-1) \tag{5.71}$$

F_s 是信号的采样频率，第 m 个时间值为 $\tau_m=m/F_s$，可以得到时域的自相关函数 $\hat{R}_{xx}(\tau)$，标准化自相关函数的峰度值 K_R 可以计算为 $K_R=\text{kurt}(\hat{R}_{xx,\text{norm}}(\tau))$，由此可得

$$\text{kurt}(y)=\frac{\frac{1}{N}\sum_{i=1}^{N}(y_i-\overline{y})^4}{\left[\frac{1}{N}\sum_{i=1}^{N}(y_i-\overline{y})^2\right]^2} \tag{5.72}$$

式中，y 为通用长度是 N 的通用矢量，平均值为 $\overline{y}$。

熵是评估时间序列动态特征的最有力工具之一，建议用于漏损检测，熵衡量系统中的规律性程度，并可以量化离散时间信号中基础结构的复杂性[69]。近似熵(approximate entropy, ApEn)[70]和样本熵(sample entropy, SampEn)[71]已广泛用于信号处理的各个科学领域。若有一个标量时间序列 $X=x_1,x_2,\cdots,x_N$ 和一个给定的嵌入维度 e，从 X 中重建一组时间序列表示为 $Y=y_1,y_2,\cdots,y_{N-e+1}$，其中 $y_i=x_i,x_{i+1},\cdots,x_{i+e-1}$，$i=1,2,\cdots,N-e+1$。给定一个正的公差值 r，则向量 y_i 的概率计算如式(5.73)所示：

$$C_i^e(r)=\frac{1}{N-e+1}\sum_{j=1}^{N-e+1}\theta\left[d(y_i,y_j)\right] \tag{5.73}$$

式中，$\theta\left[d(y_i,y_j)\right]$ 为步长函数，定义为

$$\theta\left[d(y_i,y_j)\right]=\begin{cases}1, & d(y_i,y_j)\leqslant r\\ 0, & d(y_i,y_j)>r\end{cases} \tag{5.74}$$

向量之间的距离如式(5.75)所示：

$$d(y_i,y_j)=\max_k\left|x_{i+k-1}-x_{j+k-1}\right|,\quad k=1,2,\cdots,e \tag{5.75}$$

ApEn 则可以由式(5.76)计算得到：

$$\mathrm{ApEn}(e,r,N)=C^{e}(r)-C^{e+1}(r) \tag{5.76}$$

式中

$$C^{e}(r)=\frac{1}{N-e+1}\sum_{i=1}^{N-e+1}\ln C_{i}^{e}(r) \tag{5.77}$$

SampEn 可以表示为

$$\mathrm{SampEn}=-\ln\frac{B^{e+1}(r)}{B^{e}(r)} \tag{5.78}$$

式中

$$B^{e}(r)=\frac{1}{N-e}\sum_{i=1}^{N-e}B_{i}^{e}(r) \tag{5.79}$$

$$B_{i}^{e}(r)=\frac{1}{N-e+1}\sum_{j=1}^{N-e}\theta\left[d(y_{i},y_{j})\right],\quad i\neq j \tag{5.80}$$

在相空间重建中，选择嵌入维度是为了更好地估计条件概率，也就是最大化式(5.77)中的$C_{i}^{e}(r)$。本节e取 2，r取值为标准偏差的 20%。

由高阶频谱激发的非线性特征是分析机械振动信号非线性特征的一种有效方法[72]。双谱，即三阶累积量的频谱，是常用的高阶谱特征，它是两个频率的复值函数，由式(5.81)给出：

$$B(f_1,f_2)=E\left[X(f_1)\cdot X(f_2)\cdot X^{*}(f_1+f_2)\right] \tag{5.81}$$

式中，$X(f)$为信号的傅里叶变换；X^{*}为复数共轭。双谱是三个傅里叶系数的乘积，在非冗余域区域Ω内进行计算。为了表征双谱图的规律性或不规则性，Chua 等[73]提出一种归一化双谱熵(bispectral entropy, BspEn)，定义如式(5.82)所示：

$$\mathrm{BspEn}=-\sum_{k}p_k\log p_k \tag{5.82}$$

p_k的计算公式为

$$p_k=\frac{\left|B(f_1,f_2)\right|}{\sum_{\Omega}\left|B(f_1,f_2)\right|} \tag{5.83}$$

分形维数(fractal dimension, FD)可以定量地描述振动信号的非线性行为[74]。在

固定间隔 $X(1), X(2), \cdots, X(N)$ 获得的信号，其时间序列 $X(k,m)$ 可以构造为

$$X(k,m) = \left\{X(m), X(m+k), X(m+2k), \cdots, X\left(N\right)\right\} \tag{5.84}$$

式中，$m = 1,2,\cdots,k$，m 为初始时间值，表示各点之间的离散时间间隔。k 时间序列或曲线 $X(k,m)$ 中的长度 $L(m,k)$ 的计算如式(5.85)所示：

$$L(m,k) = \left(\left\{ \sum_{i=1}^{\frac{N-m}{k}} \left| X(m+ik) - X\left[m+(i-1)\cdot k\right] \right| \right\} \frac{N-1}{N-m} \right) \Bigg/ k \tag{5.85}$$

式中，N 为数据序列 X 的总长度。通过对所有 m 的 $L(m,k)$ 进行平均，计算每个 k 的曲线长度 $L(k)$ 的平均值，然后得到一个 $L(k)$ 平均值矩阵。构建 $\log L(k)$ 与 $\log L(1/k)$ 的关系图，根据图中最佳最小二乘线性拟合的斜率估计 FD，如式(5.86)所示：

$$\text{FD} = \frac{\log L(k)}{\log L(1/k)} \tag{5.86}$$

赫斯特指数 H(Hurst exponent)是对信号中的长记忆、尺寸和分形的衡量，从统计学的角度看，它可以视为数据的信息汇总。根据 Hurst 时间序列的广义方程，H 的定义为

$$H = \frac{\log(R/S)}{\log T} \tag{5.87}$$

式中，T 为样本数据的持续时间；R/S 为相应的按比例重新调整的范围值，R 为均值的最大偏差和最小偏差之差，S 为标准差。

这些信号的单标量特征列于表 5.18。将漏损信号中提取的几个描述信号非线性、非平稳特征的特征值作为对常规信号分析方法的补充，希望能找到更多可有效描述漏损信号的信息。

表 5.18　单标量特征

序号	特征
1	RMS
2	ZCR
3	自相关函数峰度(kurtosis of autocorrelation function, Kurtosis)
4	mean TEO

续表

序号	特征
5	ApEn
6	SampEn
7	BspEn
8	FD
9	*H*

(2)特征选择。

为了找到最适合模式识别的特征，在训练一个稳健的分类器之前，特征选择起重要作用，它是检测相关特征并抛弃不相关特征的过程。对提取的特征进行单因素方差分析(analysis of variance, ANOVA)检验，通过分析结果检验特征值对分类结果有无显著性影响，本节对信号不同特征值进行 F 检验，计算公式为

$$F = \frac{\mathrm{MS_A}}{\mathrm{MS_E}} \tag{5.88}$$

式中，$\mathrm{MS_A}$ 为不同类别间特征方差；$\mathrm{MS_E}$ 为同一类别内特征方差。依据 F 分布计算相应概率值，若概率值 p 小于显著性水平 α，则认为不同类别信号的该特征存在显著性差异，可以用于组成机器学习模型的输入特征集。

2)分类技术概述

这里通过测试不同的机器学习算法来对漏损信号进行分类，使用以下四种方法：SVM、DT、KNN 和 CNN。前三种方法是机器学习中常用的分类器，CNN 是深度学习框架中的重要模型。

(1)支持向量机。

SVM 是一种有监督的分类器，它通过构造一个使各类训练样本之间间隔最大的超平面以实现对不同类别的有效分离。若数据不可线性分离，则核函数可以将原始特征空间映射到高维特征空间，在高维特征空间中将特征线性分离[75]。

(2)决策树。

DT 是一种非参数统计方法，基于训练数据通过将子集反复分割成后代子集来构建树模型[76]。要构建树模型，首先将输入数据分配给根节点，根据所建立的规则，选择最优特征作为集划分的依据，然后将训练集数据分成子集，使得每个子集在当前条件下具有最佳分类；一旦所有子集都属于叶节点，就会构建树，否则该过程将继续分割，直到所有子集都属于叶节点，或者没有其他可能的分割点。最后从树中提取一系列规则，并使用这些规则来识别测试数据的类别。

(3) K 最近邻。

KNN 是一种被广泛讨论的监督学习算法，其中 K 表示邻居个数[77]。对于新的测试样本，计算欧几里得距离来度量测试数据和训练集中数据之间的距离，评估最接近测试样本的 K 个训练点，并将 K 个邻居中最常见的类分配为新测试数据的类。

(4) 卷积神经网络。

CNN 与传统神经网络类似，它由带有偏置、权重和激活函数的人工神经元组成。这些神经元是数学函数，根据给定数据集的一组输入产生加权输出。CNN 模型的架构主要由四层组成：卷积层、非线性层(激活层)、池化层(降采样层)和全连通层(分类层)。本节使用一个著名的预训练网络 SqueezeNet 来对不同信号的时频图像进行分类。SqueezeNet 是轻量化卷积神经网络，有多达 18 个深度可学习层，可以将图像分为 1000 个不同的类。

SqueezeNet 网络的输入尺寸为 224×224 像素，包括卷积层、池化层、线性整流单元和 Fire 层。该模型以参数少、性能高而闻名，因此可以显著减小模型大小。Fire 层由两部分组成，即压缩部分和扩展部分。Fire 层的压缩部分只对输入图像使用 1×1 卷积滤波。在扩展部分，对输入图像同时使用 1×1 和 3×3 卷积滤波，压缩部分和扩展部分保持相同的特征图大小。SqueezeNet 模型在参数数量仅为 AlexNet 模型约 1/50 的情况下，仍能实现更优的识别性能。SqueezeNet 的模型结构和默认参数见表 5.19。

表 5.19　SqueezeNet 的总体结构和参数

类型	步长	卷积核尺寸	输出尺寸
输出	—	—	224×224×3
Convolution	2	96×96×7	109×109×96
Pooling	2	3×3	54×54×96
Fire2	—	16×16×1　64×16×1　64×3×3	54×54×128
Fire3	—	16×16×1　64×16×1　64×3×3	54×54×128
Fire4	—	32×1×1　128×1×1　128×3×3	54×54×256
Pooling	2	3×3	27×27×256
Fire5	—	32×1×1　128×1×1　128 × 3×3	27×27×256
Fire6	—	48×1×1　192×1×1　192×3×3	27×27×384
Fire7	—	48×1×1　192×1×1　192×3×3	27×27×384
Fire8	—	64×1×1　256×1×1　256×3×3	27×27×512
Pooling	2	3×3	13×13×128
Fire9	—	64×1×1　256×1×1　256×3×3	13×13×512
Convolution	1	6×3×13	13×13×6
Pooling	—	13×13	1×1×6

3. 基于数据驱动的漏损信号识别方法

1) 数据采集系统

本节收集了我国几个城市的信号，包括绍兴、广州、三亚、大连和昆明等，数据采集系统如图 5.69 所示。使用的压电加速度计来自浙江和达科技股份有限公司，型号为 AX3D，灵敏度不低于 1200pC/g，传感器工作频率范围为 1～2000Hz，采样频率为 8192Hz。压电加速度计通过磁性阀座连接在配水网络中的管道或阀门上，与相关技术不同，传感器彼此独立，其测量结果通过物联网传输到数据处理中心。DN300～DN500 管道上相邻加速度计之间的距离约为 200m，DN300 以下管道上相邻加速度计之间的距离约为 300m。数据采集时间可手动设置，选取凌晨 2:00～4:00 环境干扰最小的时间段进行数据采集。

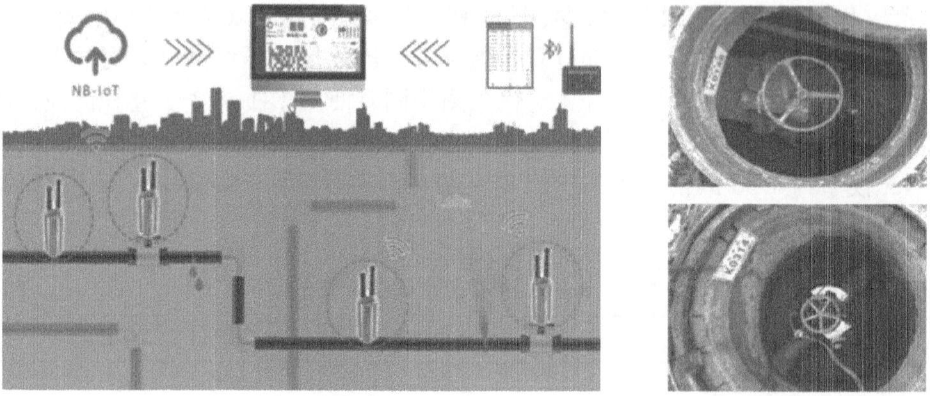

(a) 物联网传输　　(b) 安装于管道或阀门上的加速度计

图 5.69　数据采集系统

2) 数据描述

(1) 数据集。

在真实供水管网中共收集 821 个信号，由 299 个漏损信号和 522 个无漏损信号组成。为增加机器学习的数据集，每个持续时间为 5s 的原始信号被分割成 5 个持续时间为 1s 的信号。最后用于训练和测试机器学习算法的总数据集由 1495 个漏损样本和 2610 个无漏损样本组成。漏损信号会受到管道材料、直径、漏损位置等因素的影响，因此数据集的具体组成见表 5.20。根据所记录的信息，实际漏损点与传感器的最大距离在塑料管道中为 80m，在金属管中为 180m，并且在金属管道中大部分传感器收集漏损数据的距离都小于 100m。

表 5.20　数据集的具体构成

信号类型	管道/噪声类型	管径	管材	漏损点	样本数量
漏损	金属	DN15～DN100	镀锌钢管、钢管、铸铁、球墨铸铁	管体、阀门、接头、消防栓	405
		DN100～DN500	铸铁		855
	塑料	De20～De200	PE, PPR, PVC, UPVC		235
无漏损	正常噪声	—	—	—	1315
	周期性或脉冲干扰噪声	—	—	—	1295

注：PPR 为无规共聚聚丙烯，UPVC 为未增塑聚氯乙烯。

(2)模型输入。

通过观察信号数据的信号频域能量分布，使用频率响应范围为 100～1500Hz 的带通滤波器来提取漏损相关频段。计算数据集对应的特征以组成特征向量数据集，这个分类数据集作为分类器(即 SVM、DT 和 KNN)的输入，采用方差分析筛选重要特征。表 5.21 列出了正常信号和漏损信号特征值范围，所有特征均有显著的低 p 值($p<0.05$)。除 ApEn 外，其余 8 个特征显著性尤其明显($p<0.001$)。两类信号的不同特征值处于不同的水平，这表明需要对这些特征的不同组合进行评估，以确定每个分类器准确率最高的特征集。

表 5.21　正常信号和漏损信号特征值范围(平均值±标准差)

序号	特征	无漏损信号	漏损信号	p 值
1	RMS	0.040 ± 0.072	0.124 ± 0.177	< 0.001
2	ZCR	1235.7 ± 361.2	1193.7 ± 348.8	< 0.001
3	Kurtosis	158.0 ± 160.1	100.0 ± 61.7	< 0.001
4	mean TEO	0.003 ± 0.013	0.020 ± 0.056	< 0.001
5	ApEn	0.743 ± 0.191	0.729 ± 0.126	< 0.05
6	SampEn	0.671 ± 0.223	0.703 ± 0.123	< 0.001
7	BspEn	0.262 ± 0.048	0.242 ± 0.051	< 0.001
8	FD	1.729 ± 0.160	1.759 ± 0.155	< 0.001
9	H	0.211 ± 0.112	0.132 ± 0.047	< 0.001

对于 SqueezeNet，从持续时间为 1s 的信号数据集中提取频谱图作为输入来训练模型。通过 STFT 获取频谱图，时域信号被分成小段，并对每小段进行快速傅里叶变换(fast Fourier transform, FFT)。频谱图中反映的信息由两个重要因素决定，即时间分辨率和频率分辨率。时域或频域的分辨率越大，该空间域的信号信息就越详细。随着时间分辨率的提高，频率分辨率会下降，两者不能同时提高；反之亦然。根据漏损信号的特点，采用高时间分辨率的谱图图像更合适。表 5.22 列出

了关键的 STFT 参数。

表 5.22 关键的 STFT 参数

STFT 参数	数值
信号长度(signal length)	8192
窗函数(window function)	Hanning 窗
FFT 长度(FFT length)	256
帧长(frame length)	256
帧重叠长度(overlap length)	192

图 5.70 所示为从加速度计收集的振动信号频谱图，其中，图 5.70(a)为漏损信号，图 5.70(b)为无漏损信号中的正常噪声，图 5.70(c)为无漏损信号中的周期性或脉冲干扰噪声。图 5.70(a)中收集的漏损信号所对应的管道具体信息详见表 5.23。图 5.70(c)中显示的三幅图像分别是一场雨的滴水声、一场更大雨的雨滴声，以及来自未知声源的异常干扰噪声。通过观察图 5.70(b)中正常噪声的频谱图发现，正常噪声在所有频率上都有较低的强度，并且在频域中没有明显的时间变化特征。观察图 5.70(c)中周期性或脉冲干扰噪声的频谱图可以发现，脉冲干扰噪声具有明显的随时间突变的特点，能量在频域中有不同频率上的分布。总体而言，与正常噪

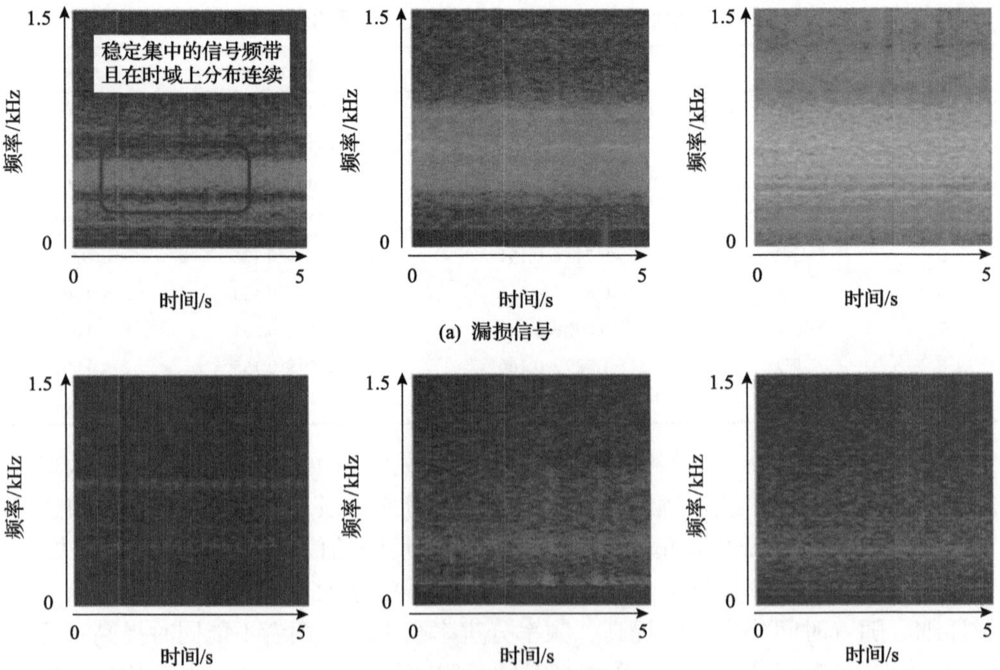

(a) 漏损信号

(b) 无漏损信号中的正常噪声

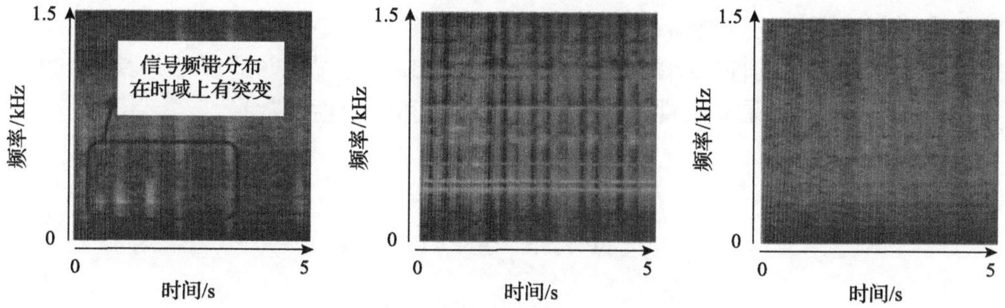

(c) 无漏损信号中的周期性或脉冲干扰噪声

图 5.70　从加速度计收集的振动信号频谱图

表 5.23　采集相应漏损信号管道的详细信息

管道	管径	漏损点	传感器距离/m	埋深/m
塑料管	DN100	管体	10	1
镀锌钢管	DN100	管体	1	1
球墨管	DN200	管道接头	100	1.5

声和周期性或脉冲干扰噪声相比，漏损信号在一定频带内具有更连续稳定的信号强度(图 5.70(a))。这里只提供了各类信号的典型频谱图，以区分各类信号，也有许多样本容易混淆难以区分，特别是存在与漏损特征相似的脉冲干扰噪声时，可以使用 CNN 模型来分析这些图像并将其进行分类。

3)结果分析

为了训练和测试模型，训练集、验证集和测试集的比例为 7:2:1。对于分类器(SVM、DT、KNN)，训练集采用十折交叉验证法进行训练。确定不同类型信号数量不变，随机抽取样本 10 次，形成每个数据集，确定每个数据集后再从中随机抽样得到 10 个测试集，则最终的性能评价指标是 100(10×10)个模型运行的平均值，以获得更普遍的结论。由于数据集不同类型信号数据不平衡，对数据量较大的信号类型数据进行降采样以减少其数据量，表 5.24 列出了漏损检测数据集组成。这些模型在 MATLAB R2021a 版本中实现。

表 5.24　漏损检测数据集组成

信号类别	样本类型	样本数量/个
漏损	金属管(管径 DN100～DN500)	855
	金属管(管径 DN15～DN100)	405
	塑料管(管径 De20～De200)	235
无漏损	正常噪声	800
	周期性或脉冲干扰噪声	800

为了创建更好的分类器来检测漏损，评估指标至关重要。本节模型的性能根据以下五个最常见的性能指标进行评估，如式(5.89)～式(5.93)所示，其中 TP、TN、FN 和 FP 分别是真阳性、真阴性、假阴性和假阳性的数量。

准确率：

$$\frac{\mathrm{TP}+\mathrm{TN}}{\mathrm{TP}+\mathrm{TN}+\mathrm{FN}+\mathrm{FP}} \tag{5.89}$$

特异度：

$$\frac{\mathrm{TN}}{\mathrm{TN}+\mathrm{FP}} \tag{5.90}$$

灵敏度：

$$\frac{\mathrm{TP}}{\mathrm{TP}+\mathrm{FN}} \tag{5.91}$$

精确度：

$$\frac{\mathrm{TP}}{\mathrm{TP}+\mathrm{FP}} \tag{5.92}$$

F1 分数：

$$\frac{2\mathrm{TP}}{2\mathrm{TP}+\mathrm{FN}+\mathrm{FP}} \tag{5.93}$$

(1)特征集组成的影响。

对特征数量不同的特征集进行模型分类效果比较，当特征集有 5 个或 6 个特征时，模型的分类效果更好。通过模型在验证集上的识别准确率表现对模型超参数进行调整，确定各分类模型的主要超参数，见表 5.25。

表 5.25　各分类模型的主要超参数

模型	模型参数
SVM	核函数为径向基函数，惩罚函数 $C = 1000$，核尺度为 10
DT	最小叶节点规模为 2
KNN	$K = 3$

表 5.26 列出了各模型在漏损信号分类中准确率最高的前五种特征集(feature set)组成，在表格中用 Set 1～Set 5 对应五种特征集组成；表 5.27 列出了对应特征集组成作为输入时，模型在测试集上的准确率。由表 5.26 可以看出，RMS 和 FD 出现的频率最高，mean TEO 和 ApEn 次之，BspEn 和 H 仅出现一次。不同模型的识别结果受到所选特征的影响，而且不同模型的影响程度也不同。在表 5.27 中，性

能最好的特征集分别是 SVM 对应的 Set 4、DT 对应的 Set 1 和 KNN 对应的 Set 5，准确率分别为 80.66%、83.76%和 87.54%。后面通过选择表现最好的特征集作为对应模型的输入来讨论这些分类器，即 SVM 的输入特征集为 RMS、mean TEO、ApEn、SampEn、BspEn、FD；DT 的输入特征集为 RMS、mean TEO、ApEn、SampEn、FD；KNN 的输入特征集为 RMS、ZCR、Kurtosis、mean TEO、SampEn、FD。

表 5.26　分类器识别准确率前五的特征集组成

序号	特征	Set 1	Set 2	Set 3	Set 4	Set 5
1	RMS	√	√	√	√	√
2	ZCR		√	√		√
3	Kurtosis		√			√
4	mean TEO	√		√	√	√
5	ApEn	√	√	√	√	
6	SampEn	√			√	√
7	BspEn				√	
8	FD	√	√	√	√	√
9	*H*			√		

表 5.27　五种特征集在测试集中的漏损识别准确率　（单位：%）

特征集	SVM	DT	KNN
Set 1	80.45	83.76	86.34
Set 2	75.63	81.94	86.82
Set 3	80.59	81.80	81.41
Set 4	80.66	82.84	77.83
Set 5	77.29	83.63	87.54

模型应用的准确率表明，应用非线性特征来识别漏损信号是有效的。为了提高漏损信号识别的准确性，应针对不同的模型选择不同的特征组合。每个特征都描述了信号的某些特征，模型分类的原理也不同，因此使用不同的特征组合作为模型的输入，其性能也会有所不同。与其他特征相比，信号的 RMS、mean TEO 和 FD 似乎可以更有效地区分漏损信号，ApEn 和 SampEn 也是有效的区分特征。信号的 RMS 已普遍应用于漏损检测，而 mean TEO 和 FD 很少应用于漏损信号的特征提取。mean TEO 和分形理论在信号处理领域的应用已经取得了丰硕的成果，它在漏损信号识别方面的应用也可能提供丰富的信息。相比之下，*H* 特征所描述的信息可能对区分漏损信号和无漏损信号帮助不大。

(2)模型表现比较。

为了比较模型的性能，每个模型都在表 5.24 所示的数据集上运行。模型的应用表现见表 5.28，可以明显看出，SqueezeNet 对信号的分类能力最好，准确率为 94.76%，精确度为 93.95%，灵敏度为 95.63%，特异度为 93.94%，F1 分数为 94.66%。基于提取的单标量特征集进行识别的模型表现不如识别信号谱图图像的 SqueezeNet。综合分析各个指标，分类器中 KNN 准确率最高，达到 87.54%；其次是 DT，准确率为 83.76%；最后是 SVM，准确率为 80.66%。另外，值得注意的是，KNN 的灵敏度高达 91.33%，而 DT 的灵敏度为 85.29%，SVM 的灵敏度为 82.81%。

表 5.28　四种模型的漏损识别效果　（单位：%）

模型	准确率	精确度	灵敏度	特异度	F1 分数
SVM	80.66	78.71	82.81	78.75	80.61
DT	83.76	82.12	85.29	82.35	83.59
KNN	87.54	84.40	91.33	84.01	87.69
SqueezeNet	94.76	93.95	95.63	93.94	94.66

在检漏应用场景中，准确率反映了对所有信号进行准确分类的能力，精确度反映了将无漏损信号误判为漏损信号的情况，灵敏度反映了未识别出漏损信号的情况，特异度反映了准确分类无漏损信号的能力，F1 分数提供了关于模型的精确性和鲁棒性的信息，得分越高，模型的整体性能越好。SqueezeNet 在五个指标上都表现出色，能够对漏损信号进行分类，并在精确性和鲁棒性之间取得良好的平衡。KNN 各项指标在分类器中是出色的，表明其能更好地识别漏损样本而不是漏掉它们。在实际供水管网中检测漏损信号时，希望尽可能地识别出所有的漏损信号，因为未被检测到的漏损信号会持续带来损失直到被检测出来。因此，除 SqueezeNet 是一种明显有效的漏损信号检测方法外，基于特征提取的 KNN 也是一种可供选择的工具。相比之下，基于本节提取的特征，SVM 和 DT 漏损检测应用可靠性不太令人满意。

(3)数据集组成影响。

漏损信号会受到管道材料和直径等因素的影响，因此从初始数据集中选取组成不同的数据集进行漏损识别，另外还考虑样本数量对模型训练的影响，表 5.29 列出了用于漏损识别的 8 种不同数据集，对应的模型的测试集识别准确率如图 5.71 所示。

情况 1～情况 6 用于探讨数据集样本大小对模型性能的影响，情况 4、情况 5 和情况 6 的总样本数大约是情况 1、情况 2、情况 3 的一半。对比情况 1、情况 2、情况 3 和情况 4、情况 5、情况 6 可知，几乎每个模型的准确率在数据集样本更多的时候都更高，准确率方差都更小。例如，当数据集大小减小一半时，情况 1 中

表 5.29　用于漏损识别的 8 种不同数据集

样本类型	数据集组成							
	情况 1	情况 2	情况 3	情况 4	情况 5	情况 6	情况 7	情况 8
金属管(DN100～DN500)	855	855	0	425	425	0	235	0
金属管(DN15～DN100)	405	405	0	200	200	0	0	235
塑料管(De20～De200)	235	0	235	115	0	115	0	0
正常噪声	800	700	400	350	100	200	200	200
周期性或脉冲干扰噪声	800	700	200	400	350	100	200	200

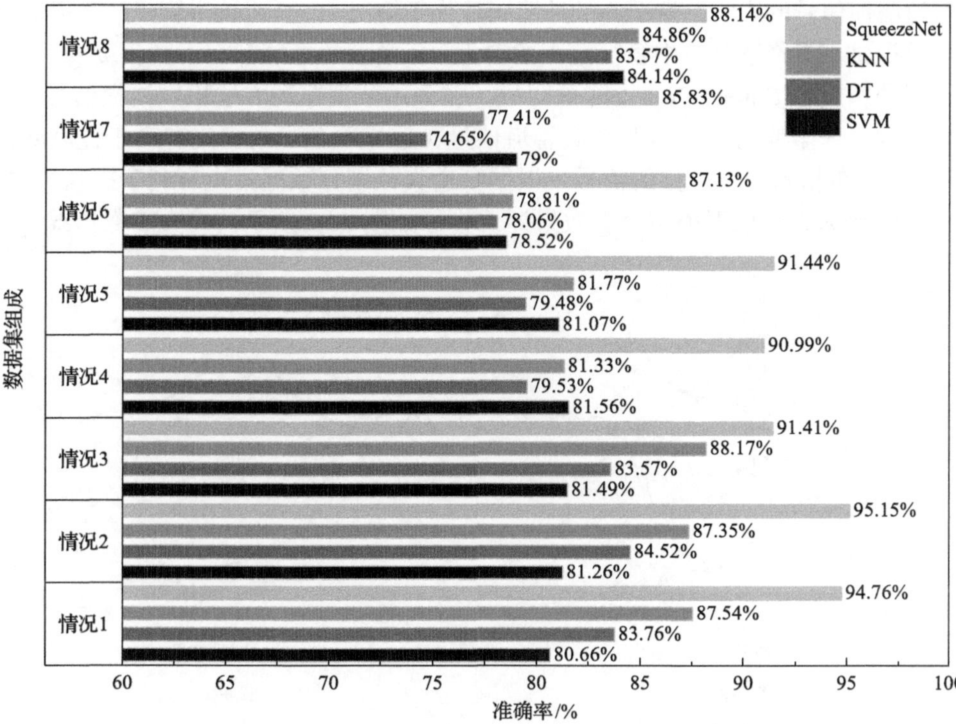

图 5.71　8 种不同数据集对应的各模型的测试集识别准确率

SqueezeNet 的准确率从 94.76%下降到 90.99%，KNN 的准确率从 87.54%下降到 81.33%，DT 的准确率从 83.76%下降到 79.53%，SVM 的准确率从 80.66%变化到 81.56%，除 SVM 外，其他模型的准确率均有明显下降。这说明数据集的扩充对于提高模型的漏损检测效率至关重要。SVM 的性能似乎只受到数据集大小的轻微影响，当数据集大小减半时，其准确率仍然保持在 81%左右。在真实供水管网中，基于实时传感器采集到的振动信号进行漏损识别时，初始阶段的样本数据往往不足，当努力寻找更多有效的特征来增强 SVM 对漏损信号的分类能力时，SVM 在数据集较小的情况下就有机会脱颖而出。

以往的研究[73-75,78]表明，漏损信号的特征受管道材料的影响，塑料管的漏损信号一般较难识别。将情况 1 与情况 2 进行对比、情况 4 与情况 5 进行对比，可以观察到塑料管道对漏损信号的影响，数据集基本保持漏损信号与无漏损信号的比例一定，但需要从最初包含金属漏损信号和塑料漏损信号的数据集中去除塑料管道中的漏损信号。尽管数据集较小，但情况 2 和情况 5 的性能分别优于情况 1 和情况 4，即在不涉及塑料管道漏损信号的情况下，数据较小但准确率更高。塑料管道漏损信号的加入可能会增加识别的难度。管径对管道中漏损信号的衰减也有影响，管径越大，衰减越大，越难发现漏损[75]。对比情况 7 和情况 8 来分析管径对金属管道漏损信号的影响，情况 8 的性能明显优于情况 7，说明较小管径的漏损信号更容易识别。随着情况 7 中管径范围的增大，各模型的性能都有不同程度的下降，分类器的精度较 SqueezeNet 下降更明显。在采用数据驱动方法识别漏损信号时，应合理划分非金属管道信号和金属管道信号，建立单独的数据集有利于提高漏损检测效率，在相同管道类型的信号中根据管道直径划分数据集也有利于提高效率。

不同数据集组成下模型分类效果评价指标如图 5.72 所示。在大多数情况下，

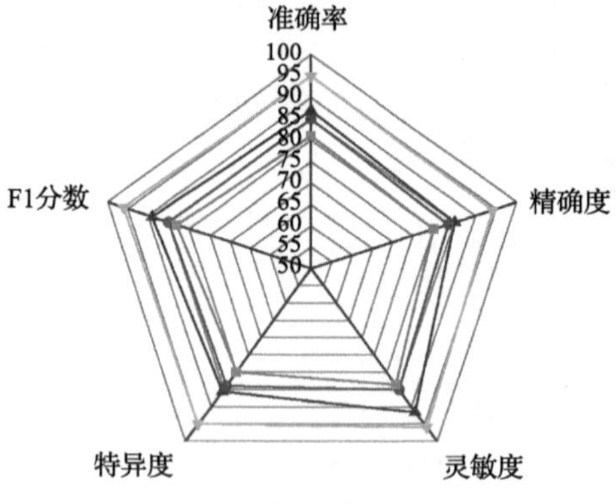

(a) 情况1结果

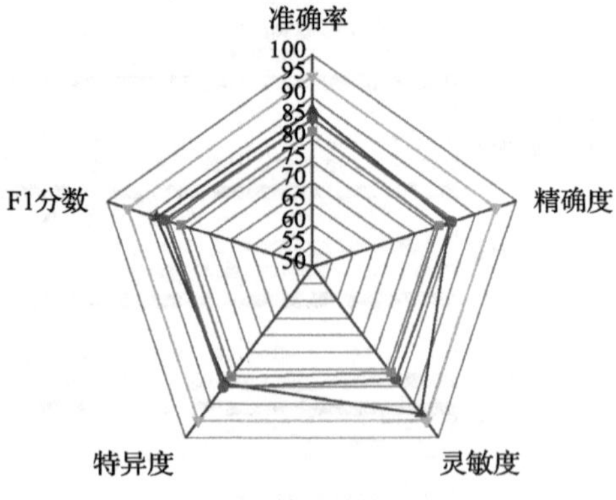

(b) 情况2结果

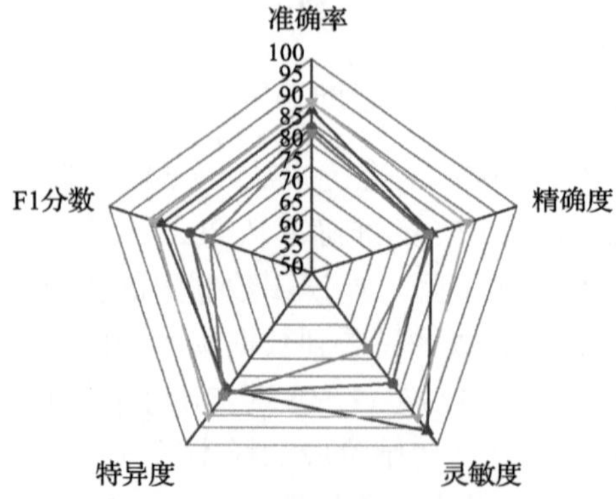

(c) 情况3结果

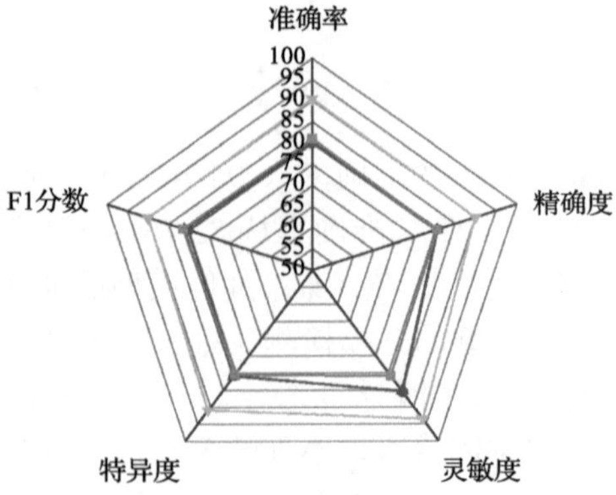

(d) 情况4结果

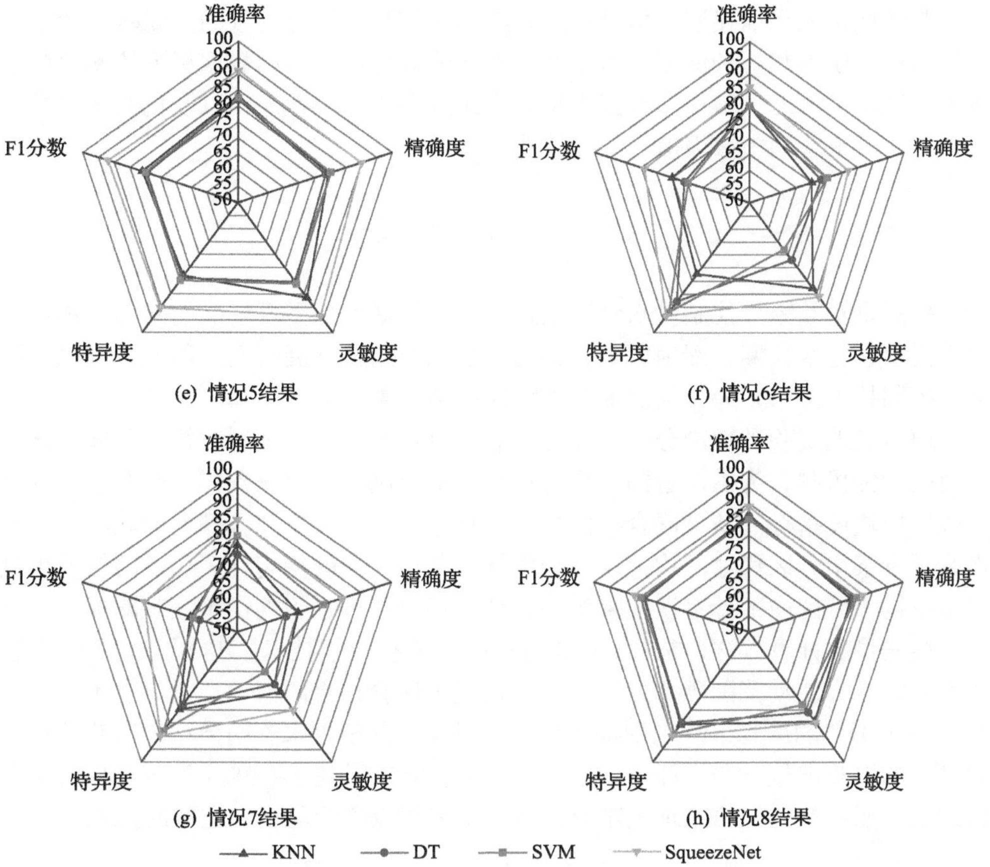

图 5.72　不同数据集组成下模型分类效果评价指标(单位：%)

每个模型在五个指标上的表现是相对均衡的，SqueezeNet 在各个方面的表现都是最好的。雷达图清楚地显示出 SqueezeNet 在情况 1 和情况 2 中的表现最令人满意，得益于相对较大的数据集。在情况 3、6、7、8 的小数据集中，其指标明显下降。KNN 的灵敏度几乎在各情况下都比较突出，在情况 3 和情况 6 中尤其突出。在准确识别塑料管道的漏损信号方面，分类器的差异性变得很明显，KNN 在灵敏度方面优于其他两种分类器，甚至优于 SqueezeNet。总而言之，SqueezeNet 是一个有效的漏损识别工具，每个模型在更大的数据集下会有很好的表现。在分类器中，KNN 的高灵敏度使其成为避免遗漏漏损信号的一个有吸引力的方法，其优越性在识别塑料管道的漏损信号时更为突出。

4. 结论

本节首先从听音检漏原理出发，介绍了现有的声信号特征提取和漏损信号识别方法，提出将描述漏损信号非平稳特点的非线性特征用于信号识别，结果表明应用非线性特征来描述漏损信号信息并应用于信号识别是有效的。同时比较了三种机器学习模型和一种深度学习模型在不同输入特征、不同数据集下的漏损识别效果，证明了深度学习模型在漏损识别应用的突出综合性能，以及机器学习模型识别实际供水管网中漏损信号的有效性和实用性。

5.5 本 章 小 结

提高供水效率、控制供水管网漏损是社会发展迫切需要解决的问题。本章从机理揭示、分区控漏、漏损监测、精确定位四个角度开展研究，形成了供水管网漏损控制技术体系，为我国供水管网漏损控制提供技术支撑。

通过场地实验和理论分析，探究了有压供水管道发生破裂时管外土体流化对管道的冲蚀机制，为供水管网安全防护与漏损控制提供理论支撑；研发了一种基于改进模块度指标的新型混合社区算法，在兼顾分区效率和合理性的同时，有效提高了方案中分区尺寸的均匀性、经济性和节点高程的均匀性；通过解析城市供水量结构、分区内部计量误差来源和特征，提出了供水管网供水表观漏损、不可避免漏失量的计算方法，提出了供水管网真实漏损评估技术。建立了基于 SVR 算法的正常压力波动范围预测方法，进而提出了爆管预警阈值动态设定技术，以及基于经典 DT 的爆管事故判别报警模型；研发了基于供水管网模型和监测数据时间序列的爆管定位方法。针对漏点精确定位，突破了基于 GPR、管道漏损听音等新技术在漏损精确定位的理论难点，解决了漏损点检测与精准定位的技术难题。

参 考 文 献

[1] 材料耐磨抗蚀及其表面技术丛书编委会. 材料的冲蚀磨损与微动磨损[M]. 北京：机械工业出版社, 1987.

[2] Barkoula N M, Karger-Kocsis J. Solid particle erosion of unidirectional GF reinforced EP composites with different fiber/matrix adhesion[J]. Journal of Reinforced Plastics and Composites, 2002, 21(15): 1377-1388.

[3] Gent M, Menéndez M, Torno S, et al. Experimental evaluation of the physical properties required of abrasives for optimizing waterjet cutting of ductile materials[J]. Wear, 2012, 284: 43-51.

[4] Aquaro D, Fontani E. Erosion of ductile and brittle materials[J]. Meccanica, 2001, 36(6): 651-661.

[5] Barton N A, Farewell T S, Hallett S H, et al. Improving pipe failure predictions: Factors affecting pipe failure in drinking water networks[J]. Water Research, 2019, 164: 114926.

[6] van Zyl J E, Alsaydalani M O A, Clayton C R I, et al. Soil fluidisation outside leaks in water distribution pipes-preliminary observations[J]. Proceedings of the Institution of Civil Engineers-

Water Management, 2013, 166(10): 546-555.

[7] Ledwith C, Weisman R N, Lennon G P. Selection of hole size for fluidization pipes[J]. Hydraulic Engineering, 1990: 933-938.

[8] 凌文翠, 张涛, 强志民, 等. 北京市二环内供水管网 DMA 分区方法及安全性分析[J]. 中国给水排水, 2010, 26(10): 19-23.

[9] Özdemir Ö. Water leakage management by district metered areas at water distribution networks[J]. Environmental Monitoring and Assessment, 2018, 190(4): 1-10.

[10] Zhang T Q, Yao H Q, Chu S P, et al. Optimized DMA partition to reduce background leakage rate in water distribution networks[J]. Journal of Water Resources Planning and Management, 2021, 147(10): 04021071.

[11] Creaco E, Haidar H. Multiobjective optimization of control valve installation and DMA creation for reducing leakage in water distribution networks[J]. Journal of Water Resources Planning and Management, 2019, 145(10): 04019046.

[12] Laucelli D B, Simone A, Berardi L, et al. Optimal design of district metering areas for the reduction of leakages[J]. Journal of Water Resources Planning and Management, 2017, 143(6): 04017017.

[13] Rajakumar A G, Cornelio A A, Kumar M S M. Leak management in district metered areas with internal-pressure reducing valves[J]. Urban Water Journal, 2020, 17(8): 714-722.

[14] 刘倍良. 城市供水管网爆管预警定位模型研究[D]. 长沙: 湖南大学, 2019.

[15] Huang P, Zhu N, Hou D, et al. Real-time burst detection in district metering areas in water distribution system based on patterns of water demand with supervised learning[J]. Water, 2018, 10(12): 1765.

[16] 孙钰蓉, 韦立煌, 杨敏, 等. 供水管网 DMA 爆漏报警与定位技术研究[J]. 城镇供水, 2017, (5): 34-38.

[17] Grayman W M, Murray R, Savic Dr A A, et al. Redesign of water distribution systems for passive containment of contamination[J]. Journal American Water Works Association, 2016, 108(7): E381-E391.

[18] Di Nardo A, Di Natale M, Musmarra D, et al. Dual-use value of network partitioning for water system management and protection from malicious contamination[J]. Journal of Hydroinformatics, 2014, 17(3): 361-376.

[19] Di Nardo A, Di Natale M, Guida M, et al. Water network protection from intentional contamination by sectorization[J]. Water Resources Management, 2013, 27(6): 1837-1850.

[20] Delgado J, Ferreira J P, Covas D I C, et al. Variable speed operation of centrifugal pumps running as turbines. Experimental investigation[J]. Renewable Energy, 2019, 142: 437-450.

[21] Lima G M, Junior E L, Brentan B M. Selection of pumps as turbines substituting pressure

reducing valves[J]. Procedia Engineering, 2017, 186: 676-683.

[22] Lima G M, Luvizotto E, Brentan B M, et al. Leakage control and energy recovery using variable speed pumps as turbines[J]. Journal of Water Resources Planning and Management, 2018, 144(1): 04017077.

[23] Perelman L S, Allen M, Preis A, et al. Flexible reconfiguration of existing urban water infrastructure systems[J]. Environmental Science & Technology, 2015, 49(22): 13378-13384.

[24] Clauset A, Newman M E J, Moore C. Finding community structure in very large networks[J]. Physical Review E, 2004, 70(6): 066111.

[25] Newman M E J. Fast algorithm for detecting community structure in networks[J]. Physical Review E, 2004, 69(6): 066133.

[26] Giustolisi O, Ridolfi L. New modularity-based approach to segmentation of water distribution networks[J]. Journal of Hydraulic Engineering, 2014, 140(10): 04014049.

[27] 牛建伟, 戴彬, 童超, 等. GFN: 基于"群"思想对 Fast-Newman 算法改进的复杂网络聚类算法[J]. 高技术通讯, 2013, 23(10): 1016-1023.

[28] Zhang Q Z, Wu Z Y, Zhao M, et al. Automatic partitioning of water distribution networks using multiscale community detection and multiobjective optimization[J]. Journal of Water Resources Planning and Management, 2017, 143(9): 04017057.

[29] Blondel V D, Guillaume J L, Lambiotte R, et al. Fast unfolding of communities in large networks[J]. Journal of Statistical Mechanics: Theory and Experiment, 2008, 2008(10): P10008.

[30] Ciaponi C, Murari E, Todeschini S. Modularity-based procedure for partitioning water distribution systems into independent districts[J]. Water Resources Management, 2016, 30(6): 2021-2036.

[31] Shao Y, Yao H Q, Zhang T Q, et al. An improved genetic algorithm for optimal layout of flow meters and valves in water network partitioning[J]. Water, 2019, 11(5): 1087.

[32] Mora-Melia D, Iglesias-Rey P L, Martinez-Solano F J, et al. Design of water distribution networks using a pseudo-genetic algorithm and sensitivity of genetic operators[J]. Water Resources Management, 2013, 27(12): 4149-4162.

[33] Yin H, Xu C N, Yao F Y, et al. How close simple EAs' optimal solutions can approach global optima: Experience from water distribution system design problems[J]. AQUA-Water Infrastructure, Ecosystems and Society, 2021, 70(2): 171-183.

[34] Deb K, Pratap A, Agarwal S, et al. A fast and elitist multiobjective genetic algorithm: NSGA-II[J]. IEEE Transactions on Evolutionary Computation, 2002, 6(2): 182-197.

[35] Brentan B, Campbell E, Goulart T, et al. Social network community detection and hybrid optimization for dividing water supply into district metered areas[J]. Journal of Water Resources

Planning and Management, 2018, 144(5): 04018020.
[36] 庄永伟. 基于盲源分离理论的供水管网漏失特性研究[D]. 哈尔滨: 哈尔滨工业大学, 2013.
[37] 郑成志. 基于信号处理算法的供水管网物理漏损流量分析模型研究[D]. 哈尔滨: 哈尔滨工业大学, 2015.
[38] 李建宇. 改进 ICA-R 在多漏点管网的漏失量化研究[D]. 哈尔滨: 哈尔滨工业大学, 2017.
[39] 马尔科姆·法利. 无收益水量管理手册：供水管网漏损控制指南[M]. 2 版. 侯煜堃, 赵春会, 胡辉, 译. 上海: 同济大学出版社, 2017.
[40] 董驹萍, 吴珊, 刘阔, 等. DMA 不可避免漏失量计算值与实测值对比分析[J]. 给水排水, 2014, 40(S1): 366-369.
[41] Kumar M A. Least squares twin support vector machines for pattern classification[J]. Expert Systems with Applications, 2009, 36(4): 7535-7543.
[42] 平俊晖, 王荣和, 孙继龙, 等. 基于支持向量机的城市供水管网测压点水压预测研究[J]. 给水排水, 2014, 40(11): 147-152.
[43] 俞亭超, 张土乔, 柳景青. 峰值识别的 SVM 模型及在时用水量预测中的应用[J]. 系统工程理论与实践, 2005, 25(1): 134-140.
[44] 陈磊. 遗传最小二乘支持向量机法预测时用水量[J]. 浙江大学学报(工学版), 2011, 45(6): 1100-1103.
[45] Romano M, Kapelan Z, Savić D A. Automated detection of pipe bursts and other events in water distribution systems[J]. Journal of Water Resources Planning and Management, 2014, 140(4): 457-467.
[46] Qi Z, Zheng F, Guo D, et al. Better understanding of the capacity of pressure sensor systems to detect pipe burst within water distribution networks[J]. Journal of Water Resources Planning and Management, 2018, 144(7): 04018035.
[47] Blesa J, Nejjari F, Sarrate R. Robustness analysis of sensor placement for leak detection and location under uncertain operating conditions[J]. Procedia Engineering, 2014, 89(C): 1553-1560.
[48] El-Zahab S, Zayed T. Leak detection in water distribution networks: An introductory overview[J]. Smart Water, 2019, 4(1): 1-23.
[49] 曾昭发, 刘四新, 王者江, 等. 探地雷达方法原理及应用[M]. 北京: 科学出版社, 2006.
[50] 黄哲骢. 基于探地雷达的管道漏损检测研究[D]. 杭州: 浙江大学, 2019.
[51] Birant D, Kut A. ST-DBSCAN: An algorithm for clustering spatial-temporal data[J]. Data & Knowledge Engineering, 2006, 60(1): 208-221.
[52] 王统. 深度学习中卷积神经网络的结构及相关算法[J]. 信息与电脑, 2020, 32(8): 41-43.
[53] He K M, Zhang X Y, Ren S Q, et al. Deep residual learning for image recognition[C]//2016 IEEE Conference on Computer Vision and Pattern Recognition, Las Vegas, 2016.

[54] Qahtani T A, Yaakob M S, Yidris N, et al. A review on water leakage detection method in the water distribution network[J]. Journal of Advanced Research in Fluid Mechanics and Thermal Sciences, 2020, 68(2): 152-163.

[55] El-Abbasy M S, Mosleh F, Senouci A, et al. Locating leaks in water mains using noise loggers[J]. Journal of Infrastructure Systems, 2016, 22(3): 04016012.

[56] Ismail M I M, Dziyauddin R A, Salleh N A A, et al. A review of vibration detection methods using accelerometer sensors for water pipeline leakage[J]. IEEE Access, 2019, 7: 51965-51981.

[57] Salman T, Hu Z Y, Tarek Z. Micro-electromechanical systems-based technologies for leak detection and localization in water supply networks: A bibliometric and systematic review[J]. Journal of Cleaner Production, 2020, 289: 125751.

[58] Guo G C, Yu X P, Liu S M, et al. Leakage detection in water distribution systems based on time-frequency convolutional neural network[J]. Journal of Water Resources Planning and Management, 2021, 147(2): 04020101.

[59] Xie Y C, Xiao Y C, Liu X Y, et al. Time-frequency distribution map-based convolutional neural network（CNN）model for underwater pipeline leakage detection using acoustic signals[J]. Sensors, 2020, 20(18): 5040.

[60] Guo G C, Yu X P, Liu S M, et al. Novel leakage detection and localization method based on line spectrum pair and cubic interpolation search[J]. Water Resources Management, 2020, 34(12): 3895-3911.

[61] Cody R, Harmouche J, Narasimhan S. Leak detection in water distribution pipes using singular spectrum analysis[J]. Urban Water Journal, 2018, 15(7): 636-644.

[62] Xu W N, Fan S D, Wang C P, et al. Leakage identification in water pipes using explainable ensemble tree model of vibration signals[J]. Measurement, 2022, 194: 110996.

[63] Ruelle D, Takens F. On the nature of turbulence[J]. Communications in Mathematical Physics, 1971, 20(3): 167-192.

[64] Vankov Y, Rumyantsev A, Ziganshin S, et al. Assessment of the condition of pipelines using convolutional neural networks[J]. Energies, 2020, 13(3): 618.

[65] El-Zahab S, Abdelkader E M, Zayed T. An accelerometer-based leak detection system[J]. Mechanical Systems and Signal Processing, 2018, 108: 276-291.

[66] Aminu K T, McGlinchey D, Cowell A. Acoustic signal processing with robust machine learning algorithm for improved monitoring of particulate solid materials in a gas flowline[J]. Flow Measurement and Instrumentation, 2018, 65: 33-44.

[67] Butterfield J, Krynkin A, Collins R, et al. Experimental investigation into vibro-acoustic emission signal processing techniques to quantify leak flow rate in plastic water distribution pipes[J]. Applied Acoustics, 2017, 119: 146-155.

[68] Liu H M, Wang X, Lu C. Rolling bearing fault diagnosis based on LCD-TEO and multifractal detrended fluctuation analysis[J]. Mechanical Systems and Signal Processing, 2015, 60: 273-288.

[69] Germán-Salló Z. Measure of regularity in discrete time signals[J]. Procedia Manufacturing, 2018, 22: 621-625.

[70] Pincus S M. Approximate entropy as a measure of system complexity[J]. Proceedings of the National Academy of Sciences of the United States of America, 1991, 88(6): 2297-2301.

[71] Richman J S, Moorman J R. Physiological time-series analysis using approximate entropy and sample entropy[J]. American Journal of Physiology-Heart and Circulatory Physiology, 2000, 278(6): H2039-H2049.

[72] Saidi L, Ben Ali J, Fnaiech F. Application of higher order spectral features and support vector machines for bearing faults classification[J]. ISA Transactions, 2015, 54: 193-206.

[73] Chua K C, Chandran V, Acharya U R, et al. Analysis of epileptic EEG signals using higher order spectra[J]. Journal of Medical Engineering & Technology, 2009, 33(1): 42-50.

[74] Liang P F, Deng C, Wu J, et al. Intelligent fault diagnosis of rolling element bearing based on convolutional neural network and frequency spectrograms[C]//2019 IEEE International Conference on Prognostics and Health Management, San Francisco, 2019.

[75] Burges C J C. A tutorial on support vector machines for pattern recognition[J]. Data Mining and Knowledge Discovery, 1998, 2(2): 121-167.

[76] Quinlan J R. Induction of decision trees[J]. Machine Learning, 1986, 1(1): 81-106.

[77] Hu Q H, Yu D R, Xie Z X. Neighborhood classifiers[J]. Expert Systems with Applications, 2008, 34(2): 866-876.

[78] Beenish B, Tarek Z T. Review of water leak detection and localization methods through hydrophone technology[J]. Journal of Pipeline Systems Engineering and Practice, 2021, 12(4): 03121002.

第 6 章 城市供水管网水质变化机理

6.1 供水管网创新平台

6.1.1 供水管网实验平台功能

城市供水管网是超大型地下设施，在实际供水管网中直接进行实验具有很大的局限性，其规模庞大、隐蔽性弱以及易受外部环境干扰等因素，导致采集即时有效的节点流量数据非常困难，直接监测难度大；而昂贵的现场监测设备和实验费用又进一步增加了实验的难度。爆管及需投加有毒试剂等带有一定风险性和破坏性的实验则更不宜在实际供水管网中开展。对于处于规划设计阶段、尚未建设的新供水管网，更不可能用实验的方法探索其规律性。此外，实验结果只能用于特定的实际工程，数据的严重缺失也使得实验难以透过现象认识本质，导致实验成果推广性差。另外，实验室小型实验工况简单，难以全面反映实际供水管网特性，导致其实验结果具有一定的局限性。

借助供水管网实验平台等物理模型进行水力工况实验是解决实际工程问题的一个重要途径。物理模型实验以供水管网中水的流动状态和流动过程为对象，在实验室内搭建供水管网实验平台设施以模拟实际供水管网的运行工况，然后进行相关实验。供水管网实验平台克服了实际供水管网实验的缺点，将工况条件复杂的、具有一定风险的、对用户用水构成威胁的测试转化为简单的实验环境，将具有隐蔽性的、难以实施有效监测的实际工程转化为中试实验平台，利用供水管网实验平台进行实验并测定所需参数，找出运行规律并总结研究成果，然后将这些规律或研究成果推广到与实验平台相似的系列实际工程中去。与实际供水管网实验相比，供水管网实验平台实验操作便捷、运行工况可控性强，实验成本低，数据采集方便、完整、精度高；实验结果的可比性强；实验不存在社会风险；同时可用于指导未建供水管网的规划设计。

6.1.2 典型供水管网平台

1. 美国环境保护署供水管网平台

美国环境保护署的供水管网模拟系统包括水源供给系统、加药系统、在线监测系统以及温度控制系统，该系统由球墨铸铁(ductile iron, DI)管和聚氯乙烯(PVC)管等不同材质的循环管道组成，每一个循环管道总长度为 27m，管径约为

15.2cm，如图 6.1 所示[1]。水源供给系统包含一个 1136L、一个 5678L 和两个 9463L 的水箱，可以满足不同水质实验的要求。模拟供水管网中配备有加药系统，由加药泵和计量泵组成，从而可以精确地控制加药量和加药时间。同时，供水管网系统中的温度控制系统由总风冷机组和板式换热器组成，该系统可以根据设定的温度自动调节，在实验模拟过程中达到控制环路水温恒定的目的。此外，系统中安装的在线监测系统可以实时监测供水管网运行中的水体温度、pH 以及溶解氧(dissolved oxygen, DO)浓度。

图 6.1　美国环境保护署供水管网模拟系统

2. 比利时根特大学供水管网平台

比利时根特大学供水管网平台由在线监测、挥发性有机化合物(volatile organic compound, VOC)和生物膜取样，以及模块化管道组成[2]。该平台为 5.2m×2.6m 的结构，包含三条材质均为硬聚氯乙烯(unplasticized polyvinyl chloride, PVC-U)的环路管道，每个环路的总长度为 100m，管径均为 DN80(图 6.2)。每个环路在开始、中间和末端各有三个 4m 的可置换管段，用于测试其他管道材料，或安装老化的内表面腐蚀或成熟生物膜的旧管道。每个环路配有 1 个 1000L 的缓冲水箱，为整个环路系统提供水源。其中，一条管路配备低速循环泵(0.03～0.29m/s)，另外两条管路配备高速循环泵(0.06～0.55m/s)。在线检测平台可实时采集压力、温度、流量、pH 和电导率等数据，以实现对水质条件的实时检测；此外，每条环路系统安装定制换热器，可根据设定的温度自动调节，达到控制环路中水温恒定的目的；采用西门子可编程逻辑控制器(programmable logic controller, PLC)人机界面控制环路运行并通过以太网连接到中央服务器来存储数据。

图 6.2 比利时根特大学供水管网模拟系统

3. 中国哈尔滨工业大学供水管网实验平台

中国哈尔滨工业大学供水管网实验平台建成于 2004 年[3]，由分布式微机测控软件平台、水泵变频控制器、在线检测仪表、智能采集模块以及五层环状管段反应器组成，如图 6.3 所示。分布式微机测控软件平台可以通过计算机中安装的软件系统利用变频控制器调节管道中的水泵转速，进而改变管道动态实验装置运行参数；在线检测仪表包括流量计、压力表、pH 计和余氯在线监测仪等设备，可对水质条件进行实时检测；智能采集模块通过温度传感器、压力仪表、流量计进行数据采集，将供水管网实验平台运行数据信息传递到计算机测控输出端，存储到数据库中。环状管段管径分别为 DN100、DN80 和 DN50，单层管道长 17.5m，采用普通铸铁管组成，各层管道既可单独使用，也可串联使用。

图 6.3 中国哈尔滨工业大学供水管网实验平台

6.1.3 浙江大学全流程供水管网创新平台

浙江大学全流程供水管网创新平台所在实验室占地 570m^2。模拟供水管网系统由动力系统、水循环系统、在线监测系统、温度控制系统，以及钢构支架等组成。水循环系统由四套管路组成，分别是球墨铸铁内衬水泥材质构成的 A 环和 D 环，聚乙烯(PE)材质构成的 B 环和不锈钢(stainless steel, SS)材质构成的 C 环，四套管路并列存在，均配有独立的动力系统、水循环系统、加药系统、在线监测系统和取样系统，可同时进行多组实验，互不干扰。每套管路管径均为 150mm，总长约 80m。给水管网水质综合模拟系统如图 6.4 所示。

图 6.4　给水管网水质综合模拟系统

2 个 6000L 的高位水箱为整个供水管网系统提供水源，五个公共电动阀可控制两个高位水箱中的水进入任一环路，实现分质供水、同质供水和同一循环回路的水源切换。高位水箱直接通过阀门与浙江大学玉泉校区的市政自来水供水管网相连，可由市政供水管网直接提供水源。此外，模拟供水管网系统也进行了预留进水口的处理，根据实验需要，可通过运水车将实验用水运来后直接灌入高位水箱进行实验。

每条模拟供水管网的加药系统均由两个 60L 的加药泵和两台精密计量泵组成，可以同时或分别加注两种药剂，从而精密控制加药量和加药时间。通过计量泵将不同药剂加入供水管网，从而实现包括外源污染物侵入、二次加药、水质突变等情况在内的多种工况的模拟。

为了模拟实际供水管网在土体中不同温度下的运行工况，该模拟供水管网还配备了温度控制系统。温度控制系统主要由总风冷机组和安装在每条环路的板式换热器组成。每套环路配有一个独立的板式换热器，通过调节风冷机组进出水，实现对模拟供水管网内水温的控制。板式换热器可根据设定的温度自动调节，达到控制环路中水温恒定的目的。同时，为实时监测供水管网运行过程中的各项水质参数，模拟供水管网系统设有精确的在线监测系统。在线监测系统可实时监测 pH、余氯浓度、DO 浓度、颗粒物浓度、浊度、电导率等六项水质参数及流速、流量、水温和水压等四项供水管网状态参数。

为了实时观察模拟供水管网系统内化学、生物环境的改变，了解水质表观变化，掌握铁锈、沉淀物等在管内的沉积现象和规律，供水管网平台独创性地设计了水流静止管段和可视管段。通过可视管段，实验人员可以直观地了解实验进程和动态，及时对各种情况做出判断并采取措施。给水管网水质综合模拟系统的可视管段如图 6.5 所示。此外，模拟供水管网有三种采样方式，分别为水体采样、生物采样、管垢采样。其中，水体采样通过安装在循环回路上的水龙头来实现，管壁生物膜通过特制的生物膜采样器进行采样。

图 6.5　给水管网水质综合模拟系统的可视管段

实验人员可以通过中央控制系统来实现对整个供水管网系统的操作。中央控制系统硬件采用浙江中控技术股份有限公司的 WebField ECS-700 工业级大型自动化控制系统，其可以直接在线控制系统运行的实验开始时间及持续时间、流速、温度、药剂罐和高位水箱水位，以及各电动阀和加药泵的工作状态；同时可以在线监测 pH、余氯浓度、DO 浓度、颗粒物浓度、浊度、电导率等水质参数。

6.2　供水管网余氯-消毒副产物演变机理

自 20 世纪初开始，氯作为消毒剂用来灭活水中的病原微生物，氯消毒逐渐在水处理中得到广泛应用，至今已有百年的历史[3]。尽管目前已经开发并且应用的有臭氧消毒、氯胺消毒、紫外消毒等多种消毒方式，但是余氯消毒仍然是国内外水处理领域的主要消毒工艺[4]。当氯投加到水中后会迅速与水发生水解反应，生成次氯酸分子(HOCl)，反应速率常数为 3.9×10^4mol/L(式 6.1)[5]。HOCl 是一种弱酸，在水中容易发生电离反应而生成次氯酸根离子(OCl^-)(式 6.2)。

$$Cl_2 + H_2O \rightleftharpoons HOCl + H^+ + Cl^- \tag{6.1}$$

$$HOCl \rightleftharpoons H^+ + OCl^- \tag{6.2}$$

氯消毒起消毒作用的主要是自由氯(游离氯)，包括 HOCl、OCl^-和单质氯形态。由于细胞表面带负电荷，HOCl 和 OCl^-可以扩散并穿透细胞壁渗入细菌内部，通过强氧化破坏细胞酶系统使细胞死亡[6]。HOCl 与 OCl^-的电离平衡常数方程式如式(6.3)所示：

$$K_i = \frac{[H^+][OCl^-]}{[HOCl]} \tag{6.3}$$

电离平衡常数与温度和 pH 有关。当 pH 小于 3.0 时，水中主要存在的是单质氯和 HOCl；当 pH 为 3.0～6.0 时，水中主要存在的是 HOCl；当 pH 为 6～8 时，水中同时存在 HOCl 和 OCl^-；当 pH 大于 9.0 时，水中主要存在的是 OCl^-。当温度为 0℃时，电离平衡常数为 2.0×10^{-8}mol/L，温度上升到 25℃，电离平衡常数增大到 2.0×10^{-8}mol/L。HOCl 具有较好的氧化消毒能力，其氧化性是 OCl^-的 80～200 倍，而且 OCl^-因静电斥力较难接近细菌表面[6]。因此，pH 的升高导致水中 OCl^-的比例上升，从而影响消毒效果。此外，温度的升高也有利于增强消毒的效果。在实际氯化消毒过程中，pH 一般控制在 7.5 以下，以保证消毒效果。

氯消毒的广泛应用是因其具有较强的杀菌能力、持久的杀菌效果、成熟的技术和较低的运行费用，同时能一定程度上除藻和除嗅。但是近年来人们开始担心氯消毒产生的消毒副产物(disinfection byproduct, DBP)和供水管网内余氯存在对终端饮用水会带来安全问题。根据 GB 5749—2022《生活饮用水卫生标准》的规定，水厂出厂水中余氯限值为 2mg/L，且余氯浓度不低于 0.3mg/L，供水管网末梢水中余氯浓度不低于 0.05mg/L[7]。

在氯化消毒过程中，水中的自由氯可以攻击有机物中带有高电子云密度的官能团，例如，与天然有机物(natural organic matter, NOM)等发生亲电取代反应、加成反应和氧化反应，产生卤代 DBP。自由氯主要与有机物分子链的 C═C、C—C 和 C—O 键等结构反应。NOM 是水中 DBP 生成的典型前体物，氯与 NOM 反应可以生成卤代间苯酚，进一步水解可以生成氯仿等[8]。在供水管网输配水过程中，根据余氯在管道中反应位置的不同，供水管网中的余氯反应主要包括主体水中的反应以及管壁内的反应。其中，主体水中与余氯反应的物质包括水源水经处理后的残余活性有机物质以及供水管网管壁生物膜脱落或管垢释放的活性有机物质、无机物质[9]。氯在管壁的反应主要为水中余氯与管材以及附着生物膜的反应。一般地，供水管网余氯参与的多组分反应可以用式(6.4)～式(6.6)表示：

$$\mathrm{HClO}+\mathrm{ClO}^{-}+\mathrm{BCD}\xrightarrow{k_{\mathrm{DBP}}}\mathrm{DBP}+\mathrm{Cl}^{-} \tag{6.4}$$

$$\mathrm{HClO}+\mathrm{ClO}^{-}+\mathrm{BCD}'\xrightarrow{k_{\mathrm{b}}'}\text{其他} \tag{6.5}$$

$$\mathrm{HClO}+\mathrm{ClO}^{-}+\text{管壁}\xrightarrow{k_{\mathrm{w}}}\text{管垢}+\text{其他} \tag{6.6}$$

式中，k_{DBP}、k_{b}'、k_{w} 为反应系数。

主体水中与 NOM 反应生成 DBP 的余氯需求量记为[BCD]，与其他物质如无机物、其他有机物反应但不生成 DBP 的余氯需求量记为[BCD′]。自 1974 年首次发现氯仿之后，三卤甲烷(trihalomethane, THM)是最早被发现且水中最常见的一类 DBP，迄今为止，已经被研究者检测到的 DBP 种类超过 600 种[10]。DBP 已经被证实具有三致性(致癌、致畸和致突变)，长期暴露会对人体带来健康风险[11-14]。

当前，氯消毒带来的 DBP 和供水管网内余氯存在对终端饮用水的安全问题已引起公众的关注。由于供水管网的不同管材、生物膜、水体有机物等因素会对消毒剂衰减产生较大影响，这对研究供水管网内 DBP 的生成和变化具有重要影响。本节后续将探究供水管网输配水过程中多种因素影响下的消毒剂衰减和 DBP 生成，以更好地保证供水安全。

6.2.1　供水管网余氯衰减

1. 余氯浓度、水体有机物及温度的影响

本节所用实验装置为 6.1.3 节介绍的浙江大学大型给水管网水质综合模拟实验平台系统。针对影响水体中余氯衰减和 THM 生成的因素较多的现实情况，综合考虑实验样本的有限性和代表性，采用正交实验设计。拟定余氯反应的影响因素有水体总有机碳(total organic carbon, TOC)浓度、初始余氯浓度 C_0 和温度 T。考虑到实验样本数量的合理性，对每个因素取三个水平。在此基础上，建立 $\mathrm{L3}^3$ 正交实验表，见表 6.1。

依据表 6.1 正交实验表所列顺序进行余氯衰减实验，将所得数据进行极差分析，结果见表 6.2。从极差结果分析表可知，温度 T 的极差 R 最大，其次为 TOC 浓度，极差 R 最小的为初始余氯浓度 C_0。这说明，在影响主体水余氯衰减的三个主要因素中，温度 T 对其影响是最大的，其次是原水中 TOC 浓度，影响最小的是初始余氯浓度 C_0。

表 6.1　余氯衰减正交实验表

序号	TOC 浓度	C_0	T	空白列
1	3	3	1	2
2	1	2	3	2
3	3	1	3	3
4	2	1	2	2
5	2	3	3	1
6	1	1	1	1
7	1	3	2	3
8	2	2	1	3
9	3	2	2	1

注：各因素中数字对应的水平数分别为：TOC 浓度中 1 代表 3.5mg/L，2 代表 4.5mg/L，3 代表 5.5mg/L；C_0 中 1 代表 0.3mg/L，2 代表 0.35mg/L，3 代表 0.4mg/L；T 中 1 代表 10℃(主体水余氯实验)或 15℃(供水管网实验室实验)，2 代表 20℃，3 代表 30℃；空白列为后续方差分析所设。

表 6.2　余氯衰减正交实验极差结果分析表

序号	TOC 浓度	C_0	T	空白列	实验结果(余氯衰减速率 k/h^{-1})
1	3	3	1	2	0.02360
2	1	2	3	2	0.06884
3	3	1	3	3	0.11608
4	2	1	2	2	0.04200
5	2	3	3	1	0.08232
6	1	1	1	1	0.01473
7	1	3	2	3	0.02665
8	2	2	1	3	0.01873
9	3	2	2	1	0.05298
k_{1j}	0.03674	0.0576	0.012777	0.05	
k_{2j}	0.04768	0.04685	0.040543	0.0448	
k_{3j}	0.06422	0.04419	0.08908	0.05382	
极差 R	0.02748	0.01341	0.0763		
因素主次顺序	2	3	1		
优水平	1	3	1		

注：k_{1j} 为第 j 列 1 水平的实验之和。

在极差分析的基础上进行方差分析，结果进一步证实了这一结论，见表 6.3。

表 6.3 显示了各个因素影响效果的显著水平，从表中可以看出，温度 T 对余氯衰减的影响是最明显的，其次是 TOC 浓度，影响最小的、效果最不显著的是 C_0。

表 6.3　余氯衰减正交实验方差结果分析表

变异来源	平方和	自由度	均方差	F 值	显著水平
TOC 浓度	0.00115	2	0.000575	9	**
C_0	0.0003	2	0.00015	2	*
T	0.00714	2	0.00357	55	***
误差 e	0.00013	2	0.000065		
总和	0.00872				

注：*表示差异显著($p<0.05$)，**表示差异非常显著($p<0.01$)，***表示差异极显著($p<0.001$)。

以上极差和方差分析讨论了各因素对余氯衰减速率的影响程度，可以看出影响效果是不同的，由图 6.6(a)可知，随着 TOC 浓度的增加，余氯衰减速率增大，对于温度 T 同样如此(图 6.6(c))，但对于初始余氯浓度 C_0，随着 C_0 的增大，余氯衰减速率 k 减小(图 6.6(b))。

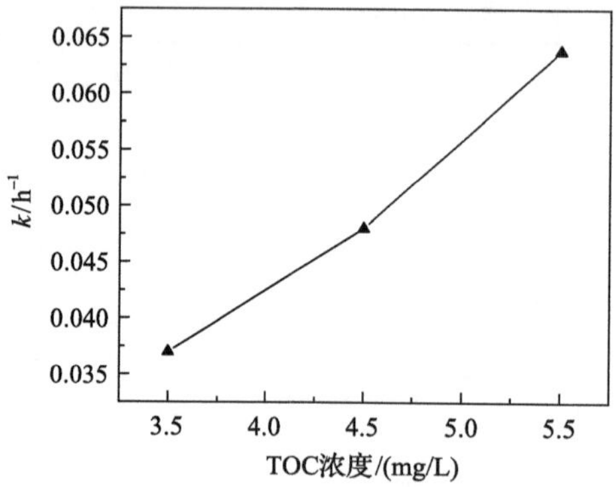

(a) TOC浓度

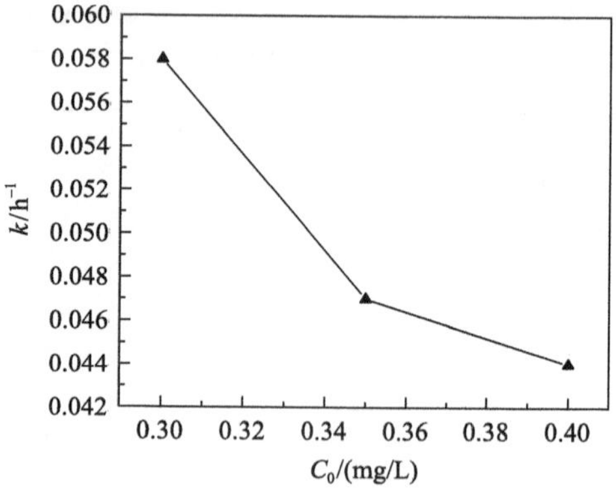

(b) 初始余氯浓度

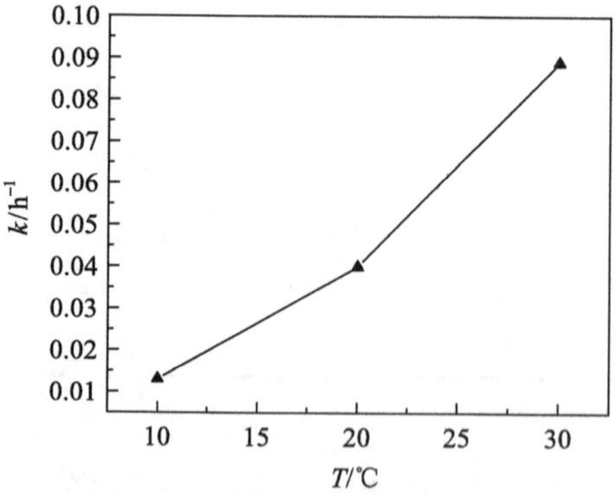

(c) 温度

图 6.6　不同参数对余氯衰减速率 k 的影响

2. 管材影响

对浙江省 J 市水源出厂水和 Q 湖水源出厂水在几种不同管材中余氯的衰减情况进行检测，结果见表 6.4。余氯衰减模型采用假一级反应模型 $C_t = C_0 e^{-kt}$，其中，C_t 为 t 时刻的余氯浓度，C_0 为初始余氯浓度，本研究控制 J 市水源出厂水和 Q 湖水源出厂水初始余氯浓度水平相同，为 0.40mg/L，k 为余氯衰减速率。

表 6.4　不同管材中余氯衰减速率 *k*　　(单位：h^{-1})

组别	J 市水源出厂水	Q 湖水源出厂水
主体水	0.0025	0.0010
PE	0.0031	0.0014
塑钢	0.0126	0.0052
DI	0.0191	0.0126
铸铁	0.0318	0.0233

由表 6.4 可知，余氯在 Q 湖水源出厂水中的衰减比在 J 市水源出厂水中明显慢很多，而影响余氯在两种水中衰减的快慢主要原因可能是两水厂出厂水 TOC 浓度的差异，Q 湖水源出厂水 TOC 浓度为 1.42mg/L，而 J 市水源出厂水 TOC 浓度为 3.13mg/L。前人的研究表明，TOC 浓度与余氯衰减速率成正比。另外，余氯衰减在几种不同管材间的差异也较大，最快为铸铁，最慢为 PE。管道的腐蚀结构和管壁生物膜等会影响水中余氯的衰减，管道表面有较多腐蚀产物、“管瘤”等可以与氯发生氧化还原反应，同时表面的生物量多少也会影响余氯衰减速率。此外，不同管材会向水中释放不同物质、外层生物膜脱落，内层的生物膜进一步与氯反应，因此不同程度的脱落量等也都会影响余氯的衰减。余氯衰减是一个复杂的反应，本研究应用最基本的一级反应模型，通过余氯衰减速率确定初始余氯浓度为 0.40mg/L 时余氯浓度衰减至低于 0.05mg/L 所需的时间，然后补加氯。

6.2.2　供水管网消毒副产物生成

氯化消毒过程中氯与有机物发生亲电取代反应、加成反应与氧化反应并会产生一系列 DBP，含碳 DBP 中 THM 及卤乙酸(haloacetic acid, HAA)最为常见，具有极强的三致效应，含氮 DBP 也具有强烈的毒性。探究输配水过程中 DBP 的生成和转化过程对保障供水安全具有重要意义。

1. 输水距离的影响

本实验采集太湖流域采用加氯消毒的某水厂出厂水(T1)，测定其供水管网运输端 5km(W1)和 15km(W2)处自来水中 DBP 的生成情况，结果如图 6.7 所示。由图可知，THM 和 HAA 是自来水和供水管网水中检测到的主要 DBP，分别占总 DBP 的 40%和 50%。这与前人的研究一致，即 THM 和 HAA 是氯化作用形成的主要 DBP[15]。由于原水中 Br^-((150 ± 10) μg/L) 浓度高，还检测到溴代 DBP，如二溴氯甲烷(DBCM)、溴二氯甲烷(BDCM)、溴氯乙酸(BCAA)和一溴乙酸(MBAA)。

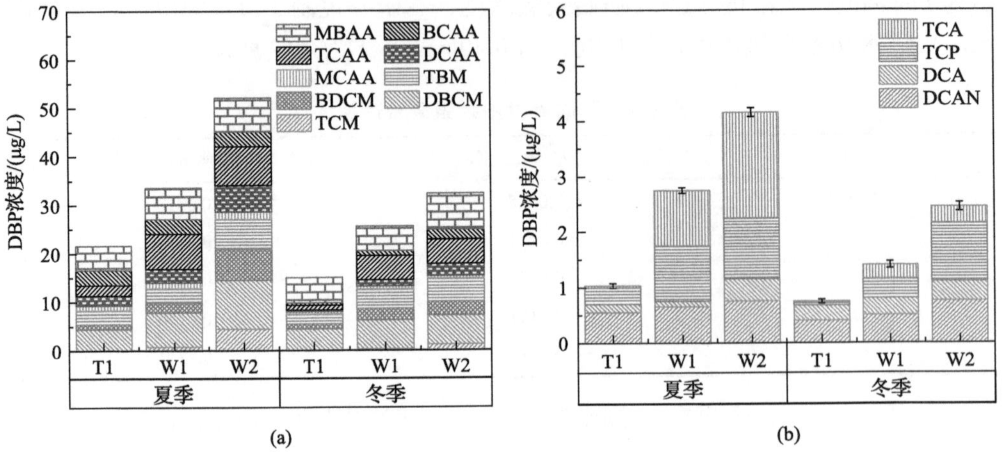

图 6.7　不同季节水厂出水和供水管网水中 DBP 浓度

TCAA 为三氯乙酸；DCAA 为二氯乙酸；MCAA 为一氯乙酸；TBM 为三溴甲烷；TCM 为三氯甲烷；TCA 为三氯乙醛；TCP 为三氯丙酮；DCA 为二氯丙酮；DCAN 为二氯乙腈

与夏季((30.0 ± 2.0) ℃)形成的 DBP 浓度相比，冬季((15.0 ± 2.0) ℃)来自出厂水和供水管网取样水的 DBP 浓度均较低。对夏季和冬季太湖水源水的特征检测发现，夏季和冬季的 TOC 浓度分别为(6.7 ± 1.0) mg/L 和(4.5 ± 1.0) mg/L。冬季较低的 TOC 浓度可能是 DBP 形成较少的原因。此外，夏季和冬季水样中的藻类细胞分别为 2.0×10^7～3.0×10^7cell/L 和 0.5×10^7～0.8×10^7cell/L。夏季的水样含有更多的藻类细胞和 NOM，它们是 DBP 形成的重要前体物。因此，夏季是需要多加控制 DBP 生成的季节，特别是在蓝藻水华期间[16]。另外，从图中可以看出，DBP 的形成随着供水管网水运输距离的增加而增加。供水管网端 5km 和 15km 处采集的样本中 DBP 浓度分别是水厂出水的 1.5～1.8 倍和 2.1～2.3 倍，这表明供水管网中的游离氯残留仍然具有反应性。这些结果与先前的发现一致[17]，本结果强调了控制输水供水管网中 DBP 形成的重要性。

2. 不同管材的影响

由上述结论可知，DBP 从出厂水到供水管网的浓度变化情况与管材、流速、供水距离相关。因此，测定 DI 管、PE 管和 SS 管中 DBP 的生成，实验结果如图 6.8 所示。

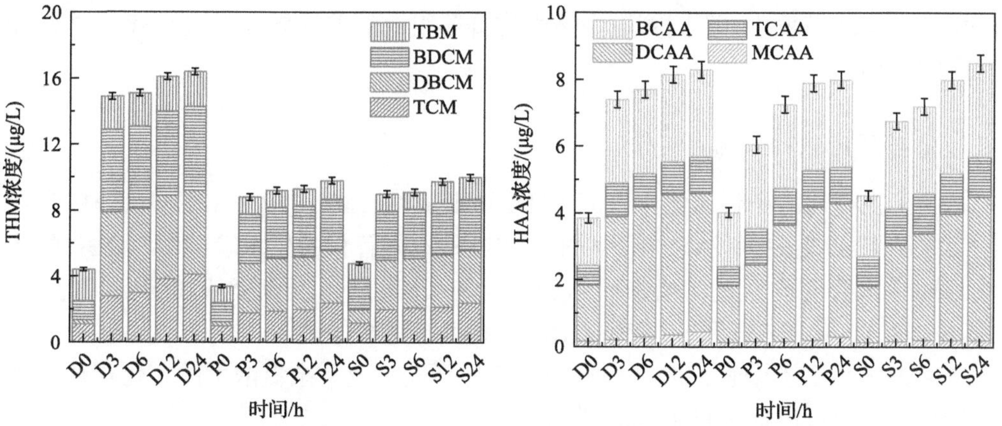

(a) THM浓度　(b) HAA浓度

图 6.8　不同管材情况下氯化生成 DBP 情况

图 6.8(a)和(b)显示了四种 THM 和四种 HAA 的浓度在三种管道中都随迁移时间的增加而增加，这表明在自由氯充足的情况下，THM 和 HAA 作为最终 DBP，能在水体中稳定存在。此外，相比于 PE 管和 SS 管，THM 在 DI 管中生成最多，而在 PE 管和 SS 管中生成趋势相近。相比于 THM，管材对 HAA 生成的影响较小，其反应 24h 后浓度均稳定在 8.0～9.0μg/L。

供水管网中 DBP 的形成受到多种因素的影响，如 NOM 含量、生物膜、溴化物和铁。供水管网中有较高的 NOM 含量，这将与自由氯反应生成更多的 DBP。本节检测了三种管道运行后的 TOC 浓度和自由氯衰减情况，TOC 浓度和自由氯浓度均为 DI 管>SS 管>PE 管。此外，对三种不同管道中的细菌群落和多样性分析发现(表 6.5)，PE 管的操作分类单元(operational taxonomic unit, OTU)含量最高。另外，PE 管具有最高的细菌多样性，其 Shannon 指数为 9.29，而 SS 管具有最低的细菌多样性，其 Shannon 指数为 8.98。PE 管可以通过释放可生物降解的有机化合物来促进细菌生长[18]。先前的研究已经证实，在适当条件下，甲基杆菌、假单胞菌、分枝杆菌等可以促进 DBP 的减少[18-20]。结果显示三种管道中，优势细菌为甲基杆菌和分枝杆菌。脱卤相关细菌的总相对丰度规律如下：PE 管(9.38%)>SS 管(5.03%)>DI 管(3.59%)。管壁中与脱卤有关的细菌可能会使部分

表 6.5　不同管道内微生物群落多样性差异

样品	序列①	覆盖度	OUT 数量	Shannon 指数
SS 管	102992	0.97	2498	8.98
PE 管	99181	0.97	3005	9.29
DI 管	99183	0.97	2894	9.08

注：①表示通过质量控制的测序序列。

DBP 降解。结果表明，不同管道中微生物群落组成的差异导致了这些管道中 DBP 形成的差异。

3. 不同流速的影响

为了探究水力条件对供水管网中 DBP 形成的影响，DBP 在不同流速中生成的实验结果如图 6.9 所示。由图可知，在三种不同管材的供水管网中，DBP 的形成都随供水管网内流速的增加而增加。反应 24h 后，当流速从 0.5m/s 增加到 1.5m/s 时，DI 管、PE 管和 SS 管中 DBP 的浓度分别增加了 38.6%、36.7%和 42.5%。图 6.9(d)显示了不同管材的供水管网在三种不同流速下余氯浓度的变化规律，表明较高的流速可以促进自由氯的消耗。

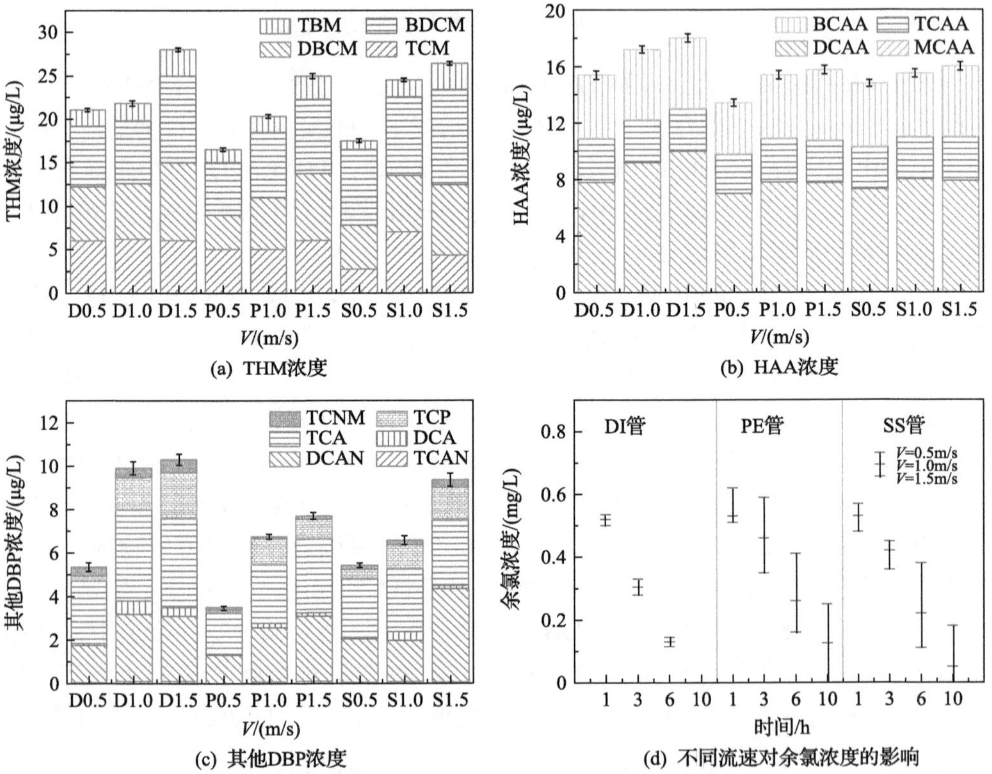

(a) THM浓度　(b) HAA浓度　(c) 其他DBP浓度　(d) 不同流速对余氯浓度的影响

图 6.9　不同流速下供水管网内氯化生成 DBP 情况

TCNM 为三氯硝基甲烷；TCAN 为三氯乙腈

此外，传质系数用于比较供水管网中不同流速对传质的影响。在这项研究中，传质系数是根据 Sonin 等提出的公式计算的[21]，并得到了实验研究的支持[22]。利用雷诺数 Re、施密特数 Sc 和舍伍德数 Sh 计算传质系数 k_f 如式(6.7)所示：

$$Sh = \frac{k_f d}{D_l} = 3.3\left(\frac{l}{d} ReSc\right)^{\frac{1}{3}} \tag{6.7}$$

式中，l 为管道长度；d 为管道直径。

结果显示在表 6.6 中，由表可知，当流速从 0.5m/s 增加到 1.5m/s 时，传质系数 k_f 从约 0.013m/s 增加到约 0.018m/s，结果表明，较高的流速促进了传质效率。高流速还提高了管道中自由氯与 NOM 之间的反应效率。因此，流速的增加促进了供水管网中 DBP 的生成。

表 6.6　不同流速下供水管网中水流的 *Re*、*Sc* 和 *Sh* 计算结果

流速/(m/s)	*Re*	*Sc*	*Sh*	k_f/(m/s)
0.5	74626	0.0008986	108.725	0.0127649
1.0	149253	0.0008986	136.986	0.0160791
1.5	223880	0.0008986	156.810	0.0184036

6.3　供水管网铁释放与生物膜变化机理

当前，尽管出厂水水质不断得到改善，但在经过供水管网输送到用户端时，还是会时常出现供水管网水水质达不到标准的情况，如浊度、色度、铁含量或者细菌总数超标等，而以上供水管网水质问题的重要诱发因素为供水管网铁释放和管壁生物膜的变化。供水管网管道内壁生物膜的形成不但会造成管道腐蚀，还会改变局部水质条件，如增加微生物的活性、改变局部的氧化还原状态等，这些变化可能会促使管道中沉积的铁发生释放或重新沉淀的过程，进一步还会导致供水管网中饮用水水质下降，从而危害人体健康。

6.3.1　供水管网铁释放影响因素

1. 水质因素的影响

1) 实验装置

本实验采用的实验管道是从南方某市供水管网取得的使用普遍且腐蚀较严重的钢管管段，管径为 DN100 和 DN150，管段属于供水管网中的二级支管，使用年限为 12～15 年。经过组装后形成封闭的室内管段反应器实验装置，编号为 A～E，共 5 组，其中 A、B 组装置的管径为 DN150，管龄约为 10 年，C、D、E 组装置的管径为 DN100，管龄约为 15 年。

2) 氯离子

不同氯离子浓度的供水管网水对管段内总铁浓度变化情况的影响如图 6.10

所示，由图可知，氯离子浓度升高会导致总铁浓度升高。其中，总铁浓度最低值为 0.13mg/L，最高值为 5.27mg/L。

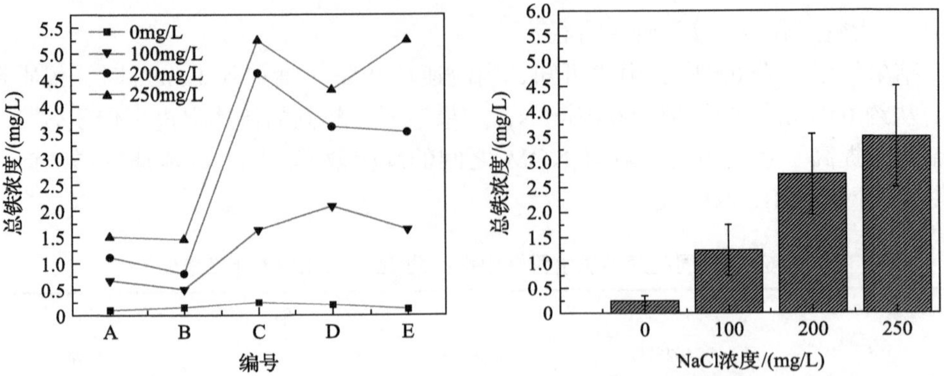

(a) A~E组氯离子单因素影响实验结果　　(b) 氯化钠浓度与总铁浓度(A~E组平均值)关系

图 6.10　不同氯离子浓度对总铁浓度的影响（A～E 组）

由于管段的管径和腐蚀情况不同，不同实验装置管段间铁释放量有较明显的差异，使用年份较长的管段，腐蚀情况更为严重，铁释放量也较大。管径为 DN100 且使用年份较久的 C、D、E 组总铁浓度超出饮用水标准限制（0.3mg/L）的 10 倍以上，其中 C 组管段受氯离子浓度变化影响最大。从实验结果来看，相较于使用年份较短且管径较大的 A、B 组管段，管垢层更丰富的小管径钢管管段的铁释放能力更强。

由图 6.11 可以看出，管段的铁释放过程发生在整个停滞时间内。停滞时间越长，总铁浓度越高，然而，溶解性铁浓度和氯离子浓度及停滞时间并无明显相关性，

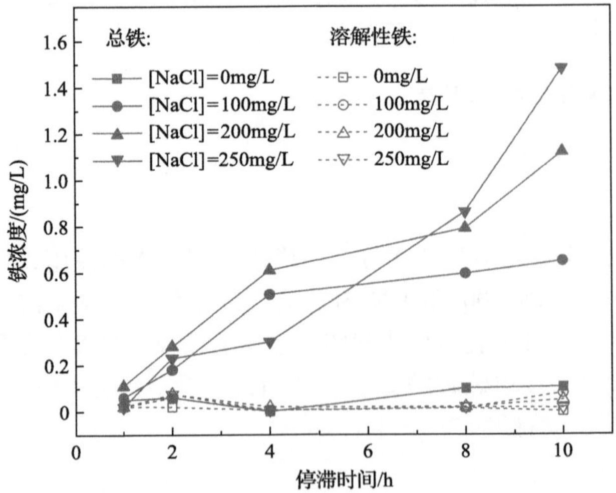

图 6.11　不同氯化钠浓度下溶解性铁浓度和总铁浓度比较（A 组）

且随着停滞时间延长，其浓度始终保持在很低的范围内(不超过 0.1mg/L)。研究认为氯离子对铁释放的主要影响为：氯离子浓度升高使水中电导率升高，促进离子和电子迁移；氯离子还可以充当催化剂，将管垢层表面的难溶性铁化合物中的铁置换为可溶性的 Fe^{3+}，如式(6.8)和式(6.9)所示[23]。并且由于上述反应的进行，管垢表面的钝化层被破坏，管垢内部的二价铁化合物被释放到水中，从而引起铁释放量上升。然而，在上述实验结果中，铁主要以沉淀态三价铁化合物形式析出，这主要是因为水中 DO 存在，将二价铁氧化成三价，且由于出水 pH 为 8.5 左右，铁以氢氧化铁胶体形式析出，胶体凝聚形成沉淀颗粒，导致出水浊度增加[24]。

$$FeOOH + Cl^- \longrightarrow FeOCl + OH^- \tag{6.8}$$

$$FeOCl + H_2O \longrightarrow Fe^{3+} + Cl^- + 2OH^- \tag{6.9}$$

3)水中有机物

考察水力停滞 10h 内，含不同浓度腐殖酸(humic acid, HA)的供水管网水对管段内总铁浓度的影响，如图 6.12 所示。由图可知，HA 的存在及浓度变化都影响管道铁释放量，且 HA 浓度越高，对铁释放的促进作用越明显，总铁浓度越高。

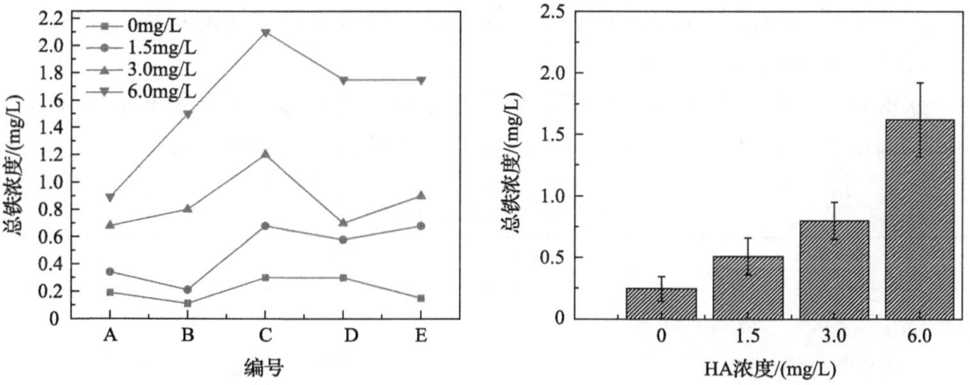

(a) A~E组HA单因素影响实验结果　(b) HA浓度与总铁释放量关系

图 6.12　不同 HA 浓度对总铁释放量的影响(A～E 组)

HA 对供水管道内铁释放的促进机理尚不明确。前人研究发现，水体中的 NOM 可以与铁发生络合反应，且不同种类的 NOM 与铁形成的络合物稳定性不同，NOM 与二价铁形成的络合物稳定性要高于三价铁[25]。在进行含 3mg/L HA 的单因素影响实验时，将实验前和停滞 10h 实验后的供水管网水样进行荧光光谱分析，结果如图 6.13 所示。实验前后对比可见，实验后水的荧光强度有所提高，应是 HA 与管壁难溶性铁化合物反应，与铁生成络合物，从而破坏管壁钝化层结构，引起内部二价铁释放，进而导致更多铁释放量的结果。而以络合态存在的铁是以溶解性铁形式存在于水体中，对浊度影响较小，因此导致两种影响因素实验中的浊度差异较大。

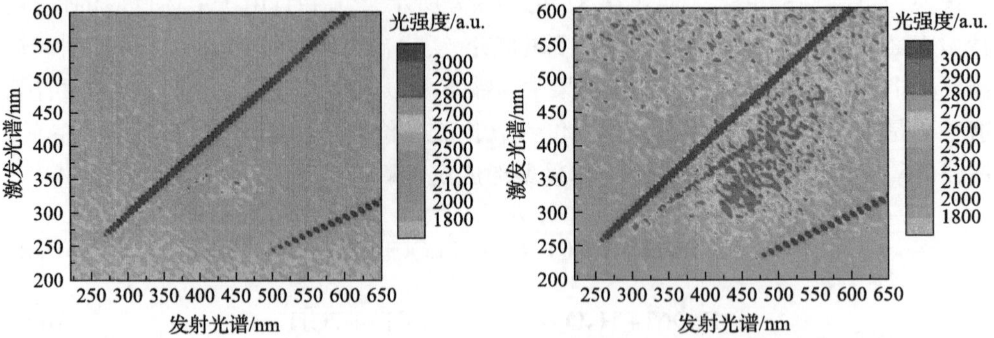

(a) 实验前供水管网水三维荧光光谱图　(b) 停滞10h实验后供水管网水三维荧光光谱图

图 6.13　含 3mg/L HA 供水管网水实验前后荧光强度变化

2. 水源切换的影响

1) 实验装置

实验管段选用浙江 J 市涉及水源切换的范围内所使用的塑钢管和 DI 管。

2) 铁相关指标的浓度变化

水源切换实验过程中所用出厂水为浙江 J 市与 CA 县出厂水和供水管网水。对同一时间段内两地出厂水水样的水质指标进行统计，结果见表 6.7。

表 6.7　两地出厂水水质指标

水源指标	J 市出厂水 A	J 市出厂水 B	CA 县出厂水
浊度/NTU	<0.1	<0.1	<0.1
总碱度/(mg/L)	90	96	43.7
硫酸盐浓度/(mg/L)	38.2	54.4	6.8
氯化物浓度/(mg/L)	34.8	40.3	7.05
总硬度/(mg/L)	131	149	43
pH	7.46	7.63	7.33
耗氧量/(mg/L)	1.66	1.37	0.80
硝酸盐浓度/(mg/L)	1.77	2.09	0.72
TOC 浓度/(mg/L)	4.41	3.13	1.42

水源切换混掺比实验过程中，设定的四个阶段分别为：使用 100% J 市出厂水进行稳定期运行、80% J 市出厂水+20% CA 县出厂水运行、50% J 市出厂水+50% CA 县出厂水运行、100% CA 县出厂水运行。混掺比实验期间所测的总铁浓度与浊度如表 6.8 和图 6.14 所示。

表 6.8　混掺比实验总铁浓度检测结果

混掺比	时间/d	总铁浓度/(mg/L)	
		DN50 塑钢管	DN100 DI 管
稳定期/0%	1	0.09	0.17
	2	0.05	0.09
	3	0.03	0.06
	4	0.04	0.06
切换实验/20%	5	0.04	0.05
	6	0.03	0.04
	7	ND	0.04
	8	ND	0.05
切换实验/50%	9	0.04	0.03
	10	0.03	0.04
	11	ND	0.05
切换实验/100%	12	ND	0.03
	13	ND	ND
	14	ND	0.03

注：ND 表示未检出，下同。

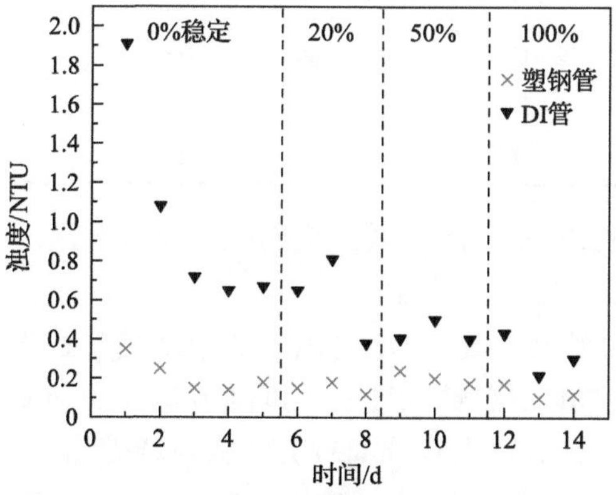

(a) 混掺比实验

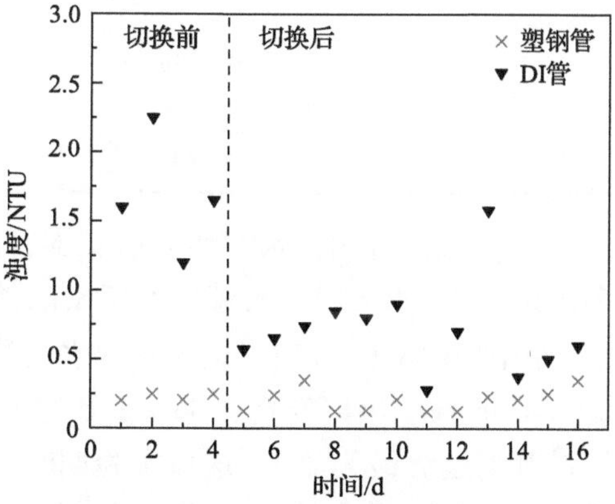

(b) 水源切换前后

图 6.14　不同条件下浊度检测结果

由图 6.14(a)可知，实验期间塑钢管中浊度变化与混掺比之间无明显关系。DI 管中浊度随着运行周期的推进总体上有下降趋势。因此，实验期内混掺比对管段反应器内水质的浊度影响不大，混掺比对塑钢管和 DI 管内水质的浊度与总铁浓度的影响较小。因此，后续实验按照直接 100%切换为 CA 县出厂水的方式进行。另取同批次制作的塑钢管与 DI 管进行水源切换实验，在 100%切换为 CA 县出厂水的情况下测量更长实验期内的总铁浓度与浊度，测量结果如表 6.9 和图 6.14(b)所示。

表 6.9 水源切换前后总铁浓度检测结果

实验阶段	时间/d	总铁浓度/(mg/L)	
		DN50 塑钢管	DN100 DI 管
切换前	1	ND	0.04
	2	0.03	0.08
	3	0.03	0.04
	4	ND	0.05
切换后	5	ND	ND
	6	ND	0.03
	7	ND	0.03
	8	ND	ND
	9	ND	ND
	10	ND	0.04
	11	ND	ND
	12	ND	0.04
	13	ND	0.06
	14	ND	ND
	15	ND	ND
	16	ND	ND

由表 6.9 可知，水源切换后塑钢管内水的总铁浓度低于检出限，没有升高现象出现；在 DI 管内，水源切换后水的总铁浓度偶有检出。

由图 6.14(b)可知，塑钢管内水的浊度比较稳定，DI 管内水的浊度基本处于 0.5～1.0NTU。可以发现在 11～13d 这一周期内，总铁浓度与浊度随着运行周期的推进升高趋势最为显著，这与实验期间管段反应器内脱落的较大的颗粒状管垢(肉眼可见)有关，在其余周期内，没有较大的管垢颗粒脱落，所以总铁浓度与浊度随着运行周期的推进升高趋势较为平缓。

6.3.2　供水管网铁释放控制措施

控制供水管网铁释放的方法主要包括物理方法和化学方法两大类。物理方法主要包括混掺法和控制流速法，该方法可以在不引入新污染物的前提下进行“原位修复”，减少铁释放，但该类方法形成新的平衡状态所需时间较长，难以在短时间内起到控制效果。相比而言，投加磷酸盐缓蚀剂等化学方法更简单高效，近年来，也有不少学者研究了磷酸盐对配水系统铜、锌释放的抑制作用，证明磷酸盐对饮用水中多种金属离子的释放均存在一定的抑制作用。本节主要介绍磷酸盐缓蚀剂对铁释放的控制。

1. 实验装置

研究所用管段为管径 150mm 的灰口铸铁管和 DI 管。按照两种实验管材分类，每类包括不投加缓蚀剂(G_{i0})和分别投加三聚磷酸钠($Na_5P_3O_{10}$，G_{i1})、六偏磷酸钠($Na_6P_6O_{18}$，G_{i2})、磷酸钠(Na_3PO_4，G_{i3})、磷酸二氢钠(NaH_2PO_4，G_{i4})、磷酸氢二钠(Na_2HPO_4，G_{i5})6 种情况(i=1，2)，即分为两类，共 12 个组别，见表 6.10。控制投加磷酸盐的组别，水中磷酸盐浓度均为 1.0mg/L。

表 6.10　铁释放控制研究分组表

管材	组别
灰口铸铁管 G_1	G_{10}～G_{15}
DI 管 G_2	G_{20}～G_{25}

2. 参数控制

近似将管段铁释放过程简化为式(6.10)和式(6.11)：

$$Fe \longrightarrow Fe^{2+} + 2e^- \tag{6.10}$$

$$Fe^{2+} \longrightarrow Fe^{3+} + e^- \tag{6.11}$$

认为当其他水力水质指标保持不变时，该过程近似符合一级动力学反应方程，可用式(6.12)表示：

$$\frac{d[Fe]}{dt} = K[Fe] \tag{6.12}$$

式中，铁释放速率常数 K 为单位浓度铁释放速率大小，可以反映铁释放快慢。当其他水质指标保持不变时，K 为常数。随着其他指标的变化，实际供水管网铁释

放过程中的 K 也为随时间变化的变量 $K(t)$ 。只有在极小的 Δt 时间内，K 不变。根据测得的 DO(t) 、$T(t)$ 、pH、Tur(t) ，拟合 K 关于 DO 浓度、T、pH、浊度的线性模型如式(6.13)所示：

$$K = b_1 X_{\text{DO}} + b_2 X_T + b_3 X_{\text{pH}} + b_4 X_{\text{Tur}} + b_5 \tag{6.13}$$

式中，b_i 为拟合所得的各指标系数；X_{DO} 为 DO 的浓度，mg/L；X_T 为温度 T 值，℃；X_{pH} 为 pH 的值；X_{Tur} 为浊度值，NTU。当各水质指标不发生变化时，K 大小恒定，即在每个很小的时间段 Δt 内，K 为常数。

供水管网中水质指标一般在某常规数值上下波动。本研究定义常规状态点(所有水质指标均取常规值)，即模拟实际供水状态下常规的铁释放环境；定义波动状态点(所有水质指标取实验检测值)，即模拟供水水质波动变化环境。比较不同水质状态下各组对应的 K 值大小并分析磷酸盐抑制效果。定义供水管网水常规状态点：T=23℃，pH=7.2，DO 浓度为 8mg/L，浊度为 0.15NTU。根据实验测得不加磷酸盐情况下的一系列 DO 浓度、T、pH 和浊度来模拟水质波动状态，定义为一系列波动状态点。将各波动状态点代入相应的 K 模型中，可求得对应的 K_{i0} 、K_{i1} 、K_{i2} 、K_{i3} 、K_{i4} 、K_{i5} ，并绘制状态点曲线图。其中，K_{i0} 曲线为不投加磷酸盐的对照组曲线，在该曲线下方表示所加磷酸盐有抑制效果。

3. *K* 模型拟合结果

以灰口铸铁管不加缓蚀剂组(G_{10})为例，3 根管段在 48h 内铁释放情况见表 6.11，K 模型拟合结果如图 6.15 所示。

表 6.11　管段铁释放情况(G_{10})　(单位：mg/L)

时间	管段 1	管段 2	管段 3
1h	0.522	0.859	0.760
3h	0.746	1.197	1.541
6h	1.263	1.896	1.592
9h	2.189	1.941	1.609
12h	1.320	2.377	1.816
24h	6.786	2.114	6.782
36h	7.720	6.220	5.686
48h	8.379	8.184	8.810

结果显示，K_{10} 随时间线性减小；当 t>43.22h 时，K_{10}<0。从原理上来说，K 值的大小变化不是由时间因素直接导致的，而是因为其他水质指标(如 pH、DO 浓度、浊度等)随时间发生变化，并影响 K 值的大小。如果控制其他水质指标不

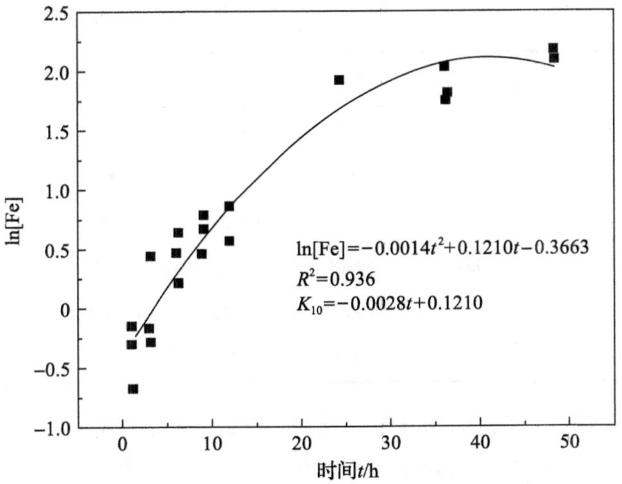

图 6.15　G_{10} 组 ln[Fe]与 t 的拟合曲线

变，那么 K 应该是一个常数，ln[Fe]与 t 的关系应为一条直线。因此，准确来说，供水管网铁释放过程在每个瞬间近似符合一级动力学反应方程，而 K 值随时间减小，这与实际情况铁释放速率逐渐减小也是一致的，当 t>43.22h 时，铁离子的沉积和吸附作用大于释放作用，故 K_{10} 小于零。

K_{10} 与 DO 浓度、T、pH 和浊度的线性拟合结果如式(6.14)所示：

$$K_{10} = -0.0018X_{\mathrm{DO}} - 0.0040X_T + 0.0029X_{\mathrm{pH}} - 0.0006X_{\mathrm{Tur}} + 0.1736 \quad (6.14)$$

此外，本节所提出的 K 模型还可用来估算供水管网的铁释放速率。在实际供水管网中，可以通过测量总铁浓度[Fe]、DO 浓度、T、pH 和浊度，来估算铁释放速率 $v=K\cdot$[Fe]，根据总铁浓度[Fe]和铁释放速率 v 可以判断是否有铁超标和“黄水”风险，故该模型也可用于供水管网“黄水”报警系统。

K_{ij} 拟合结果见表 6.12，R^2 均大于 0.95，表明拟合效果较好。

表 6.12　K_{ij} 拟合结果

管道	K_{ij}	b_1	b_2	b_3	b_4	b_5	R^2
灰口铸铁管	K_{10}	−0.0018	−0.0040	0.0029	−0.0006	0.1736	0.965
	K_{11}	−0.0084	−0.0026	−0.0019	−0.0021	0.2566	0.995
	K_{12}	−0.0003	−0.0004	0.0050	0.0000	0.0424	0.997
	K_{13}	−0.0023	−0.0036	0.0540	−0.0004	−0.2966	0.964
	K_{14}	−0.0050	−0.0077	0.1150	−0.0009	−0.6759	0.964
	K_{15}	−0.0021	−0.0033	0.0493	−0.0004	−0.2699	0.964

续表

管道	K_{ij}	b_1	b_2	b_3	b_4	b_5	R^2
DI 管	K_{20}	–0.0662	–0.0610	–0.0321	–0.0002	2.3322	0.956
	K_{21}	0.0079	0.0043	–0.0053	0.0003	–0.0233	0.999
	K_{22}	–0.1228	–0.0089	0.2024	–0.0003	–0.7182	0.997
	K_{23}	–0.0047	–0.0001	–0.0001	0.0000	0.1020	0.996
	K_{24}	–0.2365	–0.0027	0.3173	–0.0035	–1.1297	0.983
	K_{25}	–0.0599	0.0418	0.1560	–0.0046	–1.9195	0.990

对磷酸盐抑制灰口铸铁管和 DI 管铁释放效果进行分析。对于灰口铸铁管，将常规状态点(X_T=23℃，X_{pH}=7.2，X_{DO}=8mg/L，X_{Tur}=0.15NTU)代入各 K 模型中，结果见表 6.13。

表 6.13　常规状态点 *K* 值比较

管道	组别	K_{ij}	数值/h^{-1}	比较结果
灰口铸铁管	G_{10}	K_{10}	0.12651	$>K_{20}$
	G_{11}	K_{11}	0.02916	$<K_{10}$
	G_{12}	K_{12}	0.07262	$<K_{10}$
	G_{13}	K_{13}	0.05652	$<K_{10}$
	G_{14}	K_{14}	0.07352	$<K_{10}$
	G_{15}	K_{15}	0.05238	$<K_{10}$
DI 管	G_{21}	K_{21}	0.14700	$>K_{20}$
	G_{22}	K_{22}	–1.9875	$<K_{20}$
	G_{23}	K_{23}	–0.0076	$<K_{20}$
	G_{24}	K_{24}	–4.0508	$<K_{20}$
	G_{25}	K_{25}	–1.7489	$<K_{20}$

由表 6.13 可知，在常规状态下，五种磷酸盐均具有抑制灰口铸铁管自来水中铁释放的作用，三聚磷酸钠抑制效果最好。

对于波动状态点比较，测量不加缓蚀剂情况下的 DO 浓度、T、pH、浊度数据(表 6.14)，分别代入各 K 模型表达式中(i=1, 2；j=0, 1, 2, 3, 4, 5)，计算每个状态点所对应的 K_{ij}，并作图比较，如图 6.16 所示。

由图 6.16(a)可知，除三聚磷酸钠外，其他 4 种磷酸盐均对灰口铸铁管铁释放有一定的抑制效果。其中，磷酸钠抑制效果较差，在 5 个状态点中，其 K 值较不加缓蚀剂的 K 值最多减少 30%；磷酸二氢钠抑制效果最好，在状态点 2、5，其 K 值均小于零，可能表现为铁沉积效果。

表 6.14 波动状态点数据

管道	状态点	DO 浓度/(mg/L)	T/℃	pH	浊度/NTU
灰口铸铁管	1	7.75	20.5	7.70	0.59
	2	7.85	21.5	7.65	1.01
	3	7.65	20.8	7.87	1.96
	4	7.37	20.6	7.80	2.95
	5	7.63	21.2	7.62	4.04
DI 管	1	7.13	22.7	7.94	0.45
	2	7.59	23.6	8.07	0.44
	3	8.12	22.4	7.15	0.56
	4	7.53	23.3	8.30	0.89
	5	7.95	23.0	7.38	1.01

注：通常当出现浑浊或“红水”时，浊度远大于 1NTU，因此表 6.14 中大于 1NTU 的浊度数据是有意义的。

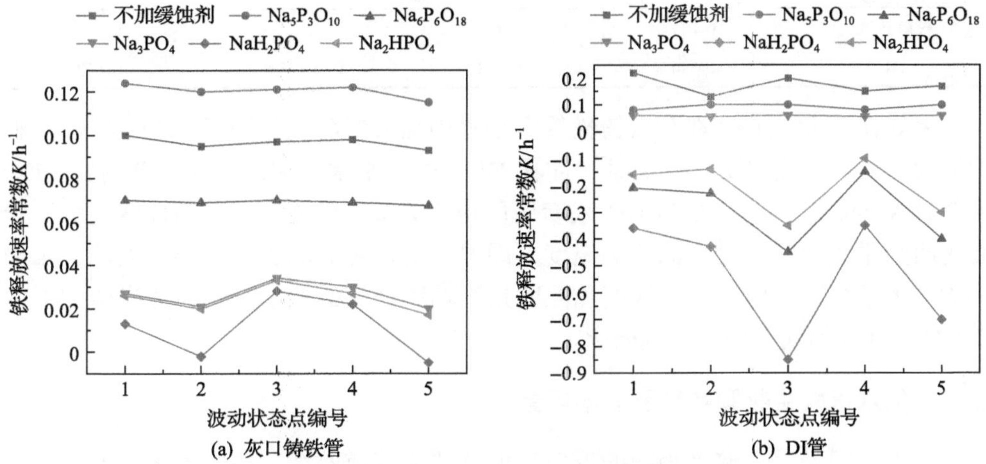

图 6.16 铁释放速率常数 K 波动状态点比较图

对于 DI 管，常规状态点(X_T=23℃，X_{pH}=7.2，X_{DO}=8mg/L，X_{Tur}=0.15NTU)，同样，由表 6.13 可以看出，在正常状态下，除三聚磷酸钠外，其余 4 种磷酸盐均对 DI 管自来水中铁释放有抑制作用且效果明显，对应 K 值均小于零。

图 6.16(b)显示了 5 种磷酸盐均对 DI 管铁释放有一定的抑制效果，但三聚磷酸钠和磷酸钠效果较差，六偏磷酸钠、磷酸二氢钠、磷酸氢二钠效果较好，在 5 个状态点的 K 值均小于零，表现为沉积效果。

结合以上分析，总结 5 种磷酸盐在不同管材下对铁释放的抑制作用，见表 6.15。

表 6.15 磷酸盐缓蚀效果统计表

管材	$Na_5P_3O_{10}$	$Na_6O_6P_{18}$	Na_3PO_4	NaH_2PO_4	Na_2HPO_4
灰口铸铁	×	/	√	√	√
DI	×	√	/	√	√

注：表中×表示无抑制作用；√表示具有抑制作用；/表示有抑制作用，但相对来说效果不明显。

由此可知，在相同水质、水力条件下投加等量磷酸盐，无论是灰口铸铁管还是 DI 管，除三聚磷酸钠外，其他 4 种磷酸盐均有一定的抑制效果，但效果最好的都是磷酸二氢钠。

选择磷酸二氢钠，进一步分析 DO 浓度、T、pH、浊度对 K 的影响。采用 SPSS 多元回归法，根据标准化回归系数绝对值大小判断各因素对 K 的影响大小，标准化回归系数绝对值越大则影响越大，结果见表 6.16。

表 6.16 投加磷酸二氢钠各因素标准化回归系数表

管材	DO 浓度/(mg/L)	T/℃	pH	浊度/NTU
灰口铸铁	–0.141	–0.059	0.144	–0.893
DI	–0.694	0.193	0.475	–0.542

表 6.16 数据表明，在灰口铸铁管自来水中加入磷酸二氢钠后，浊度对 K 的影响最大，K 与浊度呈负相关关系；而在 DI 管的自来水中加入磷酸二氢钠后，DO 浓度对 K 的影响最大，K 与 DO 浓度呈负相关关系。另外，在这两种情况中，标准化回归系数绝对值最小的均为温度，即温度对铁释放的影响最小。因此，添加磷酸二氢钠缓蚀剂时，DO 浓度和浊度是影响铁释放的关键因素，适当增加水中 DO 浓度可以起到更好的抑制效果。

6.3.3 供水管网生物膜特征及影响因素

供水管网管道内壁生物膜的形成不但会造成管道腐蚀，还会因水力剪切和老化脱落等原因进入主体水中，从而造成水体二次污染。生物膜在管道内壁上的附着、生长、稳定是一个渐进的过程，受诸多因素(如管材、水质、水力条件等)的影响。本节选取管材/内衬、水流剪切力不同的几组中试实验管道作为研究对象，同时对水力条件相似的砂浆内衬球墨管、PE 管和 SS 管进行先滞留再冲刷实验，研究以上典型因素对管道内壁生物膜生长特性的影响。

1. 实验装置

本实验采用的水厂非循环管道中试实验平台位于中国浙江 SX 市自来水厂内，如图 6.17 和表 6.17 所示。该中试实验平台主要由 10 条实验管线和连通管(由 PE

管构成)组成，每条管线由 10 段 50cm 长的双法兰管段首尾连接而成，用于培养和采集生物膜。中试实验平台直接与水厂清水池相连，出水排入水厂回收池，采用非循环运行，以更好地模拟实际供水管道的真实情况。

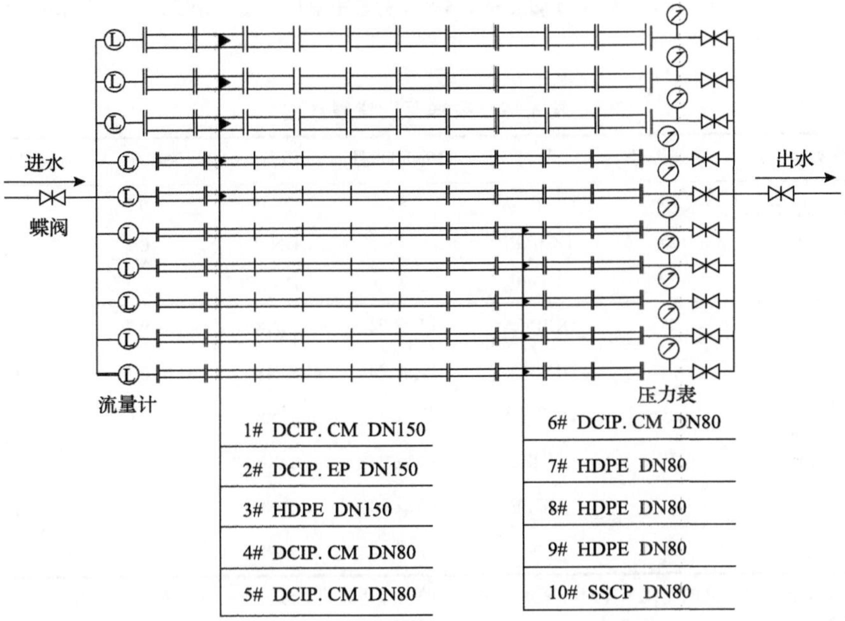

图 6.17　水厂非循环管道中试实验平台平面图

表 6.17　实验平台各管线具体参数

管线编号	管材/内衬	管径	流速/(m/s)	压力/MPa
1#	DCIP.CM	DN150	0.5	0.3
2#	DCIP.EP	DN150	0.5	0.3
3#	HDPE	DN150	0.5	0.3
4#	DCIP.CM	DN80	0.1	0.3
5#	DCIP.CM	DN80	0.5	0.3
6#	DCIP.CM	DN80	1.0	0.3
7#	HDPE	DN80	0.1	0.3
8#	HDPE	DN80	0.5	0.3
9#	HDPE	DN80	1.0	0.3
10#	SSCP	DN80	0.5	0.3

注：DCIP.CM 管为传统的水泥砂浆内衬球墨铸铁管，简称砂浆内衬球墨管；DCIP.EP 管为新型的水泥砂浆内衬环氧树脂封面球墨铸铁管，简称环氧封面球墨管；SSCP 管为不锈钢复合管，简称不锈钢管；HDPE 管为高密度聚乙烯管，简称 PE 管。

将水厂非循环管道中试实验平台编号 1#～9#的管线分成两组，其中编号 1#、

2#、3#的管线为第一组，编号 4#、5#、6#、7#、8#、9#的管线为第二组。第一组管线运行 4 个月后进行生物膜采样，用于研究不同管材/内衬对供水管道内壁生物膜特性的影响，第二组管线运行 1 年后进行第一次采样，运行 2 年后进行第二次采样，用于研究水流剪切力对供水管道内壁生物膜特性的影响。采样管段背景数据见表 6.18。

表 6.18 采样管段背景数据

采样类型	管线编号	管材	培养时间/月	管径	流速/(m/s)	管段长度/cm
不同管材/内衬的供水管道内壁生物膜	1#	DCIP.CM	4	DN150	0.5	2×50
	2#	DCIP.EP	4	DN150	0.5	2×50
	3#	HDPE	4	DN150	0.5	2×50
不同水流剪切力的供水管道内壁生物膜	4#	DCIP.CM	12 或 24	DN80	0.1	1×50
	5#	DCIP.CM	12 或 24	DN80	0.5	1×50
	6#	DCIP.CM	12 或 24	DN80	1.0	1×50
	7#	HDPE	12 或 24	DN80	0.1	1×50
	8#	HDPE	12 或 24	DN80	0.5	1×50
	9#	HDPE	12 或 24	DN80	1.0	1×50

注：编号 1#、2#、3#的管线采样时各采集两段管段的内壁生物膜，编号 4#、5#、6#、7#、8#、9#的管线采样时仅各采集一段管段的内壁生物膜。

2. 实验结果

1) 管材/内衬对供水管道内壁生物膜特性的影响

比较不同管材/内衬供水管道内壁生物膜采样前后管道内壁的形态(图 6.18)可以发现，运行 4 个月后，3 种管道内壁都保持完好，管道内壁表面都长有生物膜，但形态和厚度有明显差异。砂浆内衬球墨管内壁积累了大量的泥垢，形成一层明显的生物膜，整个内壁生物膜分布比较均匀，厚度为 0.5～1.0mm。环氧封面球墨管内壁零星地散布一些泥沙，没有形成明显的层状生物膜结构，生物膜极薄。PE 管内壁几乎未积累明显的沉积物，表面光滑干净，仅有一层极薄的生物膜。

比较分析不同管材/内衬供水管道内壁生物膜相关理化指标(表 6.19)发现，三种供水管道内壁生物膜总固体(total solid, TS)和挥发性固体(volatile solid, VS)都有差异，TS 的差异非常明显，与其管道内壁的形态差异相吻合。VS/TS(生物膜总固体与挥发性固体含量比)值可用来表征生物膜中生物量所占的比例，结果显示，砂浆内衬球墨管生物膜中生物量比例最高，PE 管次之，环氧封面球墨管最小，最大值与最小值相差 20.27 倍。这表明砂浆内衬球墨管内壁容易沉积和吸附

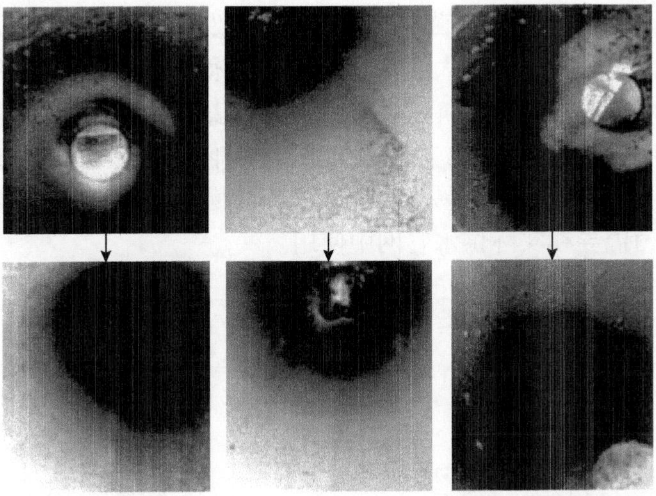

图 6.18　不同管材/内衬供水管道内壁生物膜采样前后管道内壁的形态

表 6.19　不同管材/内衬供水管道内壁生物膜相关理化指标

管材	TS 含量/(mg/cm²)	VS 含量/(mg/cm²)	VS/TS/%
DCIP.CM	4.5811 ± 0.0725	0.4737 ± 0.0301	10.34
DCIP.EP	1.8129 ± 0.0652	0.0092 ± 0.0037	0.51
HDPE	0.6492 ± 0.0011	0.0096 ± 0.0048	1.48

物质，利于生物膜生长，分泌的有机物较多；环氧封面球墨管内壁有一定程度的物质沉积，但是其对生物膜生长有抑制作用，分泌的有机物较少；PE 管内壁光滑，不容易沉积物质，但仍有生物膜生长并分泌有机物。

不同管材/内衬供水管道内壁生物膜细菌总数和异养菌平板计数(heterotrophic plate count, HPC)检测结果如图 6.19 所示。由图可知，PE 管内壁生物膜细菌总数最大，砂浆内衬球墨管最小。PE 管内壁生物膜 HPC 最大，砂浆内衬球墨管略小于 PE 管，而环氧封面球墨管明显远小于 PE 管和砂浆内衬球墨管。供水管道内壁生物膜的生长受水中有机营养物的影响，低 TOC 浓度和低可同化有机碳(assimilable organic carbon, AOC)浓度会限制生物膜的生长与发展。本节研究的生物膜生长在低 TOC 浓度(0.9～1.2mg/L)和低 AOC 浓度(68～140μg/L)的供水管网水中，较低的 TOC 浓度和 AOC 浓度可能导致生物膜生物量较少。此外，这 3 种不同管材/内衬供水管道内壁生物膜培养时间仅有 4 个月，远小于实际供水管道，生物膜还未成熟，生物量较小。值得注意的是，环氧封面球墨管内壁生物膜 HPC 极小，仅为 10^1 数量级，远小于其他两种管道，这与环氧树脂封面层表面光滑和环氧树脂材料本身的惰性有关。比较 HPC 占细菌总数的比例可以发现，虽然环氧封面球墨管的细菌总数与其他两种管道差异不大，但 HPC 却相对很小，HPC 比例仅有 0.03%，远低于砂浆内衬球墨管的 7.71%和 PE 管的 1.84%，表明环氧封面球墨管对细菌的生长和存活都有明显的抑制作用。综合上述研究不难发现，环氧封面球墨管是一种极其优良的新型管道，不但不易吸附和沉积各种物质而且对微生物有明显的抑制作用，应该大力倡导在实际供水管网中使用。

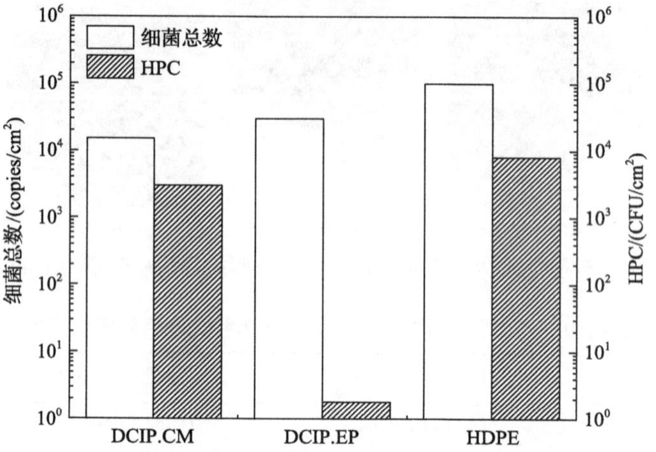

图 6.19　不同管材/内衬供水管道内壁生物膜细菌总数和 HPC

不同管材/内衬供水管道内壁生物膜细菌种群多样性指数见表 6.20。砂浆内衬球墨管内壁生物膜的 OTU 数量和 Chao1 指数明显低于其他两种管道，而 PE 管内壁生物膜的 Shannon 指数明显低于其他两种管道。这表明砂浆内衬球墨管内壁生物膜物种丰度最低但多样性较高，而 PE 管内壁生物膜物种丰度最高但多样性较低。

表 6.20　不同管材/内衬供水管道内壁生物膜细菌种群多样性指数

管材	OTU 数量	Chao1 指数	Shannon 指数	覆盖率/%
HDPE	2664±282	2447.39±247.03	3.57±0.54	>97
DCIP.EP	2420±937	2505.19±743.02	7.34±2.16	>97
DCIP.CM	1496±438	1706.00±427.47	8.07±0.80	>97

不同管材/内衬供水管道内壁生物膜细菌群落在门水平上的物种分布情况如图 6.20 所示。从门水平上观察，砂浆内衬球墨管和环氧封面球墨管内壁生物膜均以变形菌门、拟杆菌门、厚壁菌门与放线菌门为主，且在门水平上，两者细菌群落中均没有一种绝对占优的门类。PE 管内壁生物膜的细菌群落中变形菌门

是绝对的优势菌，其相对丰度高达 78.71%～87.29%。在所有生物膜样品中，PE 管内壁生物膜变形菌门相对丰度(78.71%～87.29%)明显大于其他两种管道(16.29%～45.20%)。

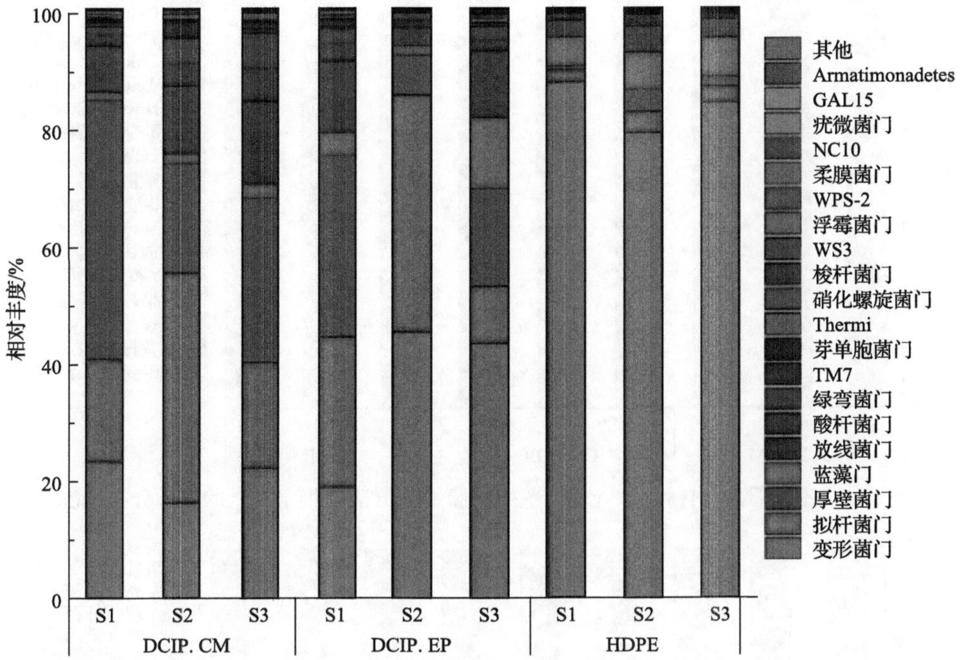

图 6.20　不同管材/内衬供水管道内壁生物膜细菌群落在门水平上的物种分布情况

S1、S2、S3 分别为各供水管道内壁生物膜样品的 3 个平行样

不同管材/内衬供水管道内壁生物膜细菌群落在纲水平上的物种分布情况如图 6.21 所示。从纲水平上观察，砂浆内衬球墨管和环氧封面球墨管内壁生物膜均没有绝对占优的优势菌；而 PE 管内壁生物膜的细菌群落中α-变形菌纲是绝对的优势菌，其相对丰度高达 70.89%～81.24%。

不同管材/内衬供水管道内壁生物膜细菌群落在属水平上的物种分布情况如图 6.22 所示。三种管道的内壁生物膜占优菌属种类相似，但不同管材/内衬之间同一占优菌属的相对丰度差异巨大，尤其是 PE 管与其他两种管道的差异。三种管道中都明显占优的菌属有拟杆菌属和盐单胞菌属，表明这两种菌属普遍容易在饮用水管道内壁滋生。结合不同管材/内衬供水管道内壁生物膜细菌群落在纲水平和属水平上的物种分布情况不难看出，砂浆内衬球墨管和环氧封面球墨管的个别平行样中存在很高相对丰度的黄杆菌纲，主要是因为这些管段存在很高相对丰度的金黄杆菌属。

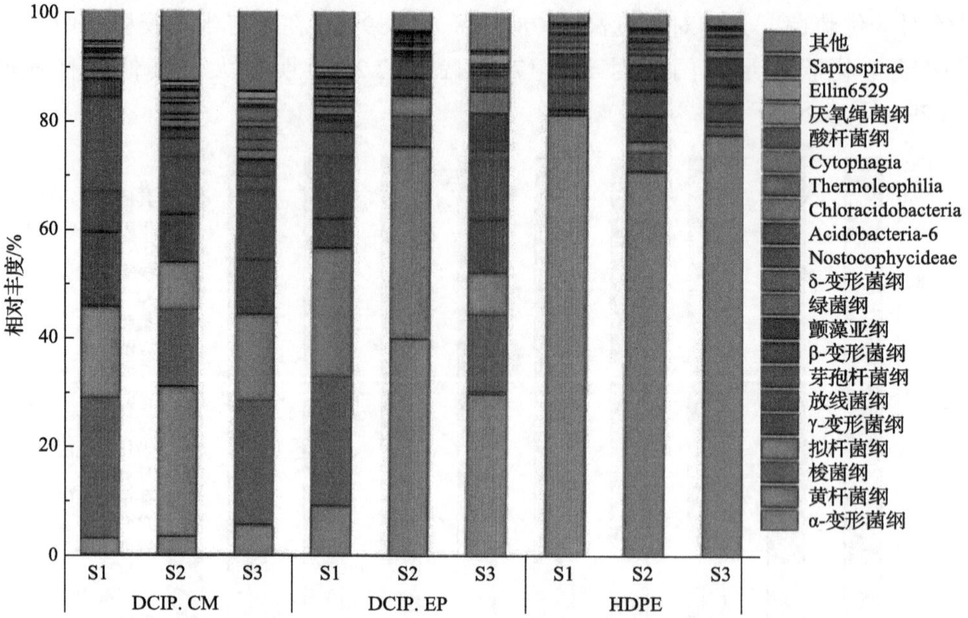

图 6.21　不同管材/内衬供水管道内壁生物膜细菌群落在纲水平上的物种分布情况

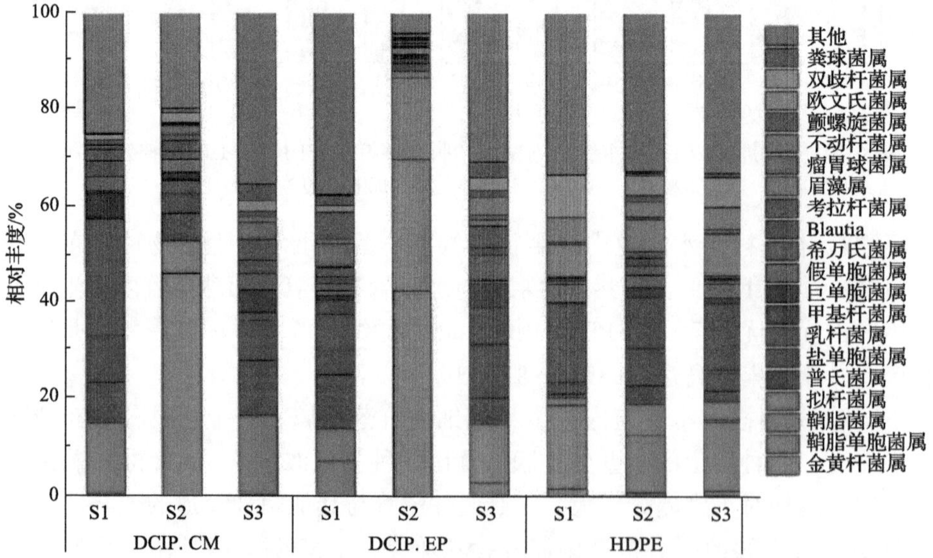

图 6.22　不同管材/内衬供水管道内壁生物膜细菌群落在属水平上的物种分布情况

从门、纲和属水平上都能看出不同管材/内衬供水管道内壁的生物膜细菌群落结构存在明显差异。其中，不同内衬的两种 DI 管，在门水平上它们的生物膜细菌群落结构差异较小，随着细菌学分类的细化，它们之间生物膜细菌群落结构的差异变大。而 PE 管与两种不同内衬的 DI 管在任一细菌分类学水平上都存在非常明显的差异。这在一定程度上说明，相比管道内衬，管材差异越大，其形成的生物膜细菌群落结构差异越大。此外，从主坐标分析(principal coordinates analysis, PCoA)图(图 6.23)还可以看到，两种不同内衬的 DI 管各平行样之间生物膜细菌群落差异较大，而 PE 管各平行样之间生物膜细菌群落结构差异极小。这可能是 PE 管材质均匀，而 DI 管喷涂内衬时不均匀，从而造成区域差异。

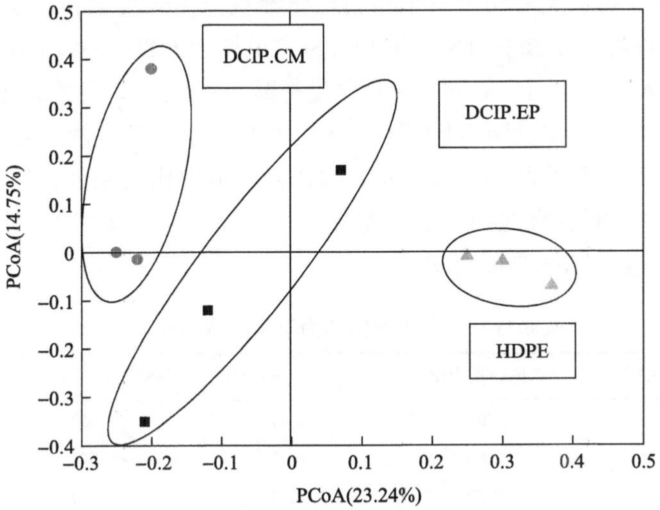

图 6.23　不同管材/内衬生物膜样品 PCoA 图

2) 水流剪切力对供水管道内壁生物膜特性的影响

图 6.24 所示为两种管材/内衬不同水流剪切力供水管道内壁生物膜形态，比较

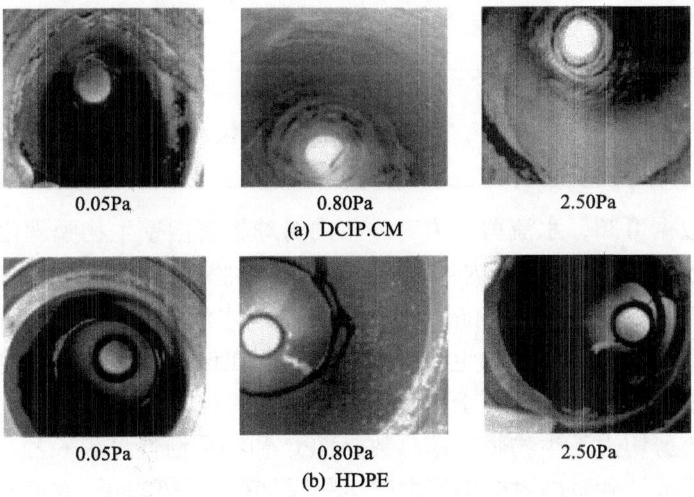

图 6.24　两种管材/内衬不同水流剪切力供水管道内壁生物膜形态(2 年)

发现，所有砂浆内衬球墨管内壁都明显附着生物膜，形态差异不明显。与砂浆内衬球墨管相比，PE 管在 0.80Pa 水流剪切力(流速约为 0.5m/s)下管道内壁附着点状生物膜，而 0.05Pa 和 2.50Pa 水流剪切力(流速分别约为 0.1m/s 和 1.0m/s)下生物膜肉眼几乎不可见。总体来说，对于 2 年培养期的管道，不同水流剪切力下的供水管道内壁生物膜表观形态没有明显差异。

表 6.21 为不同水流剪切力下生物膜理化参数。由表可知，砂浆内衬球墨管 1 年管龄与 2 年管龄的生物膜 TS 含量和 VS 含量均为 0.80Pa 水流剪切力下最大，水流剪切力变大或变小 TS 含量、VS 含量都减小；此外 1 年管龄和 2 年管龄在 0.80Pa 下生物膜中生物量所占比例(VS/TS)均明显小于其他两个水平的水流剪切力。对于 PE 管，1 年管龄与 2 年管龄的 TS 含量呈现相反趋势，但总体上差异都较小。VS 的含量随水流剪切力变化差异不大，没有明显规律，这可能与 PE 管 VS 含量极低和检测精度受限有关。

表 6.21　不同水流剪切力下生物膜理化参数

管龄/年	管材/内衬	水流剪切力/Pa	TS 含量/(mg/cm^2)	VS 含量/(mg/cm^2)	VS/TS/%
1	DCIP.CM	0.05	2.41	0.40	16.60
		0.80	6.15	0.70	11.38
		2.50	4.72	0.60	12.71
	HDPE	0.05	0.31	0.04	12.90
		0.80	0.33	0.04	12.12
		2.50	0.38	0.10	26.32
2	DCIP.CM	0.05	4.86	0.73	15.02
		0.80	9.20	0.92	10.00
		2.50	4.85	0.71	14.64
	HDPE	0.05	1.97	0.07	3.55
		0.80	1.61	0.09	5.59
		2.50	1.49	0.03	2.01

由以上数据可知，水流剪切力对砂浆内衬球墨管内壁生物膜理化参数影响较大，对 PE 管影响较小。砂浆内衬球墨管内壁生物膜 TS 含量和 VS 含量两项指标都是在 0.80Pa 水流剪切力时有最大值，即在中间水流剪切力(0.80Pa)下生长、发育的生物膜反而表现出更大的生物含量，这表明在该中试实验平台的砂浆内衬球墨管内中间水流剪切力更有利于物质在管道内壁的积累和生物膜生长。

不同水流剪切力下生物膜细菌总数、HPC 和细菌活性见表 6.22。由表可知，水流对 1 年管龄的砂浆内衬球墨管内壁生物膜细菌总数和 HPC 的影响均大于对 2 年管龄的影响。1 年管龄的砂浆内衬球墨管内壁生物膜细菌活性差别不大，而 2

年管龄的砂浆内衬球墨管内壁生物膜细菌活性差异明显。与砂浆内衬球墨管不同，1 年管龄的 PE 管在不同水流剪切力下细菌总数差异明显，而 2 年管龄的 PE 管内壁生物膜细菌总数差异较小。此外，1 年管龄时水流剪切力对 HPC 影响较大，而 2 年管龄时水流剪切力对 HPC 影响变小。

表 6.22　不同水流剪切力下生物膜细菌总数、HPC 和细菌活性

管龄/年	管材/内衬	水流剪切力/Pa	细菌总数/(copies/cm^2)	HPC/(CFU/cm^2)	RNA 转录数/(copies/cm^2)
1	DCIP.CM	0.05	2.20×10^8	7.56×10^5	1.36×10^7
		0.80	2.10×10^9	8.76×10^5	1.28×10^7
		2.50	2.27×10^8	1.91×10^5	1.09×10^7
	HDPE	0.05	8.95×10^8	1.19×10^6	3.48×10^6
		0.80	9.50×10^7	1.19×10^5	3.22×10^6
		2.50	6.48×10^8	7.09×10^5	3.72×10^6
2	DCIP.CM	0.05	1.90×10^8	4.13×10^6	5.32×10^6
		0.80	1.54×10^8	2.15×10^6	3.09×10^6
		2.50	1.99×10^8	2.40×10^6	1.47×10^7
	HDPE	0.05	3.31×10^7	1.71×10^6	1.13×10^6
		0.80	9.16×10^7	2.04×10^6	3.23×10^7
		2.50	3.73×10^7	2.22×10^6	1.99×10^7

由以上数据可知，水流剪切力对生物膜细菌总数和细菌活性的影响与管龄、管材都有关系。研究表明，水流剪切力变大能够加速物质在主体水和管道内壁生物膜之间的交换，增加生物膜中生物量的积累[26,27]，然而水流剪切力变大也会增大水流对生物膜的剪切作用，加速生物膜脱落[28]。因此，这两种因素的相互作用导致不同水流剪切力下供水管道内壁生物膜生物量的差异。此外，随着管龄的增加，管段表面会附着黏附性较强的细菌，并在此基础上附着更多微生物，从而形成生物膜，达到一定时间后，微生物彼此间的相互作用会导致生物膜结构趋向稳定[29]。这在一定程度上解释了 2 年管龄的生物膜受水流剪切力的影响较小，即 2 年管龄的生物膜已经进入稳定期，生物膜结构趋向稳定。管龄较大时，两种管材的供水管道内壁生物膜细菌活性规律相似，高水流剪切力的生物膜细菌活性总体上高于低水流剪切力，这与水流剪切力越大越有利于物质在主体水和生物膜之间的交换有关。对于结构稳定的生物膜，高水流剪切力变大能够加速物质在主体水和生物膜之间的交换，使生物膜中的微生物能够在饮用水的寡营养环境中获得更多的营养，有利于活菌生长，因此细菌活性较高。

表 6.23 为两种管材不同水流剪切力下生物膜中常见条件致病菌的数量。对于砂浆内衬球墨管和 PE 管，2 年管龄的生物膜致病菌检测率均明显高于 1 年管龄。

这说明实际供水管网系统中管龄越大，生物膜中病原菌种类和数量越多。相对水流剪切力而言，管龄对致病菌数量的影响明显大得多，管龄越大风险越高。生物膜在成熟后或在水力扰动的条件下可以脱落进入水体，其携带的致病菌会同时进入水体中，对人体健康产生很大的潜在威胁。因此，管龄越大的供水管道，其存在的微生物致病风险往往越应该受到重视。

表 6.23　两种管材不同水流剪切力下生物膜中常见条件致病菌的数量

管龄/年	管材/内衬	水流剪切力/Pa	大肠杆菌/(CFU/cm²)	弧菌/(CFU/cm²)	志贺氏菌/(CFU/cm²)	沙门氏菌/(CFU/cm²)
1	DCIP.CM	0.05	ND	ND	ND	1.27×10^3
		0.80	ND	ND	ND	1.99×10^4
		2.50	ND	ND	ND	ND
	HDPE	0.05	2.31×10^3	ND	ND	1.91×10^4
		0.80	1.19×10^3	ND	ND	4.46×10^2
		2.50	ND	ND	ND	8.76×10^3
2	DCIP.CM	0.05	4.77×10^2	ND	2.39×10^2	2.63×10^3
		0.80	8	ND	2.19×10^2	1.27×10^3
		2.50	4.53×10^3	ND	2.93×10^2	1.41×10^3
	HDPE	0.05	5.40×10^2	ND	2.04×10^3	2.81×10^2
		0.80	6.69×10^2	ND	1.14×10^4	8.02×10^3
		2.50	$1.1.76\times10^3$	ND	7.51×10^3	1.20×10^3

两种管材不同水流剪切力下生物膜细菌物种多样性指数结果见表 6.24。由表 6.23 和表 6.24 可见，水流剪切力对生物膜细菌物种丰度和群落多样性的影响并不显著。相比于水流剪切力，管龄对生物膜细菌群落结构的影响会更显著，管龄从 1 年增加到 2 年，生物膜细菌物种丰度和群落多样性水平都明显降低，这表明生物膜细菌群落会逐渐发生演替，生物膜中不适应供水管网环境的细菌会逐渐被淘汰。

表 6.24　不同水流剪切力下生物膜细菌物种多样性指数结果

管龄/年	管材/内衬	水流剪切力/Pa	Chao1 指数	Shannon 指数	覆盖率/%
1	DCIP.CM	0.05	2551.67	5.17	98
		0.80	2238.05	4.47	98
		2.50	2682.67	5.33	98
	HDPE	0.05	3125.65	5.00	98
		0.80	1927.61	4.79	98
		2.50	2311.89	5.32	98

续表

管龄/年	管材/内衬	水流剪切力/Pa	Chao1 指数	Shannon 指数	覆盖率/%
2	DCIP.CM	0.05	1826.19	3.29	98
		0.80	2054.99	4.46	98
		2.50	1894.04	4.11	98
	HDPE	0.05	1357.35	5.02	98
		0.80	1710.73	3.29	98
		2.50	1623.13	4.60	98

图 6.25 和图 6.26 所示分别为不同水流剪切力下生物膜细菌群落纲水平和属水平上的物种分布情况。水流剪切力对生物膜的群落结构在纲水平和属水平上均有相当程度的影响。随着水力条件的变化细菌的相对丰度发生变化，但是并没有清晰的变化趋势。不管是 1 年管龄还是 2 年管龄，砂浆内衬球墨管内壁生物膜γ-变形菌纲在 0.80Pa 水流剪切力下相对丰度都大于其他两种水流剪切力，而 PE 管内壁生物膜γ-变形菌纲在 0.80Pa 水流剪切力下相对丰度都小于其他两种水流剪切力。已有研究表明γ-变形菌纲包含了大部分常见的致病菌和条件致病菌，因此是造成致病风险的潜在源。这说明砂浆内衬球墨管在中间水流剪切力下存在更大的致病菌生物风险，而 PE 管在低水流剪切力(或高水流剪切力)下存在更大的致病菌

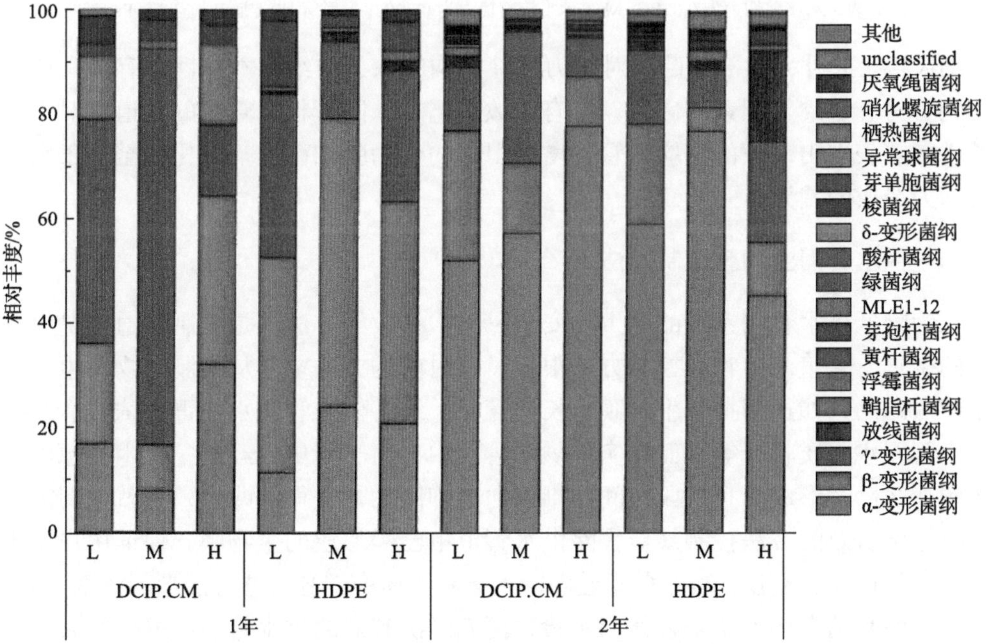

图 6.25　不同水流剪切力下生物膜细菌群落纲水平上的物种分布情况

L 表示水流剪切力为 0.05Pa；M 表示水流剪切力为 0.80Pa；H 表示水流剪切力为 2.50Pa

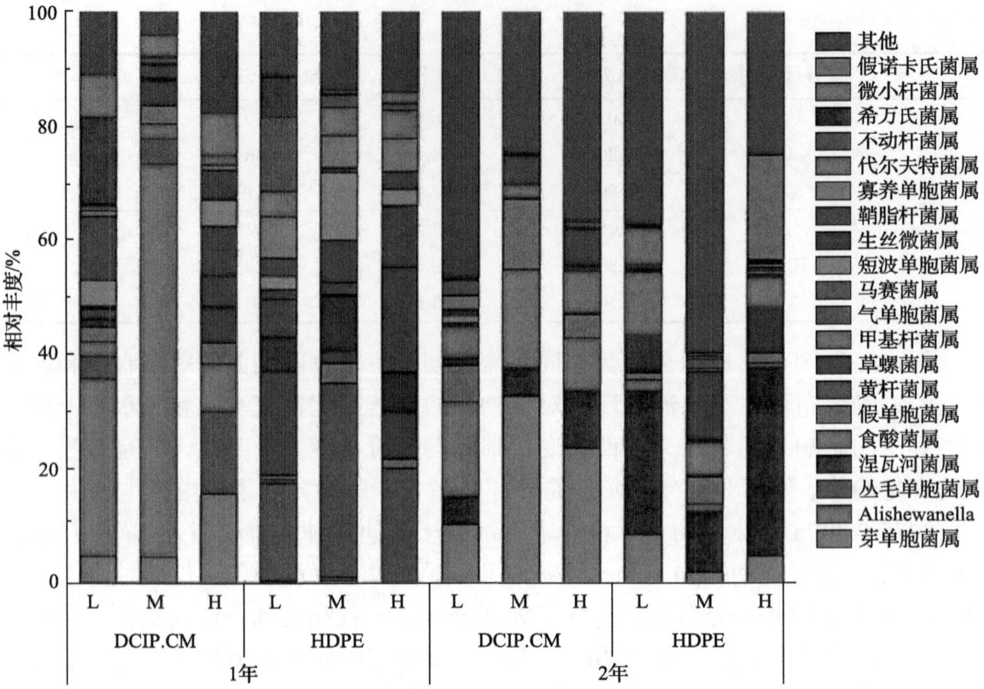

图 6.26　不同水流剪切力下生物膜细菌群落属水平上的物种分布情况

L 表示水流剪切力为 0.05Pa；M 表示水流剪切力为 0.80Pa；H 表示水流剪切力为 2.50Pa

生物风险。此外，大部分菌属对水力条件的响应除了与细菌本身性质有关，还会受到管材、管龄等因素的影响，仅有少数菌属在不同管材、管龄的管道上对水力条件能够表现出一致的响应，管龄增大引起的生物膜细菌群落变化甚至大于水流剪切力造成的差异。

6.3.4　供水管网生物膜控制方法

为降低供水管网系统的微生物安全风险，有效的方法就是控制管道内壁生物膜的生长、繁殖。生物膜控制方法很多，但目前的方法多是从抑制生物膜生长的角度考虑的，如选用抑制生物膜生长的管材、维持供水管网水消毒剂浓度、改善供水管网水水质状况等。而在实际供水管网中，由于历史、经济、技术等原因生物膜往往已经形成，且一段时间内难以通过抑制的方法得到改善，这就迫切需要一些经济有效的方法控制甚至去除供水管道中已经形成的生物膜，保证用户用水安全。本节以已经形成的供水管道内壁生物膜为研究对象，进行消毒剂消杀实验、水力冲刷和消毒剂消杀联合作用实验，探究经济有效的供水管道内壁生物膜控制和去除方法。

1. 实验装置

本实验采用的水厂半循环管道中试实验平台位于中国浙江 SX 市自来水厂内，共由 6 个回路组成。回路 1～4 进水为添加了营养盐的滤后水，而回路 5、6 进水为不经任何处理的滤后水。生物膜培养条件见表 6.25，实验平台半循环运行，每个回路通过循环泵实现水流循环流动。两个回路在相似的外界条件下各运行 1.5 个月。

表 6.25　生物膜培养条件

回路编号	营养盐水平/(mg/L)	流速/(m/s)	水压/MPa	水温/℃	培养时间/月	管材/内衬
1	C∶N∶P=10∶2.5∶0.1	0.1	0.01	24±6	1.5	DCIP.CM
2	C∶N∶P=10∶2.5∶0.1					DCIP.CM
3	C∶N∶P=10∶2.5∶0.1					HDPE
4	C∶N∶P=10∶2.5∶0.1					HDPE
5	滤后水					HDPE
6	滤后水					HDPE

2. 消毒剂对供水管道内壁生物膜细菌数量和细菌活性的影响

1)次氯酸钠消杀效果

消杀时间和次氯酸钠浓度对生物膜微生物消杀效果的影响见表 6.26。浓度为 0.5mg/L 的次氯酸钠消杀 24h 后生物膜细菌总数、HPC、HPC 比例、RNA 转录数以及转录活性比例均有所下降，表明次氯酸钠消杀使得生物膜细菌活性明显降低，但生物膜细菌总数稳定，仍维持在 10^8 数量级，说明生物膜并没有从管道内壁脱落下来。而浓度为 1.5mg/L 的次氯酸钠消杀后生物膜细菌总数降低，转录活性比例有所回升，说明余氯浓度为 1.5mg/L 的次氯酸钠消杀后生物膜细菌不仅被破坏，且发生了脱落。

表 6.26　次氯酸钠消杀过程中生物膜细菌数量及细菌活性

样品信息	细菌总数/(copies/cm²)	HPC/(CFU/cm²)	HPC 比例/%	RNA 转录数/(copies/cm²)	转录活性比例/%
培养 1.5 个月	3.08×10^8	1.67×10^7	5.4	1.35×10^7	4.38
0.5mg/L，24h	1.11×10^8	1.59×10^6	1.4	5.09×10^6	0.46
0.5mg/L，48h	4.27×10^8	1.75×10^6	0.4	3.21×10^6	0.75
1.5mg/L，24h	7.49×10^7	1.23×10^6	1.6	3.73×10^6	4.98
1.5mg/L，48h	8.01×10^7	3.12×10^6	3.9	5.77×10^6	7.20

上述研究结果表明，在次氯酸钠消杀过程中，次氯酸钠浓度对生物膜消杀作用影响比较显著，浓度为 0.5mg/L 次氯酸钠消杀仅能使生物膜细菌活性降低，但不能使生物膜发生明显脱落；浓度为 1.5mg/L 次氯酸钠消杀既能抑制生物膜细菌活性又能使生物膜开始明显脱落，从而使生物膜细菌总数明显降低。与次氯酸钠浓度相比，消杀时间对生物膜消杀效果的影响不是特别显著。

2) 氯胺消杀效果

为研究不同氯胺浓度及消杀时间对生物膜的消杀效果，比较了不同消杀阶段生物膜细菌总数、HPC、HPC 比例、RNA 转录数以及转录活性比例，结果见表 6.27。由表可知，0.5mg/L 和 1.5mg/L 两种浓度水平的氯胺作用下生物膜细菌总数变化不显著，低浓度氯胺消杀并不能使生物膜上的细菌脱落，但氯胺消杀能使生物膜细菌活性明显降低，长时间作用更是能使大量细菌失活。已有研究发现，氯胺氧化能力比自由氯弱，但穿透生物膜的能力比自由氯强，可以深入到生物膜的深处，对生物膜的作用较自由氯更有效，是一种有效控制生物膜的手段，而且对于细菌内的核酸、氨基酸等有特异性反应，效果好、持续消杀作用强[30,31]。然而，研究表明，氯胺的氧化灭菌能力弱于自由氯，为了获得与自由氯相同的灭活效果，氯胺需要更长的作用时间。因此，在氯胺消杀实验中消杀时间对氯胺消杀效果有很大的影响，在同一氯胺浓度下，消杀时间越长，消杀效果越显著。此外，经过长时间消杀后氯胺的灭杀效果会明显好于自由氯。

表 6.27 氯胺消杀过程中生物膜细菌数量及细菌活性

样品信息	细菌总数 /(copies/cm^2)	HPC /(CFU/cm^2)	HPC 比例 /%	RNA 转录数 /(copies/cm^2)	转录活性比例/%
培养 1.5 个月	8.05×10^8	6.40×10^7	8.0	1.40×10^7	1.74
0.5mg/L，24h	2.26×10^8	4.78×10^6	2.1	1.47×10^6	0.65
0.5mg/L，48h	1.53×10^9	2.48×10^6	0.2	2.35×10^6	0.15
1.5mg/L，24h	7.91×10^8	3.44×10^6	0.4	4.43×10^6	0.56
1.5mg/L，48h	6.15×10^8	1.99×10^6	0.3	8.21×10^5	0.13

3) 高浓度消毒剂消杀效果

高浓度消毒剂消杀时设置消毒剂浓度为 20mg/L，由表 6.28 可知，当仅对生物膜进行浓度为 20mg/L 的消毒剂消杀时，TS 含量、VS 含量和 TOC 浓度三项理化指标并不会发生明显的变化，延长消杀时间也不会发生明显变化。表现出的差异并没有明显的规律，仅是样品本身的差异。这是因为这些实验管段本身生物量较小，高浓度消毒剂消杀过程中造成的生物膜脱落量更小，并不能从 TS 含量、VS 含量和 TOC 浓度等指标的变化中表现出来。

表 6.28　消杀前后生物膜相关理化指标

处理方式	TS 含量/(mg/cm^2)		VS 含量/(mg/cm^2)		TOC 浓度/(mg/L)	
	回路 1	回路 3	回路 1	回路 3	回路 1	回路 3
未处理	1.083 ± 0.004	1.155 ± 0.007	0.049 ± 0.036	0.025 ± 0.006	0.0193 ± 0.0007	0.0114 ± 0.0013
消杀 2h	1.038 ± 0.011	1.218 ± 0.009	0.040 ± 0.013	0.027 ± 0.004	0.0140 ± 0.0006	0.0116 ± 0.0007
消杀 4h	1.084 ± 0.018	0.952 ± 0.016	0.044 ± 0.011	0.029 ± 0.014	0.0142 ± 0.0006	0.0118 ± 0.0014
消杀 6h	1.035 ± 0.016	0.082 ± 0.007	0.020 ± 0.005	0.021 ± 0.006	0.0132 ± 0.0013	0.0103 ± 0.0003

不同消杀时间下生物膜细菌总数和 HPC 见表 6.29。相比于消杀前，消杀后生物膜 HPC 与细菌总数明显减少。这是因为在消杀过程中，细菌不仅会被灭活，还会因为失去活性且胞外聚合物被高浓度消毒剂氧化分解而释放到水中，细菌总数减少。高浓度消毒剂消杀不但能使生物膜细菌失活，而且能使其释放脱落到主体水中。消杀后细菌总数和 HPC 都明显减少，且消杀时间越长效果越好。消杀 2h 后细菌总数和 HPC 大幅减少，继续延长时间虽然能提高消杀效果，但实际提高空间较小。相比于细菌总数，延长消杀时间对灭杀可培养菌的意义更小。因此，推测消毒剂的浓度对灭活生物膜上微生物的效果比延长消杀时间更为重要，这一点与前述次氯酸钠低浓度消杀的结论是一致的，彼此相互印证。

表 6.29　消杀前后生物膜细菌数量

处理方式	回路 3、4			回路 5、6		
	细菌总数/($copies/cm^2$)	HPC/(CFU/cm^2)	HPC 比例/%	细菌总数/($copies/cm^2$)	HPC/(CFU/cm^2)	HPC 比例/%
未处理	1.46×10^8	1.11×10^6	0.76	1.09×10^7	1.81×10^5	1.67
消杀 2h	5.57×10^6	2.52×10^3	0.05	2.01×10^5	1.11×10^3	0.55
消杀 4h	2.85×10^6	1.99×10^3	0.07	3.09×10^4	3.58×10^2	1.16
消杀 6h	6.12×10^5	1.06×10^3	0.17	1	1	1

研究表明，相比于水中悬浮菌，管道内壁生物膜具有较强的耐消毒剂氧化能力，消毒剂并不能完全阻止生物膜的形成，1～2mg/L 的余氯浓度对生物膜中异养菌有 2 log 的灭菌效果，但是生物膜中仍会有 10^3 CFU/cm^2 的活细菌存在。而高浓度消毒剂消杀又会带来 DBP 和饮用水口感、气味方面的问题，因此在饮用水系统中也不可能长时间使用高浓度消毒剂消杀。但是，在短时间内使用高浓度消毒剂对生物膜进行消杀是可行的。在高浓度消毒剂消杀过程中，当达到生物膜灭杀效果后，可以使用清水清洗，恢复原来供水管网的余氯浓度水平，从而达到控制管道内壁生物膜的目的，而又不至于引发其他问题。实验表明，浓度为 20mg/L 消

毒剂消杀 2h 便能达到极佳的生物膜细菌灭杀效果,进一步印证了短时间内高浓度消毒剂消杀的可行性。

4) 消毒剂消杀和水力冲刷联合效果

消杀或冲刷前后生物膜相关理化指标见表 6.30，由表可见，当仅对生物膜进行 20mg/L 的高浓度消毒剂消杀时，TS 含量、VS 含量和 TOC 浓度三项理化指标并不会发生明显的变化；而当生物膜分别经过直接冲刷、先冲刷后消杀和先消杀后冲刷等方式处理后，这三项指标都会明显下降。然而，单从理化指标下降来看，对比这三种处理方式的结果可以看到,不同处理方式造成的影响并没有明显区别。

表 6.30　消杀或冲刷前后生物膜相关理化指标

处理方式	TS 含量/(mg/cm^2)		VS 含量/(mg/cm^2)		TOC 浓度/(mg/L)	
	回路 3、4	回路 5、6	回路 3、4	回路 5、6	回路 3、4	回路 5、6
直接采集	1.083 ± 0.004	1.151 ± 0.007	0.049 ± 0.036	0.025 ± 0.006	0.0193 ± 0.0007	0.0114 ± 0.0013
直接冲刷	0.941 ± 0.015	0.877 ± 0.009	0.007 ± 0.003	0.021 ± 0.009	0.0081 ± 0.0010	0.0085 ± 0.0005
消杀 2h	1.038 ± 0.011	1.218 ± 0.009	0.040 ± 0.013	0.027 ± 0.004	0.0140 ± 0.0006	0.0116 ± 0.0007
先冲刷后消杀	0.975 ± 0.018	0.881 ± 0.007	0.033 ± 0.010	0.022 ± 0.005	0.0109 ± 0.0005	0.0099 ± 0.0005
先消杀后冲刷	0.911 ± 0.010	0.945 ± 0.010	0.012 ± 0.002	0.012 ± 0.003	0.0110 ± 0.0003	0.0091 ± 0.0005

如图 6.27 所示，高浓度消毒剂消杀后生物膜细菌总数减少量明显大于直接冲刷。消杀和冲刷联合作用下，生物膜细菌总数的下降量更加明显，并且不同的联合方式效果不同。先消杀后冲刷对生物膜细菌数量的去除效果明显优于先冲刷后消杀。

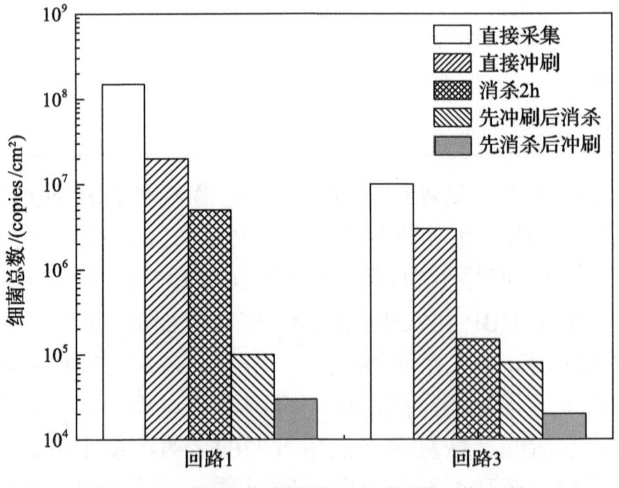

图 6.27　消杀或冲刷前后生物膜细菌总数

如图 6.28 所示，HPC 的总体变化趋势与细菌总数一致，再次印证了消杀和冲刷联合作用对微生物的去除作用更加明显。需要注意的是，经过消杀和未经过消杀的 HPC 数量级有较大差距，这表明消杀对可培养菌的灭杀作用是非常有效的。

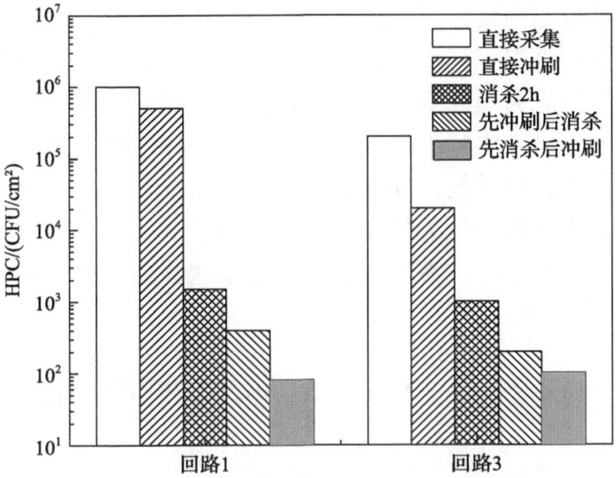

图 6.28　消杀或冲刷前后生物膜 HPC

结合生物膜理化指标和微生物指标共同进行分析可以发现，水力冲刷能够有效去除生物膜表面积累的物质，但是对微生物去除效果有限。而消杀虽然能够灭杀微生物，但却不能使其有效脱落，存在重新恢复活性的可能，有潜在风险。消杀与冲刷联合作用既能达到灭杀微生物的作用，又能使其从管道内壁上有效地脱落，达到对管道内壁清洗的目的，并且先消杀后冲刷能达到更好的管道内壁清洗效果，是供水管网常规清洗操作中更适宜采用的方式。当外部的水流剪切力大于生物膜内部的黏聚强度时，生物膜就会从管道内壁上脱落。此外，由于成熟生物膜的结构特点，仅表面层的生物膜会随水力剪切力的增大而快速脱落，而基底层的生物膜却能够抵抗相当大的水流剪切力[28]，水力冲刷并不能使所有生物膜从管道内壁上脱落[32]。而消毒剂的作用能够削弱或破坏生物膜的矩阵结构，从而减小其内部黏聚强度。这可能是因为消毒剂消杀减少了生物膜稳态网状结构中各团簇之间接触点的数量[33]。因此，可以推测水力冲刷和消毒剂消杀对去除管道内壁生物膜具有联合作用。此外，水力冲刷能够加强生物膜的黏聚强度，使消毒剂消杀变得困难，并且消杀能够使生物膜矩阵结构变得脆弱，更有利于后续冲刷。因此，先消杀后冲刷能达到更好的管道内壁清洗效果，是供水管网常规清洗操作中更适宜采用的方式。

6.4　供水管网新污染物迁移转化机理

6.4.1　异嗅异味物质归趋规律

近年来，世界范围内均出现饮用水异嗅异味事件，并且即使经水厂处理的出厂水已符合生活饮用水卫生标准，依然会有龙头水中能检测到嗅味的情况，因此供水管网的二次污染成为嗅味问题一个不容忽视的诱因。然而，目前对藻类影响饮用水使用的大部分研究内容限于原水如湖泊水库中藻的产嗅和水华事件，以及改善水厂对藻类及嗅味物质的去除工艺，而对于可能泄漏的微量藻随出厂水进入供水管网输送至龙头期间的行为特征的研究内容甚少。基于此，本节探究藻类在供水管网的归趋和产嗅规律，为实际工程安全输送饮用水奠定一定的理论基础。

1. 实验装置

本节采用的实验装置为 6.1.3 节介绍的浙江大学中试实验给水管网水质综合模拟实验平台系统。

2. 流速对藻的生长和致嗅物产生的影响

选取铜绿微囊藻作为供水管网藻类的典型代表。为探究水力条件对铜绿微囊藻的影响，实验通过改变管道运行流速来研究两种藻生长及产生致嗅物的情况。由于我国东部城乡一体化进程的加快，城镇供水管网系统的范围也在不断扩大，随着供水管网的延伸，处于供水管网末梢的部分用户存在间歇性用水的情况。当水在管道中长期滞留，造成余氯浓度可能存在 0mg/L 的情况。因此，首先考虑氯被完全消耗，余氯浓度为 0mg/L 的实验研究。供水管网实验条件：余氯浓度为 0mg/L，温度为(24 ± 3)℃，pH 为 8.0 ± 0.5，无光照，流速作为唯一变量设置为 0m/s、0.05m/s、0.6m/s 和 1.5m/s，分别代表静置、低流速、经济流速和高流速条件，同时将静置的烧杯实验作为对照，藻细胞数量为 1.0×10^7cell/L 左右。

1) 藻细胞数量的变化

不同流速下铜绿微囊藻细胞数量随时间的变化(以 C_t / C_0 表示)情况如图 6.29 所示。由图可知，当流速为 0m/s 时，前 24h 藻细胞数量没有较大变化，说明此时藻没有沉于管道底部。但延长时间至 48h 后，出水端藻细胞数量突然下降，C_t / C_0 从 1.02 降至 0.79，证明仍悬浮在水中的藻减少，铜绿微囊藻在静置条件下有沉于管道底部的趋势。但在 48h 时再次启动流速冲刷后，出水 C_t / C_0 恢复至 1.0，说明铜绿微囊藻细胞数量的减少是由静置沉降导致的，并非附着于管道内壁。而当流速为低流速 0.05m/s、经济流速 0.6m/s、高流速 1.5m/s 时，随时间延长，48h 后出水端藻细胞数量与进水端相差不大，表明铜绿微囊藻易受水流的扰动悬浮于主体水中，这与细胞呈球状团块且体积小有关。实验装置管径为 150mm，0.05m/s 流速下雷诺数 *Re* 约为 8.4×10^3，大于临界雷诺数 2300，此时藻随主体水处于湍流状态。同样静置于管道边烧杯中的藻细胞数量也没有大幅增长，证明无论是在管道水力剪切作用下还是在静置条件下藻均没有繁殖，流速对于铜绿微囊藻的作用不大。这与一些研究结果不同，许多研究表明，水动力条件会影响藻对营养盐的吸收，从而影响细胞生长，存在临界流速，高于临界流速会对藻细胞生长有抑制作用，而低于该流速会促进细胞摄取营养物质致使其生长[34-36]。实验结果与已有结果存在巨大差异，推测是由于管道内藻始终处于黑暗条件，光照作为藻生长繁殖不可或缺的条件，无光照情况下无法进行光合作用生长繁殖，同时自来水中营养物质极少，种种条件的限制导致藻细胞数量并未增加。

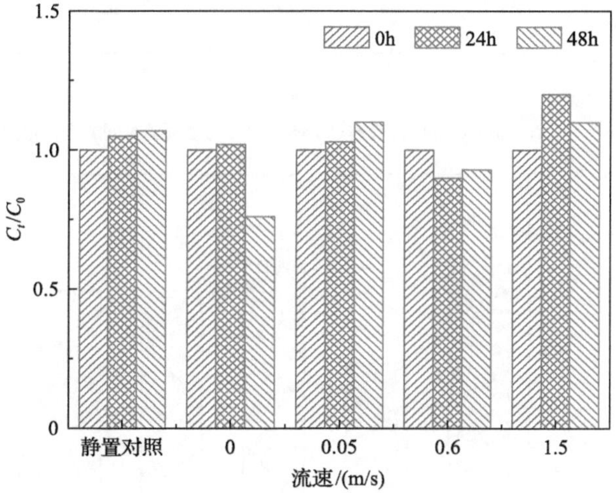

图 6.29　不同流速下铜绿微囊藻细胞数量随时间的变化情况

2) 致嗅物的变化情况

藻细胞产生的致嗅物可分为胞外与总量，胞外致嗅物浓度为将藻细胞过滤后水体中溶解性嗅味物质的浓度，总致嗅物浓度为包含藻细胞的水体所能产生嗅味物质的浓度，其代表了藻产嗅能力的强弱。在正常代谢过程中，健康的藻细胞通过细胞膜内外的浓度平衡，会释放部分代谢物到胞外，而当细胞膜受到不可逆破坏时，胞内代谢物会通过裂口进入主体水。因此，胞外致嗅物的占比代表了细胞的健康程度。当细胞被破坏时，胞外致嗅物的浓度会趋于总致嗅物的浓度。

由图 6.30(a) 可以看出，对于铜绿微囊藻，当流速从 0m/s 增加至 1.5m/s，运行 48h 后，每一流速下出水端胞外β-环柠檬醛占总β-环柠檬醛的比例均未大幅上升，且随着流速的增加并未出现明显的变化趋势。正常情况下，健康铜绿微囊藻所产的β-环柠檬醛大部分位于胞内，因此说明本实验出水端藻细胞未受到水力作用的破坏，依然保持完整性，胞外β-环柠檬醛的略微上升属于正常细胞代谢过程。

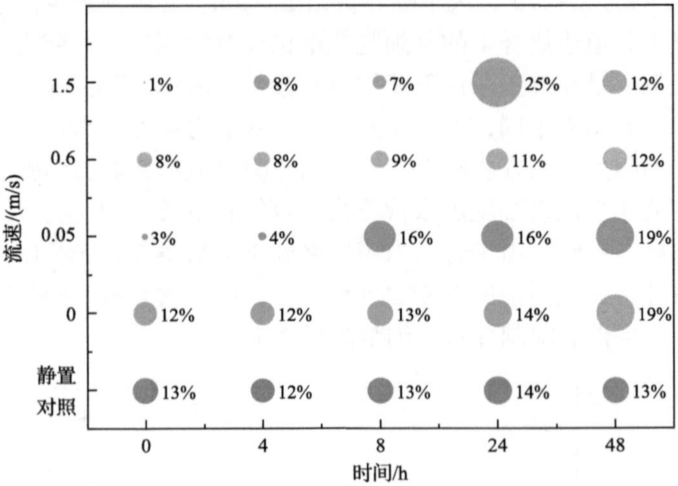

(a) 胞外β-环柠檬醛占总β-环柠檬醛的比例随时间的变化情况

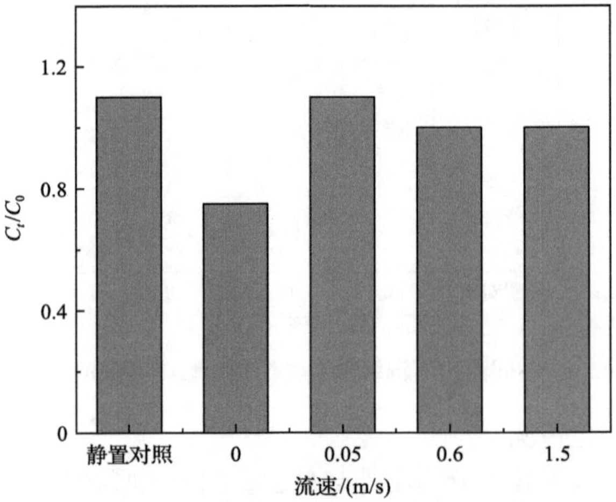

(b) 48h后总β-环柠檬醛浓度随流速的变化情况

图 6.30　不同流速下铜绿微囊藻的变化情况

48h 后总β-环柠檬醛浓度随流速的变化（以 C_t / C_0 表示）情况如图 6.30(b) 所示。当流速为 0m/s，即铜绿微囊藻静置于管道中时，48h 后 C_t / C_0 从 0 时刻的 1.0 降至 0.75，表明是藻的沉降致使出水端总β-环柠檬醛浓度的下降。在 0.05m/s、0.6m/s、1.5m/s 流速冲刷下，48h 后出水端 C_t / C_0 分别为 1.10、0.98、0.98，与 0 时刻相比基本保持不变，微量的减小在测量误差范围内，表明藻细胞未附着于管道内壁，而是随着主体水到达用户端。

同时为探究出水端藻细胞是否依然存在活性，将以 0.6m/s 流速运行 48h 后的出水静置于窗台边受自然光照射，48h 后测得出水端总β-环柠檬醛浓度 C_t / C_0 增加至 1.30，证明在管道冲刷 48h 后龙头出水端的藻可以生长繁殖。若是供水管道中泄漏一定量的铜绿微囊藻到达用水端，用户取出的龙头水长时间储存于容器中并受到光照射可能会造成藻大量繁殖的现象，从而给用户用水安全性带来隐患。

3. 光照对藻的生长和致嗅物产生的影响

为探究光照对铜绿微囊藻的生长繁殖及产嗅的影响，开放该模拟供水管网系统透明可视管段，如图 6.31 所示，以自然光照射，同时在该管段旁边进行静置烧杯对照实验，供水管网其他实验条件：管材为 DI 管，温度为 25℃，pH 为 7.8，流速为 0.6m/s，余氯浓度为 0mg/L，实验结果如图 6.32 所示。

图 6.31　模拟供水管网系统透明可视管段

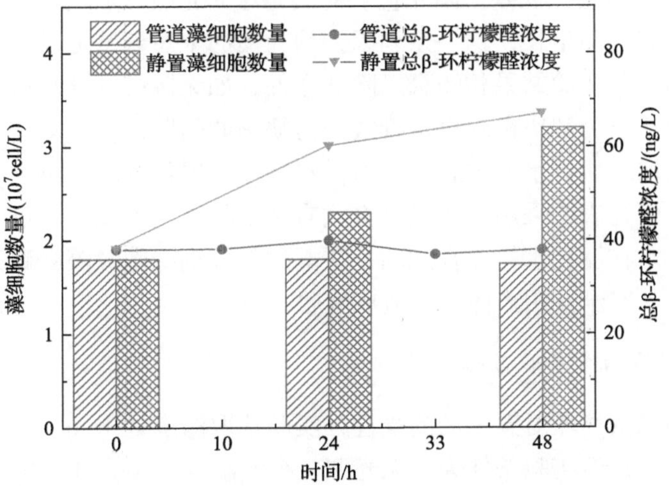

图 6.32　自然光照射下铜绿微囊藻细胞数量与总β-环柠檬醛浓度随时间的变化

经过 48h 自然光周期性的照射，管道主体水中藻细胞数量从 1.8×10^7cell/L 变为 1.7×10^7cell/L，总β-环柠檬醛浓度从 38.64ng/L 变为 38.4ng/L，藻未繁殖。而对比实验水中，藻细胞数量从 1.8×10^7cell/L 变为 3.2×10^7cell/L，总β-环柠檬醛浓度从 38.64ng/L 升高至 66.6ng/L，藻细胞数量、总β-环柠檬醛浓度分别为 0 时刻的 1.78 倍、1.72 倍，总β-环柠檬醛浓度增长速度略低于藻增长速度可能是由于藻处于繁殖状态，个体间产嗅能力有差异，部分藻细胞产嗅能力较弱。实验中开放的透明管段长为 140cm，在经济流速 0.6m/s 时，单个藻细胞运行一周期经过透明管段受到光照射的时间仅为 2.3s，远低于静置在旁边烧杯内的藻所受照射时间，因此并未生长繁殖。由此看出，光照对于促进藻细胞生长极具重要性，前人的研究结果与这一结论相符[37]，通过对比探究了光照、温度、总氮、总磷对铜绿微囊藻生长的影响，发现四者的影响程度排序为：光照>温度>总氮>总磷，这也进一步说明贫营养条件下铜绿微囊藻存在繁殖的可能性。

对比管道与烧杯的实验结果可以看出，实际供水时当采用 DI 等透明度较低的管材、管道埋地等自来水完全处于黑暗条件时，藻在自来水中不会随供水时间和距离的延长而繁殖。相反，当采用透明度较高的管材输配水时，处于户外管段部分若持续性受到自然光照射，水中的藻可能会大量生长繁殖。宋宁宁等[38]调查搜集了济宁中山公用水务有限公司水务热线在 2010～2013 年处理的 991 起水质投诉事件，无规共聚聚丙烯(random propylene copolymer, PP-R)管内壁藻类滋生导致了饮用水的二次污染，用户反映龙头水中有时可见绿色藻类碎片，水壶内壁附着绿色水垢，甚至在一段时间内不用水或清晨时龙头水伴随腥臭味，尤其在阳台水龙头出水中该问题更严重，主要是由于阳台水龙头使用频率低，水力停留时间长，且 PP-R 管的阻光性差，阳光直射提供充足的光照，加之供水管网末梢余氯浓度不足以抑制藻的生长，这一系列因素均为藻的生长繁殖提供了有利条件，该项调查研究与本节实验结果相吻合。除此之外，如无锡市、温州市、上海市等众多地区的高层建筑为解决市政供水管线压力缺乏的问题，保障寓居、高层住户用水需求，会采取二次供水的方式，先将供水储存于屋顶水箱，再供水给用户。然而，目前大量研究表明采用二次供水方式有微生物滋生的风险，供水安全性得不到保证，因此水在屋顶水箱储存期间，泄漏的部分铜绿微囊藻受到太阳直射会繁殖产嗅，给用水安全及用户体验感造成威胁。

4. 低温下藻的生长和致嗅物的产生

为探究铜绿微囊藻对温度的耐受性，实验选取温度处于 0℃左右的低温天气进行烧杯实验。其他实验条件为：无光照，余氯浓度为 0mg/L，静置。实验结果如图 6.33 所示。

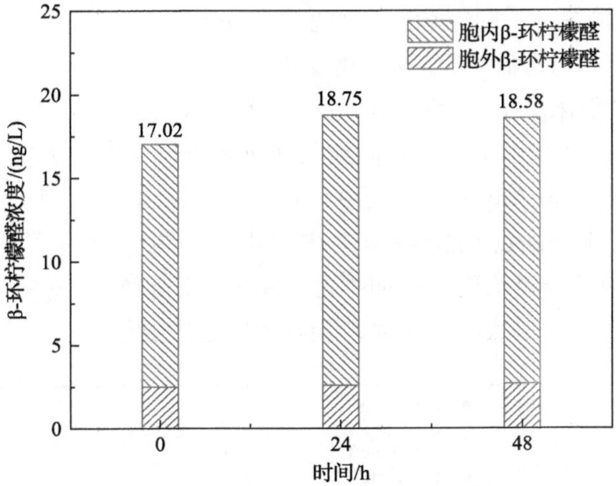

图 6.33　低温下铜绿微囊藻所产β-环柠檬醛浓度随时间的变化

由图 6.33 可以看到，室温处于 0℃左右时，经过 48h 铜绿微囊藻虽然没有显著生长繁殖代谢释放致嗅物，但也没有破裂，水中胞外β-环柠檬醛浓度占总β-环柠檬醛浓度的比例持续处于极低状态，并未随时间的延长而增加，铜绿微囊藻对于低温的耐受性较强，能够保持完整性，与有关研究结果一致[39]。供水管道的密封性强，大部分埋于地下或处于建筑内，少部分直接暴露于室外，且管道也有一定厚度，因此管道内水温极小可能达到零下温度，可以认为铜绿微囊藻泄漏至供水管道时，其在管道内不会破裂死亡，会随主体水到达用户端。

6.4.2　内分泌干扰物迁移转化机制

内分泌干扰物(endocrine disrupter, EDC)作为新污染物的重要组成部分，会在污水处理厂、农田、地表水和地下水等环境介质间迁移，并最终通过自来水厂处理后进入饮用水系统。研究城市供水过程中 EDC 的分布与迁移转化规律，对有效控制 EDC 进入城市供水管网系统及保护人体和生物体的健康具有重要意义。

1. 实验装置

本节所用实验装置为浙江大学大型给水管网水质综合模拟实验平台系统。

2. 天然雌醇氯化降解影响因素研究

选取雌二醇(estradiol, E2)作为典型天然雌醇，考察自来水中水质条件、环境因素、水力条件等的变化对天然雌醇氯化降解规律的影响，并与其在纯水中的降解规律进行比较，分析两者的异同及造成的原因；在此基础上考察天然雌醇在两种体系中氯化降解的反应动力学，量化出反应速率常数的关系式，探讨降解机理及产生的原因，并进行不同影响因素的显著性分析。

1）余氯浓度对天然雌醇降解规律的影响

E2 在不同余氯浓度 C 下的降解如图 6.34 所示。由图 6.34（a）和（b）可知，不同余氯浓度下 E2 在纯水中的降解曲线与在供水管网中有较大差异，具体变化趋势表现为余氯浓度由 0.3mg/L 增加至 0.6mg/L 时，E2 的降解速率明显增大，而由 0.6mg/L 增加至 1.3mg/L 时降解速率增幅很小。发生此现象的原因可能是在 0.3mg/L 时水体中的余氯浓度太低而不足以将 E2 完全降解，0.6～2.0mg/L 的余氯浓度中余氯与 E2 的摩尔浓度比变大，余氯浓度起主要作用。

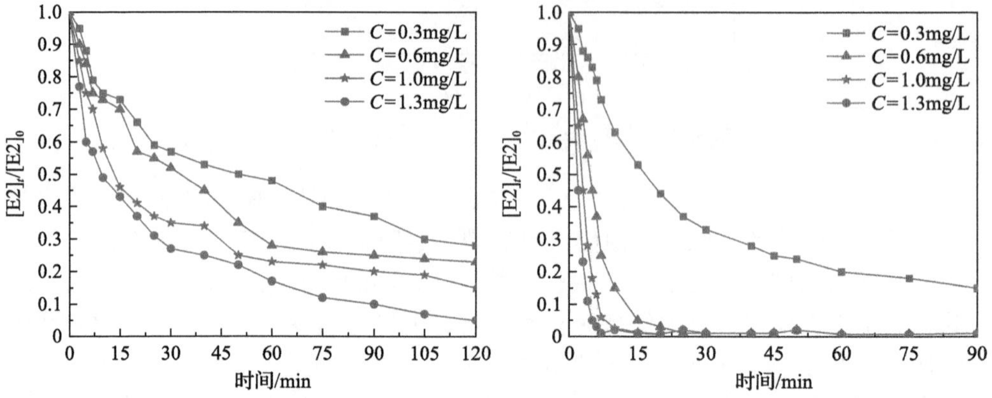

(a) E2在供水管网中的降解　　(b) E2在纯水中的降解

图 6.34　E2 在不同余氯浓度下的降解

为了评价余氯浓度对 E2 降解的影响，计算以上条件下 E2 在纯水中降解的半衰期 $t_{1/2}$，见表 6.31。由表可知，水体余氯浓度为 0.6mg/L 即可将 100μg/L 的 E2 迅速去除（$t_{1/2}$=4～5min）。

表 6.31　不同余氯浓度下 E2 在纯水中降解的半衰期（pH=7.2，20℃）

余氯浓度/(mg/L)	0.3	0.6	1.2	2.0
$t_{1/2}$/min	16.1	3.5	1.7	1.0

2）pH 对天然雌醇降解规律的影响

E2 在不同 pH 下的降解如图 6.35 所示。图 6.35（a）中，随着 pH 增加，E2 在供水管网中的降解速率规律性不明显。pH=7.0 时反应 120min 后，仍有 25.1%的 E2 未反应。由图 6.35（b）可知，随着 pH 的升高，E2 在纯水中的降解速率逐渐增大，但 pH=6.5 时的降解速率明显较 pH=7.2、pH=7.8、pH=8.5 时小。可能有两个原因导致上述现象的发生：一是溶液 pH 的变化会导致水体中余氯存在方式的变化，从而导致余氯浓度在水体中降解贡献的变化，在 pH<7.5 时，水体中以 HClO 为主，随着 pH 的增大，ClO^-浓度增加，因而存在 HClO 和 ClO^-两种形态对 E2 进行降解；二是由于雌醇结构中含有酚羟基，雌醇的溶液呈弱酸性，在不同的 pH 条件下将会呈现不同的离解状态，不同的离解状态与余氯的反应活性是不同的[40]。

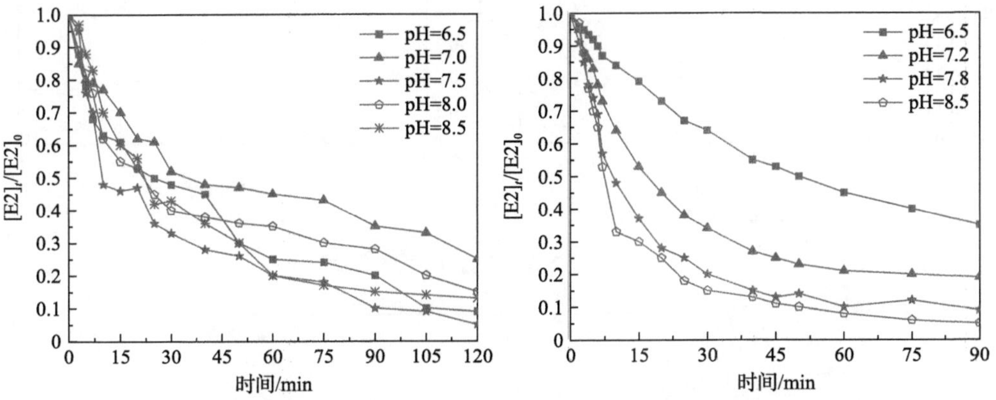

(a) E2在供水管网中的降解　　(b) E2在纯水中的降解

图 6.35　E2 在不同 pH 下的降解

3) 温度对天然雌醇降解规律的影响

温度 T 对反应体系反应速率的影响是通过改变反应活化能来实现的。E2 在不同温度下的降解如图 6.36 所示。由图 6.36(a)可知，随着温度的增加，E2 的降解速率明显增大，降解量也增大。为了探究此时 E2 在供水管网氯化降解反应中随温度变化的现象及该现象产生的原因，引入阿伦尼乌斯方程来确定反应活化能：

$$\ln k = -\frac{E_a}{RT} + \ln A \tag{6.15}$$

式中，k 为反应速率常数；T 为反应体系温度，K；E_a 为反应活化能，指活化分子的平均能量与反应物分子平均能量的差值，kJ/mol；R 为摩尔气体常数，取值为 8.314J/(mol·K)；A 为指前因子，是由反应本性决定的，而与反应温度及系统中物质浓度无关。

对 E2 在供水管网反应中 283K、288K、293K、298K、303K 五个温度时的降解曲线分别以 ln$k$ 和 1/T 为坐标轴作图，如图 6.37 所示。由图可以看出，E2 在供水管网中氯化降解反应的 ln$k$ 与 1/T 线性相关性较好，可以认为符合阿伦尼乌斯方程。此时 E2 在供水管网中氯化降解反应的反应活化能为 25.87kJ/mol。反应活化能为正，说明该反应是吸热反应，温度的升高有利于反应的进行。

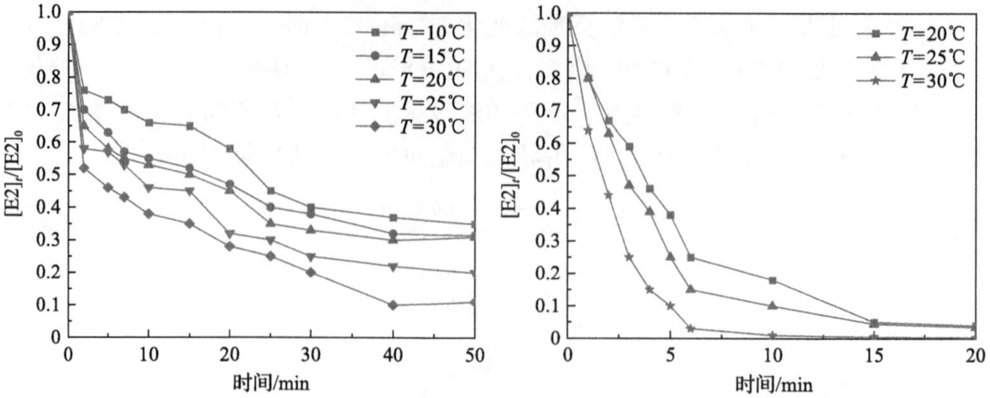

(a) E2在供水管网中的降解　　(b) E2在纯水中的降解

图 6.36　E2 在不同温度下的降解

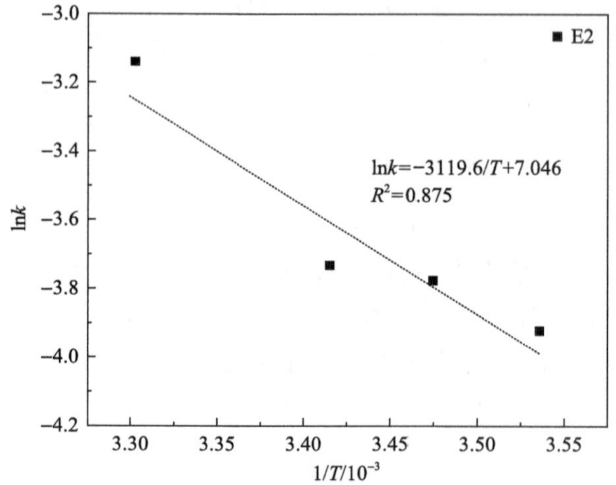

图 6.37　温度对天然雌醇降解规律的影响

4) NOM 对天然雌醇降解规律的影响

实验以 HA 为研究对象，探究 NOM 对天然雌醇降解规律的影响。如图 6.38 所示，不同浓度的 HA 对 E2 的降解总体上表现出抑制作用。将供水管网和主体水中 E2 的降解曲线与初始条件相同下纯水中加入 HA 的实验相比较，在初始阶段，E2 在供水管网中的降解速率较化学需氧量(chemical oxygen demand, COD)浓度为 5.0mg/L 的 HA 溶液慢，20min 后降解速率相较有所增加，一方面可能是由于供水管网系统中 1.0m/s 流速相较于磁力搅拌器 500r/min 的转速更易于水体的掺混，从而使余氯的衰减更迅速；另一方面，相较于纯水，自来水水体本身的有机物、微污染物和无机离子，管道内壁的管垢、微生物等均可能对水体余氯的衰减产生影响。主体水中(转速为 500r/min) E2 的降解速率相较于 COD 浓度为 0mg/L 和 COD

浓度为 5.0mg/L 的 HA 溶液慢，其区别在于一个是复杂自来水系统，一个是简单纯水系统。经测定，主体水初始 COD 浓度为 3.897mg/L，而其降解速率和最终降解量均较 COD 浓度为 5.0mg/L 的 HA 溶液慢，这说明水体中 E2 的降解不单受水体 COD 浓度的影响，实际自来水中的 NOM 与纯水实验中添加的市面 HA 有很大区别，这也反映出烧杯中纯水实验与实际供水管网中试实验之间的差距。

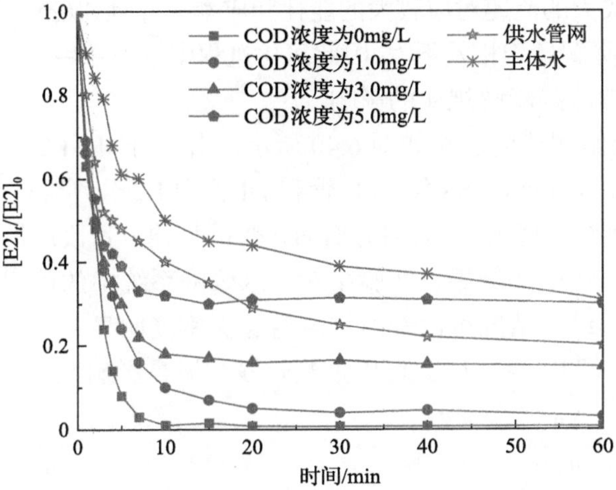

图 6.38　E2 在不同 HA 浓度下的降解

5）流速对天然雌醇降解规律的影响

流速 v 对 E2 降解规律的影响如图 6.39 所示。由图可知，随着流速的增加，E2 在供水管网中的降解速率逐渐增大。这可能是由于随着流速的增加供水管网中水流紊动性增强，促使主体水内部、管道内壁管垢、管道内壁生物膜之间物质的

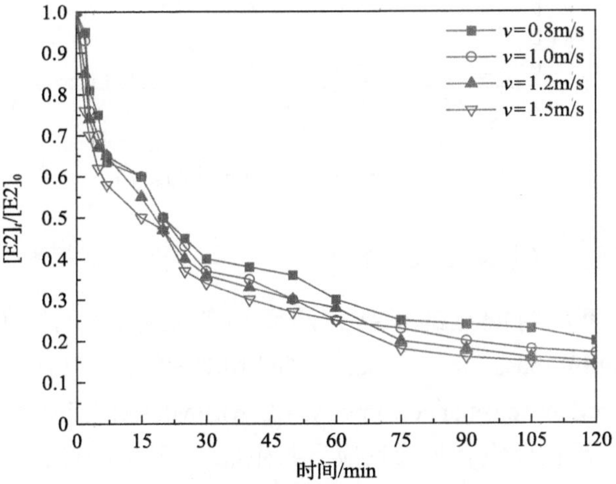

图 6.39　流速对 E2 降解规律的影响

交互作用加强，从而加速了 E2 的降解。但由于流速为 0.8m/s 时，管径 150mm 管道中水流流态已经为湍流（Re=120000>2300），物质交换已比较充分，随着流速的增加，虽然水流湍动性加强，但物质交换可增强的空间已经不大；并且管道内壁管垢、生物膜对整个反应的影响有限，即使主体水和管道内壁间物质交换作用加强，但对反应速率的影响仍较微弱，因此反应速率随流速增加变化幅度不大[41]。考虑到供水管网中较大的流速对应较大的能耗和成本，并且 1.0m/s 和 1.2m/s 流速时 E2 的降解比例和降解量均相差不大，因此氯化过程中推荐选用 1.0～1.2m/s 的流速。

6）管材对天然雌醇降解规律的影响

管材对 E2 降解规律的影响如图 6.40 所示。由图可知，E2 在三种管材中均可以较快地降解，在 60min 时 SS 管、PE 管和 DI 管中 E2 分别降解了 96.6%、93.1% 和 86.4%，降解速率表现出 SS 管>PE 管>DI 管的规律。管段焊接口锈蚀和电化学作用容易造成管道内壁的结垢，实验中对供水管网系统中的可视管段进行观察，从三种管道内壁的结垢情况可以看出，SS 管管垢密度明显大于 PE 管和 DI 管，其次是 PE 管，最后是 DI 管，因此可以推测管段结垢是影响 E2 降解的因素。

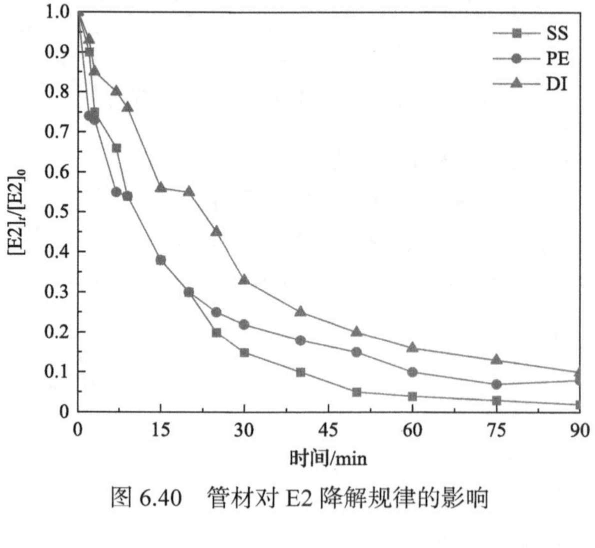

图 6.40　管材对 E2 降解规律的影响

3. 天然雌醇氯化降解路径及机制

分别取反应不同时间点的样品，经固相萃取处理后使用气相色谱-质谱（gas chromatography-mass spectrometry，GC-MS）和液相色谱-串联质谱（liquid chromatography-tandem mass spectrometry，LC-MS/MS）测定 E2 氯化降解产物。E2 经亲电取代反应、氧化反应和加成反应后共生成 13 种中间产物，结合中间产物信息，推测 E2 在供水管网中的转化路径，如图 6.41 所示。

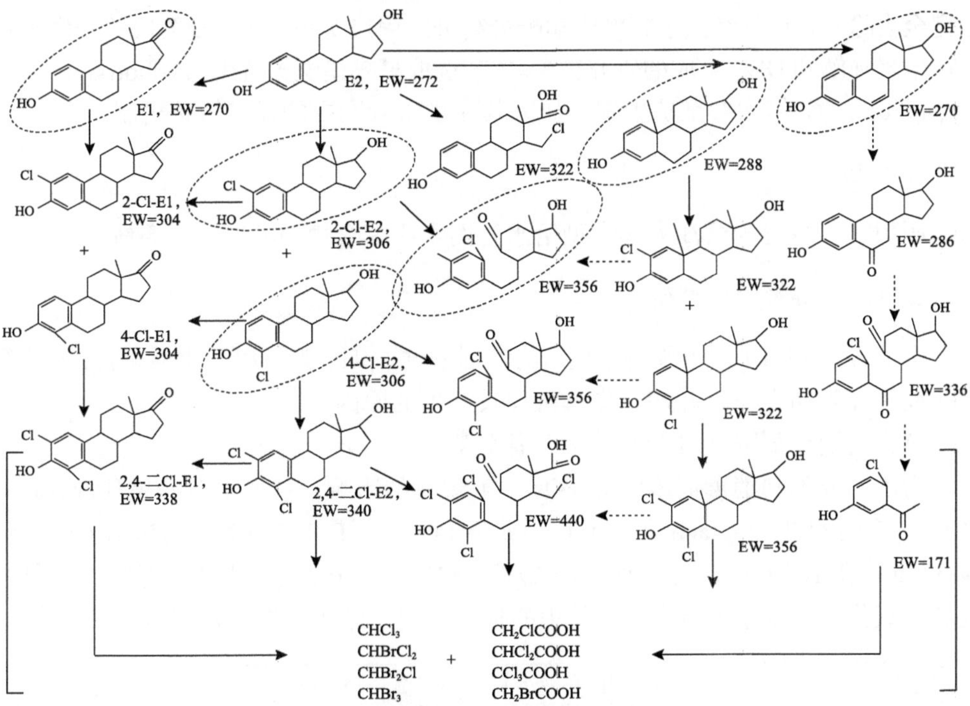

图 6.41　E2 在供水管网中的转化路径

EW 为分子量

E2 在供水管网中氯化降解大致可分为以下三个阶段：第一阶段为实验开始 2h 内，首先 E2 上与 C17 位相连的羟基容易发生氧化，使 E2 被氧化为雌酮(estrone, E1)，之后主要发生苯环上的亲电取代反应，苯环酚羟基邻对位的碳由于具有最低的负电荷，最容易发生取代反应，即 C2、C4 位的氯取代。此外，E2 的 C17 位容易被氧化产生 E1，因此该阶段既有 E2 的氯代产物，又有 E1 的氯代产物，推测反应过程如图 6.41 左侧所示。第二阶段为实验进行的 2～4h，发现有 E2 的甲基化产物和环戊烷的开裂产物出现。在该阶段，C10 位发生甲基化，C10—C9、C16—C17 碳碳键发生断裂，后续有氯取代反应、氧化反应等发生。此外，还检测到 C6 位被氧化的产物，这也成为后续环戊烷开裂的主要步骤。总体来看，该阶段反应较复杂，反应产物种类较多(图 6.41 右侧)。第三阶段为 4h 后，主要为苯环结构的进一步破坏，通过逐步的取代和氧化作用最终实现 E2 的降解。

6.4.3　抗生素迁移转化机制

近年来，抗生素广泛用于人体和兽医临床以及养殖等行业，滥用情况严重，导致其在自然水体和饮用水系统中被频频检出。长期暴露于抗生素环境下会使人体或者动物体产生耐药性，从而破坏生物体健康。现有传统水处理工艺不能将抗生素完全去除，导致其经供水管网中输配最终进入用户龙头，然而现阶段关于供水管网抗生素降解和 DBP 生成的研究较少。本节选取氟喹诺酮类抗生素（fluoroquinolone antibiotics, FQs）作为典型抗生素，研究其在供水管网中的迁移转化机制。

1. 实验装置

所用实验装置为浙江大学大型给水管网水质综合模拟实验平台系统。

2. FQs 降解影响因素研究

本节考察 FQs 在不同影响因素（消毒剂浓度、pH、管材以及水质条件）下的降解曲线和降解动力学，并探讨降解机理及产生的原因。

1）不同消毒剂浓度对 FQs 降解规律的影响

为了研究不同消毒剂浓度对 FQs 降解规律的影响，选取氟罗沙星（fleroxacin, FLE）和依诺沙星（enoxacin, ENO）作为典型 FQs，在 FLE 和 ENO 的初始浓度分别为 50μg/L 和 100μg/L，温度为（20 ± 2）℃，pH=7.4 ± 0.2 的情况下，考察不同氯浓度和二氧化氯浓度下 FQs 在 PE 管中的降解情况，结果如图 6.42 所示。

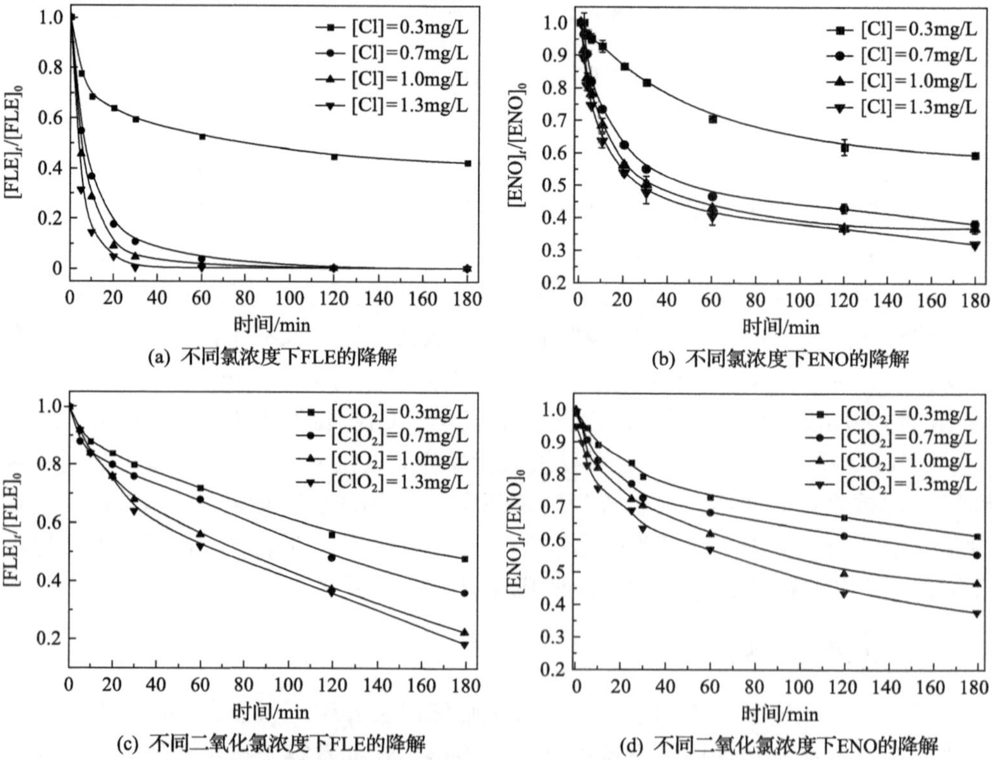

(a) 不同氯浓度下FLE的降解　(b) 不同氯浓度下ENO的降解

(c) 不同二氧化氯浓度下FLE的降解　(d) 不同二氧化氯浓度下ENO的降解

图 6.42　不同氯浓度和二氧化氯浓度下 FQs 在 PE 管中的降解

由图 6.42 (a) 和 (b) 可知，两种 FQs 的降解规律类似，PE 管中氯浓度的变化对 FQs 的降解影响明显。随着氯浓度的增大，降解速度加快。以 FLE 为例，图 6.43 所示为不同氯浓度下 $\ln([FLE]_t/[FLE]_0)$ 与时间的关系。当氯浓度为 0.3mg/L 时，FLE 的降解速率为 0.0029min^{-1}，决定系数 R^2 为 0.870。由于决定系数相对较低，实际降解速率与拟合值存在一定偏差。当氯浓度分别为 0.7mg/L、1.0mg/L 和 1.3mg/L 时，FLE 的降解速率分别为 0.0738min^{-1}、0.1039min^{-1} 和 0.1516min^{-1}，且 $\ln([FLE]_t/[FLE]_0)$ 与时间的线性相关性均较好 ($R^2>0.97$)。

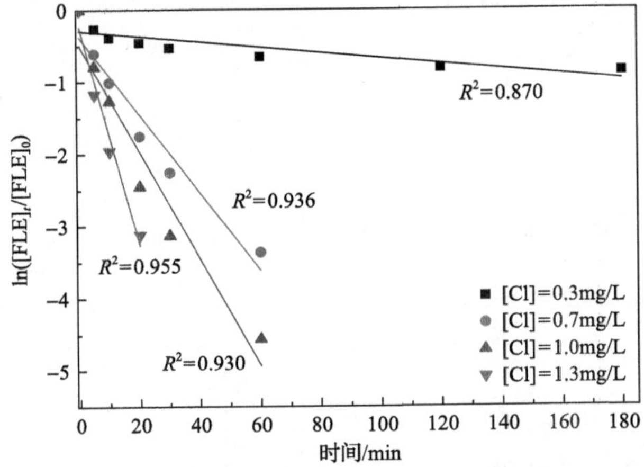

图 6.43　不同氯浓度下 $\ln([FLE]_t/[FLE]_0)$ 与时间的关系

FLE 在供水管网中的降解受主体水中 NOM 和管道内壁微生物的影响，主水体中 NOM 和管道内壁微生物会消耗部分氯。当氯浓度较低 (0.3mg/L) 时，主水体中 NOM 和管道内壁微生物对管道内壁的影响不可忽略，导致 FLE 的降解不完全符合一级反应动力学。随着氯浓度的增加，主水体中 NOM 和管道内壁微生物对 FLE 及 ENO 降解的影响占比较小，因此 FLE 与氯的反应符合一级反应动力学，降解可用式 (6.16) 表示：

$$\frac{d[FLE]}{dt} = -k_{app}[FLE] \tag{6.16}$$

式中，k_{app} 为反应的总反应速率常数，min^{-1}；[FLE]为不同反应时刻 FLE 的浓度，mg/L。

图 6.44 所示为不同氯浓度下 $\ln([FLE]_t/[FLE]_0)$ 与$[Cl]t$ 的关系，由图可知，当氯浓度为 0.3mg/L、0.7mg/L，1.0mg/L 和 1.3mg/L 时，$\ln([FLE]_t/[FLE]_0)$ 与$[Cl]t$ 均具有很好的线性相关性 ($R^2 \geqslant 0.984$)，因此可以认为氯作用下 FLE 的降解符合二级

反应动力学，k_{app}与氯浓度之间的关系可以用式(6.17)表示：

$$k_{app} = k_c[Cl] \tag{6.17}$$

式中，k_c为表观二级反应速率常数，$M^{-1} \cdot s^{-1}$，1M=1mol/L；[Cl]为不同反应时刻氯的浓度，mg/L，包括 HClO 和 ClO^-的浓度。

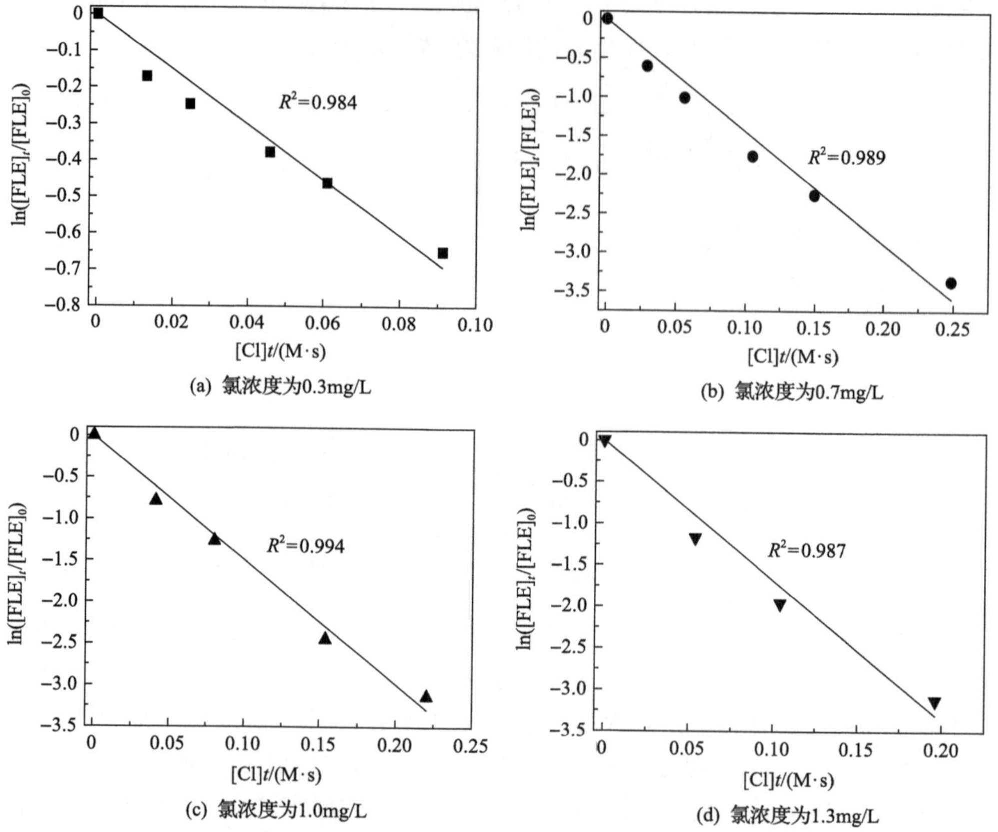

图 6.44 不同氯浓度下 ln($[FLE]_t/[FLE]_0$)与[Cl]t 的关系

与消毒剂为氯时相比，二氧化氯浓度对 FQs 降解的影响略有不同，这种不同在高消毒剂浓度下更为明显。图 6.42(c)和(d)所示为不同二氧化氯浓度下 FLE 和 ENO 的降解。以 FLE 为例，当二氧化氯浓度从 0.3mg/L 增加到 1.3mg/L 时，FLE 氯化的降解速率从 0.0068min^{-1} 增加至 0.0143min^{-1}。由图 6.45 可知，ln($[FLE]_t/[FLE]_0$)与时间的线性相关性良好($R^2 \geqslant 0.92$)。此外，由图 6.46 可知，不同二氧化氯浓度下，ln($[FLE]_t/[FLE]_0$)与$[ClO_2]t$ 也具有良好的线性相关性($R^2 \geqslant 0.963$)，表明不同二氧化氯浓度下，FLE 的降解符合二级反应动力学。

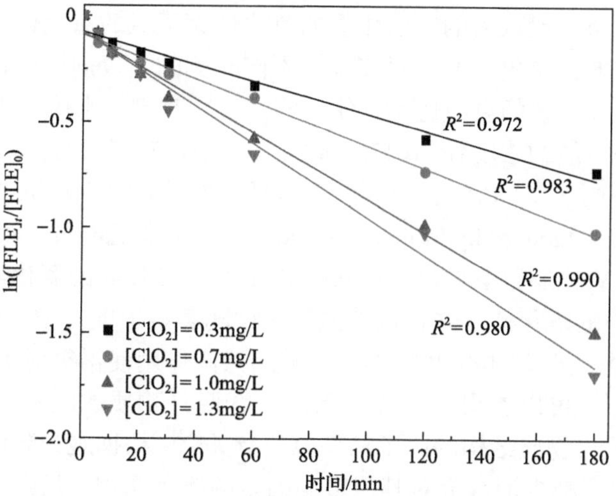

图 6.45　不同二氧化氯浓度下 ln([FLE]$_t$/[FLE]$_0$)与时间的关系

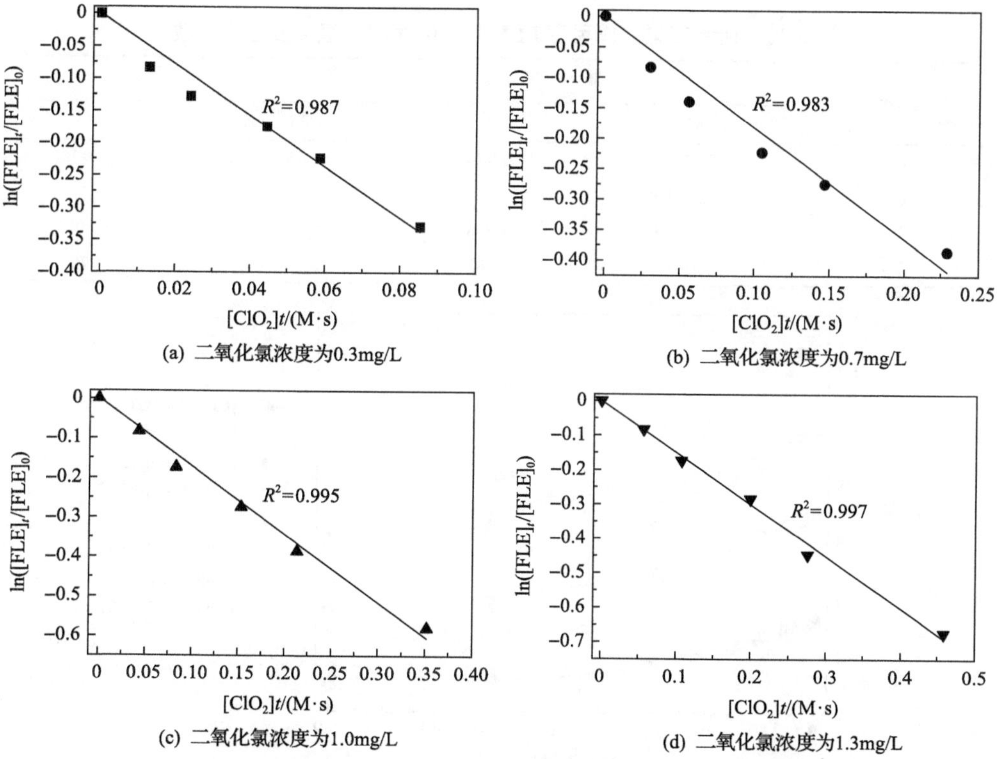

图 6.46　不同二氧化氯浓度下 ln([FLE]$_t$/[FLE]$_0$)与[ClO$_2$]t 的关系

此外，两种氧化剂作用下 FLE 降解的表观二级反应速率常数见表 6.32。由表可知，在本实验所采用的条件下，氯作用时 FLE 的降解速率大于二氧化氯作用时的降解速率，这与一般认为的二氧化氯的氧化性大于氯的氧化性不符。这可能是由以下原因造成的：首先，通过对实验中不同时刻的消毒剂浓度检测发现，二氧化氯的衰减速率大于氯的衰减速率，使得同一反应时刻，水体中用于 FQs 降解的二氧化氯浓度小于氯的浓度(图 6.47)。此外，当 pH=7.4 时，氯和二氧化氯之间的氧化还原电位不同。氯的氧化还原电位(包括 77%的 HClO 和 23%的 ClO^-)为 1.33V/SHE，SHE(standard hydrogen electrode)表示标准氢电极，而对于二氧化氯，在 pH=7.4 时，氧化还原电位仅为 0.95V/SHE[42]。氯较高的氧化还原电位导致在 pH=7.4 时有较强的氧化性，并且这种强氧化性随着氯浓度的增大而累积。因此，当 pH=7.4 时，氧化还原电位和消毒剂衰减的共同作用使得氯对 FLE 的降解高于二氧化氯。此外，可以看出，同样的条件下，两种物质的降解速率为 v(FLE)>v(ENO)，这主要与物质结构的原子局部电位有关[43]。根据观察到的氯作用下 FLE 降解的情况，为了减少消毒剂对其他影响因素的掩盖作用，后续实验中消毒剂浓度采用 0.3mg/L。

表 6.32　两种氧化剂作用下 FLE 降解的表观二级反应速率常数

浓度/(mg/L)	氯		二氧化氯	
	k_c/($M^{-1}\cdot s^{-1}$)	R^2	k_c/($M^{-1}\cdot s^{-1}$)	R^2
0.3	6.95×10	0.970	4.65×10	0.947
0.7	1.29×10^2	0.987	5.12×10	0.971
1.0	1.32×10^2	0.958	5.94×10	0.988
1.3	1.56×10^2	0.982	6.58×10	0.970

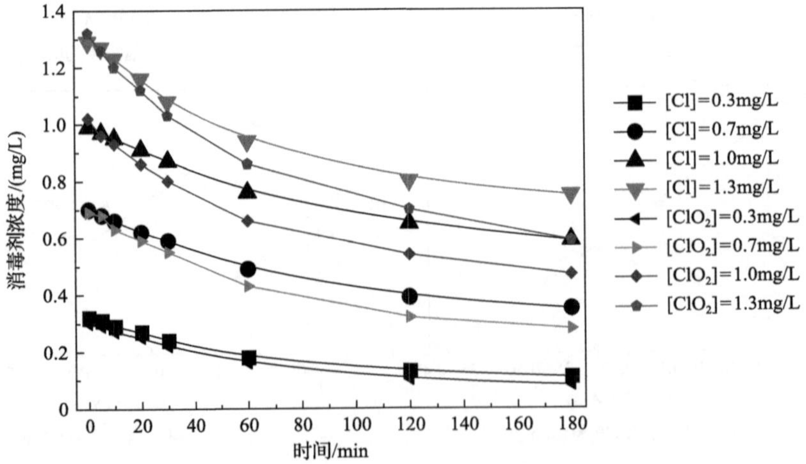

图 6.47　FQs 降解过程中消毒剂浓度变化

2)不同 pH 下 FQs 的降解

不同 pH 下 FQs 在 PE 管中的降解如图 6.48 所示。由图可知，不同 pH 下，氯和二氧化氯作用下 FQs 的降解规律截然不同。图 6.48(a)和(b)所示为不同 pH 下氯作用时 FQs 的降解曲线，FLE 和 ENO 均在 pH=7.4 时降解最快，过酸和过碱都不利于 ENO 在氯作用下的降解。不同 pH 下 FLE 降解的表观二级反应速率常数见表 6.33。由表可知，不同 pH 下，氯作用下 FLE 降解的决定系数不小于 0.941，表明 FLE 降解符合二级反应动力学。本实验的结果与关于其他类型 FQs 降解速率随 pH 变化的观察结果相吻合[44,45]。

图 6.48(c)和(d)所示为不同 pH 下二氧化氯作用时 FQs 的降解曲线。实验结果表明，随着 pH 的增加，FLE 的降解速率不断提高，这与前人所做的关于二氧化氯作用下其他类型 FQs 的降解研究结果一致[46]。如前面所述，随着 pH 的增加，FLE^-的占比增加，反应速率增加。此外，与氯相比，二氧化氯可以在较大的 pH 范围内(2～14)保持形态稳定，不受 pH 变化的影响。因此，随着 pH 的增加，二氧化氯和 FLE 的存在形式导致 FLE 降解速率的增加。此外，根据非线性最小二乘法可知，氯与 FLE^-反应的表观二级反应速率常数为 $4.53\times102M^{-1}\cdot s^{-1}$，而二氧化氯与 FLE 反应的表观二级反应速率常数为 $6.51M^{-1}\cdot s^{-1}$，说明二氧化氯与 FLE^-反应是反应体系中的主要反应。

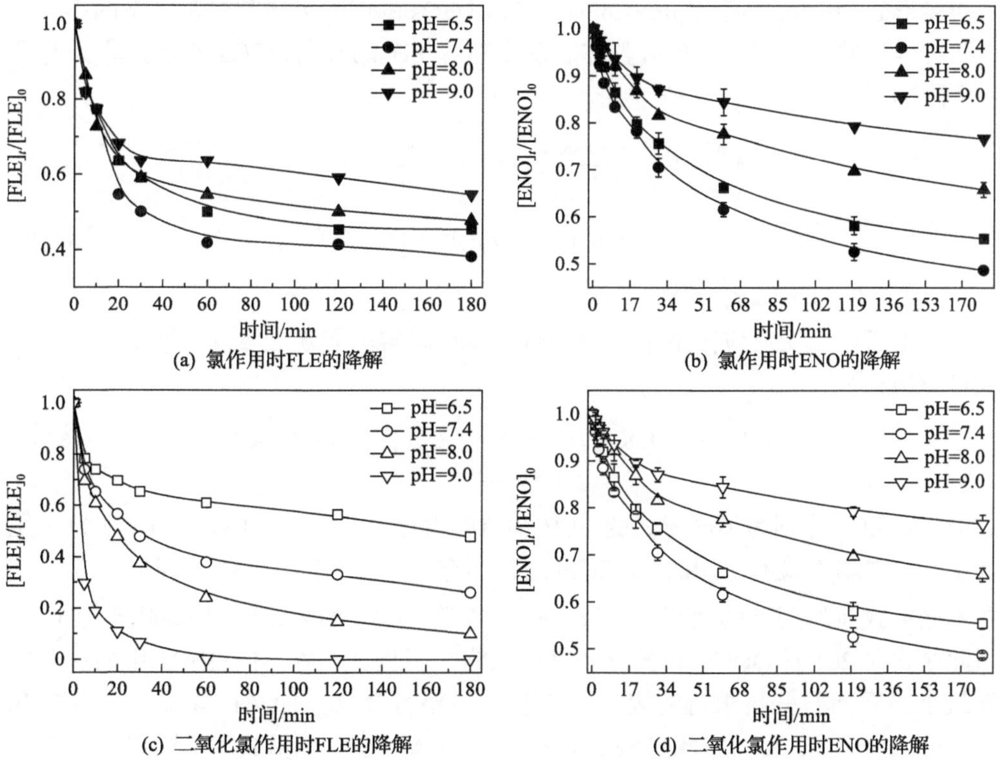

图 6.48　不同 pH 下 FQs 在 PE 管中的降解

表 6.33 不同 pH 下 FLE 降解的表观二级反应速率常数

pH	氯		二氧化氯	
	$k_c/(M^{-1}\cdot s^{-1})$	R^2	$k_c/(M^{-1}\cdot s^{-1})$	R^2
6.5	6.95×10	0.970	4.65×10	0.947
7.4	9.16×10	0.952	8.91×10	0.979
8.0	5.75×10	0.941	1.73×10	0.993
9.0	4.84×10	0.949	4.42×10	0.969

pH 对氯作用下 FQs 降解的影响包括 pH 对 FQs 的影响和 pH 对氯的影响两部分。以 FLE 为例，一方面，FLE 存在 $FLEH^+$、FLE 和 FLE^-三种形式(式(6.18))，实验中随着pH的增加,FLE更多是以FLE^-的形式存在,并且相较于$FLEH^+$和FLE，FLE^-更容易发生反应[44]。在这种情况下，随着 pH 的升高，FQs 的降解速率加快。另一方面，pH 也影响氯的存在形式(式(6.19))。pH 升高会促使 HOCl 向 OCl^-转化，而 OCl^-的氧化性明显弱于 HOCl 的氧化性[44]。在这种情况下，随着 pH 的升高，FLE 的降解速率应该逐渐减慢，而反应结果显示随着 pH 的升高，降解速率先升高后下降，这说明在本实验条件下，当 pH≤7.4 时，pH 对 FQs 的影响小于其对氯形态的影响；而当 pH>7.4 时，pH 对 FQs 的影响大于其对氯形态的影响。在两种因素共同作用下，反应整体表现出随着 pH 的升高，FQs 降解速率先升高后下降的趋势。

$$\left[FLEH^+\right] \xrightleftharpoons{k_{a1}=5.46} [FLE] \xrightleftharpoons{k_{a2}=8.0} \left[FLE^-\right] \tag{6.18}$$

$$HOCl \rightleftharpoons OCl^- + H^+ \tag{6.19}$$

式中，k_{a1} 和 k_{a2} 为解离常数。

综上所述，受反应体系 pH 的影响，FLE 降解的表观二级反应速率常数可用式(6.20)表示：

$$-k_c[FLE][HOCl] = -\sum_{i=1,2,\ j=1,2} k_{ij} a_i [FLE] a_i' [HOCl] \tag{6.20}$$

式中，a_i 和 a_i' 分别为不同形式的 FLE 和氯的占比；i 为 HOCl 或 OCl^-；j 为 FLE 或 FLE^-(在本实验所采用的 pH 范围内，不存在 $FLEH^+$)；k_{ij} 为不同形式的 FLE 在不同形式氯作用下的表观二级反应速率常数。OCl^-的氧化作用远弱于 HClO，因此在式(6.20)中 OCl^-参与的反应可以忽略[46]。因此，在 MATLAB 中通过非线性最小二乘回归分析求得的表观二级反应速率常数 k_{11}(HOCl 与 FLE 反应)和 k_{21}(HOCl 与 FLE^-反应)分别为 $81M^{-1}\cdot s^{-1}$ 和 $0.47M^{-1}\cdot s^{-1}$，说明 HOCl 与 FLE 反应是整个反应体系的主要反应。

3) 不同管材下 FQs 的降解

不同管材下 FQs 的降解如图 6.49 所示。图 6.49(a) 和 (b) 所示为三种管材在氯作用下 FQs 的降解曲线。可以看出，FQs 在 DI 管与 SS 管中的降解速率比较接近，且均略高于 PE 管。管材对 FQs 降解的影响是多种影响因素共同作用的综合体现。通过供水管网的可视管段可知(图 6.49)，三种管道中管垢的含量为 SS 管≈PE 管>DI 管，即 DI 管中的管垢含量是最少的。管垢中包含腐蚀的金属、固体金属氧化物、金属离子、生物膜和 NOM[47]，这些管道内壁因素都要消耗氧化剂，在这种情况下，三种管道中管道内壁消耗的氯依次为 SS 管≈PE 管>DI 管。当流速为 1.0m/s 时，雷诺数 Re 约为 1.5×10^5。根据水力学可知，当 $Re>4000$ 时，流体处于湍流状态[48]，这种情况下，管道内壁管垢中的 NOM 可以较容易地从管道内壁脱落进入主体水中。此外，对于 PE 管，当氯的浓度为 0.1～4mg/L 时，管道内壁会有有机物溶出[49,50]。以 FLE 的降解为例，反应 2h 后，测试供水管网主体水中的有机物含量发现，DI 管、PE 管和 SS 管主体水中的有机物含量分别为 4.13mg/L、5.14mg/L 和 5.08mg/L，PE 管中的有机物将会消耗更多的氯，从而导致用于 FLE 降解的氯减少。

图 6.49(c) 和 (d) 为三种管材在二氧化氯作用下 FQs 的降解曲线。FQs 的降解

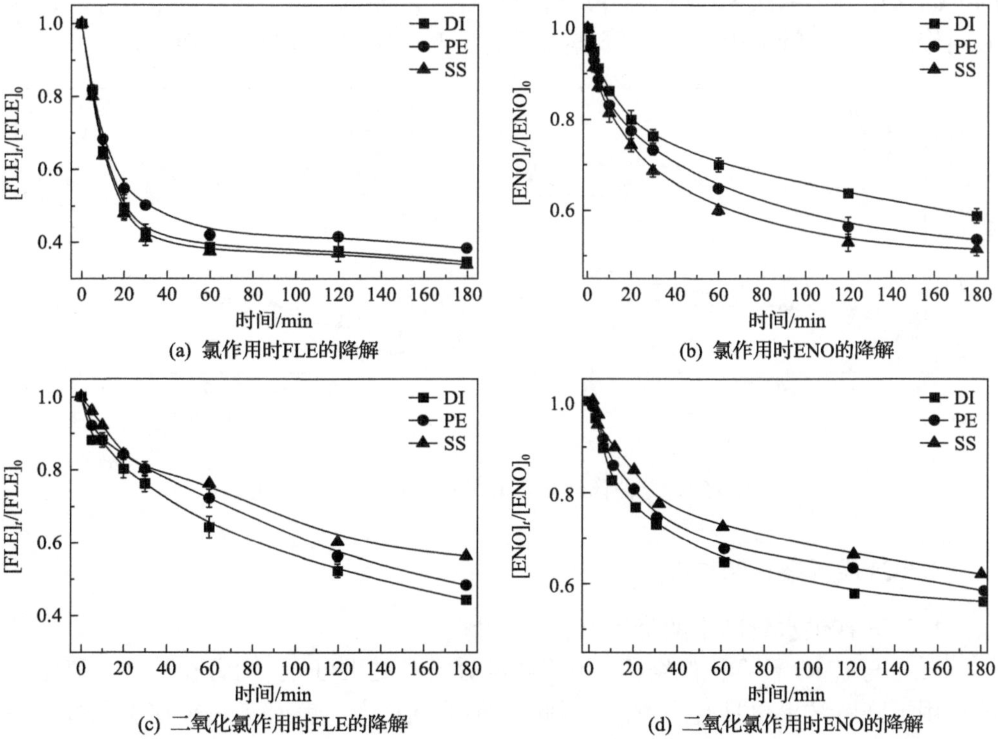

(a) 氯作用时FLE的降解　(b) 氯作用时ENO的降解
(c) 二氧化氯作用时FLE的降解　(d) 二氧化氯作用时ENO的降解

图 6.49　不同管材下 FQs 的降解

速率为 DI 管>PE 管>SS 管。以 FLE 为例，检测发现 FLE 降解过程中二氧化氯的衰减顺序为：SS 管>PE 管>DI 管，因此用于 FLE 降解的二氧化氯的含量为 DI 管>PE 管>SS 管。此外，反应 60min 后，检测发现 DI 管、PE 管和 SS 管的有机物浓度分别为 3.97mg/L、5.32mg/L 和 5.25mg/L，因此 DI 管中可用于 FLE 降解的二氧化氯含量高于 PE 管和 SS 管。对 FLE 在二氧化氯作用下降解过程中的 pH 检测发现，三种管道中 pH 的增加趋势为 DI 管>PE 管>SS 管。因此，在二氧化氯浓度、有机物浓度和 pH 三种因素的作用下，二氧化氯作用时 FLE 的降解速率为 DI 管>PE 管>SS 管。

虽然 SS 管中所测得的有机物浓度(主要来自管壁上的水垢)与 PE 管中的有机物浓度相似，但是两者中的 FLE 降解速率不同。一方面，氯化 30min 后，从 SS 管和 DI 管中提取的水样铁离子浓度分别为 0.79mg/L 和 0.14mg/L，而 PE 管水样中检测发现不含铁离子。根据前人的研究，Fe^{2+}可以被氯氧化成 Fe^{3+}，氧化过程中产生的自由基可以促进 SS 管中 FLE 降解[51]。此外，对 FLE 降解过程中 pH 的测定发现，氯化过程中三种管道中 pH 的增加趋势为 DI 管>PE 管>SS 管(图 6.50(a))。由前面对 pH 作用下 FQs 降解的讨论可知，当 pH>7.4 时，氯作用下 pH 的增加会降低 FQs 的降解速率。因此，三种管道中 pH 的增加对 FLE 降解的抑制作用大小依次为：DI 管>PE 管>SS 管。在管垢、水力条件和 pH 等因素的共同作用下三种管道中 FLE 的降解速率整体表现为 SS 管>DI 管>PE 管。

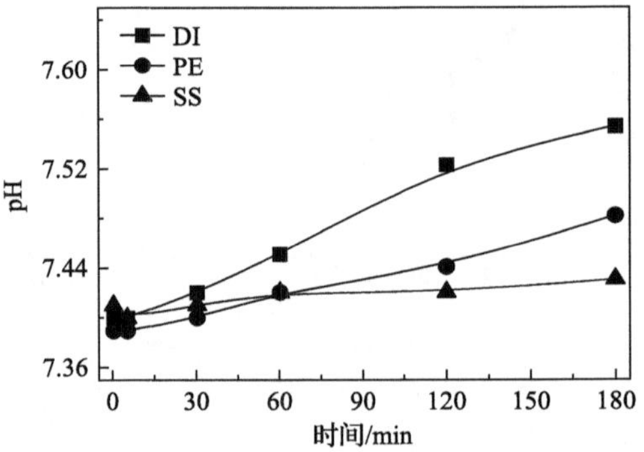

(a) 氯

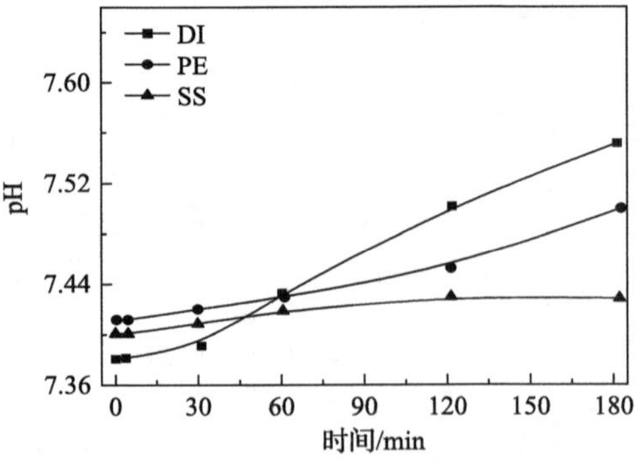

(b) 二氧化氯

图 6.50　三种管材下 FLE 降解过程中 pH 的变化

3. FQs 降解路径及机制

1) FLE 在供水管网中的降解路径及机制

FLE 与 ENO 具有相似结构，由降解部分实验结果可知，两者在氯和二氧化氯的作用下降解结果也具有一致性，因此本节以 FLE 为代表探究 FQs 在供水管网中的降解路径及机制。分别取反应不同时间点的样品，经固相萃取处理后使用

LC-MS 测定其产物，其中氯作用下共识别出 7 种中间产物，二氧化氯作用时共识别出 8 种中间产物。根据检测到的中间产物，推测出氯和二氧化氯作用时 FLE 可能的降解路径。如图 6.51 所示，FLE 分子中的哌嗪基团在消毒剂的作用下同时或者依次经历脱羧、脱氟和氯取代的过程。此外，在整个降解过程中，哌嗪基团的裂解是关键也是初始的反应步骤。在氯、二氧化氯和芬顿作用下，其他类型的 FQs(如环丙沙星(ciprofloxacin, CIP)、诺氟沙星(norfloxacin, NOR)和恩诺沙星(enrofloxacin, ENR))降解过程中也观察到类似的反应过程。

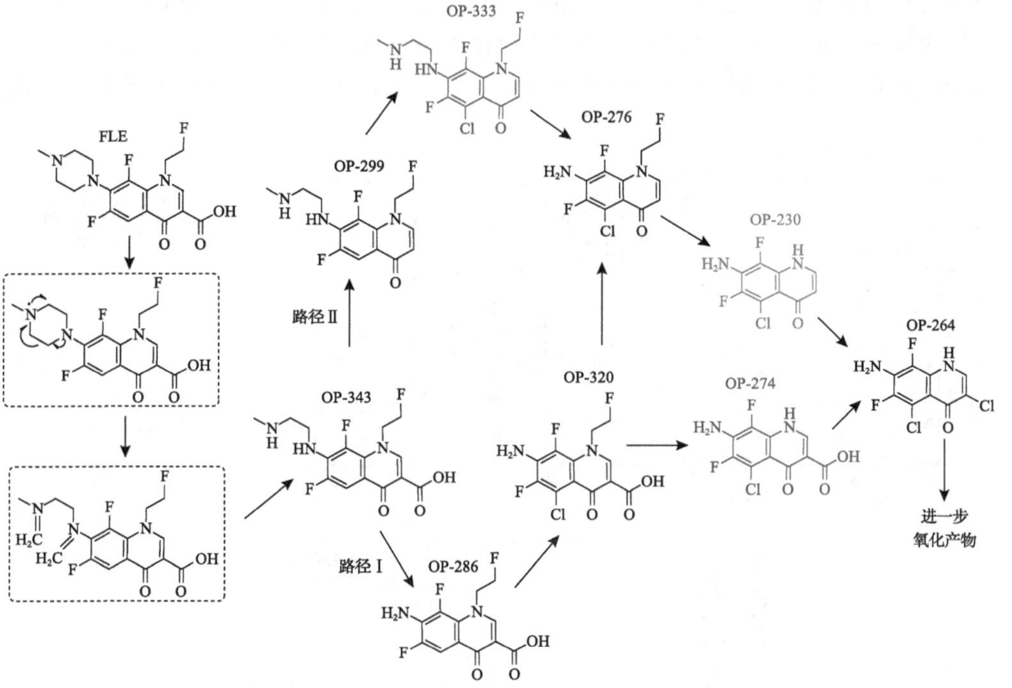

图 6.51　氯和二氧化氯作用时 FLE 可能的降解路径

图中浅灰色物质只在氯作用下检出；深灰色物质只在二氧化氯作用下检出

在路径Ⅰ中，哌嗪基团首先发生氨氮和烷基的断裂与去除，生成中间产物 OP-286。中间产物 OP-286 增加 1 个氯原子，生成产物 OP-320。OP-320 经过脱氟和脱烷基生成产物 OP-274，该产物只在二氧化氯作用下被检出。此外，OP-320 还可以通过喹诺酮基团上的脱羧反应生成 OP-276。最后，中间产物 OP-274 的喹诺酮基团上的羧基通过卤代脱羧作用被氯原子取代，形成 OP-264。除路径Ⅰ外，中间产物 OP-343 还可以发生脱羧、哌嗪基团的降解、脱氟以及氯取代等反应，如图 6.51 所示。中间产物 OP-299 是 OP-343 在哌嗪基团催化下脱羧的产物。随后 OP-299 发生氯取代反应生成产物 OP-333，哌嗪基团进一步氧化，生成 OP-276。OP-276 依次经历脱氟和脱烷基，生成分子量较低的化合物 OP-230。在本研究中，

OP-230 仅在氯作用下被检出。最后 OP-230 进一步反应，生成含有 2 个氯原子的产物 OP-264。

图 6.52 所示为氯和二氧化氯作用下 FLE 降解过程中各中间产物随时间的变化曲线。可以看出，中间产物随时间的变化情况呈单调下降或先上升后下降的趋势。OP-343 在 15min 内迅速增加并达到峰值，其次氯作用下 OP-286 在初始的 3h 内也迅速增加。这表明哌嗪基团的裂解是整个氯化过程中的主要反应，也是初始反应，这与图 6.51 推断的反应路径 I 相吻合。中间产物 OP-343 和 OP-286 在二氧化氯作用下的相对强度整体低于氯作用下的相对强度，这表明，二氧化氯对哌嗪基团的降解程度明显低于氯。二氧化氯作用下 OP-299 的相对强度大于氯作用下的分子离子峰的相对强度，这说明相较于氯的作用，二氧化氯作用时 FLE 更易发生脱羧反应。

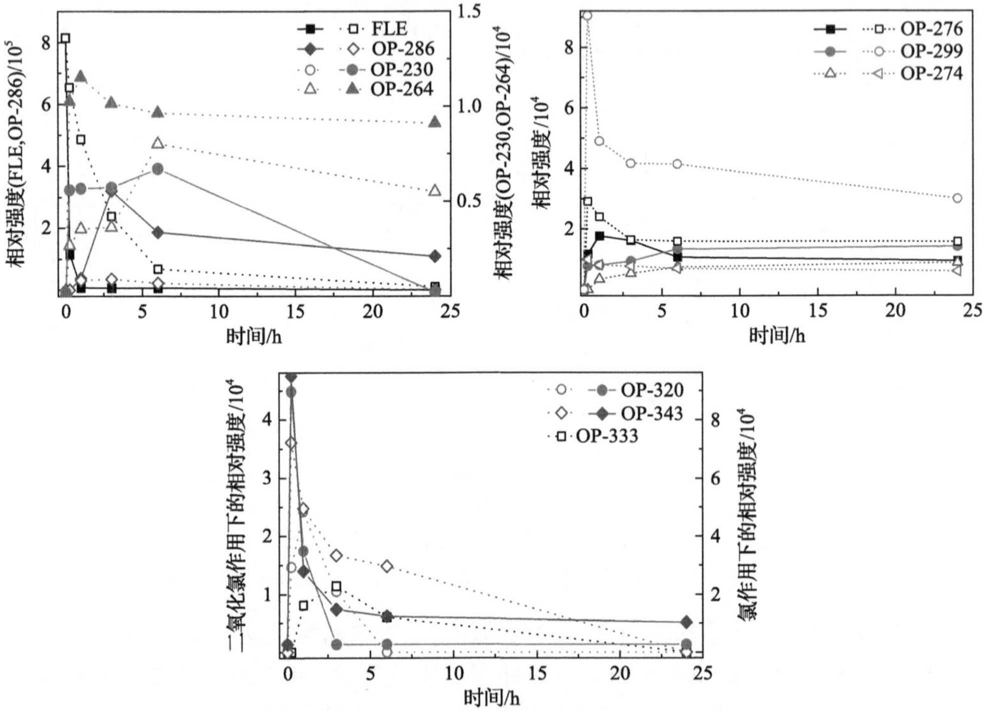

图 6.52　氯和二氧化氯作用下 FLE 降解过程中中间产物随时间的变化曲线

实线为氯作用下的变化曲线；虚线为二氧化氯作用下的变化曲线

2) 卤代消毒副产物和亚氯酸盐的生成规律分析

已有研究表明，氯消毒会生成“三致”的 THM 等 DBP，而二氧化氯消毒虽然可以减少卤代 DBP 的生成，但是同时也不可避免地会引起亚氯酸盐等 DBP 的生成。为此，对 FLE 降解过程中卤代 DBP 和亚氯酸盐的生成规律进行分析。

图 6.53(a)所示为 THM 在氯和二氧化氯作用下 FLE 降解过程中的生成趋势。由图可知，三种 THM 的生成趋势在氯作用和二氧化氯作用下存在明显不同。在初始的 1h 内，由于消毒剂的加入，两种体系中三种 THM 的总浓度均迅速增加。反应 1h 后，在氯作用下 FLE 降解过程中三种 THM 浓度随时间延长而增加；但在二氧化氯作用下，三种 THM 浓度在 FLE 降解过程中的变化可以忽略不计。实验 24h 后，在氯和二氧化氯作用下，三种 THM 的总浓度分别为 43.41μg/L 和 23.17μg/L。这意味着 FLE 的氯化降解过程会增加 THM 的生成，但是 FLE 在二氧化氯作用下的降解对 THM 的生成几乎没有影响。这与之前许多研究得出的结论是一致的，即与氯消毒相比，二氧化氯消毒可以减少 THM 的生成。此外，通过对比两种消毒剂作用下 THM 的生成情况可以看出，在 FLE 降解过程中 THM 的生成可能是由主体水中 NOM 氧化反应引起的。这是因为在二氧化氯作用下，FLE 降解过程中 THM 的总浓度在反应时间内基本保持稳定，而在二氧化氯作用下 FLE 降解生成的中间产物整体来说与在氯作用下生成的中间产物差别不大(图 6.52)，说明

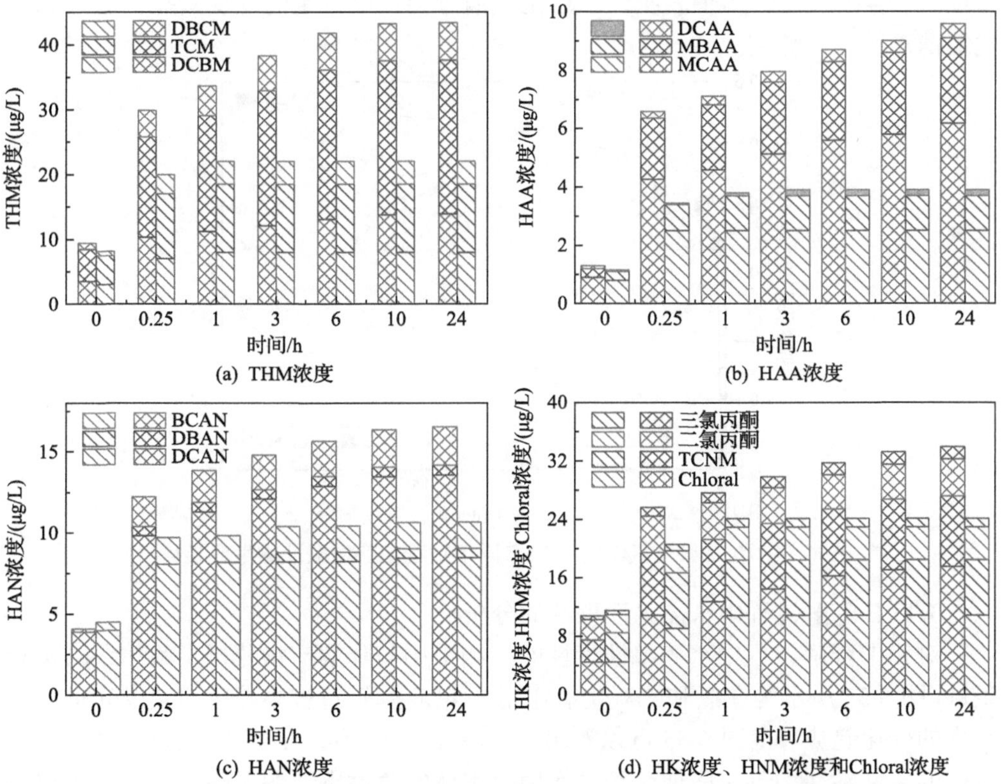

图 6.53　DBP 在氯和二氧化氯作用下 FLE 降解过程中的生成趋势

交叉图例为氯作用；单一斜线图例为二氧化氯作用

DCBM 为二氯一溴甲烷；BCAN 为溴氯乙腈；DBAN 为二溴乙腈；DCAN 为二氯乙腈

FLE 中间产物对 THM 的生成影响不大。这一结论同样可以应用于本实验中 HAA、卤乙腈(HAN)、卤代酮(HK)、卤代硝基甲烷(HNM)和三氯乙醛(Chloral)生成趋势的研究。

图 6.53(b)所示为 HAA 在氯和二氧化氯作用下 FLE 降解过程中的生成趋势。从图中可以看出，HAA 的生成与 THM 的生成趋势是相似的。反应 24h 后，氯和二氧化氯作用下 HAA 的总浓度分别为 9.59μg/L 和 4.13μg/L，与 THM 相似，氯作用对 HAA 生成的影响大于二氧化氯的作用。在 HAN、HK 和 Chloral 的研究中也发现了类似的实验结果(图 6.53(c)和(d))。

此外，对氯和二氧化氯作用时亚氯酸盐的生成情况也进行测试，实验条件与卤代 DBP 的生成条件相同。在 FLE 氯化过程中，亚氯酸盐的浓度低于检测水平，可以认为 FLE 氯化过程中没有亚氯酸盐的生成。图 6.54 所示为在二氧化氯作用下 FLE 降解过程中亚氯酸盐的生成趋势，从图中可以看出，整个反应过程中，亚氯酸盐浓度在不断增加，且在反应初始的 6h 内增加迅速。反应 24h 后，亚氯酸盐的浓度为 0.419mg/L，结果表明，二氧化氯消毒会产生一定的亚氯酸盐，这是二氧化氯消毒的一个弊端。

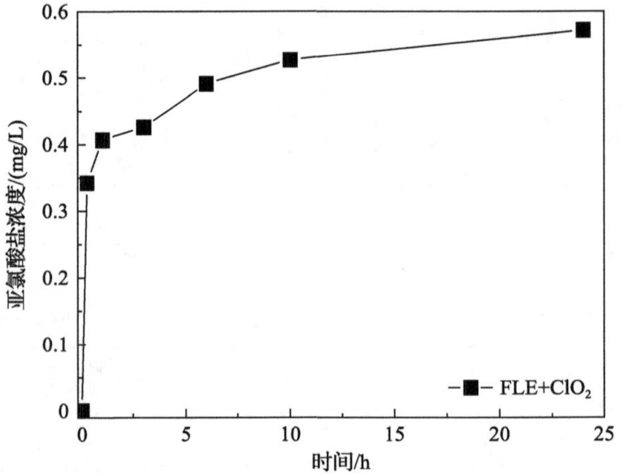

图 6.54　在二氧化氯作用下 FLE 降解过程中亚氯酸盐的生成趋势

3) FLE 降解过程中水体急性毒性的分析

对 FLE 降解过程中水体急性毒性的检测采用与降解产物分析实验一致的实验条件。图 6.55 所示为在氯和二氧化氯作用下 FLE 降解过程中费氏弧菌发光量的抑制率的变化趋势。由图 6.55 可以看出，反应发生 1h 后，在氯和二氧化氯作用下，水体的急性毒性均迅速增加，且氯作用时水体的急性毒性明显高于二氧化氯作用时的急性毒性。结合图 6.51 和图 6.52 可知，水体的急性毒性主要是由水体中的卤代 DBP 和 FLE 降解初始阶段生成的裂解中间产物造成的。反应 1～6h 时，在两种消毒剂作用下，水体的急性毒性均有所下降，这主要是由哌嗪基团裂解产生的中间产物和脱羧反应产生的中间产物减少造成的(图 6.51)。反应 6h 后，氯作用时水体的急性毒性显著增加，但二氧化氯作用时水体的急性毒性变化不明显。由图 6.52 可知，在氯作用下 FLE 降解过程中卤代 DBP 的生成量大于在二氧化氯作用下的生成量，这可能是在两种消毒剂作用下，水体急性毒性不同的原因。此外，与空白对照实验相比，两种消毒剂的加入均增加了水体的急性毒性，但与氯相比，在二氧化氯作用下 FLE 降解过程造成的水体安全性的潜在风险相对较低。

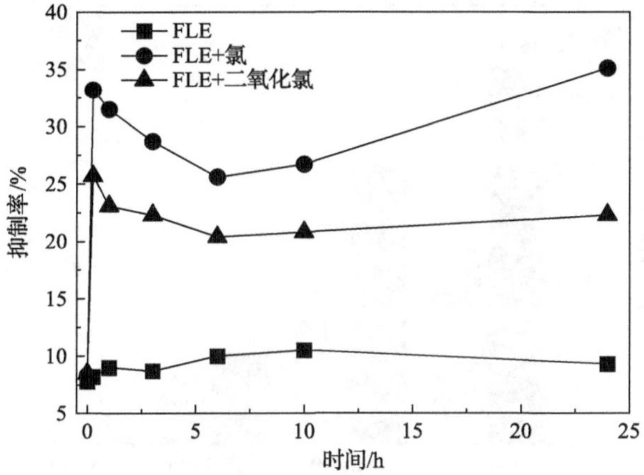

图 6.55　在氯和二氧化氯作用下 FLE 降解过程中水体急性毒性的变化趋势

6.4.4　微塑料迁移规律

微塑料广泛分布于水生环境中，当前净水处理工艺对微塑料的去除效果有限，且会出现输配过程中外源侵入的情况[52,53]，导致在供水管网水中检测到微塑料的存在。因粒径小、难降解、可吸附有毒物质等特性[54]，大量的微塑料将对生物体产生毒性作用，造成严重的生态风险。但迄今为止，对微塑料的研究大部分都只停留在检测和表征层面，对其在供水管网中的迁移规律及与水中其他物质的复合作用机理研究较少，由此造成的饮用水微塑料污染及对人体健康影响尚不明晰。基于此，有必要分析供水管网中微塑料的迁移规律，为实际工程安全输送饮用水奠定一定的理论基础。

1. 实验装置

所用实验装置为浙江大学大型给水管网水质综合模拟实验平台系统。

2. 不同管材中微塑料的迁移规律

两种典型管材在水力冲刷下的微塑料丰度变化如图 6.56 所示。当投加氯量为

2.0mg/L、流速为 1.5m/s、运行时间为 77h 时，PE 管和 DI 管各粒径 S 的微塑料丰度均有不同程度的增加。在 0～77h 的运行过程中，PE 管的微塑料总丰度(21544 个/L)大于 DI 管(5797 个/L)，这表明 PE 管中微塑料污染风险更高，PE 管本身可能就是微塑料污染源。其中，PE 管粒径主要集中在 1～10μm(98.93%)，DI 管粒径主要集中在 1～10μm(97.58%)。DI 管较大粒径(≥10μm)占比大于 PE 管，推测原因是 PE 管在运行作用下主要释放较小粒径微塑料，较大粒径的微塑料难以由管材本身释放，故两者差异较小，从而导致 DI 管较大粒径占比高。

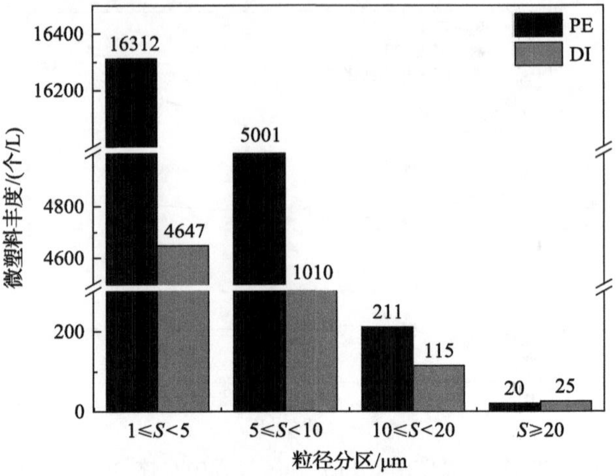

图 6.56　两种典型管材在水力冲刷下的微塑料丰度变化

在此基础上，DI 管代表水力作用释放，PE 管代表水力作用释放和管材作用释放，从而计算其各自贡献率，如图 6.57 所示。由里到外代表不同粒径贡献率

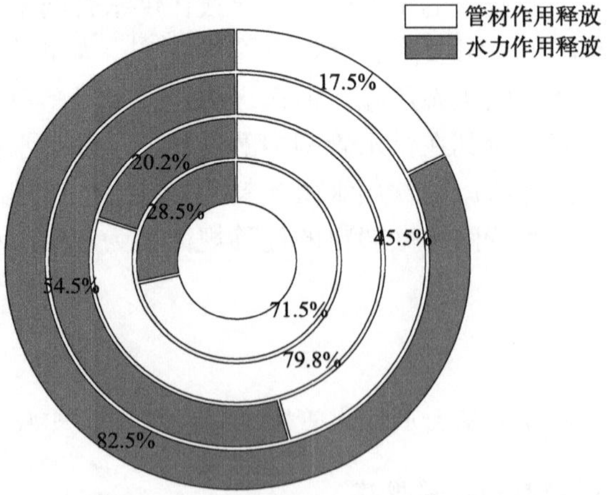

图 6.57　不同粒径分区管材及水力贡献率

从里到外环形分别为 1～5μm、5～10μm、10～20μm、20μm 及以上

占比，各粒径范围内作用贡献率存在差异。较小粒径（1～10μm）贡献率以管材作用释放为主，较大粒径（≥10μm）贡献率以水力作用释放为主。这表明供水管网运行过程中管道水力环境也会造成部分微塑料污染，集中在较大粒径，而危害性更强的较小微塑料污染以 PE 管等塑料设施释放为主。

通过对不同管材运行的中试实验微塑料在各反应时间的赋存信息进行分析，得到其粒径微塑料丰度变化情况，如图 6.58 所示。各粒径范围下微塑料丰度呈现先增长而后降低的趋势，并且前 5h 两种管材下各粒径微塑料都表现出持续增长的趋势且增幅最快，推测主要是由系统运行引起供水管网内流速发生突变，部分松散沉积在管道内壁表面的微塑料颗粒在水流冲击力的作用下重新悬浮至水体中。而后 5～34h 期间，PE 管各粒径微塑料持续增长而 DI 管开始下降，推测主要是因为氯的消解及老化作用，促使 PE 管塑料分解破碎成更小粒径的微塑料。而氯的作用需要反应时间，在前 5h 并未明显地突显出来，由此可见氯对管道内壁的作用存在一定滞后性。而该时间段 DI 管内微塑料丰度呈现下降趋势，一方面管道内壁对次级微塑料的吸附作用导致水体中微塑料丰度较少；另一方面随着时间的推移水体中的氯逐渐被消耗完毕，推测存在生物膜重新附着至微塑料表面的现象及

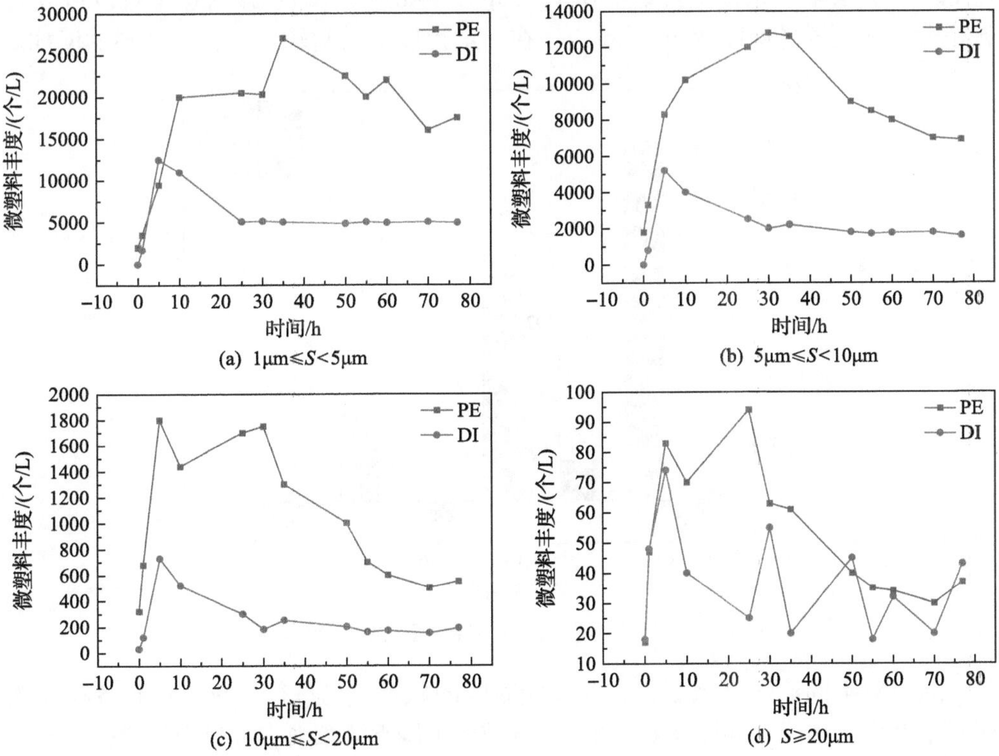

图 6.58　不同管材下各粒径微塑料丰度变化情况

小粒径微塑料的相互聚集作用[55]。而 PE 管对氯的衰减作用低于 DI 管[56]，至 48h 才衰减结束，故上述作用时间整体上延后。

3. 不同流速微塑料的迁移规律

PE 管在不同流速水力冲刷下的微塑料丰度变化如图 6.59 所示，当投加氯量为 0mg/L，运行 77h 后，各流速下微塑料均有不同程度的释放，对微塑料丰度增量影响的排序为 0.6m/s≈1.0m/s<1.5m/s。这一结果表明，流速是供水管网微塑料污染的重要影响因素，并且在某一阈值后随着流速的增大，其风险也会相应增大。细分各粒径下微塑料的丰度，可以发现除 1.5m/s 流速均为增长外，其余流速表现出不同程度的减少。其中，在 0.6m/s、1.0m/s 流速下都表现出 5～10μm 粒径的微塑料增多，其余粒径范围减小。推测这可能是由于流速未达到破坏管材并促使管材释放微塑料的速度上限，增量主要来源于管道内壁管垢内的微塑料因水力冲刷而引起的重悬作用，1～5μm 的微塑料因其粒径小、管道内壁吸附作用更强而难以被冲刷，10μm 以上的微塑料则是因为粒径较大，使其重悬需要更强的冲刷力和更大的流速。由此可推出小于等于 1.0m/s 的流速可能是相对安全的流速范围。1.5m/s 流速下增加的微塑料粒径主要集中在 1～10μm（99.83%），表明该流速下难以造成大粒径（≥20μm）微塑料污染的风险，会在一定程度上引起较小粒径微塑料的增加。

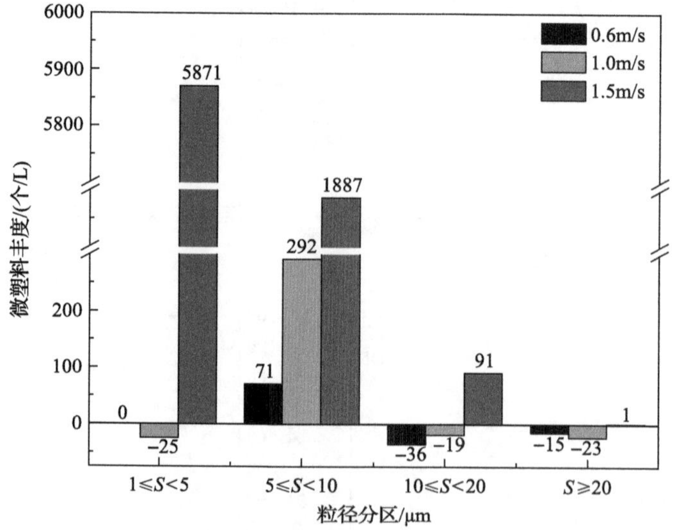

图 6.59　PE 管在不同流速水力冲刷下的微塑料丰度变化

通过对不同流速下微塑料在各反应时间的赋存信息进行分析，得到各粒径微塑料丰度变化情况，如图 6.60 所示。各粒径范围下微塑料丰度呈现先增长后降低的趋势。0.6m/s、1.0m/s 流速下粒径小于 20μm 的微塑料丰度变化规律同 DI 管，在前 5h 内持续增长达至峰值，而后开始较大幅度地下降，29h 后微塑料丰度保持较为平稳。这也印证了该流速下对 PE 管并未产生破坏作用，增量仅来自水流冲刷引起的重悬作用，且作用力大小与流速成正比。1.5m/s 流速下峰值时间随着粒径的增大而提前，这说明小粒径微塑料的丰度增长会持续更长的时间。峰值过后微塑料丰度开始下降，说明该时间点由流速水力冲刷引起的重悬作用及管材分解释放作用达到饱和，随着暴露时间的延长，生物膜作用下的沉降作用开始凸显，在一定程度上降低了塑料颗粒的总体丰度[57]。而 34～48h 及 58～72h 时间段内微塑料丰度表现为平缓阶段，推测主要是由于该时段为夜间，较低的温度及无光照条件下微生物的定殖活性较弱，生物膜-微塑料沉降作用弱，总体颗粒数维持平衡状态。在 48～58h 时间段 5～20μm 粒径微塑料丰度的下降趋势明显强于 1～5μm，主要有以下两方面原因：①在水流的冲刷下可能部分降解成小粒径颗粒；②微生物更易在较大粒径颗粒上定殖增加其密度，由此产生的沉降作用强于小粒径颗粒。

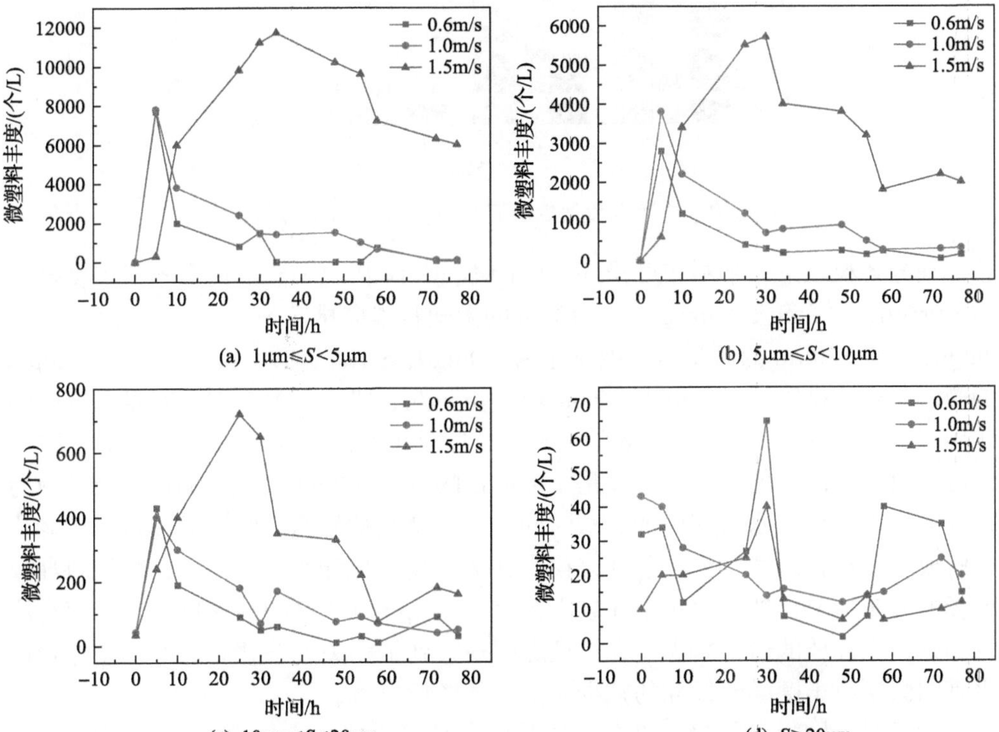

(a) 1μm≤S<5μm　(b) 5μm≤S<10μm　(c) 10μm≤S<20μm　(d) S≥20μm

图 6.60　不同流速下各粒径微塑料丰度变化情况

4. 不同投加氯量下微塑料的迁移规律

在不同投加氯量下 PE 管的微塑料丰度变化如图 6.61 所示，投加氯工况下微塑料释放量明显大于未投加氯工况，说明投加氯量是影响微塑料释放的重要因素，且在供水管网中由投加氯引起的微塑料释放要大于仅由管道水力环境引起的微塑料释放。此外，从实验结果可知，投加氯量越大，对供水管网的作用越强且各粒径微塑料丰度增量越大。

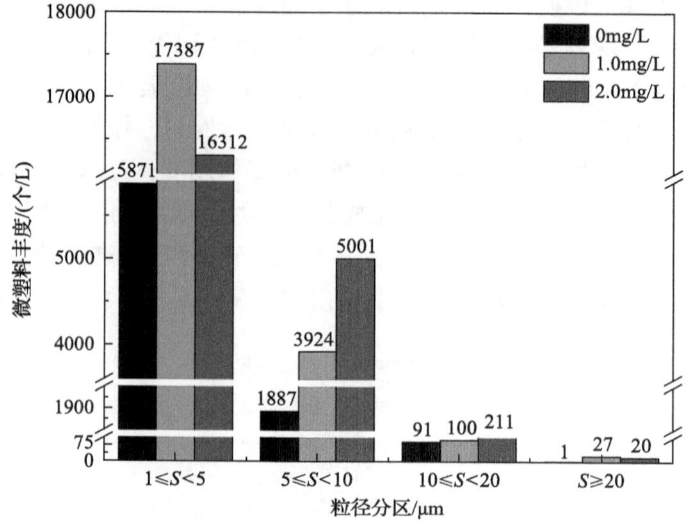

图 6.61　在不同投加氯量下 PE 管的微塑料丰度变化

细分各粒径下微塑料丰度排序有些许不同，其中，1～5μm 的微塑料丰度排序为 1.0mg/L > 2.0mg/L > 0mg/L，5～10μm 的微塑料丰度排序为 2.0mg/L > 1.0mg/L > 0mg/L，10～20μm 的微塑料丰度排序为 2.0mg/L > 1.0mg/L > 0mg/L，大于 20μm 的微塑料丰度排序为 1.0mg/L > 2.0mg/L > 0mg/L，投加氯量越多，对供水管网的作用越强，2.0mg/L 时 5～20μm 的微塑料丰度是 1.0mg/L 的 1.27～2.11 倍；而 1～5μm 和 20μm 以上的微塑料丰度是 1.0mg/L 的 0.74～0.94 倍，推测这可能是因为投加氯量大，在供水管网内的衰减时间长，在持续的暴露时间下微塑料继续老化分解成更小粒径的微塑料。总体来说，在氯氧化老化和水力冲刷下，微塑料释放粒径的分布情况仍然主要集中在较小粒径 1～10μm 上（99.83%～99.41%）。值得注意的是，在释放的微塑料丰度和粒径之间观察到了相关关系（图 6.62），意味着供水管网微塑料丰度随着尺寸的减少而呈指数增长。

通过对不同投加氯量下微塑料在各反应时间的赋存信息进行分析，得到各粒径微塑料丰度变化情况，如图 6.63 所示。不同投加氯量并未改变供水管网运行过程中微塑料丰度分布变化趋势，仍然是在较短时间内微塑料丰度大幅度上升而后随暴露时间延长微塑料丰度下降。不同的投加氯量不仅对微塑料丰度有影响，同样对其到达峰值的时间有影响。2.0mg/L 投加氯量下粒径范围为 1～5μm、5～10μm、

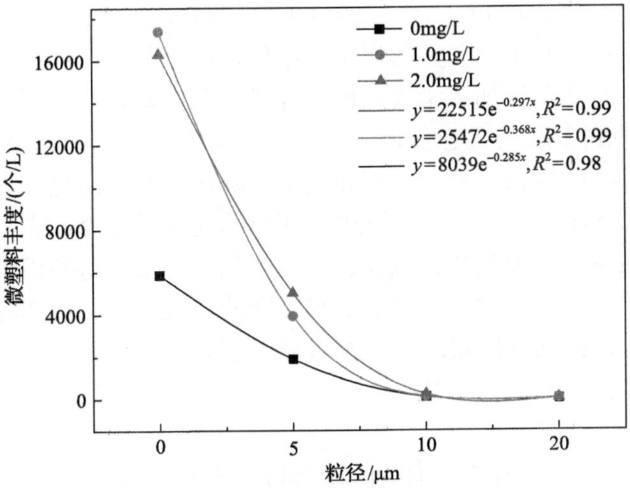

图 6.62　不同投加氯量下微塑料丰度和粒径之间的相关性

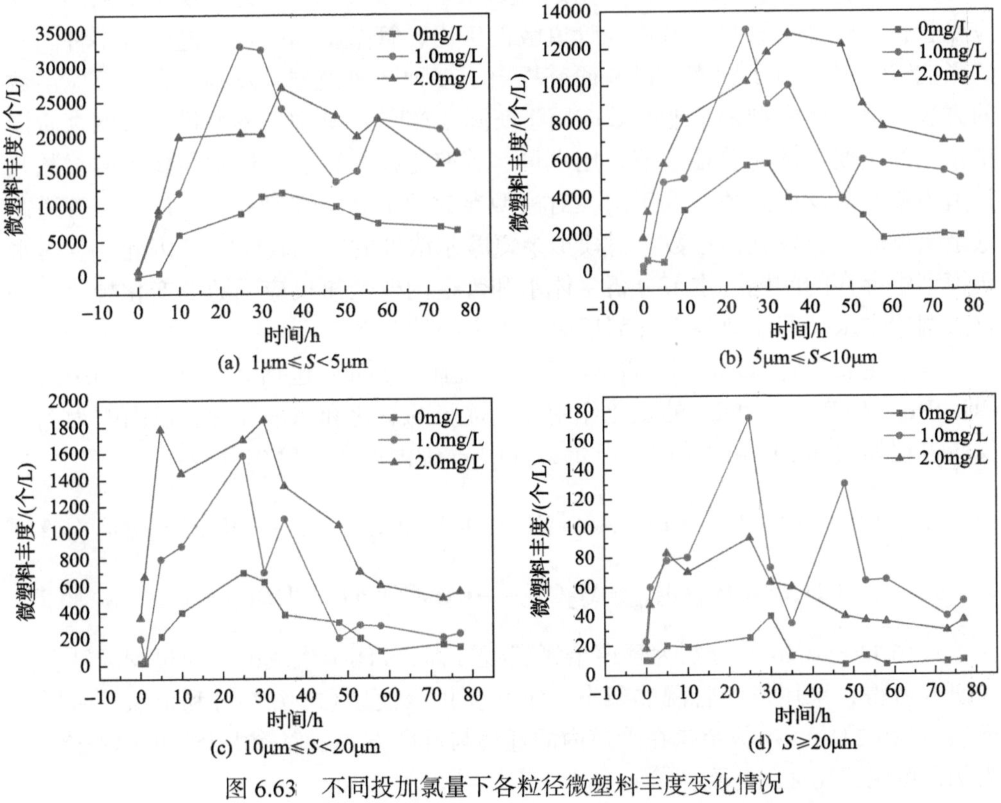

图 6.63　不同投加氯量下各粒径微塑料丰度变化情况

10～20μm 的微塑料分别在 34h、35h、29h 时刻达到峰值，1.0mg/L 投加氯量下粒径范围为 1～5μm、5～10μm、10～20μm 的微塑料分别在 25h、24h、24h 时刻达到峰值，这说明在氯及水力条件的作用下小粒径微塑料丰度的增长会持续更长的时间，且增长的时间与投加氯量成正比。峰值过后微塑料丰度开始下降，说明该时间点由水力冲刷引起的重悬作用及氯引起的管材分解释放作用不再是主要作用，随着暴露时间的延长，分解吸附和团聚沉降作用开始凸显，在一定程度上降低了微塑料的总体丰度。在供水管网中微塑料的迁移是一个动态的过程，在这一过程中同时存在各种引起微塑料粒径、丰度变化的因素，这些因素在各个阶段存在的主要作用在宏观上表现为引起微塑料丰度的增减变化，而实际供水管网的环境越来越复杂，任何条件因素的改变都可能引起微塑料分布的变化，因此在实际控制过程中应综合考虑各种因素。

6.5　供水管网水质模型

目前，水质模型多侧重于余氯反应及 DBP 生成模型。余氯在供水管网中的反应受管长、管径、管材、流速、管道敷设年代、管壁粗糙系数、温度等多种因素的影响[58]，基于以上因素，已有研究提出了多种余氯模型以及确定余氯反应系数的方法，但这些模型都不能有效应用于实际生产[59]。其中，影响供水管网水质模型精度的主要参数有管径、节点用水量、管壁粗糙系数、主体水余氯反应系数和管道内壁余氯反应系数。基于前人对模型参数的不确定性研究，主体水和管道内壁余氯反应系数较其他参数，对模拟余氯摩尔浓度的影响较大[60]。因此，针对水质模型中存在的问题，本节分析主体水和管道内壁余氯反应系数的变化规律，并重点阐述供水管网流速与消毒剂反应机理之间的关系。

本节主要讨论 DBP 中 THM 的生成规律，THM 包括 $CHCl_3$、$CHBrCl_2$、$CHClBr_2$、$CHBr_3$。NOM 的氯化作用经过逐步的氧化和水解反应，以丙酮为例，反应过程如式(6.21)和式(6.22)所示，其中 m 为溴原子的摩尔分数：

$$\mathrm{COCH_3} + (3-m)\mathrm{HOCl} + m\mathrm{Br^-} \longrightarrow \mathrm{CH_3COCBr}_m\mathrm{Cl}_{3-m} + (3-m)\mathrm{H_2O} + m\mathrm{H^+} \tag{6.21}$$

$$\mathrm{CH_3COCBr}_m\mathrm{Cl}_{3-m} + \mathrm{H_2O} \longrightarrow \mathrm{CH_3COOH} + \mathrm{CHBr}_m\mathrm{Cl}_{3-m} \tag{6.22}$$

式(6.1)～式(6.6)分别为管道余氯衰减过程、THM 生成的反应过程。结合前人研究所得，采用供水管网非稳态一维平流扩散模型(式(6.23))和余氯一阶反应模型(式(6.24))，模拟余氯在管道内的迁移与反应方式，以管内余氯摩尔浓度 C_A 为例，可用式(6.25)表示：

$$\frac{\partial C(x,t)}{\partial t}+u\frac{\partial C(x,t)}{\partial x}-D\frac{\partial^2 C(x,t)}{\partial x^2}+R(C(x,t))=0 \tag{6.23}$$

$$R(C(x,t))=-k_{\mathrm{b}}'C-\frac{2k_{\mathrm{w}}'k_{\mathrm{f}}}{a(k_{\mathrm{w}}'+k_{\mathrm{f}})}C \tag{6.24}$$

$$\frac{\partial C_{\mathrm{A}}}{\partial t}=-u\frac{\partial C_{\mathrm{A}}}{\partial x}+D\left(\frac{\partial^2 C_{\mathrm{A}}}{\partial x^2}\right)+\left(\frac{\partial C_{\mathrm{A}}}{\partial t}\right)_{\mathrm{DBP}}+\left(\frac{\partial C_{\mathrm{A}}}{\partial t}\right)_{\mathrm{b}'}+\left(\frac{\partial C_{\mathrm{A}}}{\partial t}\right)_{\mathrm{w}} \tag{6.25}$$

式中，D 为考虑水体弥散作用下的扩散系数；k_{w}' 为壁面反应系数；k_{f} 为传质系数；下标 DBP、b′、w 分别为 DBP 生成的主体水余氯需求量、其他的主体水余氯需求量、管道内壁余氯需求量。

6.5.1　供水管网余氯反应模型

本节实验所用实验装置采用 6.1.2 节所述美国环境保护署供水管网模拟系统。根据余氯、DBP 在供水管网中的反应原理，提出相关的余氯一二阶混合模型以及相应的 DBP 模型。在本研究模拟的循环管道实验中，假设水质沿程混合均匀，故在水流稳定的情况下，同时发生的管道余氯衰减与 DBP 生成过程的反应机理方程可用式(6.26)～式(6.28)表示：

$$\begin{aligned}\frac{\partial C_{\mathrm{A}}}{\partial t}&=-k_{\mathrm{DBP}}[C_{\mathrm{E},0}-\theta(C_{\mathrm{A},0}-C_{\mathrm{A}})]C_{\mathrm{A}}-k_{\mathrm{b}}'C_{\mathrm{A}}-k_{\mathrm{w}}C_{\mathrm{A}}\\&=-k_{\mathrm{DBP}}\theta C_{\mathrm{A}}^2-k_{\mathrm{E}}C_{\mathrm{A}}\end{aligned} \tag{6.26}$$

$$\frac{\partial C_{\mathrm{B}}}{\partial t}=k_{\mathrm{DBP}}[C_{\mathrm{E},0}-\theta(C_{\mathrm{A},0}-C_{\mathrm{A}})]C_{\mathrm{A}} \tag{6.27}$$

$$\frac{\partial C_{\mathrm{B}}}{\partial C_{\mathrm{A}}}=\frac{k_{\mathrm{b}}'+k_{\mathrm{w}}}{k_{\mathrm{DBP}}[C_{\mathrm{E},0}-\theta(C_{\mathrm{A},0}-C_{\mathrm{A}})]+k_{\mathrm{b}}'+k_{\mathrm{w}}}-1 \tag{6.28}$$

式中，$C_{\mathrm{E},0}$ 为水中与氯反应的等价有机物摩尔浓度初值；C_{A} 和 C_{B} 分别为余氯摩尔浓度和 DBP 摩尔浓度；$C_{\mathrm{A},0}$ 为初始余氯摩尔浓度；k_{DBP} 为 DBP 的生成系数；k_{w} 为余氯在管道内壁处的反应系数；k_{E} 为余氯的总体反应系数；θ 为 DBP 的生成量与余氯反应量的比值。

考虑到水中与氯反应的有机物种类的复杂性，本节生成的 DBP 各物质均转化为与氯等效的摩尔浓度值。相比其他形式的反应，主体水中有机物与氯发生加成反应、取代反应生成 DBP 是一个缓慢的过程[61]，故根据式(6.27)，DBP 生成的反应表达式采用能够表达摩尔浓度相当的余氯与 DBP 前驱物质相互反应的二阶形式。式(6.26)中除生成 DBP 的余氯消耗项外，其他两项将余氯在壁面处的反应与其他形式的主体水反应综合在一起，采用一阶形式。式(6.26)与式(6.27)相比得到式(6.28)，针对式(6.26)和式(6.27)可将余氯的总体反应系数 k_{E} 与 DBP 的生成系数 k_{DBP} 分别用式(6.29)与式(6.30)表示：

$$k_{\mathrm{E}}=k_{\mathrm{D}}+k_{\mathrm{b}}'+k_{\mathrm{w}}=\gamma\cdot k_{\mathrm{DBP}} \tag{6.29}$$

$$k_{\mathrm{D}}=(C_{\mathrm{E},0}-\theta C_{\mathrm{A},0})k_{\mathrm{DBP}} \tag{6.30}$$

式中，k_{E} 由三部分组成，k_{D} 与 k_{b}' 的总和表示余氯的主体水反应系数，包括生成 DBP 的反应与其他不生成 DBP 的反应，余氯在管道内壁处的反应系数 k_{w} 包括管材的腐蚀过程、余氯在水流与管道内壁间的传质过程等；γ 为 DBP 生成速率与总体余氯反应速率的比值。

实际供水管网中发生的以物质迁移为主的模型中，壁面反应系数较小，通常采用壁面反应受限模型，该模型利用传质系数 k_{f} 表征水体的传质过程，利用壁面反应系数 k_{w}' 表征壁面的腐蚀过程，则余氯在管道内壁处的反应系数 k_{w} 可用式(6.31)表示：

$$k_{\mathrm{w}}=\frac{2k_{\mathrm{f}}k_{\mathrm{w}}'}{a(k_{\mathrm{f}}+k_{\mathrm{w}}')} \tag{6.31}$$

本研究利用供水管网模拟实验的数据来讨论余氯在管道内壁反应系数的控制因素，并且假设 k_{w} 在固定时间段内近似常数。

为精确表征管中余氯、DBP 的变化关系，对控制方程的解析解进行一系列推导。对于余氯反应控制方程(6.26)的求解，当初始条件 $t=0$，$C_{\mathrm{A}}=C_{\mathrm{A},0}$ 时，该一二阶混合模型的解析解如式(6.32)所示：

$$C_{\mathrm{A}}=\frac{C_{\mathrm{A},0}}{\left(1+\dfrac{\theta}{\gamma}C_{\mathrm{A},0}\right)\mathrm{e}^{k_{\mathrm{E}}t}-\dfrac{\theta}{\gamma}C_{\mathrm{A},0}} \tag{6.32}$$

式中，当 $t\to\infty$ 时，$C_{\mathrm{A}}\to\infty$，水体中余氯消耗殆尽。当 $\gamma\gg\theta$ 或 $\theta\to 0$，即 DBP 的生成量对供水管网余氯的消耗作用微弱时，有关 DBP 生成的二阶形式在控制方程中可简化为一阶形式，相应的式(6.32)变成与一阶模型相似的形式，如式(6.33)所示，此一阶形式在供水管网水质模拟中广泛应用：

$$C_{\mathrm{A}}=C_{\mathrm{A},0}\mathrm{e}^{-k_{\mathrm{E}}t} \tag{6.33}$$

6.5.2　消毒副产物生成模型

对式(6.28)进行积分求解、泰勒级数展开可以得到一二阶混合模型中 DBP 摩尔浓度变化的解析解及其与余氯摩尔浓度的变化关系，如式(6.34)所示。式中

$\Delta C_{\rm B}=C_{\rm B}-C_{\rm B,0}$，THM 的摩尔浓度变化关系、THM 最大生成量 Y 以及生成势 T 的计算公式如式(6.34)～式(6.36)所示：

$$\frac{\Delta C_{\rm B}}{C_{\rm A,0}}\approx\frac{k_{\rm DBP}C_{\rm E,0}\left(1-\dfrac{C_{\rm A}}{C_{\rm A,0}}\right)}{k_{\rm b}'+k_{\rm w}}-\frac{k_{\rm DBP}\theta C_{\rm A,0}}{2(k_{\rm b}'+k_{\rm w})}\left(1-\frac{C_{\rm A}}{C_{\rm A,0}}\right)^2 \tag{6.34}$$

$$Y=\lim_{t\to\infty}\frac{\Delta C_{\rm B}}{C_{\rm A,0}}=\frac{k_{\rm D}}{k_{\rm b}'+k_{\rm w}}+\frac{\theta k_{\rm DBP}}{2(k_{\rm b}'+k_{\rm w})}C_{\rm A,0} \tag{6.35}$$

$$T=-\frac{\partial C_{\rm B}}{\partial C_{\rm A}}=\frac{k_{\rm D}}{k_{\rm b}'+k_{\rm w}}+\frac{\theta k_{\rm DBP}}{k_{\rm b}'+k_{\rm w}}C_{\rm A} \tag{6.36}$$

经观察可知，T 与 Y 中含有相同的项 $\dfrac{k_{\rm D}}{k_{\rm b}'+k_{\rm w}}$。其中，对于一个已知的余氯反应系统，THM 最大生成量 Y 是一个定值，而生成势 T 是一个变量，随着时间的推移，水体余氯摩尔浓度减小，因而生成势 T 也减小。那么在 θ 很小的饮用水中或最后阶段反应物反应殆尽时，式(6.34)可以进一步简化得到固定 THM 生成势 T 下的 THM 摩尔浓度，如式(6.37)所示：

$$\Delta C_{\rm B}\approx YC_{\rm A,0}-\frac{k_{\rm D}}{k_{\rm b}'+k_{\rm w}}C_{\rm A} \tag{6.37}$$

已有研究利用二阶动力学模型模拟余氯衰减与 DBP 的生成反应[62-64]，并假设两者的反应速率比 $T'=\dfrac{k_{\rm DBP}}{k_{\rm Cl}}$ 在反应时间内为一常数，即总的 DBP 生成势 $\dfrac{\Delta C_{\rm B}}{\Delta C_{\rm A}}$，DBP 摩尔浓度的变化情况如式(6.38)所示，式中代入余氯在二阶模型下的摩尔浓度变化值：

$$C_{\rm B}=C_{\rm B,0}+T'(C_{\rm A,0}-C_{\rm A})=C_{\rm B,0}+T'C_{\rm A,0}\frac{{\rm e}^{k}E^{t}-1}{{\rm e}^{k}E^{t}-\dfrac{C_{\rm A,0}}{\alpha C_{\rm E,0}}} \tag{6.38}$$

式(6.38)与上述 $\dfrac{\theta C_{\rm A,0}}{C_{\rm E,0}}$ 为最小值时的 THM 简化式(6.37)相似。当 $\gamma\gg\theta$ 或 $\theta\to 0$ 时，利用简化式(6.33)中对余氯摩尔浓度的表示形式，可进一步简化式(6.34)中对 DBP 生成的模拟，写为应用比较广泛的一阶形式，如式(6.39)所示：

$$C_{\rm B}\approx C_{\rm B,0}+\frac{k_{\rm DBP}C_{\rm E,0}}{k_{\rm b}'+k_{\rm w}}C_{\rm A,0}(1-{\rm e}^{-k_{\rm E}t}) \tag{6.39}$$

6.5.3　余氯消耗及消毒副产物生成模型实验模拟

根据本节的研究目的，实验按照不同因素设置系列稳态工况和实验方案，设计工况中分别考虑不同管材、有机物种类、浓度以及流态下供水管网余氯、DBP的反应机理。在不同的模拟工况下，供水管网中水体发生不同的反应，从而表征出模型中相关反应系数 k_D、k'_b、k_w 的变化。

实验方案中，不同实验装置中的反应情景包括以下情况：①管段模拟烧杯实验中的反应情景，该实验只有余氯在主体水中的反应，同时消耗水中有机物、生成 DBP 和其他产物，因此烧杯实验作为对主体水反应系数 k_E 的模拟；②模拟余氯在主体水反应占优的情景，如 PVC 管中，除在主体水中的氯消耗外，管道内壁处的生物膜会占据一部分的氯消耗量；③模拟余氯在管道内壁反应占优的情景，如铁管或老龄化的管道中，由于管壁腐蚀严重，管材或生物膜活性较大，管道内壁处消耗大量的氯。一方面，当管段内流速过缓、余氯传质不足时，可能引起管道内壁细菌的大量滋生，从而造成余氯反应迅速；另一方面，当老旧铁管中水体流速变大时，可能会造成管道内壁有机物质的释放或生物膜的脱落，加剧水体中余氯的反应以及 DBP 的生成[65]。故本实验装置首先设置仅考虑管材的实验组，随后又考虑不同水源水 $\frac{[Cl_f]_0}{[TOC]_0} \approx 1$、2、不同流速(层流、过渡流、湍流)的可对比实验组。其中，不同水源水的实验组包括自来水源水和添加有机质的新配水源水。自来水源水中初始余氯浓度与初始 TOC 浓度的设定比例为 2∶1，新配水源水中初始余氯浓度与初始 TOC 浓度均较高，其设定比例为 1∶1，由于新配水源水中余氯反应较为迅速，实验组的初始余氯浓度控制难度较大。

对上述实验装置进行模拟实验，可以逐一分析管材、流速、有机物种类的影响。本研究首先将各工况下的余氯、DBP 的实验结果量化为摩尔浓度，其次将各个余氯、DBP 的摩尔浓度变化值除以初始摩尔浓度值，化为无量纲浓度。根据以上推导余氯、DBP 的摩尔浓度变化模型，利用 SigmaPlot 14.0 对各组实验数据进行回归拟合，各组的实验结果分别量化为不同的反应系数。以此得到表达余氯主体反应、DBP 生成反应、壁面反应的反应系数 k_D、k'_b、k_w 变化与各个影响因素(管道管材、流态、生物膜生长与冲刷)之间的关系，从而得到余氯摩尔浓度与DBP 摩尔浓度的变化关系。

1. 模拟实验结果

经归一化数据处理后的余氯浓度和 THM 浓度在烧杯实验、DI 管中表现出了明显的差异性。如图 6.64 所示，三条典型的时间-浓度曲线分别代表了余氯在烧杯、

PVC 管、DI 管中的浓度变化情况。其中，在 DI 管中由于较大的管道内壁需求量造成了余氯浓度的迅速下降，相比之下，PVC 管中的余氯反应量与烧杯中的余氯反应量相近，均小于 DI 管中的反应量。

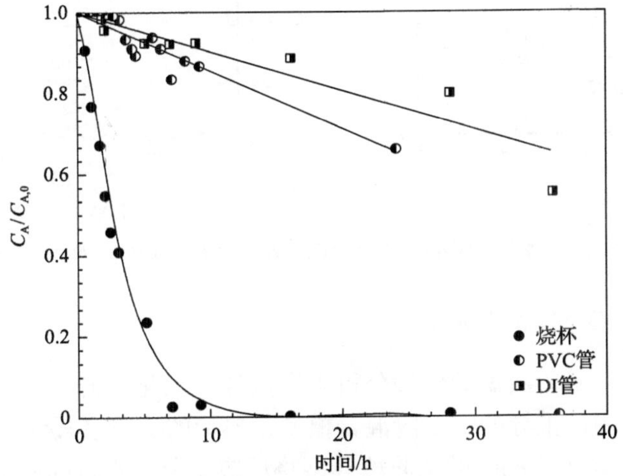

图 6.64　烧杯、PVC 管、DI 管(流量 Q=0.631L/s)实验中的余氯反应曲线

除上述三个不同装置中的实验结果外，图 6.65 标记了两组不同有机物种类工况下的铸铁管中余氯浓度与 THM 浓度的变化关系以及模型拟合的曲线，其中 S&F (S 表示慢反应，F 表示快反应)模型表示 Gang 的两阶段模型[61]。总体上，在铸铁管中发生的反应速率均较大，图 6.65(b) Virgin NOM 的水体中余氯反应速率较图 6.65(a) Tap NOM 的水体快。相比之下，PVC 管中的余氯反应速率较慢，余氯浓度在反应 36h 之后仍然可以检出。图中曲线的三个特征参数有：THM 的最大浓度值 C_B^* 、THM 到达最大浓度值的时间 t_{max} ，以及总的 THM 生成势 $\dfrac{\Delta C_B}{\Delta C_A}$ 。PVC 管中的余氯反应在 36h 后仍未达到稳定状态，因此计算中的 C_B^* 和 t_{max} 低估了 PVC 管中相关的 THM 生成的实际值。尽管如此，PVC 管中反应的 t_{max} 值仍然大于 DI 管中的值。

本实验进一步研究有关 THM 中物质种类的组成。在 THM 的生成实验中，测得 THM 的浓度较高，一溴二氯甲烷和一氯二溴甲烷检测出的浓度较低。而在实验水体中没有检出三溴甲烷。参考 THM 生成势的反应式(6.21)和式(6.22)，溴的化学活性比氯强，因此在 THM 的生成中溴比氯更容易加成或取代到有机物中，而这样的 THM 组成反映了主体水中溴浓度不足，关于 THM 物质组分的这一表现与供水管网水中较低的溴浓度一致。

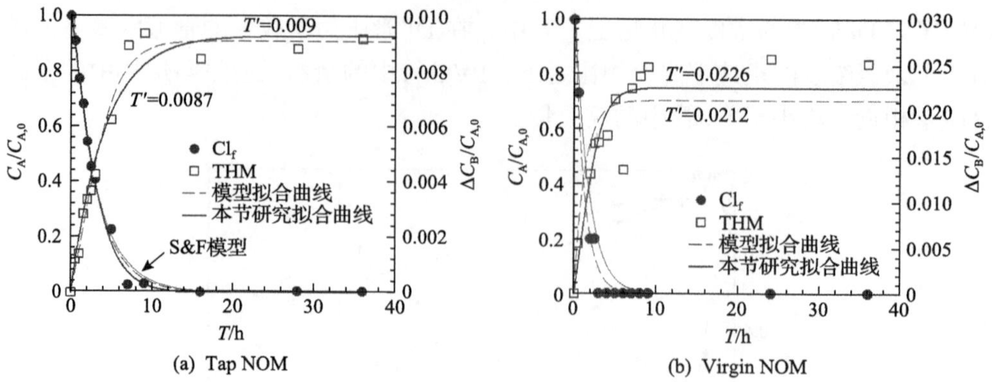

图 6.65　余氯浓度与 THM 浓度的变化关系(Q=0.631L/s)以及模型拟合曲线

2. 余氯反应与 THM 生成系数

本研究通过对实验数据的模型分析来模拟各个工况下余氯的总反应系数 k_E，其中模型分别采用已推导的一二阶混合模型，典型的一阶衰减模型和 Gang 的两阶段衰减模型。其中，Gang 的两阶段模型将反应划分为平行的两部分：快反应部分与慢反应部分。该模型中余氯在快速衰减之后进入一个慢反应阶段，其系统、合理地表达了余氯随时间的衰减过程。与两阶段模型相比，一二阶混合模型考虑了反应的各个组成部分、初始余氯浓度以及有机物对主体水反应的二阶影响，能够充分表达余氯的衰减过程和 DBP 的生成过程。这一现象与前人对二阶机理模型的研究中得出的结论相一致[62,66-68]。

此外，实验模拟时长较短，忽略了对供水管网生物膜生长变化的考虑[69]。如图 6.66 所示，余氯浓度与反应系数之间的关系表现得不明显，不能体现 Fisher 等[69]

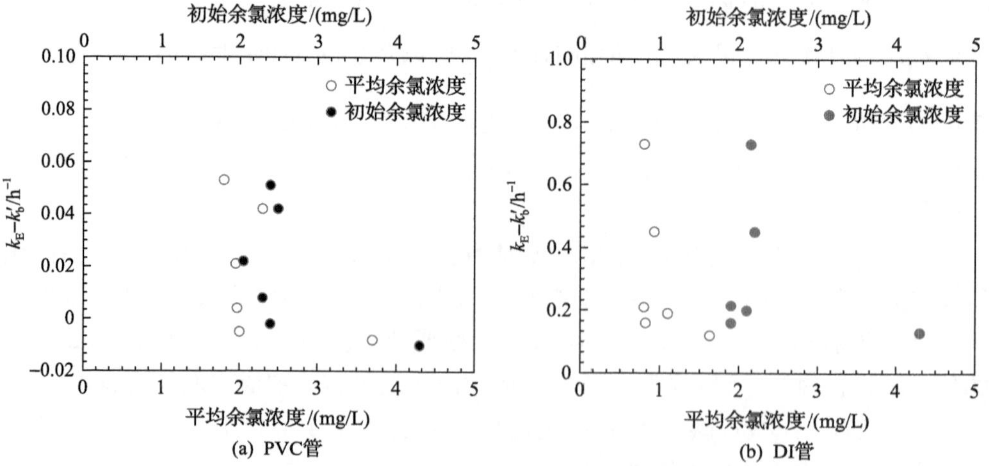

图 6.66　供水管网中余氯浓度与反应系数之间的关系

在 2017 年提出的余氯浓度对生物膜的抑制关系。

根据式(6.32)，k_E 能够表达余氯在主体水与管道内壁中的总反应速率。根据阿伦尼乌斯方程(6.15)，不同实验组的温度差异会对实验中反应速率产生一定的影响[70,71]，为消去温度的差异性，本研究将反应系数统一折算到 20℃时的值。PVC 管中反应系数的模拟结果分析表明,PVC 管中余氯的总反应系数仅受水源水种类、温度的影响，而管道流速的影响较小。因此，在水源水为 Tap NOM 的组别中，对 PVC 管中各反应系数与温度的关系进行优化求解，得到 20℃时本反应的 E_a/R 值约为 18100K^{-1}，从而得到 DI 管中各组的反应系数在 20℃时的折算值为

$$k_{T2} = k_{T1}e^{\left|\frac{-E_a/[R(T_1-T_2)]}{T_1T_2}\right|} \tag{6.40}$$

显然，对于余氯总反应系数 k_E 值的解析模拟，一二阶混合模型与一阶模型之间存在一个系统性的区别，对两模型的比较如图 6.67 所示，结果表明一二阶混合模型中的模拟值略大于一阶模型的 k_E 值，并且当 k_E 值较大时，两模型的系数值差距也较大。对比式(6.32)与式(6.33)的区别，θ 值的引入在一定程度上影响了方程中系数 k_E 的表达。前者考虑了主体水中余氯浓度与有机物浓度的相对关系，而一阶模型中对 θ 趋于零的化简可能引起了两模型间在 k_E 值上的差别。同时，一二阶混合模型与一阶模型相比，对于相同 k_E 值，混合模型在反应的初始阶段可以模拟更快的余氯衰减过程(图 6.67)。

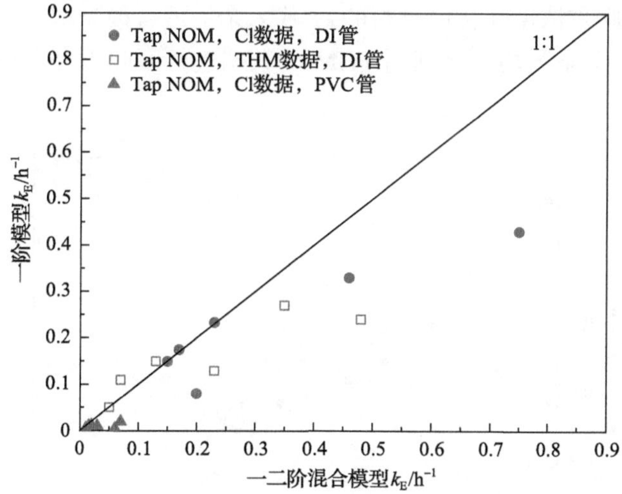

图 6.67　一二阶混合模型与一阶模型对系数 k_E 模拟的区别

对于自来水固有有机物的水体(Tap NOM)实心，利用一二阶混合模型，烧杯实

验中得到的主体水余氯反应系数 k_b' 相当于模拟的 k_E 均值，此时 k_E 为(0.018 ± 0.002) h^{-1} (N=6)，这个值略低于相同水源来的 PVC 管中的模拟，均值 k_E 为(0.22 ± 0.005) h^{-1}。相比之下，k_E 在 DI 管中滞流状态下的值比 PVC 管中的模拟值大一个数量级。此外，在添加有机质的折配水源水(Virgin NOM)中观察到更大的 k_E 值，余氯在此反应条件下衰减迅速，并且 THM 的生成势 $\dfrac{\Delta C_B}{\Delta C_A}$ 较大，如图 6.65(b)所示，在此情况下的 k_E 比自来水源水大，达到一个数量级。

3. THM 的生成参数

根据前面提及的 DBP 机理模型，本实验表征 5 个反映化学反应机理特征的参数：T'、Y、反应系数比 $\dfrac{k_D}{k_b' + k_w}$、t_{max}，以及计算值总的 THM 生成势 $\dfrac{\Delta C_B}{\Delta C_A}$。其中，由于 k_w 的区别，DI 管和 PVC 管中 t_{max} 的计算值有很大不同。同时，自来水源水和新配水源水中 k_b 值有较大不同，所以也造成了两组实验中 t_{max} 的区别。而正是由于 DBP 生成速率 k_{DBP} 以及反应系数比 $\dfrac{k_D}{k_b' + k_w}$ 的不同造成了不同时间-浓度曲线中(图 6.65)的区别。

在自来水源水和新配水源水实验中，余氯摩尔浓度 C_A 与 THM 摩尔浓度 C_B 间表现为线性关系(如图 6.68 所示)。模型参数值——THM 生成势 T 在概念上与 Clark 模型中的 THM 总生成势 T' 相近[62]，但有微小的差异。其中，T 由式(6.38)拟合而得，式中余氯的摩尔浓度变化由已得的 k_E 代入余氯混合模型求得。当实验中没有可用 k_E 值时，两个系数均直接利用 THM 的数据进行回归拟合求得，忽略由模拟

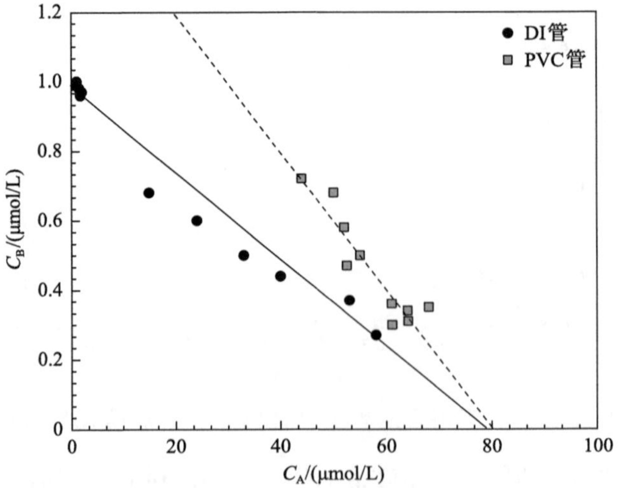

(a) Q=6.314L/s

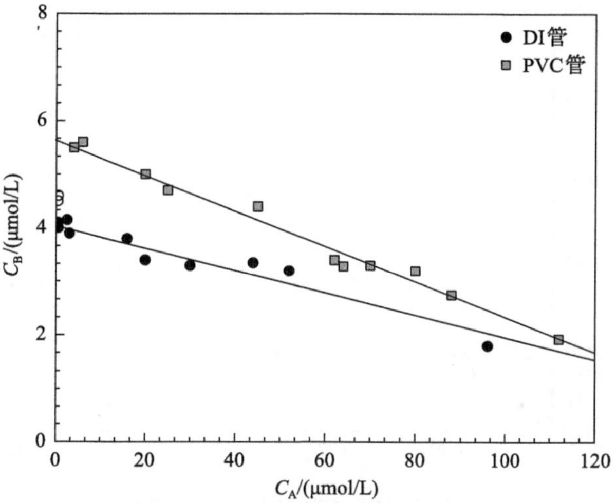

(b) Q=0.189L/s

图 6.68　不同水体中(Tap NOM/Virgin NOM)余氯摩尔浓度与 THM 摩尔浓度的变化关系

的 k_E 值引入的不确定性。DI 管中的自来水实验组的 T' 值范围为 0.0069～0.0202，平均值为 0.0124 ± 0.0051，而 PVC 管中，T' 值范围为 0.0059～0.0219，略低于 DI 管中的值。实验中，管道内壁生物膜对 DBP 的反应速率比的影响较小，这一结果与前人对氯胺和 NOM 反应的机理研究结果相一致[72]。

此外，余氯摩尔浓度与 THM 摩尔浓度的线性关系以及 T' 值的大小表明了两组实验中 THM 反应系数比 $\dfrac{k_D}{k_b' + k_w}$ 的大小。由图 6.69(a)可知，$T' \approx \dfrac{k_D}{k_b' + k_w}$，表明 Tap NOM 实验组中 DBP 生成比例较小的 θ，那么此时的 T' 可约等于 THM 生成势 T。

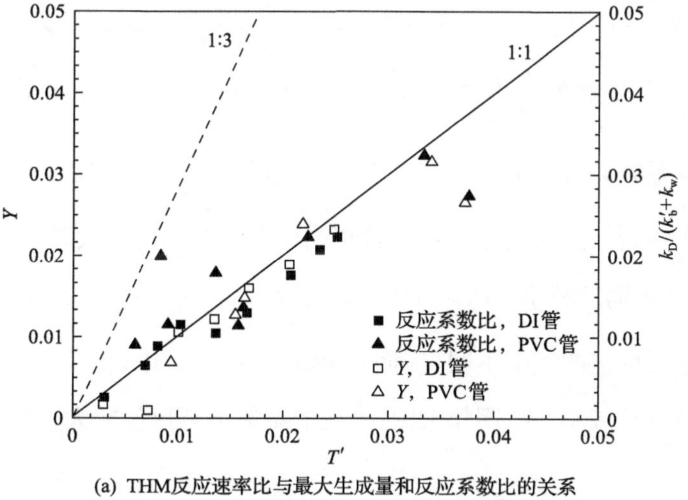

(a) THM反应速率比与最大生成量和反应系数比的关系

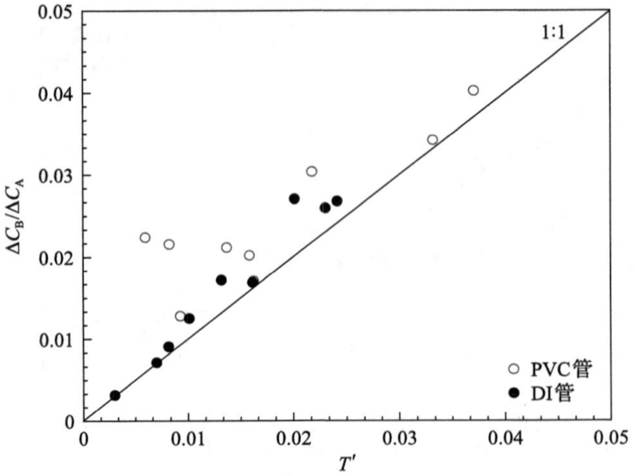

(b) THM反应速率比与$\Delta C_B/\Delta C_A$的关系

图 6.69　不同工况下各 THM 反应参数（$T', Y, \frac{k_D}{k_b'+k_w}, \frac{\Delta C_B}{\Delta C_A}$）之间的关系

图 6.70 进一步分析了模型模拟系数T'、Y和$\frac{k_D}{k_b'+k_w}$在 DI 管和 PVC 管内表现出的异同点。首先，由于在水源水中反应以及 PVC 管中反应时k_b'和k_w的值较小，使用 PVC 的水源水中余氯的反应与其他组实验机理不同。检测结果显示，PVC 管中余氯浓度在 36h 之后仍然较大。图 6.69(b) 中 PVC 管内 THM 的反应系数比$\frac{k_D}{k_b'+k_w}$或T'小于$\frac{\Delta C_B}{\Delta C_A}$的值。因此，如果使用$\frac{\Delta C_B}{\Delta C_A}$模拟特征参数$\frac{k_D}{k_b'+k_w}$会产生过高的估计值。此时 PVC 管中 THM 的生成过程还未达到稳定，故选择此阶段中时间-浓度的变化值会产生估计误差。

再者，模拟的Y值与T'值相近，但在个别实验工况下，Y值大于T'值或$\frac{k_D}{k_b'+k_w}$值，所有实验的$\frac{T'}{Y}$值均为 1～1.3，如图 6.69(a) 所示。相比于 DI 管中较大的壁面反应系数k_w，PVC 管中 THM 的Y值和$\frac{k_D}{k_b'+k_w}$值略大，这与传统意义上的理解不太相近。这一现象表明当管道内壁余氯的消耗较大时，主体水中用于生成 DBP 的余氯消耗减小，从而 THM 的反应系数比$\frac{k_D}{k_b'+k_w}$减小，说明 DBP 的生成在供水管网反应的竞争不明显，而在 PVC 管的反应中，由于其运行年限较短，管道内壁反应系数较小，故用作 DBP 生成的余氯消耗比例较大，从而$\frac{k_D}{k_b'+k_w}$相应较大。但是 THM 最终的生成浓度还与余氯的反应量有关，后续分析中还需对此现象做进一步的讨论。

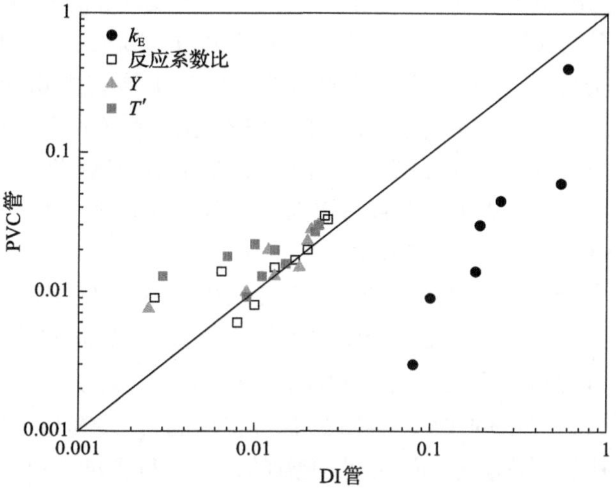

图 6.70　余氯、THM 反应系数在 DI 管和 PVC 管内反应的关系

k_E 为 20℃温度折算后的值

4. 传质作用与流态的关系

管道流体中考虑分子扩散和溶质弥散的模型已得到广泛关注，式(6.25)表现的即为其中一种模型。本研究对循环管段实验结果的模型分析表明，水中余氯-DBP-浊度间的浓度变化关系可由 k_D、k_b' 和 k_w 表征，三个系数间的大小关系随着管道内壁物质的沉积和管垢的脱落而变化。这一过程甚至在 PVC 管中仍然存在。

考虑到传质作用对余氯反应动力学的影响并不是直接的，而且模型式(6.28)中对水体传质过程的描述仅解决了水体的平流扩散过程。管道主体水与管道内壁之间的物质交换是另一个重要的传输机制[73]。管道内壁面上，特别是在老化管的内壁面上，积聚了许多包含无机物和有机质的管垢、富含胞外聚合物的沉积物，这些物质均可作为 DBP 的前驱物质，而在后续的反应中较易生成 DBP[74,75]。管道内壁面具有不同的粗糙度、管龄，以及不同反应活性，因此表现出不同的反应特性，这些壁面的不同特性都能引起不同流场中管道传质过程与化学反应的不同。然而，这种相互作用的特性表现并不是普遍一致的。前人研究中认为，在非活性管材中余氯反应过程受到余氯反应活性的影响，而在活性管材中余氯的反应过程受到壁面传质系数 k_f 的影响。同时，其他人认为管道中水体的流动特性与消毒剂在管道内壁处的反应决定了水质的变化状况[76,77]。

毫无疑问，管道内壁生物膜和管垢的变化，与余氯的反应活性以及管道流动中的相关基质变化有关，这些都会导致早期建模中水体余氯反应以及 DBP 形成模拟中 k'_w 的变化[78]。在实验研究中并没有发现 k'_w 与 C_A 之间的关系。然而，k'_w 在实际管网中的变化机制不容忽视。本节通过模型分析发现，需要将水体与管道内壁间的物质交换过程纳入模型的控制方程中。对于式(6.32)和式(6.34)中的解析解，一种可以实现的方法是定义合理的模型参数来反映水体有机物和余氯在流动 Re 范围内的迁移反应动力学。本章的研究中并没有给出精确的模型解，出于研究目的的考虑，确定三个主要的影响变量：水体有机物的反应活性、管道内壁腐蚀情况以及管内水流特性。模型在不同管材以及不同流态下的管道反应关系表现如下。

1) PVC 新管中较小且稳定的 k_E 值

PVC 新管是具有光滑表面的管道，拥有较小的余氯总体反应系数 k_E，并且在整个 Re 流动范围内变化不大，PVC 管中 $k_E \approx k_b$，主体水余氯反应系数 k_b $\left(k_b = k'_b + k_D\right)$ 通常通过一系列烧杯实验测得。同时，本研究中 PVC 管壁对余氯反应的作用微乎其微，光滑的 PVC 管壁具有可忽略的 k'_w，其与主体水之间的物质交换过程也相应比较微小。然而，值得注意的是，一旦新的 PVC 管投入使用，管中浊度增加的现象早晚也会出现。DBP 的生成量在微克每升的微小水平，只需要从管道内壁处获得活性有机质并消耗少量的余氯就会造成生成产物 THM 的增加，从而使得 THM 反应系数比 $\dfrac{k_D}{k'_b + k_w}$ 发生实质性的变化。这种反应动力学变化在对实验结果 k_E 和 $\dfrac{k_D}{k'_b + k_w}$ 的分析中是明显的，这与先前研究中报道的可测得的管道内壁需求量和 DBP 的形式规律相一致[79]。

当 $k_w \approx 0$ 时，氯的反应和 DBP 的最大生成潜力直接取决于水体中氯与有机物的反应活性。实验研究结果表明，添加有机质的新配水源水中有机物活性明显大于自来水中自身有机物活性，该新配水源水具有更大的余氯总体反应系数 k_E 和 THM 生成量 Y。这一观察结果表明，在给水处理与管理中降低 NOM 活性的重要性。

2) DI 管在 Re<4000 流态下的 k_E 值

新的 PVC 管和老化的 DI 管的余氯反应动力学在停滞、层流和过渡流中的变化值得关注。在 Re<4000 的管道流态中，THM 的反应系数比 $\dfrac{k_D}{k'_b + k_w}$ 在整个流程范围内最大，而余氯的总体反应系数 k_E 相对较小，且随 Re 的变化不大，然而在 $Re = 1700$ 的过渡流实验中发现了两个动力学性质区别略大的内部变化。因此，认为较高的 DBP 的生成潜力或 THM 反应系数比 $\dfrac{k_D}{k'_b + k_w}$ 是由与 DBP 生成相关的有机质从管壁的释放造成的。这一猜测可以从循环管段滞流实验中浊度的较大变化

得到证实。通常，在管壁上堆积的沉积物由铁、微生物可生化有机物、细菌和其他无机物组成。DBP 形成的前驱物，如多糖和蛋白质，在研究中认为可以从细菌的细胞和胞外聚合物质的分解中释放出来[73]。即使在相对干净的塑料管中，生物膜、管垢，以及一些疏松的沉积物质都会影响余氯的衰减或 DBP 的生成[77]。这些沉积物通过管道水流的侵蚀冲刷而移动，其与氯的衰减和 DBP 的形成密切相关。

3) 湍流流态中较大的 k_E 值与稳定的 THM 生成率

依附供水管网流态的 k_E 在湍流条件下的变化表明，除溶质的扩散作用外，其他的传质机制，如管道内壁沉积物、管垢的脱落以及活性物质释放，可能是影响余氯与 THM 反应动力学的主要机制。在本研究中，这个过程由水体中的浊度随管段流态 Re 的变化关系来表示。

物质在管道内壁的沉积、腐蚀与脱落过程与供水管网的流动特性有关，管道中的流速和水力特性的增加，将管中营养物供给至管道内壁处，从而促进了管道内壁生物膜的生长[80]。同时，它们还增加了水流剪切力对管道内壁生物膜的作用，导致了管垢的脱落或活性物质的释放[80]。这一过程导致管道内壁处产生了新的余氯消耗量或余氯反应，引起了 k_E 呈上升趋势；相反的，THM 的反应系数比 $\frac{k_D}{k_b' + k_w}$ 呈下降趋势。管道内壁物质沉积与脱落两个过程的平衡使得管道内壁生物膜的生长在一定范围内是平衡的，并使得活性物质在供水管网中的脱落达到一个平衡状态。

6.6　本 章 小 结

城市供水管网如同一个巨大的管式反应器，每时每刻都在进行着复杂的物理反应、化学反应以及生物反应，探究其中的水质变化机理对保障饮用水安全具有重要意义，其规模庞大、隐蔽性以及易受到外部环境干扰的特点使得实际供水管网中直接进行实验具有很大的局限性。供水管网创新平台可再现工况复杂、隐蔽性强、难以有效监测的实际工程，并具有操作便捷、运行工况可控制、数据采集方便以及不存在社会风险的特点，在探究供水管网水质演变机理方面发挥了重要作用。浙江大学全流程供水管网创新平台在世界范围内处于领先水平，本章多数研究均在该管网创新平台完成，为探究供水管网管道内壁以及主体水中复杂的物理反应、化学反应及生物反应发挥了重要作用。

供水管网中管道内壁以及主体水中多种因素均会影响余氯衰减及 DBP 的生成，在实际生产中，应结合输水距离、水力条件以及共存物质等多种因素评估余氯衰减同时控制 DBP 生成。管道内壁铁释放及生物膜的变化是影响输配水水质的重要因素，在满足生产要求的情况下，降低流速，控制水体共存离子和有机物浓度、使用磷酸二氢钠等缓释剂可减缓铁释放。此外，管龄和滞流对生物膜理化性质有显著影响，实际供水中要避免滞流工况的发生，并采用先消毒剂消杀后再冲刷的方式控制生物膜的生长，以保障水质安全。近年来，供水管网新污染物频频检出，其在输配水过程中的迁移转化均受水力/水质等多种因素的影响，且影响程度因污染物浓度和性质差异而不同。新污染物的存在会促进输配水过程中 DBP 的产生，从而加剧水质污染风险。

在供水管网实验平台探究水质演变机理的基础上，构建反应水质变化的数学模型。结果表明，管道水力特性 *Re*、NOM 类型和管道类型决定了水体余氯反应系数与 DBP 反应系数，进而控制供水管网系统中余氯和 DBP 的变化状况。管段流速的增加使得余氯总体反应系数增加，同时 DBP 生成比下降。然而，对于有机物活性较大的新配水源水，有机物与余氯的主体水反应过程占优，有机物的活性掩盖了水体流动特性对管道内壁反应系数的影响。

参 考 文 献

[1] 赵迎迎. 基于实时用水模式的城市供水管网水质模型研究[D]. 杭州：浙江大学, 2018.

[2] García-Timermans C, Malfroot B, Dierendonck C, et al. Pilot-scale drinking water distribution system to study water quality changes during transport[J]. Clean Water, 2023, 6(1): 52-58.

[3] 常魁. 供水管网中氯和二氧化氯耦合反应过程及其衰减模型研究[D]. 哈尔滨：哈尔滨工业大学, 2011.

[4] 路凯，井海宁，李士英，等. 美国大中型水厂饮水消毒调查报告[J]. 环境与健康杂志, 2001, 18(3): 179-182.

[5] White G C. Handbook of Chlorination: For Potable Water, Wastewater, Cooling Water, Industrial, Processes, and Swimming Pools[M]. New York：Van Nostrand Reinhold Co, 1972.

[6] Fair G M, Morris J C, Lu Chang S, et al. The behavior of chlorine as a water disinfectant[J]. Journal American Water Works Association, 1948, 40(10): 1051-1061.

[7] 国家市场监督管理总局, 国家标准化管理委员会. GB 5749—2022　生活饮用水卫生标准[S].北京：中国标准出版社, 2022.

[8] Boyce S D, Hornig J F. Reaction pathways of trihalomethane formation from the halogenation of dihydroxyaromatic model compounds for humic acid[J]. Environmental Science & Technology, 1983, 17(4): 202-211.

[9] Li X, Gu D M, Qi J Y, et al. Modeling of residual chlorine in water distribution system[J]. Journal of Environmental Sciences, 2003, 15(1): 136-144.

[10] Richardson S D, Plewa M J, Wagner E D, et al. Occurrence, genotoxicity, and carcinogenicity of regulated and emerging disinfection by-products in drinking water: A review and roadmap for research[J]. Mutation Research/Reviews in Mutation Research, 2007, 636(1-3): 178-242.

[11] Freeman L E B, Cantor K P, Baris D, et al. Bladder cancer and water disinfection by-product exposures through multiple routes: A population-based case-control study（New England, USA）[J]. Environmental Health Perspectives, 2017, 125（6）: 067010.

[12] Plewa M J, Kargalioglu Y, Vankerk D, et al. Mammalian cell cytotoxicity and genotoxicity analysis of drinking water disinfection by-products[J]. Environmental and Molecular Mutagenesis, 2002, 40（2）: 134-142.

[13] Muellner M G, Wagner E D, McCalla K, et al. Haloacetonitriles vs. regulated haloacetic acids: Are nitrogen-containing DBPs more toxic?[J]. Environmental Science & Technology, 2007, 41（2）: 645-651.

[14] Plewa M J, Wagner E D, Jazwierska P, et al. Halonitromethane drinking water disinfection byproducts: Chemical characterization and mammalian cell cytotoxicity and genotoxicity[J]. Environmental Science & Technology, 2004, 38（1）: 62-68.

[15] Xue C H, Wang Q, Chu W H, et al. The impact of changes in source water quality on trihalomethane and haloacetonitrile formation in chlorinated drinking water[J]. Chemosphere, 2014, 117: 251-255.

[16] Wert E C, Rosario-Ortiz F L. Intracellular organic matter from cyanobacteria as a precursor for carbonaceous and nitrogenous disinfection byproducts[J]. Environmental Science & Technology, 2013, 47（12）: 6332-6340.

[17] Postigo C, Emiliano P, Barceló D, et al. Chemical characterization and relative toxicity assessment of disinfection byproduct mixtures in a large drinking water supply network[J]. Journal of Hazardous Materials, 2018, 359: 166-173.

[18] Yu J, Kim D, Lee T. Microbial diversity in biofilms on water distribution pipes of different materials[J]. Water Science and Technology, 2010, 61（1）: 163-171.

[19] Jang H J, Choi Y J, Ro H M, et al. Effects of phosphate addition on biofilm bacterial communities and water quality in annular reactors equipped with stainless steel and ductile cast iron pipes[J]. Journal of Microbiology, 2012, 50（1）: 17-28.

[20] McRae B M, LaPara T M, Hozalski R M. Biodegradation of haloacetic acids by bacterial enrichment cultures[J]. Chemosphere, 2004, 55（6）: 915-925.

[21] Sonin A A, Probstein R F. A hydrodynamic theory of desalination by electrodialysis[J]. Desalination, 1968, 5（3）: 293-329.

[22] Li C, Yang Y J, Yu J Z, et al. Second-order chlorine decay and trihalomethanes formation in a pilot-scale water distribution systems[J]. Water Environment Research, 2012, 84（8）: 656-661.

[23] Lytle D A, Sarin P, Snoeyink V L. The effect of chloride and orthophosphate on the release of iron from a cast iron pipe section[J]. Journal of Water Supply: Research and Technology-AQUA, 2005, 54（5）: 267-281.

[24] 高玖藜. 供水管道铁释放现象影响因素研究[D]. 杭州: 浙江大学, 2013.

[25] Theis T L, Singer P C. The stabilization of ferrous iron by organic compounds in natural waters[J]. Trace Metals and Metal Organic Interactions in Natural Waters, 1973: 303-320.

[26] Stoodley P, Yang S, Lappin-Scott H, et al. Relationship between mass transfer coefficient and liquid flow velocity in heterogenous biofilms using microelectrodes and confocal microscopy[J]. Biotechnology and Bioengineering, 1997, 56(6): 681-688.

[27] Manuel C M, Nunes O C, Melo L F. Dynamics of drinking water biofilm in flow/non-flow conditions[J]. Water Research, 2007, 41(3): 551-562.

[28] Paul E, Ochoa J C, Pechaud Y, et al. Effect of shear stress and growth conditions on detachment and physical properties of biofilms[J]. Water Research, 2012, 46(17): 5499-5508.

[29] Henne K, Kahlisch L, Brettar I, et al. Analysis of structure and composition of bacterial core communities in mature drinking water biofilms and bulk water of a citywide network in Germany[J]. Applied and Environmental Microbiology, 2012, 78(10): 3530-3538.

[30] van der Kooij D, Veenendaal H R, Baars-Lorist C, et al. Biofilm formation on surfaces of glass and teflon exposed to treated water[J]. Water Research, 1995, 29(7): 1655-1662.

[31] Chandy J P, Angles M L. Determination of nutrients limiting biofilm formation and the subsequent impact on disinfectant decay[J]. Water Research, 2001, 35(11): 2677-2682.

[32] Douterelo I, Husband S, Boxall J B. The bacteriological composition of biomass recovered by flushing an operational drinking water distribution system[J]. Water Research, 2014, 54: 100-114.

[33] Mathieu L, Bertrand I, Abe Y, et al. Drinking water biofilm cohesiveness changes under chlorination or hydrodynamic stress[J]. Water Research, 2014, 55: 175-184.

[34] Zheng Y, Mi W J, Bi Y H, et al. The response of phosphorus uptake strategies of Microcystis aeruginosa to hydrodynamics fluctuations[J]. Environmental Science and Pollution Research International, 2017, 24(10): 9251-9258.

[35] Song Y, Zhang L L, Li J, et al. Mechanism of the influence of hydrodynamics on Microcystis aeruginosa, a dominant bloom species in reservoirs[J]. Science of the Total Environment, 2018, 636: 230-239.

[36] Wang H W, Li Y, Li J, et al. Influences of hydrodynamic conditions on the biomass of benthic diatoms in a natural stream[J]. Ecological Indicators, 2018, 92: 51-60.

[37] How W, Song Y D, Lu N, et al. Synergy effect of environmental factors on the growth and toxins production by Microcystis aeruginosa[J]. Nature Environment & Pollution Technology, 2021, 20(2): 891-898.

[38] 宋宁宁, 王冠, 刘长利, 等. 白色 PP-R 给水管内壁藻类滋生问题浅析[J]. 供水技术, 2015, 9(2): 37-39.

[39] Wu Z X, Song L R, Li R H. Different tolerances and responses to low temperature and darkness between water bloom forming cyanobacterium Microcystis and a green alga scenedesmus[J]. Hydrobiologia, 2008, 596: 47-55.

[40] Deborde M, Rabouan S, Gallard H, et al. Aqueous chlorination kinetics of some endocrine disruptors[J]. Environmental Science & Technology, 2004, 38(21): 5577-5583.

[41] 王子龙. 双酚 A 在管网中的迁移转化研究[D]. 杭州: 浙江大学, 2014.

[42] Sharma V K. Oxidative transformations of environmental pharmaceuticals by Cl_2, ClO_2, O_3, and Fe(VI): Kinetics assessment[J]. Chemosphere, 2008, 73(9): 1379-1386.

[43] Hu J, Cheng S, Aizawa T, et al. Products of aqueous chlorination of 17β-estradiol and their estrogenic activities[J]. Environmental Science & Technology, 2003, 37(24): 5665-5670.

[44] Dodd M C, Shah A D, von Gunten U, et al. Interactions of fluoroquinolone antibacterial agents with aqueous chlorine: Reaction kinetics, mechanisms, and transformation pathways[J]. Environmental Science & Technology, 2005, 39(18): 7065-7076.

[45] Li B, Zhang T. pH significantly affects removal of trace antibiotics in chlorination of municipal wastewater[J]. Water research, 2012, 46(11): 3703-3713.

[46] Wang P, He Y L, Huang C H. Oxidation of fluoroquinolone antibiotics and structurally related amines by chlorine dioxide: Reaction kinetics, product and pathway evaluation[J]. Water Research, 2010, 44(20): 5989-5998.

[47] Lytle D A, Liggett J. Impact of water quality on chlorine demand of corroding copper[J]. Water Research, 2016, 92: 11-21.

[48] Vijayan P. Experimental observations on the general trends of the steady state and stability behaviour of single-phase natural circulation loops[J]. Nuclear Engineering and Design, 2002, 215(1-2): 139-152.

[49] Heim T H, Dietrich A M. Sensory aspects and water quality impacts of chlorinated and chloraminated drinking water in contact with HDPE and cPVC pipe[J]. Water Research, 2007, 41(4): 757-764.

[50] Mitroka S M, Smiley T D, Tanko J, et al. Reaction mechanism for oxidation and degradation of high density polyethylene in chlorinated water[J]. Polymer Degradation and Stability, 2013, 98(7): 1369-1377.

[51] Pérez-Moya M, Graells M, Castells G, et al. Characterization of the degradation performance of the sulfamethazine antibiotic by photo-fenton process[J]. Water Research, 2010, 44(8): 2533-2540.

[52] Pivokonský M, Pivokonská L, Novotná K, et al. Occurrence and fate of microplastics at two different drinking water treatment plants within a river catchment[J]. Science of the Total Environment, 2020, 741: 140236.

[53] Wang Z F, Lin T, Chen W. Occurrence and removal of microplastics in an advanced drinking water treatment plant (ADWTP) [J]. Science of the Total Environment, 2020, 700: 134520.

[54] Li J Y, Liu H H, Chen J P. Microplastics in freshwater systems: A review on occurrence, environmental effects, and methods for microplastics detection[J]. Water Research, 2018, 137: 362-374.

[55] Leiser R, Wu G M, Neu T R, et al. Biofouling, metal sorption and aggregation are related to sinking of microplastics in a stratified reservoir[J]. Water research, 2020, 176: 115748.

[56] 杨海涛, 田一梅, 刘骋, 等. 再生水管网余氯衰减规律及影响因素研究[J]. 中国给水排水, 2016, 32(15): 85-90.

[57] Kim S, Marion M, Jeong B H, et al. Crossflow membrane filtration of interacting nanoparticle suspensions[J]. Journal of Membrane Science, 2006, 284(1-2): 361-372.

[58] Rossman L A. Epanet 2: Users Manual[M]. Washington DC: U.S. Environmental Protection Agency, 2000.

[59] 李欣, 马建薇, 袁一星. 城市给水管网水质研究与进展[J]. 哈尔滨工业大学学报, 2004, 36(10): 1392-1396.

[60] 王鸿翔, 郭文献. 供水管网水质模型校正研究与应用[M]. 北京: 中国水利水电出版社, 2015.

[61] Gang D, Clevenger T, Banerji S. Modeling chlorine decay in surface water[J]. Journal of Environmental Informatics, 2003, 1(1): 21-27.

[62] Clark R M. Chlorine demand and THM formation kinetics: A second-order model[J]. Journal of Environmental Engineering, 1998, 124(1): 16-24.

[63] Clark R M, Sivaganesan M. Predicting chlorine residuals in drinking water: Second order model[J]. Journal of Water Resources Planning and Management, 2002, 128(2): 152-161.

[64] Boccelli D L, Tryby M E, Uber J G, et al. A reactive species model for chlorine decay and THM formation under rechlorination conditions[J]. Water Research, 2003, 37(11): 2654-2666.

[65] 柳景青, 罗志逢, 周晓燕, 等. 水流剪切力对供水管道管壁生物膜生长的影响[J]. 浙江大学学报(工学版), 2016, 50(2): 250-256.

[66] Yang X, Shang C, Lee W, et al. Correlations between organic matter properties and DBP formation during chloramination[J]. Water Research, 2008, 42(8-9): 2329-2339.

[67] Shang F, Uber J G, Rossman L A. Modeling reaction and transport of multiple species in water distribution systems[J]. Environmental Science & Technology, 2008, 42(3): 808-814.

[68] Cristo C D, Leopardi A, de Marinis G. Effect of data uncertainty on trihalomethanes prediction in water supply systems using kinetic models[J]. Procedia Engineering, 2014, 70: 507-514.

[69] Fisher I, Kastl G, Sathasivan A. New model of chlorine-wall reaction for simulating chlorine concentration in drinking water distribution systems[J]. Water Research, 2017, 125: 427-437.

[70] Fisher I, Kastl G, Sathasivan A. A suitable model of combined effects of temperature and initial condition on chlorine bulk decay in water distribution systems[J]. Water Research, 2012, 46(10): 3293-3303.

[71] Hua P, Vasyukova E, Uhl W. A variable reaction rate model for chlorine decay in drinking water due to the reaction with dissolved organic matter[J]. Water Research, 2015, 75: 109-122.

[72] Duirk S E, Valentine R L. Modeling dichloroacetic acid formation from the reaction of monochloramine with natural organic matter[J]. Water Research, 2006, 40(14): 2667-2674.

[73] Wang Z Z, Kim J, Seo Y. Influence of bacterial extracellular polymeric substances on the formation of carbonaceous and nitrogenous disinfection byproducts[J]. Environmental Science & Technology, 2012, 46(20): 11361-11369.

[74] Hallam N B, West J R, Forster C F, et al. The decay of chlorine associated with the pipe wall in water distribution systems[J]. Water Research, 2002, 36(14): 3479-3488.

[75] Peng C Y, Korshin G V, Valentine R L, et al. Characterization of elemental and structural composition of corrosion scales and deposits formed in drinking water distribution systems[J]. Water Research, 2010, 44(15): 4570-4580.

[76] Kim H, Kim S, Koo J. Prediction of chlorine concentration in various hydraulic conditions for a pilot scale water distribution system[J]. Procedia Engineering, 2014, 70: 934-942.

[77] Lehtola M J, Laxander M, Miettinen I T, et al. The effects of changing water flow velocity on the formation of biofilms and water quality in pilot distribution system consisting of copper or polyethylene pipes[J]. Water Research, 2006, 40(11): 2151-2160.

[78] Rossman L A, Brown R A, Singer P C, et al. DBP formation kinetics in a simulated distribution system[J]. Water Research, 2001, 35(14): 3483-3489.

[79] Chan K C, Mavinic D S, Brereton J A. Trihalomethane formation in drinking water and production within a polyvinyl chloride pipe environment[J]. Journal of Environmental Engineering and Science, 2002, 1(4): 293-302.

[80] Abe Y, Skali-Lami S, Block J C, et al. Cohesiveness and hydrodynamic properties of young drinking water biofilms[J]. Water Research, 2012, 46(4): 1155-1166.

第 7 章　城市供水管网水质调控原理与方法

7.1　水源人工湿地强化净化

7.1.1　水源生态湿地对水源水质特征指标的净化提升关键技术

1. 现状湿地净化效果评估

1) 水质指标

水质指标是评估湿地净化效果最直接、最基础的依据，通过量化水体的各种物理化学性质，以便提供湿地水质状况最直接且详尽的资料。

(1) 理化指标。理化指标包括水温、pH、溶解氧、电导率、悬浮物、化学需氧量(COD)和生化需氧量(biochemical oxygen demand, BOD)等。水温反映了水体的热状况，对水生生物的活动和分布有重要影响；pH 衡量水体的酸碱度，是许多化学反应和生物过程的关键参数；溶解氧是水生生物呼吸的必需品，其含量直接影响生物的生存状况；电导率间接指示了水体中离子含量的多少，与水质污染程度密切相关；悬浮物可能包括颗粒物、胶体等，它们不仅影响水体的透明度，还可能对水生生物造成机械损伤；COD 和 BOD 分别用于衡量水体中有机污染物的总量和可被生物降解的部分，是评估水体污染程度的重要指标。

(2) 营养盐指标。氮、磷等元素是植物生长的必要元素，但在湿地生态系统中，其过量存在往往会导致藻类和其他水生植物过度繁殖，进而引发水体富营养化。因此，监测含氮、磷等元素的营养盐含量对于评估湿地水体富营养化风险具有重要意义。

(3) 重金属和有毒有害物质。这类物质包括铅、汞、镉、砷等重金属和有毒元素以及农药、有机污染物等。它们对生物体具有高度的毒性和累积性，即使在低浓度下也可能对水生生物和人类健康造成长期危害。因此，在湿地净化效果评估中，必须严格控制这些物质的含量，以确保湿地生态系统的安全和健康。

2) 生物指标

生态指标从更宏观的角度来评估湿地生态系统的稳定性和恢复能力。它们不仅关注湿地内部的生物群落结构，还考虑湿地与周围环境之间的相互作用关系。

(1) 植被覆盖率。植被是湿地生态系统的重要组成部分，它们通过吸收营养盐、拦截悬浮物等方式对水质进行净化。植被覆盖率直接反映了湿地生态系统的健康状况和净化能力。

(2)生物多样性。生物多样性是衡量湿地生态系统复杂性和稳定性的重要指标。高生物多样性的湿地生态系统通常具有更强的抗干扰能力和恢复能力，能够更好地应对水质污染等环境压力。

(3)物种丰度。物种丰度是指特定区域内物种数量的多少。在湿地生态系统中，物种丰度的变化可以反映湿地环境的适宜性和生态系统的稳定性。如果湿地环境得到改善，物种丰度往往会增加；反之，如果湿地环境受到破坏，物种丰度会减少。

3)评估方法

(1)现场采样分析。现场采样分析是湿地净化效果评估中最基础且最直接的方法之一。该方法的核心在于通过科学布设的采样点，在湿地不同区域定期采集水样和生物样品，随后送至专业实验室进行详尽的理化分析和生物鉴定。这一流程确保了数据的准确性和可靠性，因为实验室分析能够精确测定水样中的各种化学成分、营养盐含量以及重金属和有毒有害物质的浓度，同时生物样品的分析也能揭示湿地生物群落的结构和健康状况。然而，现场采样分析也存在一定的局限性，主要体现在成本较高和需要投入大量的人力物力。采样点的布设，样品的采集、运输和保存，以及实验室分析的过程都需要专业人员的参与和昂贵的设备支持。

(2)遥感技术。遥感技术作为一种先进的监测手段，在湿地净化效果评估中发挥着越来越重要的作用。该技术利用卫星或无人机搭载的高分辨率传感器，能够迅速覆盖湿地的大范围区域，并实时获取水质、植被分布及健康状况等关键信息。相比现场采样分析，遥感技术具有覆盖范围广、更新周期短的优势，能够实现对湿地生态系统的连续、动态监测。然而，遥感技术的应用也受天气条件的限制，如云层遮挡、雾霾等因素都可能影响传感器的成像质量，进而降低数据的精度。此外，遥感数据的解译和校准也需要专业的技术支持与丰富的经验积累。

(3)自动监测站。为了进一步提高监测效率并减少人工干预，自动监测站广泛应用于湿地净化效果的评估中。这些监测站通常部署在湿地的关键区域，能够实时、连续地监测水质和气象等关键参数，并将数据传输至远程数据中心进行集中处理和分析。自动监测站的使用不仅提高了监测的时效性，还减小了人为因素对监测结果的影响。然而，自动监测站的建设和维护也需要较高的成本投入，包括设备的购置、安装、调试以及后续的维护保养等。此外，监测站点的选择和监测参数的设定也需要根据湿地的具体情况进行科学规划。

(4)多标准评估法。为了全面反映湿地的综合价值和净化效果，多标准评估法应运而生。该方法综合考虑了生态、经济、社会等多方面的指标，通过构建评估体系并采用加权求和、层次分析法等综合评价方法，对湿地的整体状况进行量化评估。多标准评估法能综合考虑湿地多方面的价值，避免单一指标评价的片面性。

然而，该方法的应用也面临一定的挑战，如各指标权重的设定需要基于科学研究和专家经验的合理分配；同时，评估过程中还需要充分考虑不同利益相关者的需求和期望，以确保评估结果的公正性和客观性。因此，在应用多标准评估法时，需要充分准备和精心规划，以确保评估工作的顺利进行和评估结果的准确可靠。

2. 水源人工湿地填料堵塞机制与影响因素研究

1) 水源湿地生物堵塞

通过模拟不同形态的填料，构建不同结构的孔喉类型，研究不同孔喉条件下生物堵塞的形成与影响。整套实验装置由储水箱、蠕动泵、稳压器、二维多孔介质及废水箱组成，如图 7.1 所示[1]。培养液通过蠕动泵经由稳压器通入二维多孔介质，流出的培养液收集至废水箱。为模拟实际渗滤设施应用环境，整套实验装置在室内运行，温度控制在 18～25℃，并对实验装置进行遮光处理，以确保实验装置在运行时不受光照影响[2]。

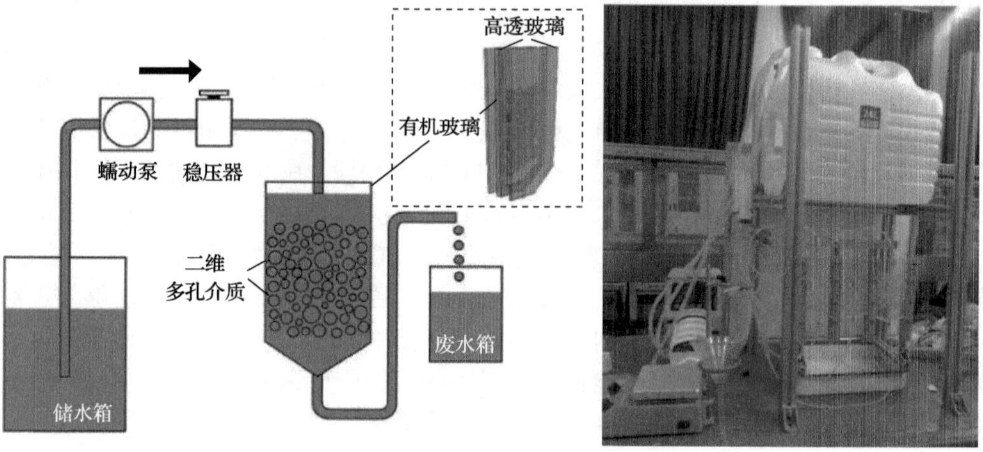

图 7.1　二维多孔介质实验装置运行图

通过染色示踪实验观察二维多孔介质实验装置内的示踪液流动情况，得到不同孔隙结构下的初始流场，如图 7.2 所示。光子分子荧光对比实验(photonic molecular fluorescent contrast, PMFC)表明，在生物堵塞出现之前，孔隙结构的特定形状决定了水流的分布情况。陶粒形孔隙结构中的流场相对均匀，而沸石形和砾石形孔隙结构中的流速分布较不均匀。

不同运行时期、不同孔隙结构中的生物膜分布情况如图 7.3 所示。随着实验的进行，生物膜逐渐形成；随着时间的流逝，生物膜增厚并堵塞多孔介质孔隙，且在装置的上部出现较多的生物膜，即生物膜积累最先发生在靠近入口处。

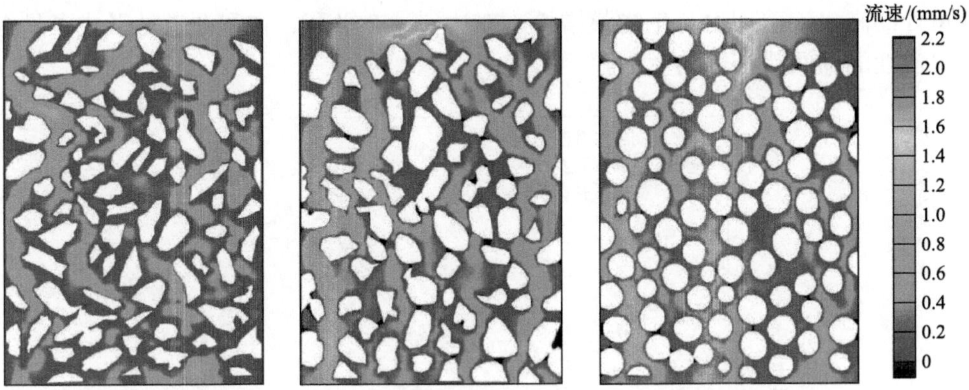

(a) 沸石形孔隙结构　(b) 砾石形孔隙结构　(c) 陶粒形孔隙结构

图 7.2　不同孔隙结构下的初始流场

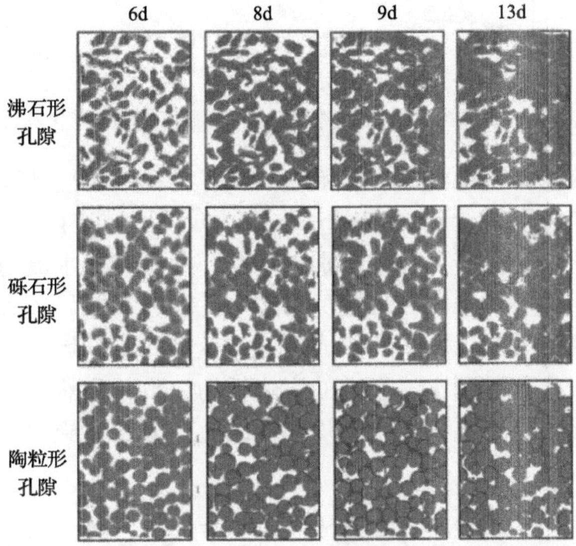

图 7.3　不同运行时期、不同孔隙结构中的生物膜分布情况

为更好地了解多孔介质内部的生物量变化情况，绘制不同孔隙结构生物膜分布比例随时间的变化曲线，如图 7.4 所示。在实验初期(0～4d)，由于基质表面性质及水流剪切力等因素，微生物无法在基质表面大量附着，生物膜的形成缺少基础条件，不同孔径的孔道内均无明显生物膜存在。在实验中期(4～10d)，不同孔径孔道内均存在一定厚度的生物膜。但较窄的孔道容易被不断增厚的生物膜覆盖，形成致密的生物堵塞结构，从而导致水流形成堵塞；窄孔道堵塞后，流量更多倾向于宽孔道，而宽孔道由于基质间空间较大及增大的水流剪切力，生物膜生长无法覆盖孔隙空间，因此宽孔道流通性的变化不明显。在实验后期(10～14d)，不同孔径孔道内生物膜分布比例无明显变化，宽孔道处仍未形成堵塞，可能是由于宽

孔道处的高水流剪切力与生物膜增长速率达到动态平衡，在宽孔道处形成了具有高渗透性的筛网状结构的生物膜。

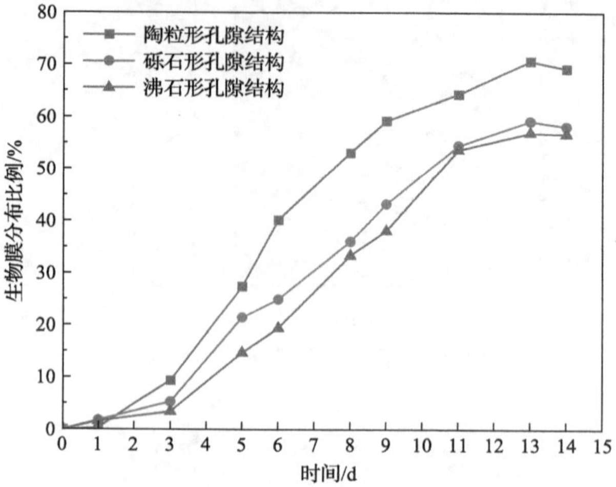

图 7.4　不同孔隙结构生物膜分布比例随时间的变化曲线

不同孔隙结构水力特性可通过 PMFC 得出。为探究不同孔隙结构中生物堵塞过程及影响，选取深度处于 15～30mm 的多孔介质区域进行分析，结果如图 7.5 所示。通过优势通道的分布，可以判别二维孔隙介质内部水流通道及死水区域的分布情况。但由于沸石形与砾石形孔隙结构中孔径分布差异较大，实验初期生物膜容易在窄孔道处附着与生长，并形成堵塞，变成死水区域。而陶粒形孔隙结构中孔径较为一致，生物膜对水流通道的影响较为一致，虽然整体渗透率随时间变化而降低，但水流通道分布仍然较为均匀。因此，渗滤设施内部为陶粒形孔隙结构会具有较高的水力效率。

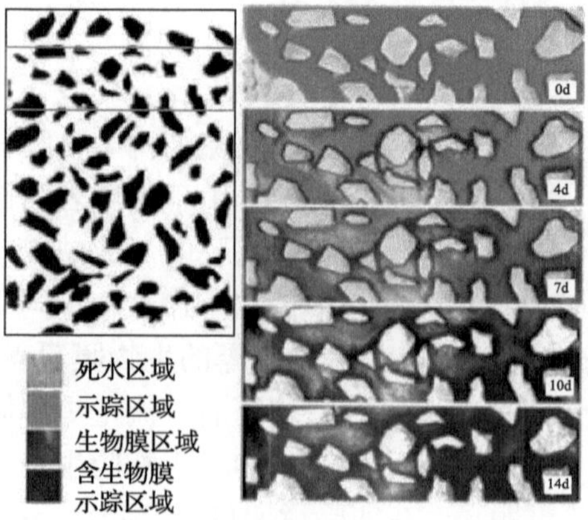

(a) 沸石形孔隙结构

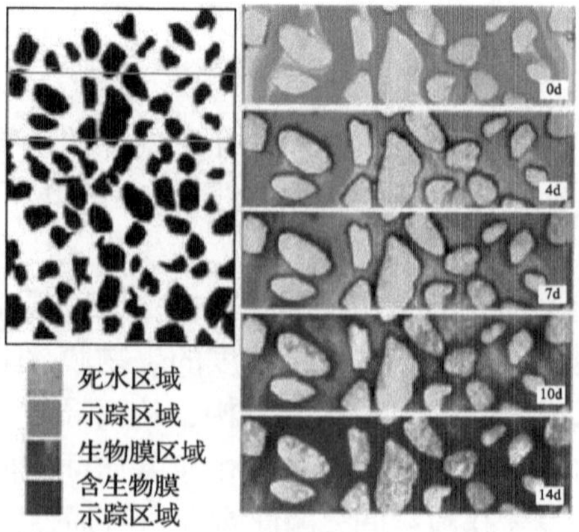

(b) 砾石形孔隙结构

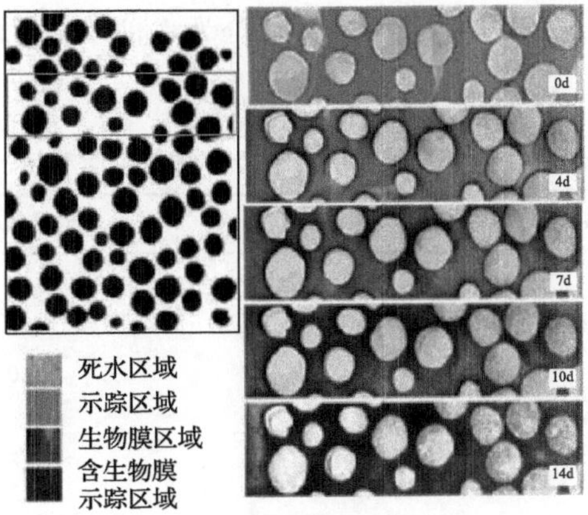

(c) 陶粒形孔隙结构

图 7.5　三种孔隙结构水力特性变化图

2) 水源人工湿地悬浮颗粒物理堵塞

本实验所用填料柱装置采用有机玻璃制作，装置整体为圆柱形，直径为 15cm，整体高度为 70cm。装置下部为 10cm 无填料的出水区域，中层为 45cm 填料层，上部为 15cm 超高区域，如图 7.6 所示。

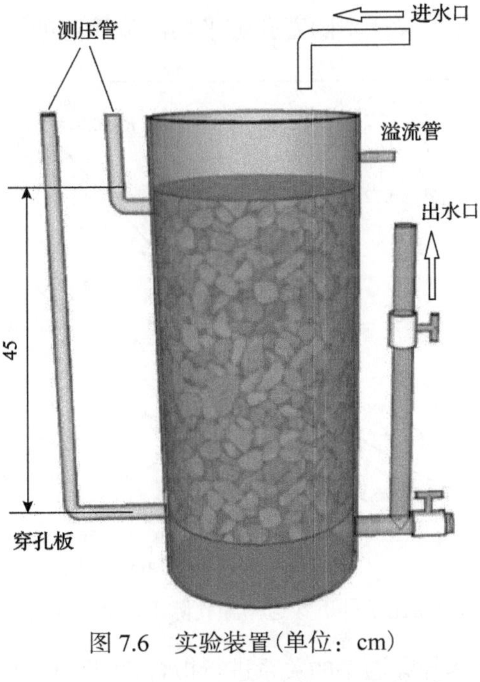

图 7.6　实验装置(单位：cm)

实验中组成多孔介质的填料为砾石，按粒径分为七种，其筛分粒径分别为 2～3mm、3～4mm、4～5mm、5～6mm、6～7mm、7～8mm 和 8～9mm。实验采用的颗粒为Ⅲ型树脂砂，密度稍大于水，按粒径分为六种。砾石填料中值粒径 d_{ss} 与对应的颗粒中值粒径 d_{fs} 见表 7.1[3]。

表 7.1　砾石填料中值粒径与颗粒中值粒径

砾石填料中值粒径 d_{ss}/mm	颗粒中值粒径 d_{fs}/mm
2.5	0.118
3.5	0.169
4.5	0.202
5.5	0.238
6.5	0.328
7.5	0.372
8.5	—

不同粒径比条件下穿透率 m^* 随孔隙平均渗流流速 u^* 的变化结果如图 7.7 所示。由图可知，在渗流条件下，颗粒穿透率总体上随着孔隙平均渗流流速的增大而增大，表明大孔隙平均渗流流速下颗粒在多孔介质中的迁移量明显增加，颗粒堵塞率则显著降低。同时，孔隙平均渗流流速对颗粒穿透率的作用规律也受到粒径比的显著影响，在 d_{ss}/d_{fs}=6.72 的工况下，颗粒随着孔隙平均渗流流速的增大均未产生穿透；而当 d_{ss}/d_{fs}=38.46 时，颗粒穿透率随着孔隙平均渗流流速的增大而迅速增大。

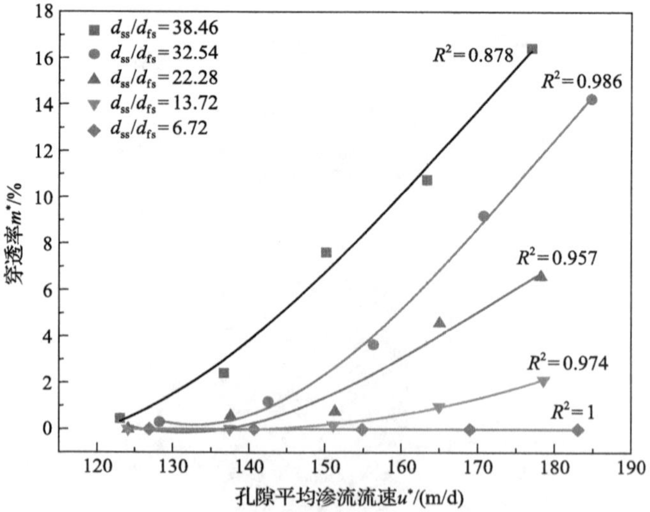

图 7.7　不同粒径比条件下穿透率随孔隙平均渗流流速的变化结果

将孔隙平均渗流流速与穿透率的关系进行拟合，可得到不同粒径比下颗粒穿透率随孔隙平均渗流流速的变化规律，即粒径比越大，渗流流速对穿透率的影响越显著。这主要是因为较大的粒径比工况下，多孔介质孔喉相较于颗粒粒径具有较大的尺寸，颗粒在多孔介质内的堆积结构不稳定，更易受到水流冲刷而发生内部冲蚀。由此可见，颗粒在多孔介质内的运动受粒径比与孔隙平均渗流流速的双重影响，即孔隙平均渗流流速和粒径比制约颗粒的迁移与堵塞。不同粒径比与孔隙平均渗流流速下多孔介质内颗粒穿透与堵塞范围如图 7.8 所示。

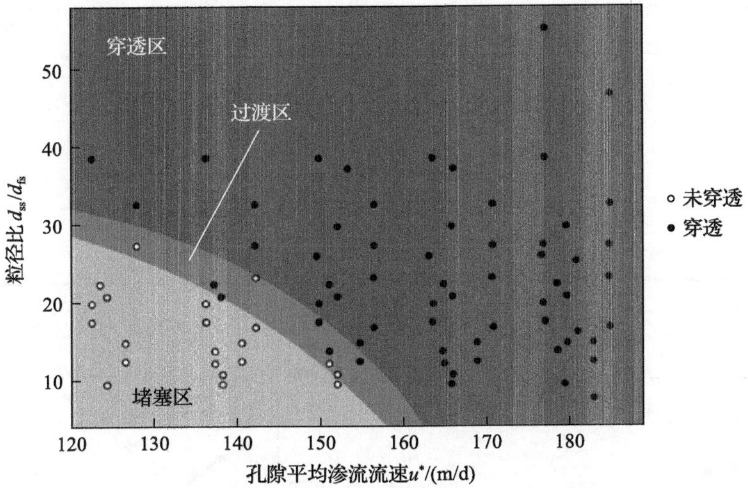

图 7.8　多孔介质内颗粒穿透与堵塞范围

由图 7.8 可知，在颗粒穿透与堵塞之间存在较为清晰的分界，小于该分界范围内的工况颗粒均未穿透，可认为细颗粒在多孔介质内形成稳定的堵塞，该区域可称为堵塞区；而当粒径比与孔隙平均渗流流速大于该分界条件时，颗粒则能穿透多孔介质，形成细颗粒的内部冲蚀，该区域可视为穿透区。因此，该分界可视为颗粒在多孔介质内迁移与堵塞的阈值。本研究发现颗粒迁移与堵塞的判别阈值是一条与粒径比、孔隙平均渗流流速为函数的分界线，同时在分界线附近存在颗粒穿透与未穿透的不确定现象，形成一个不确定的过渡区，因此提出多孔介质中细颗粒迁移与堵塞判别的上下阈值线，超过上阈值线则发生穿透，低于下阈值线则必然堵塞。通过实验数据拟合，颗粒堵塞判别的上下阈值线分别如式(7.1)和式(7.2)所示：

$$\frac{d_{ss}}{d_{fs}} = 37.5 - 5.16e^{\frac{u^*-118}{27.5}} \tag{7.1}$$

$$\frac{d_{ss}}{d_{fs}} = 37.8 - 12.16e^{\frac{u^*-128}{29.3}} \tag{7.2}$$

3) 水源人工湿地填料与根系类型对堵塞的影响规律分析

本节主要考虑填料种类和粒径两种对比因素，其各项参数见表 7.2。各实验装置的初始情况如下：一共使用了六组装置，均种植菖蒲，其中的填料分别为粒径是 4～8mm 的砾石、沸石和陶粒，以及粒径是 2～4mm、4～8mm、8～10mm 的砾石[4]。

表 7.2　各类型材料的基本情况

填料种类	粒径/mm	球度	堆积密度/(kg/m^3)	初始孔隙率/%
砾石	2～4	0.75～0.8	2471	38.4
砾石	4～8	0.75～0.8	2254	44.5
砾石	8～10	0.75～0.8	2392	47.9
沸石	4～8	0.66～0.72	1320	41.5
陶粒	4～8	1	748	48.6

图 7.9 所示为不同粒径砾石填料渗透系数随运行时间的变化规律，可以发现，

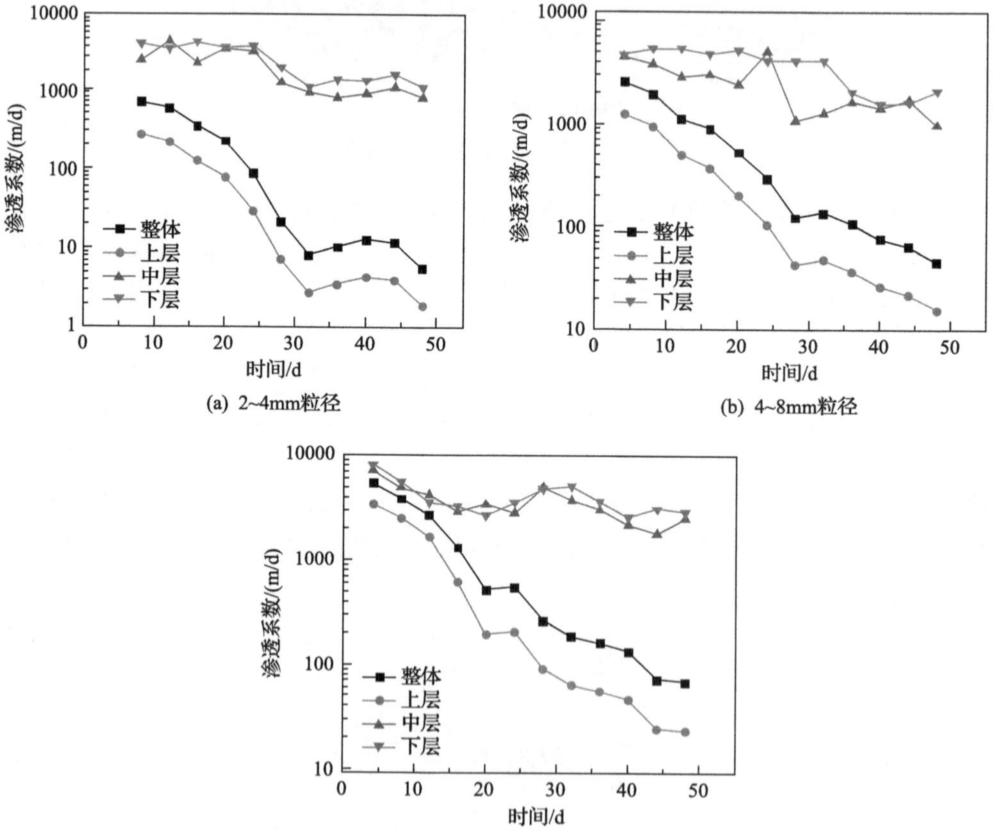

(a) 2~4mm粒径

(b) 4~8mm粒径

(c) 8~10mm粒径

图 7.9　不同粒径砾石填料渗透系数随运行时间的变化规律

三组湿地模型的渗透系数随运行时间迅速下降，至堵塞后期，三组装置仍存在继续下降的趋势。其中，细颗粒装置初始孔隙率较低，堵塞也最为严重，至终止运行，渗透系数达到 3.66m/d，远低于堵塞水平；中颗粒装置初始孔隙率居中，渗透系数变化与粗颗粒较为接近，两者先后达到堵塞水平。

陶粒填料装置对有机污染物处理效果最好，砾石次之，沸石效果较差，这说明填料类型对 COD 浓度降低有一定影响(图 7.10)。分别对湿地砾石、沸石、陶粒三种类型填料装置三层渗透系数数据进行对比，研究发现，上层渗透系数是下降最快的，这一部分为堵塞物主要集中位置，相比于上层，中层与下层渗透系数较为接近，堵塞前后变化不明显，生物膜含量处于非常低的水平，渗透系数虽然下降，但均维持在较高水平。至堵塞后期，对装置整体渗透系数进行对比发现，沸石渗透系数相对较高，砾石次之，陶粒最低。

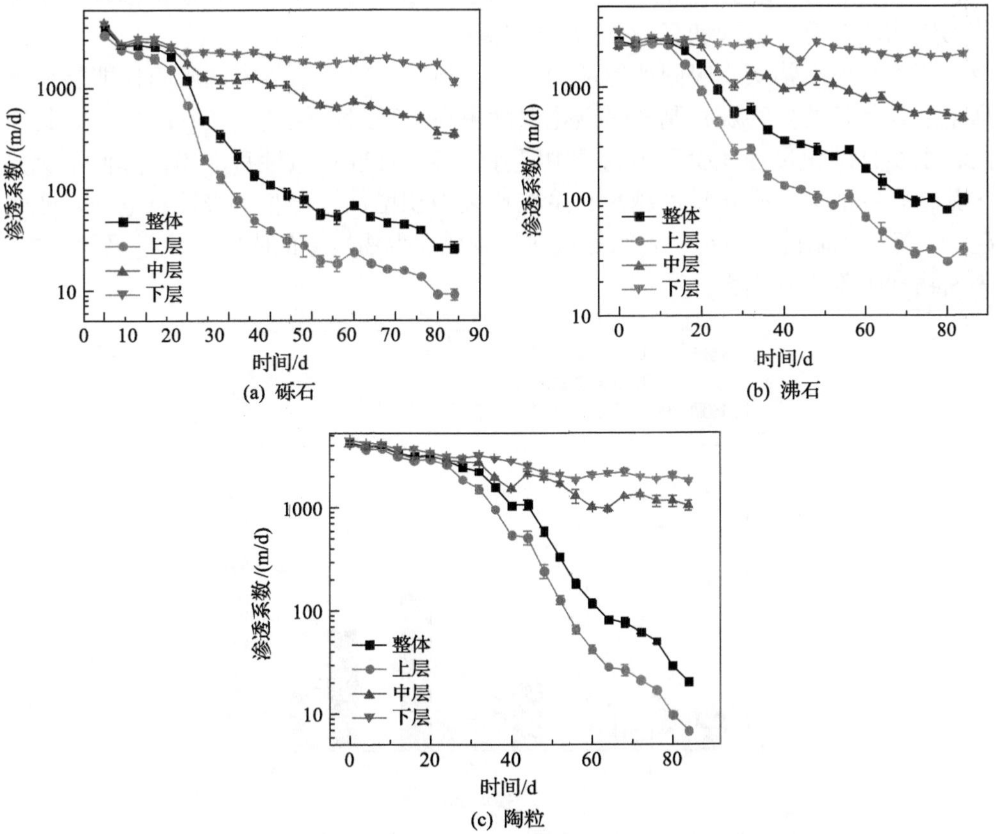

图 7.10　三种类型填料装置渗透系数随运行时间的变化规律

综上所述，粒径较小的填料，初始孔隙率偏低，填料之间的孔径更小，进水降解能力较高，但最终堵塞时间相对较快，堵塞程度较高；粗颗粒填料初始孔隙率较高，填料孔隙直径较大，产生堵塞需要较长时间，进水污染物处理能力较低。在实际应用中，应合理选择填料，兼顾污染物处理性能与湿地正常运行，对粒径过大或过小的填料进行筛选，适当选择 4～8mm 粒径的填料。而对于不同类型的填料，相对于砾石和陶粒，沸石具有更大比表面积，一定程度上能增强净化效果，圆形颗粒在生物堵塞过程中具有更好的渗流流场，因此选择陶粒具有更好的渗流水力特性，一定程度上可以确保长期运行堵塞后的净化能力。

3. 人工湿地介质改良对湿地运行效能的影响

1)芦苇制成生物炭对氨氮的吸附性能

芦苇具有一定的氨氮吸附性能。研究发现，较低浓度时，氨氮吸附去除率较高，随着水中氨氮浓度的升高，吸附逐渐趋于饱和，由 Langmuir 模型拟合可获得芦苇生物质对氨氮的饱和吸附量为 1.52434mg/g。

芦苇制成生物炭，吸附氨氮能力降低。芦苇生物质对氨氮的吸附性能要显著高于由其制备的生物炭，制备时碳化温度越高，吸附性能越差(图 7.11)。究其原因，主要是碳化过程减少了生物质中赋存的各类极性负电性官能团，降低了氨氮与其结合的能力。碳化温度越高，虽然比表面积增加，但相关极性负电性官能团越少，氨氮吸附能力越差。表明氨氮在生物质、生物炭上的吸附以化学吸附为主，表面物理吸附贡献不大。

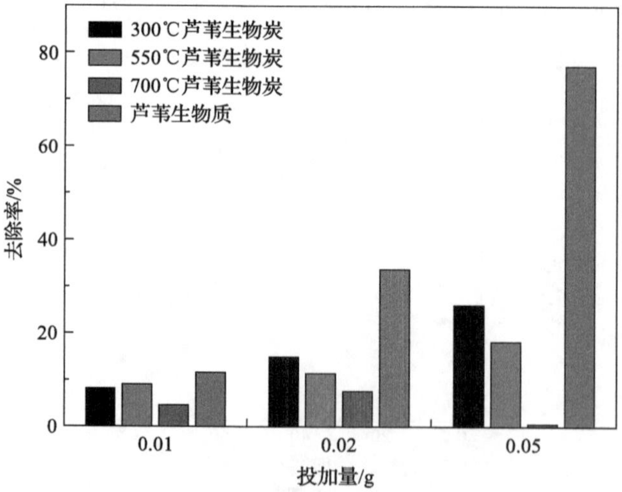

图 7.11　芦苇生物质/生物炭对氨氮的吸附性能

化学改性可以增强芦苇生物质/生物炭对氨氮的吸附性能。用氢氟酸(HF)、氢氧化钠(NaOH)对 300℃下制备的生物炭进行酸、碱改性，发现两者的改性均能显著增强生物炭对氨氮的吸附性能，且 HF 改性生物炭对氨氮的吸附去除率高于 NaOH 改性生物炭对氨氮的吸附去除率。

同样，磺化生物炭技术可以增强对氨氮的吸附性能。对 300℃、500℃、700℃下制备的生物炭进行磺化，发现磺化处理能显著提升生物炭对氨氮的吸附性能，且低温制备(300℃)生物炭经磺化后就可以达到较好的去除效果，在实际制备过程中可以节省能耗，研究发现 300℃低温磺化生物炭的吸附量最大，Langmuir 等温吸附模型拟合的最大吸附量为 5.19mg/g，高于大部分生物炭材料。磺化生物炭的动力学吸附性能研究显示，300℃磺化生物炭的吸附速率最快，且吸附量最大。用准一级动力学和准二级动力学吸附模型对该吸附动力学数据进行拟合，发现准二级动力学吸附模型拟合程度较高，这意味着吸附剂与吸附质之间主要由化学吸附控制，可能与电子转移有关。

碱金属改性生物炭也可以增强对氨氮的吸附性能。经 Li、Na、K 三种碱金属改性的低温(300℃)芦苇生物炭对氨氮的吸附性能要显著高于未改性的芦苇生物炭和高温生物炭，且仅需低浓度即可提高对氨氮的吸附性能。原因主要是碳化过程中，低温生物炭保留了一部分极性负电性官能团，在经过 NaCl、KCl、LiCl 改性后，生物炭表面存在可交换的 Na^+、K^+、Li^+等阳离子，NH_4^+可以与生物炭表面的阳离子物质发生离子交换，吸附性能有所提高，这表明生物炭对氨氮的吸附以化学吸附、离子交换为主。相对于磺化生物炭，碱金属改性生物炭对氨氮的吸附性能较低，但显著高于未改性生物炭。

2)湿地基质的改性优化及氨氮去除性能

下面主要探究湿地的基质材料改性优化用于提升湿地中氨氮的去除效能，以进一步保障湿地的脱氮效率。

研究比较了人造沸石、不同改性沸石对氨氮的吸附性能。氨氮去除率排列顺序为：盐改性沸石>超声改性沸石>酸改性沸石>人造沸石。为了进一步探索并提高沸石对氨氮的去除效果，首次尝试先采用无机酸、盐改性沸石后对其进行超声改性，最后焙烧的复合改性方式对人造沸石进行复合改性处理，且对每一步改性后的沸石样品进行氨氮吸附实验，考察复合改性的影响。两种复合改性方式为：HNO_3(0.2mol/L)+超声(300W)+焙烧(400℃)和 $NaNO_3$(0.6mol/L)+超声(300W)+焙烧(400℃)。研究结果表明，未改性沸石对氨氮的去除率为 58.54%，单一的酸改性后沸石对氨氮的去除率为 67.36%，酸结合超声改性后沸石对氨氮的去除率为 70.35%；单一的盐改性后沸石对氨氮的去除率为 67.01%，盐结合超声改性后沸石对氨氮的去除率为 75.46%，无机改性剂改性结合超声改性后的沸石吸附性能比无机改性剂单独作用时效果好，说明超声强化了吸附传质。以上说明通过基质的改性，一定程度上可提高对氨氮的吸附效果。

3）弱电强化低温氨氮高效去除技术

低温（<10℃）氨氮去除一直是水处理领域的一大难题。适度弱电介入能够刺激微生物代谢活性，强化电子传递过程。基于上述原理，构建人工湿地（constructed wetland, CW）-微生物燃料电池（microbial fuel cell, MFC）和人工湿地-微生物电解池（microbial electrolysis cell, MEC）两套系统，研究低温 NH_4^+-N 强化去除的可行性及强化机制。结果表明，针对微污染自然水体（NH_4^+-N 浓度为 15mg/L），借助太阳能施加弱电压（0.5V），实现了 CW-MEC 系统低温（约 5℃）条件下 NH_4^+-N 的最高去除率 100%，平均去除率达到 88.2%±7.0%，比无弱电施加的普通人工湿地（common constructed wetland, CCW）高 11.7% ± 6.5%，NH_4^+-N 日均去除 436.02mg/m^2，已持续稳定运行约 4 个月。微生物分析证明 NH_4^+-N 主要通过硝化-自养反硝化过程去除，相对于 CCW 简单的形态转化方式（NH_4^+-N 转化为 NO_3^--N），弱电介入强化了微生物对 NH_4^+-N 的利用效率同时积累了自养反硝化菌，实现了 NH_4^+-N 和 NO_3^--N 的同步去除。进一步分析发现，弱电介入不仅强化了反硝化过程，还强化了氨氧化（古细菌和亚硝酸氧化细菌的丰度提高 1～2 个数量级）和硝酸盐异化还原为铵的过程。该研究提供了一种经济有效且可持续低温 NH_4^+-N 去除的新途径，有望在人工湿地生态系统中推广使用。

7.1.2　水源湿地对氨氮强化去除技术

1. 植物床-沟壕系统形态优化改进技术

基于上述湿地交错带结构和功能方面的研究结果，提出强化水陆交错带边缘过滤效应的高氨氮水源水冬季湿地对氨氮强化去除技术，该技术通过对原有植物床进行形态改进和剖分改造，强化其边缘处的氮磷净化效率[5]。水陆交错带是指水生生态系统和陆地生态系统之间具有显著边缘效应与时空异质性的界面区，其重要生态功能对相邻环境斑块或资源斑块之间的水流、能量流和物质流具有调控能力。研究表明，这种功能可用于受纳水体水质的保护。植物床-沟壕系统是一种在自然界广泛存在的水陆交错带系统，在水质净化功能方面具有极强的时空异质性、界面缓冲性和内部稳定性。湿地中运用植物床-沟壕系统的设计理念，来源于对自然水陆交错带的模仿。自然界广泛存在的植物床-沟壕系统在水位波动情势下会表现出强烈的边界过滤效应，对发挥水陆交错带的过滤截留作用、保护内陆水体水质具有重要意义。

2. 湿地水力调控优化

人工湿地中，土壤基质是实现湿地净化的基础，而合理的水力流程驱动方式及水力调控方式是保证其高效运行的关键环节。为了实现人工湿地的高效运行，既要克服人工湿地中水流形式单一、水力流程在人工湿地后半程驱动缺失的问题，又要解决传统人工湿地水力调控和水质净化效率耦合提高的难题。

从优化水力调控这一提高人工湿地水质净化效率的关键环节入手，提供实现人工湿地水力调控和水质净化效率耦合提高的技术手段，通过调控水泵的启闭数量和时间、闸门的启闭时间和启闭度，来实现对湿地水位升降、水量分配和水力停留时间的水力调控。保证大沟过水量占总水量的 55%～60%，其余 40%～45% 过水量在湿地净化系统内通过，水力停留时间在 72h 以上，并且 24h 内发生 2 次 30～40cm 变化幅度的水位升降。

3. 植物的优化配置

湿地植物在人工湿地的综合净化机制中起到非常重要的作用，有研究指出，湿地植物是湿地的核心。要提升湿地冬季处理效率，可以通过加强湿地植物在冬季的作用强度来实现，铺设冬季常绿植物就是一种保持湿地冬季氨氮去除效率的方法。

通过调研，确定铺设粉绿狐尾藻(图 7.12)。在江南地区，可以维持常绿过冬，在 11 月至次年 2 月期间保持常绿和生长活性。根据有关科技文献显示，粉绿狐尾藻不但能吸收水中的氮、磷等物质，净化水体，还能在一定程度上抑制蓝藻暴发。但其适应性极强，生长极快，在我国主要靠断茎繁殖，在水塘中即使少量种植，也能迅速严密覆盖整个水面，排挤其他植物，使群落物种单一化，从而影响整个生态系统。

图 7.12　根孔湿地中的粉绿狐尾藻

4. 物理介质的强化接触氧化功能

沸石、砾石等是十分常见的湿地填料，在各类人工湿地中广泛运用(图 7.13)，然而不同的湿地所使用的介质在种类、数量以及使用方式等方面有差异，因此净化水质的效果各异。本研究将在根孔湿地引入这类物理介质，将物理介质强化作用与根孔湿地的特点相互耦合，增加沉积、吸附界面数量，在介质表面形成生物膜，增加水体净化功能并提供适于生物生长栖息的环境，进一步人为综合强化根孔湿地的净化机制，从而达到强化湿地处理效果的目的。

(a) 沸石　　(b) 砾石

(c) 方解石

图 7.13　沸石、砾石、方解石

前期研究调查了三种湿地常用的主要填料/介质对植物床-沟壕系统的强化效果。实验结果表明，强化介质对于净化水质的确有强化作用，而且方解石有较强的提升效果，沸石效果次之，在湿地中采用物理介质强化是具有潜力的。综合考虑效果与成本，在植物床-沟壕系统的大规模推广应用过程中，可采用适量方解石以及沸石制成石笼，然后将其配置于湿地内部植物床局部作为强化手段(图 7.14)，预期可实现 20%～40%的提升效果。

图 7.14　石笼

7.1.3　水源湿地对有机物净化去除机理和强化去除技术

1. 湿地对水源水中多环芳烃的净化去除

湿地主要从大型塘-湿地组合系统各功能区比例、结构单元设计和多环芳烃(polycyclic aromatic hydrocarbon, PAH)持留潜力最大化入手，兼顾沉积物疏浚、湿地水力调控等管理措施，提出饮用水源生态湿地对持久性有机污染物(如 PAH)风险控制的优化调控途径，揭示了大规模的城市饮用水源生态湿地中 PAH 的持留过程和机理，提出饮用水源地 PAH 风险控制策略和优化调控途径，发现不同粒级悬浮颗粒物及其所携带的有机质含量变化是 PAH 在湿地不同功能区及结构单元中沉积、持留、削减的重要机制，研究发现，这种类型水源生态湿地的前 1/3 区域是 PAH 沉积的主要区域，通过不定期疏浚可以快速有效地将湿地中沉积的 PAH 移至陆地生态系统，而植物床-沟壕系统具有较大的持留和降解潜力，通过强化，如堵口的调整、卡口改成卡口闸、植物床蜿蜒曲折化、植物组合优化、植物床亚表层介质的优化和改进等措施，促使不同粒级悬浮颗粒物在塘和植物床-沟壕系统中的合理分配，可以最大限度地扩展湿地对水源水中痕量持久性有机污染物的持留潜力和湿地的寿命。

2. 湿地对药品和个人护理品的去除

人工湿地在去除传统污染物的过程中所表现的经济、便于管理等优点引起了人们的重视，近年来，人工湿地等生态系统对药品和个人护理品(pharmaceuticals and personal care product, PPCP)类新型污染物去除和风险减抑方面的贡献日益获得认可。这方面的应用也越来越多样化。

本研究以生态修复湿地为对象，根据调研摸底，选取代表性 PPCP 为目标污染物，开展水源水和沉积物中 PPCP 解析研究，着重从水相、沉积物相等多介质来研究构筑根孔湿地对河网水源水中 PPCP 的持留和降解机制。湿地采样点布设如图 7.15 所示，新塍塘水源水经预处理区进入西区第一片植物床-沟壕系

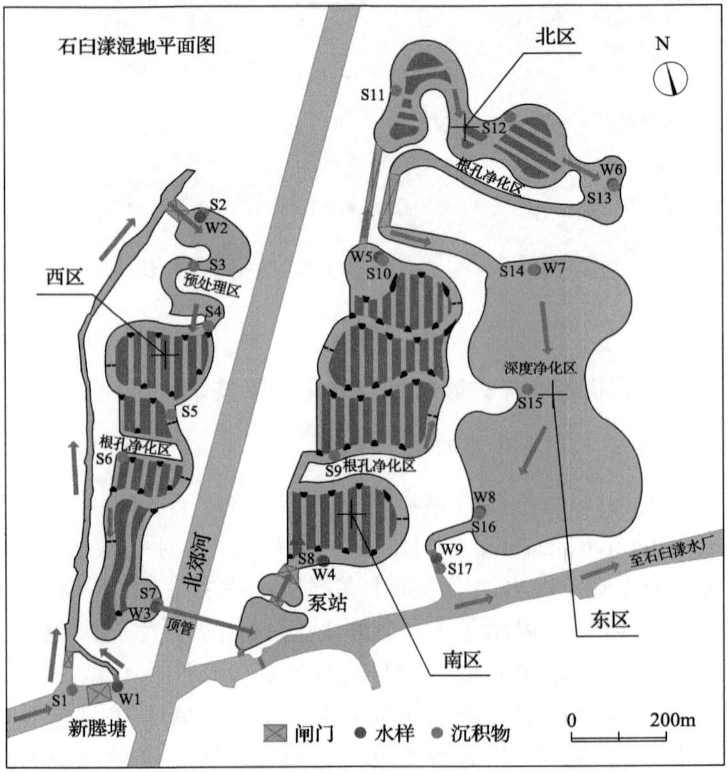

图 7.15 湿地采样点布设

统，通过大沟、高位小沟、低位小沟后流入第二片植物床-沟壕系统，通过南区植物床与北区植物床，最后流入深度净化区。对湿地水相样品 30 种目标 PPCP 的检测结果为：沙丁胺醇、泰乐菌素、磺胺二甲嘧啶、环磷酰胺、环丙沙星、四环素、洛美沙星、磺胺甲噁唑、氟苯尼考、氟喹诺酮等 10 种未检出，诺氟沙星、氟罗沙星、索磷布韦、咖啡因、多西环素、替硝唑、水合红霉素、甲氧苄啶、美克洛嗪、卡马西平、氨基比林、氯霉素、比阿培南、罗红霉素、阿莫西林、磺胺脒等 16 种药品有检出，其中，诺氟沙星、氟罗沙星、氯霉素、磺胺脒这 4 种药物仅在部分点位达到定性检测限，索磷布韦、氨基比林这 2 种药物在所有点位达到定性检测限，咖啡因、多西环素、替硝唑、水合红霉素、甲氧苄啶、美克洛嗪、卡马西平、比阿培南、罗红霉素、阿莫西林这 10 种 PPCP 的检出范围为检测限至 111ng/L，去除率范围为–15%～100%，平均去除率为 62.53%。检查结果见表 7.3。

表 7.3　石臼漾湿地水相 PPCP 检测结果　　（单位：ng/L）

药品	W1	W2	W3	W4	W5	W6	W7	W8
咖啡因	111.4	109.5	68.31	57.67	49.17	42.79	40.52	44.2
多西环素	30.88	11.25	30.95	0.5	0.5	0.5	0.5	0.5
替硝唑	7.76	7.126	7.584	4.712	2.904	2.24	1.754	3.406
卡马西平	1.366	1.266	1.321	1.276	0.713	0.644	0.846	0.546
氨基比林	0.5	0.5	0.5	0.5	0.5	0.5	0.5	0.5
氯霉素	0.625	0.625	0.625	0	0	0.625	0	0.625
比阿培南	0.572	0.125	0.125	0.125	0.125	0.125	0.125	0.125
罗红霉素	0.926	0.019	0.019	0.019	0	0	0.019	0
磺胺脒	0.031	0.031	0.031	0.031	0.031	0.031	0.031	0.031
诺氟沙星	0	0	0	0	0	0.125	0	0.125
氟罗沙星	0	0	0.094	0.094	0	0	0	0
环丙沙星	0	0	0	0	0.125	0	0	0
索磷布韦	0.031	0	0	0	0.031	0	0	0
水合红霉素	0.031	0.031	0.031	0.031	0.031	0.031	11.68	8.61
甲氧苄啶	2.574	2.605	2.194	1.832	1.76	1.92	4.458	2.955
美克洛嗪	2.721	2.236	2.44	2.536	1.352	1.091	1.031	1.13
阿莫西林	0.099	0.048	0.076	0.06	0.036	0.06	0.051	0.033

湿地对于 PPCP 的去除和风险减抑，很大一部分是通过水相与悬浮颗粒物或沉积物之间的相间分配来完成的。完成分配之后，部分持久性较强的 PPCP 如麝

香类物质会持续残留于湿地中，而部分 PPCP 会与湿地系统进一步相互作用，通过植物吸收、微生物降解等方式完成降解。

7.2　水厂多级屏障处理

7.2.1　河网水源水处理工艺水质提升技术

1. 有机物去除研究

1) 粉末活性炭中试动态实验运行效能研究

采用粉末活性炭(powdered activated carbon, PAC, 简称粉炭)中试动态实验，通过连续运行粉炭-多介质填料组合工艺(图 7.16)及粉炭-常规组合工艺，研究粉末活性炭在微污染饮用水源水处理工程中的应用，实现现有水源条件下处理工艺与过程优化，本实验在常规处理(即不投加粉炭和絮凝剂)、粉炭处理(即投加粉炭、不投加絮凝剂)、粉炭-微絮凝处理(即投加粉炭和絮凝剂)三种工艺优化运行状态下，进行不同粉炭投加量情况下不同技术优化工艺对微污染水源水处理效果的研究，组合工艺污染物去除效能分析如下。

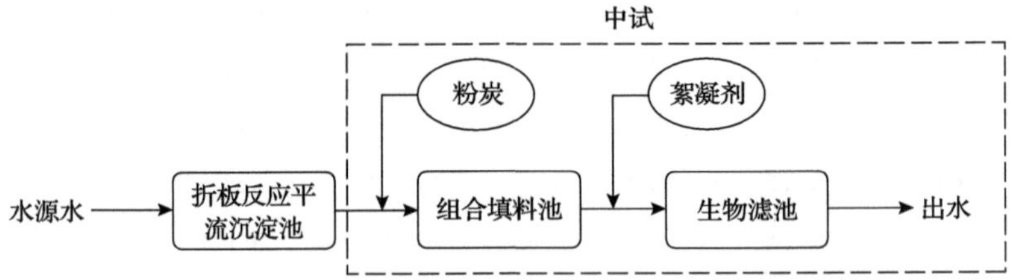

图 7.16　粉炭-多介质填料组合工艺流程

粉炭-多介质填料组合工艺流程为水源水—折板反应平流沉淀池—(粉炭)—组合填料池—(絮凝剂)—生物滤池。实验条件为：处理水量为 $3m^3/h$，粉炭投加量分别为 30mg/L、40mg/L、50mg/L、60mg/L，粉末活性炭规格分别为 325 目及 200 目。絮凝剂聚合氯化铝投加量为 2mg/L，聚合氯化铝原液中有效 Al_2O_3 含量为 10%。图 7.17 所示为组合工艺投加 325 目粉炭后各单元对 UV_{254}(紫外光在 254mm 波长处的吸光度)的吸附去除效果，经过分析可知，投加粉炭后 UV_{254} 总去除率在 62.7%左右，与未投加粉炭相比，工艺总去除率提高 22.3%。规格为 325 目粉末活性炭对于该工艺 UV_{254} 去除效果略优于 200 目粉炭，故确定选取 325 目粉炭为该工艺最优粉炭规格，以下中试动态实验研究均采用 325 目粉炭。

2) 双级臭氧-生物活性炭组合工艺

为进一步开发水处理工艺的多样性，对现有的深度处理工艺进行优化研究也是较为关键的。本研究为结合该地区水源水质特性，优化现有的臭氧-生物活性炭组合工艺，采用双级臭氧-生物活性炭组合工艺进行微污染饮用水源水处理研究。双级臭氧-生物活性炭组合工艺流程如图 7.18 所示。

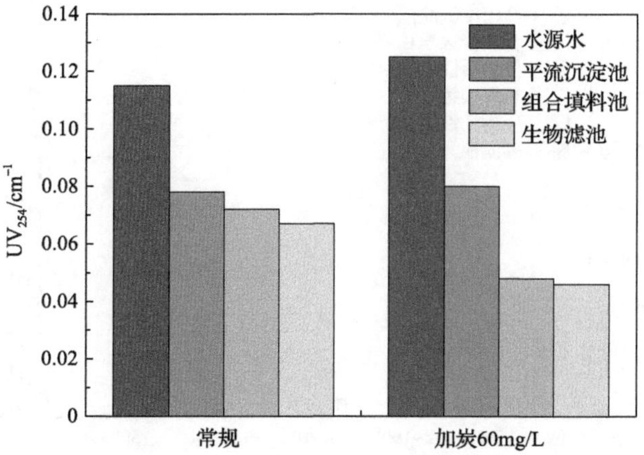

图 7.17 组合工艺投加 325 目粉炭后各单元对 UV_{254} 的吸附去除效果

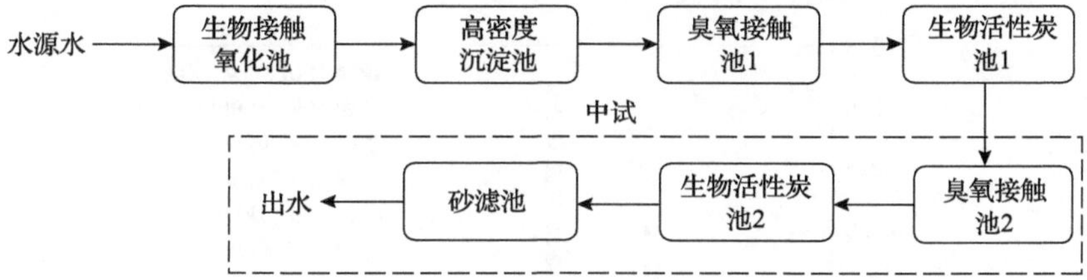

图 7.18 双级臭氧-生物活性炭组合工艺流程

图 7.19 所示为组合工艺各单元不同分子区间 UV_{254} 的分布情况，图 7.20 所示为组合工艺各单元不同分子区间 UV_{254} 的去除量变化情况。由组合工艺各单元不同分子质量 UV_{254} 的分布情况可知，水源水 UV_{254} 以小分子(分子质量 0～500Da[①]) 为主。生物接触氧化池对 UV_{254} 基本无去除作用，并在分子质量 500～1kDa 出现有机物增多的情况，可能是因为微生物新陈代谢的作用；高密度沉淀池主要去除大分子(100k～0.45MDa) 和小分子(0～500Da)，1k～3kDa 出现少量增多现象，可能是因为无机胶体与金属离子的络合作用，小分子有机物被释放；臭氧接触池有机物以小分子为主，这与臭氧的氧化性能有关；生物活性炭池部分区间出现有机物增多的情况，可能是因为微生物新陈代谢的影响；砂滤池中 500～1kDa 区间有机物增多可能是因为水流剪切力作用下将小分子有机物带出。大分子(100k～0.45MDa) 主要在高密度沉淀池经混凝去除；小分子在高密度沉淀池、臭氧接触池去除率高于一级生物活性炭池。二级生物活性炭池 UV_{254} 增多，可能是因为微生物新陈代谢的作用。

① $1Da=1.66054\times10^{-27}kg$，下同。

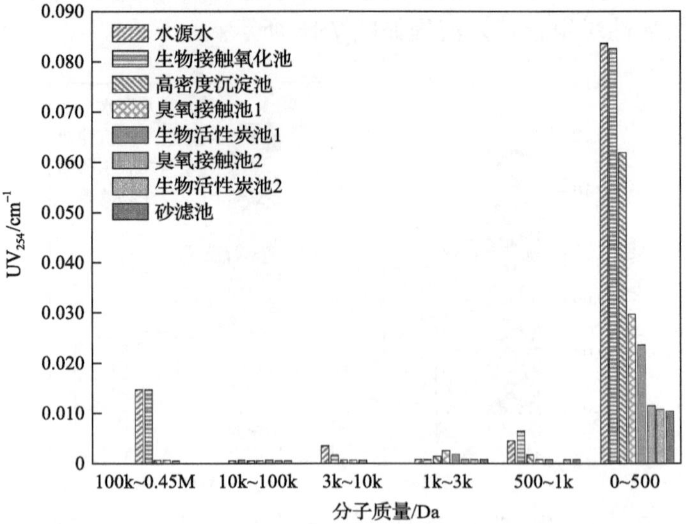

图 7.19　组合工艺各单元不同分子质量 UV_{254} 的分布情况

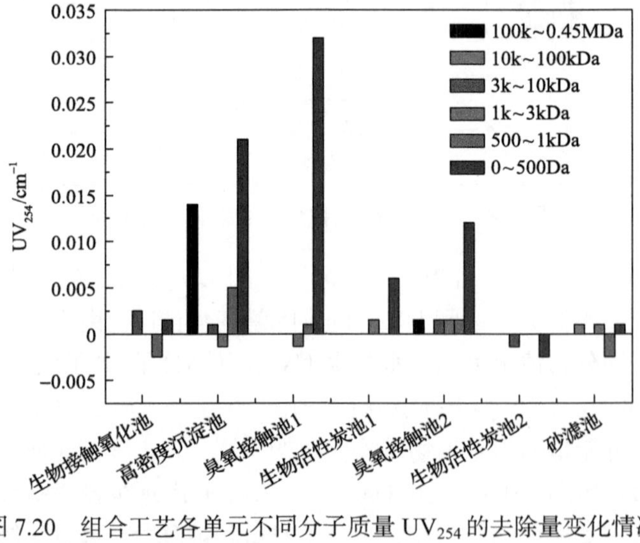

图 7.20　组合工艺各单元不同分子质量 UV_{254} 的去除量变化情况

3) 双级臭氧活性炭与粉末活性炭结合臭氧活性炭的对比研究

图 7.21 和图 7.22 所示分别为双级臭氧活性炭工艺和粉末活性炭结合臭氧活性炭工艺在不同温度下对还原性有机物(以高锰酸盐指数 COD_{Mn} 为例)的去除率。

由图 7.21 可以看出，即便温度发生变化，去除 COD_{Mn} 的工艺主要还是混凝沉淀工艺以及双级臭氧活性炭；同时一级臭氧活性炭对 COD_{Mn} 的去除率(22%左右)显著高于二级臭氧活性炭的去除率(5%左右)，主要是因为能够被臭氧活性炭去除的有机物大部分已在一级臭氧活性炭被去除。因此，混凝沉淀以及双级臭氧活性炭是去除 COD_{Mn} 的关键工艺，有效提高二者去除率是保证处理效果的关键，同时二级臭氧活性炭处理效率低也是必须注意的问题。

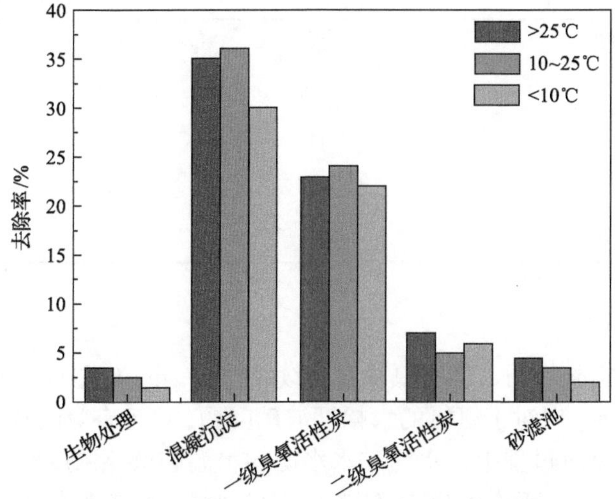

图 7.21　双级臭氧活性炭工艺在不同温度下对 COD_{Mn} 的去除率

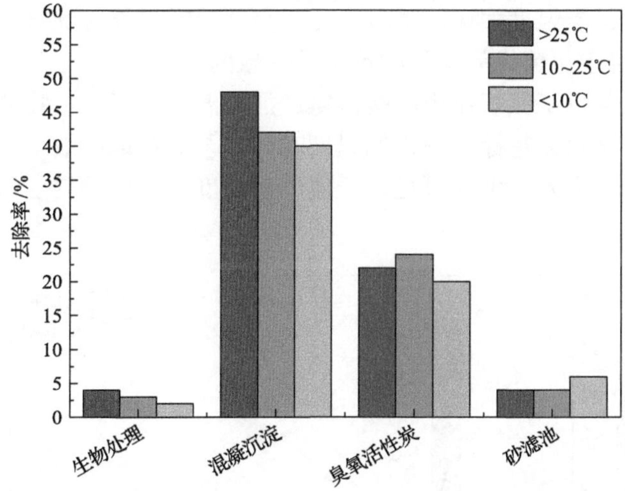

图 7.22　粉末活性炭结合臭氧活性炭工艺在不同温度下对 COD_{Mn} 的去除率

由图 7.22 可以看出，即便温度发生变化，去除 COD_{Mn} 的工艺主要还是混凝沉淀以及臭氧活性炭工艺；由于粉末活性炭的投加，提高了混凝沉淀和臭氧活性炭对有机物的去除效果。因此，混凝沉淀以及臭氧活性炭是去除 COD_{Mn} 的关键工艺，有效提高二者去除率是保证处理效果的关键，但是粉末活性炭的投加会造成运行成本的上升。

双级臭氧活性炭和粉末活性炭结合臭氧活性炭工艺的适用性对比情况见表 7.4。

表 7.4　双级臭氧活性炭和粉末活性炭结合臭氧活性炭工艺的适用性对比情况

项目	双级臭氧活性炭	粉末活性炭结合臭氧活性炭
一次性投资	大	小
运行复杂性	简单	复杂
运行成本	低	高
是否常备设施	否	是(应急)
有效利用率	低	高

2. 氨氮的去除

中试及生产实验表明，若氨氮浓度持续维持在 2mg/L 左右，可以有效地将氨氮转化为硝酸盐氮，但对于氨氮的大幅度波动问题，缺乏有效的解决方法。图 7.23 是从秋季向冬季过渡过程中，水厂进水水源的水温和氨氮浓度的变化情况。在秋冬季节，温度可以在几天内下降 10℃以上，而与此同时，氨氮的上升值可在 2mg/L 以上。在夏秋季节，由于水源湿地的存在，水厂进水氨氮值经常性低于 0.5mg/L；而在秋冬季节时，当温度大幅下降时，氨氮突然上升，原有优势硝化菌种会发生转变(这与前面对硝化菌优势菌种的鉴定是一致的)，但水厂工艺无法有效地培养足够数量的硝化菌将氨氮氧化为硝酸盐氮，加之温度突降，生物的作用整体进一步下降，造成出水氨氮超标；进入低温期时，工艺更难以有效培养硝化菌，从而导致生物处理工艺失效。由此可见，如何应对温度与水质的突变问题是解决低温期除氨氮的关键。

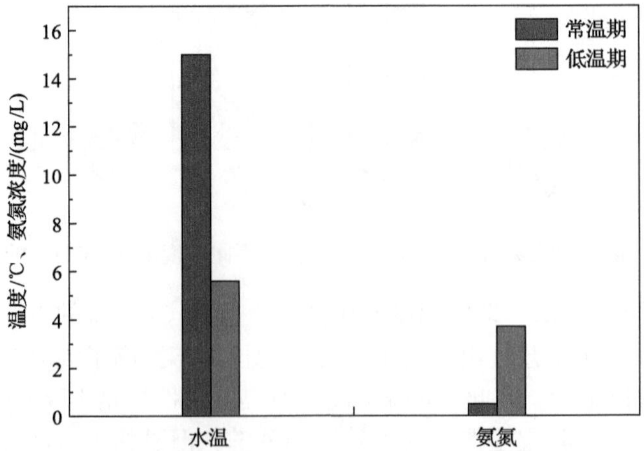

图 7.23　常温期和低温期水温和氨氮浓度的变化关系

7.2.2　有限优质水源供水工艺运行与优化技术集成

1. 水源水和供水调度方案的选择

以嘉兴市为例，嘉兴市域外配水工程(杭州方向)近期杭州至嘉兴段的输水量为 2.3 亿 m^3/年(63 万 m^3/d)，嘉兴市分配到千岛湖的优质水源水最高为 20 万 m^3/d。嘉兴市供水量计划为 70 万 m^3/d，嘉兴市前两座水厂供水规模为 55 万 m^3/d，优质千岛湖水量远不能满足嘉兴市所有居民的生活用水量。

方案一：将优质千岛湖水和现有当地水源水混合，由于千岛湖水质好，混合后现有当地水源水质有所提升，有利于提升最终处理效果；但优质千岛湖水所需处理工艺简单的特点并没有体现出来，而且由于优质千岛湖水量仅占总量的 28.6%，直接将优质千岛湖水和现有当地水源水混合并不能有效地改善水质。

方案二：优质千岛湖水和现有当地水源水分别处理后再混合，这一方案可以根据不同水源的特点分别进行有针对性的处理，尤其是优质千岛湖水可以采用直接过滤等简单的常规处理工艺处理，有利于节省水处理设施的一次性投资和运行成本。

因此，建议采用方案二，优质千岛湖水和现有当地水源水分别处理，处理水混合供水。

2. 处理工艺选择

嘉兴当地水源中以氨氮、COD_{Mn}、铁和锰等污染指标为主要处理对象，采用预氧化—强化常规处理—深度处理—应急处理措施四道工序有机组合，形成完整的全流程生物—物理—化学协同处理工艺。净水工艺突出深度处理嵌入常规处理的组合，以双级滤池去除浊度、有机物和铁锰为安全保障，通过系统优化，保证在技术和经济上的可行性，通过全流程的多级屏障作用来保障出水水质稳定达标。

千岛湖水源水的净水工艺可采用常规处理工艺，但为兼顾千岛湖水源水和经湿地净化的当地河网水，尤其考虑到当千岛湖引水系统故障等紧急状况时，水源将不得不切换为嘉兴当地河网水。因此，建议采用常规处理工艺＋臭氧活性炭深度处理工艺＋紫外-氯消毒工艺，确保出厂水水质的化学和生物安全。通过调整臭氧加注量和投加比例，确保接触池的臭氧消毒 CT(消毒剂浓度和作用时间乘积值)，灭活水中致病微生物；采用活性炭吸附，去除水中微量有机物，提升感官指标；砂滤前投加助滤剂，形成二次絮凝，通过砂滤进一步去除水中杂质；滤后水以紫外线消毒，灭活水中细菌、病毒等微生物；再进行加氯消毒，维持供水管网水中的余氯浓度，起到持续杀菌的作用。

常规处理工艺+臭氧活性炭深度处理工艺+紫外-氯消毒工艺对嘉兴当地河网

水源的适用性分析：①采用预氧化—强化常规处理—臭氧生物活性炭—消毒工艺，出厂水 COD_{Mn} 浓度达标是有保障的；②在千岛湖引水系统故障时启用，通过降低运行负荷，延长作为生物载体的活性炭、石英砂的水力停留时间，满足对氨氮和有机物的去除要求；③对铁、锰的去除工艺与水厂现状一致，处理效果是可以保证的。

3. 混合供水技术体系与方案

1）基本原则

饮用水厂工艺选择除应满足常规处理工艺要求外，还应符合下列规定。

(1)根据进水水质和出水水质要求，选用技术先进、运行可靠、适当超前的处理工艺。

(2)合理利用土地，提高环境质量并符合城市长期规划。

(3)工艺方案应综合规模、处理目标、设备数量、构筑物占地面积等因素进行选择。

(4)鼓励水厂建设和改造使用节能降耗、绿色环保的新技术、新工艺、新材料和新设备。

(5)当水源存在突发性污染和其他风险时，应统筹考虑水源调配、供水管网系统调度、水厂应急处理设施建设和必要的应急物资储备。

(6)为应对市域外引水的供水管网系统检修及应急供给情况，水厂净水工艺应能满足对现状河网水的处理需求。

2）水源水质提升

(1)当有优于 GB 3838—2002《地表水环境质量标准》中的Ⅲ类(含)新水源可用时，应优先选用新水源。

(2)当饮用水水源为污染河网水源时，应采取技术措施提升水源水质。

(3)污染河网水源水质的提升宜采取水源人工湿地的处理方式；水源人工湿地应设置超越设施，以便污染河网水不经过水源人工湿地直接进入饮用水厂，从而形成可调控的双水源。

3）工艺选择

(1)当选用优于 GB 3838—2002《地表水环境质量标准》中的Ⅲ类(含)新水源时，饮用水厂可以选择混凝、沉淀、过滤和消毒的常规处理工艺流程，也宜增设臭氧、生物活性炭工艺。

(2)水源为污染河网水时的净水工艺的选择应通过预处理技术、强化常规技术、深度处理技术整合，充分发挥各处理单元的多级屏障协同作用，形成针对水源水质不同污染特点的全流程饮用水处理组合工艺，保障出水水质达标。

(3)当水源存在某种特定污染物时，应根据污染物去除特性采取有针对性的处理措施[6]。

(4) 选用纳滤膜作为污染河网水源饮用水厂最终处理单元时，水厂出水 COD_{Mn} 浓度应小于 0.5mg/L，TOC 浓度应小于 0.4mg/L。

(5) 选用纳滤膜技术时，须确定合理的技术工艺，制定可行的浓水处理方案。

(6) 饮用水厂的污染河网水处理工艺的处理规模应满足最大供水量需求。

(7) 当水厂同时采用污染河网水源和市域外引水优质水源双水源供水时，应优先使用市域外引水优质水源，并根据污染河网水源实际情况及供水方式决定市域外引水优质水与现状河网水采用先混合再处理，或者分别处理后再混合，或者分别处理分别供水的方式。宜采取下列方式确定技术路线：当两个水源水质差异较大时，可对不同水源水采用不同的处理技术，经处理达标后再混合供水；当水源水混合后有利于改善处理效果时，宜将不同水源水先混合再处理；当采用分质供水时，不同水源水应采用独立净水工艺。

(8) 当水厂存在切换为其他水源的可能、市域外引水水源受污染或改善口感等功能性需求时，市域外引水优质水源水净水工艺宜增加臭氧、活性炭工艺。

(9) 当污染河网水单独处理并要求出水水质与水质较好的市域外引水处理出水水质相同时，宜选用纳滤等膜技术作为最终处理单元，处理规模应满足最大供水需求。

7.2.3　双级过滤与臭氧生物活性炭结合的新型组合工艺

1. 生物粉末活性炭强化技术

以吸附作用为主的粉末活性炭，对氨氮基本无去除作用，对 COD_{Mn} 有一定的去除率。本节投加粉末活性炭也并非仅利用其吸附作用，而是通过长时间停留，协同发挥生物作用。中试实验的结果也表明，粉末活性炭对 COD_{Mn} 的去除率有了明显提升。由图 7.24 可知，投加并形成粉末活性炭，可提升沉淀池的氨氮去除效

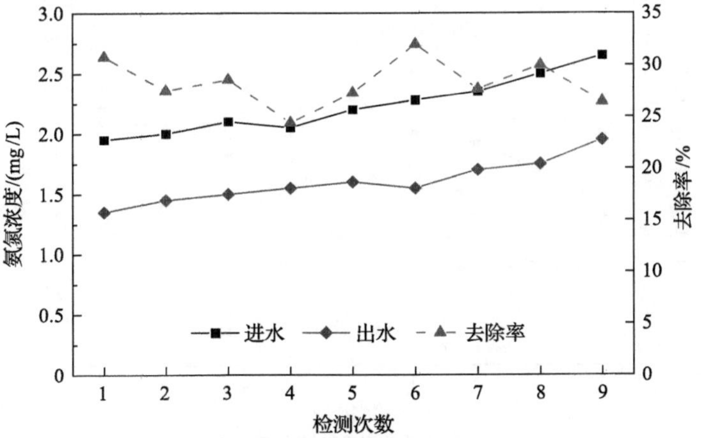

(a) 粉末活性炭投加量为10mg/L

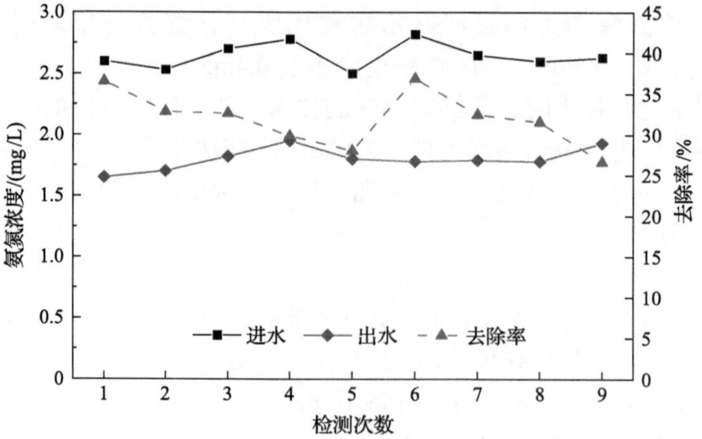

(b) 粉末活性炭投加量为15mg/L

图 7.24　粉末活性炭投加强化沉淀工艺对氨氮的去除效果

果。粉末活性炭投加量为 10mg/L，沉淀池的氨氮去除率增加到 22%～30%，去除量提高到 0.5mg/L 左右，占比 30%，沉后水浓度在 1.7mg/L 左右。粉末活性炭投加量为 15mg/L，沉淀池的氨氮去除率增加到 27%～39%，去除量在 0.9mg/L 左右，占比 48%，沉后水浓度在 1.8mg/L 左右。与未投加粉末活性炭相比，氨氮去除量、去除率均有所提高，尤其粉末活性炭投加量为 15mg/L 时氨氮平均去除率增加 9.6%。

1) COD_{Mn}

粉末活性炭投加量为 10mg/L 和 15mg/L 时 COD_{Mn} 去除效果如图 7.25 所示。由图可知，粉末活性炭投加量与回流对沉淀池的 COD_{Mn} 去除效果有一定改善，去除量有所增加。粉末活性炭投加量为 10mg/L 时，沉淀池的 COD_{Mn} 平均去除率为 35%，去除量在 1.8mg/L 左右，占比 62%，沉后水浓度在 3.3mg/L 左右。粉末

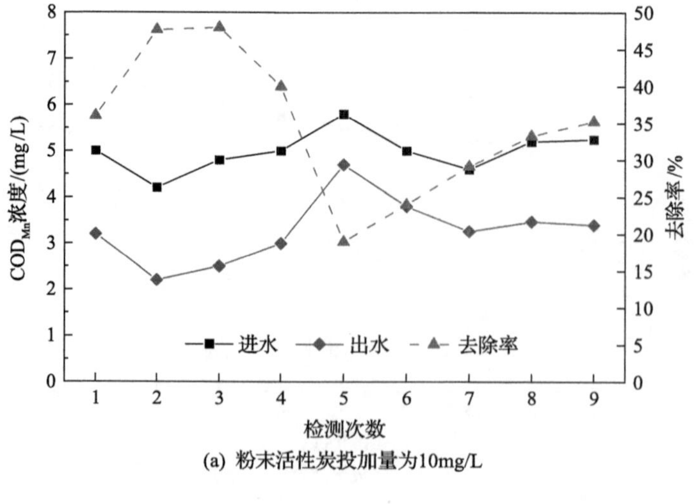

(a) 粉末活性炭投加量为10mg/L

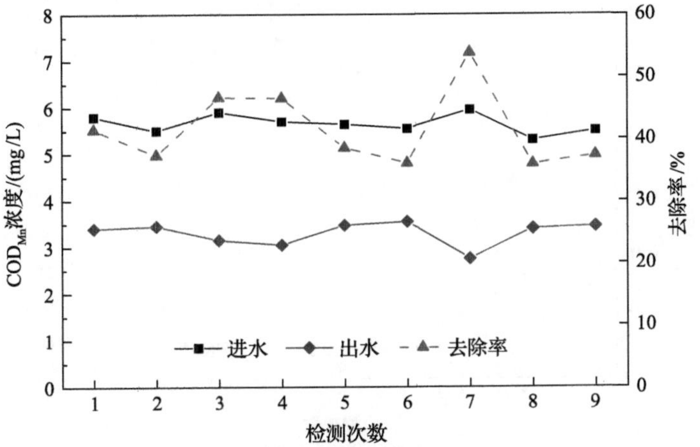

(b) 粉末活性炭投加量为15mg/L

图 7.25　粉末活性炭投加强化沉淀工艺对 COD_{Mn} 的去除效果

活性炭投加量为 15mg/L 时，沉淀池的 COD_{Mn} 平均去除率为 40%，去除量在 2.3mg/L 左右，占比 70%，沉后水浓度在 3.4mg/L 左右。

2) UV_{254}

粉末活性炭投加量为 10mg/L 和 15mg/L 时 UV_{254} 去除效果如图 7.26 所示。由图可知，投加粉末活性炭对沉淀池的 UV_{254} 去除效果有明显改善。粉末活性炭投加量为 10mg/L 时，沉淀池的 UV_{254} 去除率提升 10%～73%，去除量增加 42%至 $0.175cm^{-1}$，占比 90%，沉后水约为 $0.064cm^{-1}$。粉末活性炭投加量为 15mg/L 时，沉淀池的 UV_{254} 平均去除率为 75%，去除量增加 10%至 $0.193cm^{-1}$ 左右，占比 91%，沉后水约为 $0.064cm^{-1}$。因此，粉末活性炭的吸附作用对去除有机物有较大作用。

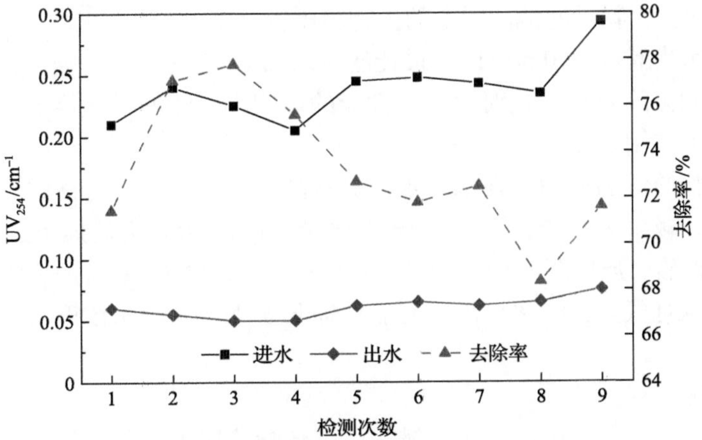

(a) 粉末活性炭投加量为10mg/L

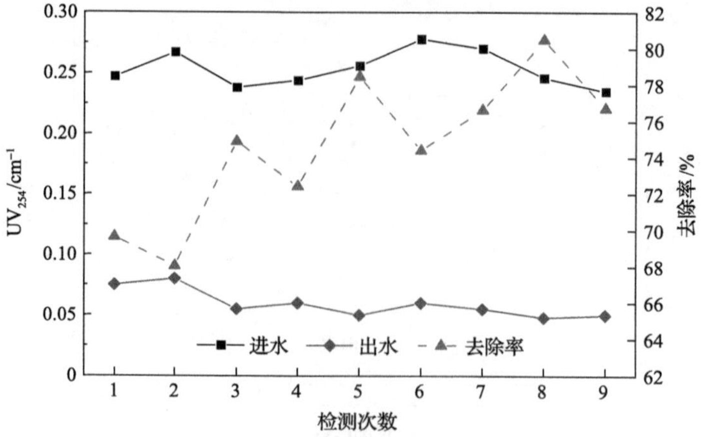

(b) 粉末活性炭投加量为15mg/L

图 7.26 粉末活性炭投加强化沉淀工艺对 UV_{254} 的去除效果

2. 生物过滤优化技术

1) 曝气

低温下特高氨氮浓度(3.0～3.5mg/L)工况下，滤后水溶解氧浓度最低仅2.1mg/L。为了提升组合工艺，尤其是陶粒滤柱的生物作用，在沉淀池区增设曝气，气水比为1∶1。曝气后，滤后水溶解氧浓度均值从2.7mg/L提高至8.7mg/L。曝气下，沉后水浊度略有升高，滤后水浊度基本不受曝气影响。氨氮平均去除率提高2.5%，去除率最大值接近25%，出水浓度从2.2mg/L降低至0.2mg/L。COD_{Mn}平均去除率提高1.9%，去除率最大值接近37%，出水浓度从2.4mg/L降低至0.2mg/L。

2) 滤速

研究表明，生物砂滤池滤料上的生物膜比较薄，由表及里几乎全是好氧层[7]。在一定的滤速范围(7～10m/h)内，最佳滤速以8m/h较好，该滤速能保证过滤能力和对污染物的去除效果，且对生物膜性能的影响小，能够对已经形成的生物膜起到良好的保护作用。

中试实验的低温期间，在水源水氨氮特高浓度下，生物滤柱的处理效果明显减弱。因此，减少进水量，滤速由8m/h降至6m/h，分析低滤速下去除效果。

滤速降低后，强化沉淀和生物过滤对浊度、氨氮和COD_{Mn}的去除率有一定升高，其中陶粒对氨氮去除率提高较明显，提升了11%，出水浓度由2.2mg/L降至1.8mg/L。

3) 反冲洗

反冲洗是过滤工艺中的一个关键步骤，清除滤层中所截留的污物，使滤池恢复过滤能力，滤池反冲洗对滤池工作效果影响甚大。但是很多快滤池在运行一段时间后，就会出现过滤层含泥量增大的情况，在反冲洗强度设计值范围内不能达到预期的反冲洗效果，并且冲洗历时延长，产水量下降，严重阻碍了快滤池的正常运行[8-11]。若采用较好的反冲洗技术，使滤料层经常处于最优条件下反冲洗，不仅可以节水节能，还能提高出水水质，增大滤料层截污能力，提高滤速，延长过滤周期。因此，合理优化反冲洗过程有助于提高过滤工艺整体运行性能。

目前滤池反冲洗主要采用气水反冲洗。单独使用空气反冲洗时，滤层保持不膨胀状态，气泡上升过程中通过剪切作用和摩擦作用清洗滤料，同时气泡通过后产生的空隙由周围滤料颗粒填充，形成循环冲洗效果；并且气泡在上升过程中对滤层扰动作用逐渐增大，特别是截污量较大的表层滤料扰动很大[12-14]。气水同时反冲洗时，水的反冲作用使得滤料间的摩擦力大大减小，滤料循环速度加快，同时污泥从滤料颗粒表面上剥离是水流剪切、摩擦作用、空气剪切和滤料颗粒间碰撞综合作用的结果。气水反冲洗后，需要单独用水进行反冲洗，清除气冲洗下来的污物以及残留的气泡。有研究表明，适当的水洗强度和水洗历时下水流剪力与颗粒碰撞摩擦作用对生物量并没有很大的影响，生物膜与滤料的黏附力相当强。因此，需要重点优化气冲强度和时间。单独气冲强度 50～60m/h，历时 2～3min；气水同冲时，水冲强度 10m/h，历时 4min；单独水冲时，水冲强度 17m/h，历时 5min。当反冲洗水浊度低于 50NTU 时，认为滤池反冲洗完成。单独气冲方式工况与结果见表 7.5 和图 7.27。

表 7.5　单独气冲方式工况与结果

工况	气冲强度 /(m^3/($h·m^2$))	气冲时间 /min	出水浊度平均值 /NTU	过滤周期 /h
1	55	3	0.25	73
2	55	2	0.27	70
3	50	3	0.68	46
4	60	3	0.22	75

从图 7.27 中可知，气冲强度较大时（60m^3/($h·m^2$)）反冲洗初期对应的反冲洗水浊度相差较大。气冲强度较小、不同气冲时间下，反冲洗排水初期浊度相差并不十分明显。随着反冲洗的进行反冲洗水浊度迅速降低，在 9min 之后逐渐接近。此外，反冲洗结束的时间基本相同，在 10min 左右。

3. 化学预氧化+强化沉淀+生物过滤组合工艺

中试实验条件是高锰酸盐氧化剂投加量为 1.0mg/L，混凝剂投加量为 40mg/L，污泥回流量为 10%，水源水氨氮浓度为 1.6～2.0mg/L，生物滤池滤速为 8m/h，未

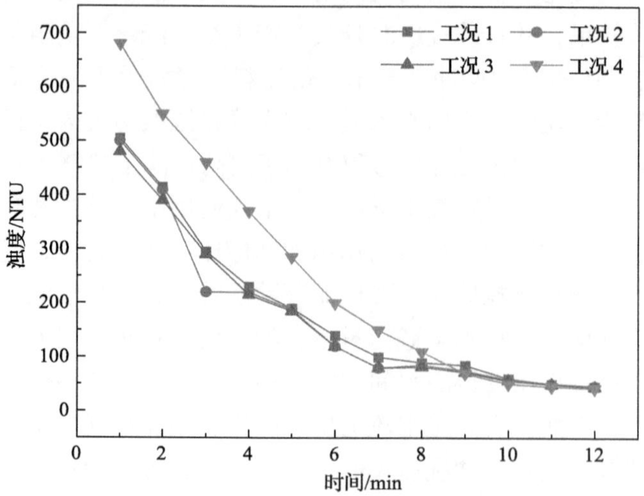

图 7.27　反冲洗排水浊度变化

投加粉末活性炭。中试实验结果表明，高锰酸钾预氧化可改善 COD_{Mn}、UV_{254}、UV_{410}、DOC 的去除效果，投加量可为 1.0mg/L，其中沉淀池 COD_{Mn} 平均去除率提升至 40%，去除量在 1.7mg/L 左右。生物粉末活性炭对改善氨氮、COD_{Mn}、UV_{254}、UV_{410}、DOC 的去除效果有较明显的作用，投加量可为 10mg/L，其中氨氮去除率提升 10%后接近 30%，去除量在 0.5mg/L 左右。生物滤柱采用气-气水-水反冲洗方式，低温期过滤周期长达72h，高温期可在24～36h。滤后水浊度均值稳定低于 0.5NTU，最高不超过 0.8NTU。低温期生物过滤的氨氮去除效果明显，水源水氨氮浓度低于2.5mg/L，滤后水氨氮浓度均值稳定低于0.3mg/L，最高不超过0.5mg/L；水源水氨氮为2.5～3.0mg/L，氨氮去除率仍高于 50%。组合工艺 COD_{Mn} 总去除率为 50%以上，陶粒滤柱对 COD_{Mn} 去除率为 24%～32%，出水浓度稳定低于 3mg/L。UV_{254} 和 UV_{410} 以混凝沉淀去除为主，总去除率分别为 80%和 95%。滤柱出水 UV_{254} 均值在 $0.05cm^{-1}$ 左右，去除率为 20%～30%，UV_{410} 均值在 $0.003cm^{-1}$ 左右，去除率在 80%左右。铁锰以混凝沉淀去除为主，组合工艺出水满足国家标准和省标准。

7.3　供水管网二次消毒

7.3.1　二次加氯现状及优化

水在通过复杂庞大的供水管网系统输送到用户的过程中，往往由于供水管网的影响，受到二次污染，水质达不到国家标准，甚至严重恶化，危及人民身体健康。嘉兴市城市面积相对较大，部分乡镇离水厂较远，夏季温度较高时部分偏远乡镇常出现水质较差、浊度较高、余氯不足、水中铁含量较高，甚至异味等情况，严重影响了居民的正常生活，因此目前的二次加氯点还是偏少，需要增加二次加氯点的布置并实现远控。

以余氯为代表性指标，通过二次加氯系统信息及管控，实现二次精准加氯，包括供水管网二次加氯系统改造(新增、现有改造，重点在控制系统和信息远传系统的标准化)。借助于信息远传设备的安装，实现水厂、供水管网加氯系统的联调联控系统提升，通过算法软分析实现用户层级余氯不达标预警和控制。

二次加氯通常选择在离水厂较远的区域，需满足以下要求。

(1) 保持相对均匀的余氯时空分布，有助于解决供水管网末梢区域余氯浓度的不足问题。

(2) 抑制消毒副反应生成。理论上二次加氯能够减少氯和水体的反应接触时间，从而达到减少消毒副产物的作用。

(3) 减少总加氯量。合理设置二次加氯点，能够提升供水管网中余氯浓度，抑制微生物滋生，减少供水管网沉积物，提升供水管网水质，保证供水安全。

7.3.2　水源切换后不同投加氯量下供水管网余氯衰减规律

从图 7.28 中可以观察到主体水余氯衰减速率发生明显降低，分析认为该值与两地出厂水中 TOC 浓度之间呈正相关关系。千岛湖 TOC 浓度远小于嘉兴市，生物量较少，总氮浓度较低，水体中能与氯发生反应造成氯消耗的物质少。

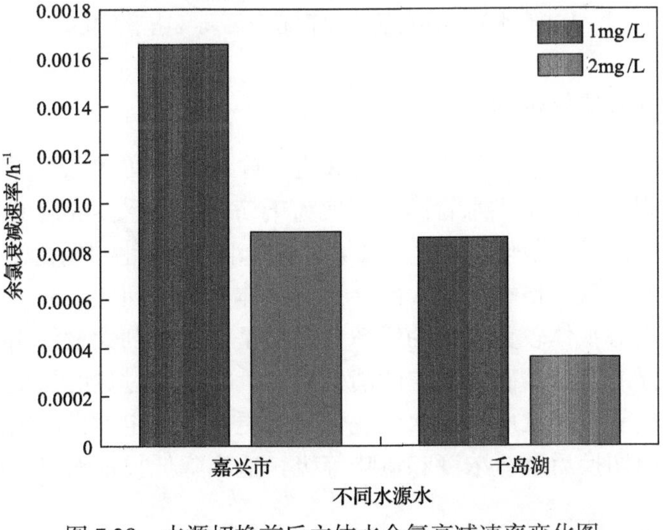

图 7.28　水源切换前后主体水余氯衰减速率变化图

PE 管、塑钢管、球墨铸铁管以及无内衬铸铁管的管段反应器在嘉兴市水和千岛湖水运行下的余氯衰减速率如图 7.29 所示。可明显发现，切换为优质水源后，各管道的余氯衰减速率都有所减小，PE 管的变化幅度最小，减少了 $0.0089h^{-1}$，而塑钢管、球墨铸铁管和无内衬铸铁管三者变化幅度较为接近，分别减少了 $0.00672h^{-1}$、$0.00565h^{-1}$、$0.00774h^{-1}$。分析认为这与管道内部腐蚀产物的释放相关，千岛湖水源出厂水的拉森指数更低，腐蚀性相对更弱，切换水源后这种水质差异引起原本管道中的腐蚀产物表面不易被破坏，管道内壁处余氯发生的作用减弱，消耗减少。

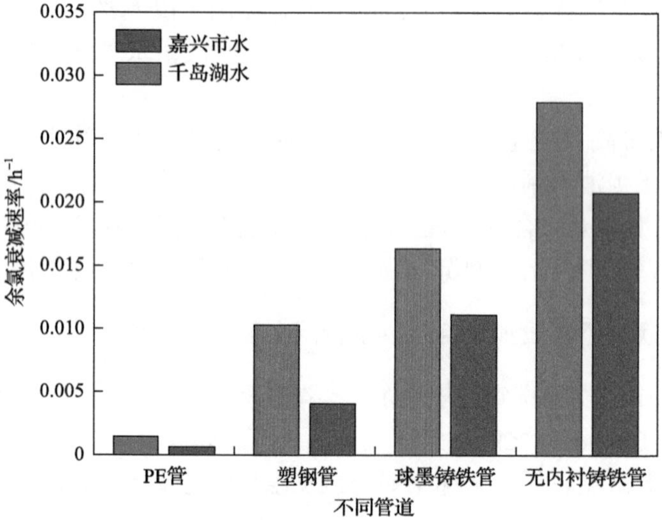

图 7.29　水源切换前后不同管道余氯衰减速率变化图

7.3.3　水源切换后建议投加氯量

将千岛湖出厂水水质情况和余氯衰减速率输入 EPANET 软件中，投加氯量为 0.8mg/L，运行得到嘉兴市供水管网在切换为千岛湖水源水 24h 后的供水管网余氯浓度情况。结果表明，若不改变投加氯量，嘉兴市供水管网中余氯浓度相对较大，虽然末梢区域的余氯合格率提高，但会引起水体异味的问题。而饮用水出现异嗅异味会成为用户对水体较为直接的反馈，尤其是在消毒剂大量使用等情况时会致使水体产生较强的氯味，破坏用户的消费体验。另外，过量的氯也会引起消毒副产物的大量生成等复杂反应，使水质变化增加更多不确定因素。因此，需在后续切换中综合水源切换后余氯浓度和氯味等级，适当降低投加氯量，稳定整个供水管网中的水质。

供水管网内是否具备二次加氯设施会影响出厂水的投加氯量，因此在供水管网内具备二次加氯装置与不具备二次加氯装置的两种情况下，分别考虑水源切换后的投加氯量。分别以 0.4mg/L、0.5mg/L、0.6mg/L、0.7mg/L、0.8mg/L 为投加氯量对水源切换后的供水管网余氯分布情况进行模拟。0.4mg/L 和 0.5mg/L 投加氯量下的余氯分布结果如图 7.30 所示。

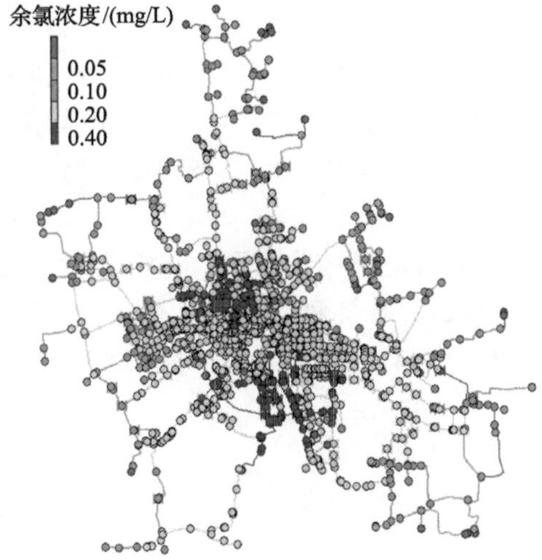

(a) 0.4mg/L

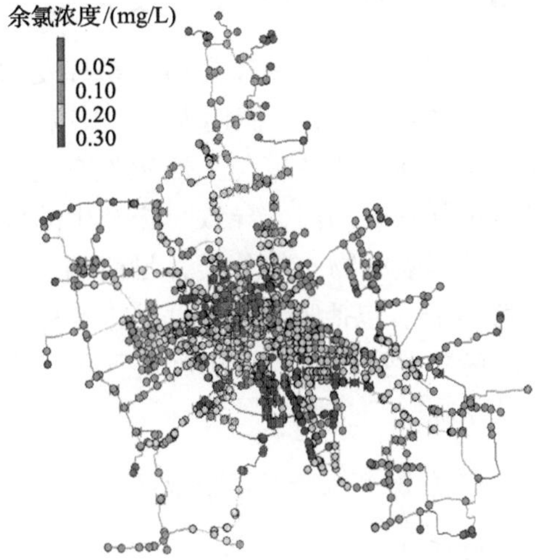

(b) 0.5mg/L

图 7.30　不同投加氯量下余氯分布结果

若以 0.4mg/L 为投加氯量，供水管网内存在大量节点的余氯浓度低于标准限值现象，共 99 个节点的余氯浓度小于 0.05mg/L。以 0.5mg/L 为投加氯量时，供水管网内余氯浓度低于 0.05mg/L 的节点数量为 91 个，同时由图 7.30 可以看出，供水管网中余氯浓度大多处于 0.2～0.4mg/L。

以 0.6mg/L 为投加氯量时，供水管网内余氯浓度低于 0.05mg/L 的节点数量为 85 个。与 0.4mg/L、0.5mg/L 投加氯量相比，供水管网内余氯浓度大于 0.4mg/L 的区域面积增加，此时供水管网中余氯浓度处于 0.2～0.4mg/L 的节点数量和大于 0.4mg/L 的节点数量相当，余氯分布较为均匀。以 0.7mg/L 为投加氯量时，供水管网内余氯浓度低于 0.05mg/L 的节点数量为 78 个。此时，供水管网中余氯浓度大多大于 0.4mg/L，其中余氯浓度大于 0.6mg/L 的节点数量为 282 个。供水管网中氯味等级分布在 0～4。以 0.8mg/L 为投加氯量时，供水管网内余氯浓度低于 0.05mg/L 的节点数量为 76 个，余氯浓度大于 0.6mg/L 的节点数量为 755 个，此时供水管网中氯味等级分布在 0～6，水厂周边区域存在氯味过重的问题。

综合以上五种投加氯量下的余氯分布结果以及氯味等级，建议在切换水源后，出厂水的加氯方案为：①若供水管网内未设置二次加氯点，则出厂水投加氯量为 0.6～0.7mg/L；②若供水管网内二次加氯点可投入使用，则出厂水投加氯量为 0.4～0.5mg/L。

7.4 供水管网末端水质调控

7.4.1 供水管网水嗅味控制技术

饮用水会存在嗅味是由于易挥发物质从水体中挥发出来，与人体的嗅觉和味觉器官产生作用，从而使人产生感觉。使人产生嗅觉的最小物质浓度称为嗅阈值，它是将气味物质浓度与人体感觉有机结合起来的一个量化指标。不同挥发物往往具有不同的嗅阈值，导致嗅味产生的挥发物质称为嗅味物质。

关于嗅味物质的分类，目前国内外普遍采用的是嗅味轮状图，将嗅味划分成3类13种，包括嗅觉(odor)异味8种，味觉(taste)异味4种，还有口鼻异感1种，8种嗅觉异味包括土霉味、鱼腥味、化学品味、氯味、药水味、芳香味、沼泽味和草木味[15,16]。

1. 常规嗅味物质去除技术

1)活性炭吸附

用于吸附水体中的嗅味物质的活性炭吸附方式有两种，一种是粉末活性炭吸附，另一种是颗粒活性炭(granular activated carbon, GAC)吸附。活性炭对极性相对较小的嗅味物质，如2-甲基异莰醇(2-methylisoborneol, 2-MIB)、土臭素(geosmin, GSM)、2-异丙基-3-甲氧基吡嗪(2-isopropyl-3-methoxy pyrazine, IPMP)、2-异丁基-3-甲氧基吡嗪(2-isobutyl-3-methoxy pyrazine, IBMP)以及二甲基三硫醚等的吸附效果比较好。相比于粉末活性炭，GAC的比表面积相对较小，所以吸附效率相对较低，但是GAC投加量为100mg/L的情况下，对二甲基三硫醚的去除率也可以达到91%。有学者通过二甲基三硫醚和β-环柠檬醛的GAC吸附实验发现，GAC对二甲基三硫醚和β-环柠檬醛的去除率分别为91%和96%。

一般而言，活性炭的设置成本较臭氧等处理工艺要低，因而在常见的处理方法中，活性炭吸附法广泛应用于自来水中致嗅物质的去除。粉末活性炭因其容易加入水中，并且能有效地去除嗅味强度，广泛应用于阶段性嗅味事件中。

2)氧化去除

氧化去除是指向水体中加入氧化剂，借助氧化剂的氧化能力对嗅味物质进行分解以达到去除的目的。通常用来去除嗅味物质的氧化剂有高锰酸钾、臭氧、二氧化氯、氯等，不同的氧化剂去除效果有所区别。有学者就高锰酸钾、臭氧、二氧化氯、氯四种氧化剂对腐败味物质乙硫醇的去除效果进行了对比。结果显示，对于相近浓度的乙硫醇，不同的氧化剂对其去除率和去除能力有所不同。二氧化氯和臭氧的去除效果比高锰酸钾与氯要好，二氧化氯和臭氧能在30min内迅速降低乙硫醇的浓度，而高锰酸钾和氯需要 1h 以上。

氧化剂对不同的嗅味物质的去除效果也不一样。高锰酸钾对 β-环柠檬醛的去除率可达 90%，对 2-MIB 的去除率却只有 10%～21%。对于带有氧、硫或者不饱和键的嗅味物质如 β-环柠檬醛、乙硫醇等，氧化剂的去除效果要明显高于那些碳键饱和的化合物如 2-MIB、GSM 等。对于 TCA 的高级氧化去除，有人采用氧化铝催化臭氧产生羟基自由基降解 TCA，10min 内 TCA 的去除率达到 86%，但是在不加氧化铝催化单独臭氧氧化的情况下，TCA 的去除率只有 34.6%。

3) 组合工艺去除

除活性炭的物理吸附和氧化剂的化学氧化来对嗅味物质进行去除外，目前比较常用的还有将化学氧化技术和活性炭吸附技术进行组合，一起对嗅味物质进行去除，这样可以提高嗅味物质的去除率。在金门水厂中试实验中，有学者在传统工艺之后加入臭氧-活性炭工艺和单加入活性炭工艺，组合工艺对 2-MIB 和 GSM 的去除率分别提高了 4%和 17%。另外，由于活性炭的吸附不够彻底，而氧化剂投加量的控制具有一定的难度，往往也会采取氧化剂-活性炭组合的工艺。例如，在 2007 年的无锡饮用水嗅味事件中，采取的紧急处理措施是在取水口投加高锰酸钾，在水厂絮凝池前投加粉末活性炭。在取水口加入高锰酸钾可以在输水过程中氧化去除嗅味物质和污染物，增加接触反应的时间；水厂内投加的粉末活性炭可以补充吸附一些不容易被氧化的嗅味物质及污染物，同时可以利用活性炭的还原性除去多余的高锰酸钾，排除因为高锰酸钾过量而导致水体色度上升的情况。

2. 不同因素对致嗅物质 2,4,6-TCA 生成的影响

1) 管材的影响

不同管材管道内 2,4,6-TCA 的生成情况如图 7.31 所示[17]。其中，球墨铸铁管和不锈钢管相较于 PE 管可生成更多的 2,4,6-TCA，尽管它们的伪一级动力学反应常数相近(k=0.047～0.053h^{-1})。进一步比较三根管道内壁生物膜的生物量(表 7.6)可知，球墨铸铁生物量($(3.50\pm0.51)\times10^5$CFU/cm^2)>不锈钢生物量($(2.22\pm0.41)\times10^5$CFU/cm^2)>PE 生物量($(3.74\pm0.65)\times10^4$CFU/cm^2)。

管材对管道内壁生物膜的生长至关重要。研究表明，铁制管相较于塑料管更有利于生物膜的生长。本实验表明，球墨铸铁管和不锈钢管上附着的微生物量比 PE 管高出一个数量级。相较于光滑的塑料管，金属管材粗糙的内表面可为生物膜的附着提供更有利的条件。除此之外，从球墨铸铁或不锈钢材质中释放出的不同价态铁元素可作为电子受体或供体来促进铁还原菌或铁氧化菌的生长。实验中生物量大小关系与 2,4,6-TCA 最大生成量一致，说明较大的微生物量生成了更多的 2,4,6-TCA，是造成 2,4,6-TCA 生成规律在不同管材管道中存在差异的重要原因。这说明可以利用供水管网内生物量来评估供水管网内 2,4,6-TCA 的生成潜能。管

材对比实验的结果表明，球墨铸铁管更容易生成 2,4,6-TCA，因此从减轻龙头水异嗅异味的角度出发，需要尽可能避免球墨铸铁管的使用。

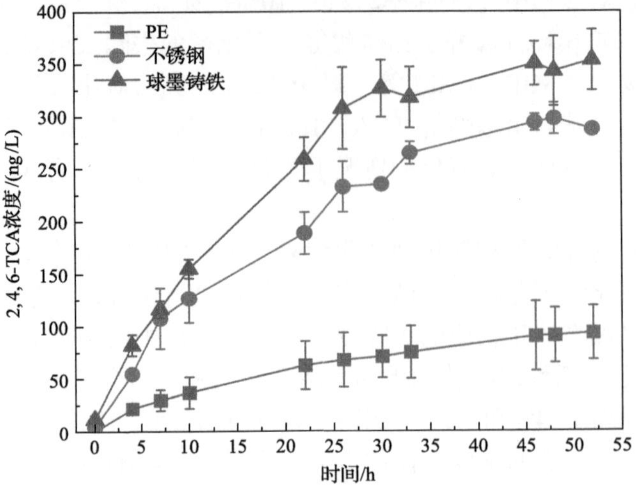

图 7.31　不同管材管道中 2,4,6-TCA 的生成情况

实验条件：$[2,4,6\text{-TCP}]_0$=0.2mg/L，流速为 1.4m/s，温度为 30℃，余氯浓度为 0mg/L

表 7.6　不同管材管道内壁生物膜的生物量

管材	球墨铸铁	不锈钢	PE
生物量/(CFU/cm^2)	$(3.50\pm0.51)\times10^5$	$(2.22\pm0.41)\times10^5$	$(3.74\pm0.65)\times10^4$

2）温度的影响

图 7.32 比较了在不同温度下（20℃和 30℃），反应 52h 后 2,4,6-TCA 的生成情况。相比于 20℃，在 30℃下生成的 2,4,6-TCA 在三根管道内均有不同程度的提升，增长率为 7.23%～53.3%。通过动力学方程对不同温度下 2,4,6-TCA 的生成进行拟合，发现随着温度的上升反应动力学常数 k（表 7.7）也相应增大，这与阿伦尼乌斯方程相契合。该现象也与实际情况相符：一般来说，饮用水中的嗅味问题一般会发生在盛夏或初秋气温相对较高的时期。在较高的温度下（30℃左右），供水管网内微生物的生长和代谢会更加旺盛，一些由酶催化的生化反应速率（如氯酚的生物甲基化）也会得到提升。

3）流速的影响

为了研究水力条件对 2,4,6-TCA 生成的影响，主体水的流速调节为 0.1m/s、0.6m/s 和 1.4m/s，分别代表实际工况中滞留低流速、经济流速和高流速。图 7.33 表明，随着流速的增大，2,4,6-TCA 的生成明显得到了促进，反应动力学常数 k 和 $[2,4,6\text{-TCA}]_{max}$ 分别增加了 15.9%～29.7%和 58.6%～199%（表 7.8）。

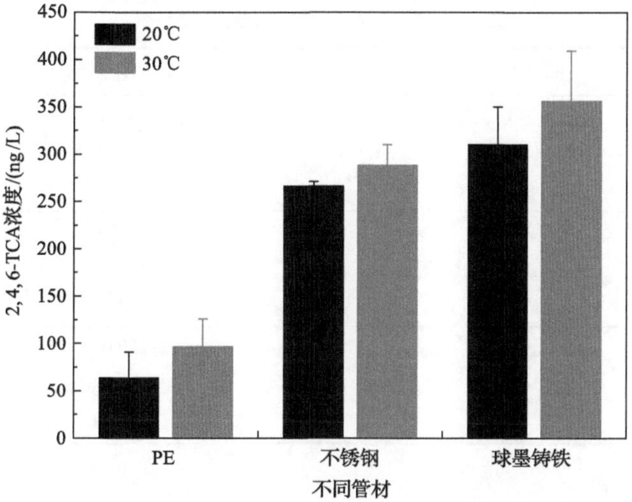

图 7.32　不同温度下 2,4,6-TCA 的生成情况

实验条件：[2,4,6-TCP]$_0$=0.2mg/L，流速为 1.4m/s，反应时间为 52h，余氯浓度为 0mg/L

表 7.7　不同温度下动力学方程参数

管材	温度/℃	k/h^{-1}	$[2,4,6\text{-TCA}]_{max}$/(ng/L)	R^2
PE	20	0.033	75.31	0.9903
	30	0.045	111.14	0.9819
不锈钢	20	0.042	286.77	0.9817
	30	0.048	317.80	0.9671
球墨铸铁	20	0.043	345.97	0.9913
	30	0.058	400.70	0.9707

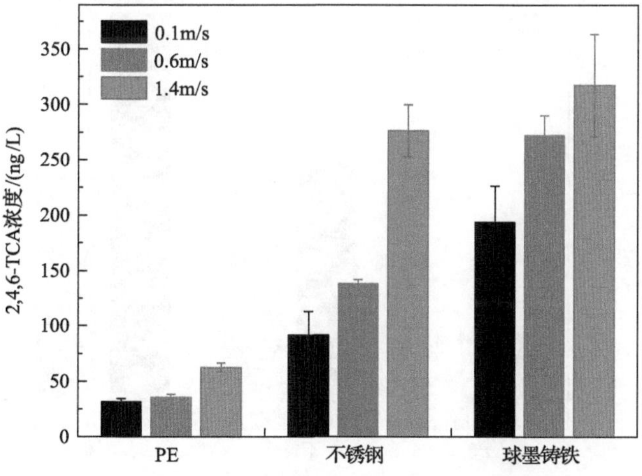

图 7.33　不同流速下 2,4,6-TCA 的生成情况

实验条件：[2,4,6-TCP]$_0$=0.2mg/L，温度为 20℃，反应时间为 52h，余氯浓度为 0mg/L

表 7.8 不同流速下动力学方程参数

管材	流速/(m/s)	k/h^{-1}	[2,4,6-TCA]$_{max}$/(ng/L)	R^2
PE	0.1	0.044	34.81	0.9863
	0.6	0.049	38.00	0.9622
	1.4	0.051	66.76	0.9835
不锈钢	0.1	0.037	95.08	0.9399
	0.6	0.045	147.13	0.9926
	1.4	0.048	284.37	0.9802
球墨铸铁	0.1	0.046	209.00	0.9928
	0.6	0.054	277.38	0.9937
	1.4	0.056	331.38	0.9938

4)余氯的影响

氯作为一种常见的消毒剂，通常用来对出厂水进行消毒，并在供水管网水运行过程中持续抑制微生物的生长。为了探究余氯对于2,4,6-TCA生成的影响，向模拟供水管网中投加浓度为3mg/L的活性氯。由图7.34可知，相比于对照组，2,4,6-TCA在三根加氯管道的52h内生成量减少了24.3%～47.1%。在饮用水中氯对2,4,6-TCA的生成有正反两方面的影响。一方面，氯能直接取代苯甲醚上的氢原子生成2,4,6-TCA，或与天然有机物反应生成前体物2,4,6-三氯苯酚，从而促进2,4,6-TCA的生成。然而，有报道称只有在较强的酸性环境下(如pH=4)，氯化反应生成2,4,6-TCA的情况才有可能发生。此外，在自来水中直接加氯实验中并未检测出2,4,6-TCA的生成(数据未显示)，说明在本研究涉及的实验条件下氯对于2,4,6-TCA

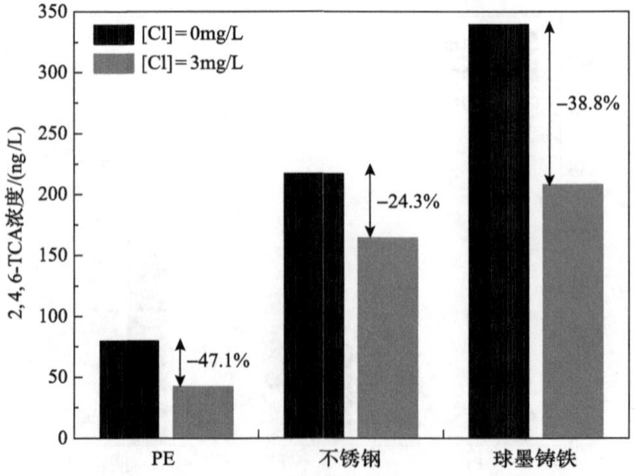

图 7.34 不同投加氯量下2,4,6-TCA的生成情况

实验条件：[2,4,6-TCP]$_0$=0.2mg/L，流速为1.0m/s，温度为25℃，反应时间为52h

生成的贡献是可忽略不计的。另一方面，氯可以抑制微生物酶的活性，从而抑制 2,4,6-TCA 的生成。而在本实验中，显然抑制作用是占主导优势的，这进一步说明在供水管网中 2,4,6-TCA 的生成是微生物转化 2,4,6-TCP 的结果，而不是纯粹的化学反应。

7.4.2 供水管网水化学稳定性控制技术

1. 分区计量中局部供水管网水质变化

嘉兴市于 2018 年划定一级分区 5 个、二级分区 12 个(12 个营业所)，于 2019 年选取二级分区示范区(大桥营业所)进行进一步分区管理，实现嘉兴市三级分区 2 个、四级分区 4 个、五级分区 10 个。由于嘉兴市采取供水管网系统分区计量管理及分区压力管理的模式，容易造成供水管网局部的铁锰、浊度及微生物超标等水质恶化问题。

选取球墨铸铁管段作为控制局部铁锰和浊度超标方法的研究对象，为了更好地模拟现实管道内的径向水流，解决管段反应器内水量少、检测指标时间间隔与数量受限、取样易造成较大误差等问题，搭建循环运行装置[18]。本研究分析余氯浓度、水力条件(流速和流向)、pH 等对供水管网局部铁锰及浊度的影响。

在搭建好的管段循环装置中加水进行冲洗，保持余氯浓度为 0.3～0.5mg/L，持续消毒 2d 后开始实验。实验稳定期加入嘉兴市出厂水运行，其间每天换水并调节初始余氯浓度为 0.5mg/L。调节变频器控制水泵在 60%额定转速 R 下运行，该转速下流量计显示 $Q≈5.6m^3/h$，对应流速约为 0.2m/s。每一实验周期为 1d，每天水泵运行 16h，停泵静置 8h。连续检测(0h、3h、6h、12h、18h、24h)循环装置中出水的浊度、电导率、溶解氧浓度、pH 和总铁浓度，直至浊度与总铁浓度趋于平稳。

1)流速的影响

通过调节变频器使管道泵分别在 60%R、80%R、100%R、80%R、60%R 条件下运行，记录并统计在不同流速下装置内出水的溶解氧浓度、pH、电导率、浊度和总铁浓度的变化情况。

在不同流速下，总铁浓度的变化情况如图 7.35 所示。可以看出，随着流速的加大，管段铁释放量增加。水泵在 60%R、80%R、100%R 条件下运行 24h 后，装置出水的总铁浓度均值分别为 0.14mg/L、0.20mg/L、0.29mg/L，相比于 0h 时分别增长约 2.5 倍、3.6 倍、4.8 倍，即随着流速的加大，铁释放速率加快。其中，水泵在 100%R 条件下运行的第 5 个周期内，总铁浓度达到最大值 0.32mg/L，超过了规范限值。结合电导率、浊度等指标的变化情况，可知流速加快会加速球墨铸铁管内部含铁管垢颗粒物的脱落。

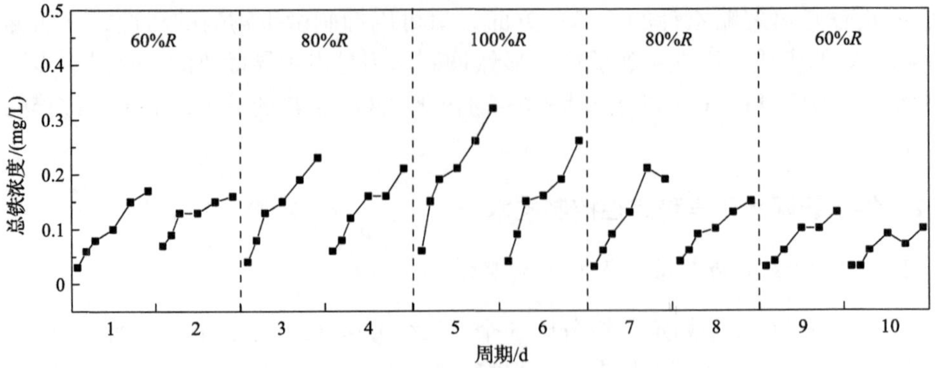

图 7.35　流速对总铁浓度的影响

2）pH 控制

流速的加大会造成球墨铸铁管段内浊度上升明显、总铁浓度增加，而水源切换后分区供水会导致供水管网内水力条件发生变化，因此需要防范水质不稳定现象的出现。pH 调节技术较为成熟且成本低，因此通过控制装置进水的初始 pH(pH_0)，来探究调节 pH 对球墨铸铁管铁稳定性的影响，水泵始终维持在 60%R 条件下运行。每个周期 pH 的变化情况如图 7.36 所示。从图中可以看出，当 pH_0=7.7 时，装置内水样的 pH 会在 3h 内迅速升高，后期逐渐升高至 8.0 左右；当 pH_0=8.5、9.0 时，pH 会随运行时间的推移而降低，在运行 18h 后趋于稳定在 8.0 附近。造成这一现象的主要原因是碱性环境下水中的 OH^-与管垢成分会发生反应，然后随时间达到酸碱平衡。

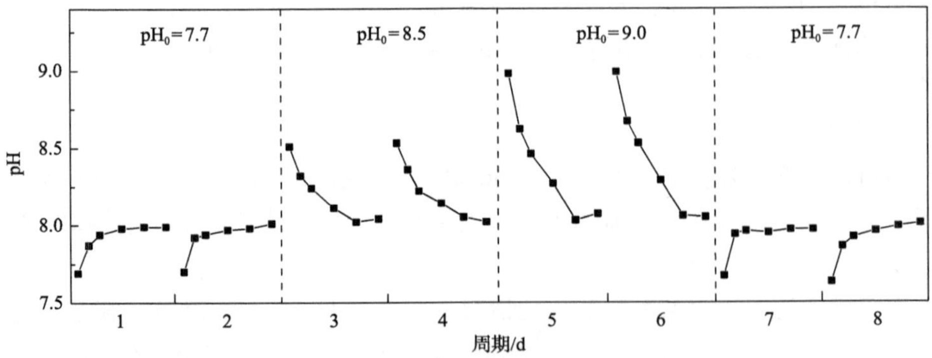

图 7.36　pH 的变化情况

2. 水源切换时化学稳定性控制

1）混掺比的影响

混掺比实验分为四个阶段进行：使用 100%嘉兴市水源出厂水进行稳定期运

行、80%嘉兴市水源出厂水+20%千岛湖水源出厂水、50%嘉兴市水源出厂水+50%千岛湖水源出厂水、100%千岛湖水源出厂水。通过调节搅拌桨的转速设置等效流速为 0.6m/s，每一实验周期为 1d，每单位周期内搅拌器累计运行 16h，中途静置 8h，可模拟实际供水管道中夜间流速缓慢的情况。当一个周期结束时，需更换管段反应器内的水，再开始运行下一周期。在运行 5d 后，总铁浓度趋于稳定，开始混掺千岛湖水源出厂水进行实验。所测得结果见表 7.9。

表 7.9　不同混掺比实验下塑钢管和球墨铸铁管的总铁浓度变化

混掺比	时间/d	DN50 塑钢管 总铁浓度/(mg/L)	DN100 球墨铸铁管 总铁浓度/(mg/L)
稳定期 (0%)	1	0.09	0.17
	2	0.05	0.09
	3	0.03	0.06
	4	0.04	0.06
	5	0.04	0.05
切换实验 (20%)	6	0.03	0.04
	7	ND	0.04
	8	ND	0.05
切换实验 (50%)	9	0.04	0.03
	10	0.03	0.04
	11	ND	0.05
切换实验 (100%)	12	ND	0.03
	13	ND	ND
	14	ND	0.03

在切换实验中，塑钢管的总铁浓度大部分处于检出限以下，浓度水平总体较低，偶有波动可检出，但仍无法据此推测出不同的混掺比对塑钢管铁释放的影响规律。对于球墨铸铁管，总铁浓度基本都在检出限以上波动，基本维持在 0.03～0.06mg/L，相较同期塑钢管中的铁离子释放量更大一些，但仍远小于国家规范限值 0.3mg/L。同样，也未发现短期时间内混掺比大小与总铁浓度之间存在明显联系。因此，后续实验可忽略由混掺比造成的短期影响，直接根据 100%切换千岛湖水源出厂水的方式继续进行，但还需对切换后的供水管网化学稳定性进行长期的观察。

2)管材的影响

取同批制作的塑钢管段反应器和球墨铸铁管段反应器,进行 100%切换为千岛湖水源出厂水实验，观察更长时间内总铁浓度的变化情况。在水源切换前，管段反应器内的水每隔 2d 更换一次，在切换为千岛湖水源出厂水后，改为每隔 3d 更换一次。等效流速依旧保持 0.6m/s，同样以 1d 为单位周期，搅拌器每天运行时间为 16h，中途静置 8h。在实验期间，按预设时间间隔采样，对总铁浓度变化进行检测，测量结果见表 7.10。

表 7.10　水源切换前后塑钢管和球墨铸铁管的总铁浓度变化

项目	时间/d	DN50 塑钢管总铁浓度/(mg/L)	DN100 球墨铸铁管总铁浓度/(mg/L)
切换前	1	ND	0.04
	2	0.03	0.08
	3	0.03	0.04
	4	ND	0.05
切换后	5	ND	ND
	6	ND	0.03
	7	ND	0.03
	8	ND	ND
	9	ND	ND
	10	ND	0.04
	11	ND	ND
	12	ND	0.04
	13	ND	0.06
	14	ND	ND
	15	ND	ND
	16	ND	ND

在水源切换后，塑钢管段反应器内的总铁浓度始终低于检出限，保持在一个较低的水平。对于球墨铸铁管，在每个换水周期末都会出现总铁浓度在该周期内的峰值，在第三个换水周期末达到了实验期内的最大值 0.06mg/L。根据管垢情况的变化推测，这种情况与管垢发生脱落或被冲洗有关。总体来说，在 0.6m/s 的流速情况下，这两种材料的管段反应器的总铁浓度在切换为千岛湖水源出厂水后都在安全范围内波动。

3）流速的影响

在实际水源切换过程中，需考虑分区供水引起的水力条件的复杂变化，故通过设置不同的等效流速来模拟供水管道中的不同水流速度，探究不同流速对塑钢管段反应器和球墨铸铁管段反应器中铁离子释放的影响。为了使实验与实际出现的最大流速情况尽量一致，分别设置 0.6m/s、1.0m/s、1.5m/s 的流速。以 3d 为一个周期，从小到大依次在每个流速下运行两个周期，周期开始时进行换水。在结束一轮后，恢复 0.6m/s 的流速运行两个周期。按预设时间间隔采样，检测管段反应器内的总铁浓度，结果见表 7.11。

表 7.11　不同流速下塑钢管和球墨铸铁管的总铁浓度变化

流速/(m/s)	时间/d	DN50 塑钢管总铁浓度 /(mg/L)	DN100 球墨铸铁管总铁浓度 /(mg/L)
0.6	1	ND	ND
	2	ND	0.04
	3	ND	0.06
	4	ND	ND
	5	ND	ND
	6	ND	ND
1.0	7	ND	ND
	8	ND	ND
	9	ND	ND
	10	ND	ND
	11	ND	0.03
	12	ND	0.03
1.5	13	ND	0.03
	14	0.03	0.05
	15	0.03	0.05
	16	ND	0.03
	17	ND	ND
	18	ND	0.03
0.6	19	ND	ND
	20	ND	ND
	21	ND	ND
	22	ND	ND
	23	ND	ND

总体来说，在各阶段可检测到的总铁离子释放量，塑钢管段反应器相较于球墨铸铁管段反应器，始终会偏小一些。在流速为 0.6m/s 和 1.0m/s 时，塑钢管基本无法检测出总铁浓度。当流速升至 1.5m/s 时，才偶有测得 0.03mg/L 的总铁浓度，仍处于限临界值这样较低的水平。在流速再次回落到 0.6m/s 时，总铁浓度又整体降到检测值以下的范围，这说明对于塑钢管，其总铁浓度并没有随着流速的改变而发生显著变化，流速的增加对铁释放量的促进作用有限。对于球墨铸铁管，在流速为 0.6m/s 时可测得 0.06mg/L 的较高总铁浓度，在这之后又基本无法检出。从

1.0m/s 刚切换为 1.5m/s 时，可发现总铁浓度出现一个较显著的增加，从 0.03mg/L 变为 0.05mg/L。在流速为 1.5m/s 运行第二个周期时，其值又恢复到 0.03mg/L，直到最后又回落到检测限以下。根据结果判断，流速的增加会促进球墨铸铁管内铁离子的释放或促使含铁管垢的脱落。

7.4.3　供水管网水生物稳定性控制技术

1. 水源切换对供水管网微生物稳定性的影响

供水管网中细菌生长方式主要分为在水中悬浮生长和附着管道内壁生长两种[19]。为了探究水源切换对供水管网生物稳定性的影响，本研究基于三磷酸腺苷(adenosine triphosphate, ATP)浓度快速评价方法，结合相关生物分子技术，通过管段反应器模拟水源切换后供水管网水质生物和管道内壁生物膜的变化，评价水质是否安全，为实际切换提供参考。

1)对主体水生物稳定性的影响

将 DN150 PE 管、DN50 塑钢管、DN100 球墨铸铁管、DN150 无内衬铸铁管的管段反应器作为研究对象，调节搅拌桨的转速，设置等效流速为 0.6m/s。使用嘉兴市水源出厂水运行为期 3d 的稳定期，随后切换为千岛湖水源出厂水运行，在每天的前 12h 中每隔 4h 进行取样，测定 ATP 浓度，结果如图 7.37 所示。

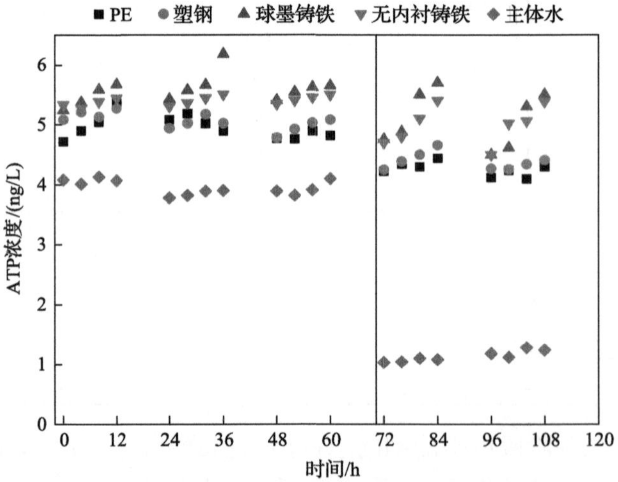

图 7.37　稳定期和切换成新水源后 ATP 浓度变化

由图 7.38 可知，在前 72h 的稳定期中，管段反应器中的 ATP 浓度虽然比主体水中大，但是波动较小，整体处于比较稳定的状态，尤其对于 PE 管和塑钢管，与主体水差距更小，水质微生物稳定性更好。当水源切换为千岛湖水源后，主体水中 ATP 浓度明显减少，维持在一个较低的水平，导致与管段反应器中的 ATP 浓度相差较大，尤其是球墨铸铁管和无内衬铸铁管。

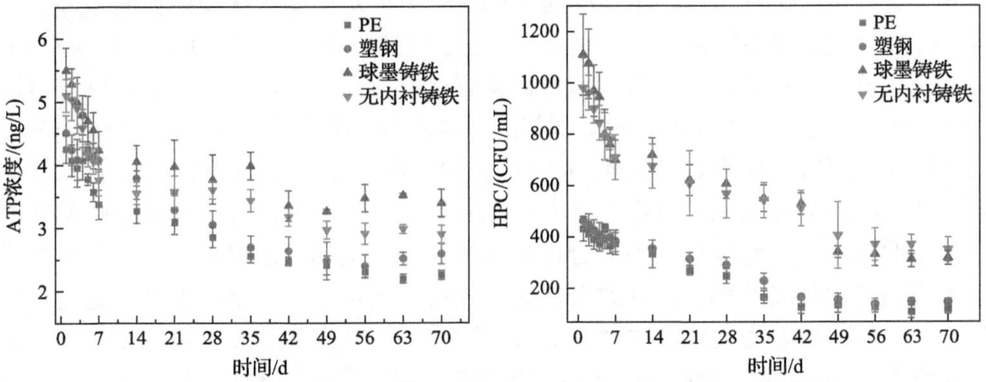

(a) ATP浓度变化　(b) HPC变化

图 7.38　水源切换后 ATP 浓度和 HPC 随时间的变化

为了验证在水源切换后生物膜是否发生脱落，本实验选择稳定性较好的塑钢管段反应器和稳定性最差的球墨铸铁管段反应器，分别各自运行嘉兴市水源出厂水和千岛湖水源出厂水 4h 后，转移管内部分水至烧杯中，在条件相同的情况下，观察对比二者管内剩余水和烧杯水的 ATP 浓度变化情况，结果如图 7.39 所示。在塑钢管、球墨铸铁管运行 4h 的嘉兴市水源出厂水后转移到烧杯后，ATP 浓度在 20h 后出现小幅度的增加，分别为 10%和 13%。同样在二者运行 4h 的千岛湖水源出厂水后，转移到烧杯中的水也在 20h 后出现小幅度的增加，分别为 13%和 14%。分析认为烧杯水中 ATP 浓度增加幅度较接近的原因是两地水源出厂水的营养水平接近，分别是 9μg/L 和 106μg/L，说明水中营养支持细菌再生的能力较接近。

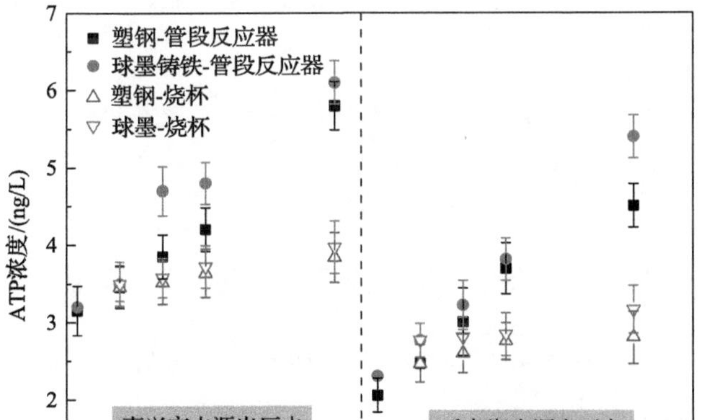

图 7.39　管段反应器和烧杯中的 ATP 浓度差异

在实际切换后，供水管网的流动状态可能会随之发生改变，同时还需考虑一些水质分区造成的死水区，本实验对不同流速下的水质微生物稳定性问题进行探究。通过设置搅拌浆转速，根据其与剪切力、流速、管径之间的关系，依次在PE管段反应器、塑钢管段反应器、球墨铸铁管段反应器、无内衬铸铁管段反应器模拟0.3m/s、0.6m/s、1m/s、0m/s的水力情况。控制装置中的初始余氯浓度为0.4mg/L，与千岛湖水源出厂水的水平相同，以24h为单位周期，每隔4h取样，测定ATP浓度，结果如图7.40所示。随着流速从0.3m/s增至1m/s，装置运行24h后的ATP浓度出现明显增加，稳定性变差。分析认为流速变快增加了消毒剂和水中营养基质与管道内壁生物膜的接触，导致余氯衰减加快，给水中细菌繁殖提供了更适宜的环境。同时剪切力增大也会加剧对生物膜的冲刷，引起水中ATP浓度增加。当流速最终降为0m/s时，ATP浓度在前12h内变化幅度较小，在12h到24h时出现大幅度增加，为了更好地研究供水管网水滞留的影响，延长该实验至36h，发现ATP浓度出现剧烈增加。经分析，在滞留初期，实验控制水中初始余氯浓度为0.4mg/L，氯有效控制了细菌再生，另外该水力状况没有对管道内壁造成扰动，余氯的衰减相对较慢。但当水中没有余氯时，即在12h后，细菌开始大量再生，ATP浓度处于较高的水平。该实验说明流速对水中微生物的影响十分复杂，需进一步研究流速对细菌滋生、生物膜生长和余氯衰减等造成的实际影响，并探索适宜的水力工况情况。

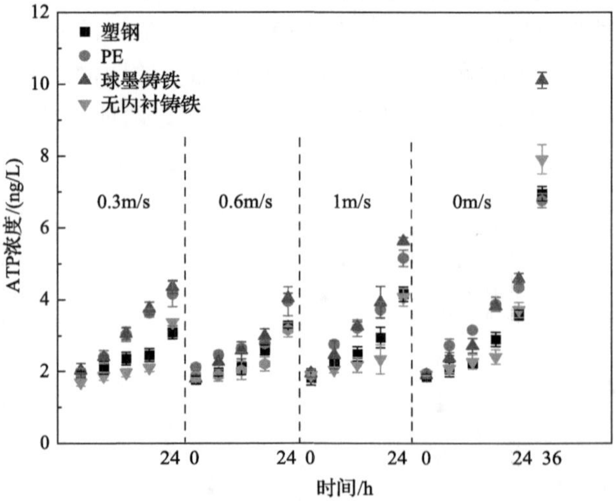

图7.40　不同流速下ATP浓度变化情况

2）对管道内壁生物膜稳定性的影响

本实验取PE管段反应器、塑钢管段反应器、球墨铸铁管段反应器、无内衬铸铁管段反应器，运行千岛湖水源出厂水70d，此时水中ATP浓度基本处于稳定状态，取出实验管段，刮取其表面的生物膜样品，与在嘉兴市管道内壁生物膜样品进行对比分析。本实验分别通过异养菌平板计数(HPC)、ATP 浓度测定细菌活性和流式细胞仪测定细菌数(intracellular cell cocentration, ICC)对水源切换 70d 前后的四种不同管材管道内壁生物膜上的微生物量进行测量，在对上述方法综合分析后得到可靠结果，各方法检测结果如图 7.41 所示。

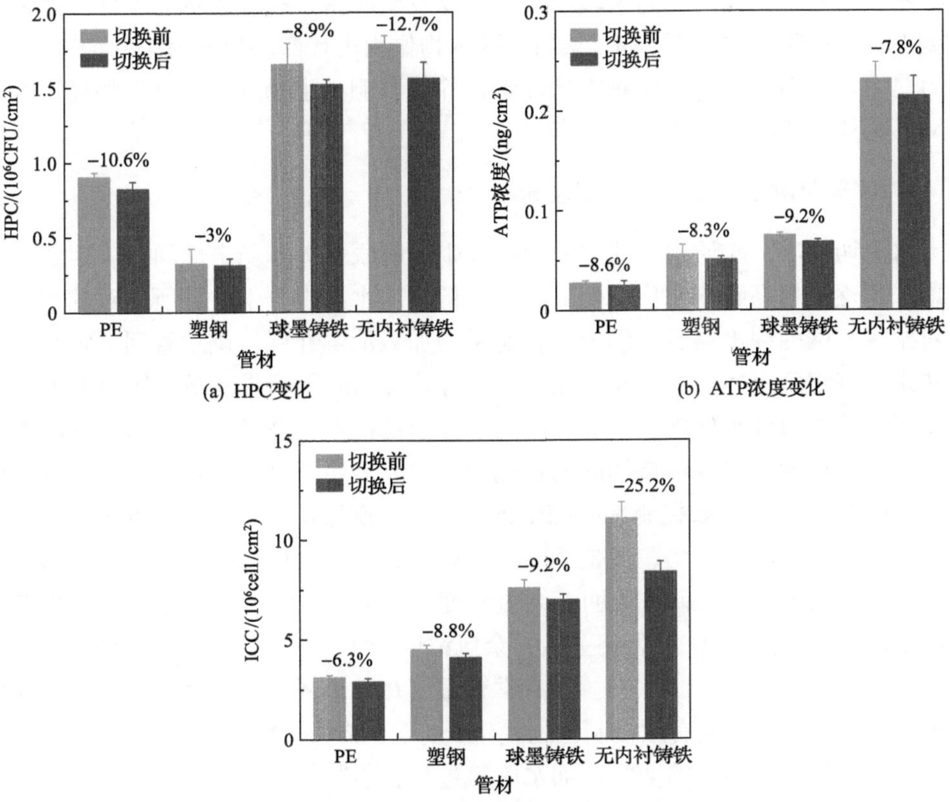

(c) ICC变化

图 7.41　不同管材水源切换前后 HPC、ATP 浓度、ICC 变化情况

由图 7.41 可以发现，HPC 与 ATP 浓度、ICC 之间存在较大的差异，而 ATP 浓度和 ICC 的结果呈正相关关系，区别最明显的是通过 HPC 发现 PE 管生物量大于塑钢管生物量的情况，说明塑钢管上还有大量活菌不能通过平板培养的方法检测。另外，切换水源前几种管材使用相同水源，导致生物膜上微生物群落可培养组分一致，因此仅用 HPC 来表征各管材管道内壁生物量不可靠。由于生物膜群落结构的复杂性，实验在综合分析基础上优选更具准确度的 ATP 浓度和 ICC 两个指标来定量评估生物膜生物量变化。三者都显示出在水源切换 70d 后，四种管材上生物膜的生物量出现不同程度的减少，分析认为水质的变化造成生物膜黏附力降低，生物膜发生脱落，造成管段上生物量减少，而水中的细菌数量随之变多。

其中，无内衬铸铁管生物膜脱落量较大，经分析，无内衬铸铁管表面较为疏松且多孔，存在管垢、“管瘤”，这种凹凸不平环境使得原本附着在生物膜上的生物量较多，在水力条件变化后被冲刷的量也较大。虽然 PE 管和塑钢管的管道内壁较光滑，不利于生物膜附着生长导致原本生物量较少，形成的生物膜较薄，但由于生物膜对管道内壁的吸附力较小，更容易发生脱落，故脱落量并不低。还需考虑到 PE 管和塑钢管的内层都是塑料，微生物作用可代谢塑料管材中的特定成分，也就是说，塑料管可为微生物生长提供营养，影响其生物膜上的微生物稳定性，但对其具体的影响还需进一步研究。

2. 供水管网生物稳定性控制技术

水源切换后，水质组分的差异会造成生物膜脱落等不稳定性问题。因此，可考虑采用逐渐提高新水源比例的方法来降低新旧水源组分上差异所导致的水源切换对给水管网的冲击。目前国内外普遍采用加氯消毒并保持供水管网一定余氯的方法来控制细菌再生，可以通过优化氯来有效抑制脱落下来的微生物的再生。

加氯是国内外水处理应用最广泛的杀菌消毒技术，并且可以在供水管网中保持一定余氯浓度，以保证持续的消毒能力。研究表明，维持供水管网中余氯浓度在 0.3～0.8mg/L 可有效控制水中细菌再生。氯的投加在一定程度上可以有效控制供水管网水中细菌的再生，但是一些学者认为，余氯对供水管网生物膜上微生物的控制效果较差，相关研究表明，余氯浓度在 0.15～0.9mg/L 水平，管道内壁生物膜上的 HPC 与余氯浓度无相关性，余氯浓度为 1～2mg/L 时，生物膜上的细菌仍然可达到 104CFU/mL 水平。还有学者报道在一个环形的污垢反应器内，使用 5mg/L 的余氯浓度才能有效控制生物膜生长，至少需要 12.5mg/L 的余氯浓度才能减少其实验生物膜厚度的 29%。而水中氯过高会引起氯化消毒副产物的生成，危害人体健康，因此需要合理控制水源切换后水中的余氯浓度。

余氯的衰减主要包括主体水衰减和管道内壁衰减，余氯在千岛湖水源出厂水中衰减比在嘉兴市水源出厂水中明显慢很多，而影响余氯在两种水中衰减快慢的可能主要是两水源出厂水中 TOC 浓度的差异，千岛湖水源出厂水中 TOC 浓度为 1.42mg/L，而河网水源出厂水 TOC 浓度为 3.13mg/L。前人的研究表明，TOC 浓度与余氯衰减速率呈正相关关系。另外，在几种不同管材中的余氯衰减差异较大，最快为无内衬铸铁管，最慢为 PE 管。管材的腐蚀结构和管道内壁生物膜等会影响水中余氯的衰减，管道表面有较多腐蚀产物、“管瘤”等可以与氯发生氧化还原反应，同时表面的生物量多少也会影响余氯衰减速率。不同管材会向水中释放不同物质并引发外层生物膜脱落，内层的生物膜进一步与氯反应，因此不同程度的脱落量也都会影响余氯的衰减。余氯衰减是一个复杂的反应，本研究应用最基本的一级反应模型，通过余氯衰减速率(表 7.12)，确定初始余氯浓度为 0.40mg/L 时余氯浓度衰减至低于 0.05mg/L 所需的时间，然后补加氯。通过静置实验探究水源切换后余氯对微生物的影响，将管段反应器滞留，比较有氯和无氯作用下管段反应器中 ATP 浓度变化情况，结果如图 7.42 所示。

表 7.12　不同管材中的余氯衰减速率 *k*　　(单位：h^{-1})

组别	嘉兴市水源出厂水	千岛湖水源出厂水
主体水	0.0025	0.0010
PE	0.0031	0.0014
塑钢	0.0126	0.0052
球墨铸铁	0.0191	0.0126
无内衬铸铁	0.0318	0.0233

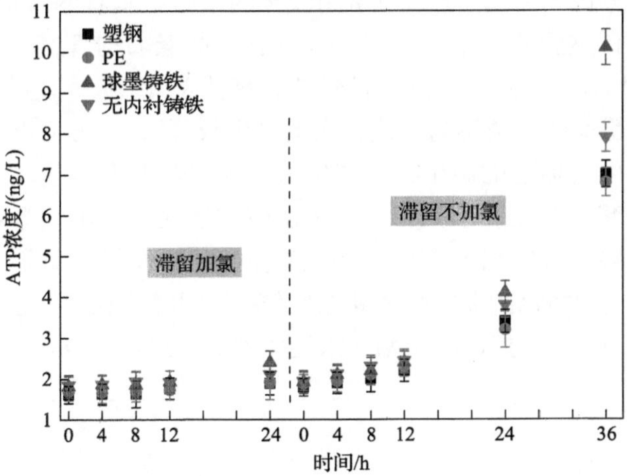

图 7.42　滞留管段有无余氯下 ATP 浓度变化情况

考虑流速会对生物膜有一定的冲刷作用，从而使部分生物膜脱落下来。为与实际管段运行更加接近，本节继续探究在 0.6m/s 流速作用下，余氯对水中微生物稳定性的影响，选取最不稳定和脱落量最多的无内衬铸铁管段反应器作为研究对象。控制水中初始余氯浓度为 0.40mg/L，每隔 4h 取样，测定 ATP 浓度变化情况，结果如图 7.43 所示。管段反应器中 ATP 浓度大于置于烧杯的主体水中 ATP 浓度，但是在 24h 内基本稳定，平均值在 2.8ng/L 左右。每次取样周期为 4h，此时无内衬铸铁管中余氯浓度正好衰减至 0.05mg/L 左右，取样后继续补加至 0.4mg/L，保证在下一个取样周期内管段反应器内保持一定的余氯浓度。因此，除第 0h 外，其他时间点取样时，余氯浓度都基本为 0.05mg/L，说明初始余氯浓度为 0.4mg/L，保持水中余氯浓度在 0.05mg/L 以上，可以有效控制脱落下来的微生物，抑制其再生。

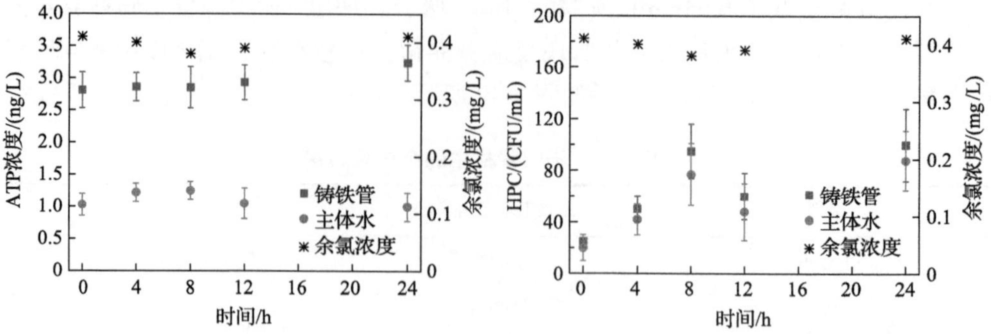

图 7.43　无内衬铸铁管在 0.4mg/L 初始余氯浓度下 ATP 浓度和 HPC 变化情况

管材的稳定性也是影响微生物再生和发展的重要因素，稳定良好的管材及其内衬能有效防止管道腐蚀，从而避免微生物的滋生。给水管道内壁的粗糙度是影响细菌吸附的重要因素。目前嘉兴市所用较多的市政给水管的管道为球墨铸铁管、塑钢复合管、不锈钢管和 PE 管。另外还存在一些老旧的管道，如灰口铸铁管和混凝土管等。灰口铸铁管由于抗腐蚀性较差，容易成垢结瘤，在过去的 2～30 年里应用较多。内壁粗糙的管道容易形成较大的“生长环”，一方面严重影响管道的通水能力，另一方面管垢上的微生物会产生饮用水安全卫生问题。

根据本书研究，在嘉兴市原有出厂水供应的情况下，不同管材上的生物量存在差异，相近管龄的 PE 管、塑钢管的生物量相比球墨铸铁管要少，且在水源切换成新水源后，这两种管材的脱落量也比较少，生物膜稳定性较好。另外，比较四种管材管道在运行过程中的 ATP 浓度大小，结果如图 7.44 所示。PE 管和塑

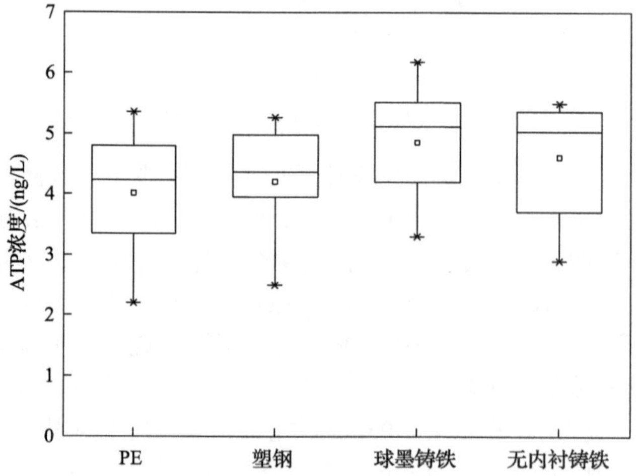

图 7.44　四种管材管道在运行过程中的 ATP 浓度比较

钢管的水中 ATP 浓度较小，而球墨铸铁管和无内衬铸铁管中 ATP 浓度较大，因此建议在管道更换时优先选择 PE 管和塑钢管。

对不同管材切换前后的差异性分析，通过 Beta 多样性比较不同生物多样性。由于生物膜样品群落中物种的数量非常多，样本中差异往往是多维的，难以进行直接比较，采用 PcoA 分析，结果如图 7.45 所示。可以看出，PE 管切换前后样本间差异最大，这可能是由于 PE 管表面较为光滑，生物膜脱落后，在新水源中微生物作用下，形成新的生物膜，造成样品间差异较大。但是 PE 管无论是原先在嘉兴市水中稳定 10 年的生物量，还是在千岛湖水源出厂水中重新稳定形成的生物量都比较小，可以说明其生物安全性较好。同样，塑钢管切换前后，样品间差异较小。而无内衬铸铁管和球墨铸铁管，在经过生物量脱落较多后，其生物膜样品间的差异性很小。侧面说明，其粗糙的外表面可能容易使水中细菌附着在其表面再生，容易形成多样性较高的生物膜，其生物安全性较差。因此，在实际工程应用中，无论是供水管网管道置换还是新建供水管网推荐优先选择内壁较光滑的管材。

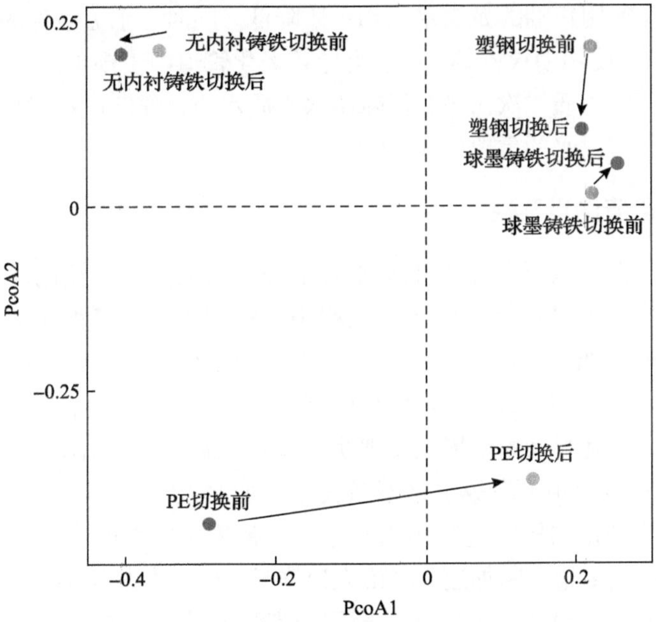

图 7.45　不同样品间的 PcoA 分析

综上所述，切换比例对水质影响不大，因此推荐逐步增大切换比例实现新水源的切换。余氯对切换后脱落下来的微生物起到消杀作用，控制水中初始余氯浓度为 0.4mg/L，在余氯浓度衰减至 0.05mg/L 前，氯都可以有效控制水中微生物不再生。管材会极大影响微生物的稳定性，光滑的内表面可以使较少的生物在其表面附着生长，生物安全性较好。

7.5　管道清洗

饮用水安全是人类健康和生命安全的基本保障。据世界卫生组织(World Health Organnization, WHO)统计,全世界 80%的疾病和 50%的儿童死亡都与饮用水水质不良有关[20]。饮用水在供水管网输送期间易出现水质恶化的情况，导致末端供水管网龙头水达标率低，部分城市仅为 40%。供水管网是保障饮用水安全输送到千家万户的最后一道防线，同时也是当前制约龙头水达标最难啃下的“硬骨头”，事关人民生命健康和社会经济发展。供水管网是一个大型的生化反应器,其中存在各种金属、微生物、余氯、消毒副产物等。关键水质指标在供水管网时间-空间-环境相互影响和演变下发生变化，导致龙头水达标率不稳定，对人类健康造成较大威胁。据报道，全世界范围内的很多给水基础设施正在老化，如管道、阀门、泵和消火栓等。老化管道中常见的水垢会导致管道内壁摩擦系数增加、管道过水能力下降、管道水力半径减少，这会导致用户端的龙头水压和水质降低。同时，水力条件的改变，如用水高峰、管道破裂、使用消火栓等，可能会导致老化管道中出现水的二次污染。因此，如何防治给水管网水质二次污染，保障供水水质水压，降低供水能耗，提高供水安全性，已成为城市供水的重要课题[21]。

7.5.1　给水管道清洗重要性

水是生命之源，人类的生存也与水有十分密切的关系，饮用水水质与人类的健康息息相关。在城镇供水管网系统工程中，输配水管网显得尤为重要，研究和解决给水管道的水质污染问题，保障供水水质安全，对于保障人民生命健康、提高居民生活质量和促进经济社会发展具有重要意义。城市自来水供水管道绝大多数深埋地下，管道所处的环境复杂恶劣，单纯靠人工作业清洗无法顺利完成[22]。管道人工作业方面的相关事故更是不断发生，加之人工作业清洗方式的效率低下且质量不佳，给城市居民的生活用水安全生产带来了巨大的隐患。

我国的城市化进程不断加速，城市人口增长、建筑数量增多，给水管网里程庞大，投资增长迅速，2011～2021 年，全国城市管道长度从 57 万 km 增长到 110.30 万 km,我国 2020 年公共供水设施固定资产年投资由 169.4 亿元增加到 749.4 亿元，增长 342.38%，预计未来几年还将持续增长。这意味着市场规模巨大，蕴藏着巨大的商机和发展潜力。

随着管道使用时间的延长，管道内部会积累沉积物、生物膜等，导致水压降低、水质下降等问题，这为给水管道清洗提供了需求。此时，给水管道清洗成为必要的解决方案，以确保管道的畅通和供水的质量。清洗市场的需求不仅来自新建管道的清洗，还来自旧管道的维护和改善。

随着环保意识的提高，人们对供水质量和管道清洁的重视程度不断提升。政府也提高了对于水质监测和管道清洗的要求，这为给水管道清洗服务提供了更多的机会。为进一步保障供水水质，我国发布了一系列关于给水管道清洗的标准。2022 年，住房和城乡建设部办公厅、国家发展改革委办公厅、国家疾病预防控制局综合司联合印发《关于加强城市供水安全保障工作的通知》，提出到 2025 年建立较为完善的供水全流程保障体系，切实保障供水“最后一公里”，解决全流程供水的痛点问题和短板问题[23,24]。住建部发布行业标准（自 2014 年 6 月 1 日起实施）CJJ 207—2013《城镇供水管网运行、维护及安全技术规程》提出运行中的给水管道定期冲洗，新管道使用前、管道修复和更换后必须消毒、冲洗。《城镇水务 2035 年行业发展规划纲要》指出，各地要根据当地的特点，尽快建立输配管网清洗制度，结合管网水质监测，规范各级管网清洗运营工作[25]。

国内的数个城市也报道了关于给水管道清洗的新闻：2015 年北京市市区给水管网冲洗耗水量约 1300 万 m^3，水量相当于 6.5 个昆明湖；安徽亳州每年 4～5 月、12～次年 1 月两次清洗主城区供水管道，共计 1200km；浙江永康 2022 年 1～2 月对市区供水管网进行冲洗，共计 1486km；浙江绍兴于 2017 年 4～6 月对柯桥陈谷 76km 的供水主干管网进行集中冲洗排放；宁夏银川每年 3～4 月、10～11 月两次对给水管网末梢进行清洗等。国外对给水管道清洗也非常重视：加拿大温尼伯市实施《供水总管冲洗计划》，每年都进行给水总管冲洗，2014～2017 年冲洗全市所有给水管道共计 2637km；新西兰的汉密尔顿市以三年为一个周期清洗给水管道。给水管网冲洗所需的水量以及清洗的管道长度表明管道清洗市场广阔，具有很大的潜力。

在传统的清洗工作中，清洗消耗大量水资源，需要大量的人力和物力成本，这往往损害了清洗服务的效率和质量。越来越多的客户开始注重管道清洗的环保性和效率，对技术创新和高效设备的需求也随之增加。新的清洗技术和设备的引入，提高了清洗效率和质量，减少了人力成本和对环境的影响，进一步促进了市场的发展和壮大。

7.5.2　清洗工艺选择

为了提供安全、清洁、可靠的饮用水，供水企业常通过清洗管道的方式来提高供水水质、保障供水水压，常见给水管道清洗方法见表 7.13。传统的管道清洗方法（也称为点清洗）是打开供水管网中指定位置的消火栓进行清洗，直到出水的浊度、色度、余氯等指标达到饮用水水质标准规定的限值[26]。传统清洗方法打开消火栓是无序的，没有采取关闭阀门等措施控制流向，因此清洗效果并不明显。

表 7.13　常见给水管道清洗方法[27-29]

参数	单向冲洗法	高压水射流法	刮管法	气水脉冲法
针对垢质	消除软垢	软硬垢皆可	主要清除硬垢	软硬垢皆可
可操作性	容易	有一定危险	机械：容易；Pigging：复杂	中等
单次冲洗长度	100～200m	30～40m	机械：100m；Pigging：几千米	1km 以上
冲洗时间	视积垢多少而定	4～8h	机械：一周；Pigging：8～12h	2～4h
消耗水量	多	少	机械：少 Pigging：中	中
技术缺陷	无法清除硬垢	无法清洗长距离供水管网	机械：周期长，易损坏壁内防腐层；Pigging：有变径或者复杂管线无法清洗	易损坏壁内防腐层

单向冲洗法是对传统清洗方法的改进，通过关闭阀门和调整打开的消火栓数量来控制水的流向和流速，利用水流的壁面剪切力来去除沉积物和生物膜。各清洗区域互不影响，克服了传统清洗方法的弊端，能够有效改善供水管网水质。其优点是仅利用管道本身的一些附属设备进行除垢，适合中、小型管道的清洗；缺点是受限于管道的长度，清洗水量消耗较多，需要管道本身提供高流速。

高压水射流法是对单向冲洗法的改进，其原理是高速水流产生的巨大流体动能冲击管道内壁污垢层，可有效破解去除结垢，高压水射流清洗采用高压水流清洗装置，该装置主要由喷头、动力装置以及相关配件组成。其优点是可有效去除软质、硬质污垢，操作简单且效率高；缺点是浪费大量的水资源、清洗时需停止生产、可能损坏管道内壁、对于复杂且长距离的管道需要拆解清洗。

气水脉冲法克服了高压水射流法不能清洗长距离管道的限制，其原理是指将高压气体以一定的频率打入管道中，使管道中形成间断的气水流，通过气体的压缩和扩张形成湍流，提高水的切应力来清洗管道的方法。水、气、渣三相混合，增大流体质量，共同作用于管道内壁附着物，使生长环更易剥落。其优点是作业距离长、效率高，一次清洗长度可达 1000m 左右，适应性强，适应于各种复杂供水管网条件，上游来水条件要求低，清洗大管径管道需水量少；缺点是清洗小管径时用水量大，清洗时间长，气水脉冲清洗设备运行参数的调整尚未达到最佳。

1. 单向冲洗法

单向冲洗法通过关闭相关阀门，使待冲洗区域的管道内水流呈单向流淌，并通过调整打开的消火栓数量、放水口的大小和数量来操纵管道内的流速，通常达到 1.8m/s（或正常运行供水管网供水流速的 3～5 倍），以产生足够的冲击力将管道内壁上的沉积物、生物膜等物质冲出供水管网[30]。冲洗的顺序通常是从水厂到供水管网、从大口径管道到小口径管道，水的流向一直是从已冲洗的区域到未冲洗的区域。该技术自引入以来，在全球范围内，尤其是在日本、欧美等发达国家和地区得到了广泛应用和认可，成为供水管网维护的重要手段之一。

1）单向冲洗法的优势

（1）冲洗效果好。单向冲洗法通过精确控制水流的流向和流速，能够更有效地去除管道内壁上的生物膜、沉积物、部分腐蚀结垢等，显著改善供水管网水质。有研究表明，通过单向冲洗后，供水管网水中的细菌总数和浊度明显降低。

（2）节约冲洗水量。相比传统清洗方法，单向冲洗法通过关闭阀门和调整打开的消火栓数量，使各冲洗区域互不干扰，避免了浪费冲洗水，从而节约了冲洗水量。

（3）改善管道输水能力。定期的单向冲洗不仅可以清洁管道，还有助于检查供水管网系统及其附属构筑物的运行状况，改善管道的输水能力。

2）单向冲洗法的缺点

（1）操作复杂性。相比传统清洗方法，单向冲洗法需要更精细的操作，包括关闭阀门、调整打开的消火栓数量等，这增加了操作的复杂性。

（2）对管道系统的要求。为了确保冲洗效果，单向冲洗法需要管道系统具备较好的密封性和可控制性，这可能对老旧或损坏的管道系统提出挑战。

（3）短期影响。在冲洗后的短期内（如 1 周内），供水管网水的余氯浓度可能会因为管道内壁状态的变化而有所降低，这可能会对水质产生一定影响。然而，随着管道内壁状况的稳固，余氯浓度通常会恢复到冲洗前的水平。

供水管网的单向冲洗法是一种有效的供水管网清洗方法，具有冲洗效果好、节约冲洗水量等优点，但也存在操作复杂、对管道系统要求高等缺点。在实际应用中，需要根据具体情况选择合适的冲洗方法和措施。

2. 高压水射流法

高压水射流法利用高压泵机组产生高压水，通过特制的二维旋转喷头将压力转变为高度聚集的水射流动，正向或切向冲击管道内壁表面的腐蚀物，使其从管道内壁上剥离，以达到清洗管道的目的[31,32]。日本、欧美等发达国家和地区自 20 世纪 70 年代末开始发展高压水射流清洗技术。到目前为止，高压水射流法已经成为发达国家的主流清洗技术，占清洗业市场份额的 70%～80%，在美国已占清洗业市场份额的 90%。高压水射流清洗技术自 20 世纪 80 年代中期传入我国后发展很快，目前在工业清洗中已超过 10%，并且正在迅速增长。

3. 刮管法

刮管法是一种物理清洗方法，通过刮管器或清管器等工具在管道内部进行机械作用，将管道内壁的污垢、锈蚀、沉积物等剥离并随水流排出，从而恢复管道的通畅性和内壁的光洁度。这种方法适用于多种材质的管道，如金属管道、塑料管道等，且可以针对不同口径和长度的管道进行清洗，以确保清洗效果的最大化。

1）刮管法的优点

(1)清洗效果好。刮管法能够直接作用于管道内壁，有效去除顽固污垢和锈蚀，恢复管道内壁的光洁度，提高水流通畅性。

(2)适用范围广。适用于多种材质、口径和长度的管道，具有较强的通用性和灵活性。

(3)环保节能。相比化学清洗方法，刮管法无须使用化学药剂，降低了环境污染的风险，同时节约了水资源和能源。

(4)保护管道。在合理操作下，刮管法能够避免对管道内壁造成过度损伤，有利于延长管道的使用寿命。

2）刮管法的缺点

(1)操作难度较高。刮管法需要专业的设备和操作技能，对操作人员的要求较高。如果操作不当，可能会对管道内壁造成损伤或影响清洗效果。

(2)清洗距离有限。虽然刮管法可以清洗长距离的管道，但在实际应用中，由于设备性能和操作条件的限制，单次清洗的距离可能有限。对于超长距离的管道，可能需要分段进行清洗。

(3)可能破坏涂衬层。如果管道内壁涂有防腐层或衬里材料，刮管法可能会破坏这些涂衬层，从而加速管道的腐蚀和老化。因此，在使用刮管法清洗管道时，需要特别注意保护涂衬层不受损伤。

在实际应用中，供水管网刮管法的具体效果可能会受到管道材质、污垢类型、操作条件等多种因素的影响。因此，在选择使用刮管法清洗管道时，需要根据具体情况进行综合评估和决策。

4. 气水脉冲法

气水脉冲法是一种利用空气和水的共同作用，通过形成气水脉冲波来清洗管道内部的技术。该方法利用空气的可压缩性，将高压气体以一定的频率充入管道内，与管道内的水形成强大的气水脉冲波。这些脉冲波在管道内传播时，会产生强烈的冲击力和湍流现象，从而有效地去除管道内壁的污垢、沉积物、锈蚀等杂质。

1)气水脉冲法的优点

(1)清洗效果好。气水脉冲法能够产生强大的冲击力和湍流现象，使管道内壁的污垢和沉积物被有效剥离并随水流排出，从而恢复管道的原始状态。

(2)适用范围广。该方法适用于多种材质、口径和长度的管道清洗工作，包括金属管道、塑料管道等。同时，它还可以清洗复杂的管道结构，如 U 型管、螺旋管和盘管等。

(3)保护管道。在合理操作下，气水脉冲法可以避免对管道内壁造成过度损伤，有利于延长管道的使用寿命。

(4)环保节能。相比传统的化学清洗方法，气水脉冲法无须使用化学药剂，降低了环境污染的风险。同时，它利用空气和水作为介质，节约了水资源和能源。

(5)操作简单。随着技术的发展，气水脉冲清洗设备已经实现了全自动化控制，操作简便快捷。

2)气水脉冲法的缺点

(1)对硬垢清洗效果不佳。气水脉冲法主要适用于清洗管道内壁的软垢和沉积物，对于硬垢的清洗效果可能不佳。当管道内壁存在较硬的污垢时，可能需要结合其他清洗方法进行处理。

(2)对管径小的管道清洗效果有限。气水脉冲波的传播需要一定的空间，因此在管径较小的管道中，其清洗效果可能会受到一定的限制。在这种情况下，可能需要考虑采用其他更适合小口径管道的清洗方法。

(3)设备成本较高。虽然气水脉冲清洗设备具有许多优点，但其设备成本相对较高。对于一些规模较小或预算有限的单位，可能会面临一定的经济压力。

供水管网气水脉冲法是一种高效、环保、节能的管道清洗技术，具有广泛的应用前景。然而，在实际应用中需要根据具体情况选择合适的清洗方法和设备，以确保清洗效果和经济性。

7.5.3　清洗效果评估

管道清洗后，其清洗效果的全面评估，是确保供水管网系统恢复并维持良好运行状态的关键步骤。这一过程通常涉及多个维度的考量，其中，浊度变化、管垢去除率以及生物膜去除效果是最关键的评估指标。

首先，浊度变化是评估清洗效果最为直观的指标之一。清洗前后水样的浊度可以清晰地反映出清洗作业对水质改善的直接效果。一般而言，清洗后水样的浊度应显著降低，接近或达到饮用水标准的要求，这标志着管道内的悬浮颗粒物、胶体物质等杂质得到了有效去除，水质得到了明显提升。

其次，管垢去除率是评估清洗彻底性的重要指标。管垢作为长期积累在管道内壁的坚硬沉积物，不仅影响水流的通畅性，还可能成为细菌滋生的温床。因此，通过物理或化学方法清除管垢是管道清洗的重要目标之一。评估管垢去除率时，通常采用取样分析、内窥镜检测等手段，对清洗前后的管道内壁进行对比，计算管垢去除的百分比，以此来衡量清洗作业的彻底性。

最后，生物膜去除效果是评估清洗后水质安全性的重要依据。生物膜是由微生物、有机物及无机物等组成的复杂结构，常附着在管道内壁，对水质造成潜在威胁。专业的清洗技术，可以有效破坏并去除生物膜，降低水质污染的风险。评估生物膜去除效果时，需结合微生物学、化学分析等多种方法，对清洗后管道内壁的生物膜残留情况进行检测与分析，以确保生物膜得到了彻底清除。

1. 浊度变化

在给排水系统的日常维护与管理中，管道清洗是一项至关重要的环节。长时间的使用与缺乏必要的维护，会导致供水管道内壁逐渐累积起一层复杂的沉积物，这些沉积物包括但不限于污垢、细菌群落、无机盐类沉淀以及各类微小杂质。这些沉积物不仅占据了管道的有效流通面积，降低了水流的通畅性，更重要的是，它们会对水质产生显著的负面影响。沉积物中的有机物质为细菌提供了繁殖的温床，细菌代谢过程中产生的代谢产物进一步加剧了水质恶化，导致水质变得浑浊，甚至散发出难闻的异味。高浊度的水质不仅影响日常用水的感官体验，还可能含有对人体健康有害的微生物和化学物质，对居民的日常生活和身体健康构成潜在威胁。

为了恢复并维持管道系统的良好运行状态，上述管道清洗技术能够有效剥离并清除管道内壁的顽固污垢；而化学清洗方法则利用特定配比的清洗剂，对沉积物进行溶解与分解，进一步提升了清洗效果。将这些专业的清洗手段相结合，能够深入管道内部，彻底清除污垢、细菌及杂质，使水质得到根本性改善。

值得注意的是，权威检测机构发布的一份报告显示，自来水在清洗前的水质浊度显著高于清洗后，具体高出 6.5 倍之多。这一数据不仅直观地揭示了管道清洗对于提升水质的显著效果，也进一步强调了定期进行管道清洗的必要性和紧迫性。从工程实践的角度来看，定期清洗管道不仅能够保证水质的纯净与清洁，减少因水质问题引发的疾病风险，还能够延长管道的使用寿命，降低因管道堵塞或腐蚀而导致的维修成本。因此，在给排水系统的设计与维护中，将管道清洗纳入常规管理范畴，制定科学合理的清洗计划并严格执行，是保障水质安全、提升居民生活品质的关键措施之一。

2. 管垢去除

管道清洗的主要目的是去除管道内的油泥、锈垢、淤泥沉淀、硫化氢气体、废水中的酸碱物质等，这些因素不仅会导致管道内径变小，还可能引起环境污染和燃爆风险。有效的清洗可以显著改善管道的使用状况和安全性。

(1) 去除管内淤泥沉淀。管道内的淤泥沉淀会产生硫化氢气体，造成环境污染并易引起燃爆。清洗可以有效去除这些淤泥沉淀，减少环境污染和安全风险。

(2) 去除油泥和锈垢。长期使用的管道内会积累油泥和锈垢，导致原管径变小。清洗可以去除这些固化物质，恢复管道的原始直径，提高流体的通过效率。

(3) 清洗管道壁残留污渍。管道内的异物如果不定期清除会造成管道堵塞。使用高效的清洗剂，可以快速、有效地溶解异物，同时清洗管道内壁上的残留污渍，恢复管道的光洁度。

此外，管道清洗不限于去除物理性的污垢，还包括使用化学方法去除以碳酸盐为主的水垢和以硅酸盐或硫酸盐为主的水垢，确保除垢率达到一定的标准，从而保障管道系统的长期稳定运行。

3. 生物膜去除

生物膜由微生物分泌的胞外聚合物构成，能够保护其内部微生物，导致消毒杀菌措施失败，并为微生物繁殖提供充足的营养物质，加快微生物的增殖速度，造成持续性微生物污染。此外，生物膜还会占据管道空间，影响供水效率，严重时甚至会堵塞管线，对金属管道有持续性腐蚀作用。因此，及时清除生物膜对于保障供水管网系统的正常运行至关重要。

供水管网清洗，特别是物理清洗和化学清洗的结合，能够直接去除管道内壁附着的生物膜。物理清洗，如高压水射流清洗和机械刷洗，能够剥离管道表面的污垢与初步的生物膜，而化学清洗则能够通过消毒剂的作用，进一步杀灭并分解生物膜中的微生物和有机物质。某些高效的化学消毒剂，如过氧化氢和奥克泰士等，能够穿透生物膜内部，破坏微生物的细胞壁和细胞膜结构，从而实现对生物膜的深度清洁。这种深度清洁不仅能有效去除生物膜，还能防止其再次形成。定期的供水管网清洗可以减少生物膜在管道内壁的积累，从而降低其对水质的影响。保持管道的清洁度，可以改善微生物在管道内的滋生环境，从而预防生物膜的再生。

供水管网清洗对于生物膜去除具有显著的影响。它不仅能有效去除管道内壁的生物膜，提高水质和供水效率，还能预防生物膜的再生并减少疾病传播风险。因此，在城市供水管网管理中，应高度重视供水管网清洗工作，并制定相应的清洗计划和措施。

7.6　本 章 小 结

在湿地净化效果的长期跟踪和评估基础上，研发氨氮、COD_{Mn}为主要指标的湿地强化去除技术，提出通过强化“前处理”和接触氧化功能来增加湿地对氨氮、COD_{Mn}的去除能力。在研究水源湿地填料物理、生物堵塞机制与规律，以及水源湿地堵塞与水动力特征互馈机制的基础上，建立了水源人工湿地填料床堵塞防控的技术体系，为水源湿地的建设和长效运行管理提供了技术支撑。从设计、运行和管理三个方面提出了堵塞防控的技术措施，通过采用湿地床体和介质优化、水力条件优化(周期性降水位运行)、降浊预处理、水解酶投加等措施为湿地堵塞防控提供综合技术手段和技术储备，从而提高人工湿地堵塞防控的效果。

针对有机物、氨氮等主要污染物，通过常规投加粉末活性炭强化协同技术，系统优化粉末活性炭的投加方式、投加点选择以及反应设备或构筑，探明臭氧-生物活性炭强化技术，对比常规投加粉末活性炭强化协同技术与强化臭氧活性炭工艺技术的优缺点，并通过水温水质预警双水源主动切换等技术的优化，实现在去除有机物的同时，控制消毒副产物，实现水质优化目标。以余氯为代表性指标，通过二次加氯系统信息及管控，实现二次精准加氯，包括供水管网二次加氯系统改造(新增、现有改造，重点在控制系统和信息远传系统的标准化)。借助于信息远传设备的安装，实现水厂、供水管网加氯系统的联调联控系统提升，通过算法软分析实现用户层级余氯不达标预警和控制。

水力条件是影响球墨铸铁管铁稳定性的主要因素之一，在进行分区计量运行管理中，要密切关注流向和流速的变化，以免引起水质的下降。调高 pH 有利于维持管材的铁稳定性，可以考虑作为出现铁稳定性问题的应急控制措施。水源切换前后流向的转变导致管垢颗粒受到相反的剪切力，短时间内大量的管垢颗粒物被冲刷下来，会出现浊度与总铁浓度大幅上升的现象。水源切换后，水质组分的差异会造成生物膜脱落等不稳定性问题。因此，可考虑采用逐渐提高新水源比例的方法降低新旧水源组分上差异所导致的水源切换对给水管网的冲击。

管道清洗不仅有助于新建管道的使用，而且服务于老旧管道的维护和改善，其中气水脉冲法是一种高效、环保、节能的管道清洗技术，具有广泛的应用前景。然而，在实际应用中需要根据具体情况选择合适的清洗方法和设备，以确保清洗效果和经济性。供水管网清洗对于管垢和生物膜去除具有显著影响。它不仅能有效去除管道内壁的腐蚀垢和生物膜，提高水质和供水效率，还能预防生物膜的再生并降低疾病传播风险。因此，在城市供水管网管理中，应高度重视供水管网清洗工作，并制定相应的清洗计划和措施。

参考文献

[1] 翁时超，钟江丽. 基于二维孔隙介质的雨水渗滤设施生物堵塞规律与影响研究[J]. 科技通报, 2020, 36(11): 97-102.

[2] 翁时超. 基于二维孔隙结构的多孔介质生物堵塞过程及机理研究[D]. 杭州：浙江大学,

2020.
[3] 周永潮, 许恒磊, 陈佳代, 等. 渗流作用下多孔介质内颗粒迁移与堵塞规律研究[J]. 岩土工程学报, 2022, 44(2): 255-263.
[4] 项泽顺. 垂直流人工湿地基质堵塞及恢复方法的研究[D]. 杭州: 杭州电子科技大学, 2018.
[5] 李晓波. 北方微污染水源水中氨氮的预处理去除技术研究[D]. 哈尔滨: 哈尔滨工业大学, 2020.
[6] 中华人民共和国住房和城乡建设部. 城镇供水设施改造技术指南(试行)[J]. 城镇供水, 2010, (1): 7-9.
[7] 李思敏, 时真男, 许吉现, 等. 生物砂滤池处理微污染原水的试验研究[J]. 中国给水排水, 2006, 22(9): 65-68.
[8] 唐传祥. 虹吸滤池的辅助冲洗系统设计问题探讨[J]. 化工给排水设计, 1991, (4): 47-51, 43.
[9] 吴国权, 钱庆玲. 滤池气水反冲洗技术[J]. 化工给排水设计, 1997, (1): 33-35.
[10] 吴国权, 钱庆玲. 气水反冲洗技术在滤池中的应用[J]. 公用科技, 1997, 13(2): 34-37, 7.
[11] 张婉青, 曹弘坚. 水厂滤池鼓风机及冲洗泵系统的设计[J]. 技术与市场, 2018, 25(11): 107-108.
[12] 汪广丰. 滤池气水反冲洗技术[J]. 城镇供水, 1995, (6): 19-22.
[13] 俞旭. 气水反冲洗技术在虹吸滤池改造中的应用[C]//浙江省 2005 年给水排水论文集, 北京: 化学工业出版社, 2005.
[14] 孔德鹏, 廖家平. S7-200PLC 在中水回用气水反冲洗 DA 型滤池中的应用[J]. 电气应用, 2005, (6): 28-29, 32.
[15] 孙丽丽. 嘉兴地区异嗅异味识别及庚醛控制技术的研究[D]. 杭州: 浙江大学, 2015.
[16] 余浪. Fe^{2+}激活过硫酸盐降解三氯苯甲醚的影响因素及机理研究[D]. 杭州: 浙江大学, 2016.
[17] 周昕彦. 供水管网中土霉味卤代苯甲醚的生物甲基化生成机制研究[D]. 杭州: 浙江大学, 2020.
[18] 庞志成. 水源切换下球墨铸铁管铁稳定性影响因素研究[D]. 杭州: 浙江大学, 2020.
[19] 潘仁杰. 水源切换下管网水质微生物稳定性及控制研究[D]. 杭州: 浙江大学, 2020.
[20] 张坚, 王坚. 吹扫捕集-GC-MS 测定水中痕量氯乙酸的研究[J]. 广东化工, 2011, 38(2): 159-160.
[21] 张玉杰. 给水管道填料气水脉冲清洗试验[J]. 供水技术, 2013, 7(3): 29-31.
[22] 洪觉民. 新世纪的我国供水现代化目标探讨[J]. 中国给水排水, 2002, 18(1): 23-25.
[23] 张志果. 浅论城市供水管网系统高质量发展的内涵[J]. 净水技术, 2023, 42(2): 1-4, 84.
[24] 王德楼. 工程建设标准化[M]. 北京: 中国建筑工业出版社, 2023.
[25] 彭秀华, 陈志伟, 施凯, 等. 冰浆清洗技术对供水管道沉积物锰的去除效果分析[J]. 市政技术, 2023, 41(7): 228-231, 256.

[26] 焦文海, 刘志强, 孙井梅, 等. 供水管网的单向冲洗研究[J]. 中国给水排水, 2007, 23(7): 58-61.

[27] 刘从胜. 基于水锤和气压脉冲的管道冲洗试验研究[D]. 哈尔滨: 哈尔滨工业大学, 2009.

[28] 杨坤. 气水脉冲清洗给水管道两相流过程研究及其数值模拟[D]. 哈尔滨: 哈尔滨工业大学, 2014.

[29] 陈红, 段春毅, 赵志领. 给水管网中重金属释放的控制方法研究[J]. 环境工程, 2014, 32(9): 19-22, 25.

[30] 焦文海. 关于水质维护的管网冲洗研究[D]. 天津: 天津大学, 2006.

[31] 曾艳丽, 吕文柱, 刘光恒, 等. 高压水射流清洗技术[J]. 中国油脂, 2000, (5): 65-66.

[32] 董星, 段雄. 高压水射流喷丸强化技术[J]. 表面技术, 2005, 34(1): 48-49.

第 8 章　城市供水管网系统展望

8.1　发展趋势与需求

8.1.1　生命健康发展需求

从生命健康发展的角度来看，供水管网智慧化发展的必要性日益凸显。随着城市化进程的加速和人口的不断增长，水资源短缺、水质污染以及供水设施老化等问题日益严峻，公众对饮用水质量要求也日趋严格。针对饮用水中存在的高风险污染物，需要建立污染物基础数据库，开发复合污染水质健康风险评价技术[1]，形成新一代的饮用水处理技术，除了需要满足水环境质量基准/标准的指标要求，更需要综合考察技术对人群健康的影响和生态风险的防控能力。从人民群众生命健康的角度来看，饮用水输配的趋势与需求正逐渐向更安全和更便捷的方向发展。首先，安全是饮用水输配的前提。随着工业化和城市化的快速发展，水质污染问题逐渐凸显，水源污染、土壤污染、农药残留等问题严重威胁人们的生命健康。因此，人民群众对于饮用水的安全性要求越来越高，这要求饮用水输配系统必须严格把控水质，确保每一滴流入百姓家中的水都是安全可靠的。为了确保饮用水的安全性，除了加强水源地保护和优化水处理工艺等措施，对老旧供水管网进行清洗和维护也是确保供水安全性的重要措施。其次，便捷也是饮用水输配的重要趋势。随着人们生活节奏的加快，方便快捷的饮用水供应方式越来越受到青睐。这要求饮用水输配系统不仅要保证供水的稳定性，还要提高供水的便捷性，如通过智能化改造，实现供水管网系统的远程控制、自动监测和预警，以及提供多样化的供水服务，满足不同人群的需求。

8.1.2　应对全球气候变化

在全球气候变化的大背景下，饮用水输配的趋势与需求正面临着前所未有的挑战与机遇。随着全球气候变暖，极端天气事件如干旱、洪涝等越发频繁，对饮用水的安全保障产生了复杂、多层次的影响。水资源、水环境及其时空变化、不确定性等因素直接影响我国水资源管理和供水工作，这不仅对水源地的供水能力提出了更高要求，也对饮用水输配系统的稳定性和安全性构成了严重威胁。首先，气候变化会导致水资源短缺和分布不均，这使得饮用水输配系统需要更加灵活和高效。其次，气候变化对水质的影响也不容忽视。极端天气可能导致水源地受到污染，从而影响饮用水的质量。全球变暖背景下，许多湖泊和河流的热结构与水质产生了较大变化，导致水生态退化，破坏了健康的流域水循环。另外，沿海水域海平面上升，咸潮入侵威胁沿海城市供水。因此，饮用水输配系统需要配备更先进的水质监测和处理设备，确保用户能够饮用到安全、卫生的水。最后，气候变化还可能导致供水基础设施的损坏和老化。在极端天气下，输水管道、泵站等基础设施可能遭受破坏，导致供水中断。因此，加强供水基础设施的维护和更新，提高其抵御自然灾害的能力，也是未来饮用水输配系统的重要需求。

8.1.3　智慧化发展需求

新科技是实现饮用水安全保障的重要支撑，每次技术革命都会为饮用水安全保障带来理念和技术上的创新。当前全球正迎来新一轮的产业革命和科技变革。美国公布的《2016-2045 年新兴科技趋势报告》提炼形成了物联网、机器人、先进材料、合成生物科技、食物与淡水科技等 20 类最值得关注的科技发展方向。依托互联网、物联网及云计算等新一代信息技术的崛起，智慧城市的建设得以加速推进。鉴于城市在人口密集、资源分配、环境保护、交通拥堵及安全防控等方面面临的严峻挑战，智慧城市项目旨在通过运用这些先进技术，构建一个既具规模又复杂多变且能持续创新发展的新型城市模式。信息化技术为饮用水输配系统带来了革命性的变革，使其更加智能、高效和可靠，信息化建设是促进和带动水务现代化、提升水务行业社会管理和公共服务能力、保障水务可持续发展的必然选择。首先，信息化技术使得饮用水输配系统能够实现实时监控和数据分析。物联网技术可以实时收集输配过程中的关键数据，如水质、流量、压力等，为决策者提供准确、及时的信息。此外，利用大数据分析技术，可以对这些数据进行深度挖掘和分析，发现潜在的问题和趋势，为优化输配方案提供科学依据。其次，信息化技术还促进了饮用水输配系统的自动化和智能化。自动化控制系统可以实现对输配设备的远程监控和操作，减少人工干预，提高系统的稳定性和可靠性。利用人工智能技术，可以对输配过程进行智能优化，提高输配效率，降低能耗和成本。此外，随着人们对饮用水安全和质量要求的不断提高，信息化技术在保障饮用水安全方面也发挥着越来越重要的作用。通过水质监测系统和预警系统，及时发现水质问题并采取相应的措施，以确保饮用水的安全和质量。目前，大力推行的智慧水务系统就是运用云计算、大数据、物联网、5G 及人工智能等新一代信息技术，实现对水务系统的全面数字化管理和智能化运营。它通过实时监测水质、水量、供水管网状态等关键指标，优化供水调度、污水处理及水资源管理，确保从源头到用户端的水务流程安全可控。智慧水务不仅提升了水务管理的效率和效能，还促进了水资源的节约和可持续发展，为城市提供更安全、高效、便捷的水务服务，助力水务行业向智能化、高效化、可持续化方向迈进。以智慧水务在城镇供水中的应用为例对其进行介绍[2]。第一，智慧水务管理平台是智慧水务的核心，它集成了供水管网水力监控、水质监测、智能水表等多个子系统。第二，水质监测是智慧水务的重要组成之一，可以对供水管网输配水过程中的水质如浊度、余氯、pH 等关键指标进行实时监测。当水质出现异常时，系统会立即预警并自动调整处理工艺，确保供水水质的安全可靠。第三，水力监测也是智慧水务的重要组成之一，通过在供水管网中安装压力、流量等传感器实时监测供水管网水力参数，通过智慧水务管理平台进行集中处理和分析。基于实时监测数据进行智能调度，优化供水的压力、流量和路径，确保供水的稳定性和可靠性。当供水管网出现异常时，如漏水、爆管等，智慧水务系统可以及时发现并定位问题，为维修人员提供准确的信息，提高维修效率。第四，在用户端安装智能水表，可以实时监测用户的用水量和水质情况。这不仅可以提高用水管理的效率，还可以及时发现并解决用户的用水问题。

8.1.4 “双碳”背景发展需求

从能源角度来看，饮用水输配的趋势与需求正逐渐向高效、节能和环保的方向发展。首先，随着全球能源危机的加剧和环保意识的提高，饮用水输配系统正面临降低能耗、提高能效的迫切需求。这意味着在未来的输配水系统中，需要更多地采用高效节能的技术和设备，如采用低能耗的泵、优化供水管网布局以减少能量损失等。例如，漏损检测技术是目前供水管网系统的研究重点，研究方向主要是通过先进的漏损检测设备和技术，及时发现并修复供水管网中的漏损，降低水资源的浪费和能耗。重点突破基于大数据的漏点区域定位技术，基于声信号、磁信号等的漏点智能探测技术，基于压力优控的区域降漏技术等；研发具有自主知识产权的微型化、系列化高精度探漏设备；构建漏点区域定位与精确探测协同、真实漏失与表观损失同控的漏损高效管控体系；研发基于供水全过程的能耗优化控制技术。其次，可再生能源在饮用水输配系统中的应用也将逐渐增多。太阳能、风能等可再生能源具有清洁、无污染的特点，且取之不尽、用之不竭。将这些可再生能源应用于饮用水输配系统，不仅可以降低对化石能源的依赖，还能减少碳排放，实现绿色、低碳的输配水过程。再次，随着技术的进步，智能化和自动化的应用将在饮用水输配系统中发挥越来越重要的作用。智能化的监测和管理系统，可以实现对输配水系统的实时监控、预测和优化，从而降低能耗、提高能效。同时，自动化技术的应用也可以减少人力成本，提高输配水系统的运行效率。最后，从需求方面来看，随着城市化进程的加快和人口的增长，饮用水需求量也在不断增加。为了满足这一需求，需要建设更加高效、可靠的输配水系统，以确保饮用水的供应安全和质量。同时，随着人们环保意识的提高，对于输配水系统的环保要求也将越来越高。

8.2　绿色低碳输配

当前，能源问题已经成为一个全球性的问题。2021 年 2 月，随着《国务院关于加快建立健全绿色低碳循环发展经济体系的指导意见》的发布，建立健全绿色低碳循环发展经济体系，促进经济社会发展全面绿色转型，是解决我国资源环境生态问题的基础之策，已经成为我国经济社会发展的新趋势。在这一背景下，供水行业作为重要的基础设施行业，也面临巨大的挑战和机遇。供水管网作为城市供水管网系统的重要组成部分，其能耗水平直接关系到城市整体的碳排放量和环保水平。因此，如何在“双碳”背景下实现供水管网的高效、绿色、智能发展，成为当前亟待解决的问题。

“双碳”背景下供水管网的发展主要集中在高效节能技术的应用、绿色环保材料的应用和智能管理系统的应用这三方面。①从高效节能技术的应用来看。未来供水管网将广泛采用高效节能的水泵和电机，通过优化设计和制造工艺，降低水泵和电机的能耗与碳排放量。采用变频调速等技术，实现水泵和电机的智能控制，根据实际需求调整运行参数，进一步降低能耗。此外，供水管网漏损是造成供水管网能耗损失的重要原因之一，未来供水管网将加强漏损的监测和控制，通过应用新型检漏设备和技术及时发现并修复漏损点，降低漏损率。同时，加强对供水管网的管理和维护，提高供水管网的整体运行效率。而随着信息技术的普及，可以通过应用物联网、大数据等技术，来实现供水管网的智能调度和优化。根据实时数据监测和分析，预测未来供水需求和水质变化趋势，优化供水工艺和调度方案，降低供水管网的能耗和成本。②从绿色环保材料的应用来看。未来供水管网将采用新型管材替代传统的铸铁、钢筋混凝土等管材。新型管材具有耐腐蚀、强度高、寿命长等优点，可以减少供水管网的维修和更换次数，降低能耗和碳排放量。新型管材的制造过程中也更加注重环保和可持续性，例如，新管材竹缠绕复合管(bamboo winding composite pipe, BWCP)[3]，具有成本低、低碳、抗震性好、隔热能力强等优点，且具有生物和黏合耐久性、防侵蚀和老化的能力、防火性能，能够代替大部分市政管道，为工程和应用打开了一扇大门，有助于达成可持续发展的目标。此外，未来供水管网将更加注重可再生能源的利用，例如，在泵站和加压站等场所安装太阳能光伏板或风力发电机等可再生能源设备，为供水管网提供清洁能源。这不仅可以降低供水管网的能耗和碳排放量，还可以提高供水管网系统的可靠性和稳定性。③从智能化管理系统的应用来看。首先，可以基于实时数据监测和分析结果，利用大数据和云计算等技术进行智能调度和优化。根据供水需求和供水管网系统的实际情况，优化供水工艺和调度方案，降低供水管网的能耗和成本。其次，通过智能调度和优化，提高供水管网系统的服务质量和用户满意度。最后，通过应用人工智能、机器学习等技术，实现供水管网的智能运维和管理，包括故障诊断、维修预测、设备优化等方面。通过智能运维和管理，来提高供水管网的运行效率和可靠性，降低运维成本和能耗水平。

除了以上三点，也有学者探讨了城市二次供水的节水节能方案[4]，注重单设高位水箱进行供水、水泵气压罐供水等方案，注重优化管网的布置方式。同时，应从城市二次供水设计源头进行改造，在源头上加强设计，并坚持科学性的基本原则。注重优化城市二次供水改造的流程以及原理，需要充分结合国家给排水相关设计标准的具体情况，严格按照规定标准进行设计。掌握好城市二次供水改造质量，减少在今后投入供水使用时所发生的安全隐患。

在“双碳”背景下，通过应用高效节能技术、绿色环保材料和智能化管理系统等措施，可以降低供水管网的能耗和碳排放量，提高供水管网系统的安全性和可靠性。同时，政府和企业也需要加强合作与投入力度，共同推动供水管网的绿色可持续发展。

8.3　高品质饮用水

随着人们生活水平的提高和健康意识的增强，对饮用水品质的要求也越来越高。近年来，我国净水产品和包装水的销售量迅速增长，可以看出，人们对安全饮用水的要求不断提高，追求更安全、更优质、口感更好的饮用水产品。相应地，供水安全内涵也不断丰富，饮用水供给侧改革的需求日益凸显。高品质饮用水或直饮水因其水质纯净、口感好、健康安全等特点，受到越来越多消费者的青睐。我国已经有一些城市在饮用水品质提升方面开展了创新实践。住房和城乡建设部水专项实施管理办公室组织编制的《城市高品质饮用水技术指南》指出高品质饮用水是指在满足现行国家标准 GB 5749—2022《生活饮用水卫生标准》的基础上，感官性状更好、水质化学安全性更高、能够持续稳定达到生饮要求的由市政公共供水管网系统所供给的饮用水，并对高品质饮用水的实施策略、多重屏障水质安全保障、全流程水质管理给出了指导意见。2017 年，深圳市出台 SJG 16—2017《优质饮用水工程技术规程》，明确原水经水厂深度处理工艺净化、消毒处理后，通过输配水管网供给用户，来实现深圳市优质饮用水水质的目标。2018 年，上海市地方标准 DB31/T 1091—2018《生活饮用水水质标准》正式发布，使市民切实感受到水质的提高。

实现高品质饮用水供应，水源是基础，水厂是关键，供水管网是瓶颈。供水管网作为连接水源和用户的重要纽带，其管材选择、清洗方法等因素直接关系到饮用水品质。因此，需要从管材、清洗方法等方面出发，探讨结合高品质饮用水或直饮水需求的供水管网发展路径。

8.3.1 管材的选择与应用

管材作为供水管网的核心组成部分，其材质、性能等直接影响饮用水的品质。在材质的选择方面，不锈钢管材具有耐腐蚀、强度高、使用寿命长等优点，能够有效避免水质的二次污染，是高品质饮用水或直饮水的理想选择；塑料管材具有重量轻、安装方便、耐腐蚀等特点，在供水管网中得到广泛应用。然而，部分塑料管材可能存在塑化剂析出等问题，影响水质安全。因此，在选用塑料管材时，应选择符合国家标准、质量可靠的管材。在高品质饮用水的要求下，在管材的选择上应注重以下性能：第一，管材应具有耐腐蚀性能，要求能够抵御水中各种化学物质的侵蚀，保证水质安全；第二，管材应具有良好的密封性能，防止水在输送过程中泄漏，减少水资源的浪费；第三，管材应具有一定的承压能力，能够承受供水管网系统的工作压力，保证供水的稳定性；第四，管材应符合环保要求，不含有害物质，不会对水质造成污染。管材的使用应向着绿色环保、高性能化和智能化的方向发展。随着环保意识的提高，绿色环保成为管材发展的重要趋势，管材的生产将更加注重环保性能，减少生产过程中的污染排放，降低对环境的影响；为满足高品质饮用水或直饮水的需求，管材的性能也应不断提升。例如，提高管材的耐腐蚀性能、承压能力等，确保水质的安全稳定；随着物联网、大数据等技术的不断发展，管材的智能化成为未来的发展趋势。例如，安装智能设备，如传感器等，能够实时监测管材状态并发出预警，从而提升供水管网的运行效率与管理层次。

8.3.2 管道的清洗方法

城市供水管网系统庞大、体系复杂，是一个复杂的反应器，出厂水在长时间的输送过程中，与管道壁内诸多活性物质发生复杂的物理、化学及生物反应，从而导致二次污染，包括消毒副产物的生成、管道腐蚀以及管道内壁生物膜的生长等，供水管网末梢和龙头水水质维持难度大，导致龙头水达标率不稳定，对人民生活健康造成较大威胁。《城镇水务 2035 年行业发展规划纲要》指出，各地要根据当地的特点，尽快建立输配管网清洗制度，结合管网水质监测，规范各级管网清洗运营工作[5]。由于操作条件的限制，多数管道清洗技术手段难以在供水管网这一庞大系统中使用，亟须面向供水管网水质智能化清洁的技术与装备。同时，供水管网系统庞大，情况多变，缺乏针对水质风险与管道实况的监测和控制系统，给供水管网清洗的过程管理带来巨大挑战，无法保证清洗技术适用于未来城市的不同供水管网。

为了满足高品质饮用水或直饮水的需求，清洗方法的优化与改进应关注以下几个方面。首先，应做到绿色环保，在清洗过程中应尽量减少化学试剂的使用，避免对环境造成污染。其次，应优先选择环保型的清洗方法和设备，降低对环境的影响。再次，清洗方法应追求高效节能，减少能源消耗和成本支出。例如，采用高压水射流清洗时，应优化射流参数和喷嘴设计，提高清洗效率和节能效果。在智能化的时代，应利用物联网、大数据等技术，以实现对清洗过程的实时监测和预警，提高清洗效率和安全性。最后，通过智能分析系统对清洗数据进行处理和分析，为后续的清洗工作提供科学依据。

此外，一些新型管道清洗技术也逐渐兴起，引起了国内外的广泛关注，①管道冰浆清洗技术。冰浆清洗主要以冰浆为介质来清洗管道，是一种创新的管道清洁方法，其中，冰浆(通常含冰 50%～90%)以中等速度通过管道。高含冰量使浆液呈活塞状的“冰清管”，在连续剪切下保持在一起。冰清管可以改变形状以适应管道的容纳拓扑结构，因此它能够通过弯管、收缩/膨胀几何形状和部分打开的阀门，同时清洁容纳壁并输送颗粒[6]。冰浆清洗具有清洗安全效果好、停水时间短、无须开挖路面、节水低碳等优势，是高品质饮用水管道清洗的优先选择，该技术已在世界范围内应用于水工业。②机器人清洗技术。管道清洗机器人将机器人技术与清洗技术(如超声空化射流、高压水射流、机械清扫等)结合，同时借助物联网、互联网和大数据系统，以实现供水管网的一体式智能化清洗，替代工人实现人工清洗作业方式向机器人清洗作业方式的转变，解决以往人工和简单机械清洗效果不理想的难题，降低管道清洗成本，给管道系统提供一个相对安全的运行环境。

综上所述，为满足高品质饮用水或直饮水的需求，供水管网的发展应从管材、清洗方法等方面进行优化和改进。在管材方面，应选择耐腐蚀、高强度、环保的材质，并注重管材的性能要求和环保性能。在清洗方法方面，应推广冰浆清洗、机器人清洗等新型清洗工艺和设备，提高清洗效果和效率。同时，应注重绿色环保、高效节能和智能化等发展趋势，推动供水管网的持续发展和改进。通过这些措施的实施，可以有效提升供水管网的水质安全水平，满足人们对高品质饮用水或直饮水的需求。

8.4　智能化运行与信息安全

8.4.1　供水管网智能化运行

城市市政给排水管道作为地下管线的重要组成部分，其规模不断扩大，供水管网的良好运维是保证城市系统正常运转的关键，它对经济、环境和人民的生活有重要影响。由于管道的埋地性质，供水管网故障的检测很困难。如果没有有效的诊断和维护，将引发重大安全事故，同时造成人员伤亡以及财产损失，不可避免地影响城市发展和社会稳定。从大数据和人工智能的角度来看，供水管网的监控、运维、预警、水质保持以及漏损控制等方面，正在经历一场深刻的变革。

在供水管网的监控方面，大数据和人工智能技术的应用主要体现在以下几个方面。①实时监控与数据采集。数据采集控制系统主要安装于市政供水管网节点上，目前主要通过安装智能井盖传感器、供水管网压力监测仪、供水管网漏损监测仪、供水管网水质监测仪等设备，来实时收集供水管网的各种数据，包括流量、压力、水质等。这些数据通过传输网络传送到监控中心，这有助于供水企业快速响应并处理潜在的安全隐患。②数据处理与分析。利用大数据技术，可以对收集到的数据进行处理和分析，提取有价值的信息。分析历史数据可以预测出供水管网的运行趋势，提前发现潜在的问题。同时，还可以对供水管网的运行状态进行评估，为运维和预警提供科学依据。③智慧水务监控平台。监控平台是供水管网监控系统的核心。该平台通过软件功能的定制来实现对数据、图形图像等信息的管理和处理。同时，该平台还可以提供可视化界面，便于管理人员随时查看供水管网的运行状态。

在供水管网的运维方面，大数据和人工智能技术的应用主要体现在以下几个方面。①预防性维护。分析供水管网的运行数据，可以预测出设备可能出现的故障，从而提前进行预防性维护。这种维护方式可以降低设备故障率，延长设备使用寿命，提高供水管网的运行效率。②机器人巡检。利用机器人进行巡检可以大大提高巡检效率和质量。机器人可以通过搭载各种传感器和摄像头，对供水管网进行全方位的巡检，发现潜在的问题并及时进行处理。③智能化管理。通过大数据和人工智能技术来实现供水管网的智能化管理。可以根据实时数据调整供水压力和流量，保持供水管网的稳定运行。同时，还可以根据历史数据制定科学的运维计划，降低运维成本。

在供水管网的预警方面，大数据和人工智能技术的应用主要体现在以下几个方面。①污染物入侵预警。分析供水管网的水质数据，可以及时发现污染物入侵的情况。一旦检测到污染物入侵，系统会立即发出预警信息，提醒管理人员采取应对措施。②爆管预警。分析供水管网的流量数据和压力数据，可以预测出可能发生爆管的情况。一旦预测到爆管风险，系统会提前发出预警信息，让管理人员有足够的时间进行处置。③灾害预警。在自然灾害等紧急情况下，大数据和人工智能技术可以帮助供水管网实现快速响应和预警。通过实时监测天气、地质等信息，来提前预测出可能对供水管网造成的影响，并采取相应的应对措施。

在供水管网水质保持方面，大数据和人工智能技术的应用主要体现在实时监控、数据分析与优化和智能调度等方面。实时监控主要通过安装水质监测仪等设备来实时监测供水管网的水质情况。一旦发现水质异常，系统会立即发出预警信息，并自动调整供水参数，以保持水质稳定。数据分析与优化利用大数据技术可以对供水管网的水质数据进行分析和优化。分析不同区域、不同时间段的水质数据，可以找出影响水质的关键因素并制定相应的改进措施；根据实时监测到的水质数据和供水需求情况可以实现供水量的智能化调度。合理调度不同水源地的供水量和水质参数可以确保整个供水管网的水质稳定可靠。

在供水管网的漏损控制方面，大数据和人工智能技术的应用主要体现在以下几个方面。①漏损检测与定位。安装漏损监测仪等设备可以实时监测供水管网的漏损情况。一旦发现漏损现象，系统会立即发出预警信息并定位漏损位置，方便维修人员快速找到并修复漏损点。随着计算机软件的发展，在不断强化检漏硬件仪器设备的同时，也建立了以模型算法为基础的漏损控制模型。基于计算机模型算法检漏技术可快速确定漏损区域，针对复杂拓扑供水管网结构比传统仪器检漏效率高。②数据分析与预测。利用大数据技术可以对供水管网的漏损数据进行分析和预测。分析历史数据可以找出漏损发生的规律和趋势，从而制定有效的预防措施，以降低漏损率。③智能化调度管理。大数据和人工智能技术可以实现供水管网的智能化管理。例如，可以根据实时监测到的漏损数据和供水需求情况，自动调整供水压力与流量，以减少漏损现象的发生。

从大数据和人工智能的角度来看，供水管网的监控、运维、预警、水质保持以及漏损控制等方面都在不断的发展和完善。新一代运维技术和设备的应用使得供水管网的管理更加高效、智能和可靠，为城市供水事业的可持续发展提供了有力保障。未来随着技术的不断进步和创新，相信供水管网的管理将会迎来更加美好的发展前景。

8.4.2　智慧供水管网建设与网络信息安全

随着科技的飞速发展，智慧城市的概念逐渐深入人心，其中智慧供水管网作为城市基础设施的重要组成部分，其建设与管理显得尤为重要。智慧供水管网通过运用物联网、大数据、云计算等现代信息技术，对城市地下供水管网进行智能化监测、管理与维护，从而实现对供水管网数据的实时采集、传输与处理，为城市管理者提供精准的数据支持，提高供水管网管理的效率与可靠性。智慧供水管网建设的核心内容主要包括以下几个方面：首先是信息化平台构建，可实现供水管网数据的实时采集、传输与处理；其次是实时监测与预警，通过布置传感器、监控摄像头等设备，对供水管网的运行状态进行实时监测，并通过大数据分析技术，对供水管网数据进行深入挖掘，发现潜在的安全隐患与运行问题，为决策提供科学依据；最后是数据整合与共享，智慧供水管网系统需要注重数据的整合与共享，打破数据壁垒，实现各部门之间的数据共享与协同。通过数据的整合来形成全面的供水管网信息视图，为管理者提供一站式的数据服务，从而提高决策效率。

在智慧供水管网建设过程中，网络信息安全问题也日益凸显，成为必须面对的挑战之一。智慧供水管网所传输的信息具有高度的集中性，一旦出现信息泄露或被非法获取的情况，就可能对城市的安全和稳定造成严重影响。因此，保障网络信息安全是智慧供水管网建设不可忽视的重要方面。目前，网络信息安全主要会受到的威胁包括恶意攻击、内部泄露和非法访问。恶意攻击者可能会通过植入病毒、木马等手段，对智慧供水管网系统进行攻击，造成系统瘫痪或数据泄露；而内部泄露多因管理不善或员工疏忽等，导致敏感信息被内部人员泄露；未经授权的用户也可能会尝试访问智慧供水管网系统，获取敏感信息或进行破坏。

为了保障智慧供水管网建设中的网络信息安全，需要采取以下措施：加强技术防护，即通过设置防火墙、入侵检测系统等安全设备，加强智慧供水管网系统的技术防护能力；完善管理制度，即建立健全的信息安全管理制度，规范员工的行为，防止内部泄露和非法访问；定期进行安全评估，即定期对智慧供水管网系统进行安全评估，发现潜在的安全隐患并及时处理；加强员工培训，即加强对员工的网络信息安全培训，提高员工的安全意识和防范能力。

参考文献

[1] 敖秀玮，孙文俊，等. 饮用水科技前沿热点与发展趋势[J]. 净水技术，2020，39(10)：74-85，108.

[2] 庞鉴. 智慧水务系统在城市供水中的应用研究[J]. 水上安全, 2023, (5): 68-70.

[3] Chen M, Weng Y, et al. Sustainability and innovation of bamboo winding composite pipe products[J]. Renewable and Sustainable Energy Reviews, 2021, 144: 110976.

[4] 金晓明. 对城市二次供水改造节水节能、安全供水的效果研究[J]. 应用能源技术, 2022, (5): 35-38.

[5] 中国城镇供水排水协会. 城镇水务 2035 年行业发展规划纲要[M]. 北京：中国建筑工业出版社, 2024.

[6] Kohil R. Chapter 20-Applications of Projectiles for Nonaqueous Cleaning of Interior Surfaces of Tubes[M]//Kohil R. Development in Surface Contamination and Cleaning: Applications of Cleaning Technique. Amsterdam: Elsevier, 2019.